El calzado deportivo o las zapatillas, son un elemento esencial del mundo moderno. Los jóvenes, y los no tan jóvenes, cuentan con armarios repletos; pero, ¿qué conlleva hacer una zapatilla?

Se necesita a un ejército de personas. Gente que pueda diseñar, desarrollar, fabricar y llevarte las deportivas. Desde el difícil trabajo de los diseñadores, desarrolladores, y directores de producto, hasta los equipos de producción, patronistas, troqueladores, y prensadores. En este libro se detalla cómo se conjuga todo para hacer un zapato deportivo.

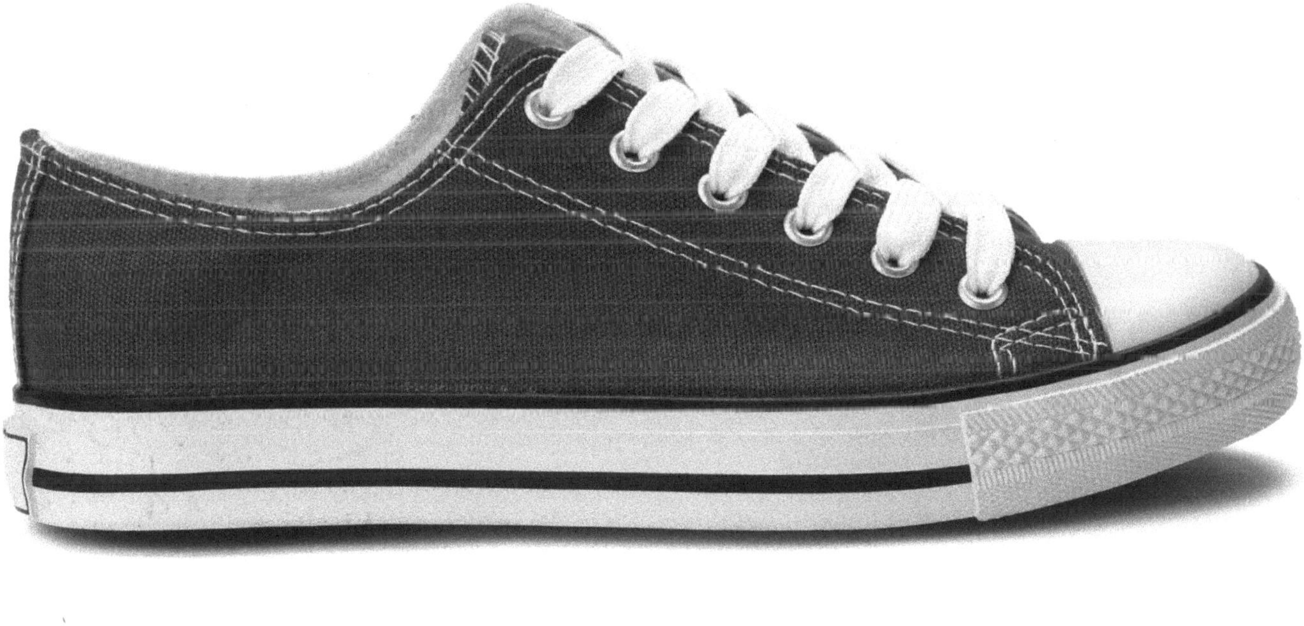

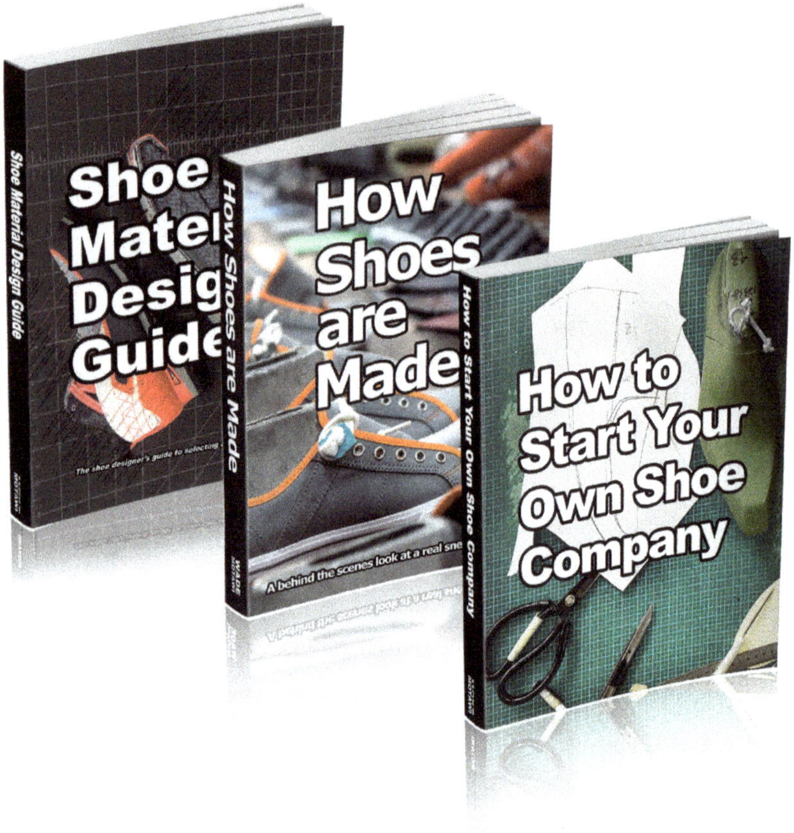

Ya disponible:
Cómo se hacen los zapatos.

Próximamente:
Cómo empezar tu propia empresa de calzado.
Guía para el diseño de materiales de calzado.

WWW.SNEAKERFACTORY.NET
Cómo se hacen los zapatos

Escrito y editado por Wade and Andrea Motawi

Traducido por Enrique Puente

Querido lector,

Este libro fue escrito para educar, informar e inspirar a la próxima generación de zapateros, diseñadores, y desarrolladores de calzado. Nuestro objetivo es ayudar a las personas a conseguir una profesión gratificante en la industria del calzado.

Disfrutadlo

Agradecimientos:

Andrea, Alex y Erik, Karim, Halla, mamá y papá, Dave, Alfredo, Jason, David, Lizzie, Johnson, Steve, Lenny, Bernie, Simon, Ben, Chad, The Mint Project.

Gracias a todos mis compañeros de trabajo en Estados Unidos, China, Hong Kong, Corea, Taiwán y Europa.

Cómo se hacen los zapatos

WADE MOTAWI

CÓMO SE HACEN LOS ZAPATOS

CAPÍTULO 1: PROCESO DE DISEÑO DEL CALZADO..............................1
El *briefing* de diseño
Dos tipos de *briefing*

CAPÍTULO 2 : DIBUJOS TÉCNICOS DE CALZADO..............................17
Cómo hacer las especificaciones para las fábricas
Qué incluir en las especificaciones

CAPÍTULO 3 : CREACIÓN DE PATRONES DE CALZADO......................25
Diseñador de calzado vs. patronista
El reto del patronista

CAPÍTULO 4 : FICHA TÉCNICA DE CALZADO.....................................39
Partes de la ficha técnica
Desglosar la ficha técnica

CAPÍTULO 5 : DISEÑO DE SUELAS..45
Tipos de suelas para calzado
Planos y desarrollo de suelas para calzado

CAPÍTULO 6 : PROCESO DE DESARROLLO DEL CALZADO..................61
Fabricación de las muestras de calzado
Fases de desarrollo del calzado

CAPÍTULO 7 : PREPRODUCCIÓN DEL CALZADO 65
La escala de tallas
Equipamiento de corte para la producción

CAPÍTULO 8 : PREPARACIÓN DE LOS MATERIALES............................69
Corte
Impresión del logotipo y preparación

CAPÍTULO 9 : APARADO DEL CORTE..79
La sala de aparado
Orden de las operaciones de aparado

CAPÍTULO 10 : PRENSADO DE SUELAS DE GOMA..............................89
Mezcla de los materiales
Moldes y prensado de la goma

CAPÍTULO 11 : FABRICACIÓN DE ENTRESUELAS DE EVA.................109
De qué está hecha la EVA
Operaciones de prensado de la EVA

CAPÍTULO 12 : LA LÍNEA DE MONTAJE..115
Construcción pegado
Construcción vulcanizada/autoclave

CAPÍTULO 13 : LA HORMA...141
Tipos de hormas
Cómo se hacen las hormas

CÓMO SE HACEN LOS ZAPATOS

CAPÍTULO 14 : COSTES DEL CALZADO..155
¿Dónde va el dinero?
Entender el escandallo de la fábrica

CAPÍTULO 15 : DISEÑO DE LOGOTIPOS PARA CALZADO.................161
¿Cuál es el mejor logotipo para calzado?
Fabricaciones de logotipos para calzado

CAPÍTULO 16 : CUERO PARA CALZADO...165
Básicos de la piel
Pieles más utilizadas en calzado

CAPÍTULO 17 : TEJIDOS PARA CALZADO...173
Tipos de tejidos
Refuerzos y tratamientos superficiales

CAPÍTULO 18 : CUERO SINTÉTICO PARA CALZADO.........................177
Clases de sintéticos
Uso en calzado

CAPÍTULO 19 : ESPUMA PARA CALZADO...181
Tipos de espuma: celda abierta y celda cerrada
Componentes, densidad y uso de la espuma en calzado

CAPÍTULO 20 : DISEÑOS DE PLANTILLAS...185
Tipos de plantillas y plantillas anatómicas
Tipos de materiales para calzado

CAPÍTULO 21 : PROVEEDORES DE MATERIAL PARA CALZADO.........187
Trabajar con proveedores
Listado de proveedores

CAPÍTULO 22 : HERRAMIENTAS PARA DISEÑADORES.......................191
Modelo de color Pantone™
Herramientas de trabajo

CAPÍTULO 23 : PUESTOS DE TRABAJO..195
Empezar a trabajar
Hay un trabajo para ti

CAPÍTULO 24 : CONTROL DE CALIDAD...197
Cómo clasificar la calidad del calzado
Procedimientos básicos en el control de la calidad

CAPÍTULO 25 : LA VIDA EN UNA FÁBRICA DE CALZADO..................203
Interior de una fábrica de calzado
Condiciones de trabajo

CAPÍTULO 26 : DICCIONARIO DE CALZADO....................................207
Términos de calzado
Esquema de las partes de una zapatilla

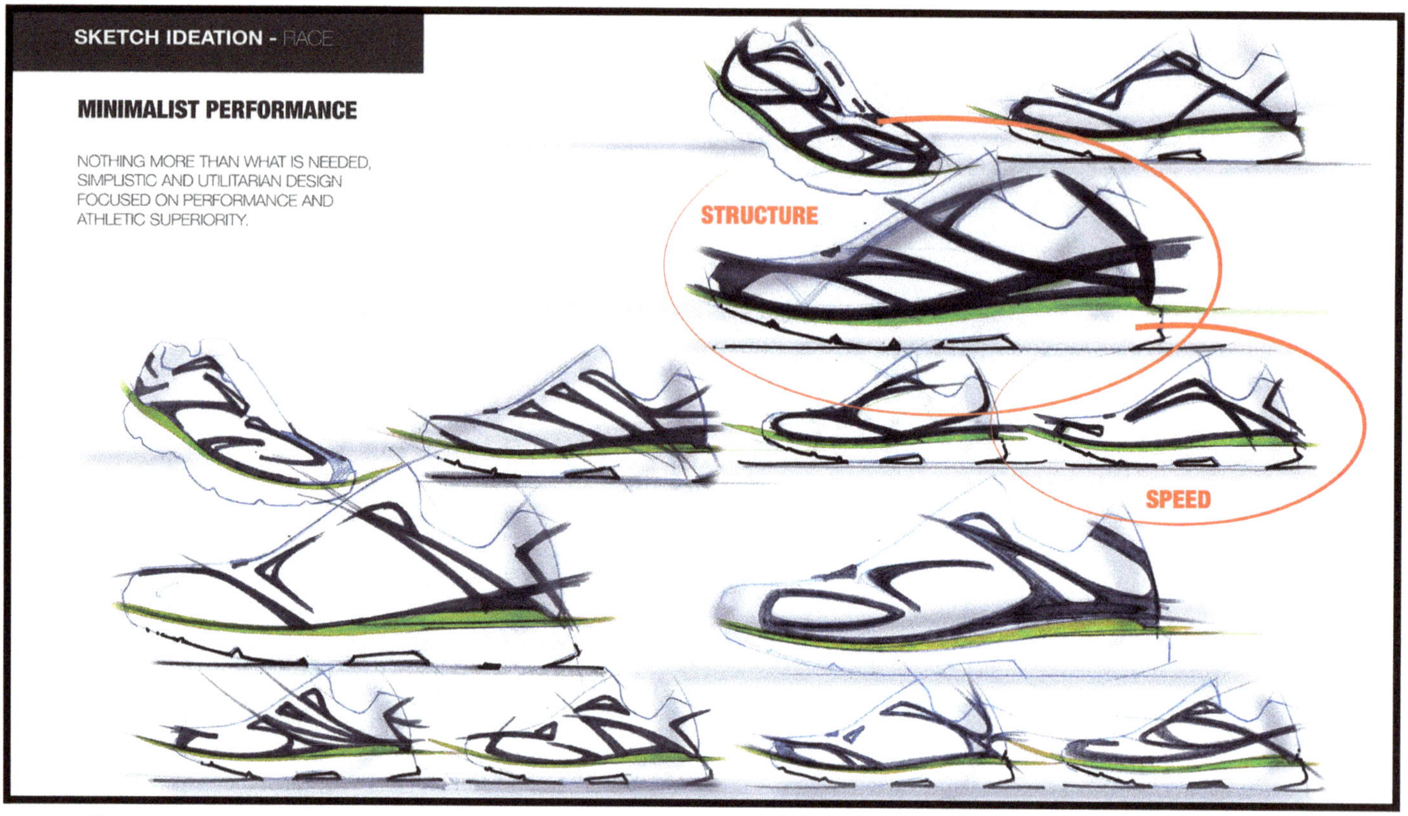

CAPÍTULO 1

PROCESO DE DISEÑO DEL CALZADO

Lo más probable es que la parte más difícil de hacer una nueva zapatilla de deporte sea tratar de descubrir qué es lo que un chico de 14 años en la ciudad de Nueva York, o en Madrid, desearía ponerse en sus pies.

El diseñador de calzado es quien tiene que ayudar a resolver este misterio. Antes de que el lápiz toque el papel, o se ejecute el programa de dibujo por ordenador, un equipo de personas ya habrá trabajado muy duro para establecer la dirección creativa del diseño.

El proceso, a menudo comienza con un informe decepcionante de las ventas, un catálogo de una marca rival, o un nuevo contrato con un atleta. El director de la línea de producto trabajará con el diseñador para crear un diseño, o *briefing* preliminar para el proyecto de calzado.

El *briefing* de diseño

¿Cómo funciona realmente el proceso del diseño de calzado?, ¿acaso un diseñador de calzado joven y con talento crea las nuevas *Air Jordan 24*, o el diseño de las Adidas *Power Boost* de la nada? La verdad es que ese no es el caso, nuestro diseñador de calzado no lo puede hacer todo por sí solo.

El joven diseñador es solo una parte de un equipo de profesionales que incluyen al director de línea de producto, el director de producto, el desarrollador de calzado, el patronista, y a los ingenieros de diseño.

El *briefing* es el documento que usará todo el equipo para crear el nuevo modelo. Es la hoja de instrucciones, y el plan de acción que el equipo de producto seguirá al crear el nuevo diseño. El *briefing* contiene la información que cada uno de los miembros del equipo necesitará para hacer bien su trabajo, y hacer que la zapatilla sea un éxito. A menudo, se envía a la empresa para su revisión antes de iniciar el proyecto. Con la aprobación del director, el *briefing* se convierte en un registro escrito sobre los objetivos del equipo de desarrollo del calzado para el proyecto.

¿Quién hace el *briefing* preliminar?

No existen reglas para este proceso; cada empresa tiene su propio proceso. En muchas empresas, el *briefing* de calzado se lleva acabo en colaboración. El director de producto tiene, generalmente, la tarea de crear el *briefing*, pero puede reunirse con los diseñadores, o con su director de diseño para recabar ideas de tendencias. El director de producto también debe hablar con su director y con los representantes de ventas para obtener información de precios, o información de mercado sobre la competencia.

La investigación es muy importante; el equipo de diseño necesita saber qué está pasando en el mercado. ¿Tu diseño será una deportiva dirigida al mercado de masas, o causará una revolución impactante?.

Esta investigación puede mostrar la necesidad de un nuevo proceso de fabricación, mejoras en el precio, o quizá una nueva combinación de colores o materiales.

Dos tipos de *briefings*

El *briefing* puede ser un documento de una página, un informe de veinte páginas, o un *moodboard* conceptual. El formato que se ha utilizado en este libro tiene el *briefing* dividido en dos tipos: el primero contiene datos demográficos, donde se cubre el precio objetivo, la demografía de los usuarios, los competidores del mercado, y los detalles técnicos; también, responde las preguntas: para quién va dirigido, y qué se debe hacer.

El segundo *briefing* es más visual. Detalla la dirección del estilo que se dará a los diseños de calzado. La parte visual incluye fotos de otras zapatillas, automóviles, ropa o cualquier cosa que el director de producto, y el diseñador puedan pensar para ayudar a establecer el estilo o, explicar detalles de diseño concretos. En algunos casos, si el calzado es para un atleta profesional, puede que uno se sienta inspirado por el estilo personal del atleta, o algo que les guste.

Esta información debe estar en la mente del diseñador en el momento en que el lápiz toque el papel. El primer paso es crear los dibujos o bocetos del concepto aproximado. Piensa la idea primero, y una vez establecida la dirección de diseño, podrás crear un dibujo CAD para renovar el concepto.

El informe demográfico

Precio, datos demográficos, competidores y detalles técnicos.

¿Cuál es la función de este modelo?
¿Es para correr, para baloncesto, *snowboard*, tenis, jugar a los bolos, talar árboles, de calle, o ir a la moda?

¿Cuenta el modelo con alguna característica especial?
¿Incluirá entresuela?, ¿será normal, gruesa, o delgada?

¿Para quién es este modelo?
¿Es para hombre, mujer, un nuevo atleta profesional, o para quienes compran en los centros comerciales?

¿Cuál es el precio de venta planeado para el modelo una vez terminado?, ¿cuál es el rango de precio?, ¿gama media, lujo, o gama alta?

¿Cuándo llegará a las tiendas?
¿Se venderá en primavera, verano, otoño, invierno, o durante las vacaciones?

¿Cómo es la silueta?
¿Ultra-bajo, corte bajo, corte medio, o alto?

¿Cuál es el entorno objetivo para este diseño?, ¿es para uso en bosques, sobre hielo, desierto, pista cerrada, para la universidad, o montaña?

¿Qué tendencias están por venir?, ¿neones, tonos tierra, transparente, tartán?

¿En qué países se venderá este modelo?, Estados Unidos, Canadá, China, Europa, ¿o Australia?

¿Qué materiales deben utilizarse?, ¿cuero, o materiales sintéticos de alta tecnología?

¿Existe algún artículo de la competencia que esté funcionando bien?, ¿cuántas combinaciones de colores diferentes se necesitan?

¿Existe alguna nueva tecnología en la que los ingenieros estén trabajando?

¿Hay algún plan para los derechos de importación?

¿Hay moldes de suelas disponibles que puedan, o deban usarse?

¿Existe algún elemento, o nuevo material de diseño concreto que deba probarse en este nuevo modelo?

Briefing visual

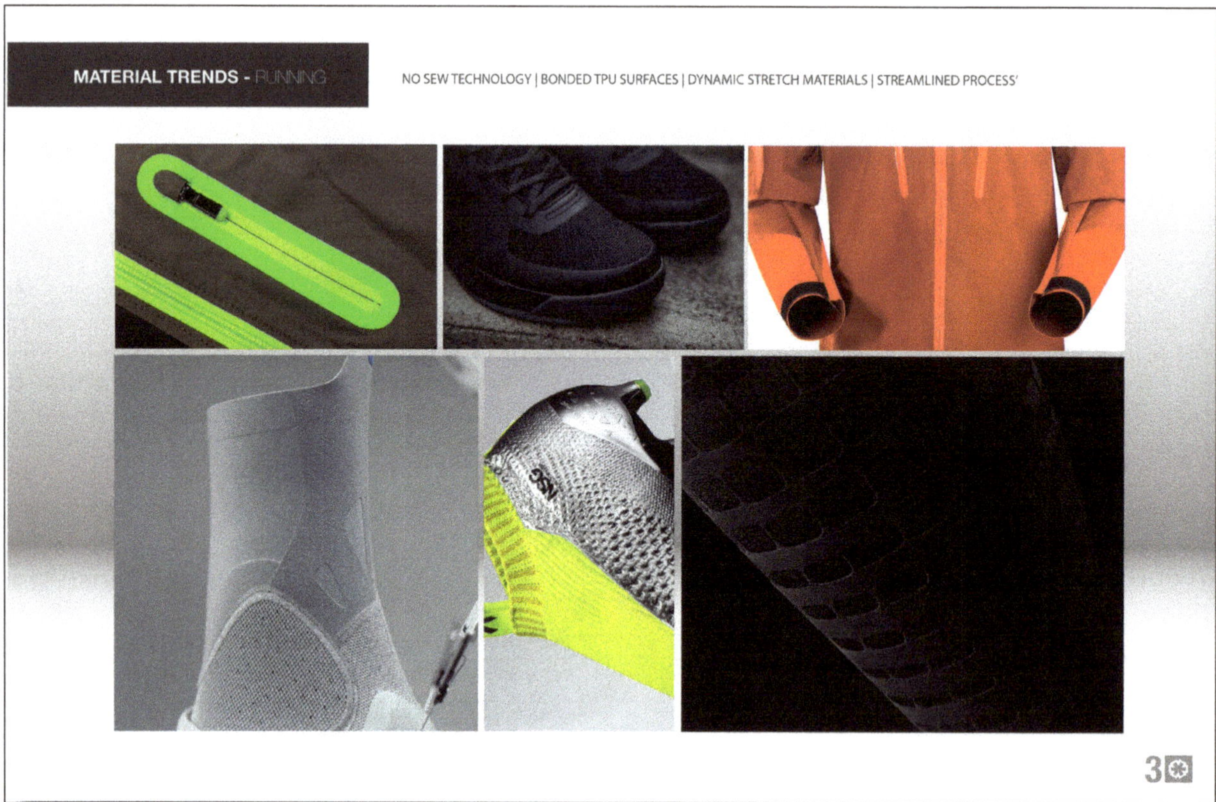

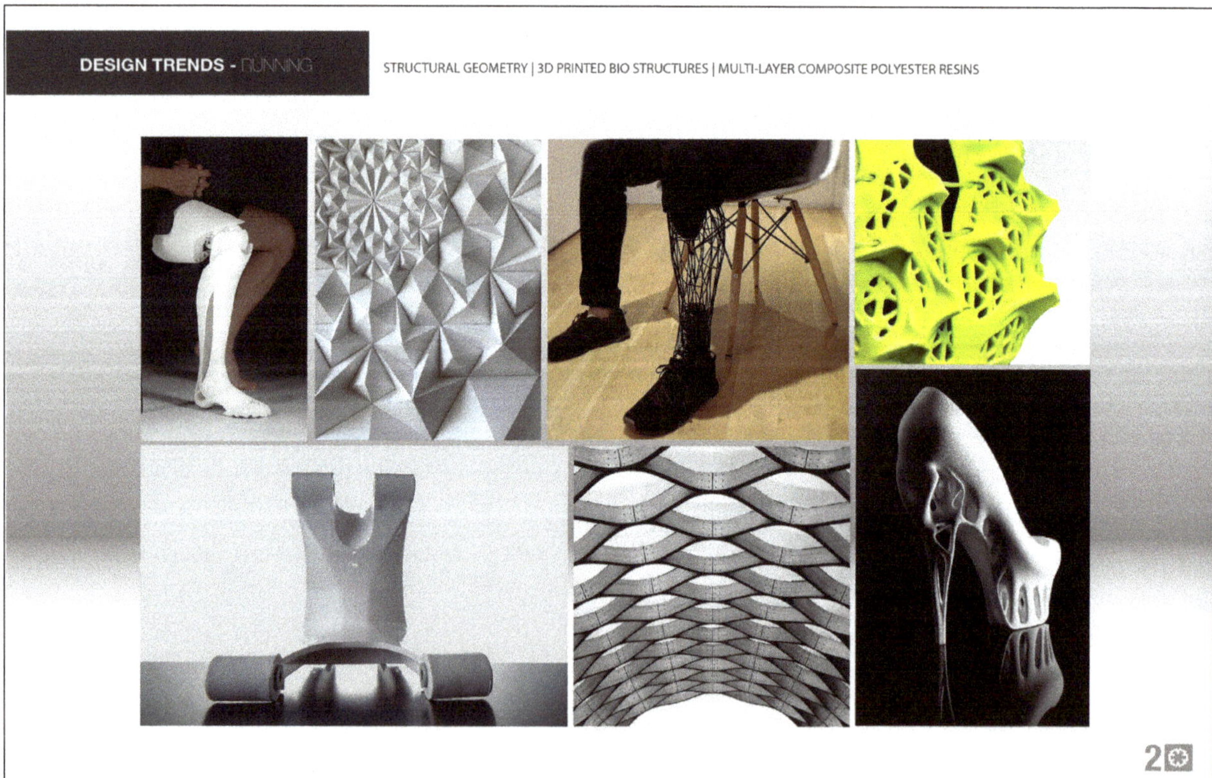

Dibujar el calzado

No hay una forma correcta o incorrecta de dibujar diseños de calzado. Cada diseñador tendrá una forma diferente de plantear el diseño sobre el papel. Obviamente, hay quienes no utilizan papel en lo absoluto.

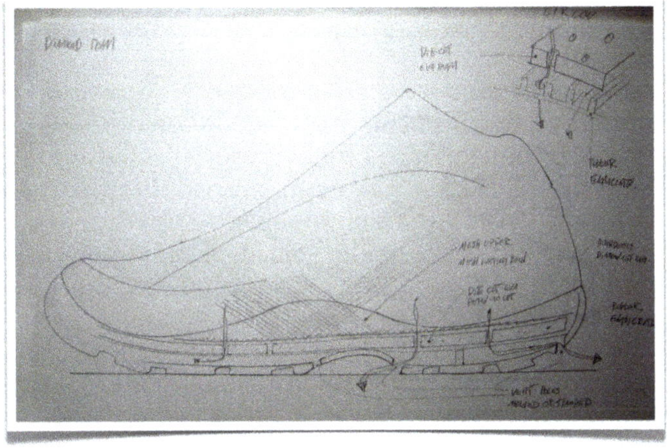

El objetivo de dibujar es comunicar tu idea: cómo se verá, o cómo funcionará. El dibujo, o boceto, también es una herramienta para explorar y desarrollar tus ideas. No importa utilizar cien hojas si la última es un gran diseño. No importa dibujar toda la semana para obtener el mejor diseño un viernes por la tarde.

Como diseñador de calzado, tus dibujos pueden tener diferentes propósitos. ¿Será un dibujo artístico para un zapato de alta costura?, para este caso, tratará sobre los colores y materiales, con poca atención a la proporción o detalles técnicos. Por el contrario, si estás trabajando en unas deportivas de alta tecnología para correr, una deportiva para la calle, o unas zapatillas de fútbol, tus dibujos deberán ser más precisos para describir los detalles técnicos. Un diseño de calzado preciso y bien proporcionado se acercará mucho más al producto final, y puede ahorrarte dolores de cabeza en el futuro si detectas posibles defectos en el dibujo desde ahora.

Puede que tu primer diseño no sea un zapato en absoluto. Si los *briefings* requieren una característica única, tu punto de partida puede ser precisamente ese detalle.

Tu nuevo diseño puede centrarse en un elemento particular del logotipo, hecho de un material de alta tecnología. Dedica algo de tiempo a trabajar en lo que sabes sobre el nuevo diseño, puede que los demás detalles encajen.

Es posible que también necesites un descanso antes de comenzar; ¿por qué?, he visto a cientos de diseñadores recopilar toda la información para un nuevo proyecto, organizar los datos, estudiar el problema, y después dejar el proyecto a un lado durante unos días. Esto permite a tu mente trabajar en el proyecto y hacer algunas conexiones subconscientemente.

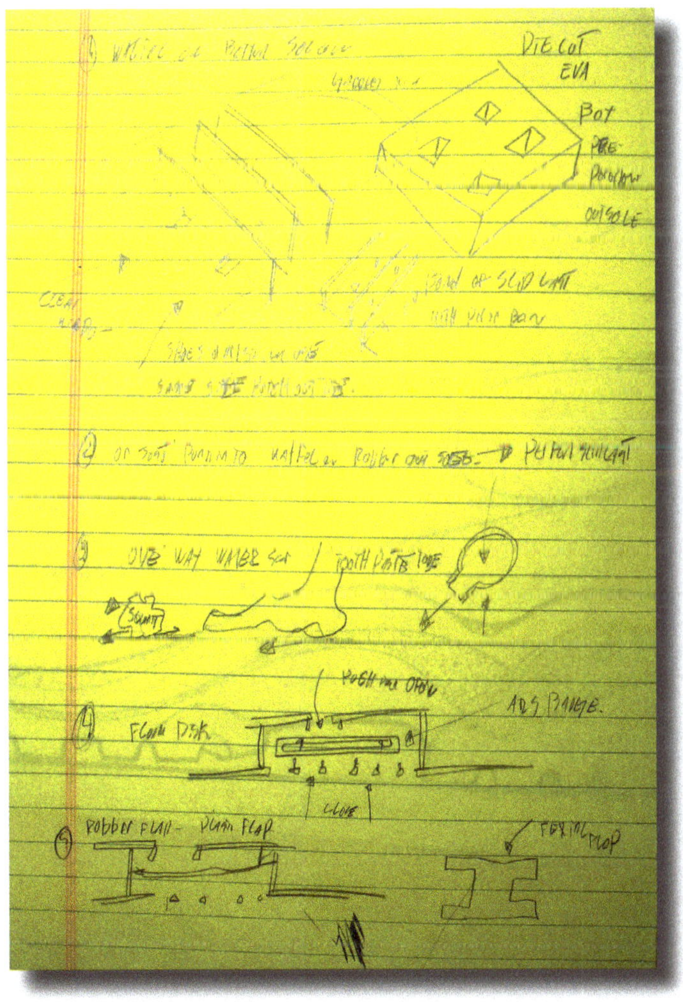

Estas notas pueden llevarte al boceto de un detalle para el diseño, o a una nueva manera de elaborar el calzado. ¿Quizá un nuevo sistema de ventilación?

Primeros pasos

¿Por dónde debe empezar uno al dibujar diseños de calzado?
Así es, estamos en la edad moderna de la informática, pero aun así la mayoría de los diseñadores comienzan con un bolígrafo y un lápiz. He visto que unas cuantas hojas de papel tamaño A4 es una buena forma de empezar. Asegúrate que sea papel fino para poder ver la capa de debajo; para esto, utiliza un pequeño clip de metal para unir las hojas mientras dibujas. Sea cual sea el lápiz que te guste, a mi me gusta utilizar lápices de madera, y portaminas, dependiendo de lo que esté haciendo.

A menudo, empiezo con el portaminas para dibujar líneas más claras; después, oscurezco el dibujo con el lápiz una vez que esté satisfecho con el diseño. Otras herramientas que puedes necesitar son: un conjunto de reglas curvas para hacer líneas suaves, y un círculo o una plantilla ovalada para otros detalles, como los ojetes o los logotipos. Puedes hacer una plantilla con el logotipo de tu empresa para acelerar el boceto.

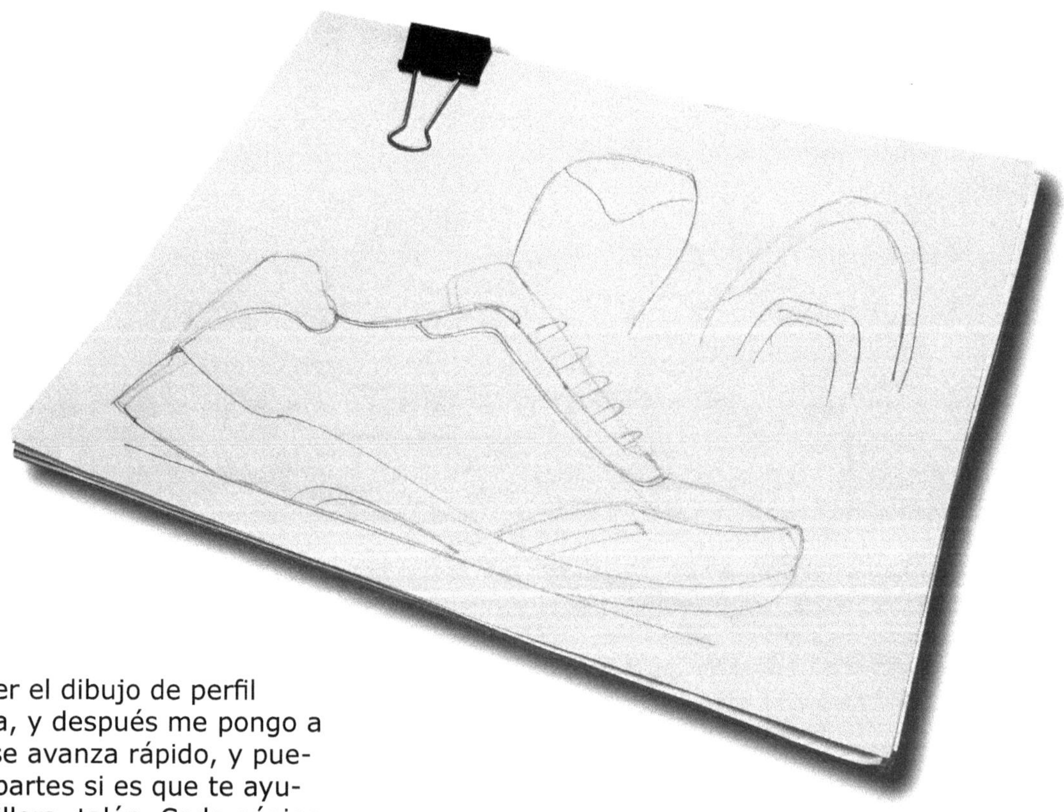

Normalmente, suelo poner el dibujo de perfil debajo de la primera hoja, y después me pongo a trabajar. En este punto, se avanza rápido, y puedes dividir el diseño por partes si es que te ayuda: puntera, lateral, carrillera, talón. Cada página debería llevarte unos 5 minutos. Por lo general, oscurezco las partes que me gustan y las calco en una hoja nueva; después, vuelvo a dibujar nuevas ideas para las partes que no me gustan. En una hora puedes generar unas 10 páginas; colócalas en plano y combina entre ellas los elementos que más te gusten.

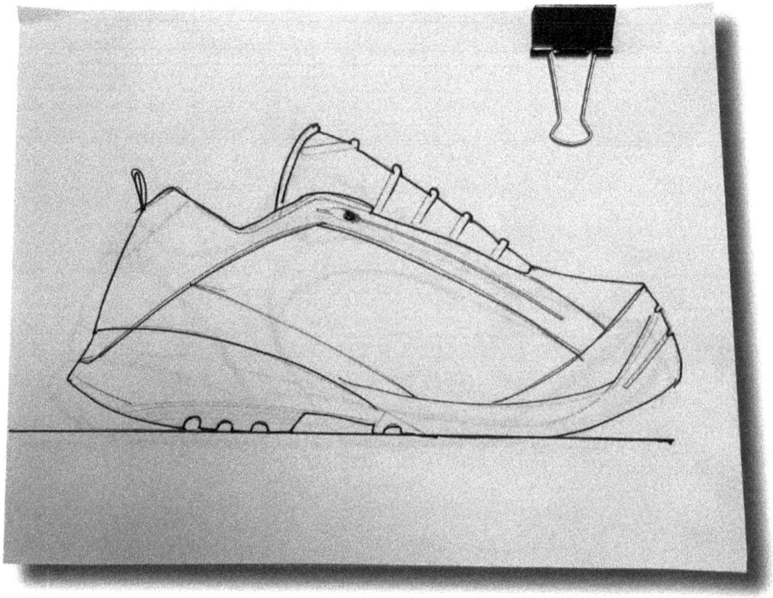

Los bocetos como los del ejemplo, son rápidos y solo llevan unos minutos; permite que el diseñador tenga ideas rápidas sobre las piezas que formarán el patrón.

La clave es la *rapid*ez. El lápiz puede llevarte a algunas ideas nuevas; solo tienes que dibujar, si no te sale bien... sigue adelante.

Una familia de dibujos se debe hacer en tan solo una o dos horas.

Explora un tema, y sigue adelante. Dibuja rápido.

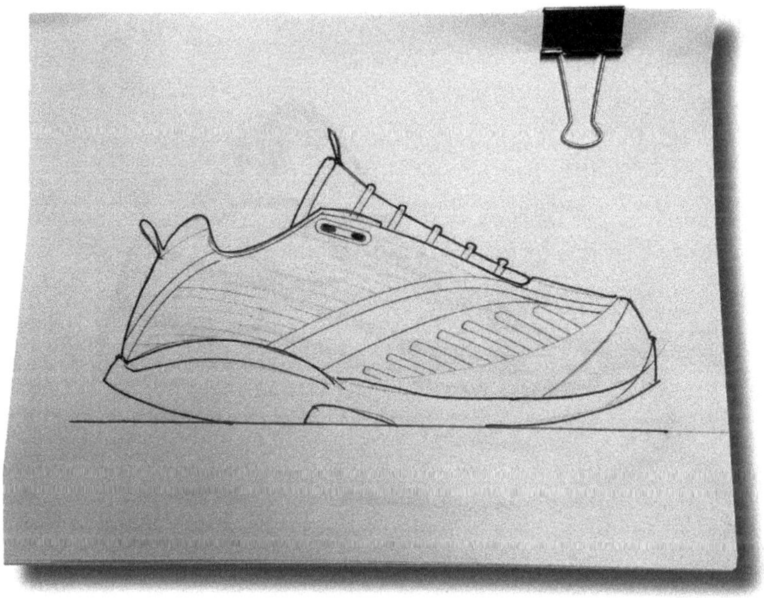

¿Cómo se pueden aplicar los logotipos de una forma nueva? Prueba una nueva dirección en el diseño.

Experimenta con diferentes escotes, punteras, y formas de logotipos.

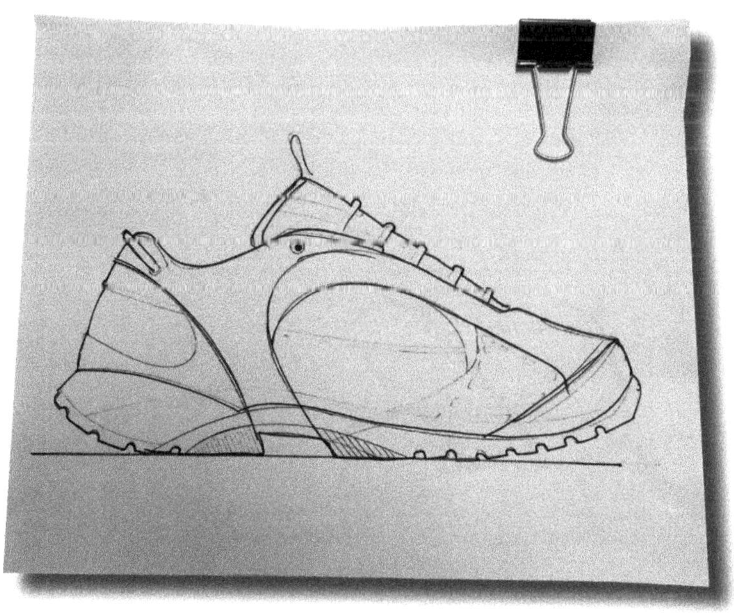

A partir de aquí, selecciona un diseño, oscurece las líneas, y haz una foto o escanea el dibujo para pasarlo a Adobe Illustrator, o a otro programa de dibujo. Adobe Illustrator es el programa más utilizado para hacer dibujos en plano. Una vez que hayas convertido el dibujo a formato vectorial, es más fácil trabajar los trazos; podrás agrandar, curvar, y ajustar las líneas de la suela y del dibujo fácilmente.

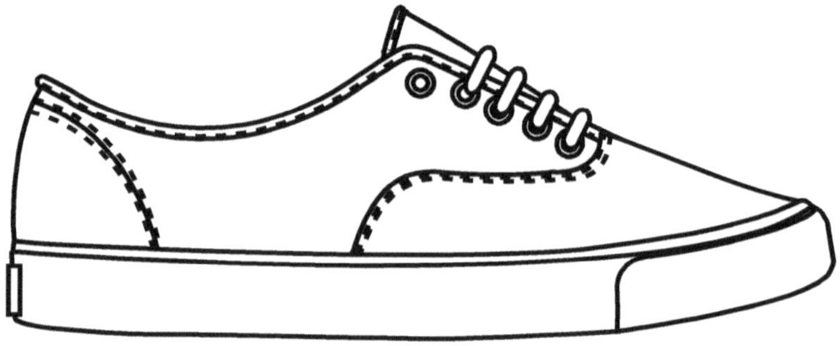
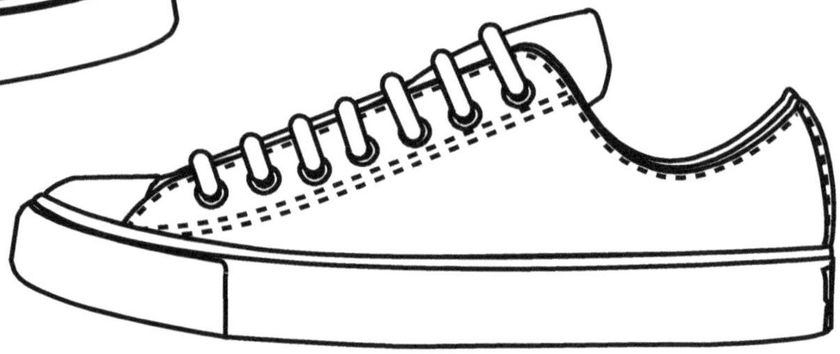
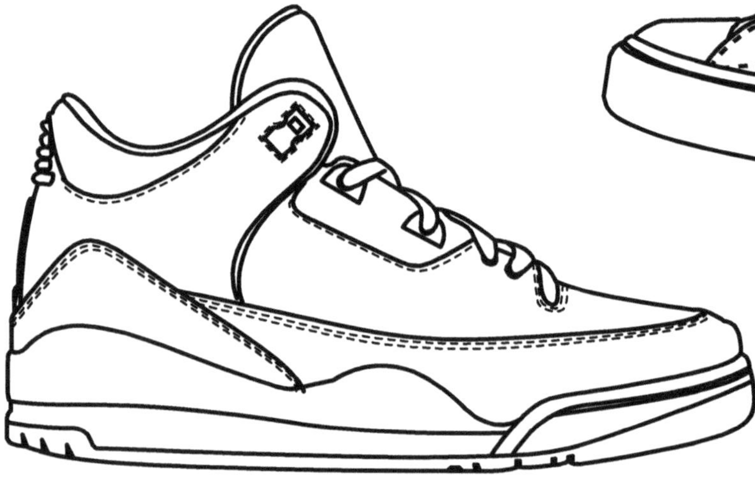
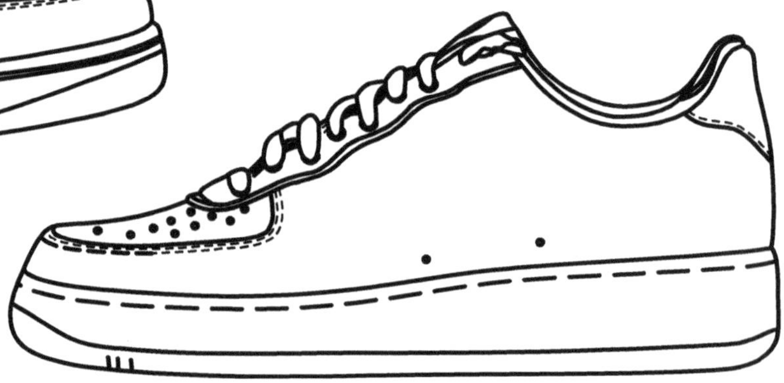
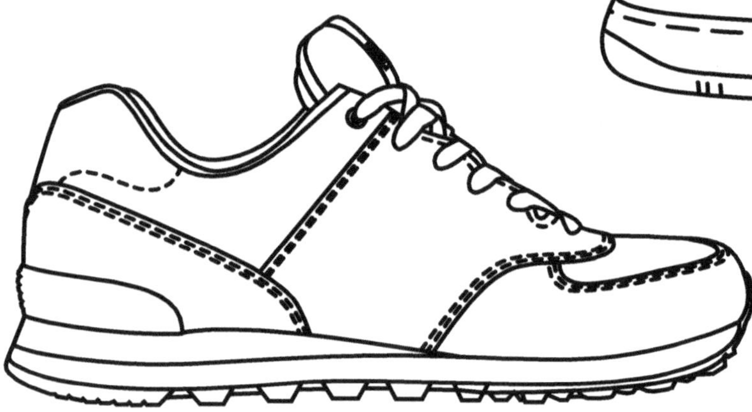
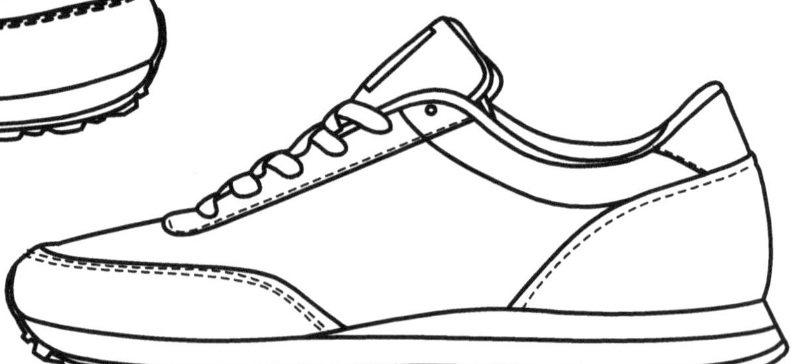
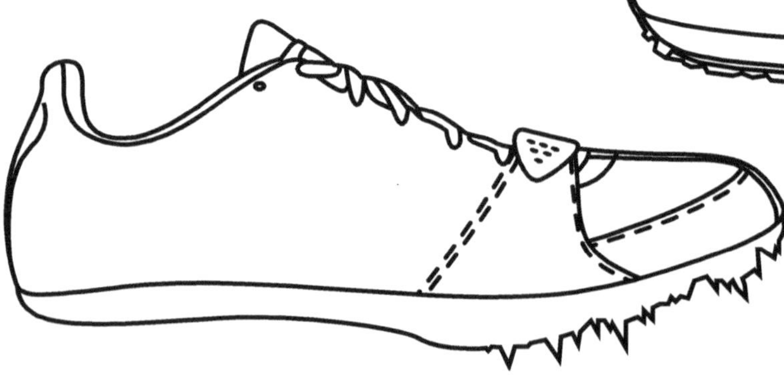

Me gusta utilizar plantillas simples como subcapas; con el contorno marcado, podrás dedicar tiempo a cambiar patrones y detalles. Con la proporción correcta, el diseño se verá más próximo a la realidad.

Podrás elaborar familias, o bloques de diseños para tu proyecto en solo unos minutos. Zapatillas *low-top*, suelas, lo que sea que necesites, podrás hacerlo rápidamente.

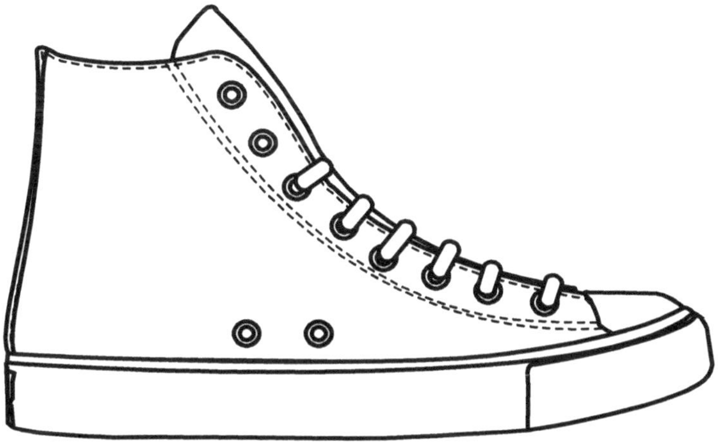

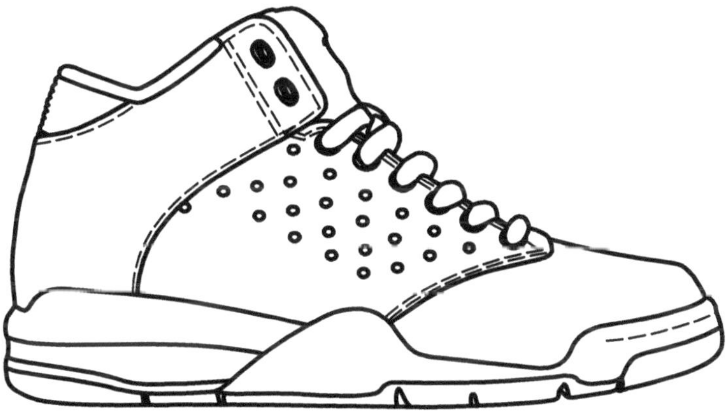

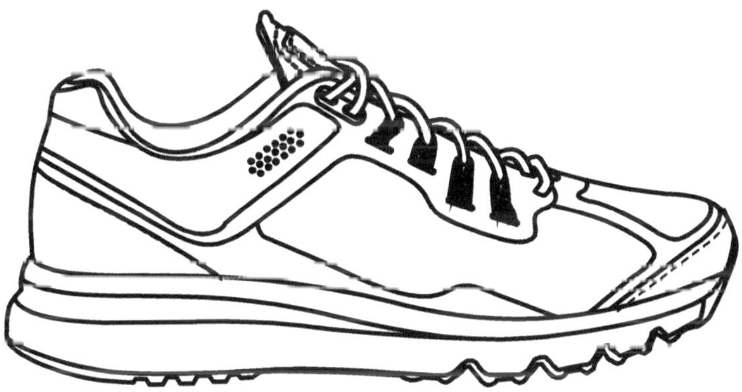

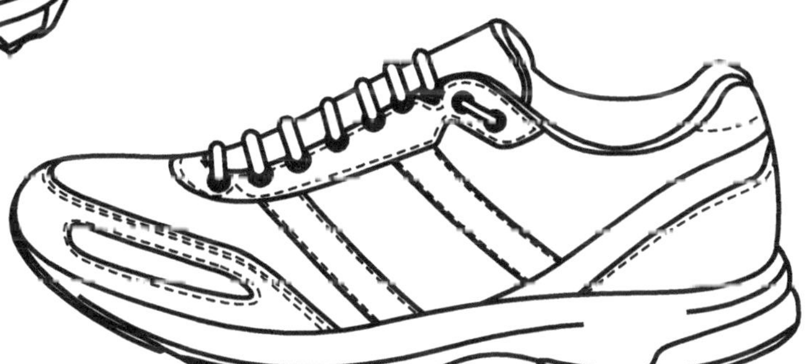

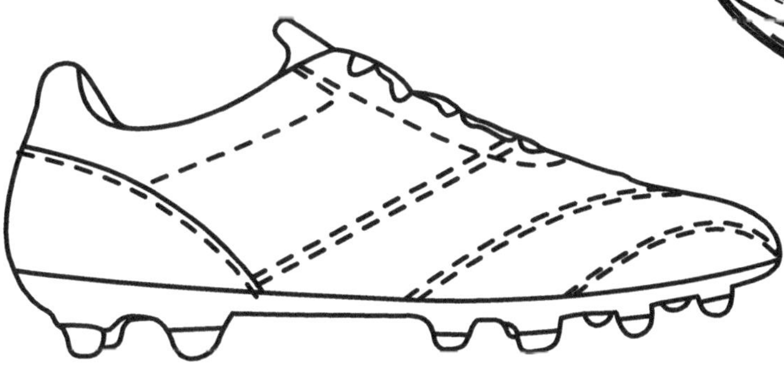

Dibujo a mano y CAD

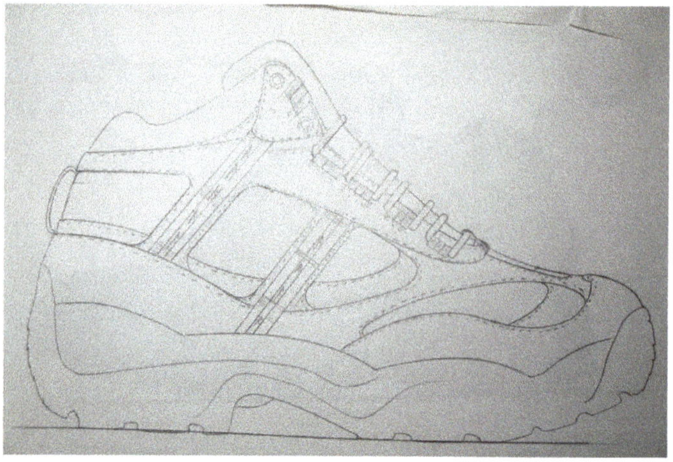

Los programas de dibujo por ordenador son una herramienta muy importante para el diseñador de calzado. Aunque el diseñador pueda cerrar los ojos e imaginar cómo será el diseño final, el director, o el jefe de ventas pueden no tener las mismas habilidades.

El dibujo en plano es una forma de comunicarle a los demás cómo será el diseño antes de dedicarle el tiempo, esfuerzo, y gasto empleado en el muestrario. La ventaja de los dibujos en plano por ordenador es que se pueden hacer de manera rápida, pudiendo cambiar texturas y colores aun más rápido. Una vez aprobado el boceto, se podrá hacer un buen *rendering* aplicando texturas, colores, y sombras de manera uniforme y real en menos de una hora.

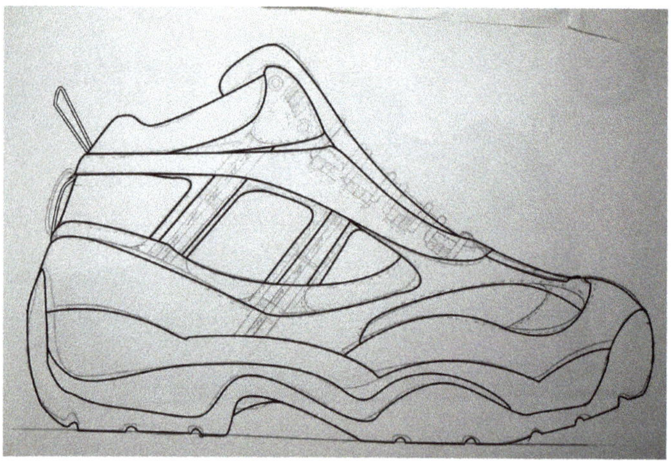

Empezando con un boceto, haz una foto o escanéalo para pasar el dibujo al ordenador. Si tu dibujo está bien marcado con líneas oscuras, hay muchos programas de dibujo que te harán la línea principal de manera inmediata.

En este caso, la función automática requiere más limpieza que solo dibujar las líneas. Para una deportiva como esta, me gusta empezar desde la parte inferior de la suela o el piso, e ir trazando pieza por pieza; organizando cada nueva sección creada al final de la capa del dibujo según voy haciendo las demás partes.

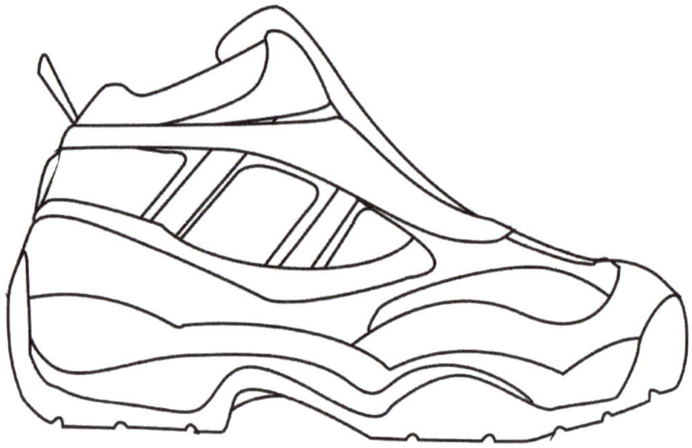

No se necesita perder el tiempo dibujando todas las piezas que se superponen.

Una vez dibujadas las líneas principales, la función del buscatrazos elimina las líneas que no se ven. El boceto se ha convertido ahora en un dibujo listo para colorear y añadir texturas para hacer el *rendering*.

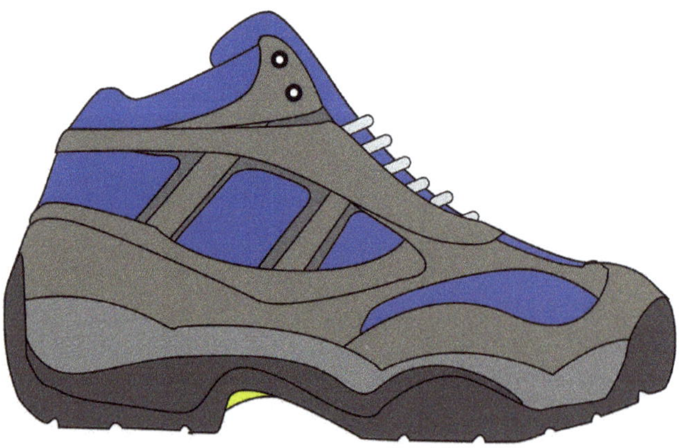

En este punto, me gusta agregar color, cordones y fornituras. Dibujar la costura es muy fácil, utiliza la opción de desplazamiento, e introduce un valor negativo de -1.5mm, esto creará una línea interior paralela. Después, utiliza las opciones del trazo para hacer una línea pespunteada. Con el pespunte hecho, ahora el dibujo parece una zapatilla.

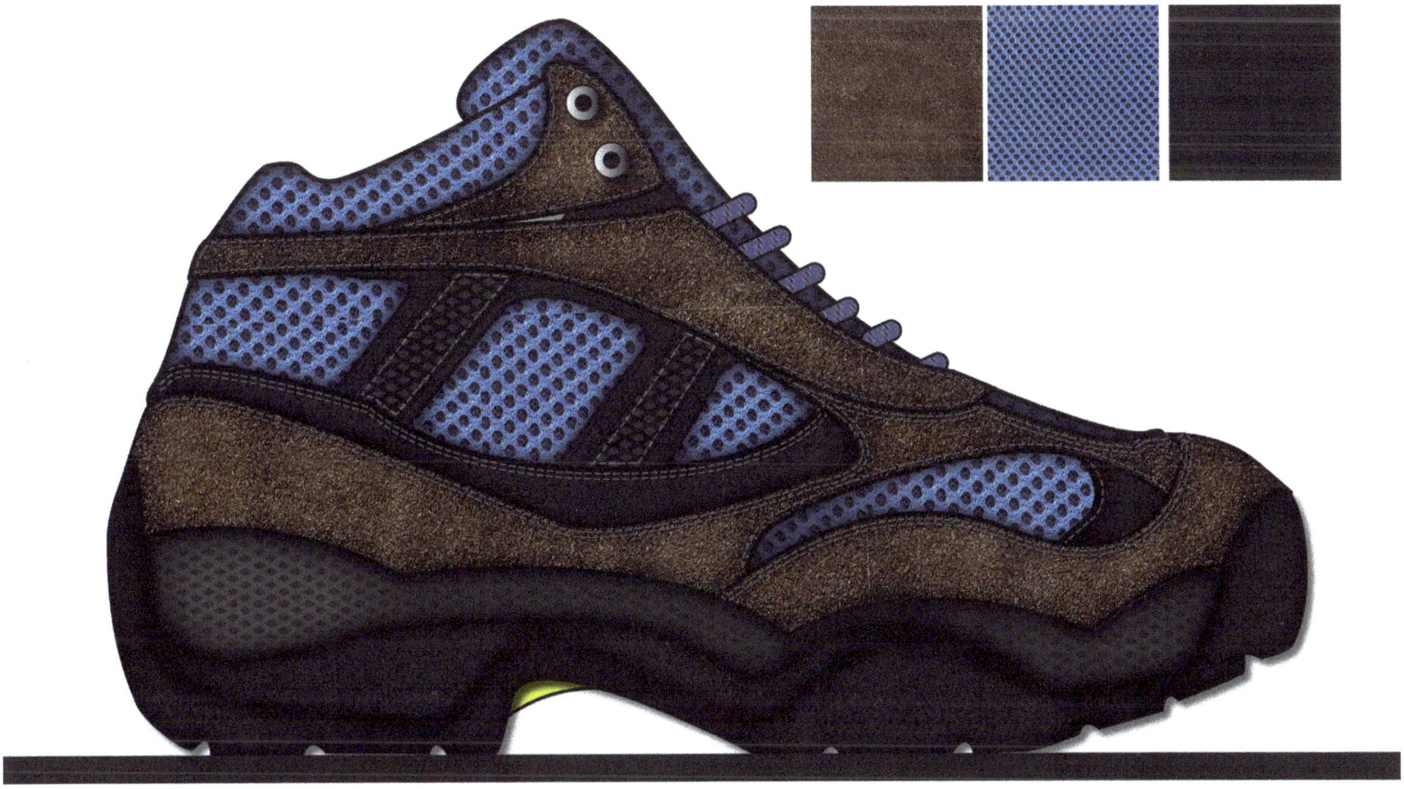

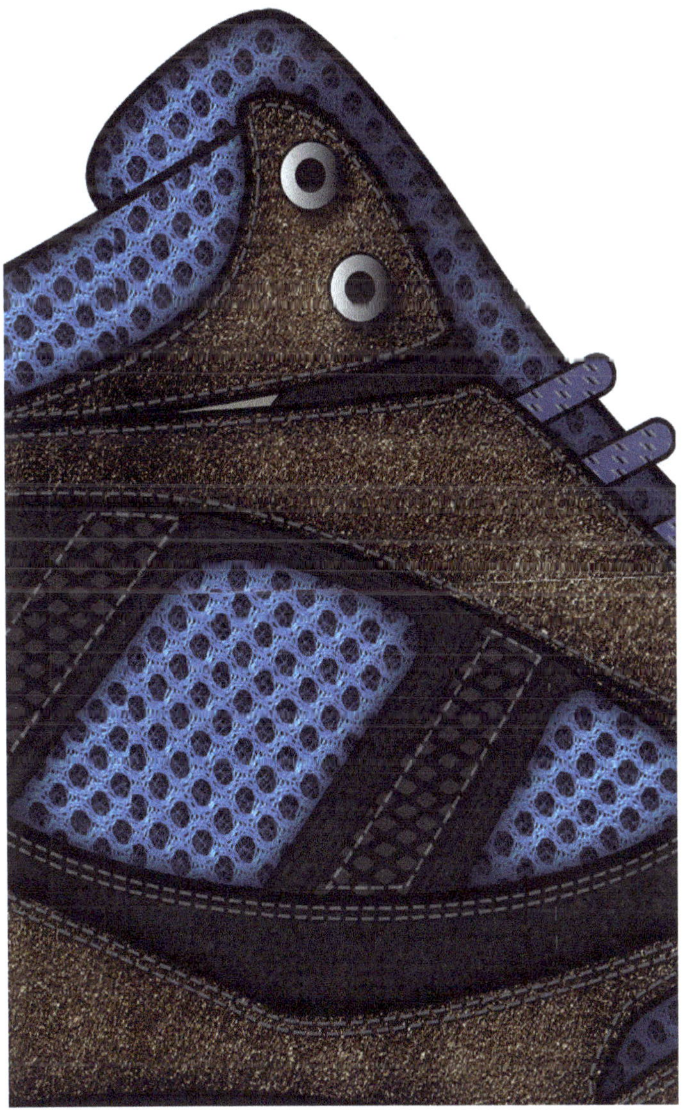

Existen muchas técnicas para hacer que el trazo se parezca más a una zapatilla real. Aquí, algunos de mis comandos favoritos en Adobe Illustrator que se utilizaron para *renderizar* esta zapatilla.

1. Utiliza la herramienta de muestras para simular el cuero. En este caso, con una foto de una piel de serraje, y una malla 3D completan el corte.

2. Utiliza la herramienta de desplazamiento para crear el pespunte. Si el dibujo se va a escalar, utliza un desplazamiento de -1,5mm con un grosor de trazo de 1pt. Haz una línea discontinua con las opciones del trazo.

3. Añade una ligera sombra paralela al pespunte.

4. Para darle a las partes cortadas un efecto 3D, puedes utilizar el efecto de resplandor interior para oscurecer los bordes de los paneles cortados. Establece el color en negro, con un 100% de opacidad, y ve probando el desenfoque para obtener el efecto deseado.

5. Utiliza la muestra de relleno para agregar un poco de textura adicional en la entresuela. Copia y pega la pieza en el mismo lugar, cambia el relleno por tu textura para hacer la superposición.

6. Utiliza la opción de degradado para las fornituras de metal, y después, agrega una ligera sombra.

7. Utiliza la muestra de relleno para colorear los cordones.

Caza

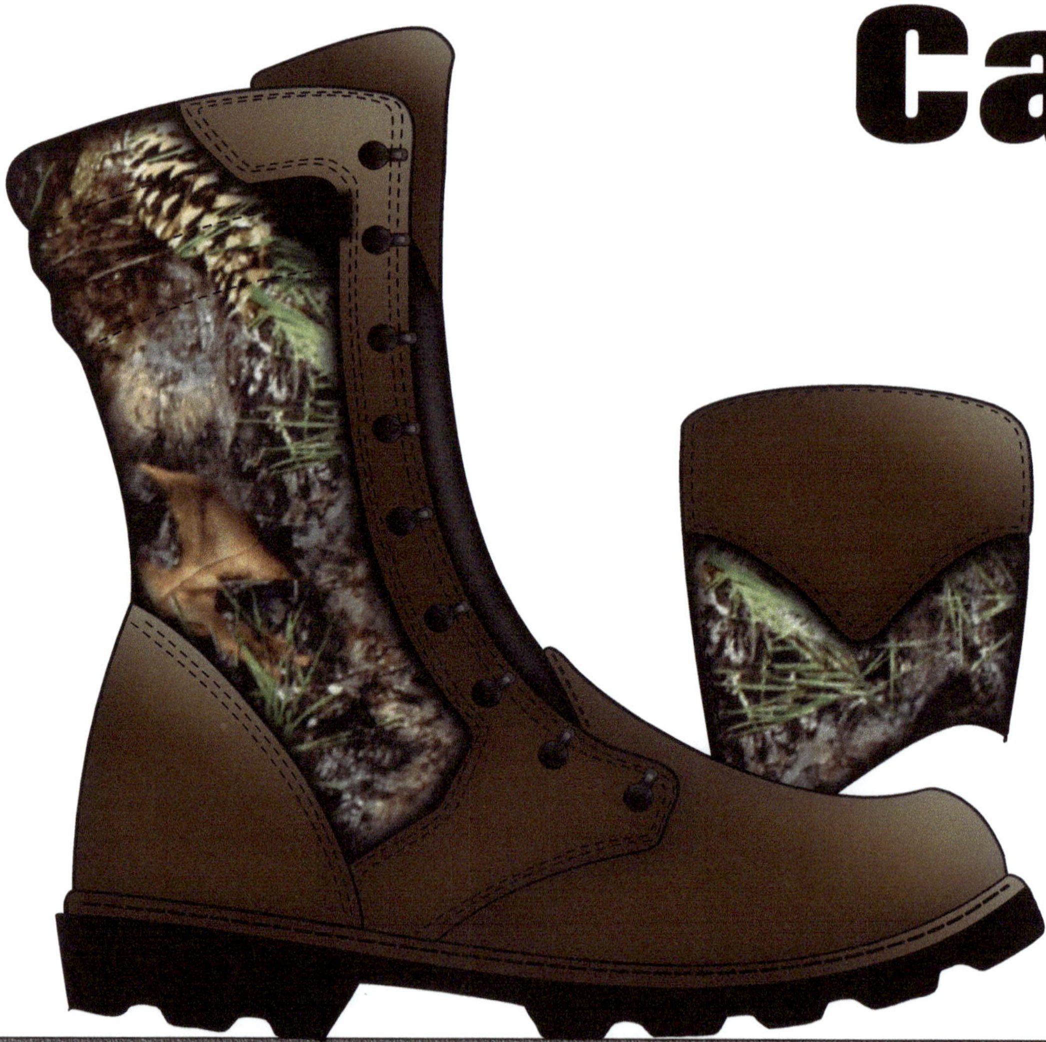

Herramientas de diseño de calzado

Cualquier foto de una revista, o de internet, puede ser tu base para una suela. Aquí, se trabajó una imagen en Adobe Photoshop, utilizando la opción de perfeccionar borde para acentuar la silueta.

A partir de aquí es fácil dibujar la línea de arte y agregar las líneas de costura.
Una vez elaborada la capa subyacente, será fácil crear diferentes modelos o combinaciones de colores.

Para agregar los patrones de camuflaje, utiliza la función de máscara de recorte, o la textura. Para agregar profundidad, utiliza la herramienta de resplandor interior. Para agregar las partes resaltantes, se realizó una superposición de relleno y degradado con la opacidad establecida en 20%.

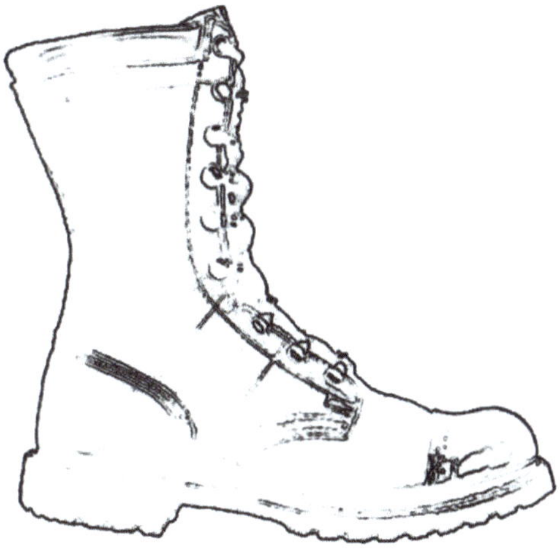

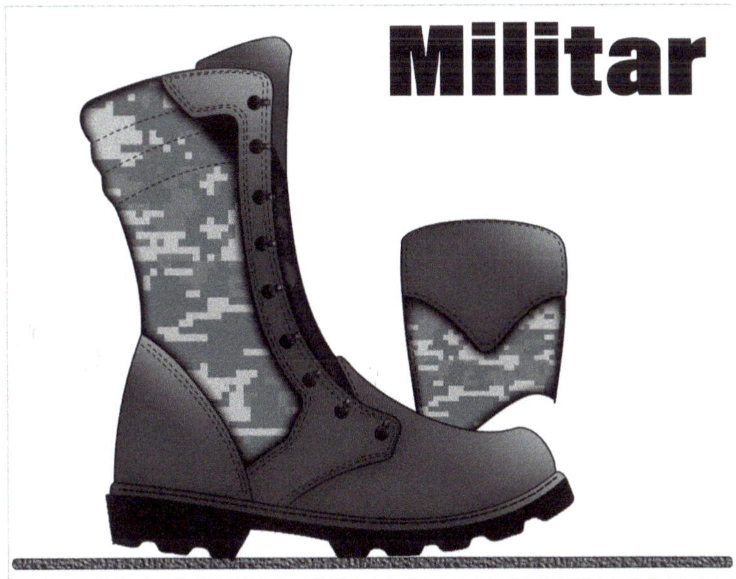
Militar

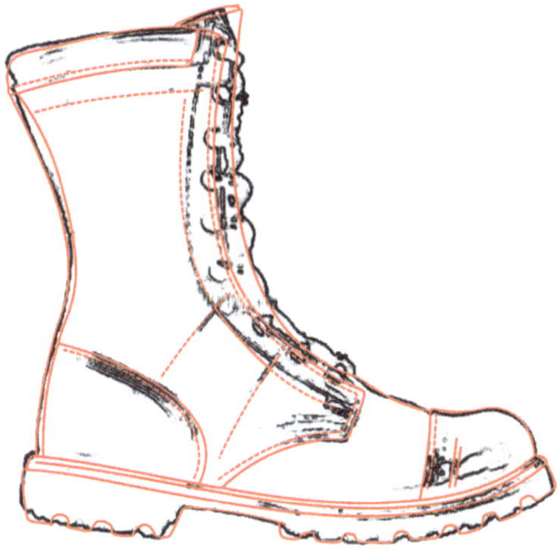

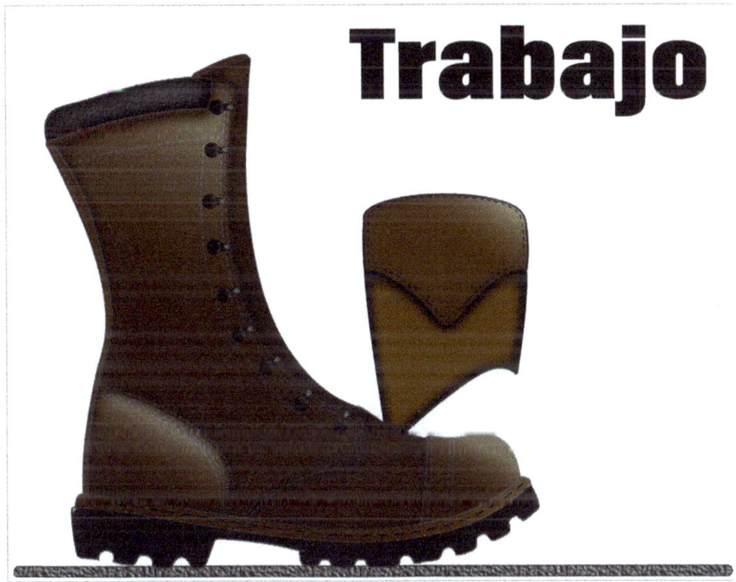
Trabajo

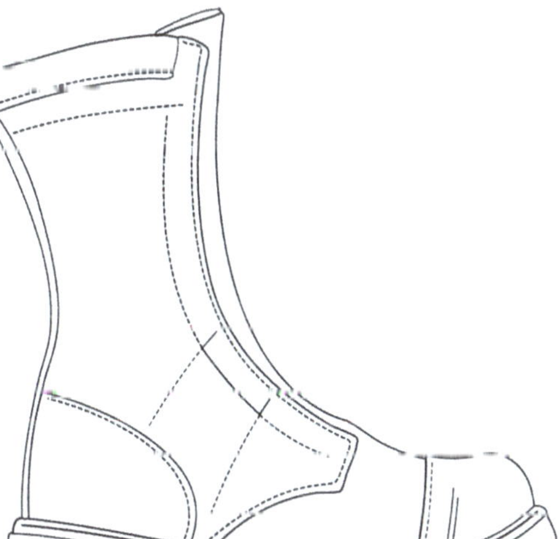

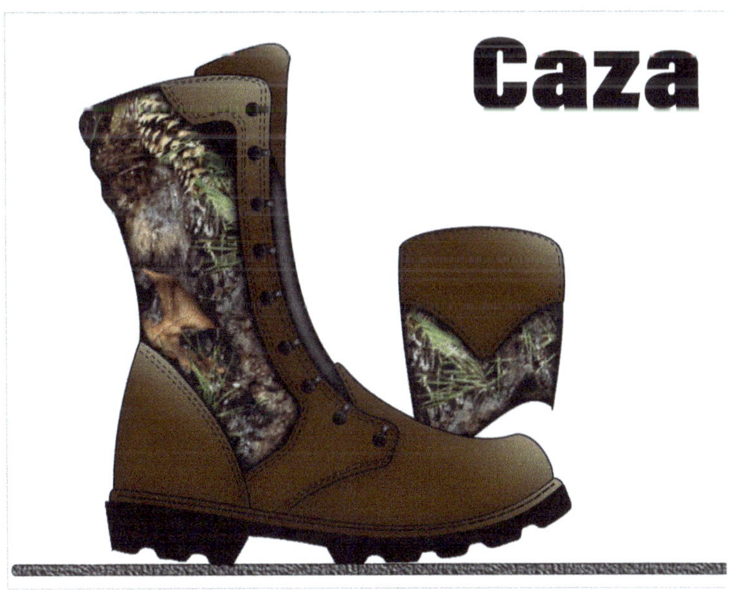
Caza

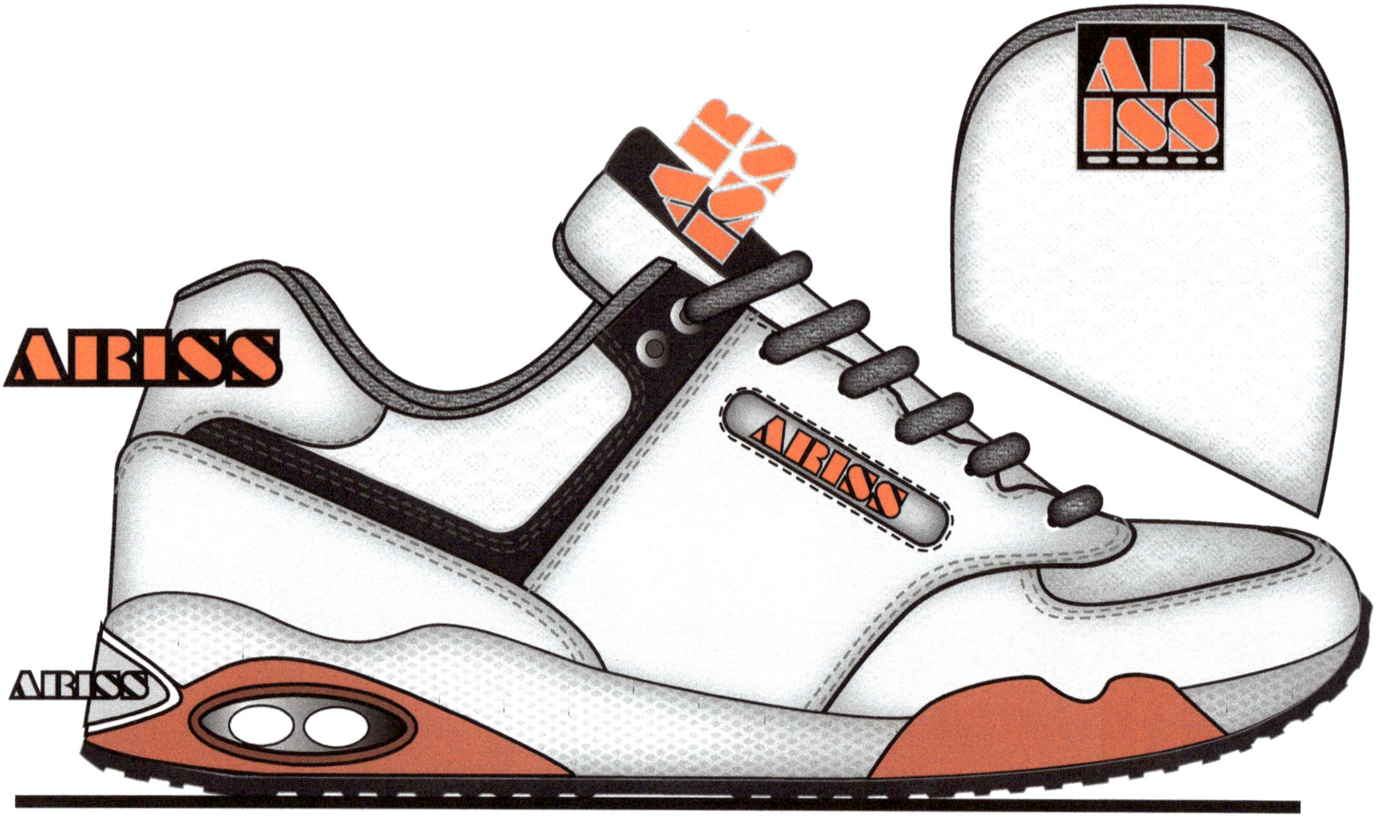

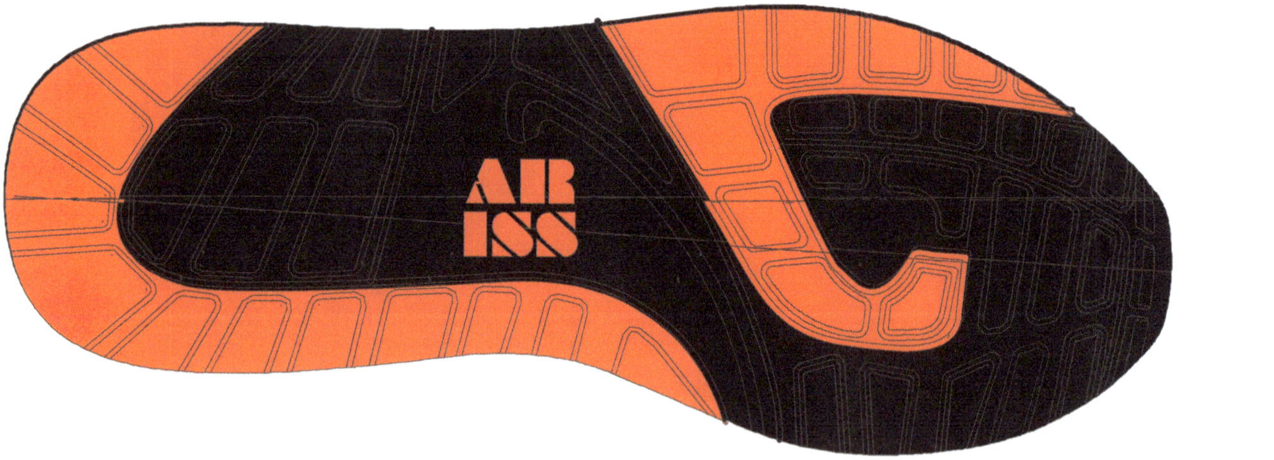

Renderizado a color

Para este *renderizado*, se utilizó una textura de cuero abatanado con un grano fino. También se ha utilizado una malla de color blanco mediante la herramienta de muestras; y en los cordones, forros y entresuelas, también se han añadido diferentes texturas. Las sombras se añadieron mediante la herramienta de resplandor interior.

Una vez se tiene un dibujo correctamente detallado, se podrá realizar una gama de diseños completa en solo unos minutos.

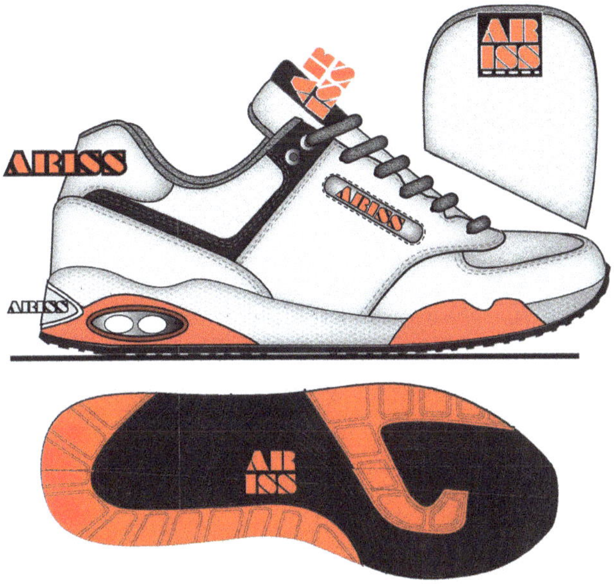
ABISS
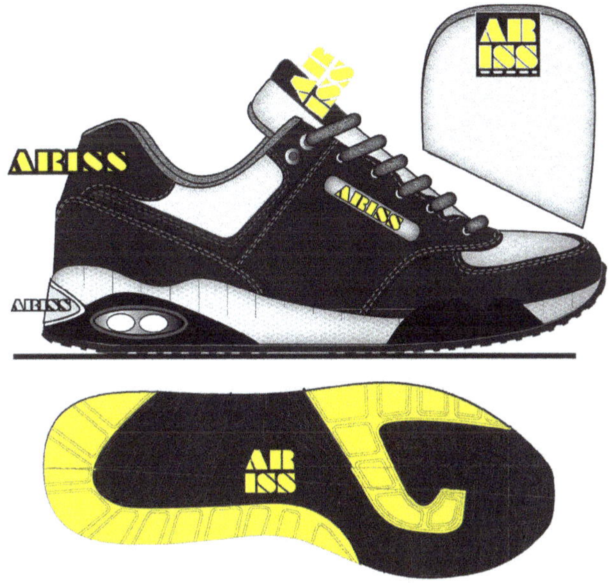
ABISS
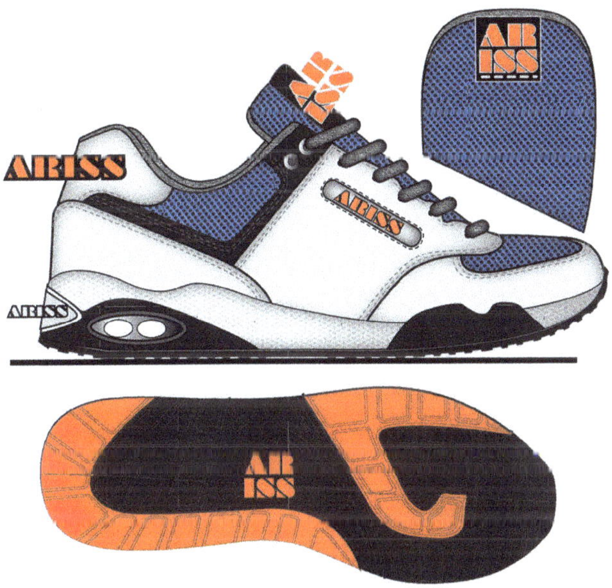
ABISS
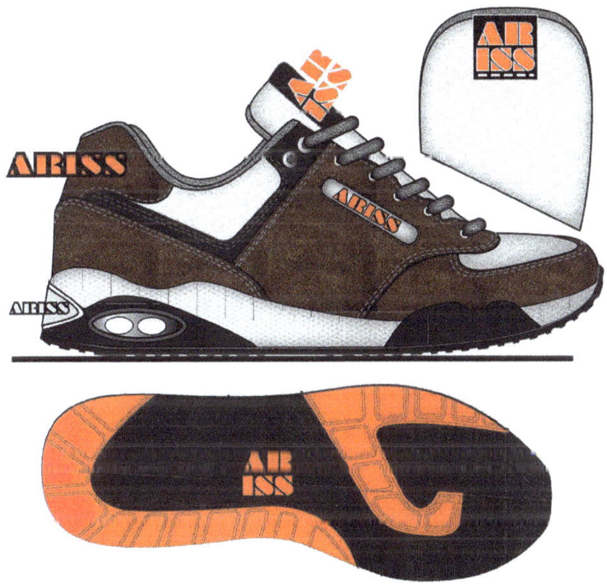
ABISS
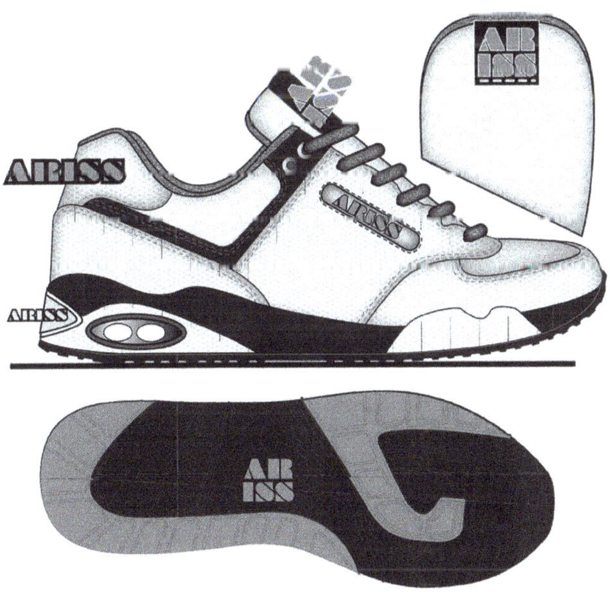
ABISS
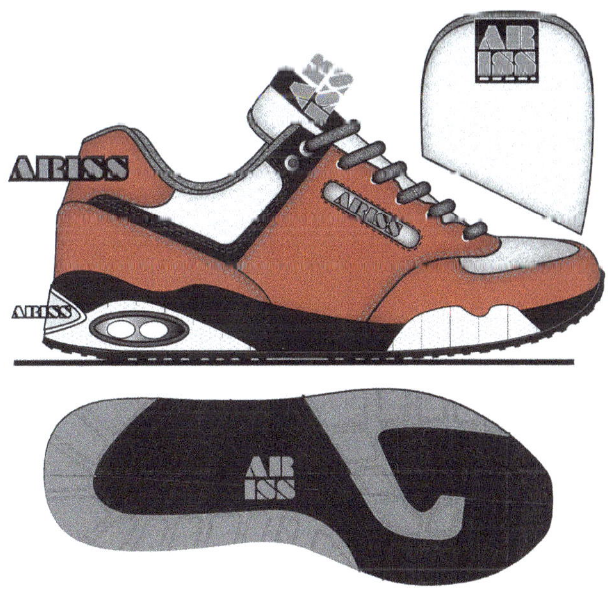
ABISS

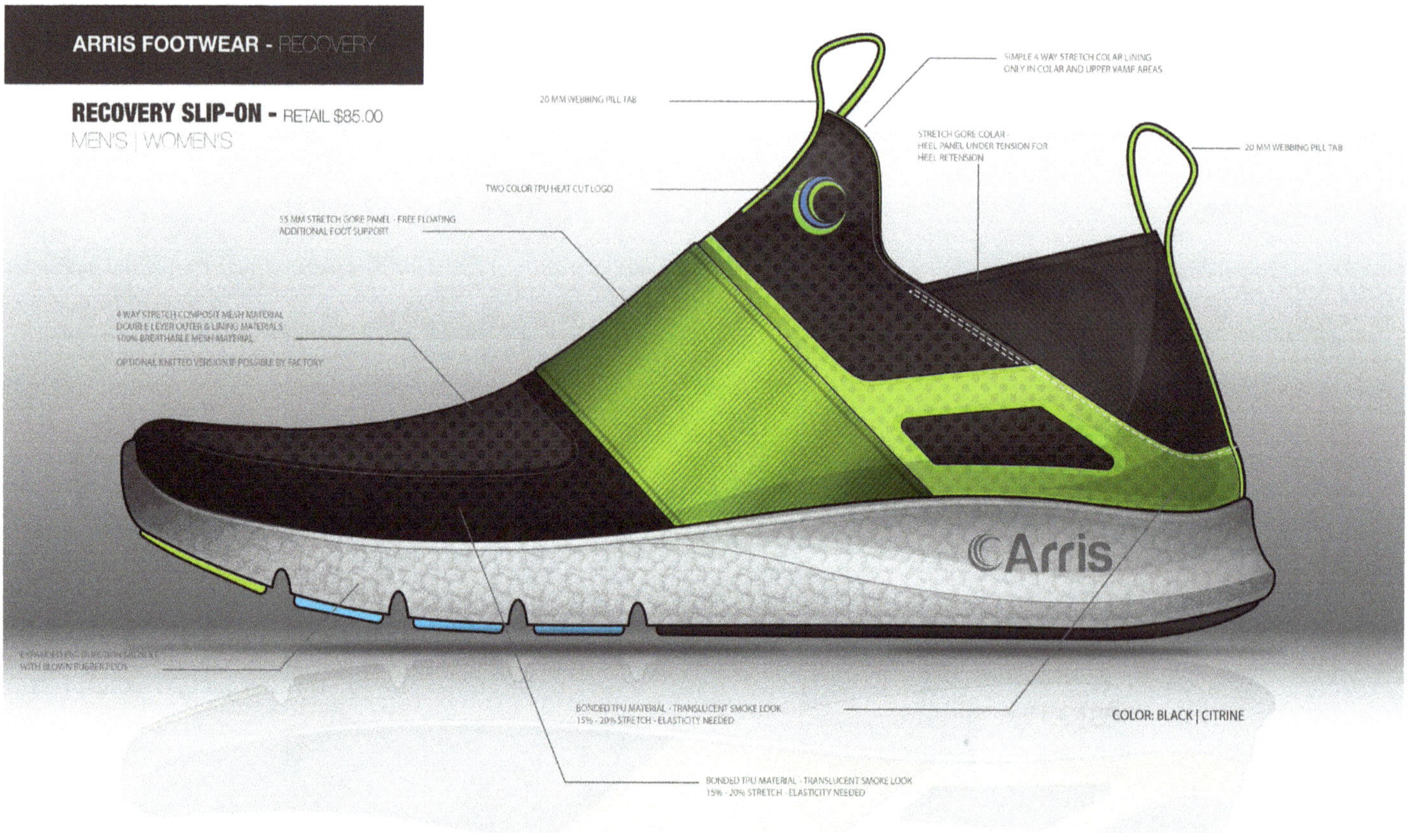

Colorear la gama de productos

Tener dibujos *renderizados* de alta calidad supone algo muy importante para la toma de decisiones. Los inversores y directores de ventas necesitan poder ver exactamente cómo será el producto final.

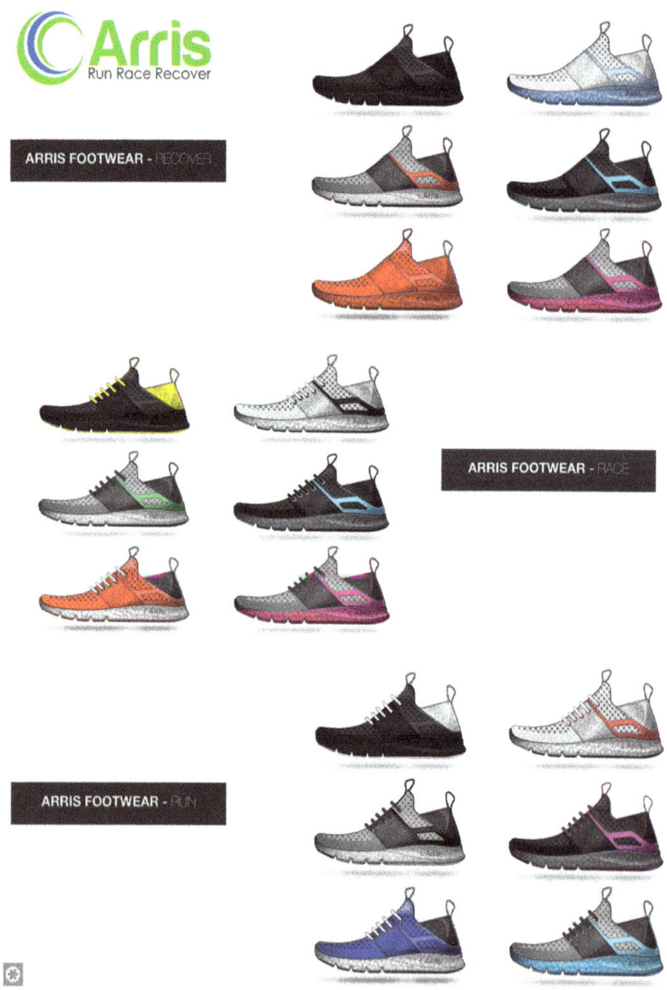

Aun hay cabida para los dibujos hechos a mano. Aunque un poco pasado de moda, *renderizar* a mano es otra forma de comunicar tu diseño con una energía diferente.

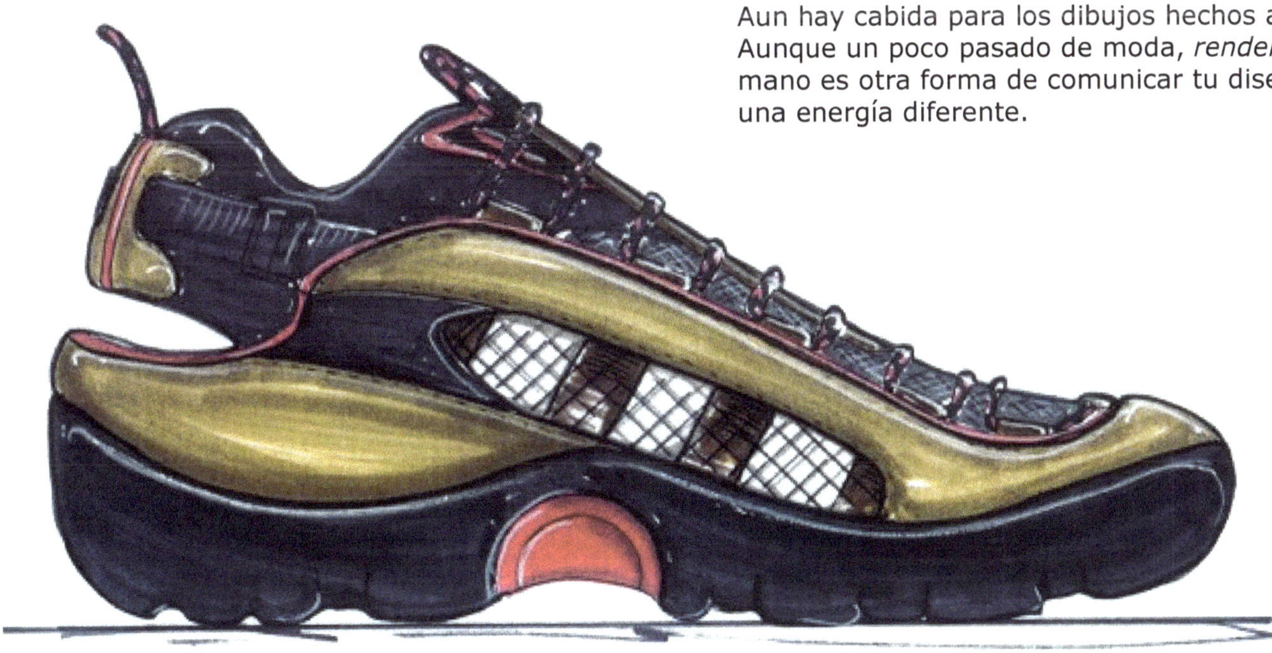

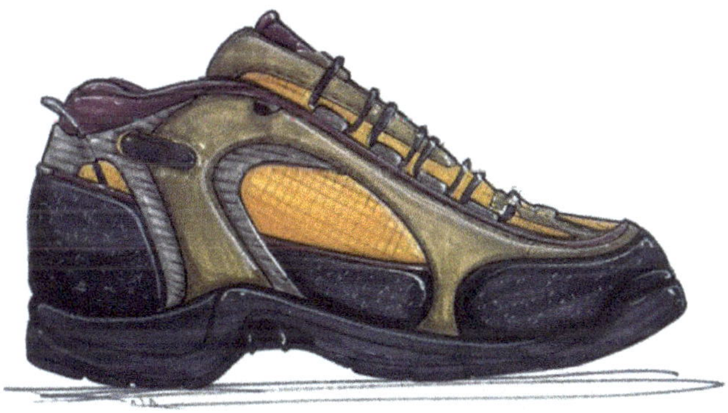

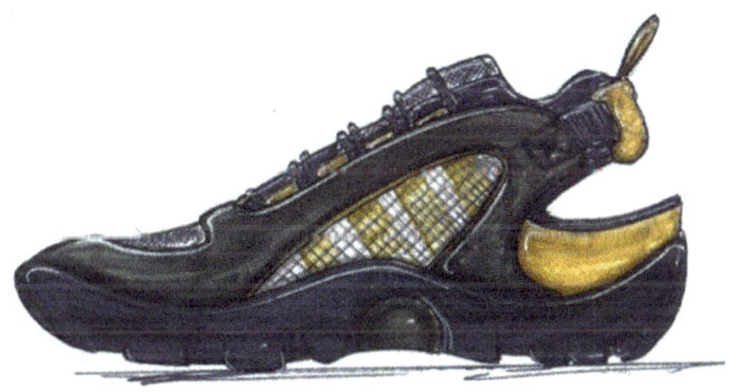

Comenzando con una base entintada, se aplica el color con trazos rápidos, haz una segunda pasada por los bordes para definir los contornos. El lápiz de color blanco, o el típex, se puede utilizar para agregar brillos.

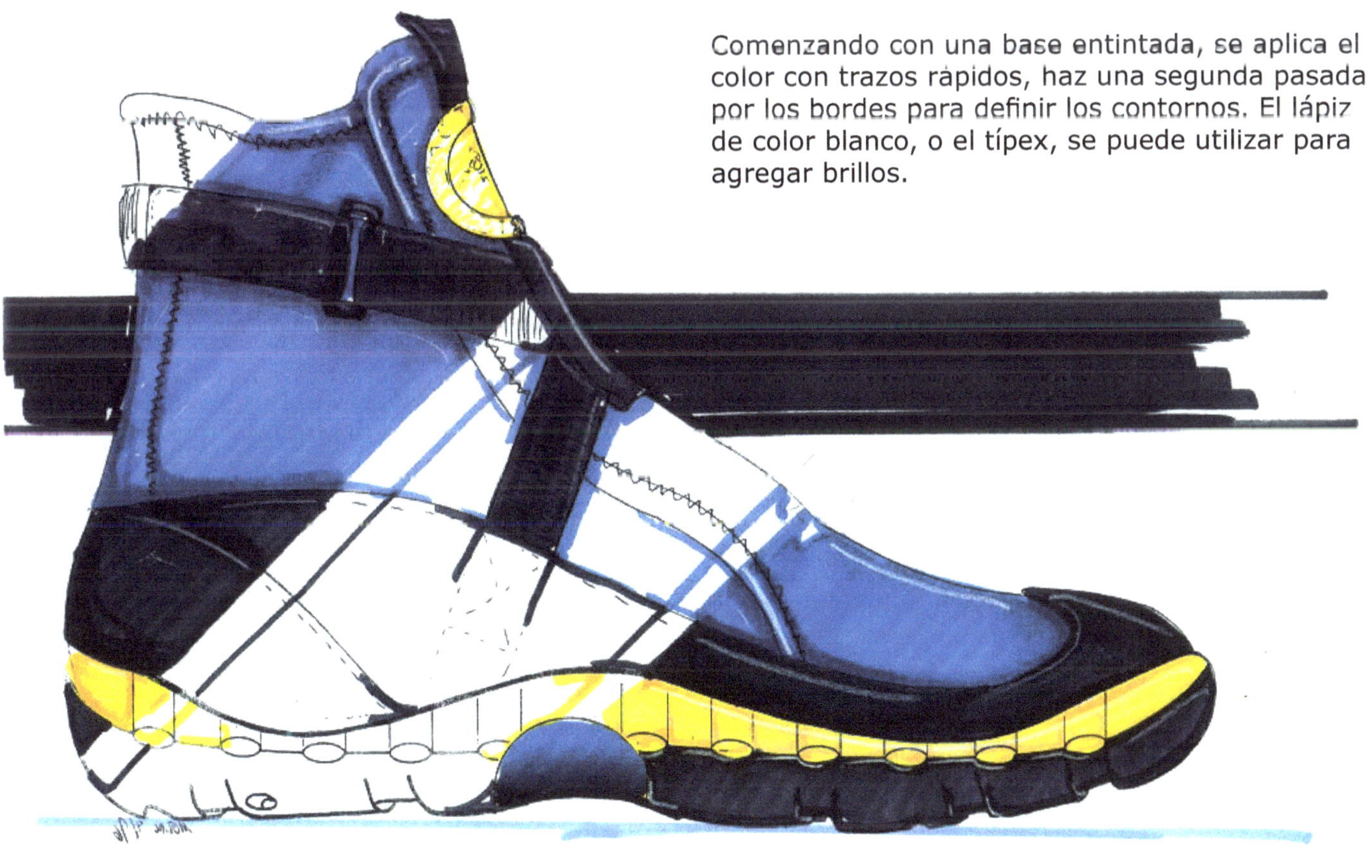

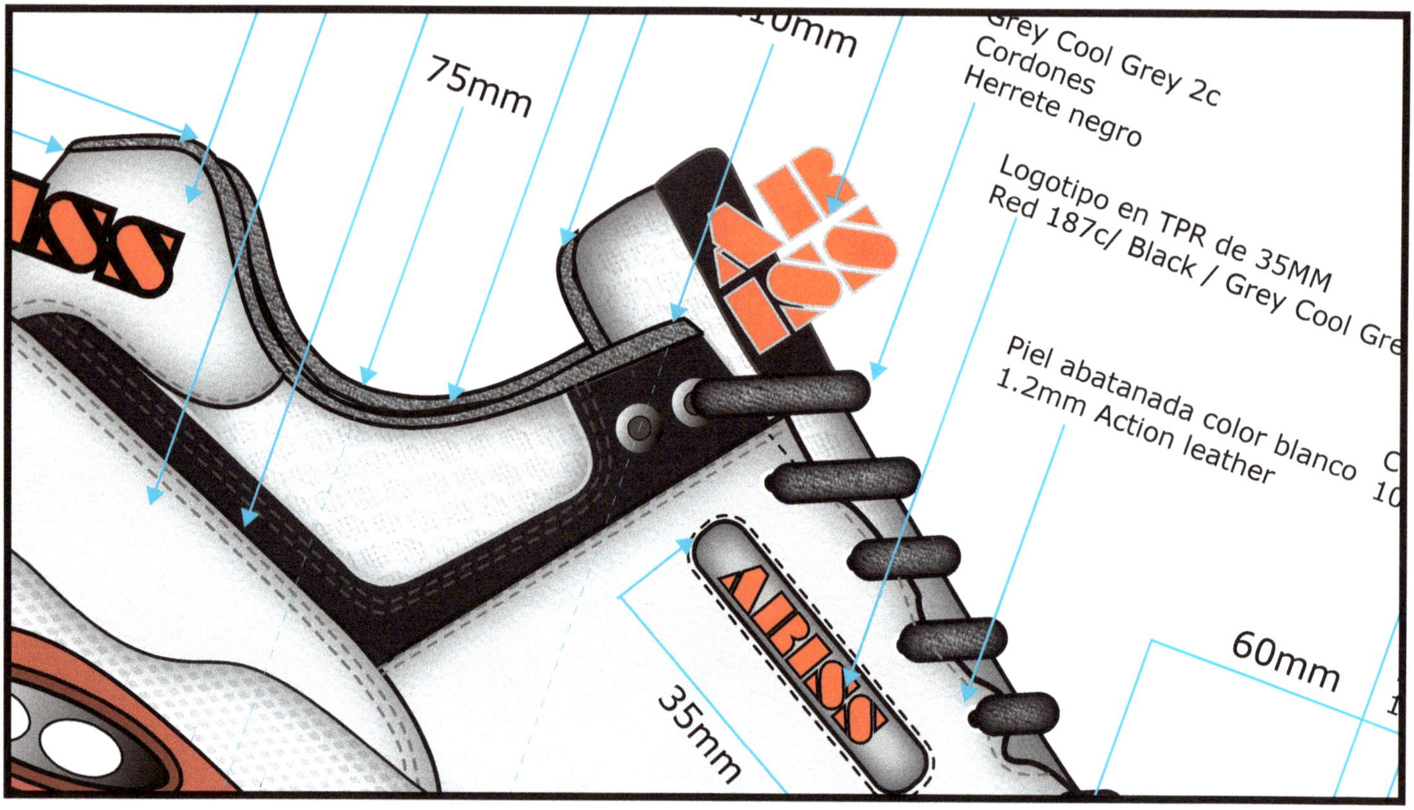

CAPÍTULO 2

DIBUJOS TÉCNICOS DE CALZADO

Una vez que se haya elegido y trabajado el concepto de diseño, llega la hora de convertir los dibujos en una nueva zapatilla. Aquí es cuando el desarrollador se une al diseñador para avanzar el proyecto.

El desarrollador es un técnico con experiencia que transformará los dibujos en instrucciones para la fabrica. La fase de desarrollo comienza con un dibujo, y termina meses más tarde con una muestra en manos del vendedor.

La ficha técnica

Tanto el diseñador como el desarrollador crearán una ficha técnica detallada, o un conjunto de especificaciones con dibujos; en inglés se llama *specks* o *tech pack*. Estos dibujos y documentos detallan cada parte de la zapatilla, desde el corte, hasta la suela o el piso. Estas especificaciones incluyen el nombre de cada pieza, material, proveedor, grosor y color.

La ficha técnica incluye la información sobre la horma del modelo, el logotipo, los detalles de diseño, grabados, etc. También puede incluir muestras físicas de calzado, muestras de materiales, fotos, o cualquier otra anotación que pueda ayudar a construir las muestras. La ficha técnica puede ser enviada por correo electrónico, por servicio de mensajería, o llevado por el desarrollador a la fábrica. En este punto del proceso, el desarrollador es ahora el responsable de que se lleve a cabo la muestra.

Dibujos técnicos detallados

Vista lateral (exterior del modelo).
Vista medial (interior del modelo).
Vista del talón (vista trasera).
Vista de lengüeta (enseñando el logotipo).
Vista de la pala (incluyendo la puntera).
Vistas detalladas de las piezas pequeñas.
Mapa de los materiales utilizados en el corte.

Mapa de color utilizado para la primera muestra.
Perfil lateral de la suela.
Vista inferior de la suela.
Vista detallada de las partes inyectadas.
Sección longitudinal de la suela.
Desarrollo de las texturas determinando los diferentes materiales y zonas.
Desarrollo de color detallando la idea de combinaciones de color en el modelo.

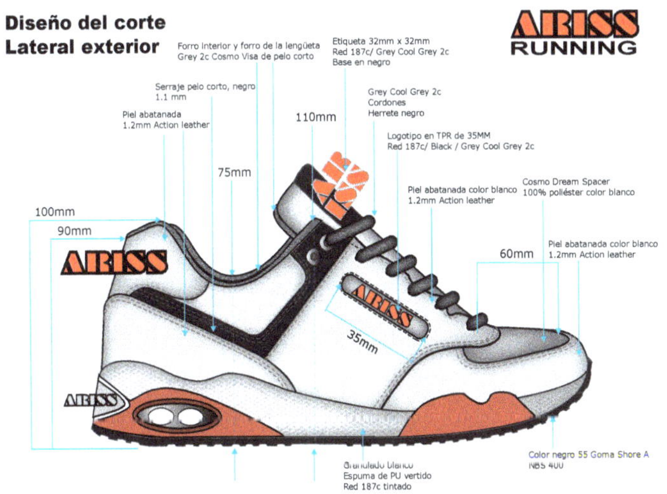

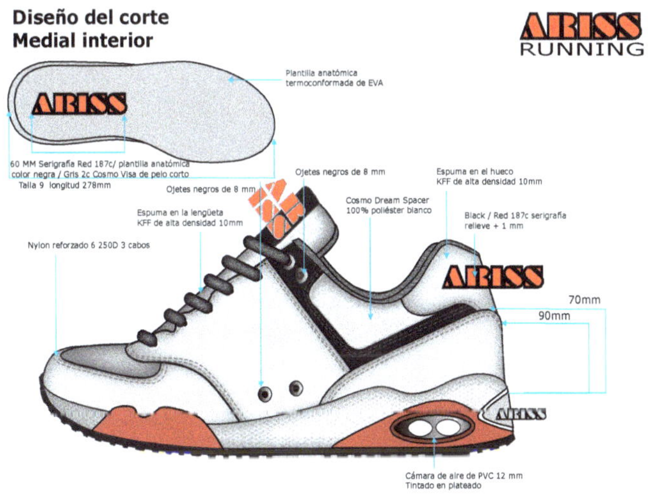

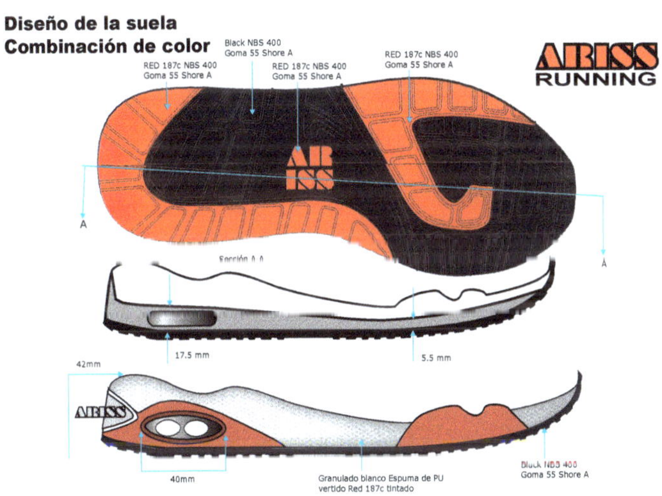

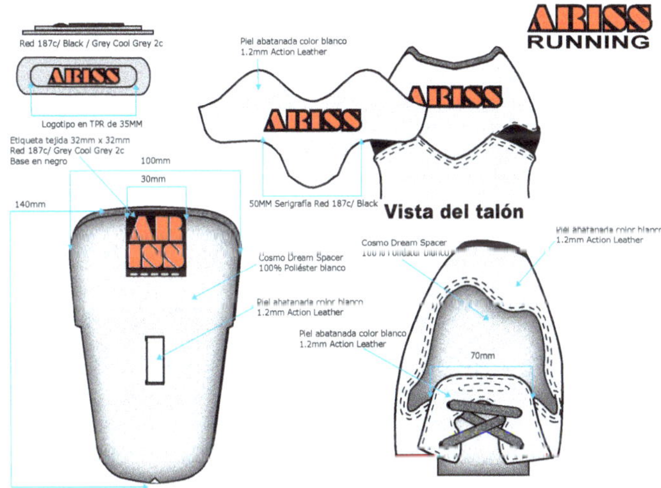

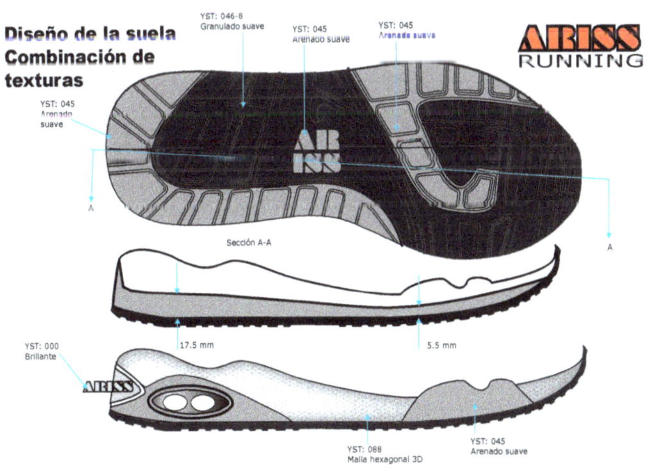

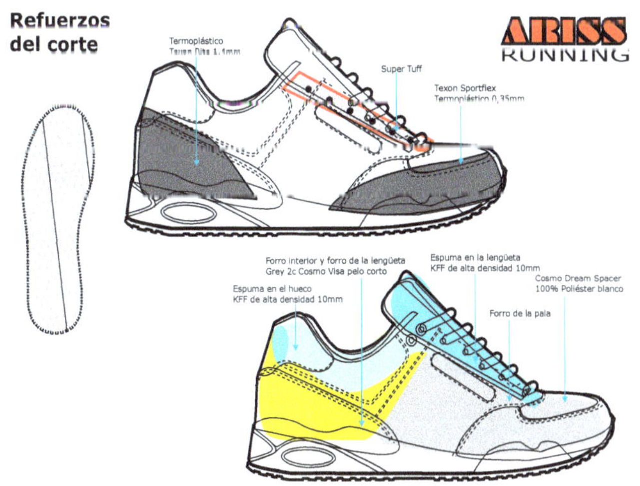

Diseño del corte
Lateral exterior

ARISS RUNNING

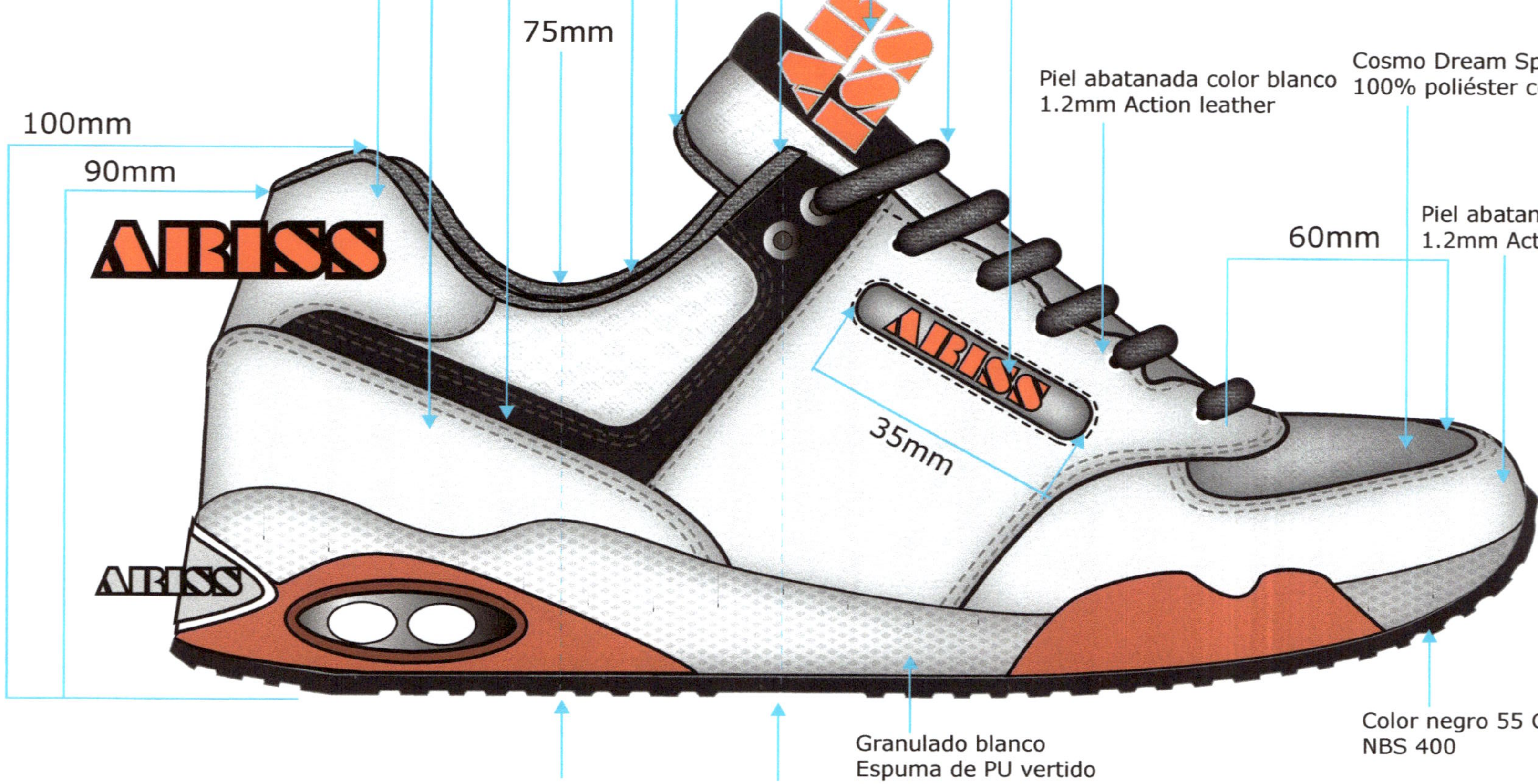

Este dibujo muestra la vista lateral (exterior del zapato), y la vista de la pala. Se deben especificar todos los detalles posibles en los dibujos. Recuerda que una foto vale más que mil palabras. Si el técnico en China no habla tu idioma, estos detalles ayudarán.

Diseño del corte
Medial interior

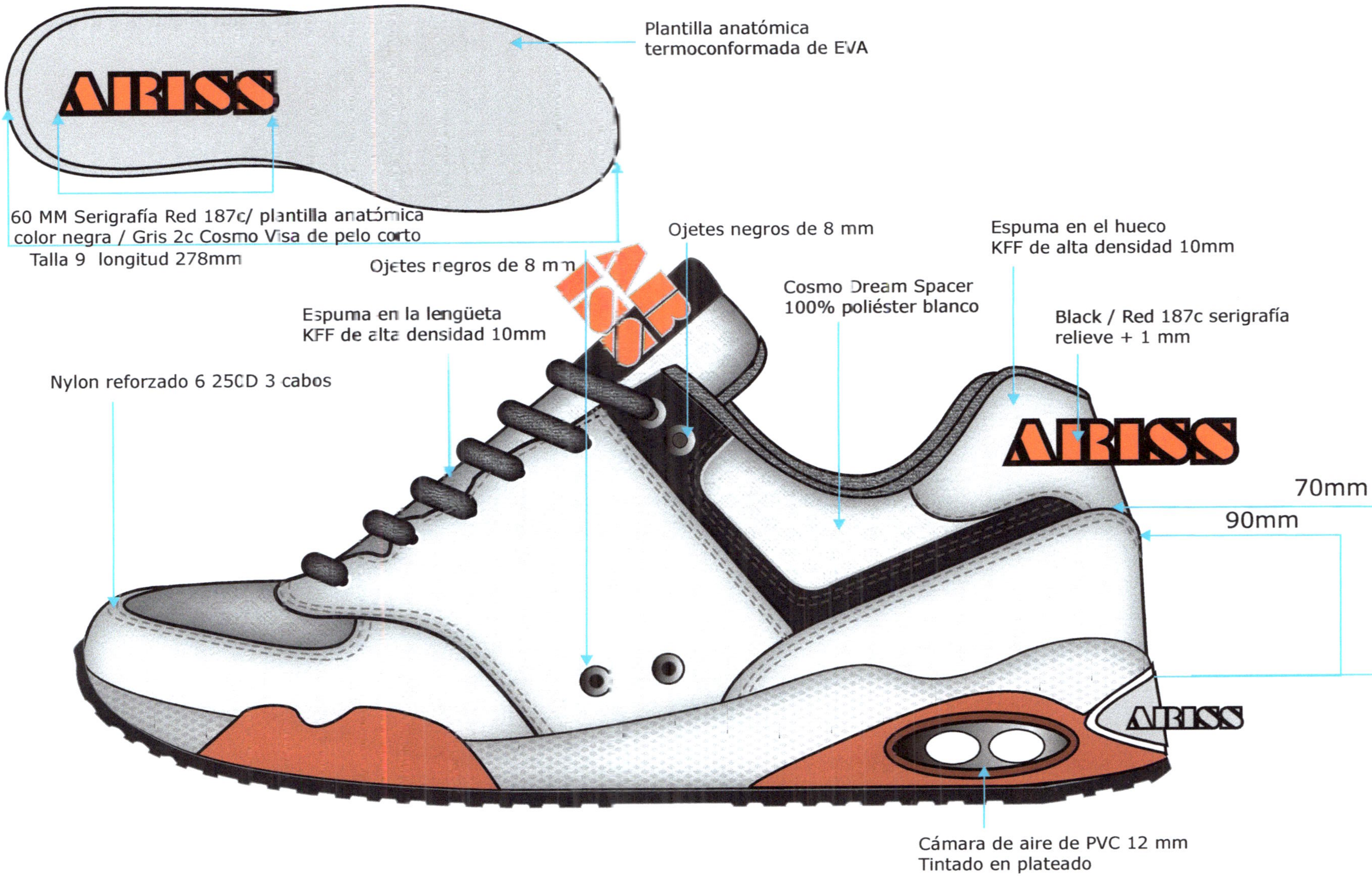

Este dibujo muestra la vista medial lateral (la vista interior) de la zapatilla. También se muestran las vistas de la lengüeta, la plantilla anatómica, y la zona del talón. Si es posible, intenta detallar las dimensiones del logotipo.

Diseño de la suela
Combinación de color

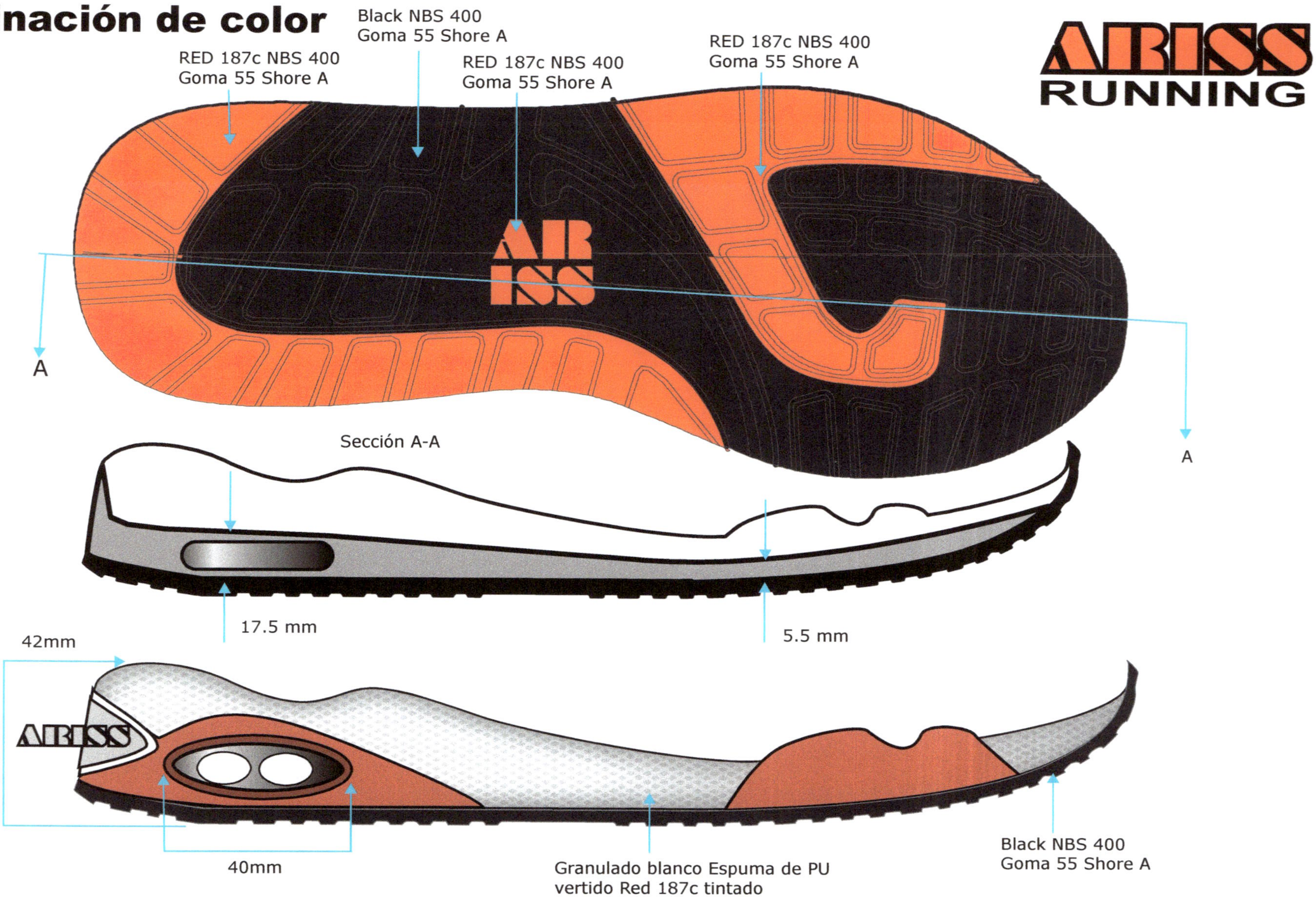

Este dibujo muestra el colorido de la suela para que la fábrica pueda ver los logotipos, y la idea de los diseñadores para las separaciones de color. Las separaciones de color deben introducirse en el molde.

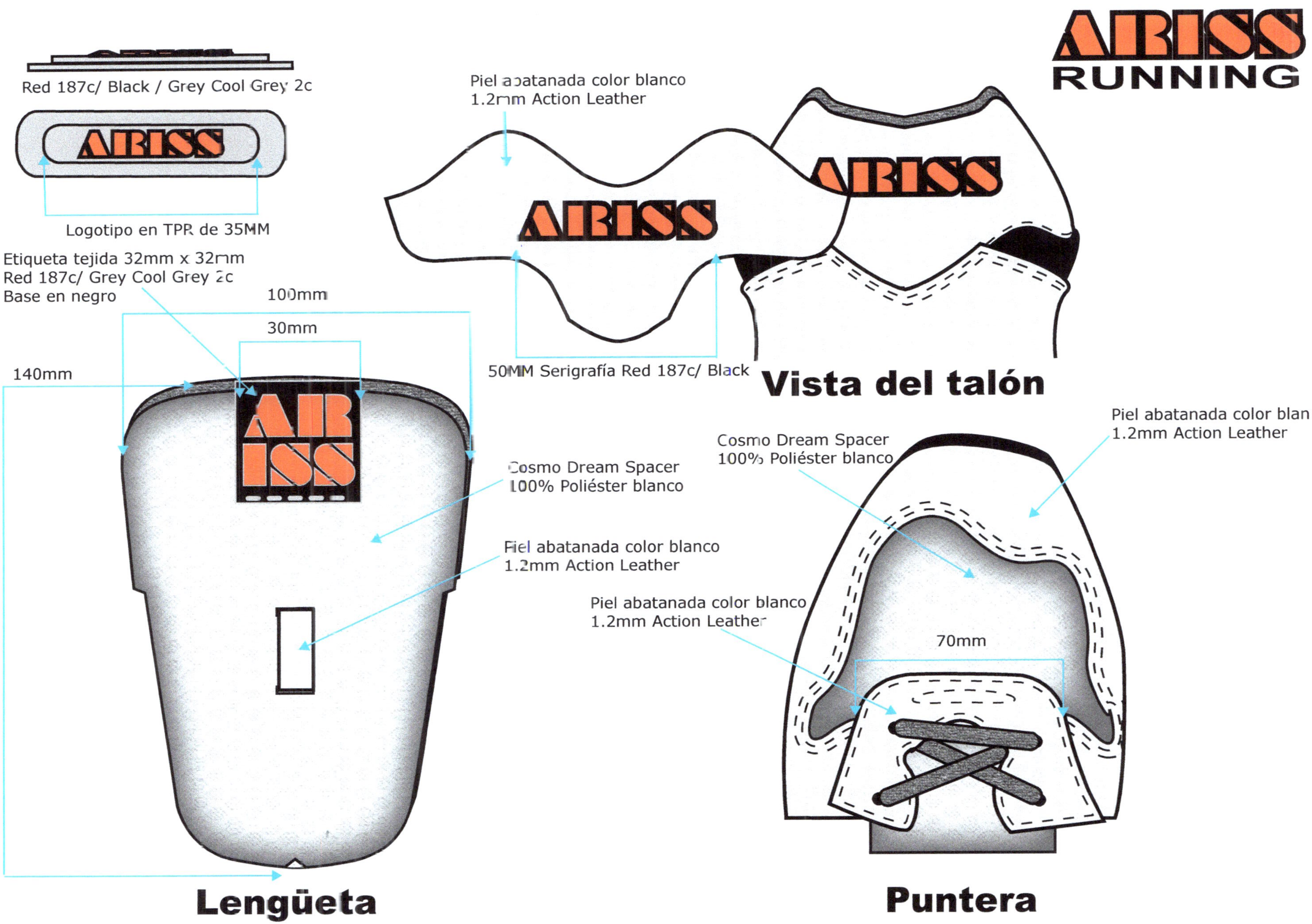

Este dibujo muestra los detalles del corte, los logotipos moldeados, la vista del talón, la vista de la puntera, y la vista de lengüeta.

Diseño de la suela Combinación de texturas

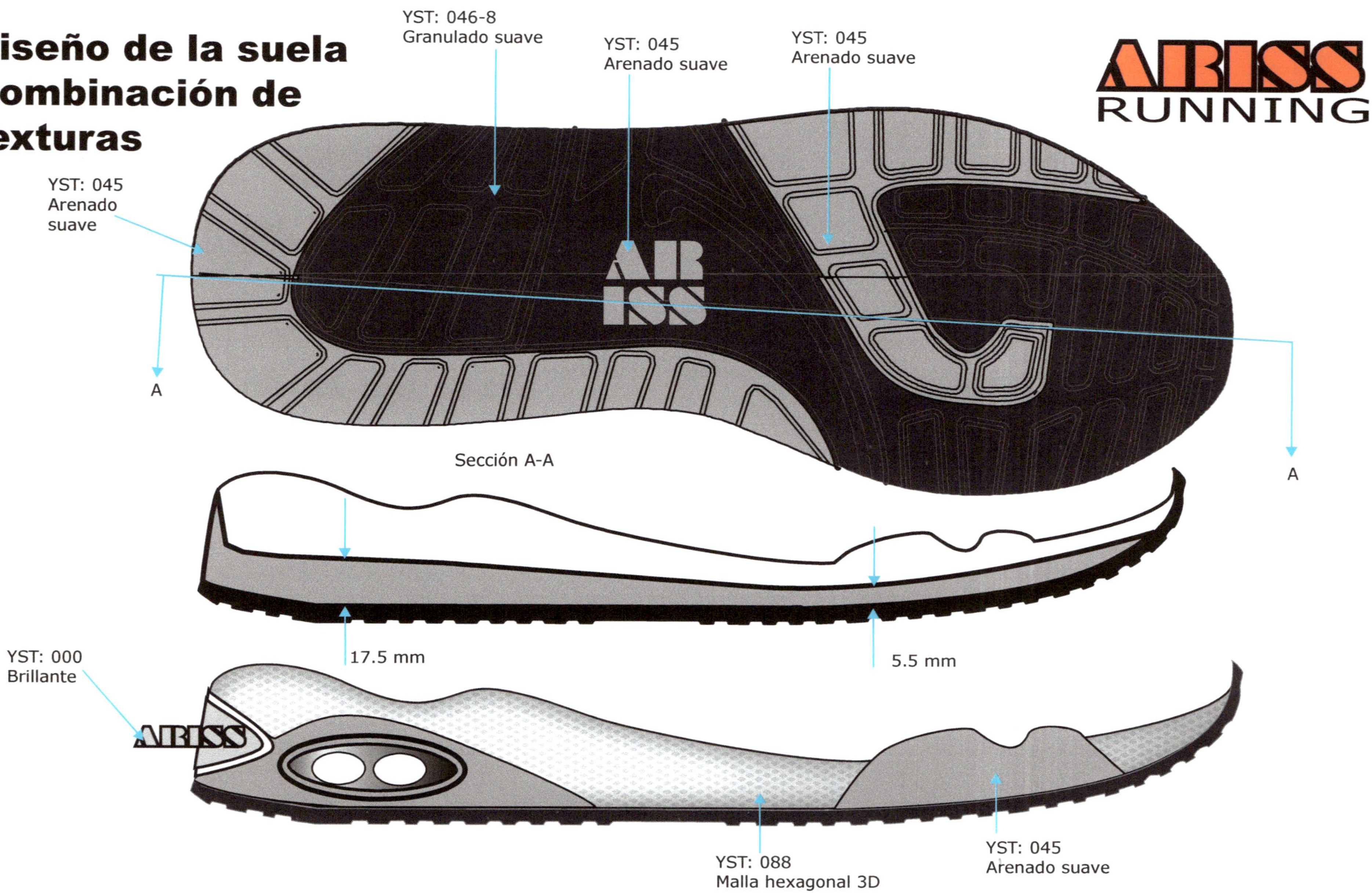

Esta imagen muestra las texturas utilizadas en la suela para hacerse en el molde.

Refuerzos del corte

ARISS RUNNING

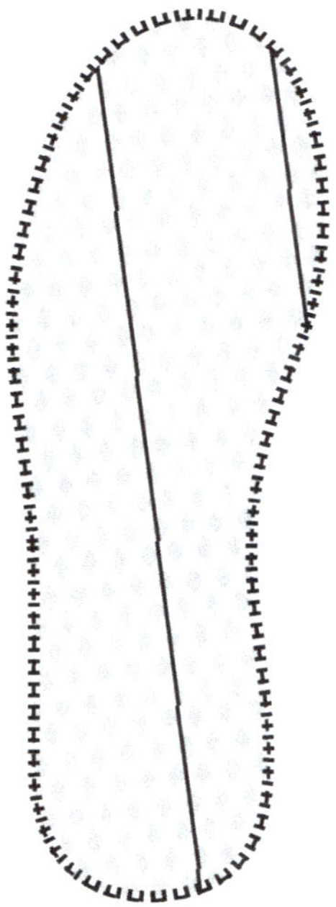

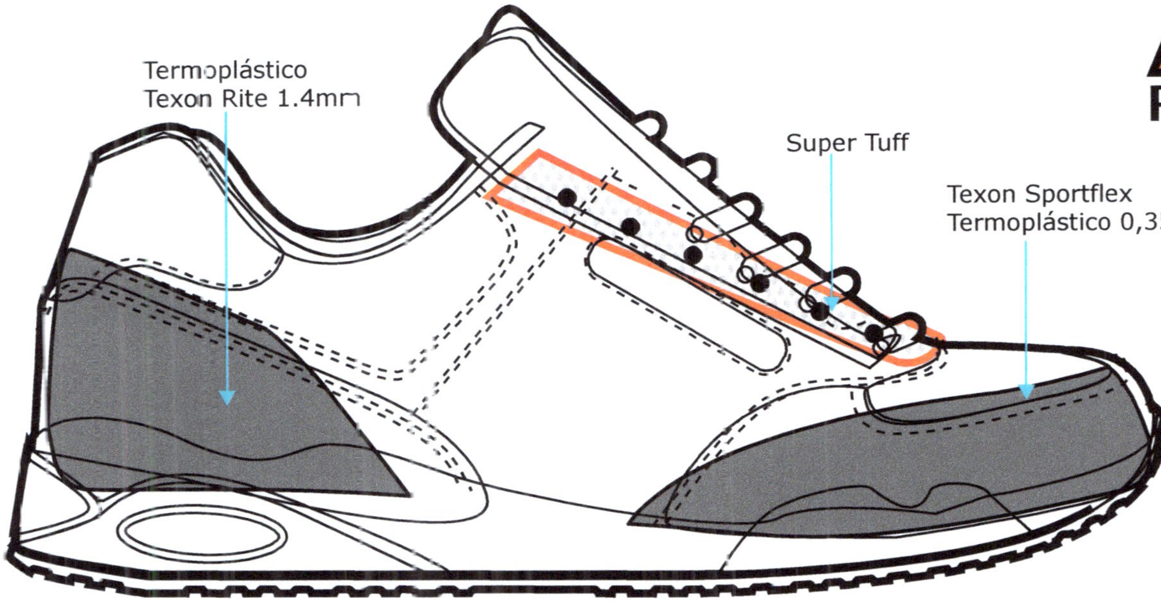

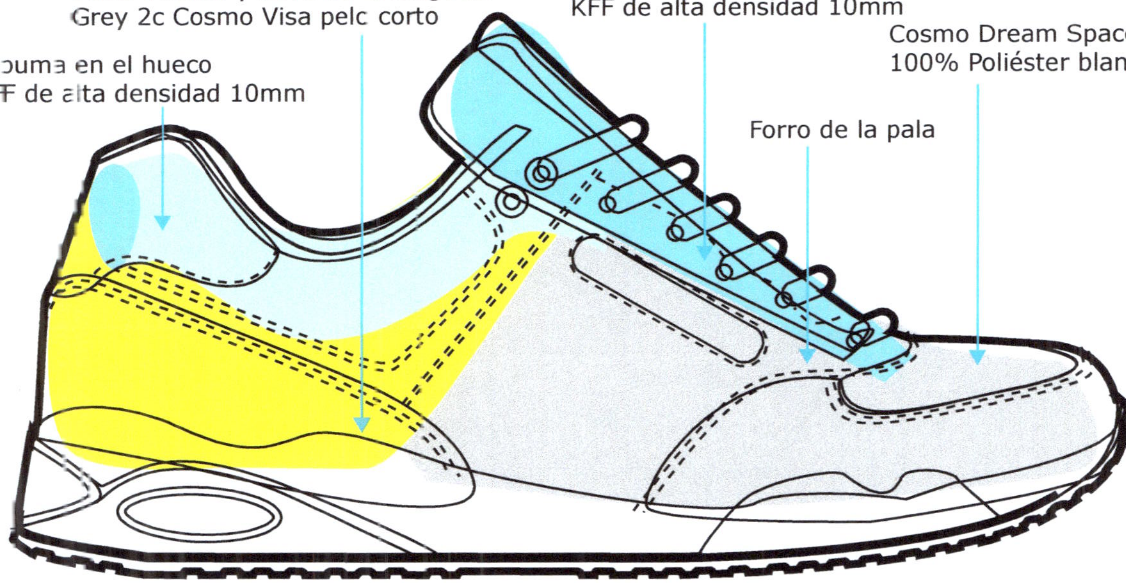

Añade cualquier detalle para mostrar a la fábrica qué construcción interna se requiere en el nuevo diseño.

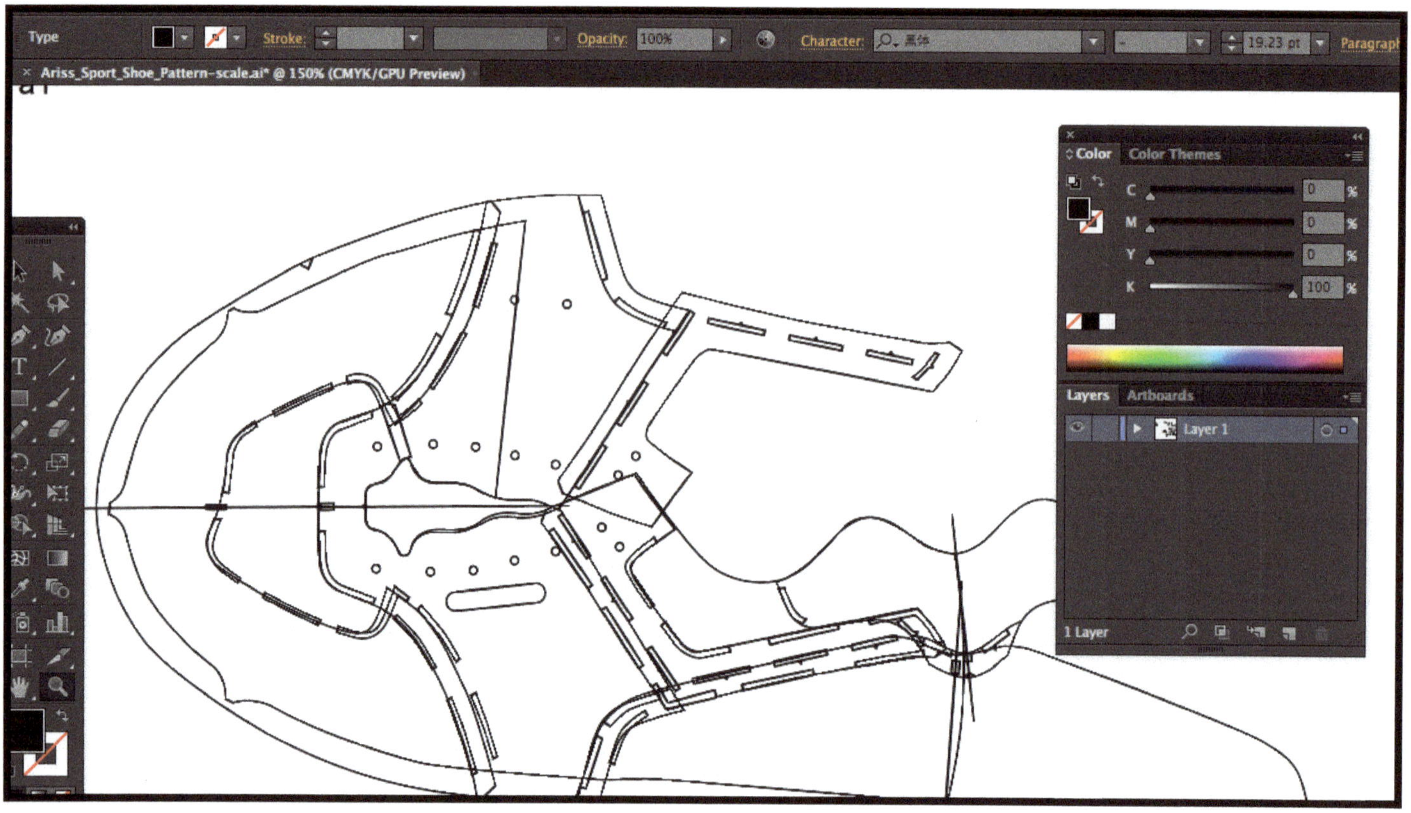

CAPÍTULO 3

CREACIÓN DE PATRONES DE CALZADO

Una vez completado el diseño, el patronista, o modelista, de la fábrica tomará el control. El operario transfiere a la horma los dibujos en plano realizados por el diseñador, el perfil lateral, el talón, la pala... para crear una trepa o patrón en bruto, en inglés *shell pattern*, de la zapatilla. El patrón en bruto es una idea de cómo va a ser el corte, en una sola pieza, y sin costuras. Es un patrón en blanco que corresponde a la superficie de la horma. Una vez que se hace el diseño del modelo, nos da como resultado las diferentes piezas que componen el diseño.

La habilidad de los patronistas hace que un diseño cobre vida. Trabajan duro para seguir el dibujo del diseñador, pero también realizan ajustes para que las diferentes piezas del patrón encajen. Después de dibujar la trepa, se corta a mano sobre una cartulina.

El reto de los patronistas

La siguiente tarea de los patronistas es examinar la forma de la horma. Si es una horma ya conocida, el operario puede que ya tenga las medidas estándar para hacer la trepa, y le será más fácil marcar la forma del escote y la altura del escote de la zapatilla.

Si la horma es nueva, el patronista puede encintar la horma para crear la trepa. Para encintar la horma, se cubre la mitad de la horma con varias capas de cinta de carrocero para después cortarlo con cuidado a lo largo de la línea central de la horma,y a lo largo del borde inferior. En este punto, el patronista puede también dibujar el diseño de la zapatilla sobre la cinta. Una vez se haya quitado la cinta de la horma, se aplana sobre una cartulina, dando como resultado el patrón.

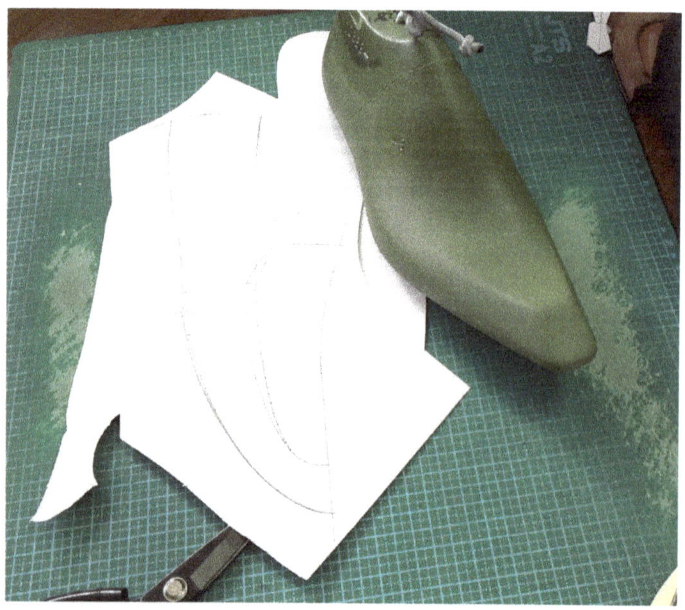

Ahora, el patrón se pasará a ordenador y se cortará en una cartulina. Como diseñador, solicita siempre el patrón base de un nuevo diseño, ya que, al realizar correcciones, es más fácil revisar la muestra y marcar los cambios directamente en el patrón base. Será más rápido y sencillo escanear tus correcciones y enviarlas por correo electrónico a la fábrica, en lugar de enviarlas por mensajería a China

A la derecha se muestra al patronista con el patrón de papel. A partir de ese patrón plano, se podrá crear cada pieza que compone la zapatilla.

El patrón de papel puede crearse a mano, o a máquina, y existen muchos programas CAD de calzado que transforman automáticamente un diseño 3D en un patrón 2D. Estos programas 3D también pueden escalar el patrón para hacer las diferentes tallas y calcular el consumo de material para determinar el coste.

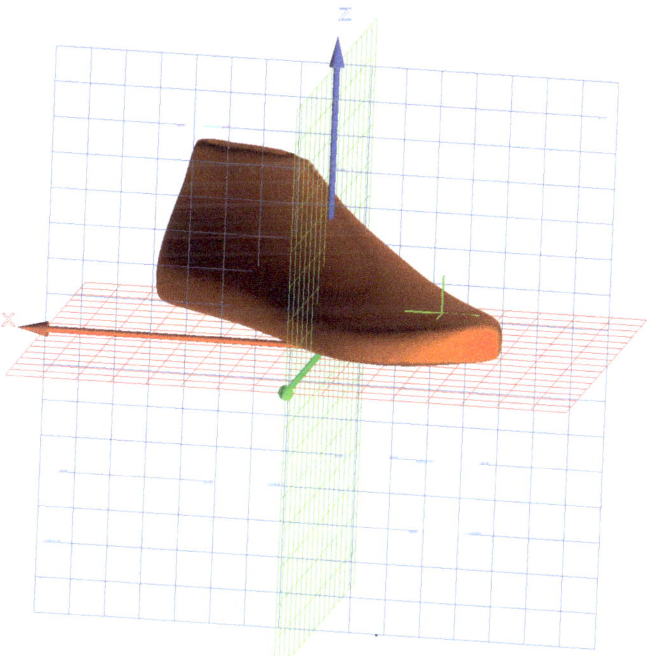

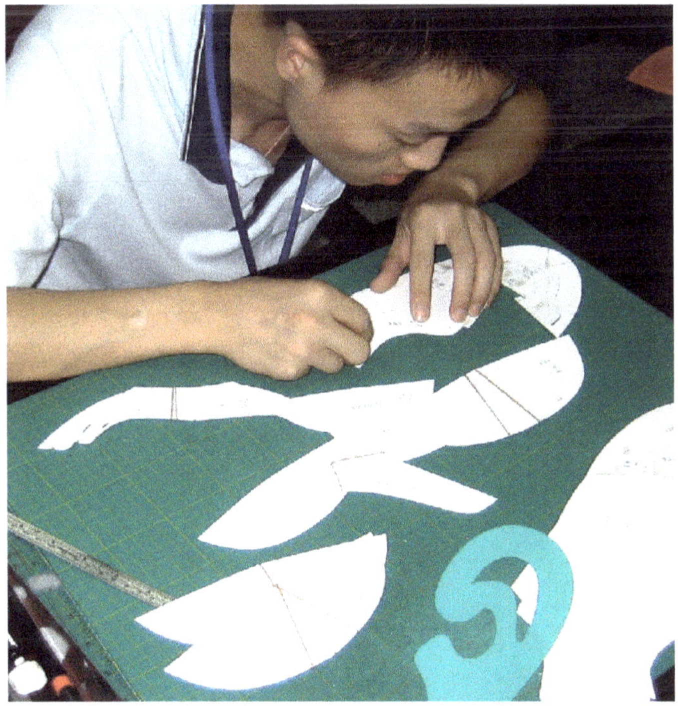

¿Cuál es la diferencia entre un diseñador de calzado y un patronista?

El diseñador de calzado es el responsable de todos los aspectos del diseño. Debe considerar el estilo, los materiales, los colores, los clientes, el precio, las tendencias, y el rendimiento del producto. Por otro lado, el patronista, si bien es crucial para toda la operación, solo es responsable de crear un patrón bien proporcionado que se ajuste a la horma.

¿Un diseñador de calzado necesita saber cómo elaborar sus propios patrones? Según mi experiencia, un diseñador no necesita saber cómo hacer patrones, pero es importante que pueda leer, trabajar y ajustar los patrones; el desarrollo de un nuevo patrón es mejor dejárselo al patronista, o al modelista.

Construcción y montado del calzado

A medida que el patronista trabaja para crear el patrón, debe tener en cuenta la técnica de construcción o montado que se utilizará. Cada tipo de zapato exige una construcción diferente dependiendo de la rigidez, el precio, la utilidad, y el estilo. El patrón que se realice del corte deberá reflejar estas decisiones.

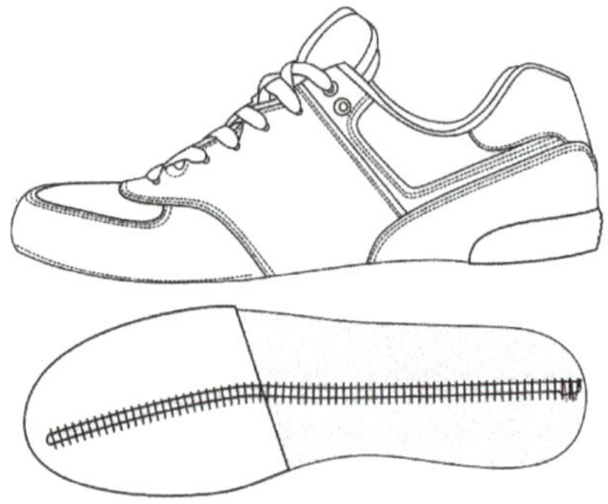

Montado tipo *slip*

El montado tipo *slip* se usa para elaborar calzado flexible y liviano pensado para correr. Los materiales del corte, por lo general malla o cuero sintético, se ajustan para encontrarse en el medio de la base de la horma. Una vez que los laterales están unidos en la base, la parte superior se calienta con vapor y se introduce la horma mientras el zapato está atado con fuerza. Posteriormente, se enfría el corte haciendo que el material se ajuste a la horma antes de poner la suela.

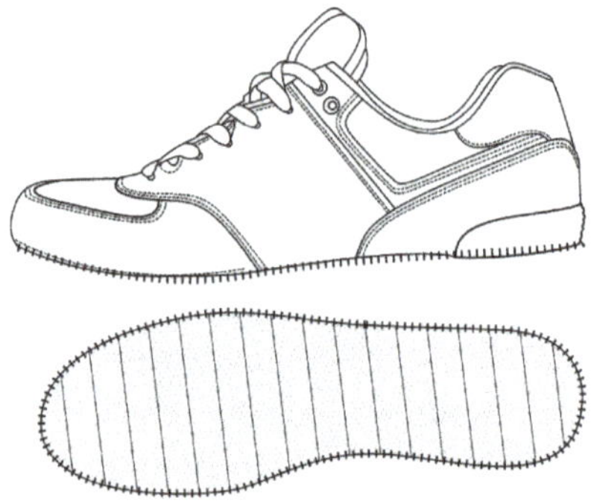

Montado strobel

El montado strobel, *slip*, *force*, o California es la construcción de calzado más común en deportivas, y tipo casual. Una vez completado el corte, se agrega un planta para cerrar la parte inferior junto con el corte. Este material no es elástico, y se marca para ayudar al operario, también llamado aparador, encargado del montaje y mantener el corte centrado en la horma. Al igual que en el montado tipo *slip*, el corte se calienta y se introduce la horma; después, se enfría haciendo que el material se ajuste a la horma. Para este tipo de montado, se puede utilizar una máquina que ayuda a que el talón de la horma quede bien ajustado al corte de la zapatilla.

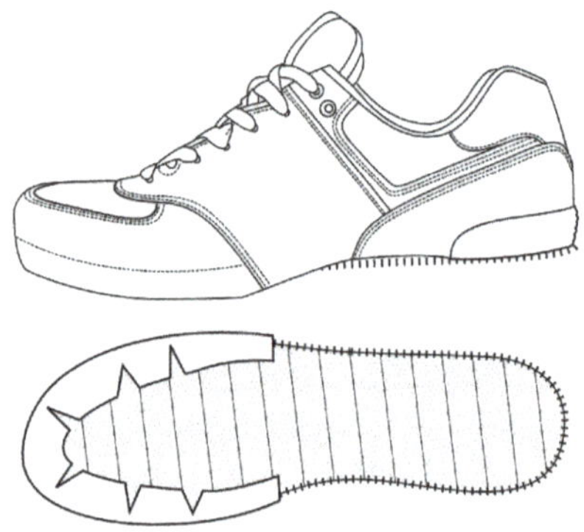

Montado combinado

Este montado se utiliza para asegurar que la puntera del modelo esté ajustada correctamente a la horma. Para una zapatilla con una puntera lisa y sólida, la plantilla strobel se puede unir al forro interior, dejando un margen de montado en la puntera. Una vez que se haya montado el corte, se estirar la puntera hacia abajo, asegurando un buen ajuste con la horma. Esta construcción se utiliza a menudo en botas de montaña ligeras, y en calzado de baloncesto que tengan la puntera de piel. Este montado a máquina hace que la puntera pueda ser ensamblada con un perfecto ajuste de la puntera.

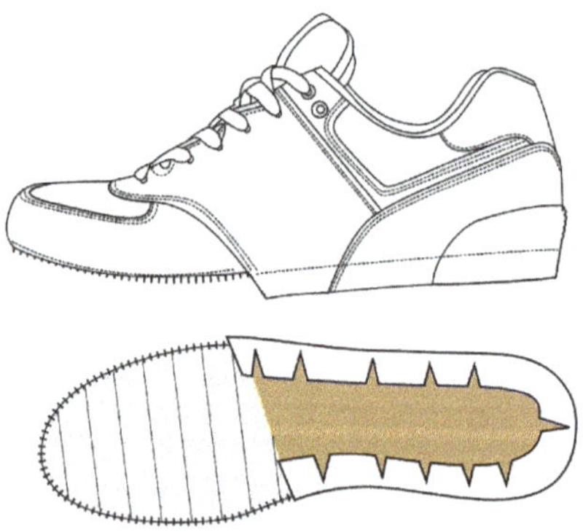

El montado combinado también puede utilizarse para hacer que un zapato ligero sea más rígido. En este caso, el antepié lo forma el strobel, mientras que la parte trasera de la zapatilla llevará una planta de montado que permite al modelo tener un cambrillón, o un soporte rígido en la base. Normalmente, se utiliza una máquina para montar la zona del talón, mientras que la zona de la cintura se puede montar a mano con la ayuda de unos alicates de zapatero. Encontrarás este tipo de construcción en zapatos que necesiten buen apoyo, y en calzado de senderismo.

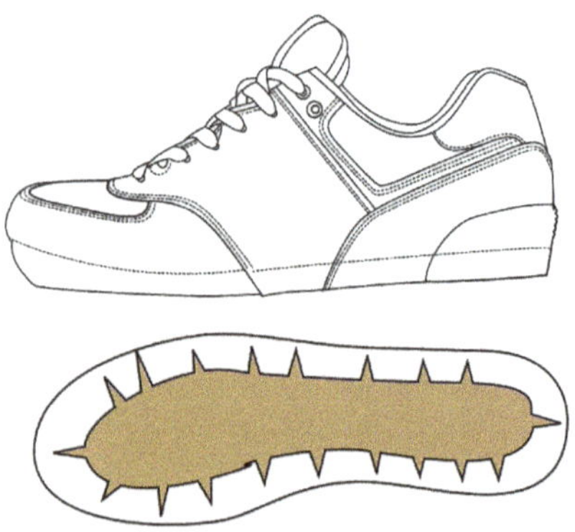

Montado con planta

El montado con planta, o palmilla, es un proceso muy utilizado para hacer botas militares, de caza, calzado de senderismo, o cualquier zapato con base rígida. El corte se coloca en la máquina, lo agarra y lo ajusta sobre la horma previamente preparada con una palmilla, o planta de cartón, o plástico; también puede tener un cambrillón de metal en el interior. En una sola operación, la máquina estira el corte alrededor de la horma, e inyecta pegamento entre el corte y la planta de montado. Después, se ajusta el talón, y el montador pega la suela. El calzado de mujer se suele fabricar con este tipo de montado, al igual que los zapatos hechos a mano, y las zapatillas de *running*; pero hay que tener cuidado de no dañar el corte, con lo cual, se necesita un operario con experiencia para esta operación.

Este tipo de ensamblaje necesita que el canto montado quede alejado del borde, ya que la entresuela no oculta la unión.

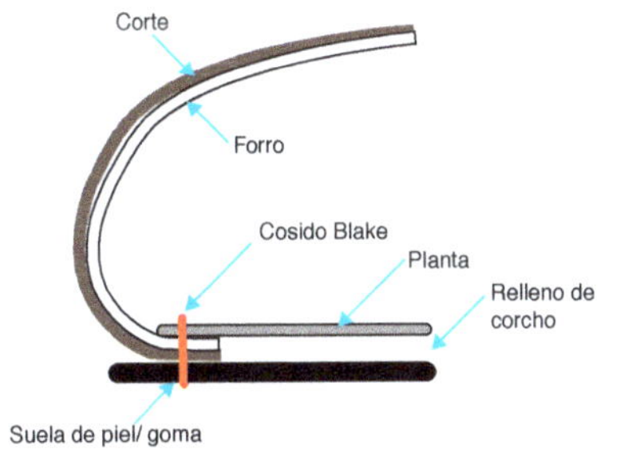

Cosido Blake

El cosido Blake se utiliza para hacer zapatos de cuero flexibles. Este tipo de construcción comienza con el corte ajustado a la planta. La suela se pega y, una vez retirada la horma, se cose el corte directamente a través de la suela o piso. La suela puede ser de piel, o de goma, y puede tener un hendido para guiar la puntada. Este tipo de montado se encuentra en zapatos de vestir de piel sin cordones, mocasines y zapatos tipo náuticos. El cosido Blake no es impermeable.

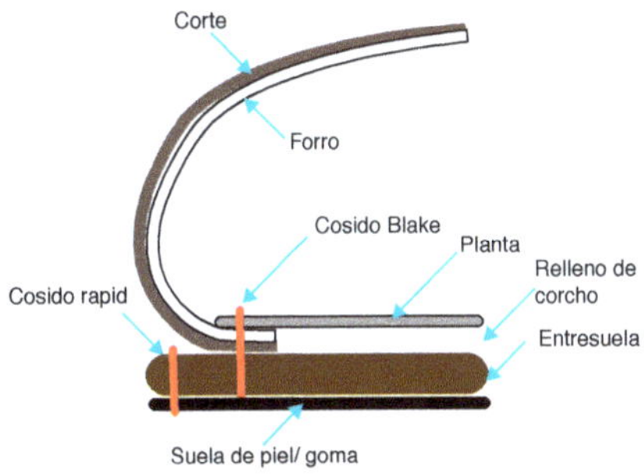

Cosido *rapid*

Muy similar al montado Blake, pero con una puntada perimetral "rápida" que sujeta la suela, la cual, cubre el cosido. Esto permite una suela más gruesa, y resultará más fácil de reparar si fuese necesario. La capa adicional de la entresuela suele estar hecha de goma para aportar durabilidad al zapato.

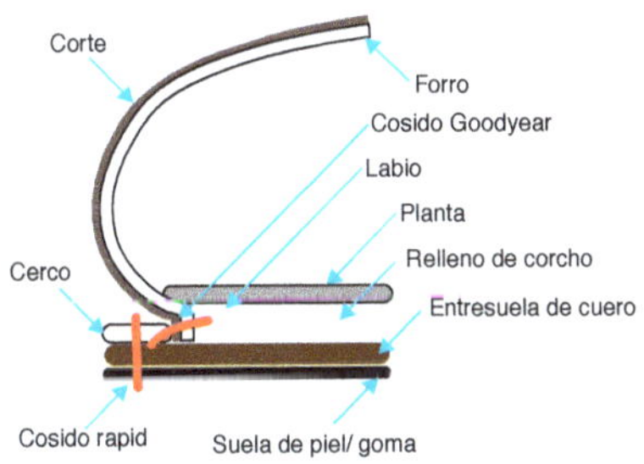

Cosido Goodyear

El cosido Goodyear se usa a menudo para hacer suelas impermeables. La puntada que sujeta la suela al zapato recorre el borde exterior sin pespuntear el corte, ya que este va cosido al cerco, que a su vez va cosido a la entresuela, y a la suela. Durante el montado, primero se une el cerco mediante una puntada horizontal Goodyear, cuyo nombre se debe al inventor de la máquina de coser, Charles Goodyear Jr. (también, hijo del famoso inventor del caucho vulcanizado, Charles Goodyear). Este tipo de construcción es muy utilizada para calzado de trabajo y botas de senderismo.

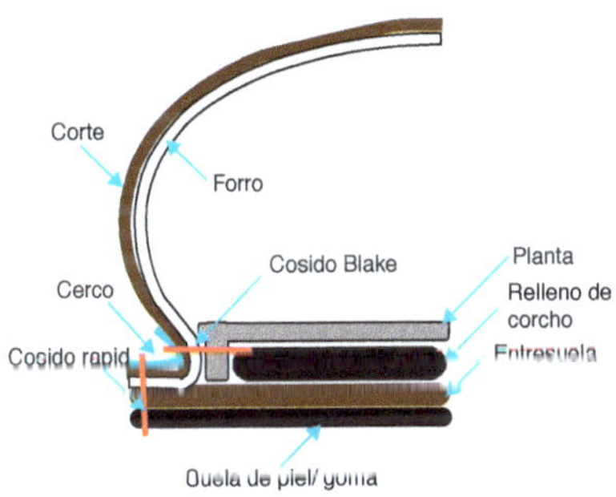

Cosido noruego

El cosido noruego es similar al Goodyear, pero el corte se gira hacia afuera y se posiciona entremedias del cerco, y la suela. Este método de construcción se emplea en botas impermeables pesadas. Es muy difícil de hacer este tipo de cosido, encontrándose casi de manera exclusiva en fabricas de botas italianas.

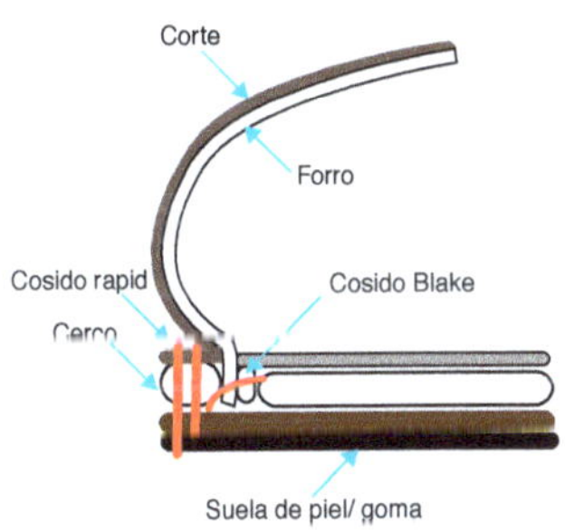

Cosido Veldtschoen, o cosido sandalia

De nuevo, el cosido Veldtschoen está relacionado con las construcciones Goodyear y noruego. En este caso, el pespunte interior, o un cosido *rapid* de la entresuela, se combina con una segunda puntada *rapid* que ensambla la suela. El piso se monta después del primer cosido, quedando protegido por la suela.

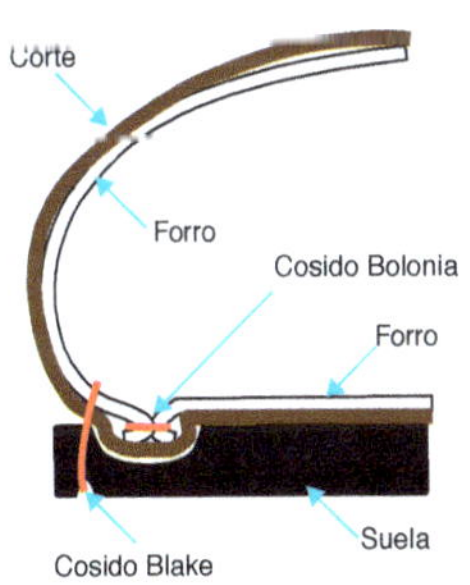

Cosido Bolonia

Desarrollado en Italia, y utilizado principalmente en zapatos de vestir, o calzado enfocado a moda. La construcción Bolonia, o *sachetto*, hace que el zapato sea cómodo y blando. El forro se une a la plantilla, quedando muy tirante. Posteriormente, el corte se cose a la suela mediante un cosido Blake. Este método de construcción es ideal para hacer zapatos con costuras limpias y de aspecto flexible.

Despiezado de una *sneaker*

1. Bigote
2. Contrafuerte
3. Relleno del escote
4. Forro de talón
5. Forro de la lengüeta
6. Relleno de la lengüeta
7. Posición de la etiqueta en la lengüeta
8. Corte de la lengüeta
9. Lateral medial, o pared
10. Lateral, o pared
11. Refuerzo medial de la carrillera
12. Refuerzo lateral de la carrillera
13. Forro medial
14. Forro lateral
15. Puntera y pala
16. Tope
17. Forro de la puntera y la pala

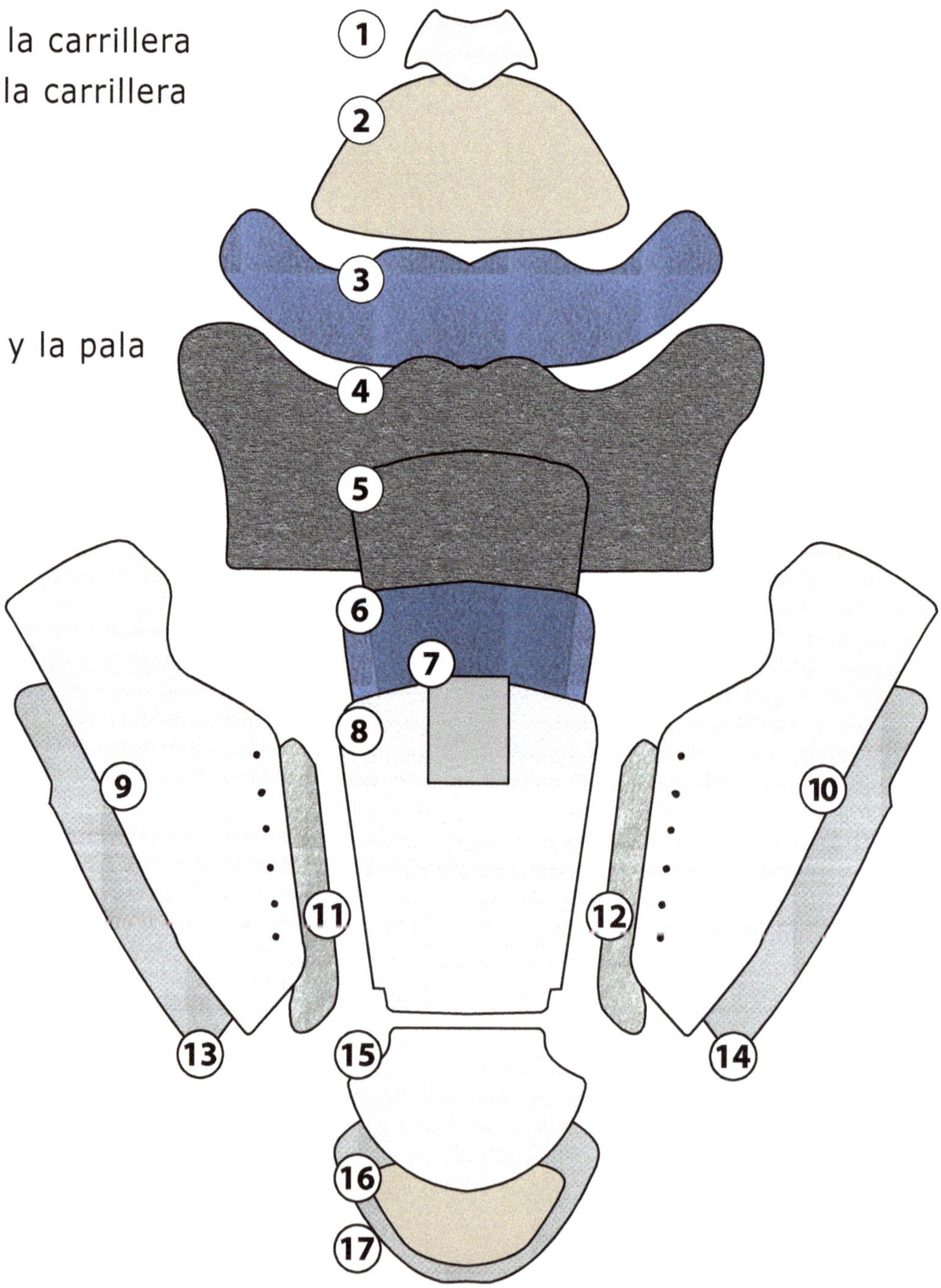

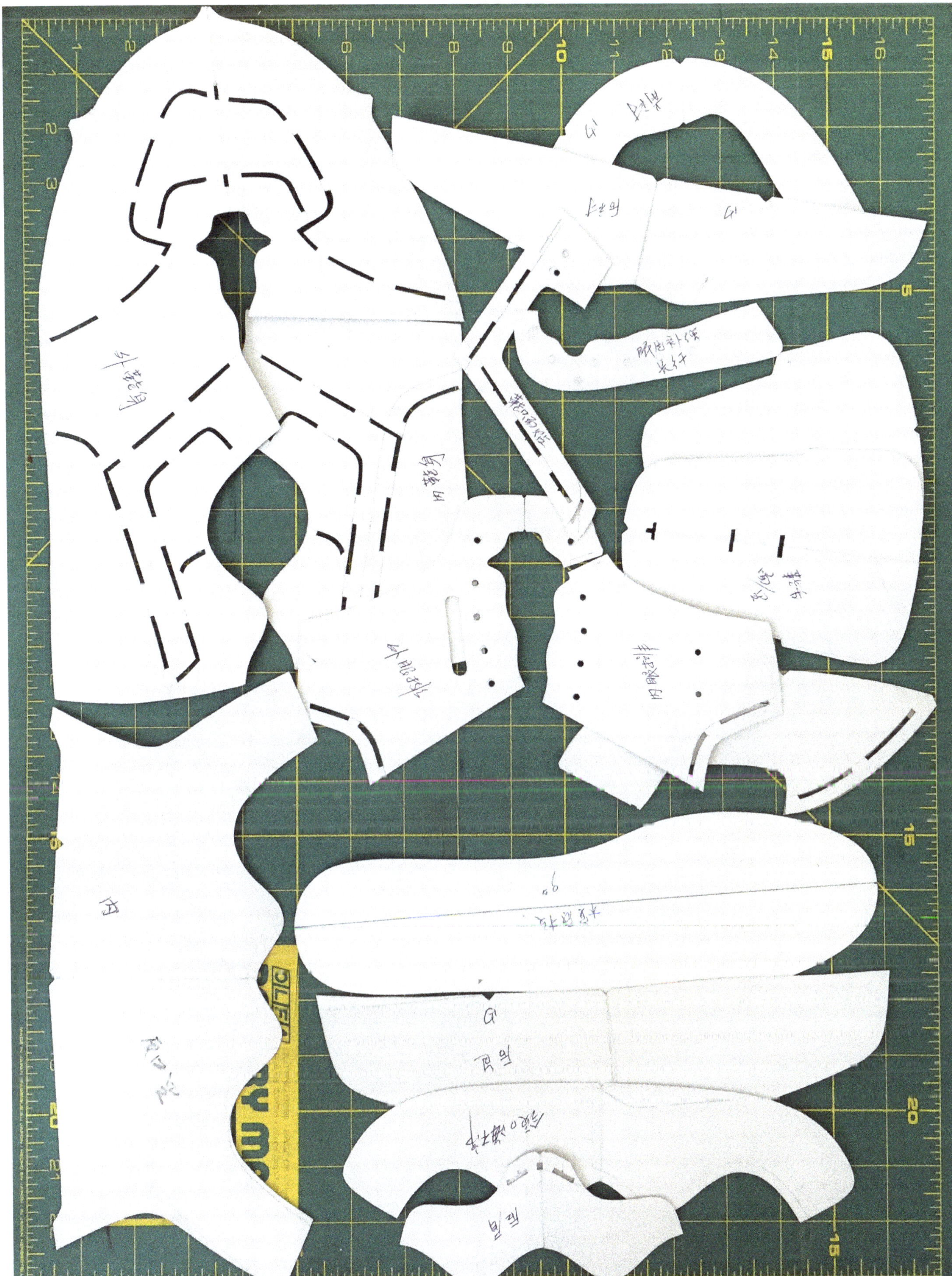

El patrón

La siguiente imagen muestra el patrón en plano con las líneas y entres a escala real. Al obtener las muestras, solicita el patrón para que puedas marcar las correcciones.

Te los pueden enviar por correo electrónico, o te podrán enviar los patrones cortados en papel junto con la muestra física.

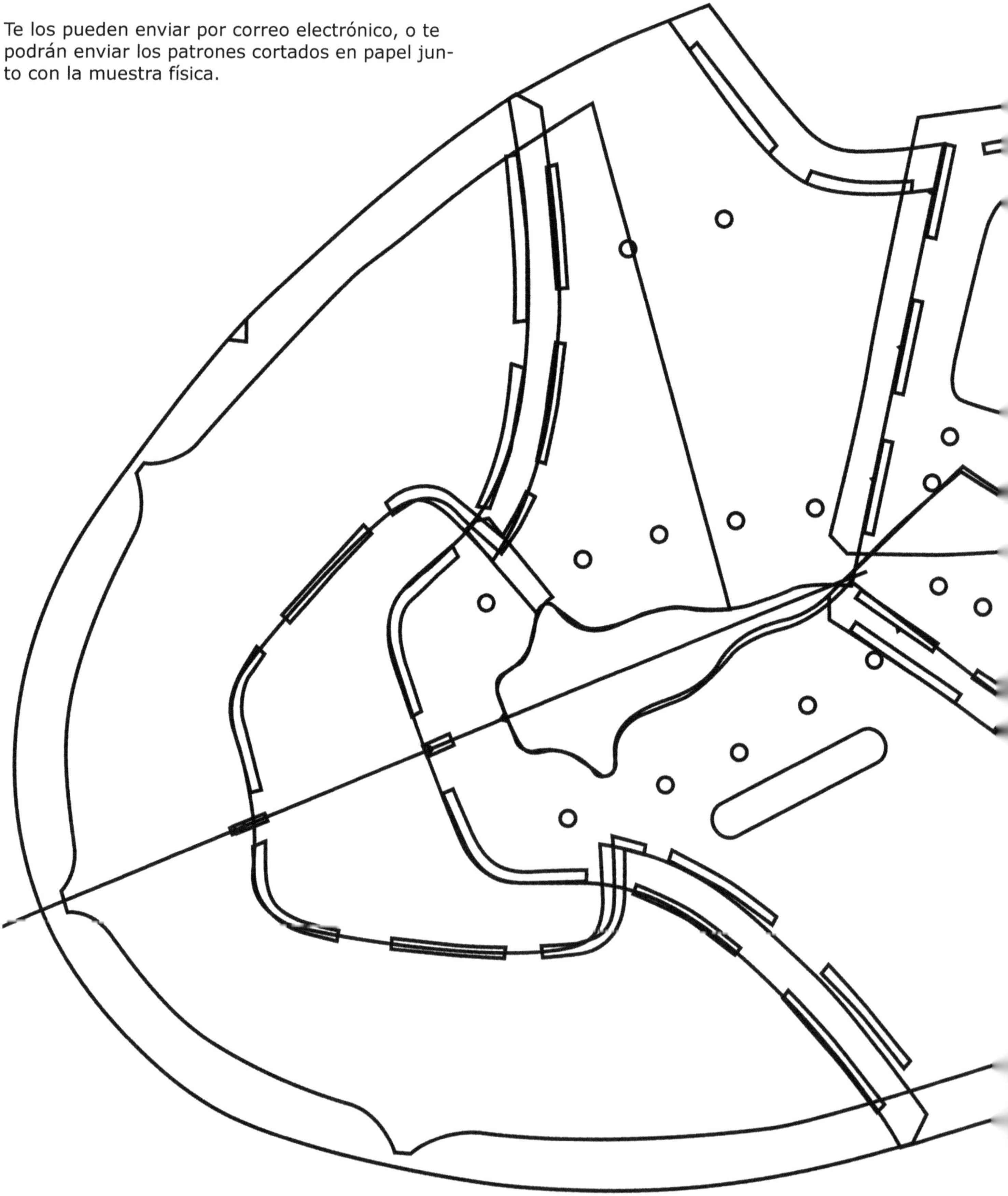

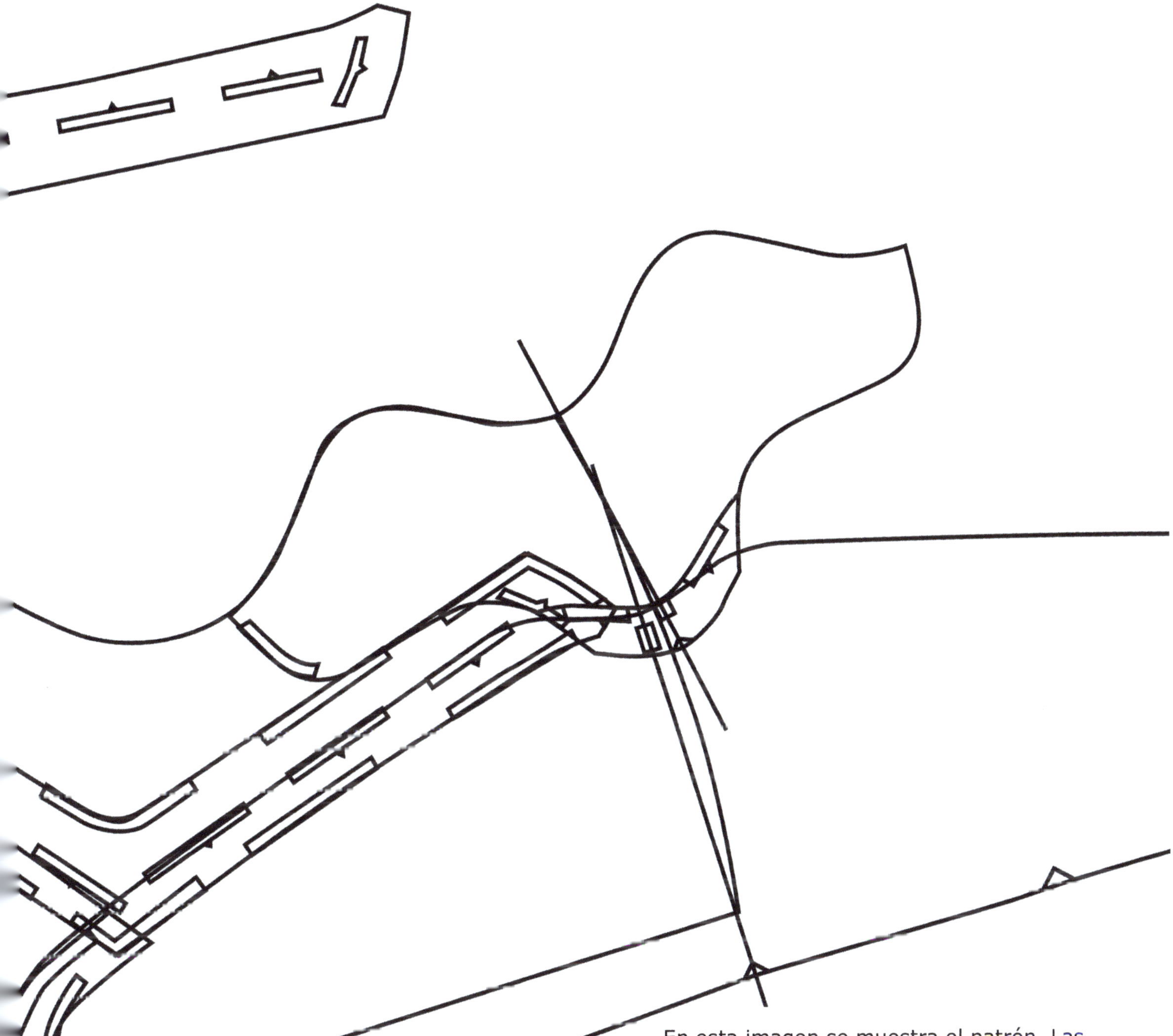

En esta imagen se muestra el patrón. Las piezas están superpuestas con las marcas de construcción.

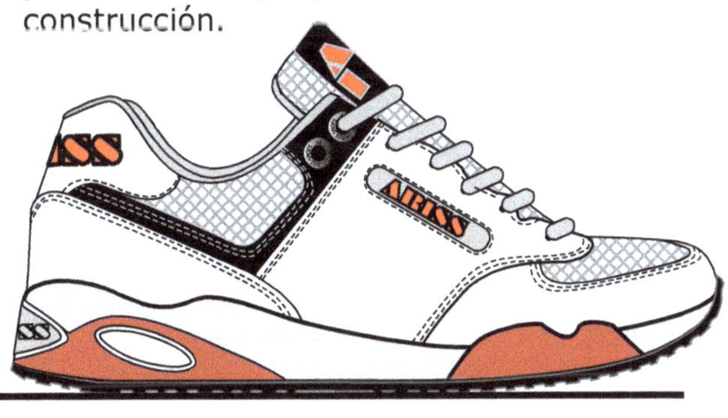

Cómo hacer un patrón de zapato

Hacer un patrón de zapato no es difícil. Si tienes tiempo y paciencia, podrás hacer tu propio patrón utilizando algunas herramientas comunes. El proceso no es complicado, las técnicas básicas para dibujar sobre una horma son muy simples, y el proceso es fácil; pero las habilidades requeridas para hacer un patrón perfecto en todos los sentidos puede llevar años para que un modelista lo perfeccione.

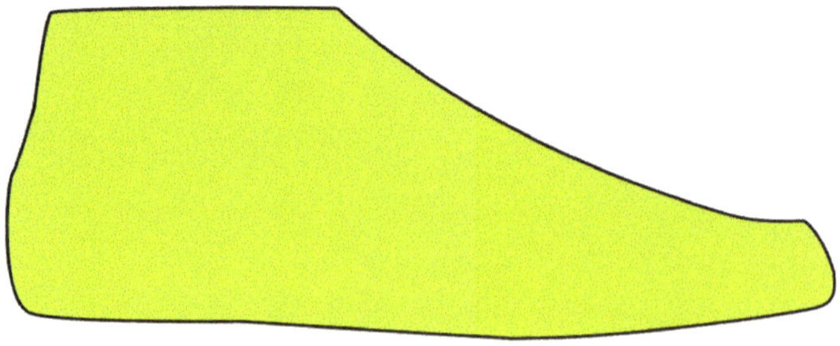

Las herramientas necesarias que necesitarás para hacer un zapato:

1. Una horma para calzado.
2. Cinta de carrocero de 1cm de ancho.
3. Un cuchillo X-Acto, o bisturí para manualidades.
4. Bolígrafos y lápices.
5. Una pequeña regla de acero flexible.
6. Cartulina.

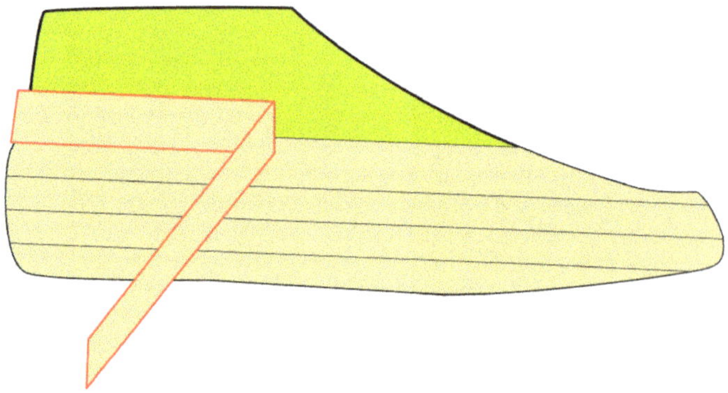

Encintar la horma

Para hacer un patrón, se debe hacer primero una forma en dos dimensiones, plana, que refleje la superficie 3D. Un patronista encinta la horma, despega la cinta, y lo aplana para crear la trepa.

La cinta se coloca en capas, utilizando dos direcciones diferentes para que la trepa permanezca unida cuando se despegue de la horma. Se comienza por el lateral de la horma.

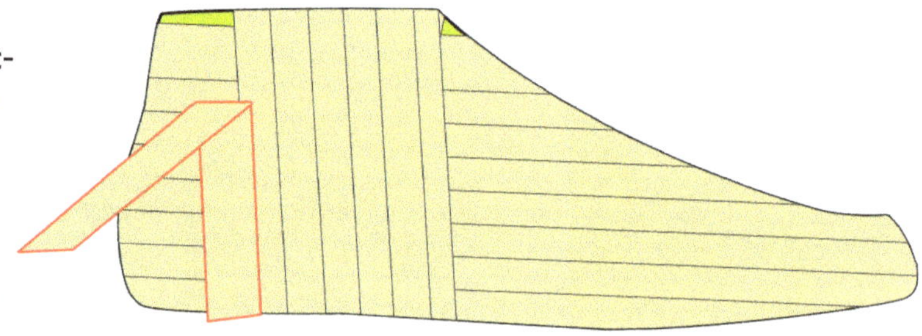

Primero se encinta el lateral, recorriendo el costado desde la base de la horma. Después, se pega la cinta de arriba hacia abajo, comenzando en la mitad, y terminando en el talón. El siguiente paso consiste en encintar desde la mitad restante hasta la puntera. La cinta debe pegarse sobre la horma de manera que quede una capa sólida, plana, y sin rugosidades en la superficie.

Finalmente, pega un trozo de cinta en el centro de la horma, desde la parte superior del empeine hasta la puntera; haz lo mismo en el talón.

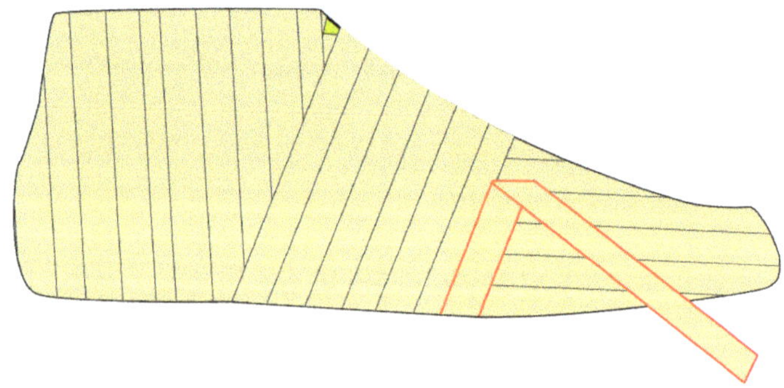

Asegúrate que la cinta esté pegada en el canto inferior de la horma. Este borde es necesario, ya que se convertirá en la base inferior de tu patrón.

Con la horma lista, puedes seguir cualquiera de los tres procedimientos para hacer el patrón. En primer lugar, puedes cortar la trepa por la mitad y aplanarlo sobre una cartulina, después dibujar el patrón sobre la trepa aplanada. En segundo lugar, puedes dibujar el diseño sobre la horma encintada antes de aplanar el patrón en bruto. Por último, puedes dibujar el patrón sobre la horma y despegarlo con un cúter o X-Acto; despega y aplana las piezas del patrón, uno por uno.

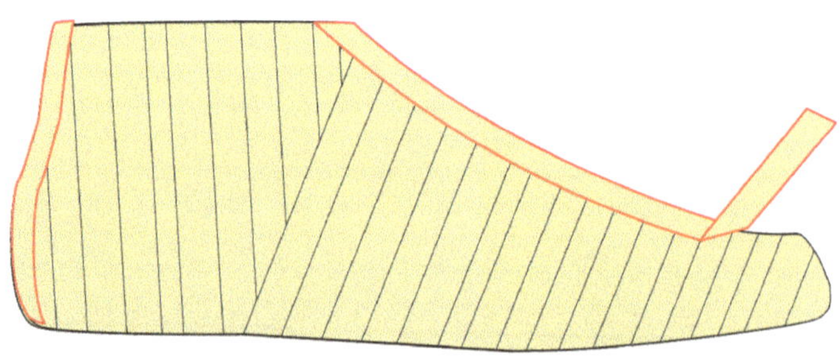

Aplanar la trepa

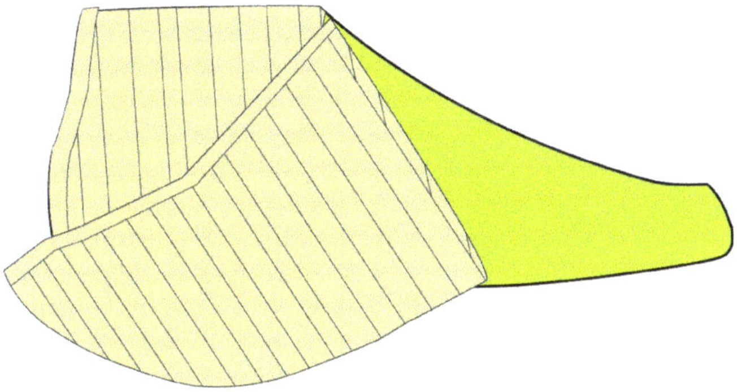

Con el bisturí, corta con cuidado la cinta adhesiva comenzando por la parte superior, atravesando la línea central hasta llegar a la puntera; repite el proceso en el talón. Corta la base y la zona superior de la horma para crear una trepa limpia. Comenzando por la puntera, despega lentamente la cinta para que quede en una sola pieza.

Empieza por el centro de la trepa, pega la pieza sobre una cartulina. Presiona con cuidado la cinta a la superficie, y aplánalo cuidadosamente para asegurarte que no haya arrugas. A medida que se aplane desde el centro, habrá que hacer cortes a lo largo del borde inferior para que la trepa se aplane por completo.

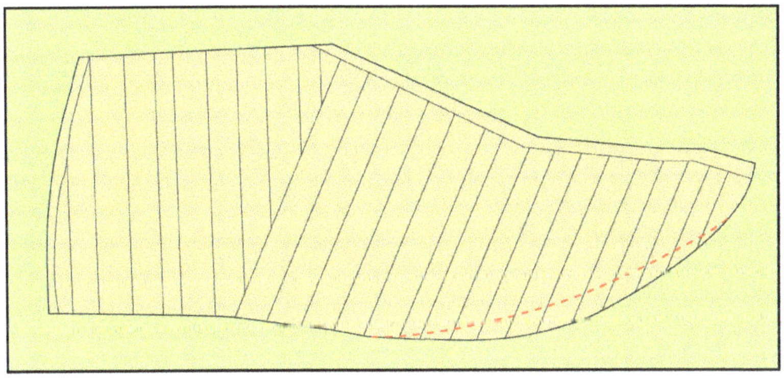

Una vez aplanados ambos lados del patrón en bruto, se visualizará una gran diferencia. El lado medial requiere un poco más de material que el lado lateral. La diferencia se puede marcar sobre la trepa. Si tu diseño es asimétrico, habrá que dibujar dos patrones diferentes.

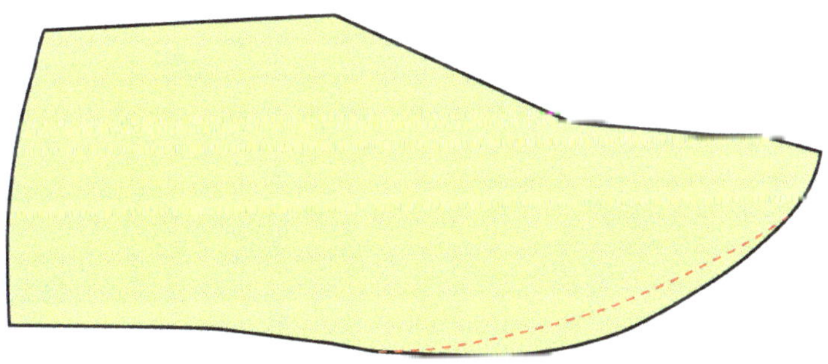

Después de aplanar el patrón en la cartulina, se recorta la forma y se transfiere a una cartulina limpia. Guarda el original en tu biblioteca de patrones, la trepa estará ya preparada en caso de utilizar la misma horma la próxima vez.

El patrón de la base de la horma también puede hacerse con este mismo proceso de encintado, o simplemente traza el canto sobre una cartulina; este patrón se necesita para hacer la plantilla, y el strobel.

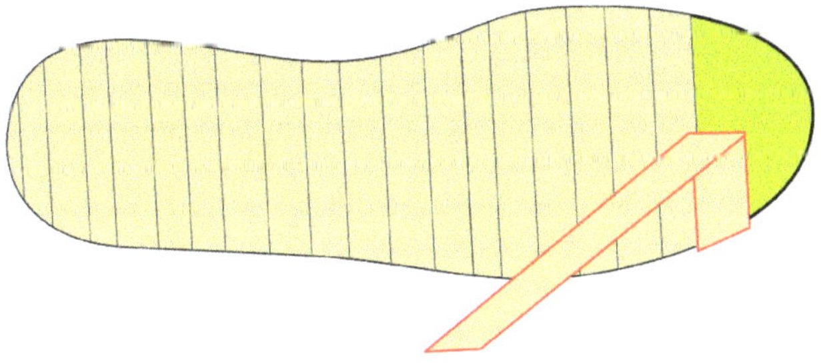

Dibujar la trepa

Cada patrón es diferente, pero hay algunos puntos de partida básicos que se deben seguir al trazar cualquier patrón. Estos puntos se basan en la longitud de la horma.

Longitud de la horma

La longitud de la horma se mide desde el talón hasta la puntera.

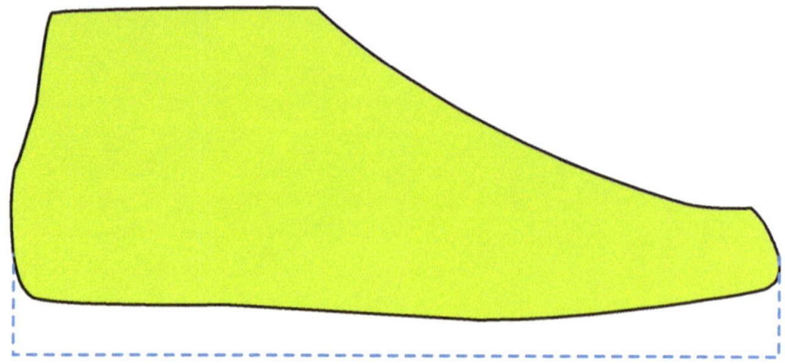

Largo de la pala

Para una zapatilla estándar, el largo de la pala es aproximadamente el 30% de la longitud de la horma. Para zapatos de vestir masculinos, el largo de la pala puede ser el 50% de la longitud de la horma.

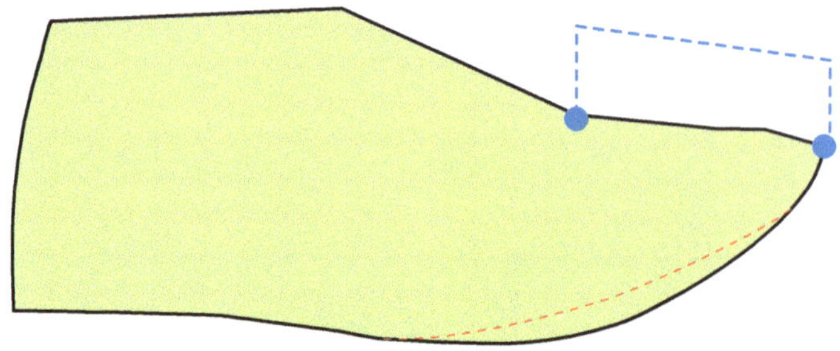

Altura del talón

La altura del talón es el 20% de la longitud de la horma +15mm.

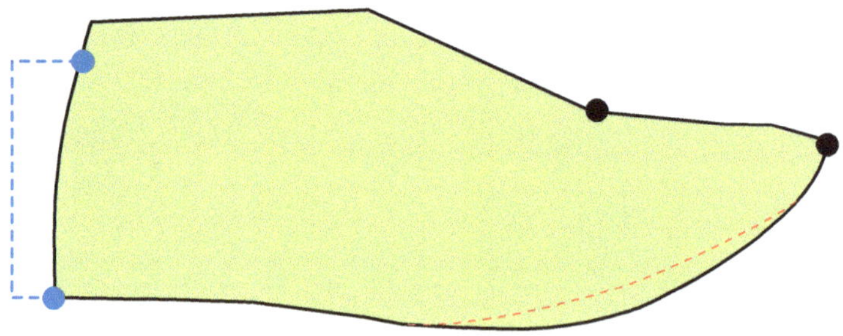

Altura del escote

La altura de la línea del hueco, o escote, se fija en el 25% de la longitud de la base de la horma.

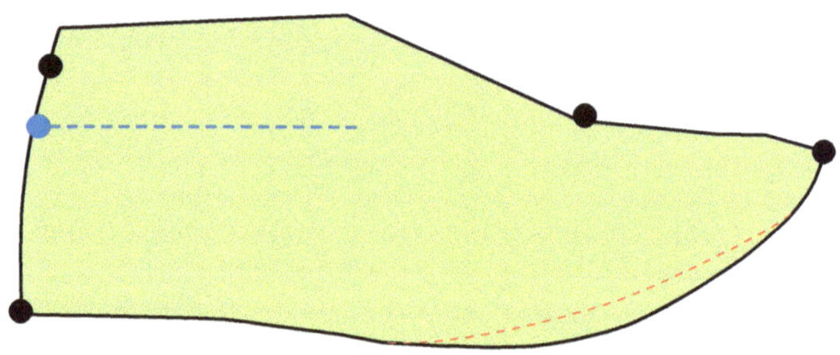

Hueco de la garganta

El ojete superior se sitúa al 25% de la longitud de la horma midiendo desde la pala. La carrillera se encuentra al 25% de la longitud de la horma +25mm, midiendo desde la base inferior del patrón.

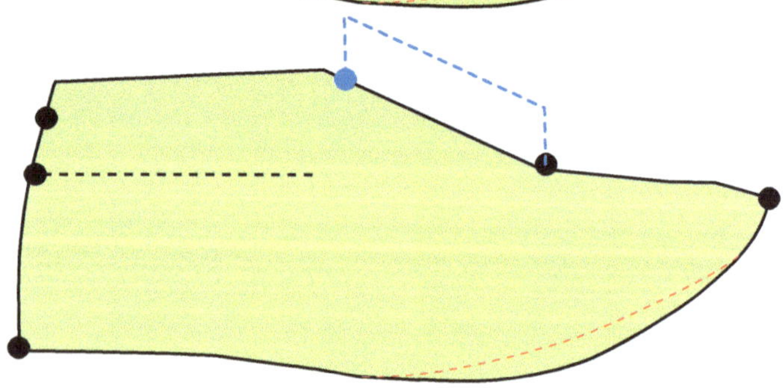

Abertura del hueco

La abertura se define por líneas que conectan la altura del talón, la línea superior que marca la garganta, y un punto situado al 25% de la longitud de la horma, midiendo hacia adelante desde el talón en la base inferior de la horma.

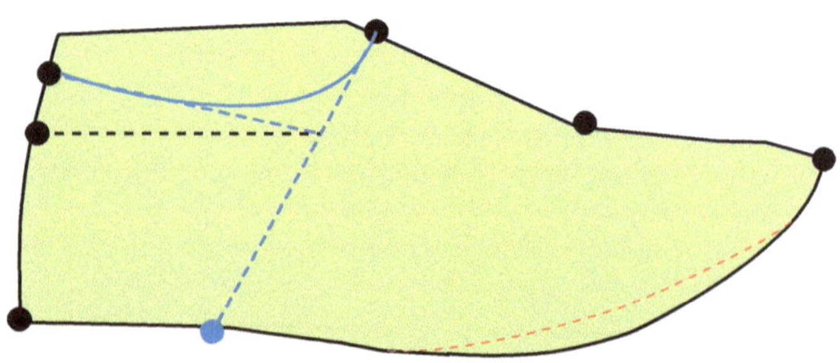

Ancho de la garganta

El ancho de la garganta es de 10mm en el primer ojete, disminuyendo hasta cero en el ojete superior. La anchura aumentará a medida que se incrementa el relleno de la lengüeta.

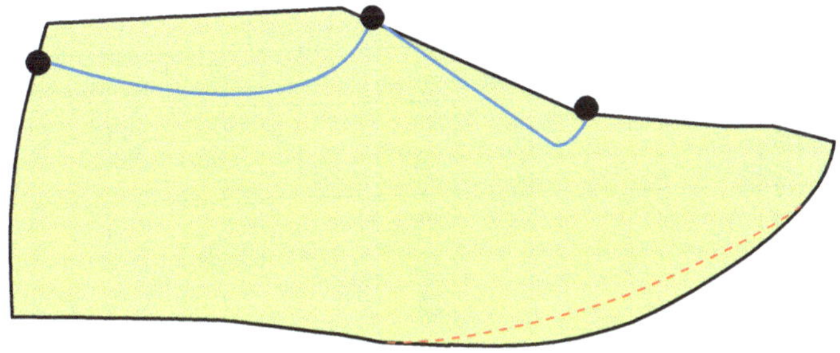

Bandeleta o guardabarros

La línea superior de la bandeleta no se mide, se fija ubicando la línea justo después del contorno de la horma.

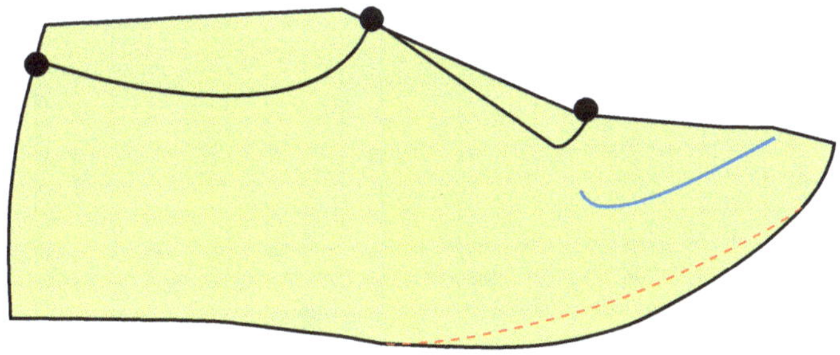

Dimensiones y posición de la lengüeta

La longitud de la lengüeta se establece 25mm por encima de la parte superior de la carrillera. La lengüeta se une al corte 20mm por debajo de la línea de la pala. Una lengüeta estándar para una talla 9 americana de hombre, tiene 25mm de ancho en la base, y 45mm de ancho en la parte superior.

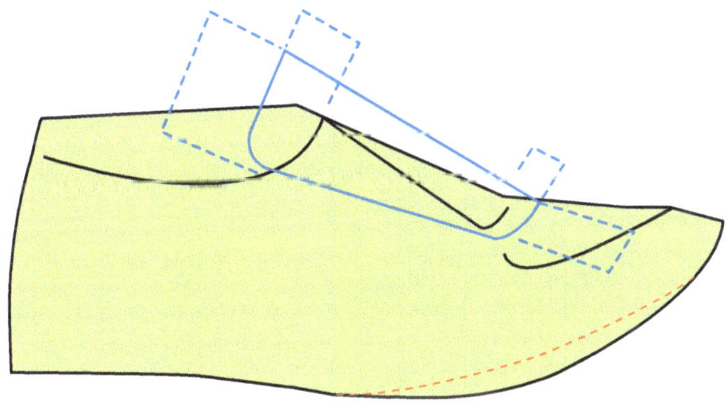

Trazado del patrón

Una vez marcados los puntos clave, se procede a dibujar los detalles del diseño.

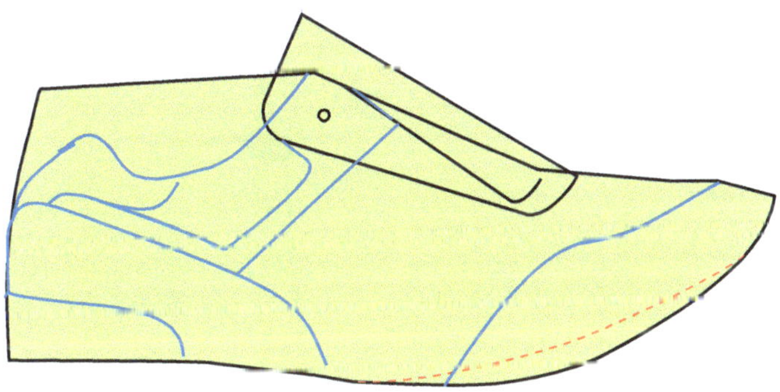

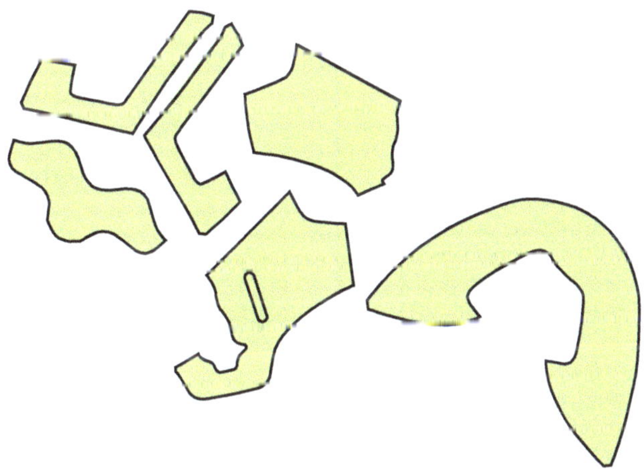

Sobreposiciones y margen de cosido

Si se trabaja sobre una trepa o patrón en bruto, se necesitará agregar a mano las sobreposiciones, entres, y el sobrante para la costura, o el margen de cosido. Se puede dibujar, y después, recortarlo.

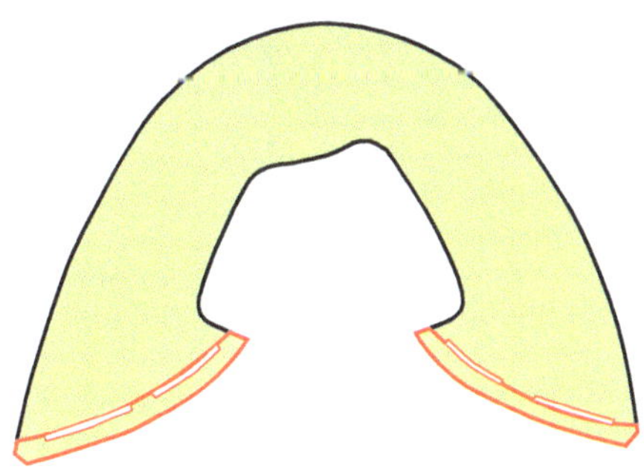

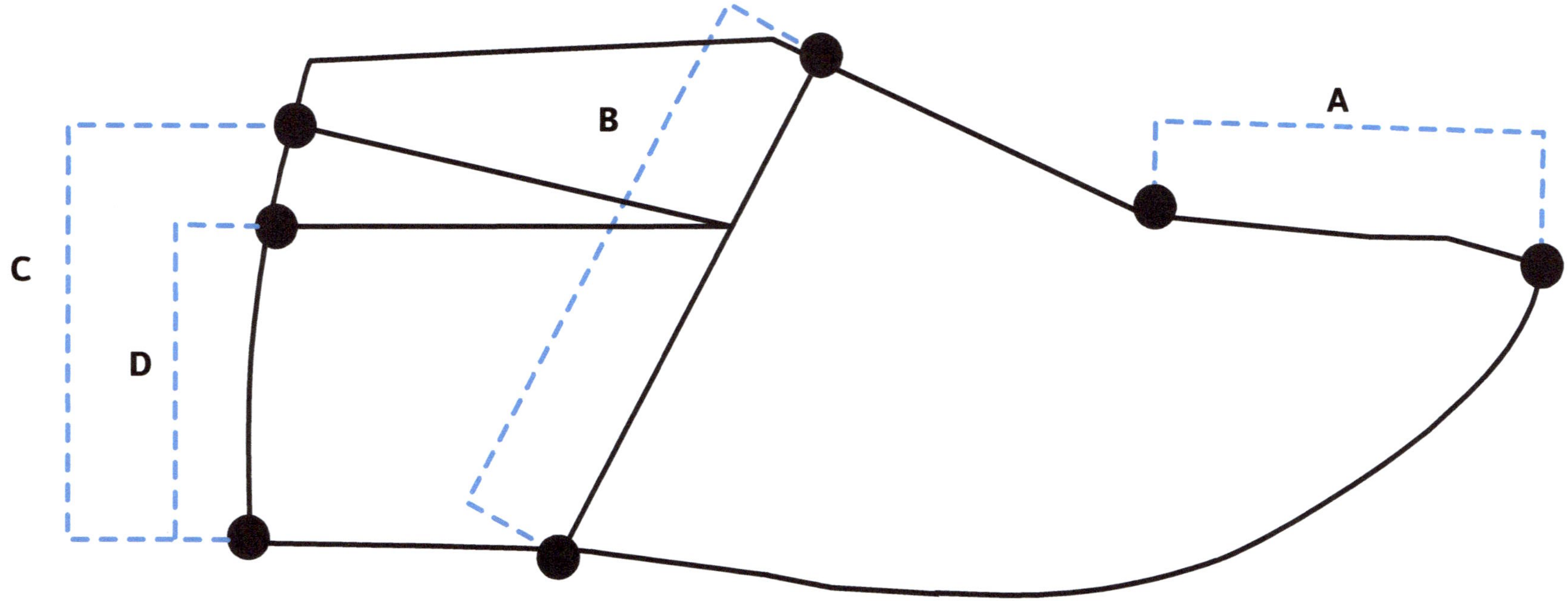

Escala de tallas de hombre

	EE.UU.	**6**	**6.5**	**7**	**7.5**	**8**	**8.5**	**9**	**9.5**	**10**	**10.5**	**11**	**11.5**	**12**	**12.5**	**13**	**13.5**	**14**	**14.5**	**15**
	Reino Unido	5.5	6	6.5	7	7.5	8	8.5	9	9.5	10	10.5	11	11.5	12	12.5	13	13.5	14	14.5
	Europa	38	38.5	39	40	41	42	43	43.5	44	44.5	45	45.5	46	46.5	47	47.5	48	48.5	49
	Japón	24	24.5	25	25.5	26	26.5	27	27.5	28	28.5	29	29.5	30	30.5	31	31.5	32	32.5	33
	Largo de la base	**252**	**256**	**260**	**264**	**268**	**272**	**276**	**280**	**284**	**288**	**292**	**296**	**300**	**304**	**308**	**312**	**316**	**320**	**324**
A	Largo de la pala	76	77	78	79	80	82	83	84	85	86	88	89	90	91	92	94	95	96	97
B	Altura del hueco	88	89	90	91	92	93	94	95	96	97	98	99	100	101	102	103	104	105	106
C	Altura del talón	60	61	62	63	64	64	65	66	67	68	68	69	70	71	72	72	73	74	75
D	Altura del escote	50	51	52	53	54	54	55	56	57	58	58	59	60	61	62	62	63	64	65

Escala de tallas de mujer

	EE.UU.	**5**	**5.5**	**6**	**6.5**	**7**	**7.5**	**8**	**8.5**	**9**	**9.5**	**10**	**10.5**	**11**	**11.5**	**12**
	Reino Unido	2.5	3	3.5	4	4.5	5	5.5	6	6.5	7	7.5	8	8.5	9	9.5
	Europa	35	35.5	36	37	37.5	38	38.5	39	40	41	42	43	44	45	46.5
	Japón	21	21.5	22	22.5	23	23.5	24	24.5	25	25.5	26	27	28	29	30
	Largo de la base	**234**	**238**	**242**	**246**	**250**	**254**	**258**	**262**	**266**	**270**	**274**	**278**	**282**	**286**	**290**
A	Largo de la pala	70	71	73	74	75	76	77	79	80	81	82	83	85	86	87
B	Altura del hueco	84	85	86	87	88	89	90	91	92	93	94	95	96	97	98
C	Altura del talón	57	58	58	59	60	61	62	62	63	64	65	66	66	67	68
D	Altura del escote	47	48	48	49	50	51	52	52	53	54	55	56	56	57	58

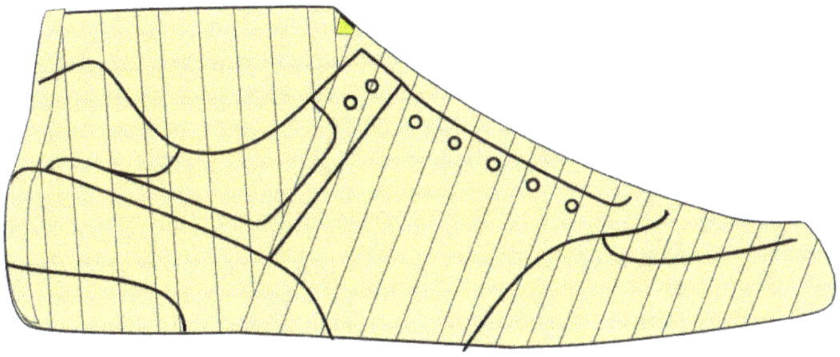

Dibujar sobre la horma

Una vez que la horma se encinte, es el momento de comenzar a dibujar el patrón del zapato. Con una regla de acero, se marca la línea central de la horma desde el empeine hasta la puntera, y hacia la base desde el talón. Una vez marcada la línea central, será fácil marcar las demás líneas guía.

Siguiendo el mismo proceso utilizado para marcar la trepa, se marca la altura del talón, el largo de la pala, la lengüeta, y el escote. Marcar los puntos clave mientras la cinta se encuentra pegada a la horma, evita cometer algunos errores básicos.

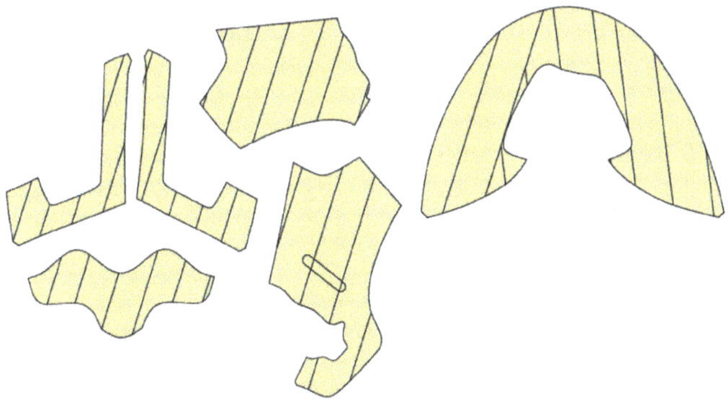

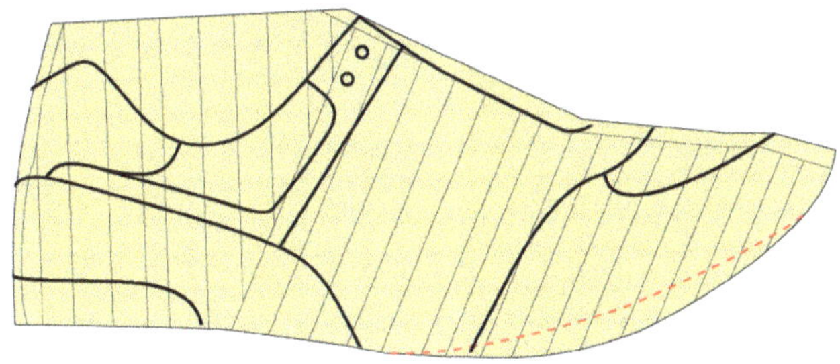

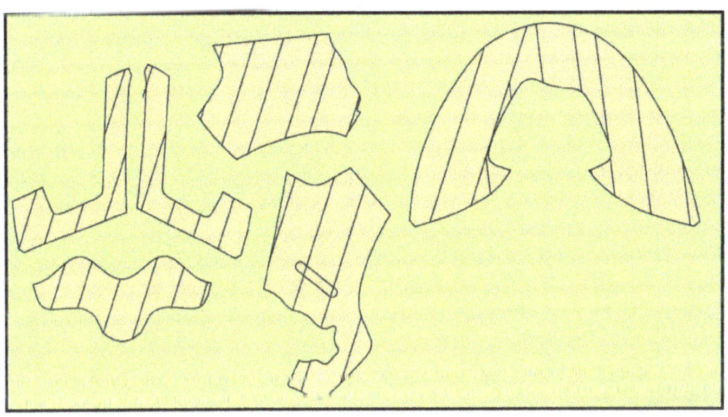

Aplanar la trepa

Una vez se ha dibujado el patrón, se puede aplanar toda la trepa, o recortar cada pieza y aplanarlas individualmente. Una vez esté aplanado, se agregan a mano las entres, el sobrante para la costura o el margen de cosido, y las sobreposiciones del patrón.

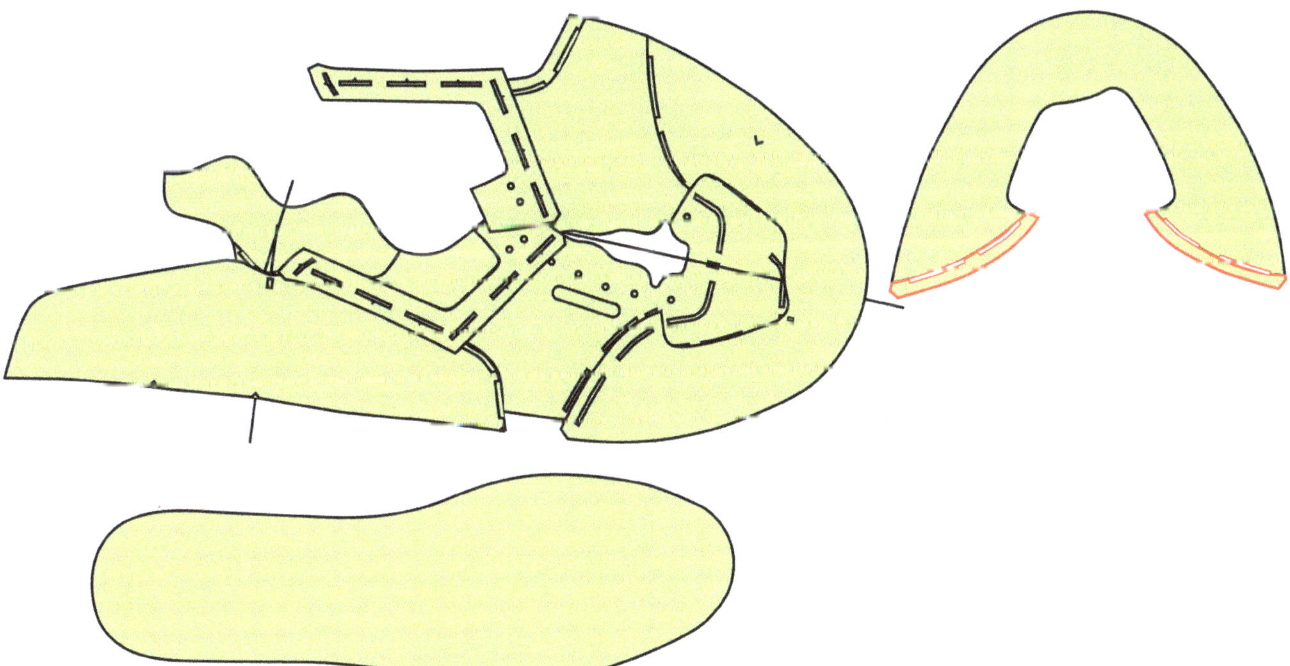

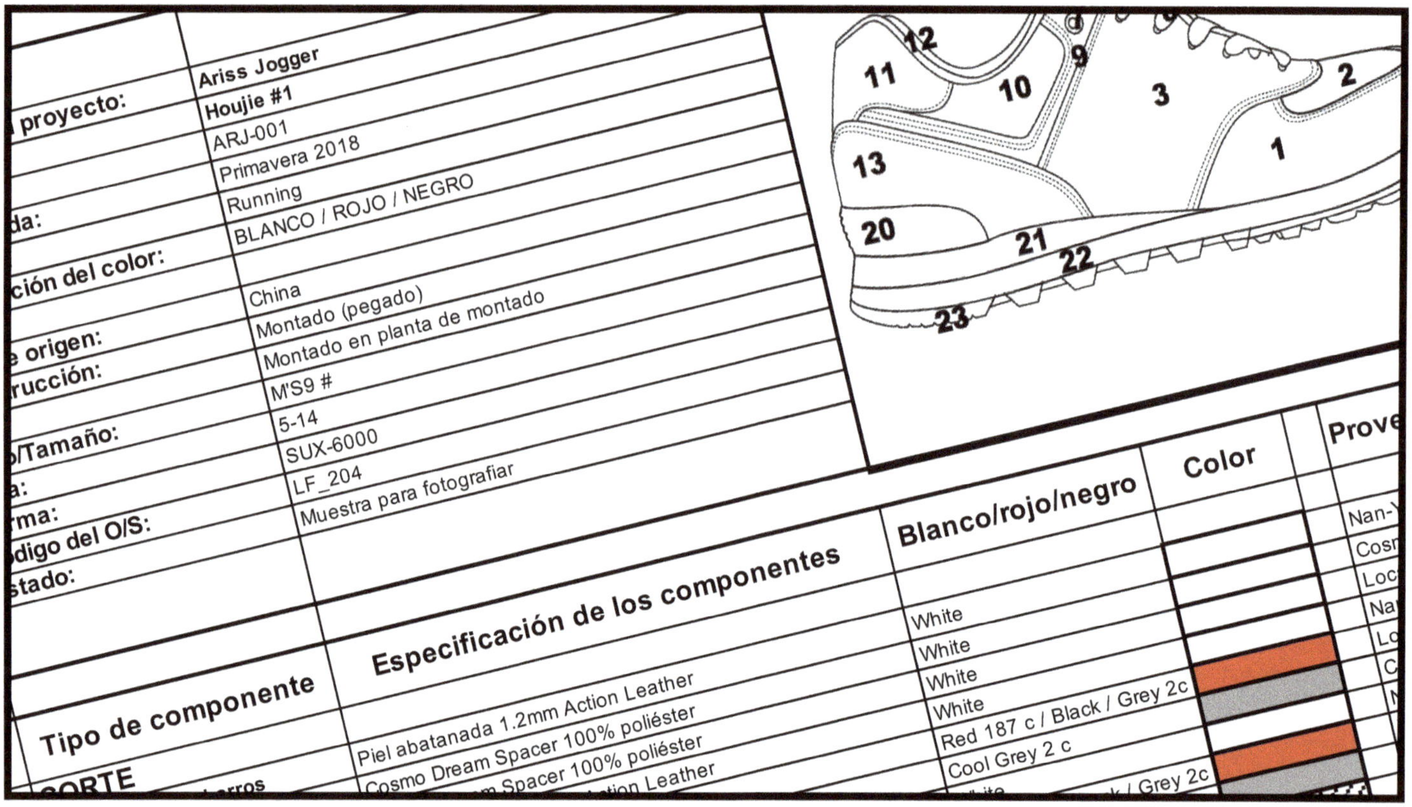

CAPÍTULO 4

FICHA TÉCNICA DE CALZADO

Las fichas técnicas del diseñador permitirán al patronista crear el patrón del modelo; mientras que los diferentes dibujos de la suela permiten a la fábrica de moldes comenzar a hacer las acotaciones de las herramientas necesarias para realizar las piezas de los moldes.

A partir de los dibujos en plano del diseñador, se creará una ficha técnica, en inglés *spec sheet*, detallada del producto. En una empresa pequeña, el diseñador puede realizar las fichas técnicas por sí mismo; en las empresas más grandes, normalmente es un desarrollador el que trabaja junto con el diseñador para crear las fichas técnicas. En la imagen se muestra una ficha técnica creada en una hoja de cálculo. Las grandes marcas de calzado, a menudo cuentan con un sistema, y una base de datos para guardar los archivos, mientras que las empresas pequeñas, por lo general, suelen hacer las fichas técnicas en Microsoft Excel.

La ficha técnica enumera cada pieza, material, grosor, color, y proveedor que compone el modelo. Sin embargo, llegados a este punto pueden faltar muchos datos, pero no pasa nada, ya que el trabajo de los desarrolladores será el de completar los espacios en blanco a medida que avance el desarrollo del modelo. Una vez se envíe la ficha técnica a la fábrica, el personal de la fábrica trabajará junto con el desarrollador y los diseñadores para completarla.

La ficha técnica es un documento muy importante, por lo tanto, cuando llega el momento de la producción, la ficha técnica aprobada se convierte en el contrato con la fábrica, y es también un documento cambiante a medida que se desarrolla el zapato, ya que va cambiando y actualizándose en la producción.

La ficha técnica que se incluye aquí es muy simple y pertenece a un artículo básico. Sin embargo, una zapatilla de deporte de alto rendimiento, o unas botas de *snowboard* puede tener fichas técnicas de muchas páginas. Para un artículo complicado, también se debe incluir el número de piezas al proveedor de los materiales.

Nombre del proyecto:	Ariss Jogger
Fábrica:	Houjie #1
Modelo:	ARJ-001
Temporada:	Primavera 2018
División:	Running
Descripción del color:	BLANCO / ROJO / NEGRO
País de origen:	China
Construcción:	Montado (pegado)
	Montado en planta de montado
Sexo/Tamaño:	M'S9 #
Talla:	5-14
Horma:	SUX-6000
Código del O/S:	LF_204
Estado:	Muestra para fotografiar

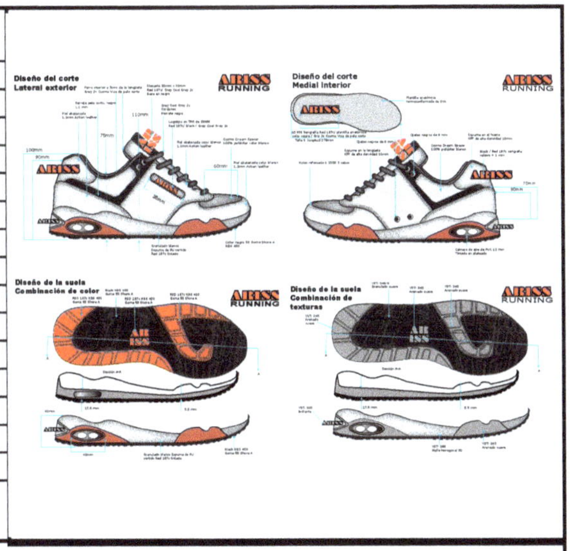

	Tipo de componente	Especificación de los componentes	Blanco/rojo/negro	Color	Proveedor
	CORTE				
0	Puntera / guardabarros	Piel abatanada 1.2mm Action Leather	White		Nan-Ya Tanning
1	Pala	Cosmo Dream Spacer 100% poliéster	White		Cosmo HK
2	Forro de la pala	Cosmo Dream Spacer 100% poliéster	White		Local
3	Pared	Piel abatanada 1.2mm Action Leather	White		Nan Ya Tanning
4	Logotipo en pared	Logo TPR "Ariss"	Red 187 c / Black / Grey 2c		Local
5	Lengüeta	Cosmo Dream Spacer 100% poliéster	Cool Grey 2 c		Cosmo HK
6	Trabilla de la lengüeta	Piel abatanada 1.2mm Action Leather	White		Nan-Ya Tanning
7	Logotipo de la lengüeta	Etiqueta tejida 32 x 32mm Staked "Ariss"	Red 187 c / Black / Grey 2c		Local
8	Forro de la lengüeta	Visa Terry + 4MMKF329+24GT/C	Cool Grey 2 c		Local
9	Espuma de la lengüeta	Espuma de PU 20mm KFF	NA		Local
10	Ojetes	8mm acero	Black		Dae-Sung
11	Ojetes lado medial	8mm acero	Black		Dae-Sung
12	Cordones	8mm ovalado	Cool Grey 2 c		Pahio
13	Panel subyacente hueco	Serraje de pelo corto 1.2 mm	Black		Local
14	Panel del hueco	Cosmo Dream Spacer 100% poliéster	White		Cosmo HK
15	Logotipo del talón	Impreso + grabado 55mm ARISS	Black / Red		Local
16	Forro del talón	Visa Terry + 4MMKF329+24GT/C	NA		Cosmo HK
17	Pieza contrafuerte exterior	Abatanado blanco 1.2mm Action Leather	NA		Nan-Ya Tanning
18	Contrafuerte interno	Termoplástico Texon Rite 1.4mm	NA		Texon
19	Tope	Termoplástico Texon Sportflex .35mm	NA		Texon
20	Refuerzo ojetes	Super Tuff	NA		Local
21	Hilo para el corte	Nylon reforzado 6 3 250D 3 cabos	A tono		Coats o A&E
	SUELA				
22	Entresuela cuña superior	Eva termoconformada Asker "C" 45-50	White		Local
23	Suela	#1-44 NBS400 Shore "A" 65 +or-3 SG 1.1 +1.4	Black		CW Pressing
24	Piezas de color en suela	NBS400 Shore "A" 65 +or-3 SG 1.1 +1.4	Red		CW Pressing
25	Logotipo de la suela	"ARISS" Logo NBS400 Shore "A" 65 +or-3 SG 1.1 +1.4	Red		CW Pressing
26	Costura de la puntera	Nylon reforzado 6 850D 3 cabos	Red		Coats o A&E
27	Planta Strobel	Texon T28	White		Texon
28	Plantilla anatómica	EVA conformada Asker "C" 45 molde abierto estándar	Black		Local
29	Recubrimiento de la plantilla ana	Cosmo Hex Weave	White		Cosmo HK
30	Logotipo de la plantilla anatómic	Serigrafía "ARISS" 65mm termotransfer	Black / Red		Local
31	Cemento/ pegamento	PU base de agua	Transparent		Nan-Pou
	EMBALAJE				
32	Caja interna	2016 Box art E-Flue - Recubrimiento blanco de PVC	Red		Lai Wah
33	Caja exterior	Marrón	Brown		Local
34	Etiqueta de la lengüeta	3cm x 3cm Blanco + Base negro + Fundido	Black / White		Local
35	Etiquetado EEC	2 cm x 2 cm blanco + impresión negro	Black / White		Local
36	HangTag	Impresión a 4 colores	Color		Lai Wah
37	Tag pin	Blanco	White		Local
38	Papel de seda	10 gramos 2 hojas	White		Local
39	Papel interior puntera	10 gramos 2 hojas	White		Local

La ficha técnica

La ficha técnica tiene varias funciones:

1. Nombrar a la fábrica el nombre de cada pieza en el diseño.
2. Detalla qué material compone cada parte del modelo.
3. Informa a la fábrica de qué color es cada pieza.
4. Detalla quién suministrará cada material a la fábrica.

Una buena ficha técnica es absolutamente necesaria para tener éxito. Dejar huecos sin rellenar hará que el desarrollador de la fábrica escoja lo que tenga disponible para estas piezas. Esto puede ser bueno, o malo, y dará un resultado inesperado.

La ficha técnica también sirve para verificar las nuevas muestras que llegan de la fábrica. Es importante revisar cada muestra junto con la ficha técnica para asegurarte que la fabrica siguió las indicaciones. También, es bueno resaltar las diferencias y preguntar a la fábrica por qué no siguieron las instrucciones. Quizá tengan una sugerencia mejor de la que elegiste. En muchos casos, el desarrollador de la fábrica, o el patronista, sustituirá el material con alguno que tenga disponible, y puede que funcione mejor que tu idea original.

Fábrica:	Houjie #1
Modelo:	ARJ-001
Temporada:	Primavera 2018
División:	Running
Descripción del color:	BLANCO / ROJO / NEGRO
País de origen:	China
Construcción:	Montado (pegado)
	Montado en planta de montado
Sexo/Tamaño:	M'S9 #
Talla:	5-14
Horma:	SUX-6000
Código del O/S:	LF_204
Estado:	Muestra para fotografiar

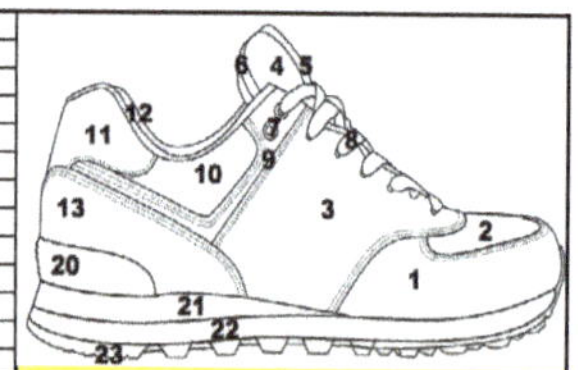

Tipo de componente	Especificación de los componentes	Blanco/rojo/negro	Color		Proveedor
CORTE					
Puntera / guardabarros	Piel abatanada 1.2mm Action Leather	White			Nan-Ya Tanning
Pala	Cosmo Dream Spacer 100% poliéster	White			Cosmo HK
Forro de la pala	Cosmo Dream Spacer 100% poliéster	White			Local
Pared	Piel abatanada 1.2mm Action Leather	White			Nan-Ya Tanning
Logotipo en pared	Logo TPR "Ariss"	Red 187 c / Black / Grey 2c			Local
Lengüeta	Cosmo Dream Spacer 100% poliéster	Cool Grey 2 c			Cosmo HK
Trabilla de la lengüeta	Piel abatanada 1.2mm Action Leather	White			Nan-Ya Tanning
Logotipo de la lengüeta	Etiqueta tejida 32 x 32mm Staked "Ariss"	Red 187 c / Black / Grey 2c			Local
Forro de la lengüeta	Visa Terry + 4MMKF329+24GT/C	Cool Grey 2 c			Local
Espuma de la lengüeta	Espuma de PU 20mm KFF	NA			Local
Ojetes	8mm acero	Black			Dae-Sung
Ojetes lado medial	8mm acero	Black			Dae-Sung
Cordones	8mm ovalado	Cool Grey 2 c			Pahio
Panel subyacente hueco	Serraje de pelo corto 1.2 mm	Black			Local
Panel del hueco	Cosmo Dream Spacer 100% poliéster	White			Cosmo HK
Logotipo del talón	Impreso + grabado 55mm ARISS	Black / Red			Local
Forro del talón	Visa Terry + 4MMKF329+24GT/C	NA			Cosmo HK
Pieza contrafuerte exterior	Abatanado blanco 1.2mm Action Leather	NA			Nan-Ya Tanning
Contrafuerte interno	Termoplástico Texon Rite 1.4mm	NA			Texon
Tope	Termoplástico Texon Sportflex .35mm	NA			Texon
Refuerzo ojetes	Super Tuff	NA			Local
Hilo para el corte	Nylon reforzado 6 3 250D 3 cabos	A tono			Coats o A&E
SUELA					
Entresuela cuña superior	Eva termoconformada Asker "C" 45-50	White			Local
Suela	#1-44 NBS400 Shore "A" 65 +or-3 SG 1.1 +1.4	Black			CW Pressing
Piezas de color en suela	NBS400 Shore "A" 65 +or-3 SG 1.1 +1.4	Red			CW Pressing
Logotipo de la suela	"ARISS" Logo NBS400 Shore "A" 65 +or-3 SG 1.1 +1.4	Red			CW Pressing
Costura de la puntera	Nylon reforzado 6 850D 3 cabos	Red			Coats o A&E
Planta Strobel	Texon T28	White			Texon
Plantilla anatómica	EVA conformada Asker "C" 45 molde abierto estándar	Black			Local
Recubrimiento de la plantilla ana	Cosmo Hex Weave	White			Cosmo HK
Logotipo de la plantilla anatómic	Serigrafía "ARISS" 65mm termotransfer	Black / Red			Local
Cemento/ pegamento	PU base de agua	Transparent			Nan-Pou

Mapa de materiales

Se debe hacer un mapa de materiales para detallar por primera vez un artículo que la fábrica no ha visto antes. Es importante que la fábrica de calzado conozca la terminología empleada.

Utiliza un dibujo en blanco y negro para asignar un número a cada pieza. Asegúrate que los números en la ficha técnica coincidan con el dibujo; solo tardarás unos minutos y puede ahorrarte cometer errores.

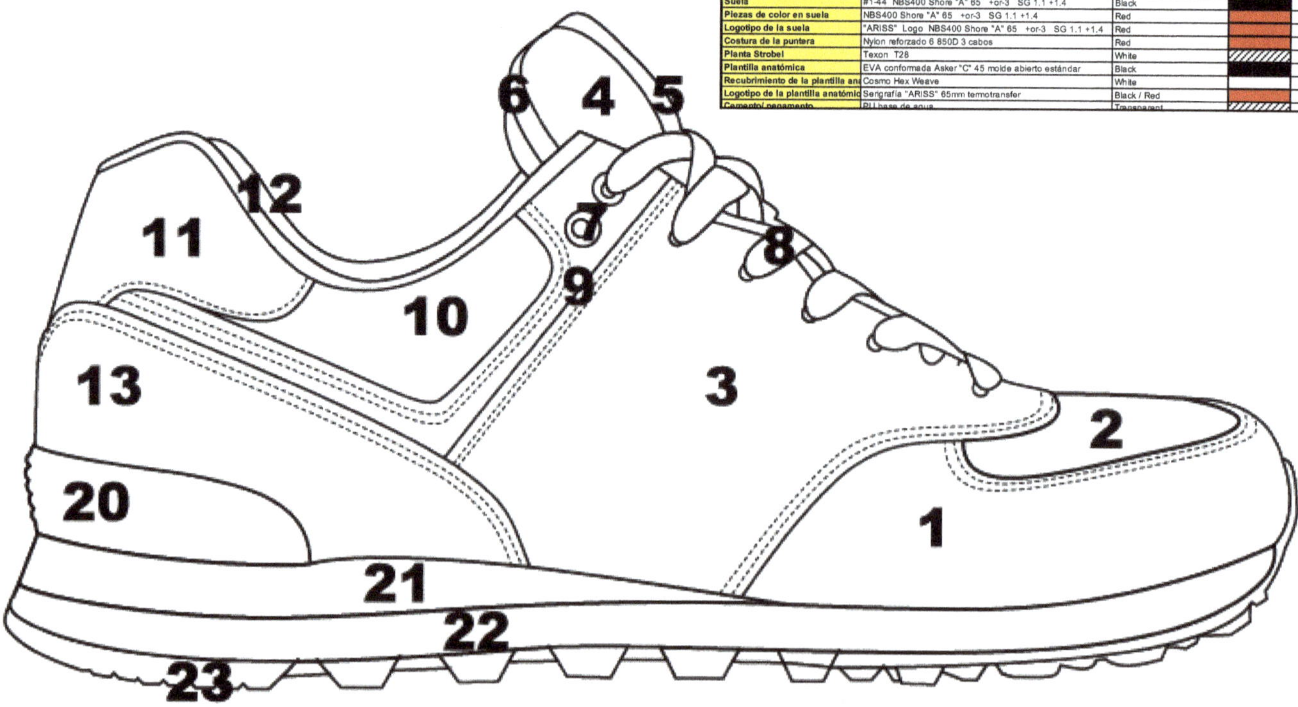

Encabezado de la ficha técnica

Las grandes empresas cuentan con una base de datos para hacer las fichas técnicas, pero las pequeñas y medianas empresas suelen utilizar Microsoft Excel, u otros programas con hojas de cálculo.

El encabezado de la ficha técnica contiene mucha información importante que la fábrica necesita para mantener tu proyecto organizado, y poder elaborar las muestras.

El encabezado debe incluir:
El modelo del desarrollo, el año y la temporada.
El nombre de la fábrica de calzado.
El nombre o el número de modelo (si lo tiene).
El código del modelo de la suela.
La escala de tallas del modelo.
El nombre del diseñador, o del desarrollador.
El código del modelo de horma utilizado.
La información del colorido de la muestra.
El estado de la muestra.

	Nombre del proyecto:	Ariss Jogger
	Fábrica:	Houjie #1
	Modelo:	ARJ-001
	Temporada:	Primavera 2018
	División:	Running
	Descripción del color:	BLANCO / ROJO / NEGRO
	País de origen:	China
	Construcción:	Montado (pegado)
		Montado en planta de montado
	Sexo/Tamaño:	M'S9 #
	Talla:	5-14
	Horma:	SUX-6000
	Código del O/S:	LF_204
	Estado:	Muestra para fotografiar

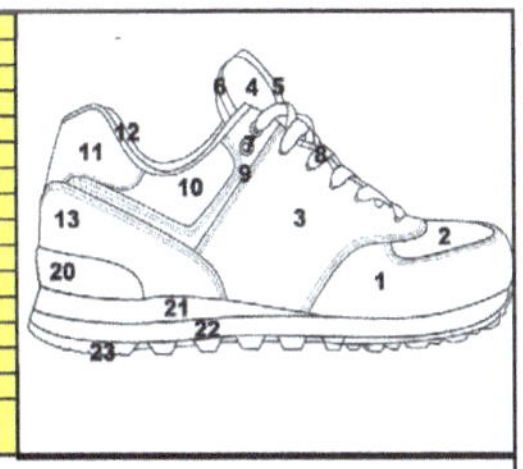

	Tipo de componente	Especificación de los componentes	Blanco/rojo/negro	Color		Proveedor
	CORTE					
10	Puntera / guardabarros	Piel abatanada 1.2mm Action Leather	White			Nan-Ya Tanning
20	Pala	Cosmo Dream Spacer 100% poliéster	White			Cosmo HK
30	Forro de la pala	Cosmo Dream Spacer 100% poliéster	White			Local
40	Pared	Piel abatanada 1.2mm Action Leather	White			Nan-Ya Tanning
50	Logotipo en pared	Logo TPR "Ariss"	Red 187 c / Black / Grey 2c			Local
60	Lengüeta	Cosmo Dream Spacer 100% poliéster	Cool Grey 2 c			Cosmo HK
70	Trabilla de la lengüeta	Piel abatanada 1.2mm Action Leather	White			Nan-Ya Tanning
80	Logotipo de la lengüeta	Etiqueta tejida 32 x 32mm Staked "Ariss"	Red 187 c / Black / Grey 2c			Local
90	Forro de la lengüeta	Visa Terry + 4MMKF329+24GT/C	Cool Grey 2 c			Local
100	Espuma de la lengüeta	Espuma de PU 20mm KFF	NA			Local
110	Ojetes	8mm acero	Black			Dae-Sung
120	Ojetes lado medial	8mm acero	Black			Dae-Sung
130	Cordones	8mm ovalado	Cool Grey 2 c			Pahio
140	Panel subyacente hueco	Serraje de pelo corto 1.2 mm	Black			Local
150	Panel del hueco	Cosmo Dream Spacer 100% poliéster	White			Cosmo HK
160	Logotipo del talón	Impreso + grabado 55mm ARISS	Black / Red			Local
170	Forro del talón	Visa Terry + 4MMKF329+24GT/C	NA			Cosmo HK
180	Pieza contrafuerte exterior	Abatanado blanco 1.2mm Action Leather	NA			Nan-Ya Tanning
190	Contrafuerte interno	Termoplástico Texon Rite 1.4mm	NA			Texon
200	Tope	Termoplástico Texon Sportflex .35mm	NA			Texon
210	Refuerzo ojetes	Super Tuff	NA			Local
220	Hilo para el corte	Nylon reforzado 6 3 250D 3 cabos	A tono			Coats o A&E
	SUELA					
230	Entresuela cuña superior	Eva termoconformada Asker "C" 45-50	White			Local
240	Suela	#1-44 NBS400 Shore "A" 65 +or-3 SG 1.1 +1.4	Black			CW Pressing
250	Piezas de color en suela	NBS400 Shore "A" 65 +or-3 SG 1.1 +1.4	Red			CW Pressing
260	Logotipo de la suela	"ARISS" Logo NBS400 Shore "A" 65 +or-3 SG 1.1 +1.4	Red			CW Pressing
270	Costura de la puntera	Nylon reforzado 6 850D 3 cabos	Red			Coats o A&E
280	Planta Strobel	Texon T28	White			Texon
290	Plantilla anatómica	EVA conformada Asker "C" 45 molde abierto estándar	Black			Local
300	Recubrimiento de la plantilla an	Cosmo Hex Weave	White			Cosmo HK
310	Logotipo de la plantilla anatómic	Serigrafía "ARISS" 65mm termotransfer	Black / Red			Local
320	Cemento/ pegamento	PU base de agua	Transparent			Nan-Pou

Nombre del proyecto:	**Ariss Jogger**
Fábrica:	**Houjie #1**
Modelo:	ARJ-001
Temporada:	Primavera 2018
División:	Running
Descripción del color:	BLANCO / ROJO / NEGRO
País de origen:	China
Construcción:	Montado (pegado)
	Montado en planta de montado
Sexo/Tamaño:	M'S9 #
Talla:	5 14
Horma:	SUX-6000
Código del O/S:	LF_204
Estado:	Muestra para fotografiar

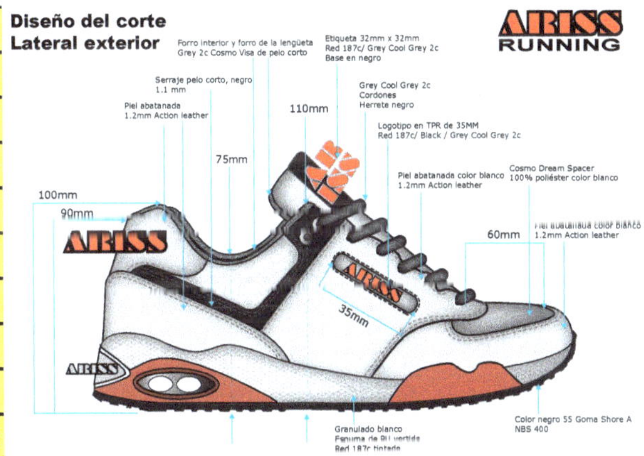

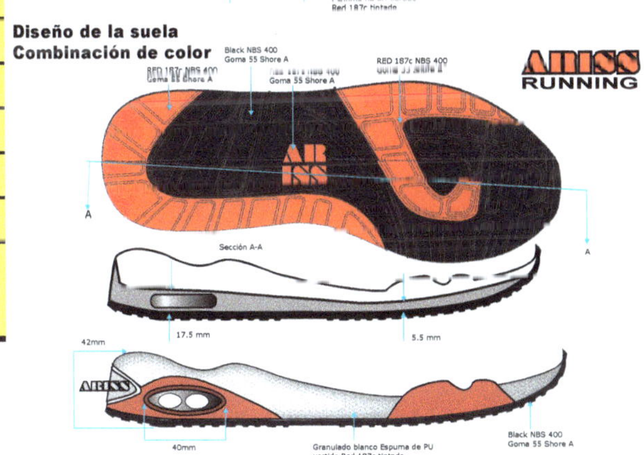

Rellenar la ficha técnica

Normalmente, se dividen los componentes del modelo en varias secciones. La primera sección detalla los componentes del corte del diseño. Una buena opción es comenzar con la parte delantera del modelo, y terminar con la parte trasera. Después, continuar con los componentes del forro interior, y los refuerzos; todas aquellas piezas que uno no puede ver en el interior de un diseño, como, por ejemplo, el forro de la pala o del escote. En esta sección, también se desglosan componentes como el pegamento, la densidad y el grosor de la espuma del escote, y el tipo de hilo que se va a utilizar.

La mayor parte de la información de la ficha técnica incluye los nombres de los componentes, y después, el material específico para cada componente. Al detallar las calidades, o materiales, del modelo, se debe escribir el nombre, el fabricante y código de referencia, o el muestrario.

Dependiendo del material, se menciona el grosor, el grabado, y el refuerzo.

Nombre del proyecto:	Ariss Jogger
Fábrica:	Houjie #1
Modelo:	ARJ-001
Temporada:	Primavera 2018
División:	Running
Descripción del color:	BLANCO / ROJO / NEGRO
País de origen:	China
Construcción:	Montado (pegado)
	Montado en planta de montado
Sexo/Tamaño:	M'S9 #
Talla:	5-14
Horma:	SUX-6000
Código del O/S:	LF_204
Estado:	Muestra para fotografiar

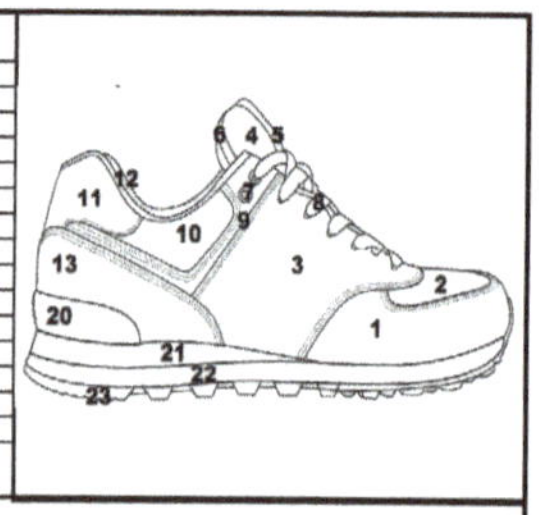

	Tipo de componente	Especificación de los componentes	Blanco/rojo/negro	Color	Proveedor
	CORTE				
0	Puntera / guardabarros	Piel abatanada 1.2mm Action Leather	White		Nan-Ya Tanning
1	Pala	Cosmo Dream Spacer 100% poliéster	White		Cosmo HK
2	Forro de la pala	Cosmo Dream Spacer 100% poliéster	White		Local
3	Pared	Piel abatanada 1.2mm Action Leather	White		Nan-Ya Tanning
4	Logotipo en pared	Logo TPR "Ariss"	Red 187 c / Black / Grey 2c		Local
5	Lengüeta	Cosmo Dream Spacer 100% poliéster	Cool Grey 2 c		Cosmo HK
6	Trabilla de la lengüeta	Piel abatanada 1.2mm Action Leather	White		Nan-Ya Tanning
7	Logotipo de la lengüeta	Etiqueta tejida 32 x 32mm Staked "Ariss"	Red 187 c / Black / Grey 2c		Local
8	Forro de la lengüeta	Visa Terry + 4MMKF329+24GT/C	Cool Grey 2 c		Local
9	Espuma de la lengüeta	Espuma de PU 20mm KFF	NA		Local
10	Ojetes	8mm acero	Black		Dae-Sung
11	Ojetes lado medial	8mm acero	Black		Dae-Sung
12	Cordones	8mm ovalado	Cool Grey 2 c		Pahio
13	Panel subyacente hueco	Serraje de pelo corto 1.2 mm	Black		Local
14	Panel del hueco	Cosmo Dream Spacer 100% poliéster	White		Cosmo HK
15	Logotipo del talón	Impreso + grabado 55mm ARISS	Black / Red		Local
16	Forro del talón	Visa Terry + 4MMKF329+24GT/C	NA		Cosmo HK
17	Pieza contrafuerte exterior	Abatanado blanco 1.2mm Action Leather	NA		Nan-Ya Tanning
18	Contrafuerte interno	Termoplástico Texon Rite 1.4mm	NA		Texon
19	Tope	Termoplástico Texon Sportflex .35mm	NA		Texon
20	Refuerzo ojetes	Super Tuff	NA		Local
21	Hilo para el corte	Nylon reforzado 6 3 250D 3 cabos	A tono		Coats o A&E
	SUELA				
22	Entresuela cuña superior	Eva termoconformada Asker "C" 45-50	White		Local
23	Suela	#1-44 NBS400 Shore "A" 65 +or-3 SG 1.1 +1.4	Black		CW Pressing
24	Piezas de color en suela	NBS400 Shore "A" 65 +or-3 SG 1.1 +1.4	Red		CW Pressing
25	Logotipo de la suela	"ARISS" Logo NBS400 Shore "A" 65 +or-3 SG 1.1 +1.4	Red		CW Pressing
26	Costura de la puntera	Nylon reforzado 6 850D 3 cabos	Red		Coats o A&E
27	Planta Strobel	Texon T28	White		Texon
28	Plantilla anatómica	EVA conformada Asker "C" 45 molde abierto estándar	Black		Local
29	Recubrimiento de la plantilla an	Cosmo Hex Weave	White		Cosmo HK

Ejemplo de ficha técnica

El número 0 es la puntera.

El grosor de la calidad escogida es de 1,2mm. El material es PU (cuero sintético de poliuretano). El nombre del producto es Duratec. En este caso, se dio un acabado resistente al agua (WR) al refuerzo. El material está disponible en muchos tipos de texturas grabadas, o pastillas. En este caso, grabado BS1. El color es blanco, y el fabricante del material es Nan-Ya.

Si es la primera vez que el proveedor del material trabaja con la fábrica, es útil agregar el contacto de la fábrica en alguna parte de la ficha técnica.

	Tipo de componente	Especificación de los componentes	Blanco/rojo/negro	Color	Proveedor
	CORTE				
0	Puntera / guardabarros	Piel abatanada 1.2mm Action Leather	White		Nan-Ya Tanning
1	Pala	Cosmo Dream Spacer 100% poliéster	White		Cosmo HK
2	Forro de la pala	Cosmo Dream Spacer 100% poliéster	White		Local
3	Pared	Piel abatanada 1.2mm Action Leather	White		Nan-Ya Tanning
4	Logotipo en pared	Logo TPR "Ariss"	Red 187 c / Black / Grey 2c		Local
5	Lengüeta	Cosmo Dream Spacer 100% poliéster	Cool Grey 2 c		Cosmo HK
6	Trabilla de la lengüeta	Piel abatanada 1.2mm Action Leather	White		Nan-Ya Tanning
7	Logotipo de la lengüeta	Etiqueta tejida 32 x 32mm Staked "Ariss"	Red 187 c / Black / Grey 2c		Local
8	Forro de la lengüeta	Visa Terry + 4MMKF329+24GT/C	Cool Grey 2 c		Local
9	Espuma de la lengüeta	Espuma de PU 20mm KFF	NA		Local
10	Ojetes	8mm acero	Black		Dae-Sung
11	Ojetes lado medial	8mm acero	Black		Dae-Sung
12	Cordones	8mm ovalado	Cool Grey 2 c		Pahio
13	Panel subyacente hueco	Serraje de pelo corto 1.2 mm	Black		Local
14	Panel del hueco	Cosmo Dream Spacer 100% poliéster	White		Cosmo HK

Detallar la suela

La siguiente sección nombra los componentes de la suela. Se enumeran las piezas de goma, los colores, y otros detalles como el logotipo. También se puede especificar:

La dureza del caucho (escala Shore A).
El SG, o gravedad específica.
El color de la goma.
El material que compone la entresuela.
La dureza, o durómetro de la entresuela.
El tipo de espuma de la plantilla.
El tipo de tejido de la plantilla.

Nombre del proyecto:	Ariss Jogger
Fábrica:	Houjie #1
Modelo:	ARJ-001
Temporada:	Primavera 2018
División:	Running
Descripción del color:	BLANCO / ROJO / NEGRO
País de origen:	China
Construcción:	Montado (pegado)
	Montado en planta de montado
Sexo/Tamaño:	M'S9 #
Talla:	5-14
Horma:	SUX-6000
Código del O/S:	LF_204
Estado:	Muestra para fotografiar

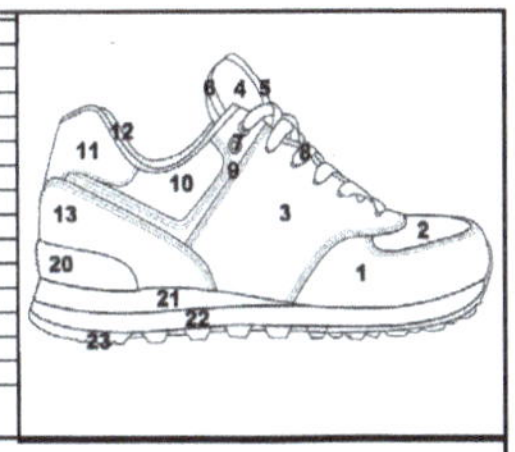

Tipo de componente	Especificación de los componentes	Blanco/rojo/negro	Color		Proveedor
CORTE					
Puntera / guardabarros	Piel abatanada 1.2mm Action Leather	White			Nan-Ya Tanning
Pala	Cosmo Dream Spacer 100% poliéster	White			Cosmo HK
Forro de la pala	Cosmo Dream Spacer 100% poliéster	White			Local
Pared	Piel abatanada 1.2mm Action Leather	White			Nan-Ya Tanning
Logotipo en pared	Logo TPR "Ariss"	Red 187 c / Black / Grey 2c			Local
Lengüeta	Cosmo Dream Spacer 100% poliéster	Cool Grey 2 c			Cosmo HK
Trabilla de la lengüeta	Piel abatanada 1.2mm Action Leather	White			Nan-Ya Tanning
Logotipo de la lengüeta	Etiqueta tejida 32 x 32mm Staked "Ariss"	Red 187 c / Black / Grey 2c			Local
Forro de la lengüeta	Visa Terry + 4MMKF329+24GT/C	Cool Grey 2 c			Local
Espuma de la lengüeta	Espuma de PU 20mm KFF	NA			Local
Ojetes	8mm acero	Black			Dae-Sung
Ojetes lado medial	8mm acero	Black			Dae-Sung
Cordones	8mm ovalado	Cool Grey 2 c			Pahio
Panel subyacente hueco	Serraje de pelo corto 1.2 mm	Black			Local
Panel del hueco	Cosmo Dream Spacer 100% poliéster	White			Cosmo HK
Logotipo del talón	Impreso + grabado 65mm ARISS	Black / Red			Local
Forro del talón	Visa Terry + 4MMKF329+24GT/C	NA			Cosmo HK
Pieza contrafuerte exterior	Abatanado blanco 1.2mm Action Leather	NA			Nan-Ya Tanning
Contrafuerte interno	Termoplástico Texon Rite 1.4mm	NA			Texon
Tope	Termoplástico Texon Sportflex .35mm	NA			Texon
Refuerzo ojetes	Super Tuff	NA			Local
Hilo para el corte	Nylon reforzado 6 3 250D 3 cabos	A tono			Coats o A&E
SUELA					
Entresuela cuña superior	Eva termoconformada Asker "C" 45-50	White			Local
Suela	#1-44 NBS400 Shore "A" 65 +or-3 SG 1.1 +1.4	Black			CW Pressing
Piezas de color en suela	NBS400 Shore "A" 65 +or-3 SG 1.1 +1.4	Red			CW Pressing
Logotipo de la suela	"ARISS" Logo NBS400 Shore "A" 65 +or-3 SG 1.1 +1.4	Red			CW Pressing
Costura de la puntera	Nylon reforzado 6 850D 3 cabos	Red			Coats o A&E
Planta Strobel	Texon T28	White			Texon
Plantilla anatómica	EVA conformada Asker "C" 45 molde abierto estándar	Black			Local
Recubrimiento de la plantilla ana	Cosmo Hex Weave	White			Cosmo HK
Logotipo de la plantilla anatómic	Serigrafía "ARISS" 65mm termotransfer	Black / Red			Local
Cemento/ pegamento	PU base de agua	Transparent			Nan-Pou

Ejemplo de ficha técnica

La suela de goma es el número 23.
En esta ficha técnica, se ve que el código del molde es #1-44, el compuesto de caucho es NBS400 (extra duradero); la dureza del caucho (escrita en valor Shore A) es Shore A 65, notificando a la fábrica un rango de ±3; y la densidad es SG 1.1 + 1.4.

La entresuela es de EVA termoconformada, con la dureza medida en la escala Asker C, y un valor de 45-50.

	SUELA					
22	Entresuela cuña superior	Eva termoconformada Asker "C" 45-50	White			Local
23	Suela	#1-44 NBS400 Shore "A" 65 +or-3 SG 1.1 +1.4	Black			CW Press
24	Piezas de color en suela	NBS400 Shore "A" 65 +or-3 SG 1.1 +1.4	Red			CW Press
25	Logotipo de la suela	"ARISS" Logo NBS400 Shore "A" 65 +or-3 SG 1.1 +1.4	Red			CW Press
26	Costura de la puntera	Nylon reforzado 6 850D 3 cabos	Red			Coats o A
27	Planta Strobel	Texon T28	White			Texon
28	Plantilla anatómica	EVA conformada Asker "C" 45 molde abierto estándar	Black			Local
29	Recubrimiento de la plantilla ana	Cosmo Hex Weave	White			Cosmo HK
30	Logotipo de la plantilla anatómic	Serigrafía "ARISS" 65mm termotransfer	Black / Red			Local

Embalaje

Recuerda, todo lo que se va a enviar con el modelo deberá estar reflejado en la ficha técnica.

La última sección de la ficha técnica deberá detallar cualquier elemento que no necesariamente forme parte del diseño, pero sea parte del embalaje.

Por ejemplo: la caja de cartón, el papel tisú o de seda, las etiquetas, el relleno, un par adicional de cordones, un llavero, o un manual de instrucciones en una bolsa de plástico. Cualquier elemento extra deberá incluirse en la ultima sección de la ficha técnica.

	EMBALAJE					
32	Caja interna	2016 Box art E-Flue - Recubrimiento blanco de PVC	Red			Lai Wah
33	Caja exterior	Marrón	Brown			Local
34	Etiqueta de la lengüeta	3cm x 3cm Blanco + Base negro + Fundido	Black / White			Local
35	Etiquetado EEC	2 cm x 2 cm blanco + impresión negro	Black / White			Local
36	HangTag	Impresión a 4 colores	Color			Lai Wah
37	Tag pin	Blanco	White			Local
38	Papel de seda	10 gramos 2 hojas	White			Local
39	Papel interior puntera	10 gramos 2 hojas	White			Local

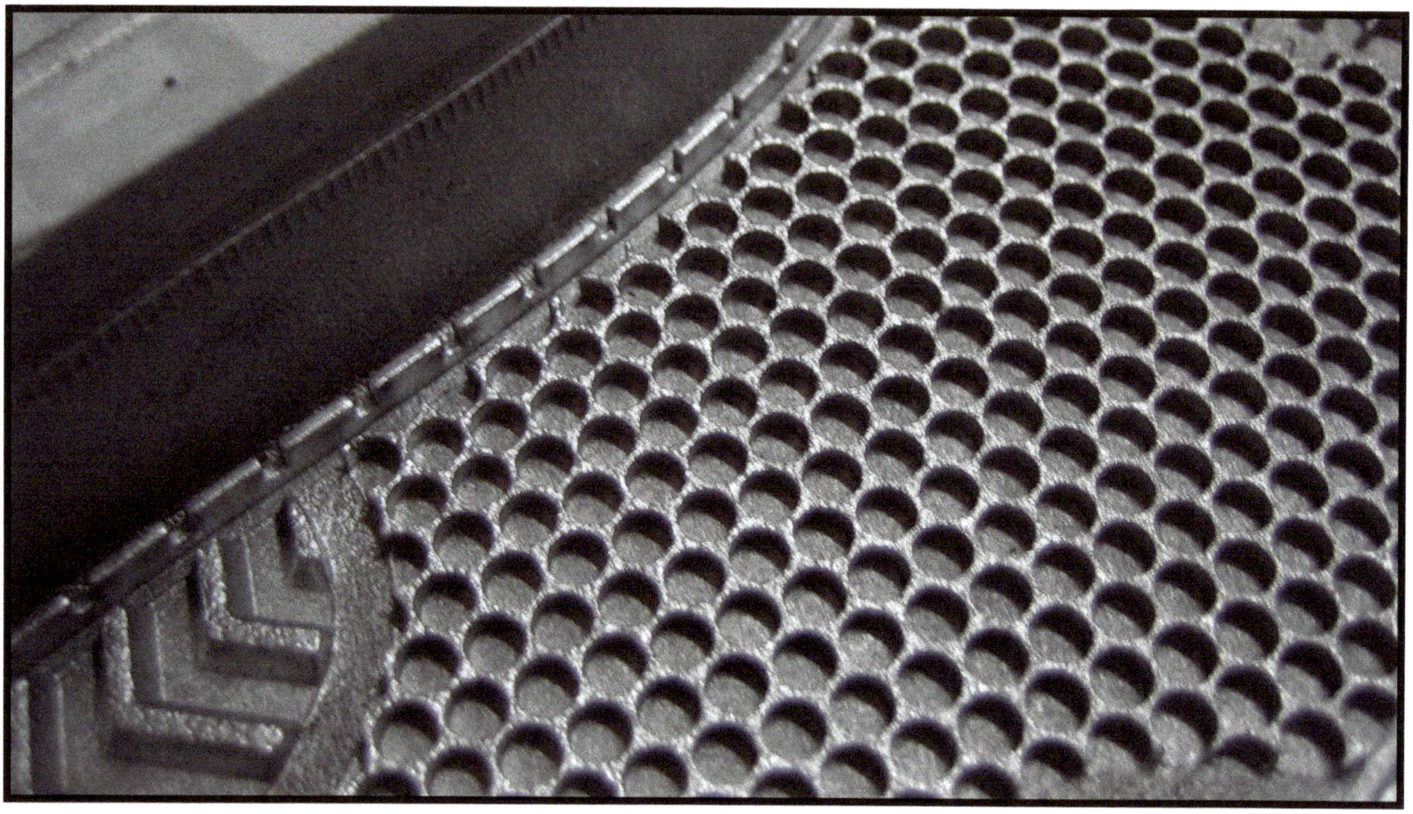

CAPÍTULO 5

DISEÑO DE SUELAS

Las herramientas para fabricar la suela, o el piso de las zapatillas deportivas, son las piezas más complicadas y caras del equipo necesario para la producción. Las herramientas vienen en diferentes formas y estructuras. Las suelas de las zapatillas están hechas de diferentes tipos de goma, plástico, espuma, cuero, o tejido; y cada una requiere sus propios requisitos de herramientas y tecnología de fabricación.

Si bien, el diseñador es el responsable de crear el aspecto general y el estilo de la suela, la fábrica de calzado tiene la tarea de dibujar los planos finales y asegurarse de que todas las piezas encajen correctamente. En este capítulo, se revisan los tipos de suelas más comunes, y los planos que se necesitan para hacer las herramientas.

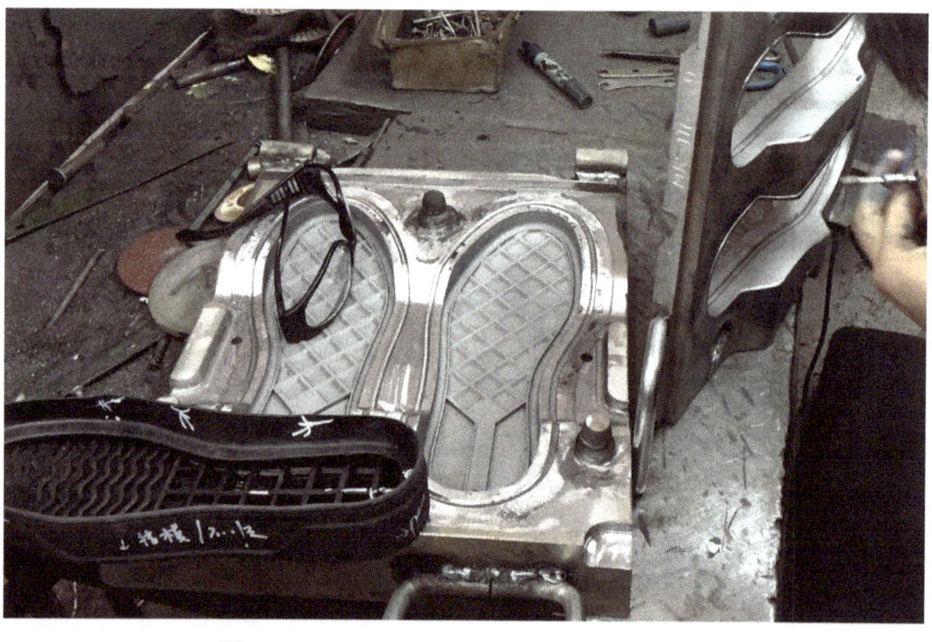

Una fábrica de moldes haciendo ajustes en la pared de una suela cóncava, o casco.

En este apartado se revisan los requisitos de diseño, y las herramientas necesarias para fabricar las suelas de goma, plástico, y espuma que componen las deportivas y el calzado moderno. El diseño de la suela que elijas para tu zapatilla es fundamental para la comodidad, el rendimiento, y el precio. Se necesita conocer el equipo disponible, y el precio unitario para cada tipo de diseño de suela y piso.

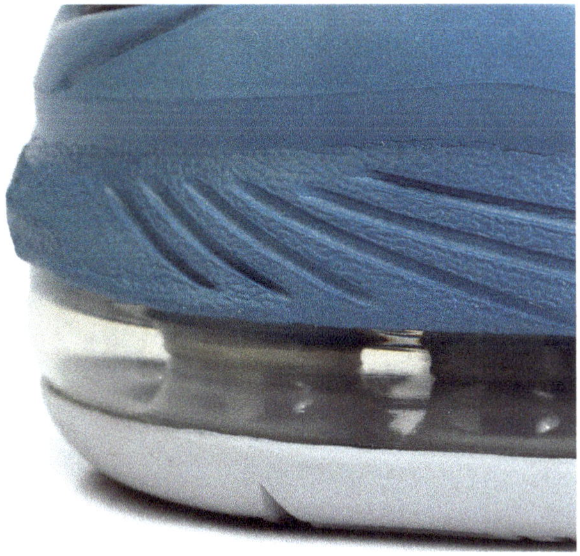

Es muy importante entender las herramientas y las necesidades de fabricación para cada tipo de suela. Si eres un diseñando que trabaja para Nike, puedes diseñar suelas con cámaras de aire moldeadas por soplado, inyecciones termoplásticas, etc., el cielo es el límite. Un precio de 20.000 dólares por maquinaria y talla, no es problema. Si la producción es de un millón de pares, 150.000 dólares para herramientas está bien. Sin embargo, si eres una *start-up* con limitaciones de presupuesto, utiliza una suela cóncava, que costará aproximadamente 1.400 dólares por talla.

Obviamente, la funcionalidad importa, ya que utilizar una suela cóncava, o casco, de goma para unas deportivas pensadas para correr, o integrar una cámara de aire en una bota de estilo militar, es una mala idea.

Tipos de suela más utilizados: suela cóncava de goma, suela con cuña de EVA *cut and buff*, combinado de *cut and buff* y suela cóncava, suela en dos piezas de goma EVA, suela de caucho vulcanizado o autoclave, suela de EVA ligera, suela de EVA, suela de EVA moldeada, suela termoplástica inyectada, y suela moldeada por aire.

Tipos de suelas

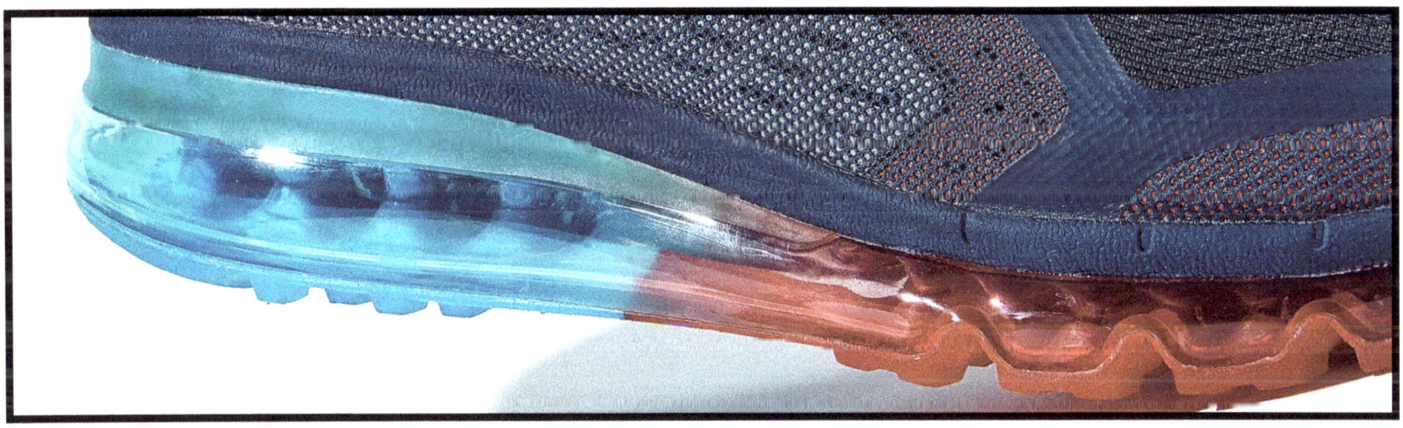

La entresuela con cámara de aire se hace mediante el proceso de soplado. Comienza con un tubo de extrusión de plástico caliente y semilíquido (conocido como parisón), donde se ajusta a un molde de acero, y se inyecta el aire en el interior para llenar la bolsa, y dar la forma del molde. Estas herramientas y máquinas son muy caras. El plástico se puede teñir, y la parte superior e inferior de la cámara de aire pueden pintarse. En este caso, la cámara de aire se une a una superficie de EVA que posteriormente se pega a la suela de la zapatilla mediante un proceso de pegado. Este tipo de suela es muy utilizada en calzado para correr, y entrenar. La cámara de aire se ve muy bien, pero debido al proceso de moldeo por soplado, las paredes de plástico de la cámara pueden ser un poco gruesas. Esta suela requiere un molde de compresión de EVA, un molde de compresión del caucho, y moldes de soplado.
HERRAMIENTAS: $$$$ PRECIO UNITARIO: $$$

EVA moldeada por compresión

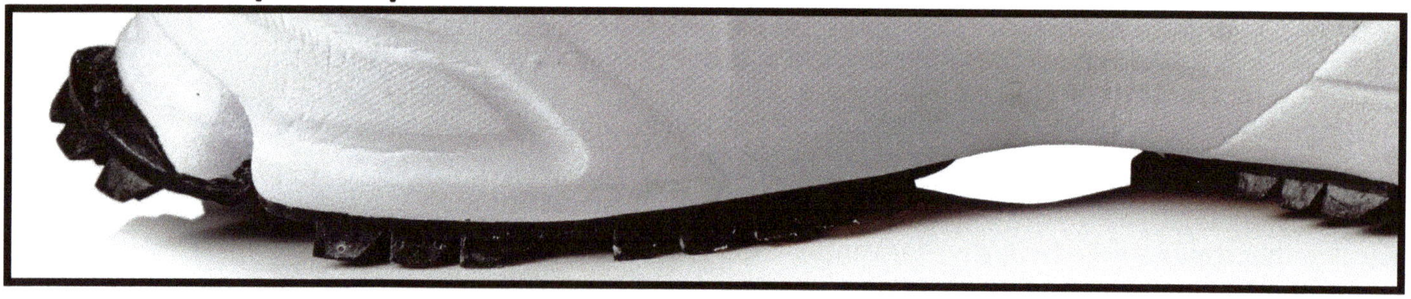

La típica suela de dos piezas, está fabricada con una entresuela ligera de EVA moldeada por compresión pegada a un piso de goma. La espuma de EVA se expande en bloques, y después se corta para adaptarlo a los moldes de compresión. El molde se calienta, lo que hace que la EVA se expanda de nuevo y llene el molde. La densidad y el durómetro se establece por la cantidad de espuma que se comprime en el molde, y el compuesto de la espuma. Cuanta más espuma, más durabilidad, y más definición adquiere la suela. La entresuela se pega a la goma en la sala de guarnecido de materiales, antes de que la unidad se una con la parte superior del conjunto. Esta suela requiere un molde de compresión de EVA, y un molde de compresión de goma.
HERRAMIENTAS: $$ PRECIO UNITARIO: $$

Entresuela moldeada por inyección

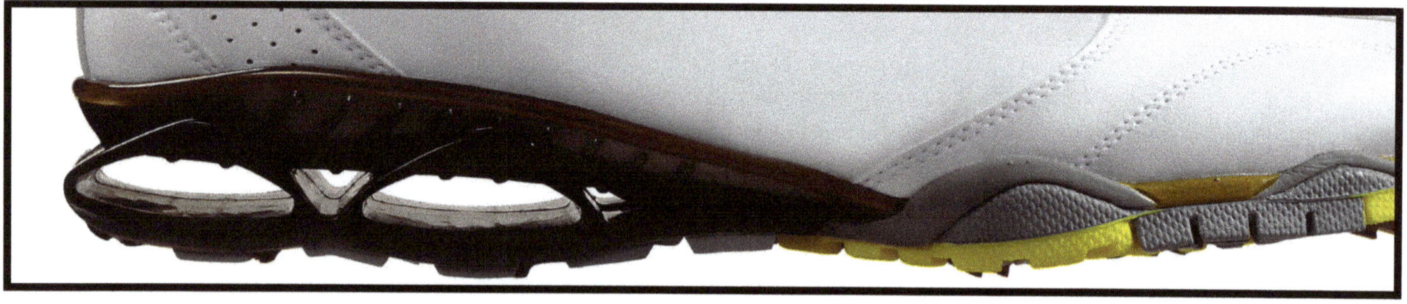

Muchas marcas han experimentado con entresuelas moldeadas por inyección sin espuma, con una placa semirrígida debajo del talón para mantener la estabilidad de la zapatilla. La estructura de la entresuela probablemente esté hecha de nylon, o de plástico TPU. El piso de goma está pegado previamente, y esta suela requiere: un molde de compresión de EVA para la entresuela oculta en el interior, un molde de compresión de goma para el piso, y moldes de inyección para el componente de la entresuela.
HERRAMIENTAS: $$$$ PRECIO UNITARIO: $$$$

EVA moldeada por inyección

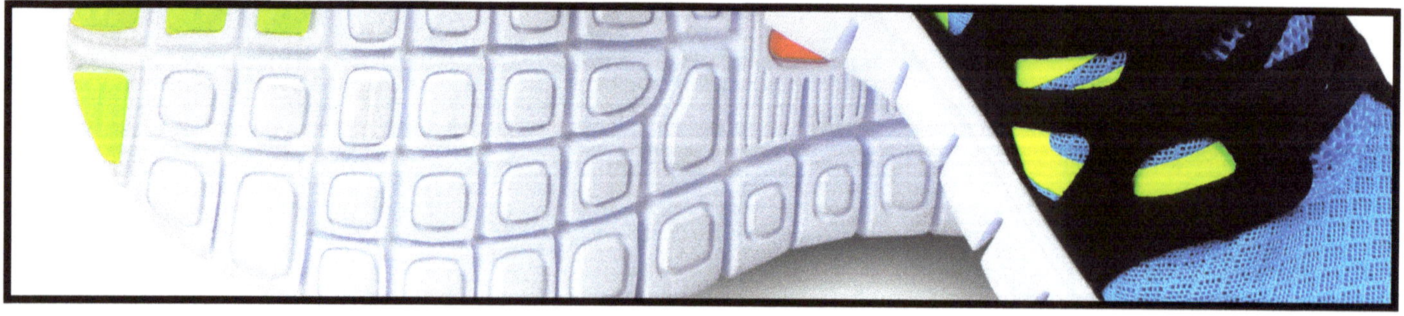

Estas zapatillas de correr utilizan una entresuela de EVA moldeada por inyección con inserciones de goma. La entresuela inyectada tiene una superficie más gruesa y suave, una densidad más uniforme y una mejor definición de los detalles que la entresuela de EVA moldeada por compresión. Esta suela es muy ligera, y muy flexible, pero se desgasta rápidamente. Las herramientas utilizadas tienen una alta tasa de producción, pero los moldes cuestan más de 3.000 dólares por talla, y requieren una maquinaria muy cara. Esta suela requiere un molde de inyección de EVA, y un molde de compresión de goma.
HERRAMIENTAS: $$$ PRECIO UNITARIO: $$

Cuña de EVA

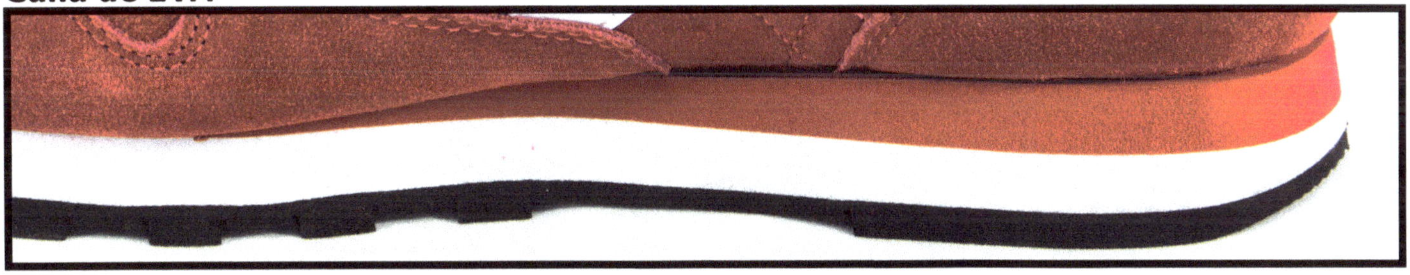

Esta clásica entresuela con cuña de EVA troquelada que está unida a una base de goma moldeada por compresión. La forma de la cuña superior se procesa mediante unos rodillos, a la vez que unas cuchillas separan las capas inferiores. La capa blanca se lija, y se pega a la base de goma anteriormente mencionada. Posteriormente, las tres piezas juntas se lijan de nuevo para crear la pared lateral con la forma requerida. Este proceso requiere mucho trabajo, pero muy pocas herramientas. De hecho, la herramienta base se puede recortar para hacer de 4 a 6 tallas. Esta zapatilla de la marca New Balance, requiere herramientas de compresión de goma.
HERRAMIENTAS: $ PRECIO UNITARIO: $

Entresuela de PU vertido

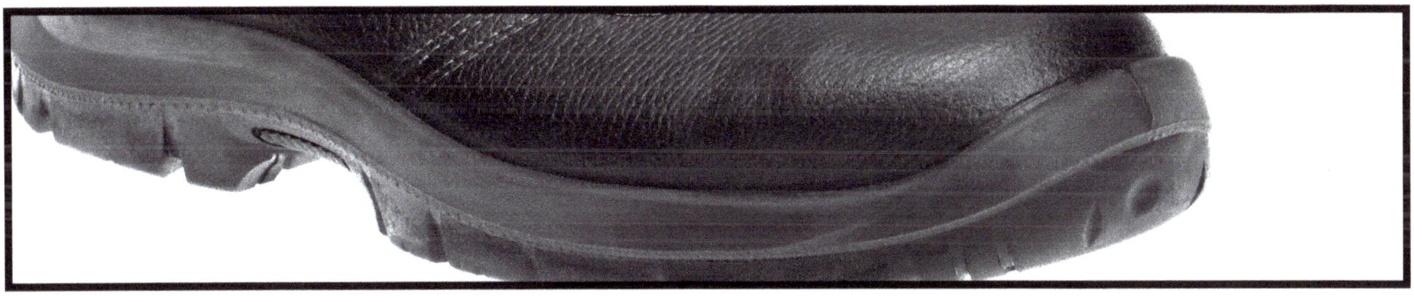

El corte de este zapato está unido directamente a la suela de espuma PU. En este proceso, el corte se fija en la parte superior de un molde. El molde se llena en dos vertidos: primero moldea la suela, y se deja enfriar unos minutos; después, un segundo disparo de PU más ligero llenará el espacio restante entre el corte y el piso. El PU se fusiona directamente al corte. Esta suela requiere un molde de inyección de caucho de PU de 2 piezas, y una maquinaria por valor de un millón de dólares.
HERRAMIENTAS: $$$ PRECIO UNITARIO: $

Cámara de aire clásica con entresuela de PU

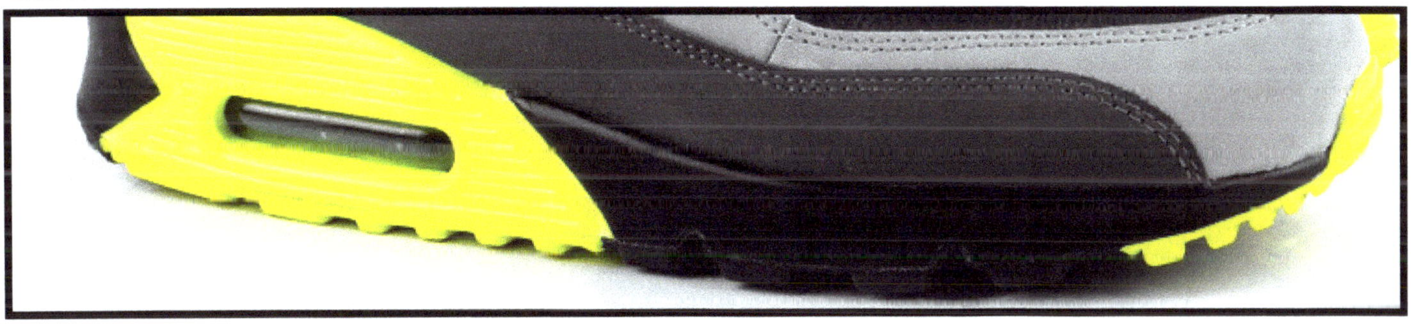

Esta entresuela con la clásica cámara de aire, está fabricada mediante el moldeo de PU, pero en este caso, la cámara de aire se fija en el talón de manera visible. Las aberturas por donde las abrazaderas sostienen la cámara en su lugar, impidiendo que el PU cubra la cámara de aire. La suela de goma está hecha por compresión, la parte superior de la zona color negro es la línea de separación de los moldes. La zona amarilla es la misma pieza de PU que sujeta la cámara de aire, pero esta zona se cubre para pintarla. Después de limpiar y pintar las piezas, se pegan a la goma en el guarnecido de materiales. La costura en el hendido de la puntera se realiza después del ensamblaje. Esta suela requiere herramientas de compresión para goma, un molde para la cámara de aire, y un molde para la entresuela de PU.
HERRAMIENTAS: $$ PRECIO UNITARIO: $$

Suela combinada casco ycut and buff

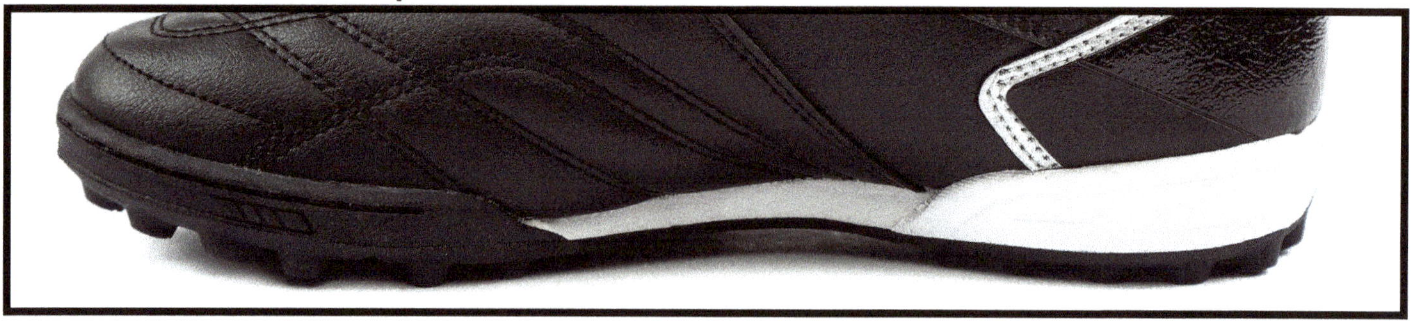

Esta zapatilla de fútbol sala tiene una suela tipo casco, combinada con *cut and buff*. La goma se prensa, después, la cuña de EVA se pega en su lugar. Posteriormente, la EVA se lija para igualarse a la pared lateral de la suela de goma. Esta construcción es más flexible y más ligera que una suela de goma estándar; requiere un molde de compresión para goma.
HERRAMIENTAS: $$ PRECIO UNITARIO: $$

Suela vulcanizada clásica

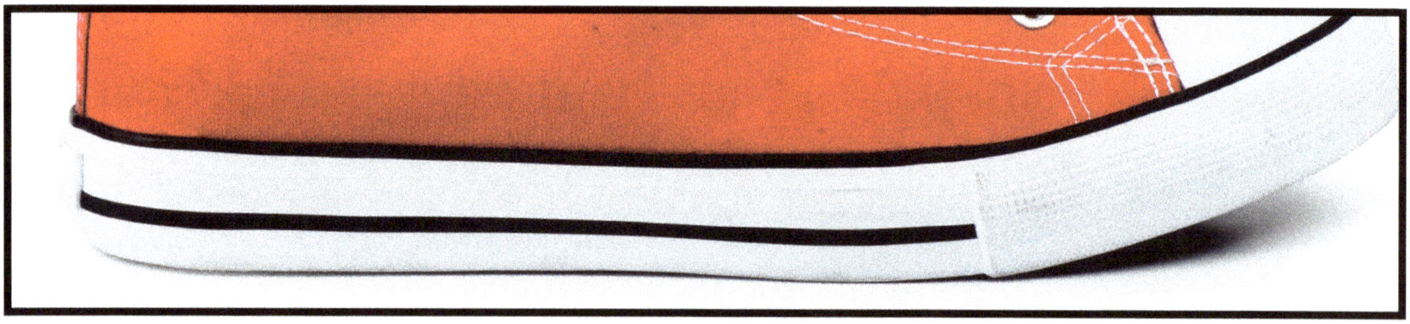

Esta suela es un ejemplo de una construcción de calzado vulcanizado, o autoclave, estándar. La parte inferior de la suela está unida al corte, y ambas piezas quedan envueltas con el *foxing*. Después de realizar esta operación de ensamblaje, toda la zapatilla se calienta para curar el caucho, creando un contacto permanente. Esta suela requiere un molde de compresión de goma para la base, y una fábrica especial de producción de calzado vulcanizado.
HERRAMIENTAS: $ PRECIO UNITARIO: $

Suela moldeada por inyección

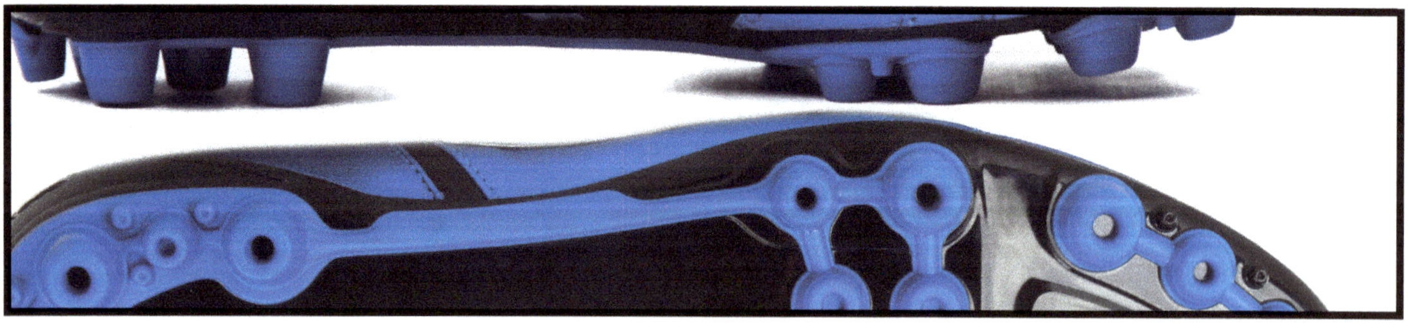

Esta suela con tacos se fabrica mediante moldeo por inyección. Las zapatillas con tacos de fútbol, fútbol americano, y béisbol, requieren bases de apoyo rígidas. El corte de la zapatilla se fija a la suela mediante pegado; y la suela se cose al corte después del pegado. Esta suela requiere un molde de inyección para plástico. Los diseños complicados con varios colores requieren un molde más caro, mientras que los diseños sencillos requieren herramientas menos costosas. Los tacos con clavos de metal requieren un proceso de moldeo con insertos. Este tipo de herramientas para inyección requiere una fábrica especializada de moldeo por inyección.
HERRAMIENTAS: $$-$$$$ PRECIO UNITARIO: $$$$

Suela cóncava, o casco de goma

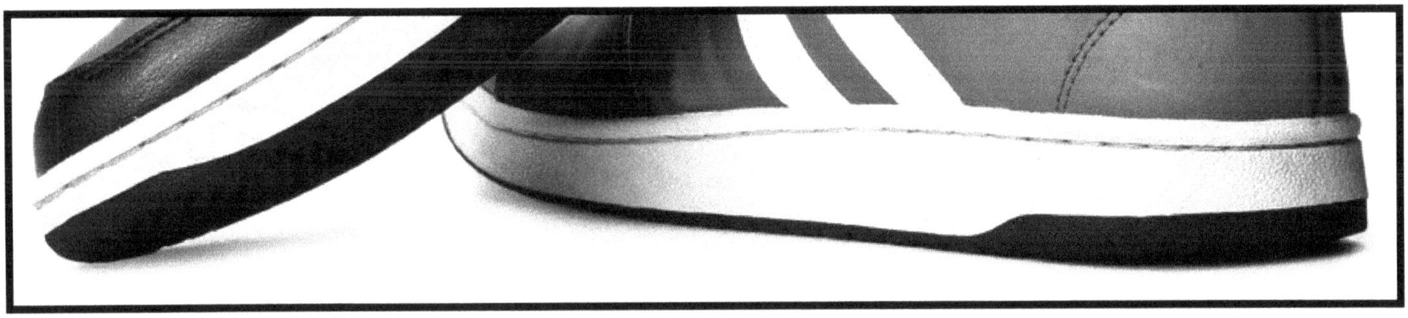

Esta es una zapatilla básica con una suela cóncava de goma en una sola pieza; también se le llama casco, o *cupsole*. La pared lateral color blanco, y la goma negra se moldean juntas en una sola operación. El molde tiene una placa intermedia que permite que las piezas se formen por separado. Antes de que la goma esté completamente curada, se retira la placa del medio para que los colores de la goma puedan fusionarse sin marcar la junta de unión. El logotipo lateral se pinta después del moldeado, y en el interior, se encuentra una pieza troquelada de espuma de EVA. El hendido para el cosido se hace mediante un corte en el molde, pudiéndose quitar fácilmente la goma después del moldeado. El cosido en el hendido se realiza después del ensamblaje de la zapatilla. Esta suela únicamente requiere un molde de compresión para goma.
HERRAMIENTAS: $ PRECIO UNITARIO: $

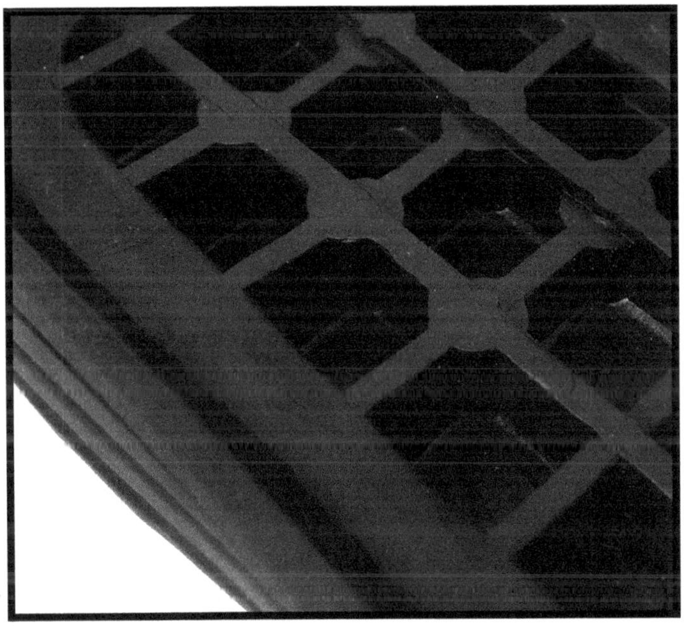

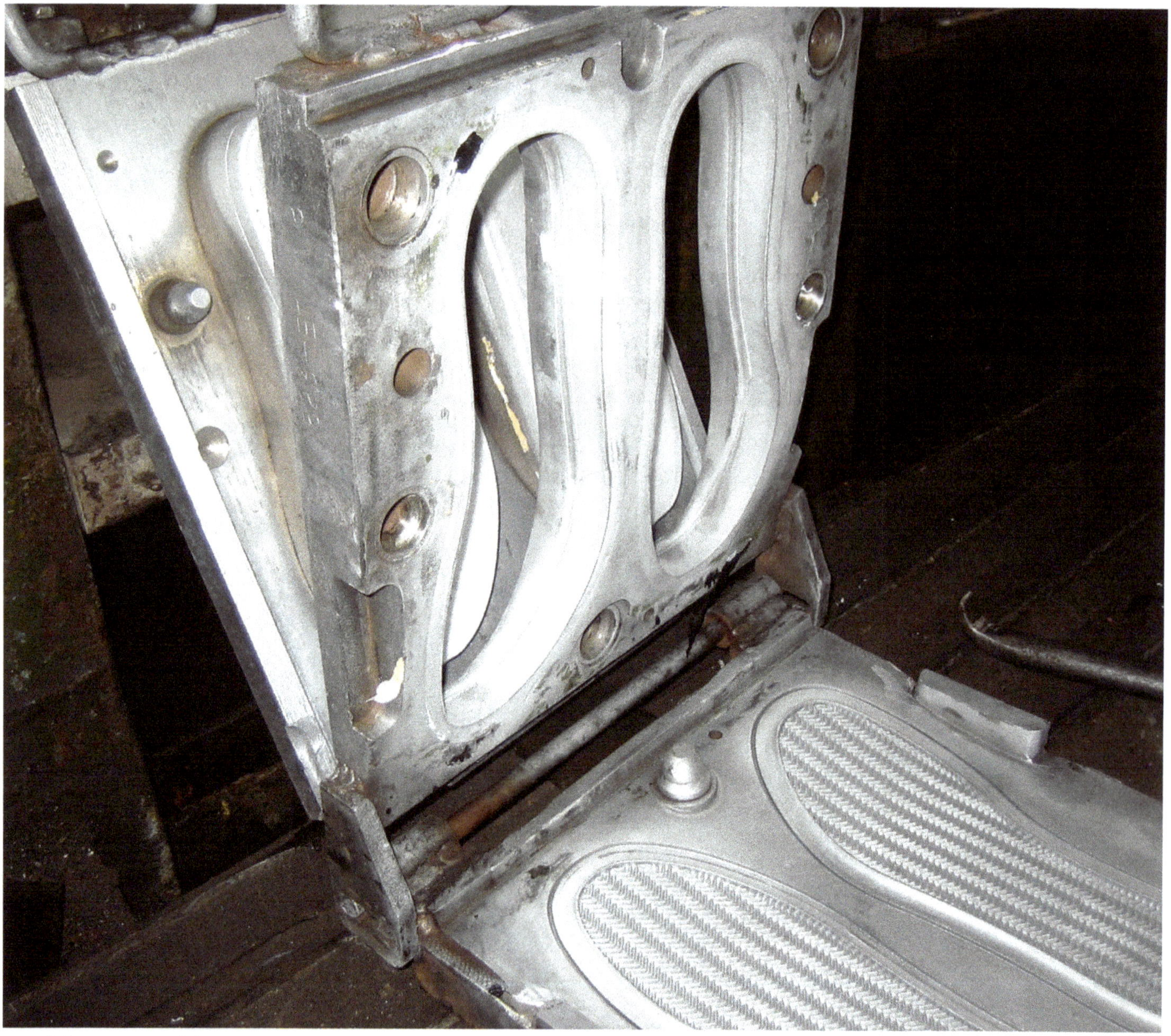

Molde a presión para goma

Este es un molde a presión estándar para goma, utilizado para hacer un diseño único de suela cóncava. En pocas palabras, se parece a una gofrera, y está hecha de acero.

Se puede ver que el molde tiene partes separadas para hacer el piso, la pared lateral, y la parte superior e interior de la suela. También se ve dónde se unen la pared lateral, y las partes inferiores de la herramienta; esa parte se conoce como la línea de partición.

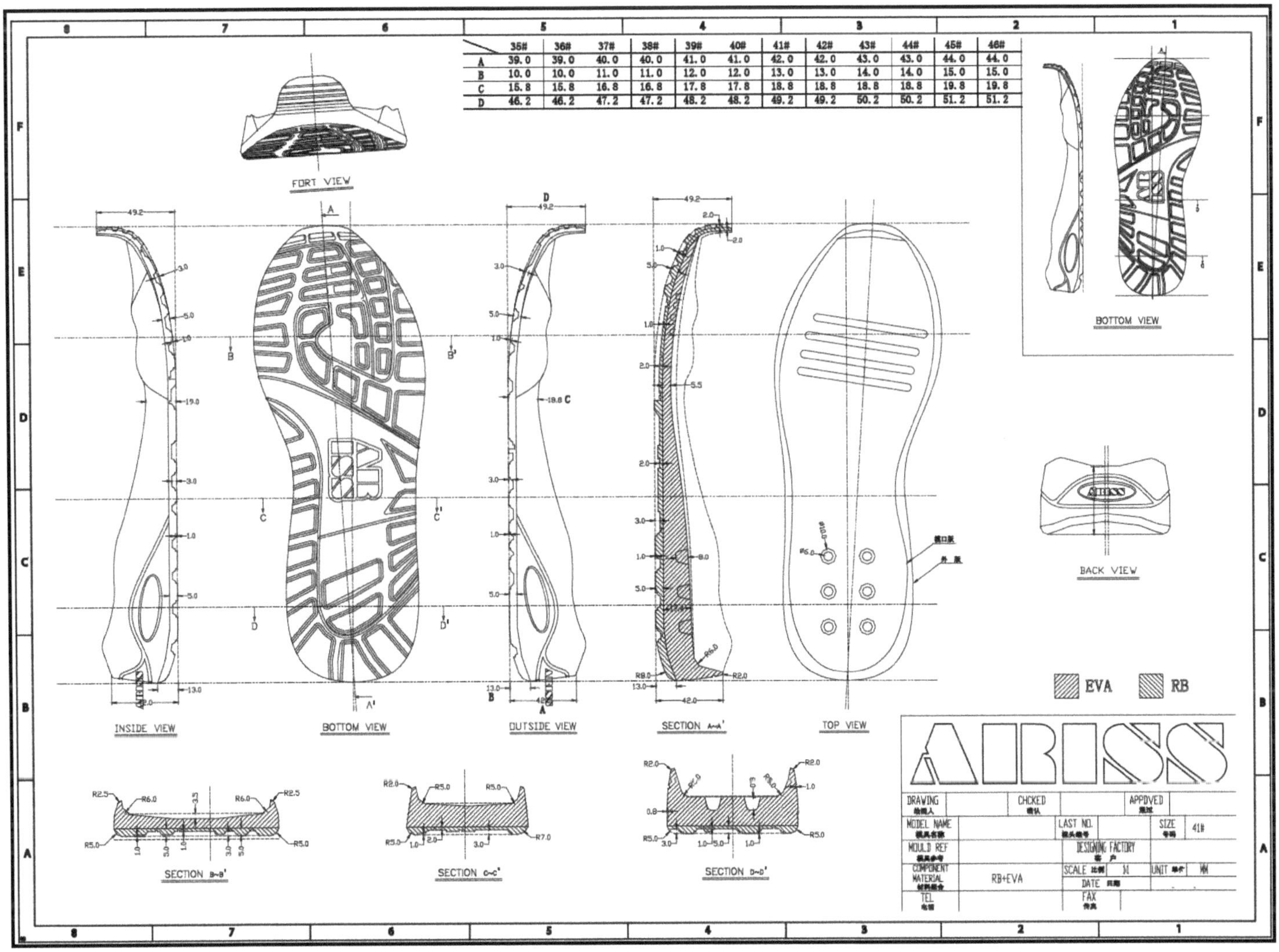

	35#	36#	37#	38#	39#	40#	41#	42#	43#	44#	45#	46#
A	39.0	39.0	40.0	40.0	41.0	41.0	42.0	42.0	43.0	43.0	44.0	44.0
B	10.0	10.0	11.0	11.0	12.0	12.0	13.0	13.0	14.0	14.0	15.0	15.0
C	15.8	15.8	16.8	16.8	17.8	17.8	18.8	18.8	18.8	18.8	19.8	19.8
D	46.2	46.2	47.2	47.2	48.2	48.2	49.2	49.2	50.2	50.2	51.2	51.2

Vistas técnicas requeridas

1. Vista lado medial.
2. Vista inferior.
3. Vista lado lateral.
4. Sección transversal a lo largo.
5. Vista superior de la entresuela.
6. Vista de la suela izquierda (para confirmar los logotipos).
7. Vista de la puntera.
8. Vista del talón.
9. Sección transversal en puntos esenciales para ver los detalles de la suela.
10. Detalles de texturas, o secciones transversales detalladas.
11. Especificaciones de los materiales.
12. Espacio para la revisión, y ver quién realizó cambios en el dibujo.

Estas especificaciones se mandan por correo electrónico, y posteriormente se corrigen. Un modelo nuevo puede requerir varias revisiones antes de que el diseño se convierta en un archivo CAD 3D.

	35#	36#	37#	38#	39#
A	39.0	39.0	40.0	40.0	41.0
B	10.0	10.0	11.0	11.0	12.0
C	15.8	15.8	16.8	16.8	17.8
D	46.2	46.2	47.2	47.2	48.2

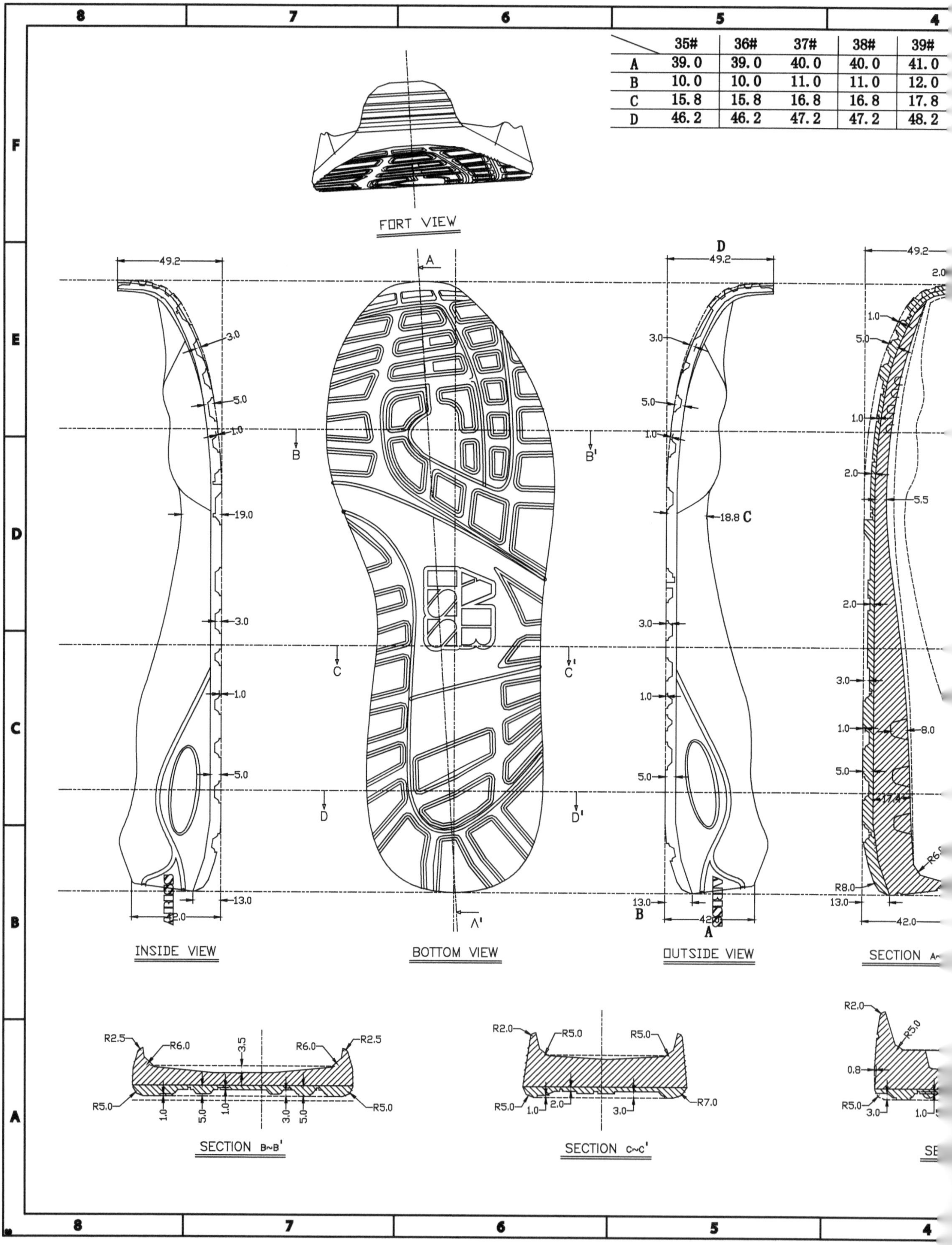

#	37#	38#	39#	40#	41#	42#	43#	44#	45#	46#
0	40.0	40.0	41.0	41.0	42.0	42.0	43.0	43.0	44.0	44.0
0	11.0	11.0	12.0	12.0	13.0	13.0	14.0	14.0	15.0	15.0
8	16.8	16.8	17.8	17.8	18.8	18.8	18.8	18.8	19.8	19.8
2	47.2	47.2	48.2	48.2	49.2	49.2	50.2	50.2	51.2	51.2

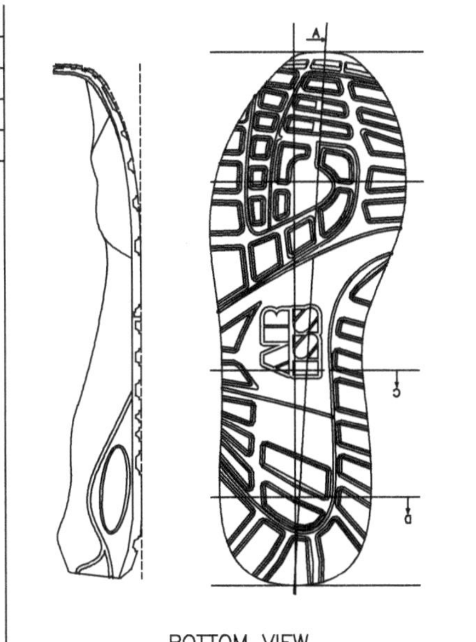

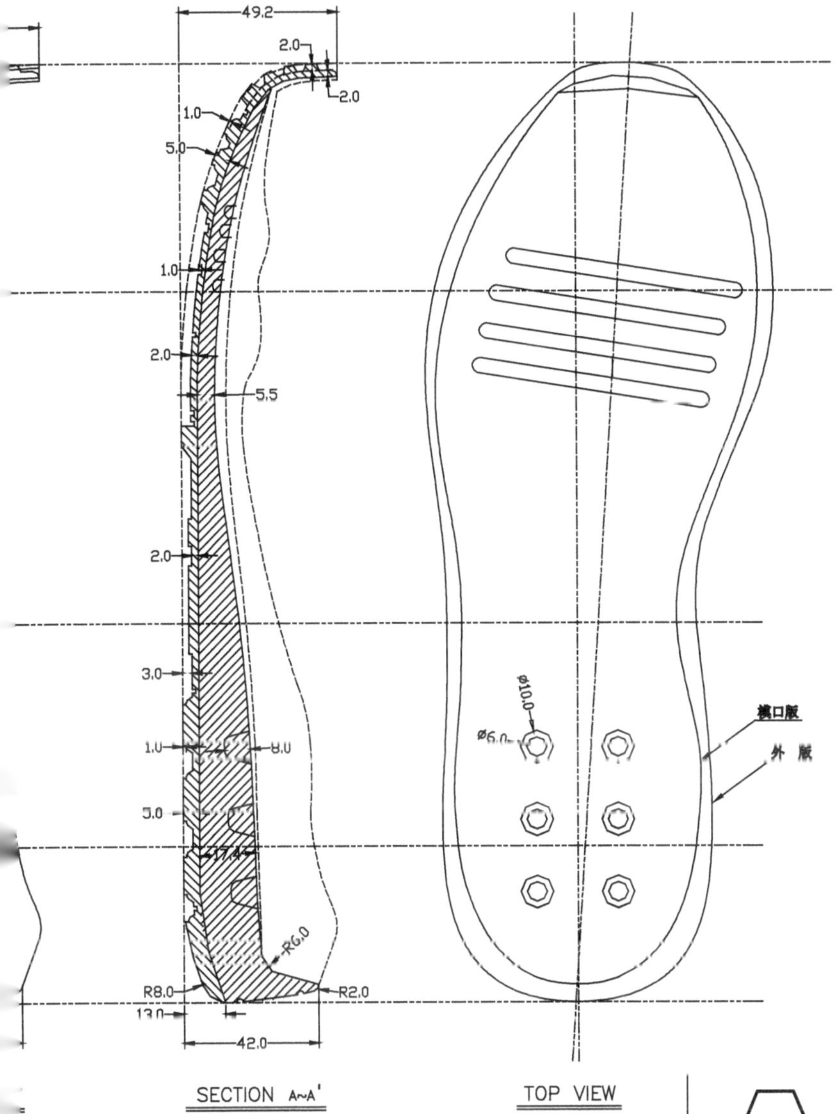

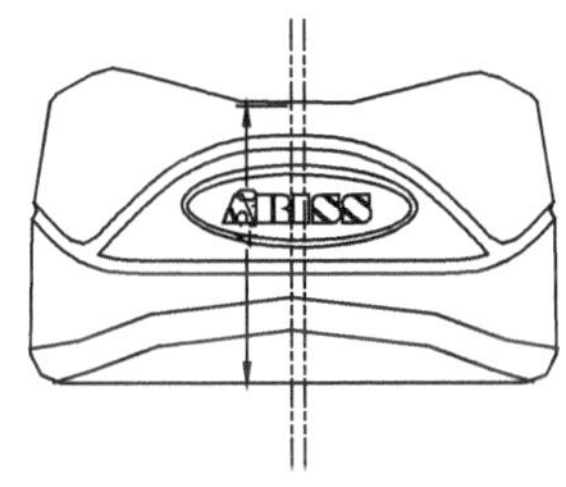

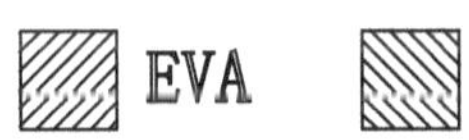

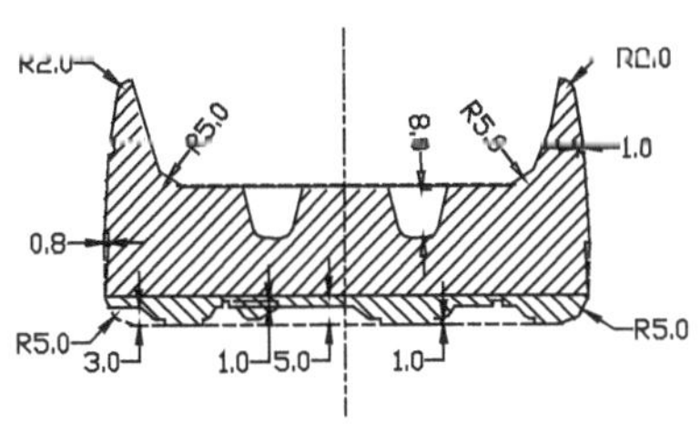

ARISS

DRAWING 绘图人		CHCKED 确认		APPDVED 通过	
MODEL NAME 模具名称		LAST NO. 楦头编号		SIZE 号码	41#
MOULD REF 模具参考		DESIGNING FACTORY 客 户			
COMPONENT MATERIAL 材料组合	RB+EVA	SCALE 比例	1:1	UNIT 单位	MM
		DATE 日期		- -	
TEL 电话		FAX 传真			

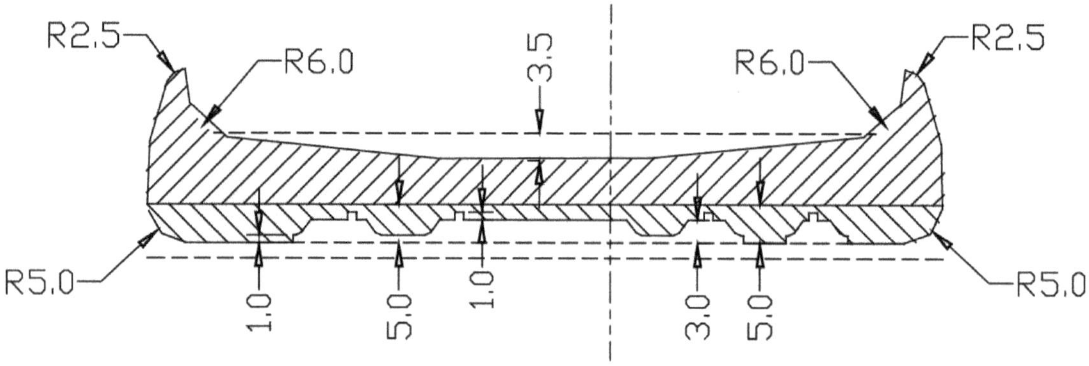

SECTION B~B'

Vistas de la sección transversal que muestran el espesor de la entresuela y la goma. Se reflejan las presas de color, y se destaca el radio del borde.

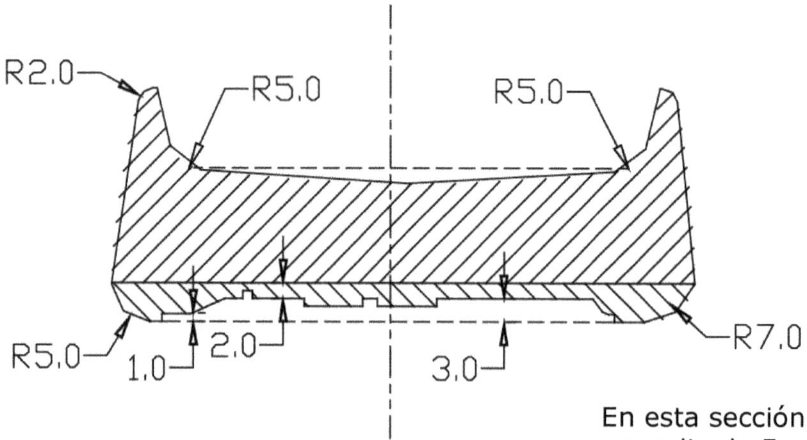

SECTION C~C'

En esta sección, el margen de unión se detalla con un radio de 5mm. Se ve dónde se ubica la junta entre la goma y la EVA. El grosor máximo de la goma es de 3mm.

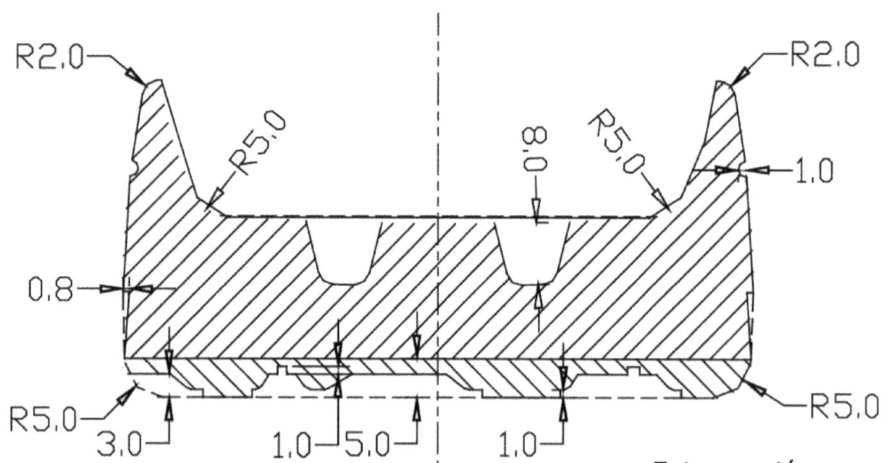

Esta sección muestra el grosor máximo de la EVA en el talón. La superficie de EVA más dura en los postes altos de los orificios hace que el talón sea más firme.

SECTION D~D'

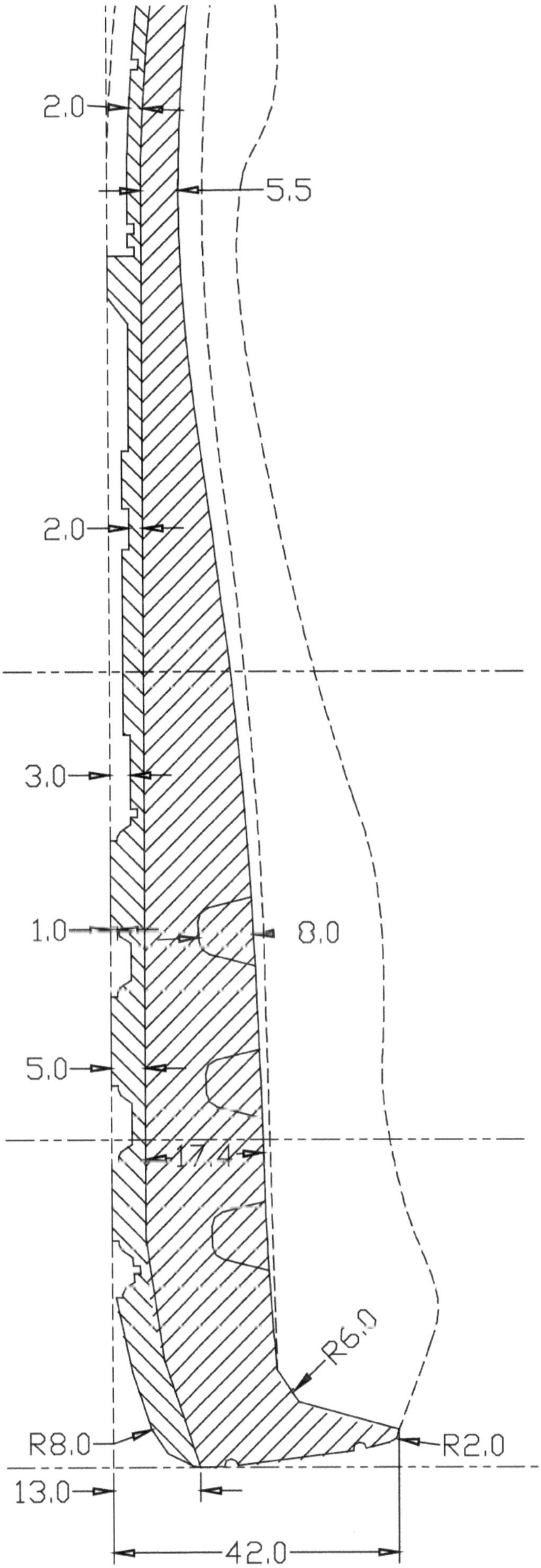

En esta sección, se detalla el margen de unión en la línea pespunteada. Para la unión con el corte, el margen debe ser de 8mm para que se haga un enlace fuerte y sólido.

En esta sección, se ve la altura del talón de la entresuela sobre la longitud de la suela. Esta línea debe coincidir con la base de la horma.

Aquí, se ve que la altura de la entresuela en la zona del talón es de 17,4mm, mientras que en el antepié es de 5,5mm, y la altura del tacón es de 13mm.

Modelos 3D tallados en RenShape

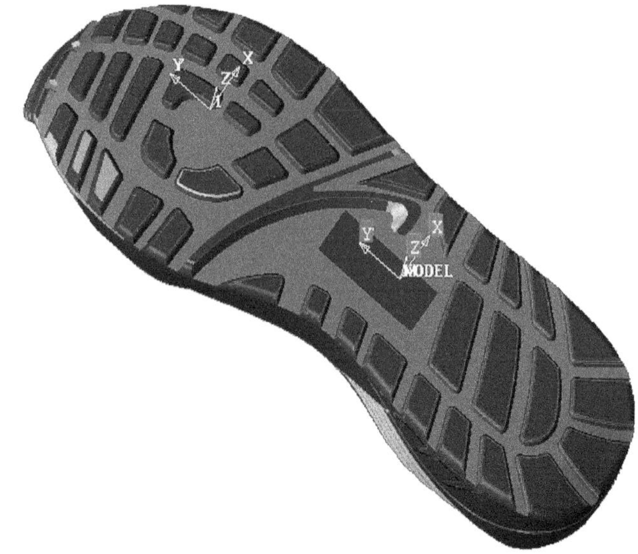

Una vez que los diseñadores y los desarrolladores hayan confirmado la impresión del diseño de la suela en 2D, es el momento de que la fábrica de moldes fabrique el modelo en 3D; aquí se muestran todos los detalles de diseño, cada radio de cada esquina, los *color dam*, o presas de color, y los detalles del piso que estarán en el modelo. Una vez que el diseño en 3D haya sido aprobado, es momento de realizar un prototipo en un material de poliuretano llamado RenShape.

Este proceso hace que el modelo 3D cobre vida transformándose en un modelo que se puede palpar. Antiguamente, en vez de material de poliuretano, se utilizaban bloques de madera llamados en inglés *woodcut*. Hoy en día, el prototipo puede realizarse mediante una fresadora CNC con los bloques de espuma de poliuretano RenShape, en impresión 3D, o en SLA (estereolitografía).

Con el prototipo en mano, los diseñadores y desarrolladores estudian el diseño de la suela una última vez antes de hacer las herramientas en metal. El modelo, a menudo se pinta y se presenta en las reuniones vaciando el interior del prototipo para montar la horma con el corte encima y tener una visión completa del modelo.

Revisión de la maqueta

Sobre la maqueta, hay algunas cosas que se deben verificar antes de su aprobación. Cualquier error costará tiempo y dinero, así que no tengas miedo de marcar el prototipo y enviarlo para su revisión.

1. ¿Están los *color dam* correctamente ubicados?

2. ¿Están los logotipos orientados correctamente?

3. ¿Tiene la pared lateral un margen de unión lo suficientemente alto?

4. Asegúrate que no haya pequeñas imperfecciones, o intersecciones extrañas.

5. Verifica que el prototipo esté bien cortado, ya que las zonas rotas son una señal de que el diseño puede tener problemas al cortarse en metal.

6. Júntalo con el corte montado sobre la horma para ver que todo esté alineado.

7. Confirma que el dibujo del piso es exactamente lo que se buscaba.

8. Revisa los dibujos técnicos para saber exactamente dónde está la línea de partición del molde.

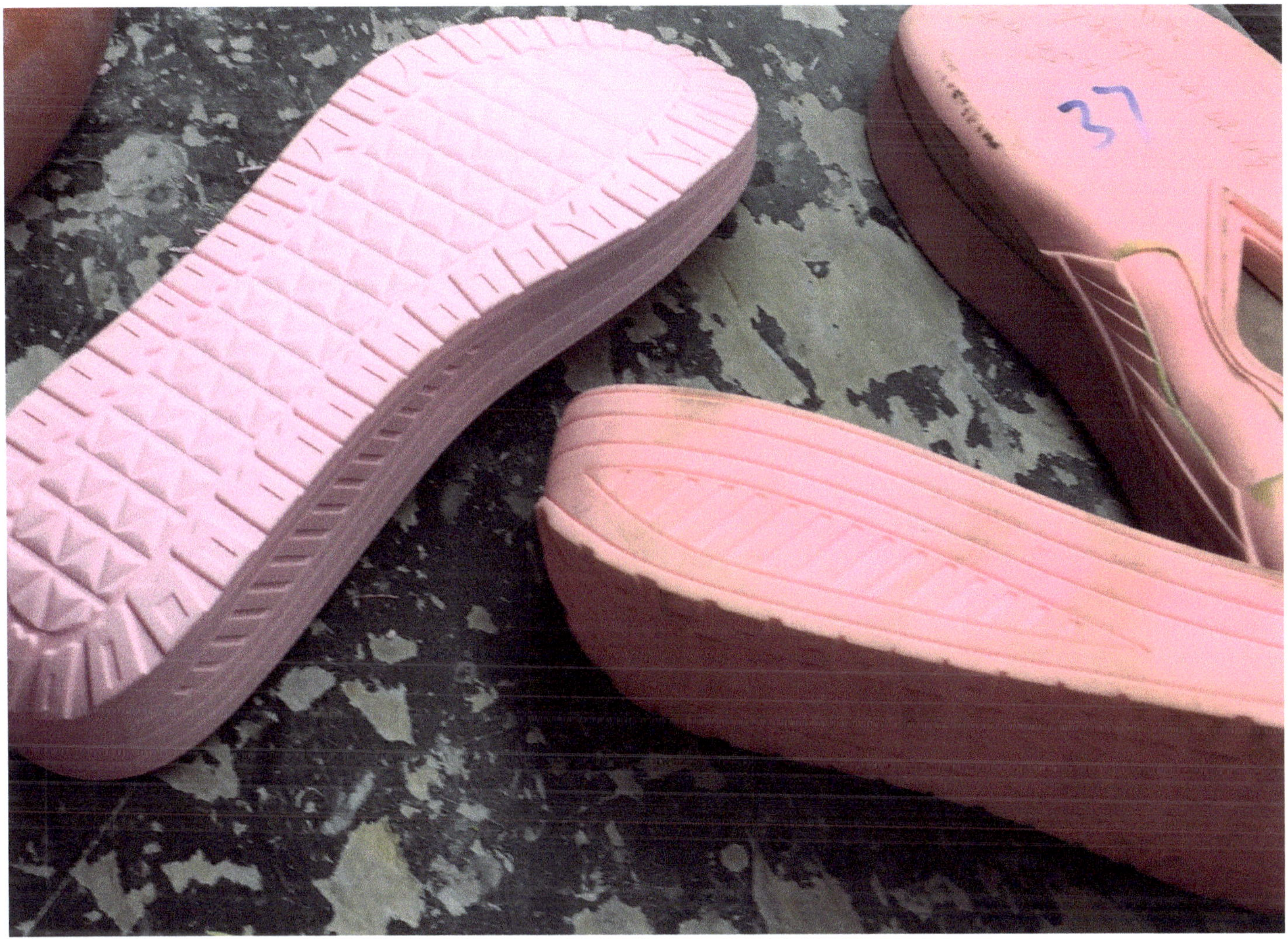

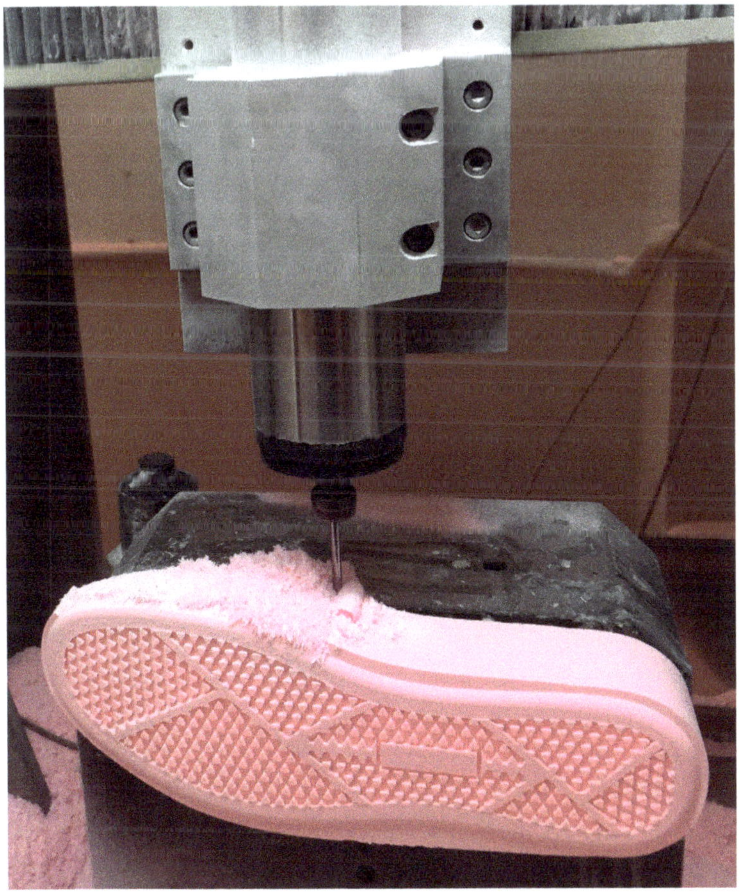

La fresadora hará en el prototipo todos los detalle que habrá en molde de metal final, y el diseñador deberá verificar que todo esté bien.

El fabricante del molde también se asegurará de que las herramientas metálicas funcionen. Para moldes complicados, el prototipo se utilza en el proceso de fundición del metal.

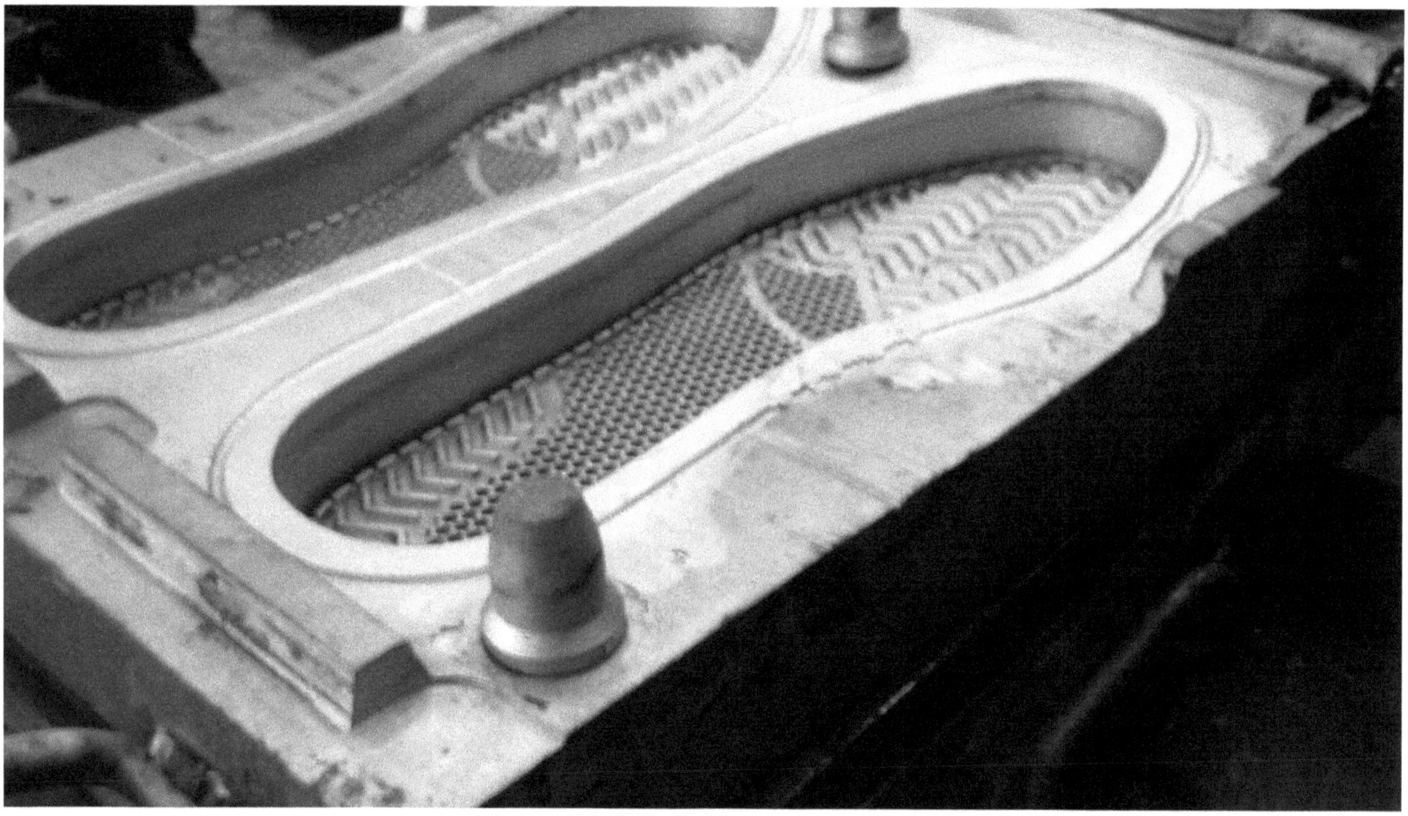

El molde está hecho con metal fundido, o mediante una fresadora CNC. Generalmente, los moldes de las suelas son de acero, aunque los moldes para las entresuelas de EVA pueden estar hechos de aluminio fundido. Los pasadores aseguran que el molde se cierre totalmente recto.

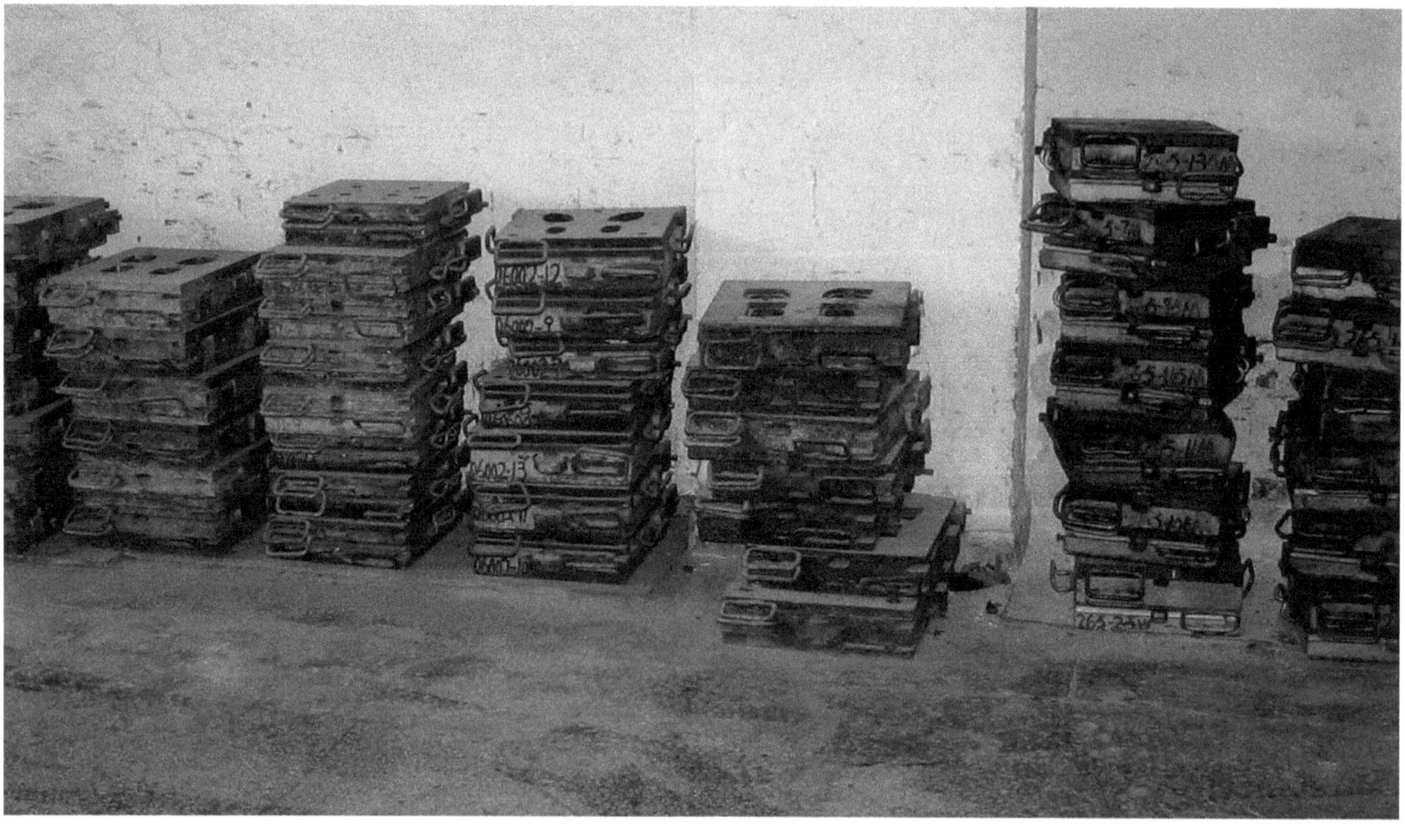

Se requieren muchos moldes para hacer una producción de suelas. Esta imagen muestra los moldes en espera antes de entrar a la fábrica de prensado. Normalmente, las marcas de zapatos, o la fábrica de calzado, son los propietarios de los moldes, pero a menudo se quedan en la fábrica de prensado de suelas. Si un molde necesita ser reparado, o ajustado, se envía de nuevo al taller. Si quieres recuperar los moldes, hay que asegurarse de pagar a tiempo a la fábrica de prensado.

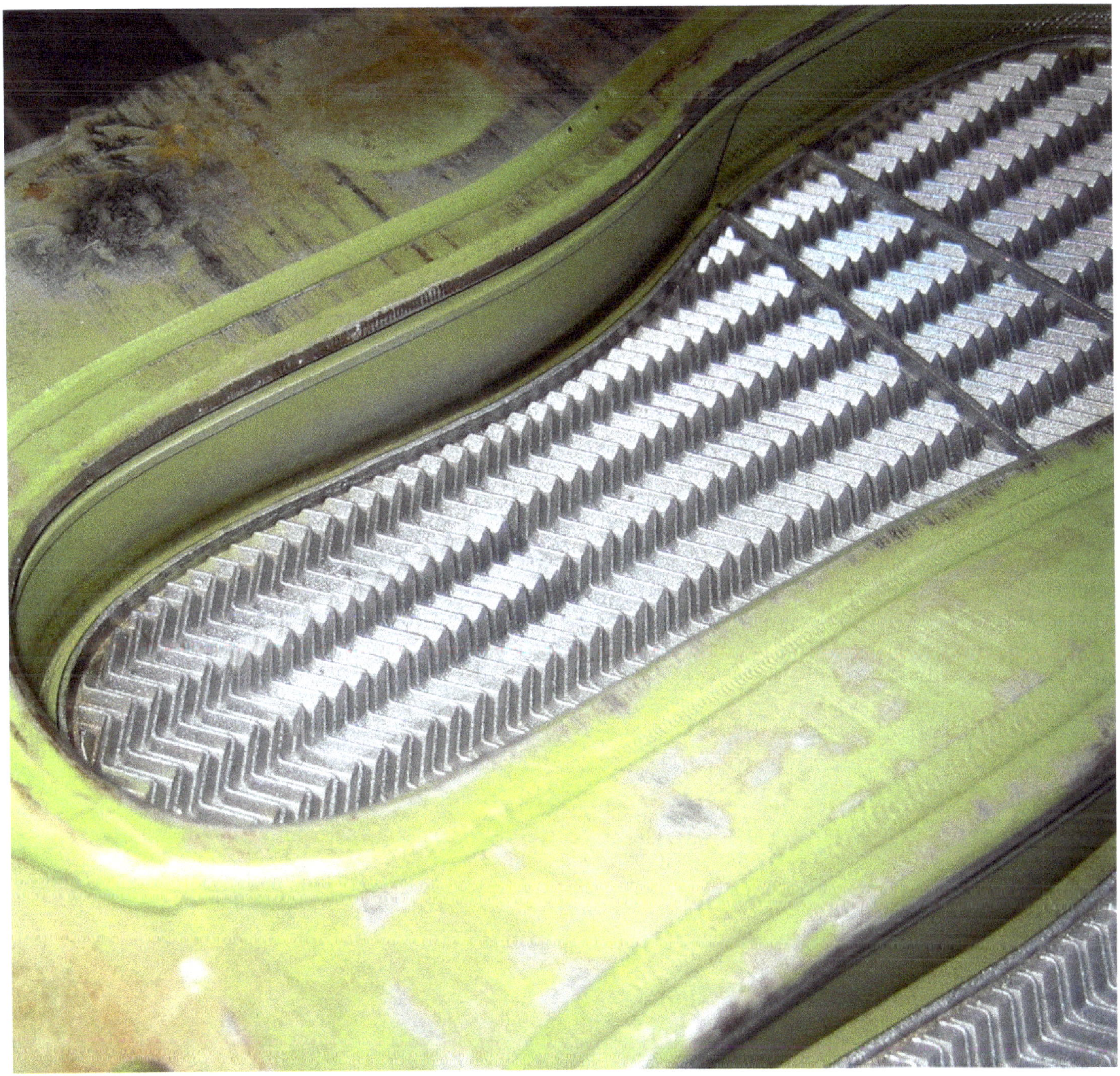

Las hendiduras horizontales son las presas de color que controlan el flujo del caucho dentro del molde.

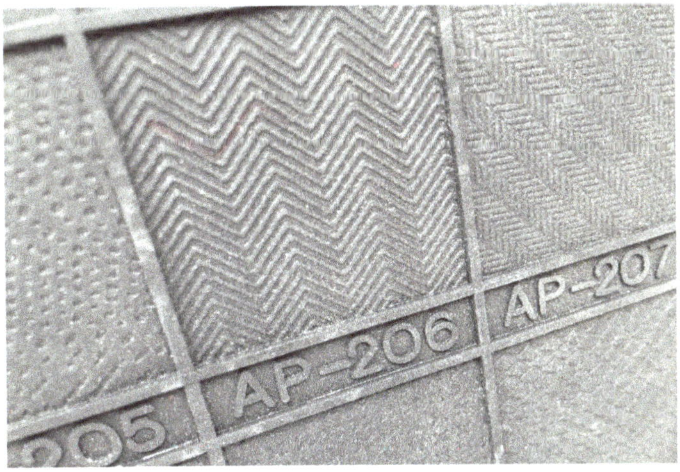

Todas las superficies del interior del molde deben tener textura. El más básico es el arenado, o *sandblast*, una textura con efecto arena que se aplica en intensidad suave, medio o alta.

El diseñador cuenta con cientos de opciones de texturas diferentes que se aplican sobre la superficie del molde mediante un proceso de grabado con ácidos; cualquier textura se puede hacer imprimiendo el diseño en un papel especial.

El proveedor de las texturas suele tener un gran muestrario con planchas de goma para elegir, o si no, se podrá hacer un nuevo diseño.

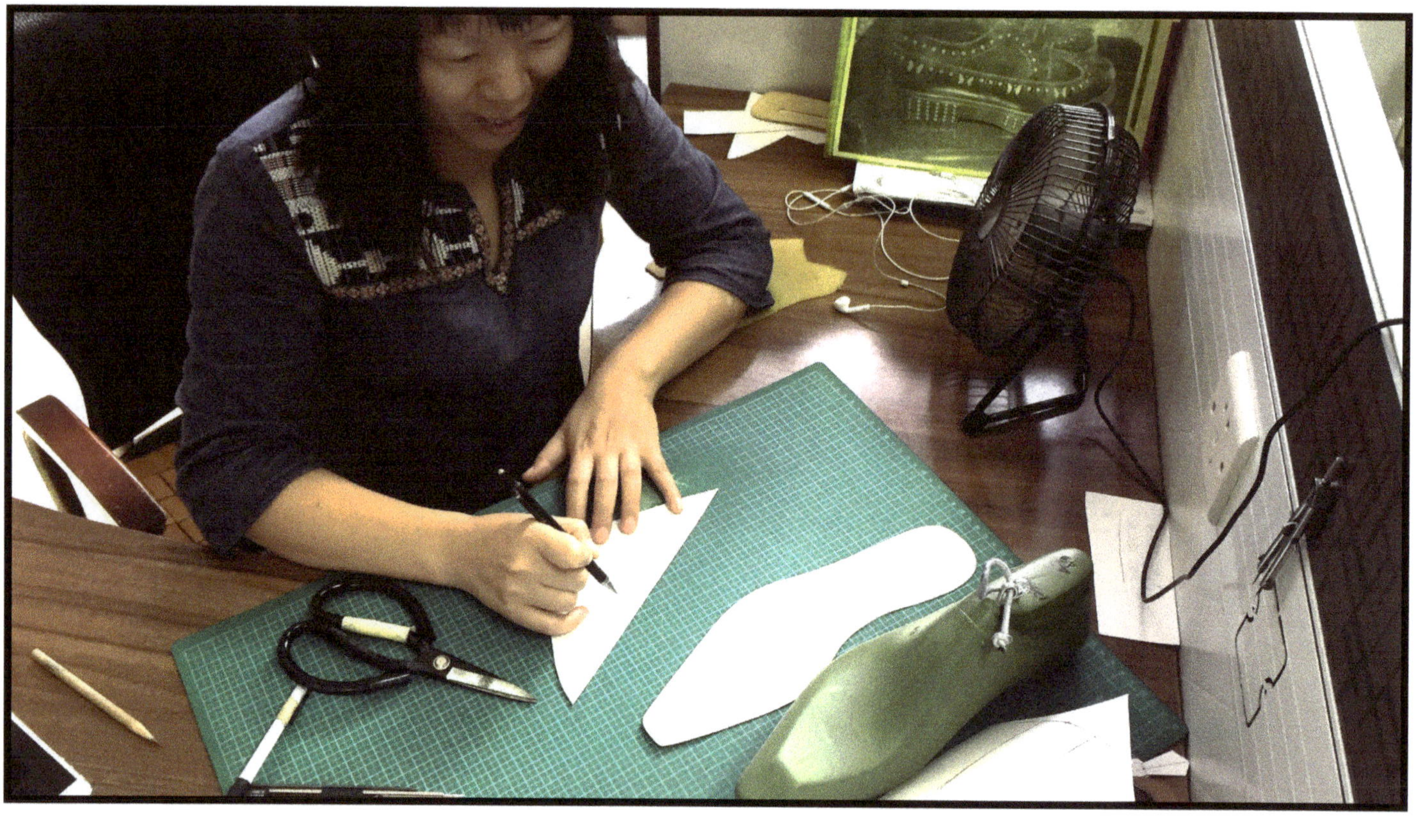

CAPÍTULO 6

PROCESO DE DESARROLLO DEL CALZADO

Aunque cada marca de calzado tiene un proceso de desarrollo ligeramente diferente, el procedimiento básico es prácticamente el mismo. Este proceso se puede dividir en tres fases principales, cada uno centrándose en los diferentes aspectos del desarrollo.

Fase técnica de la muestra

El objetivo es crear el patrón, y el diseño de la suela, o el piso.

Fase de las muestras para fotografiar

El objetivo es finalizar la elección de los colores, y los materiales para poder fabricar el modelo de cara a ser fotografiado e incluirlo en el catálogo interno.

Fase de venta del muestrario

El objetivo es hacer cualquier ajuste final en el patrón, el color, y la construcción mientras se producen las muestras para los vendedores.

El proceso de desarrollo de un nuevo zapato puede tardar semanas, meses o años en completarse según los requisitos del diseño. Se puede fabricar un nuevo color en solo unas pocas semanas, mientras que un nuevo sistema de amortiguación puede tardar años en diseñarse, desarrollarse y probarse.

Fase de desarrollo técnico

Esta fase es la primera etapa posterior al ciclo de diseño, y da al diseñador la oportunidad de ver los diseños en 3D. La fase técnica, generalmente toma de 6 a 8 semanas para poder crear un nuevo modelo a partir de los bocetos. Puede parecer mucho tiempo, pero hay que tener en cuenta que el equipo de I+D puede estar desarrollando muchos modelos a la vez. La primera fase conlleva producir una muestra de cada nuevo diseño.

Una deportiva básica puede tener un prototipo del molde de la suela, o una suela prestada de un modelo existente. Esto da al desarrollador una idea de cómo serán las zapatillas.

En 6 u 8 semanas, se pueden ver las pruebas de los patrones, los dibujos técnicos, y las muestras de los materiales. Tanto diseñadores como desarrolladores pueden visitar la fábrica para revisar el progreso y acelerar el desarrollo. Después de muchas semanas, el fabricante puede traer las muestras, o enviarlas por mensajería a los diseñadores.

Igual que en Navidad, las muestras llegan y se desempaquetan con emoción. Algunas muestras se verán muy bien, otras pueden ser un fracaso. Por lo general, el equipo de diseño tiene una semana para revisar las nuevas muestras, indicar cambios, y prepararse para la fase de fotografías.

Con las nuevas muestras de las zapatillas en la mano, el equipo de diseño se reunirá con los equipos de ventas y marketing para decidir cuáles serán los nuevos diseños que seguirán el proceso de desarrollo. El resultado de esta fase será una línea de calzado completa, lista para ser fotografiada e incluirse en el catálogo de venta interno.

Desde la primera fase, solo el 30% de los nuevos modelos se mantienen. Se cambiarán, eliminarán y combinarán unos elementos con otros hasta que solo las mejores ideas sean las que sigan adelante.

Fabricación de las muestras

Con el patrón de papel acabado, el diseño se pasa a los cortadores y aparadores para probar el primer prototipo.

Las piezas de la muestra se cortan y se cosen cuidadosamente para crear el primer prototipo, en inglés el término utilizado para este prototipo es *pull over*. El primer prototipo no incluye los colores, o los materiales correctos. El patrón montado se ajusta sobre la horma.

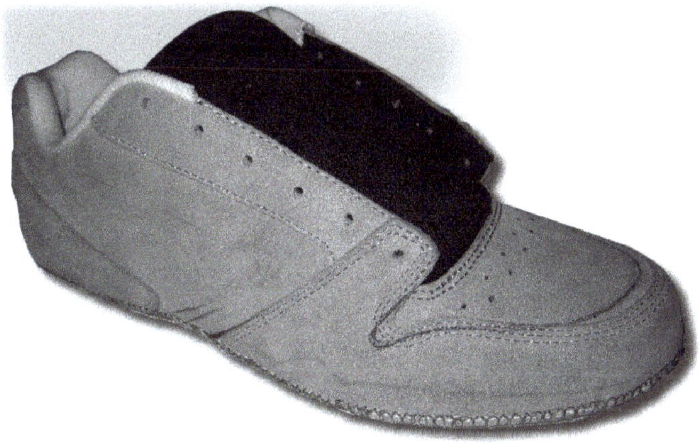

Pull overs

El primer prototipo, o *pull over*, puede no destacar para alguien que no tenga el ojo educado, pero tanto desarrolladores como diseñadores podrán saber de inmediato si el patrón requiere trabajarse un poco más.
Con la prueba en mano, los dibujos de la suela se adaptan al corte montado sobre la horma. Los técnicos de los moldes medirán cuidadosamente el corte montado en la horma para asegurarse de que las piezas de la suela se ajusten correctamente.

Ahora, es el momento de preparar la parte inferior de la zapatilla, conocido como suela o piso.

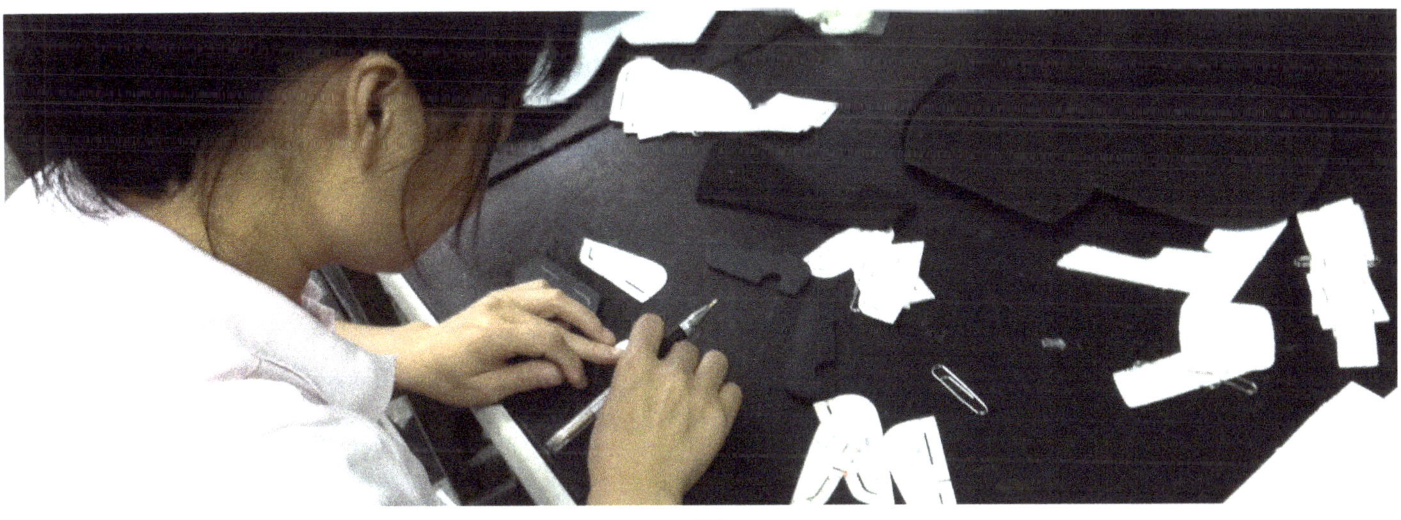

Fase de las muestras para fotografiar

Esta fase lleva de seis a ocho semanas de trabajo adicional. El objetivo consiste en mejorar los nuevos diseños, y tomar todas las decisiones sobre el color y los materiales. El diseñador y el director de producto trabajan en conjunto para comercializar la línea de productos; esto se produce cuando los nuevos diseños se organizan con los productos existentes para garantizar un reparto de color, materiales, diseños y precios equilibrados.

Para esta fase, el equipo podrá crear seis colores nuevos a revisar, de los que se seleccionarán los tres o cuatro mejores.

De nuevo, se ajustan los patrones, y se abren los moldes para las suelas, se volverán a cortar desde cero, o se repararán. Los desarrolladores suelen viajar a la fábrica para verificar todos los detalles. Normalmente, los desarrolladores envían las nuevas colecciones a la fábrica, y suelen llegar entre cuatro y cinco semanas más tarde para revisar el progreso. Esto le da a la fábrica el tiempo suficiente para hacer los patrones, y encontrar los materiales con el color correcto para elaborar las muestras. Los desarrolladores revisarán las materias primas y los prototipos antes de dar luz verde a la fábrica para que hagan las muestras.

Las muestras para las fotografías se hacen para que las revise el equipo de I+D; los materiales y logotipos suelen pintarse, o se simulan sin tener que pedir cientos de metros del material personalizado. Los desarrolladores, a menudo trabajan en la fábrica para supervisar el montaje final.

La construcción de la línea final

Con las muestras de vuelta en la oficina donde se diseña, se trabaja la línea final del producto. Los nuevos, junto con los viejos modelos, se colocan en la pared. Aquí, puede haber un centenar de modelos diferentes, y más de doscientos, rechazados o pospuestos, en el suelo. Una vez que se configure la línea, ventas y marketing darán su opinión. Después de largas horas de discusiones, tanto el ego como el orgullo pueden verse afectados, pero se llegará a una decisión final.

Los modelos que sobreviven se revisarán para hacer cualquier cambio en el diseño; después, se organizarán para que el fotógrafo empiece su trabajo. Una vez establecida la línea, es el momento de ordenar las muestras para los vendedores.

Dependiendo del tamaño de la red de distribución de la empresa, se pueden pedir desde diez unidades, hasta varios cientos de pares de cada nuevo modelo. Siempre se piden las tallas 9 americano para hombre, y 7 americano para mujer.

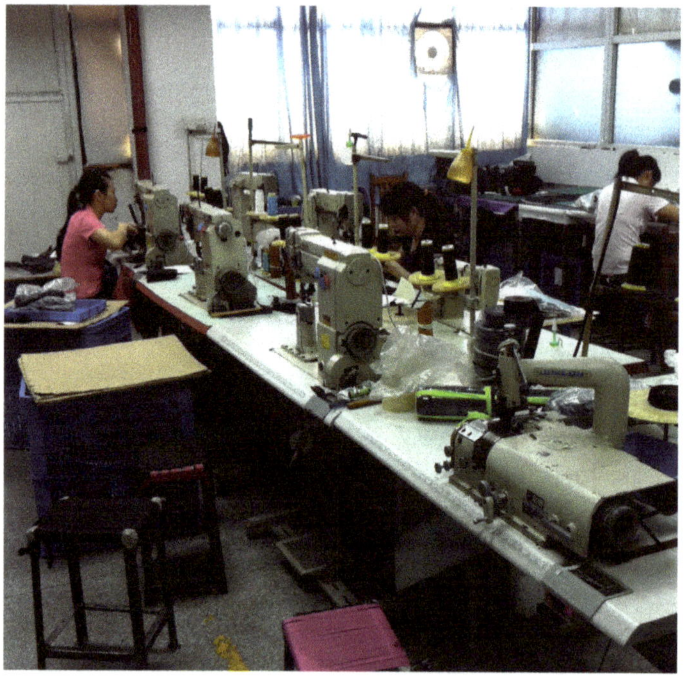

Solo los mejores, y los aparadores con más experiencia, son elegidos para trabajar en la sala de muestras.

Se suele trabajar muy rápido, ya que los clientes siempre tienen prisa.
¿Están las muestras hechas a mano? Sí, al igual que la producción.

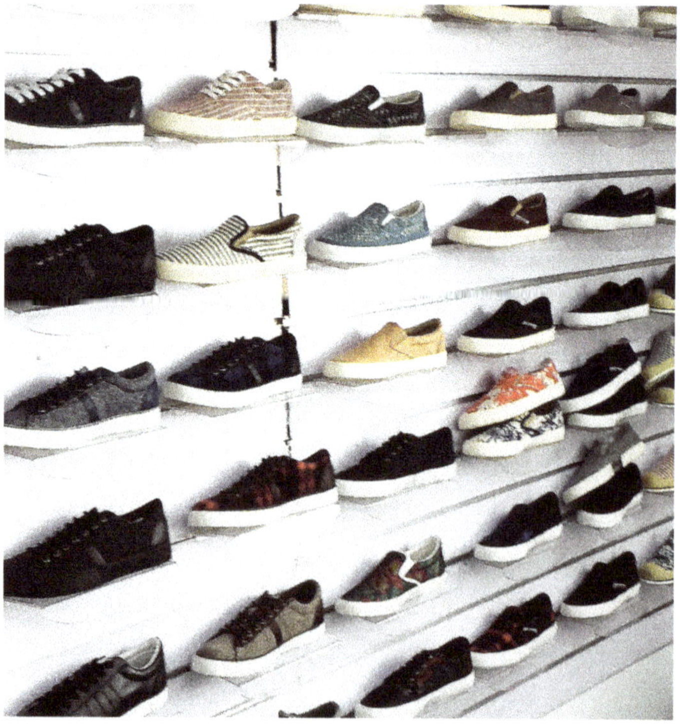

La fase de desarrollo final, y producción de las muestras de venta

Dependiendo de la cantidad de muestras a producir, esta fase puede tardar aproximadamente nueve o diez semanas. Después de crear la línea de producto, los desarrolladores envían los últimos cambios en los modelos. Con suerte, serán pequeños, y la fábrica podrá empezar a pedir los materiales. A diferencia de las muestras fotografiadas anteriormente, que pueden incluir materiales pintados o cambiados, las muestras finales deben ser las mejores, con todos los colores y materiales correctos.

Al cabo de una semana de recibir el pedido, la fábrica pide los materiales. Este es un punto clave para el seguimiento, ya que la espera para algunos materiales puede ser de cinco semanas. Mientras tanto, se revisan y se confirman los últimos ajustes en los patrones. La fábrica realizará un juego de troqueles de metal para las muestras; por otro lado, la fábrica de moldes hará modificaciones en las suelas. Esta es la primera vez que el modelo se fabrica fuera de la sala de muestras. Algunos problemas solo se detectan una vez que los aparadores se ponen a producir las muestras a gran escala.

Al igual que con la fase de muestras para fotografiar, los desarrolladores pueden visitar la fábrica para confirmar los materiales que se utilizarán para las últimas muestras. El desarrollador también puede solicitar a la sala de muestras que haga una muestra adicional para revisar los detalles antes de producir el muestrario de venta. Este es un momento importante para revisar el avance, ya que cualquier error o demora, puede afectar las posibilidades del éxito de las nuevas zapatillas.

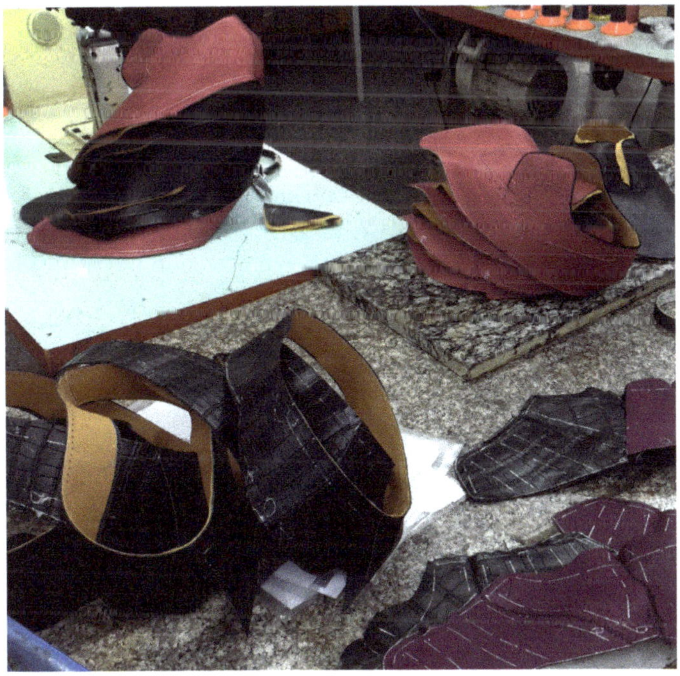

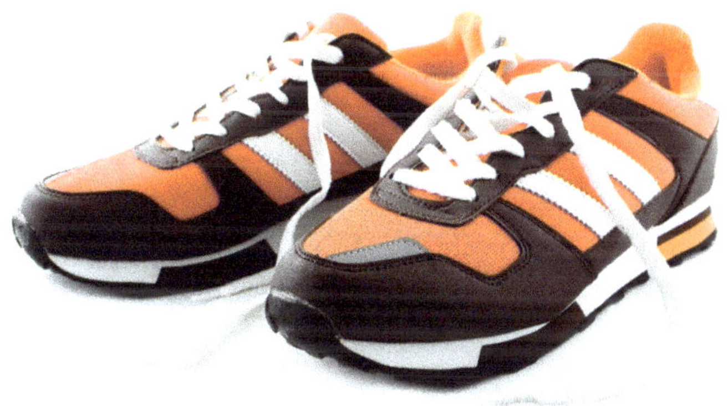

¿Tendrá éxito la zapatilla?

Se han tardado muchos meses para llegar a este punto, muchas horas de diseño, desarrollo, y viajes por parte del personal que se traslada a fabricas de todo el mundo.

Los catálogos han sido impresos, las muestras de las zapatillas están de camino a los vendedores, y ahora es el momento de ver si el nuevo diseño gusta al público.

La espera puede ser un momento tenso para los equipos de diseño, y marketing, ya que estarán esperando los resultados por parte de los vendedores. ¿Les gustó a los compradores?, ¿el precio era el correcto?, ¿estaban bien las muestras, o llegaron sucias y arrugadas?

¡Buenas noticias! El nuevo diseño fue un éxito. Ahora, la zapatilla pasa al departamento de producción. El equipo de producción transformará la muestra en un modelo real.

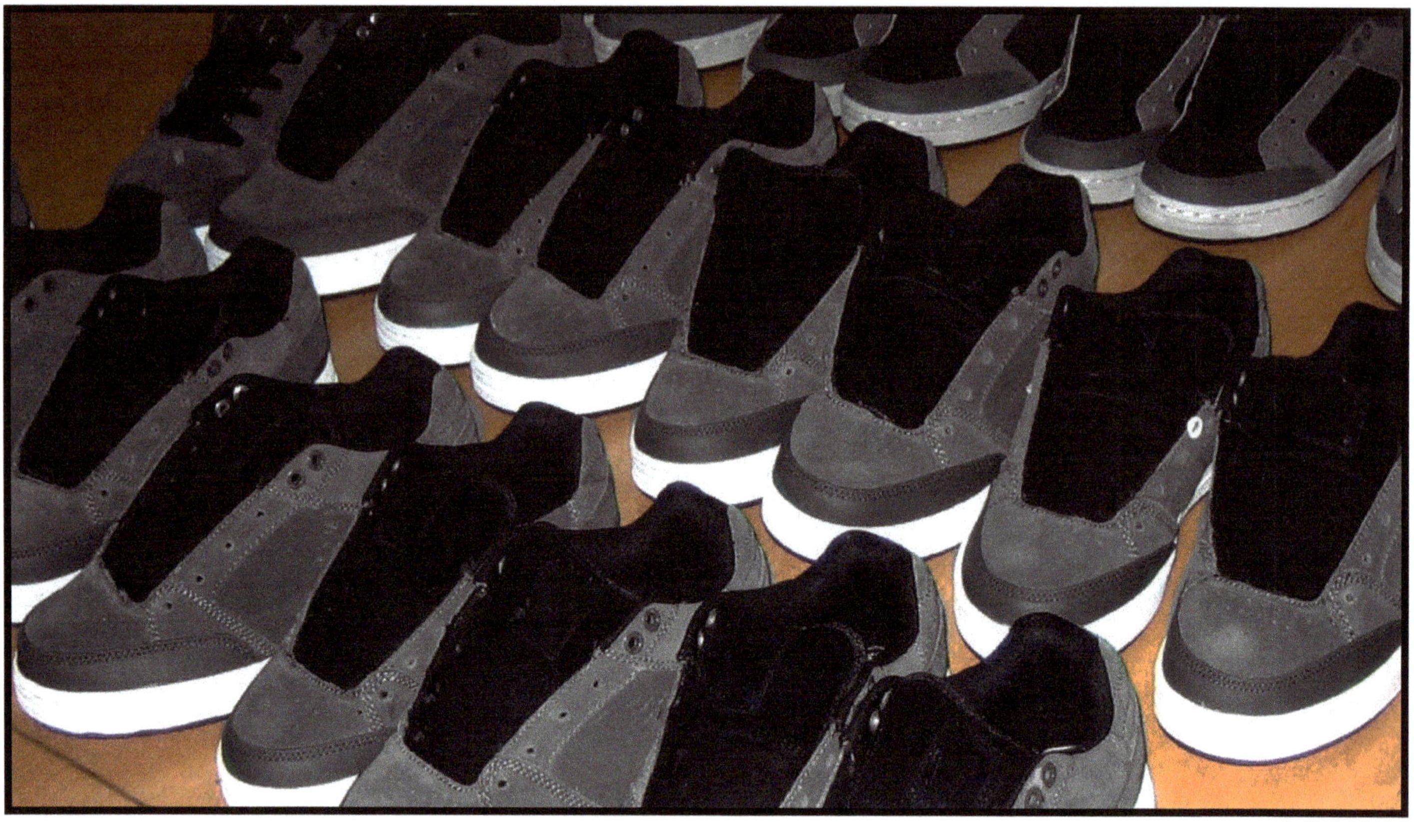

CAPÍTULO 7

PREPRODUCCIÓN DEL CALZADO

Una vez que se aprueba el diseño del nuevo modelo, y se han realizado los pedidos correspondientes, es hora de tomarse en serio el proceso de producción. La preproducción es un proceso que se inicia con la muestra del producto, y se finaliza cuando todas las tallas han sido probadas, y todas las herramientas para la escala de tallas han sido también completadas y aprobadas.

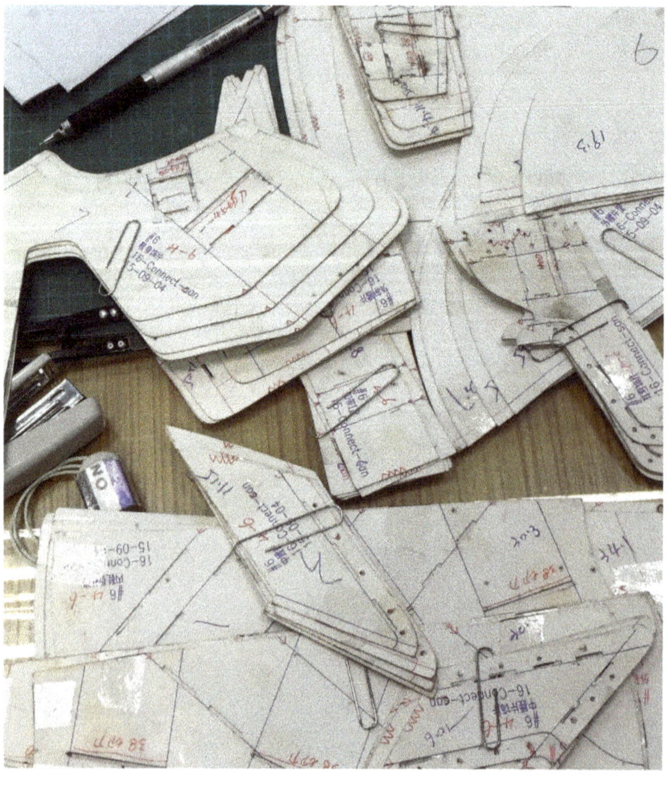

Los patrones en papel deben hacerse para todos los tamaños.

Prepararse para la producción

Ahora que el modelo pasa a la línea de productos de la empresa, el desarrollador trabajará con el personal de la fábrica para convertir las muestras en zapatillas reales y funcionales, que se puedan producir de manera eficiente. La muestra de la zapatilla puede verse terminada, sin embargo, no ha sido preparada para la producción en masa.

Normalmente, la producción mínima es de al rededor de quinientos pares, y no existe un máximo. Una deportiva popular de una gran marca puede traducirse en millones de pares.

El proceso de preproducción comienza con la reunión para la aceptación del patrón. Con esta reunión, el equipo de producción de la fábrica se hace cargo del proyecto. La muestra final del modelo, el corte montado en la horma, las piezas de la suela, y los patrones de papel se juntan para que el equipo de producción se ponga a trabajar.

El equipo de producción se divide en diferentes departamentos. Los directores de compras de materiales, prensadores de caucho, aparado, y montado revisan su parte correspondiente del proyecto. Los distintos departamentos analizan cada componente, y las operaciones requeridas para fabricar el modelo.

Los ingenieros de producción revisan la secuencia de operaciones requerida para hacer el modelo. El personal de la fábrica busca detalles en la construcción que puedan generar problemas de calidad, problemas de adaptación, o procesos de montaje difíciles que puedan causar retrasos.

Una vez que el calce de la muestra se aprueba, se firma; y el departamento de desarrollo trabajará en el escalado de la zapatilla para la obtención de todas las tallas. En el desarrollo de las muestras, solo se desarrollan las tallas 9 americano para hombre, y 7 americano para mujer. Una vez confirmada la talla de la muestra, se crean todas las tallas restantes.

La escala de tallas puede incluir hasta catorce tallas nuevas. El trabajo se hace a máquina; el ordenador se programa con las dimensiones de las hormas, y se realizan las pruebas de los patrones, que son corregidos por el operario.

Después, la fábrica deberá hacer los patrones, los troqueles de corte, y las herramientas para todos los tamaños de las suelas. Esto puede llevar alrededor de sesenta días. Una vez que el equipo esté listo, se deberá hacer, y comprobar, cada talla del modelo. Una vez confirmada cada talla, la fábrica estará lista para comenzar la producción.

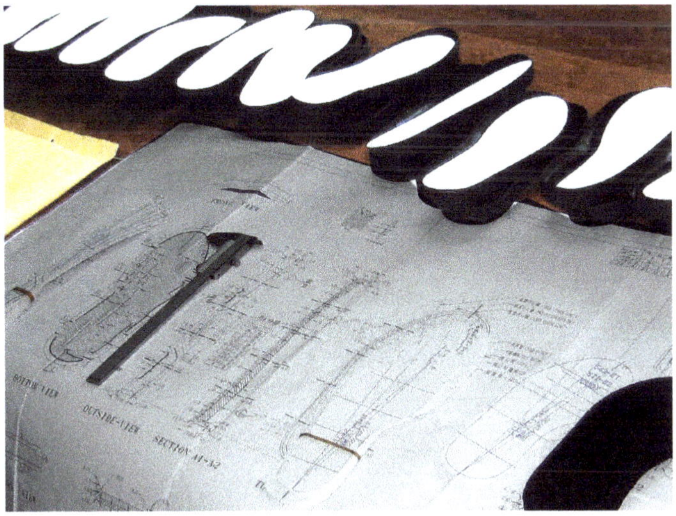

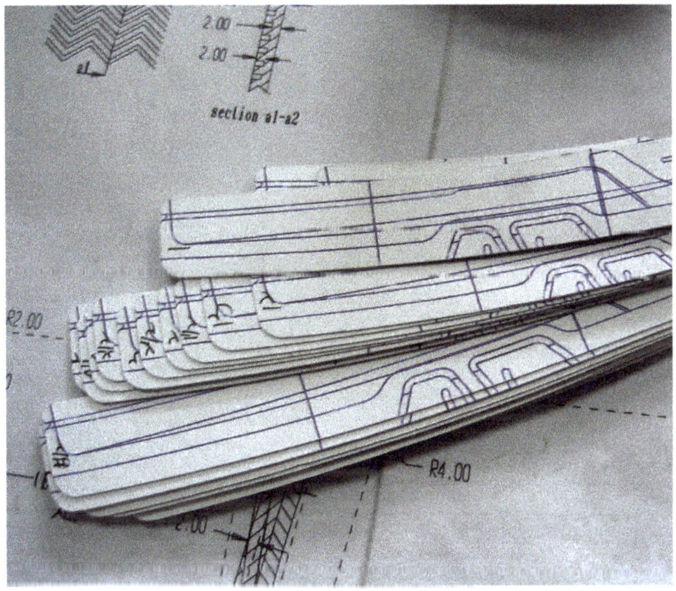

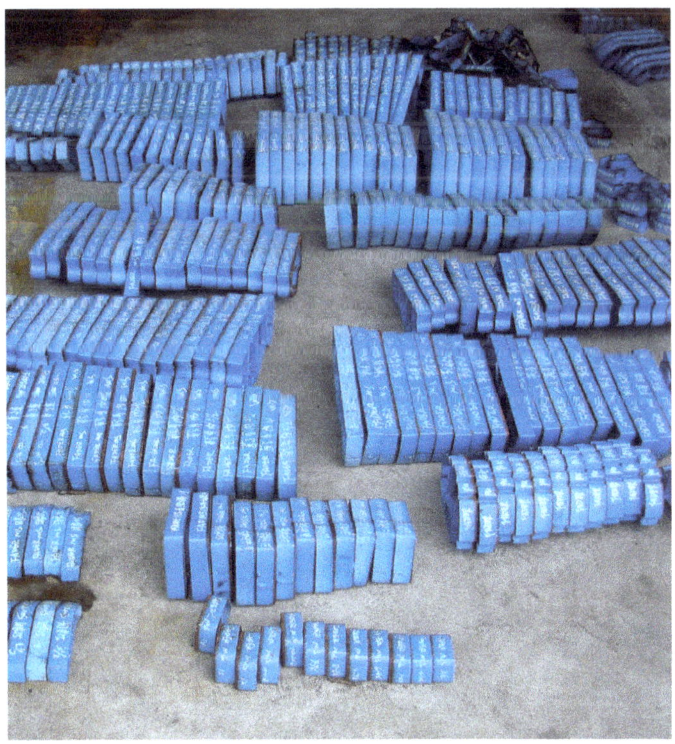

Listos para la producción

Una vez que se hayan hecho todos los patrones del corte, es el momento de hacer los troqueles.

Los troqueles de corte son como los moldes de galletas, solo que estos troqueles tienen bordes de acero que han sido afilados. La producción de calzado requiere cientos de diferentes troqueles, ya que cada pieza que compone el modelo necesita su propio troquel, variando entre pie izquierdo, pie derecho, y talla.

En este troquel, se pueden ver las marcas que se hacen en el borde para saber la talla. Este código le dice al operario el tamaño de las piezas.

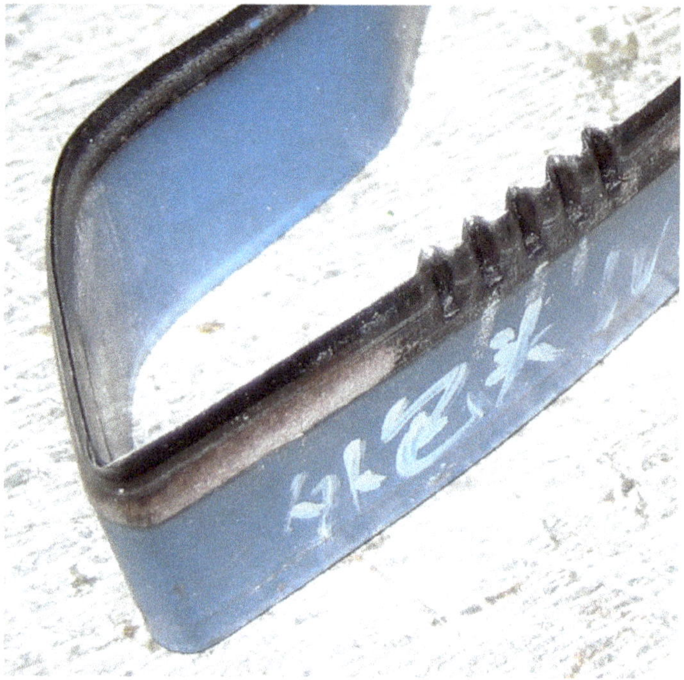

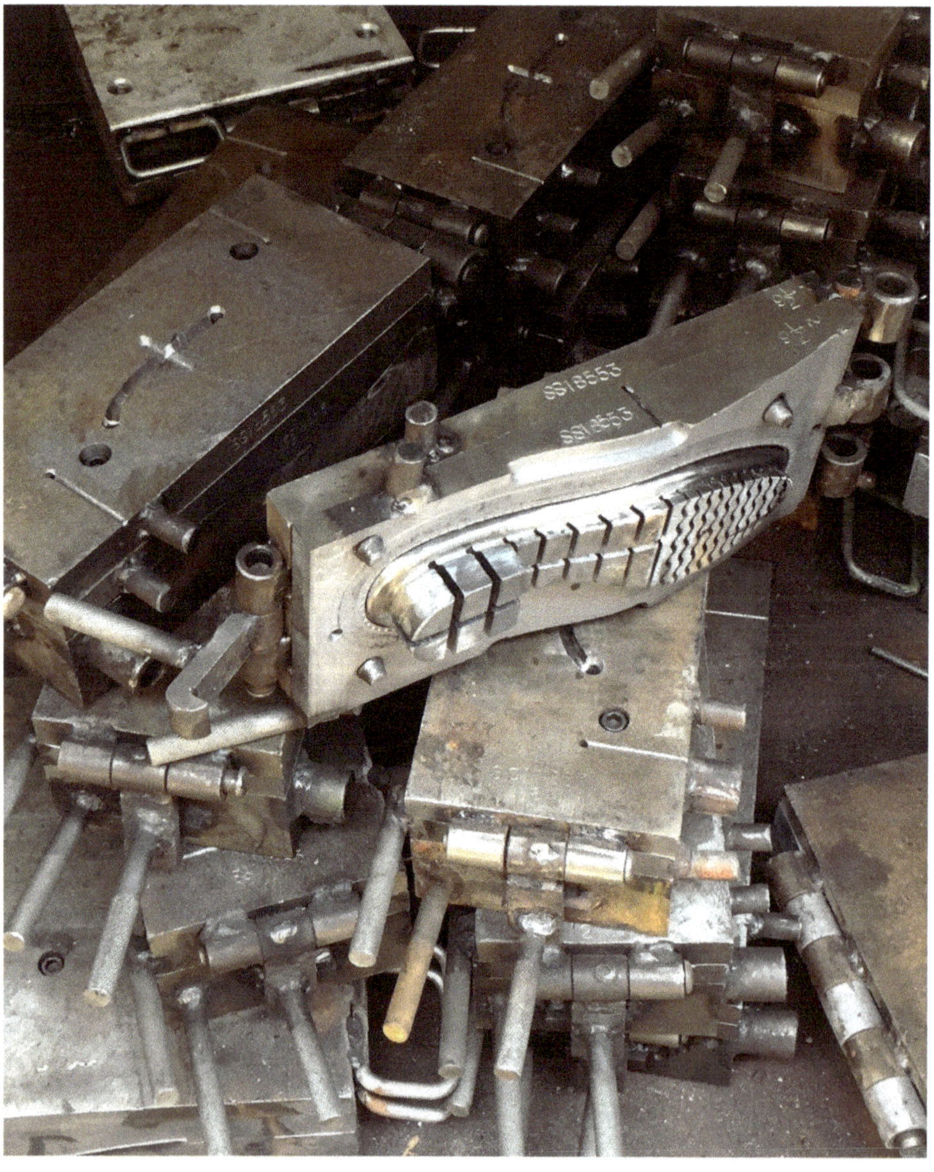

Los moldes de las suelas se fabrican para cubrir todas las tallas.

Una escala completa de troqueles almacenados a la espera de la producción.

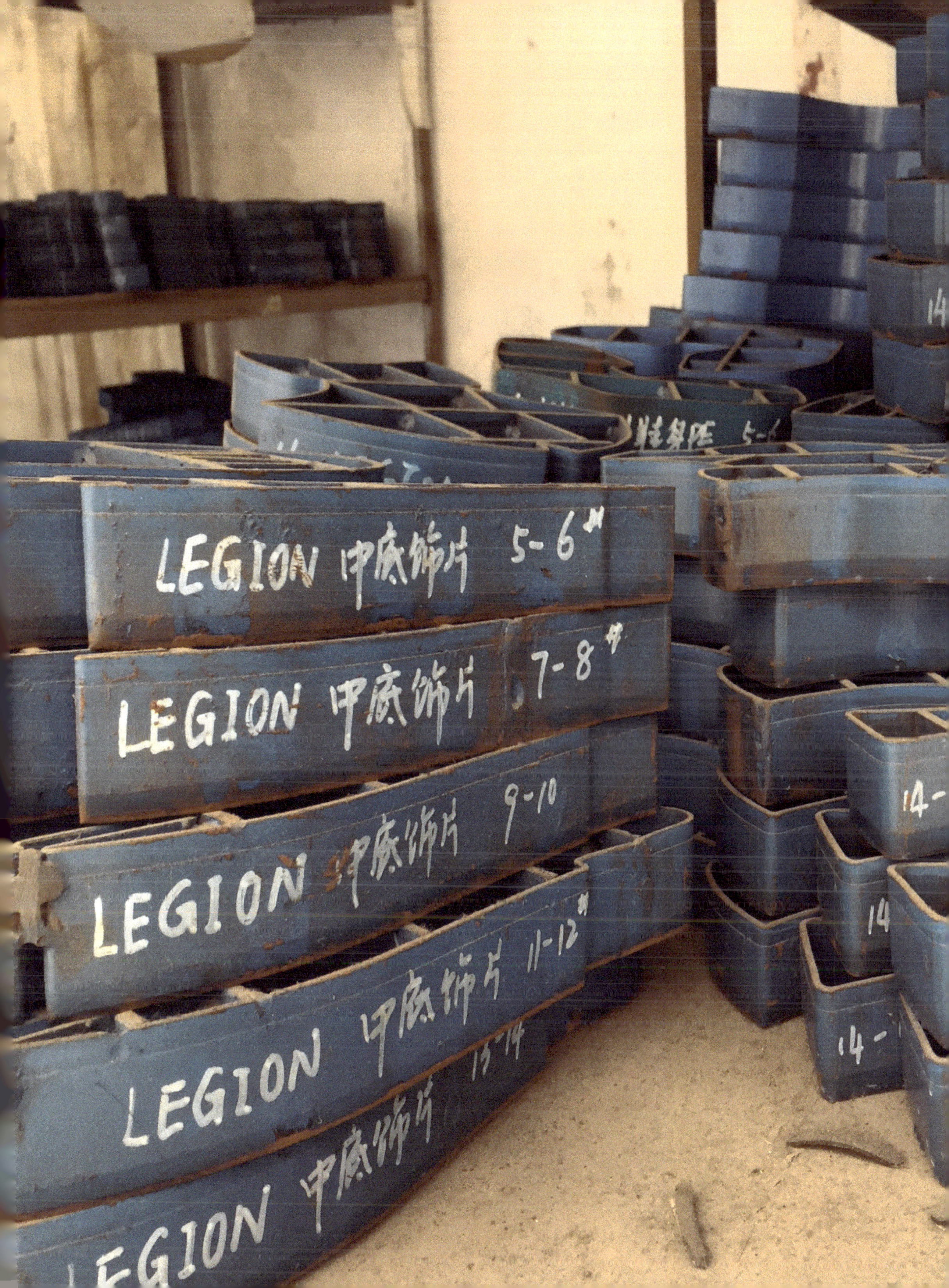
LEGION 中底饰片 5-6
LEGION 中底饰片 7-8
LEGION 中底饰片 9-10
LEGION 中底饰片 11-12
LEGION 中底饰片 13-14

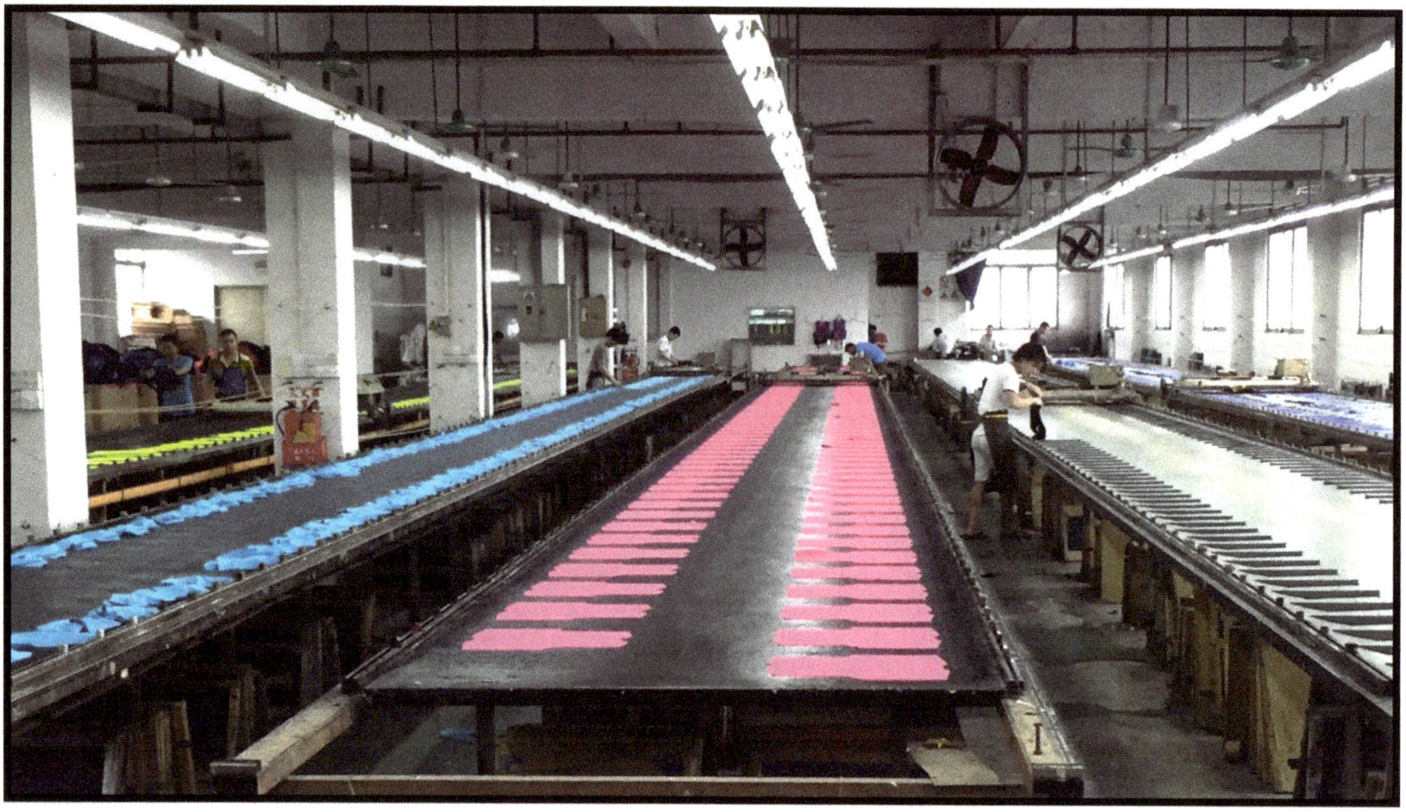

CAPÍTULO 8

PREPARACIÓN DEL MATERIAL DE CALZADO

Hoy en día, la preparación del material es la parte más difícil y la que más tiempo lleva.

Antes de poder realizar una sola puntada, todas las piezas del corte, suela y materiales de embalaje deberán estar listos. Los componentes para el modelo vienen de muchas fabricas diferentes, e incluso de otros países. En las fábricas, existen departamentos completos que se dedican exclusivamente a la compra, procesamiento, e inspección de las materias primas que componen un zapato o zapatilla.

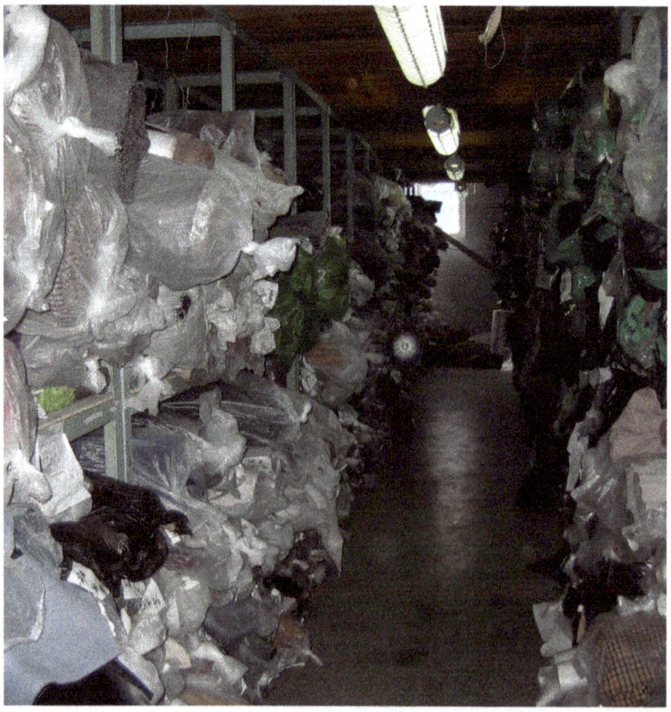

El almacén de una fábrica puede resultar un lugar muy bueno para encontrar muestras de materiales si te encuentras diseñando sobre la marcha.

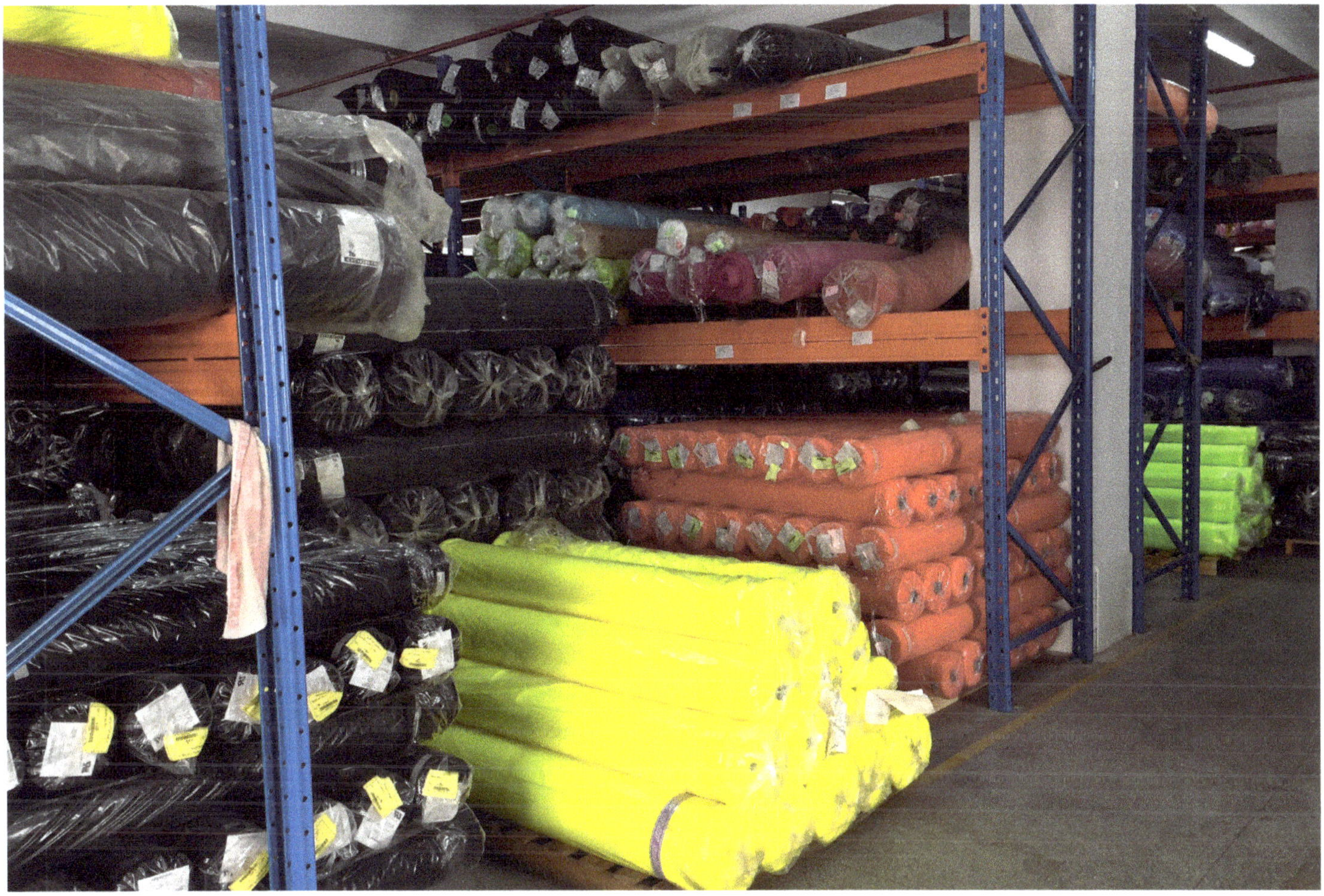

Un almacén perfectamente organizado.

Materiales

Como se pudo ver en el ejemplo de la *sneaker*, incluso la zapatilla más básica tiene docenas de componentes. Se requiere un gran equipo de compradores de materia prima en la fábrica para mantener estos componentes fluyendo entre las salas de muestras y las líneas de producción.

Al considerar una fábrica de gran tamaño, esta suele tener muchos clientes con varias temporadas en desarrollo y producción simultáneamente; la cantidad de materiales fácilmente puede superar el millar.

Los compradores de materiales son los responsables de deducir la cantidad requerida, negociar el precio de compra, y calcular el tiempo de entrega. El comprador debe adquirir la cantidad correcta de material para la fábrica a tiempo para la producción.

Una vez dentro de la fábrica, se debe comprobar la calidad, el color, y la cantidad de cada componente. Después de aprobar el material, cada pieza se corta, y se imprimen o se cosen los logotipos. Solo después de tener todas las piezas listas, (una zapatilla básica puede tener cerca de 50 piezas diferentes) se puede empezar el aparado, o cosido de las piezas.

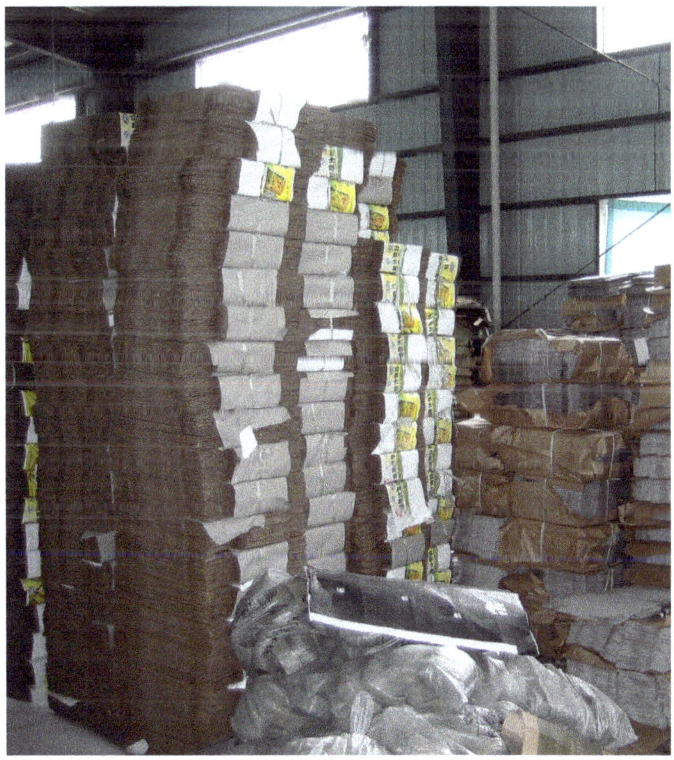

Todo lo necesario para montar la zapatilla se encuentra en el almacén, incluyendo las cajas de cartón, el papel de relleno, las etiquetas, etc.

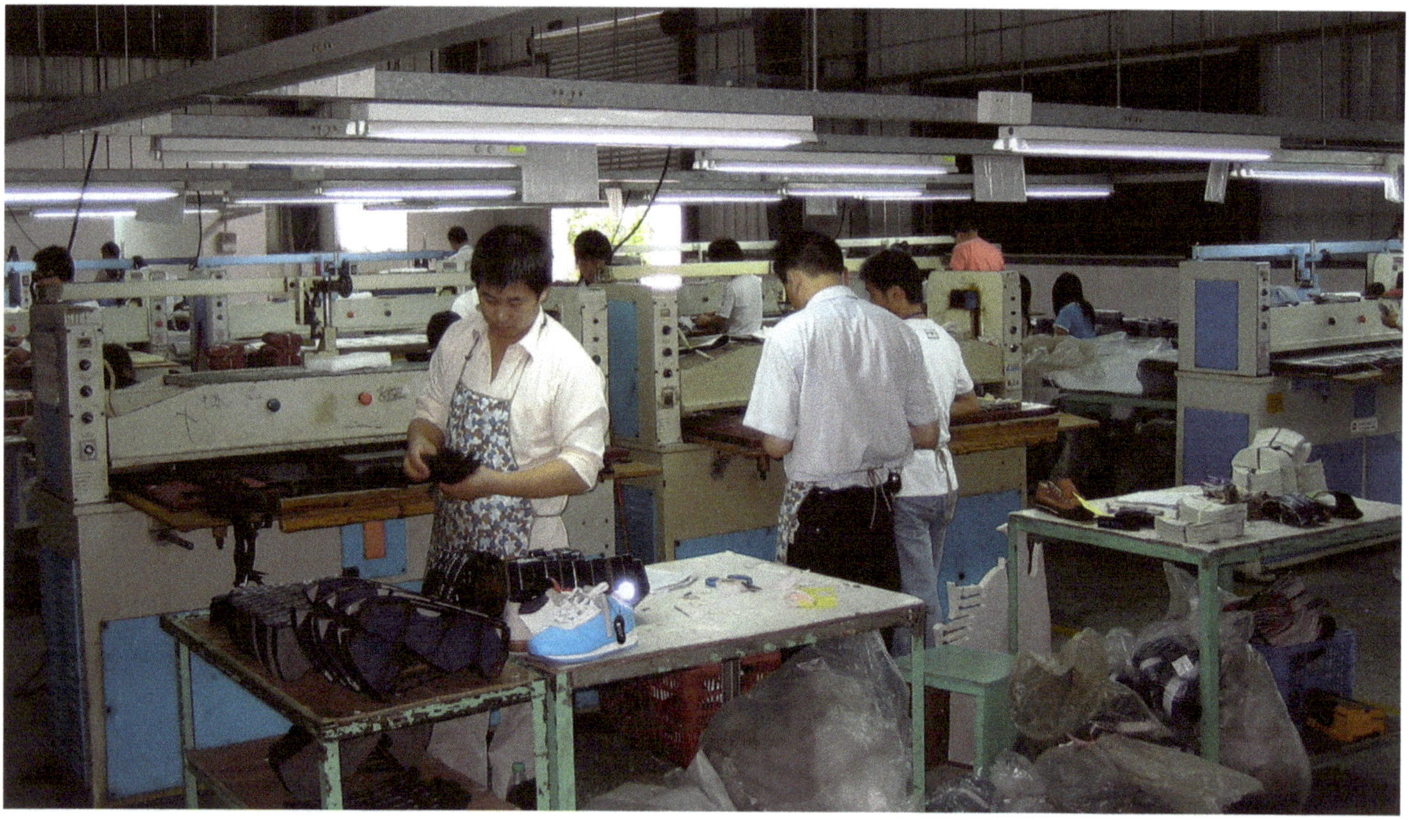

Este es un ejemplo del departamento de corte. A un cortador se le asigna a un operario que apila y clasifica las diferentes piezas.

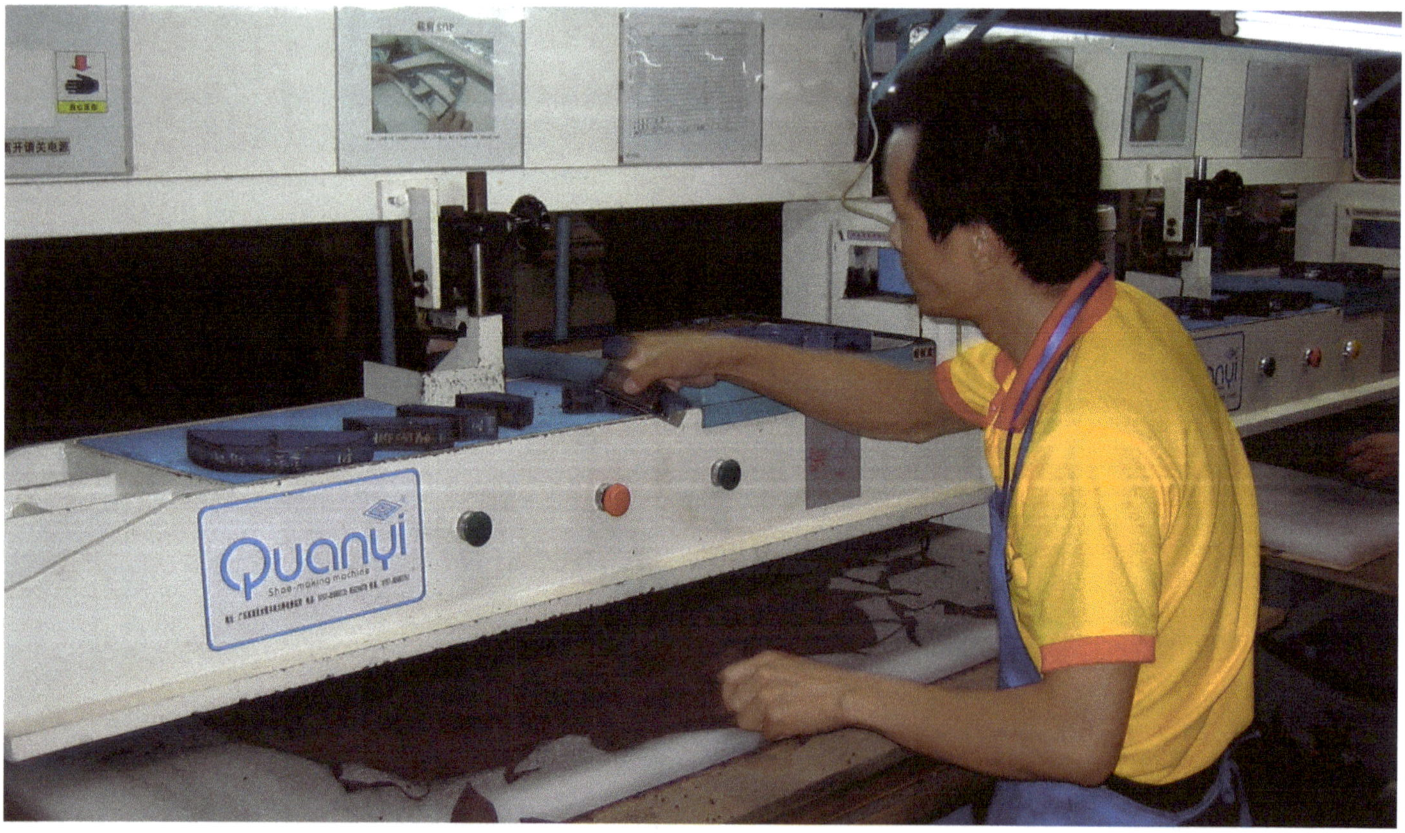

En esta imagen se muestra una prensa hidráulica de seguridad dentro de la sala de corte. Ambos botones verdes deben ser presionados a la vez para trabajar.

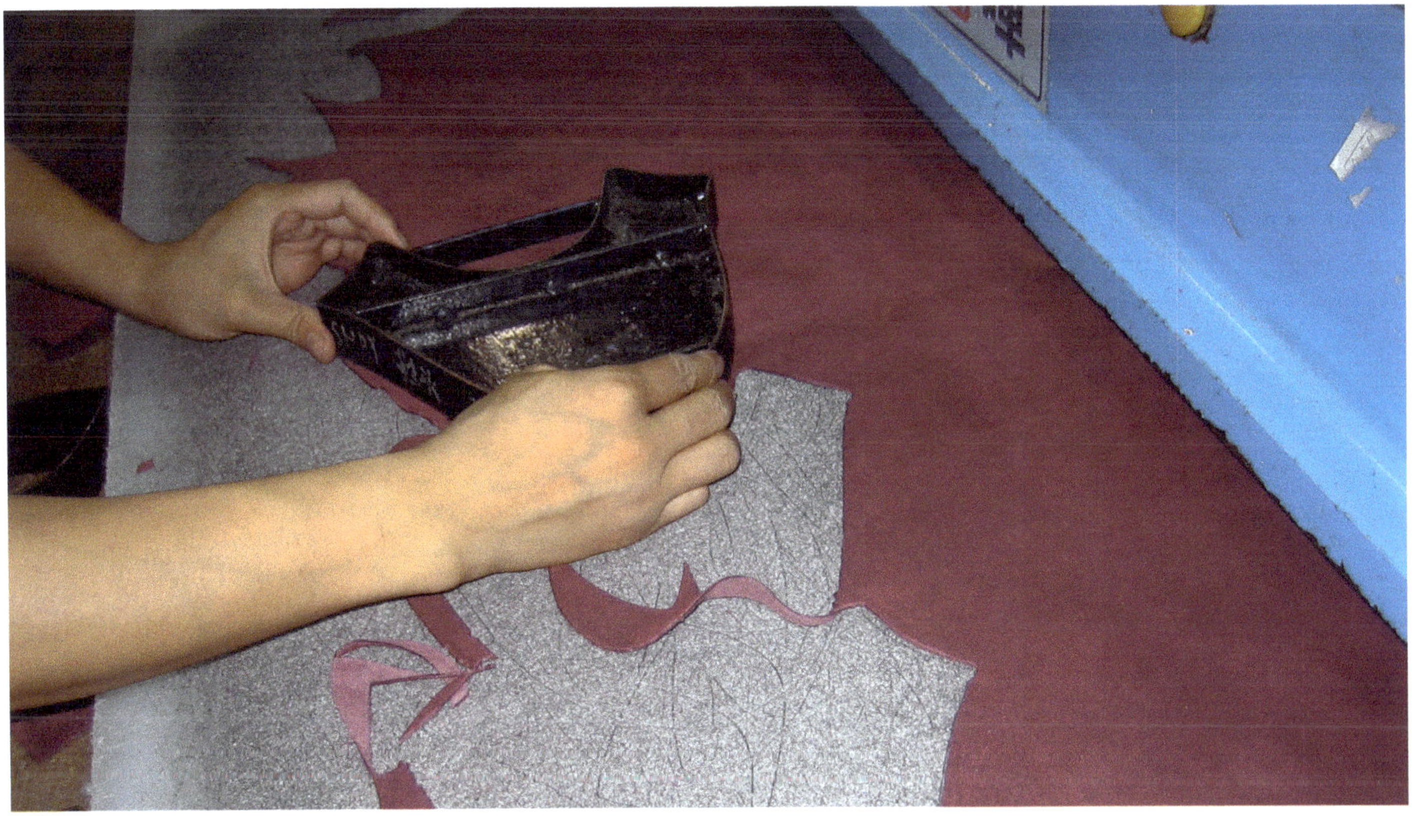

Debajo del material a cortar se coloca una plancha, o base de corte, de plástico que mantiene afilados los bordes del troquel, debe reemplazarse regularmente. El cortador coloca cuidadosamente el troquel en la piel, acercando al máximo todas las piezas para reducir el porcentaje de desperdicio del corte.

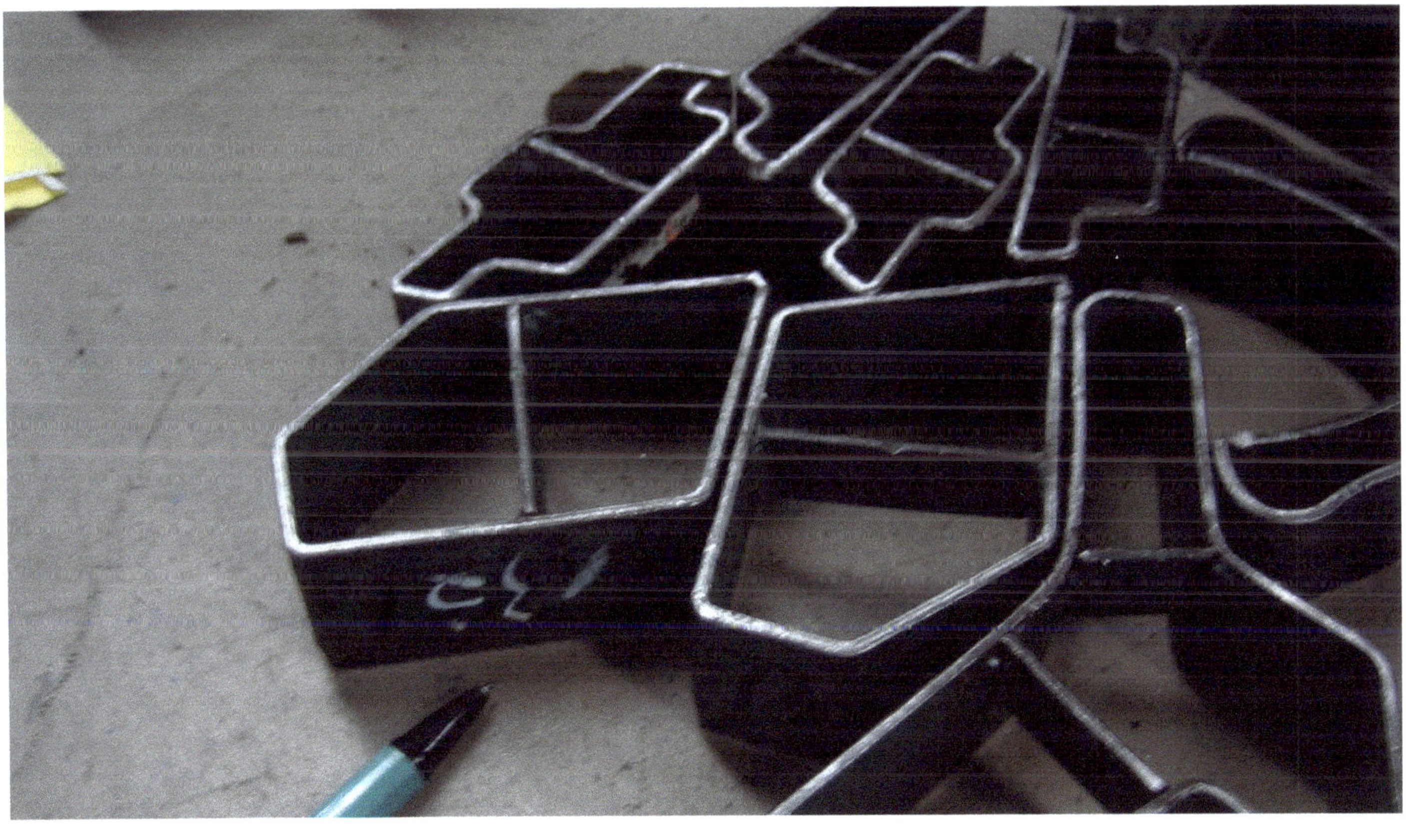

Los troqueles se agrupan para hacer un corte eficiente. Las piezas de un mismo modelo pueden ser cortadas por varios trabajadores.

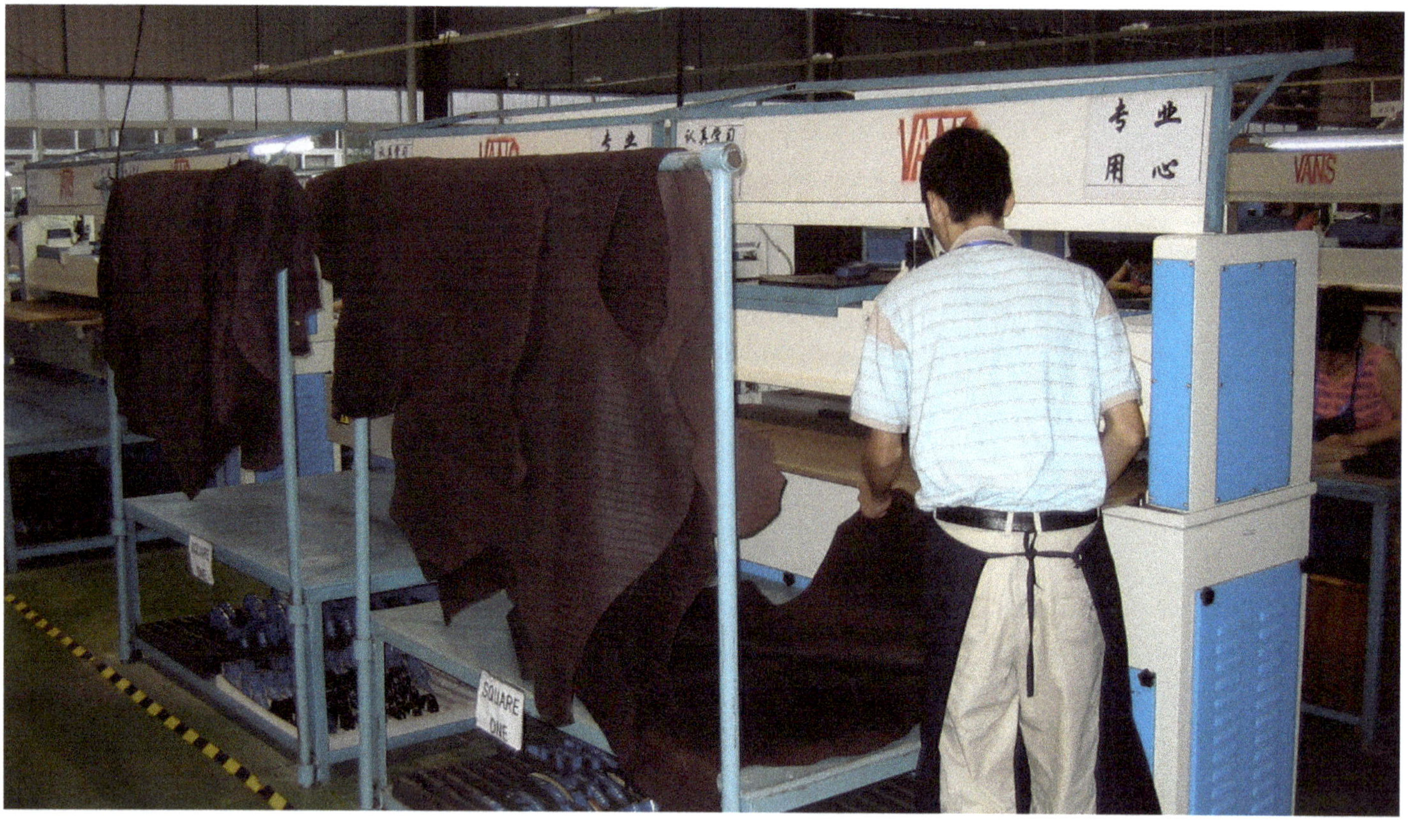

La piel se debe colgar para asegurar que no haya arrugas después del corte.

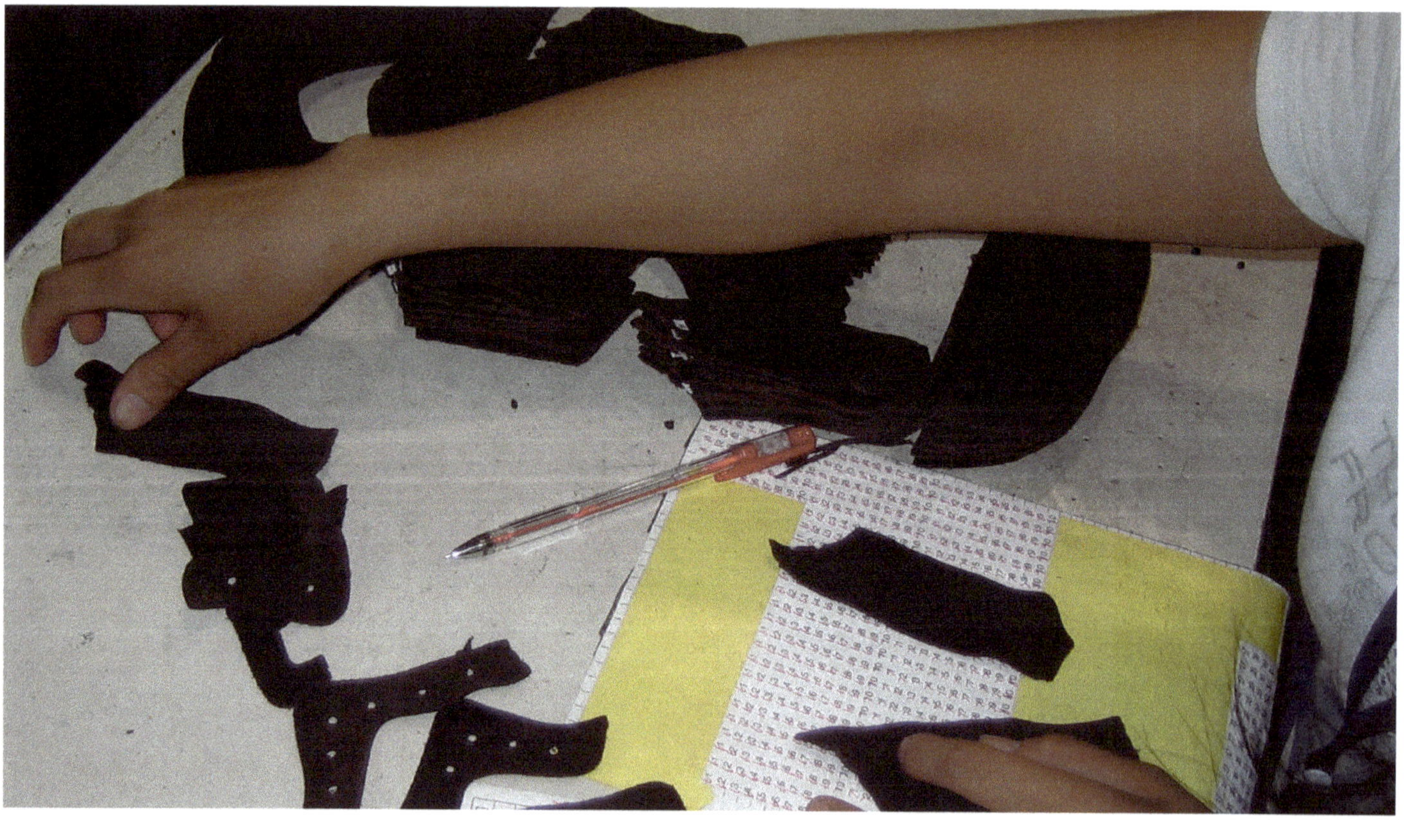

Detrás del cortador se encuentra otro trabajador que clasifica las piezas, asegurándose que los colores coincidan. Las pegatinas se utilizan para agrupar las partes, como si fuera un kit para hacer zapatos.

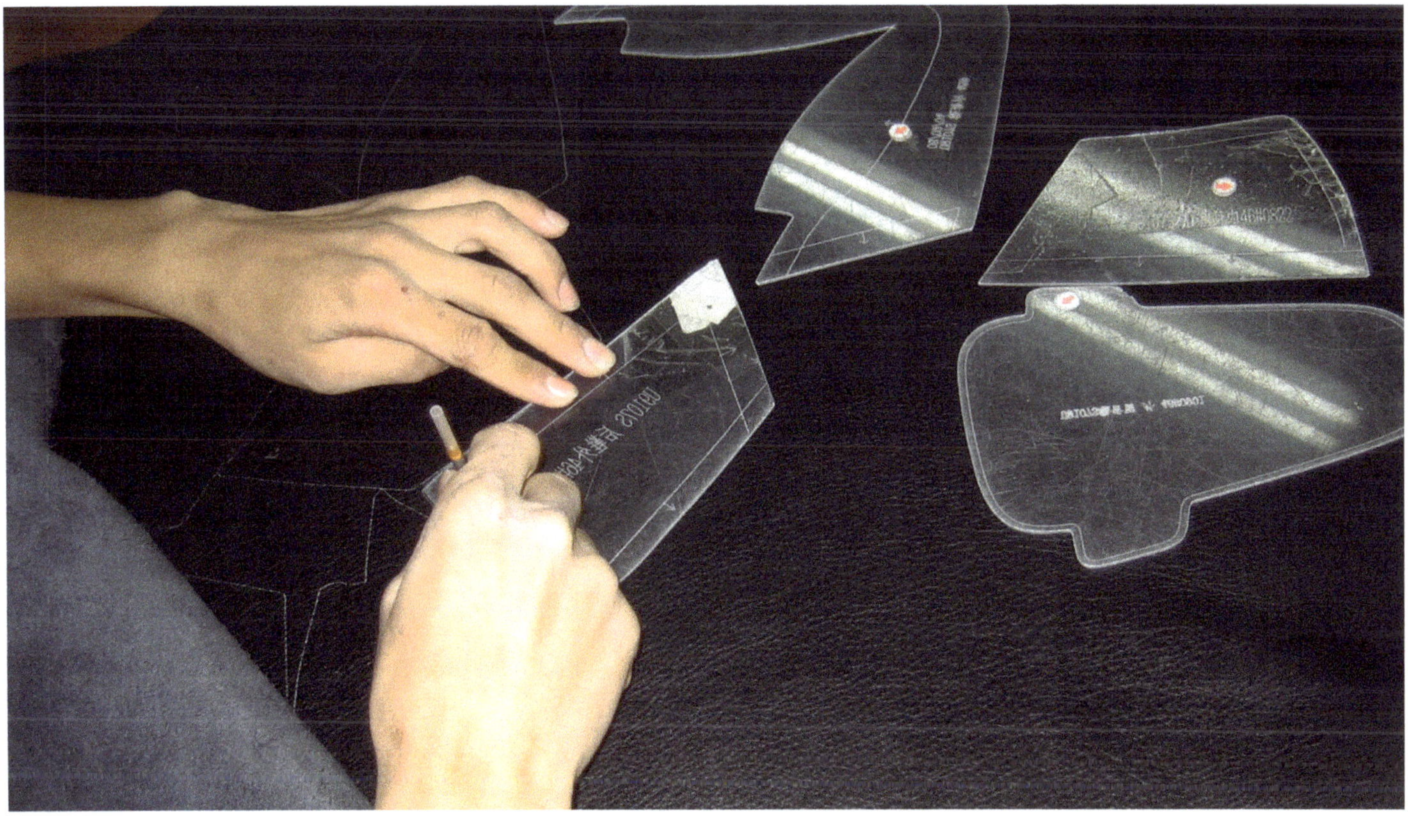

El cuero plena flor puede ser caro, oscilando entre 8 a 15 dólares/pie^2. Esta piel se suele marcar por cortadores con experiencia.

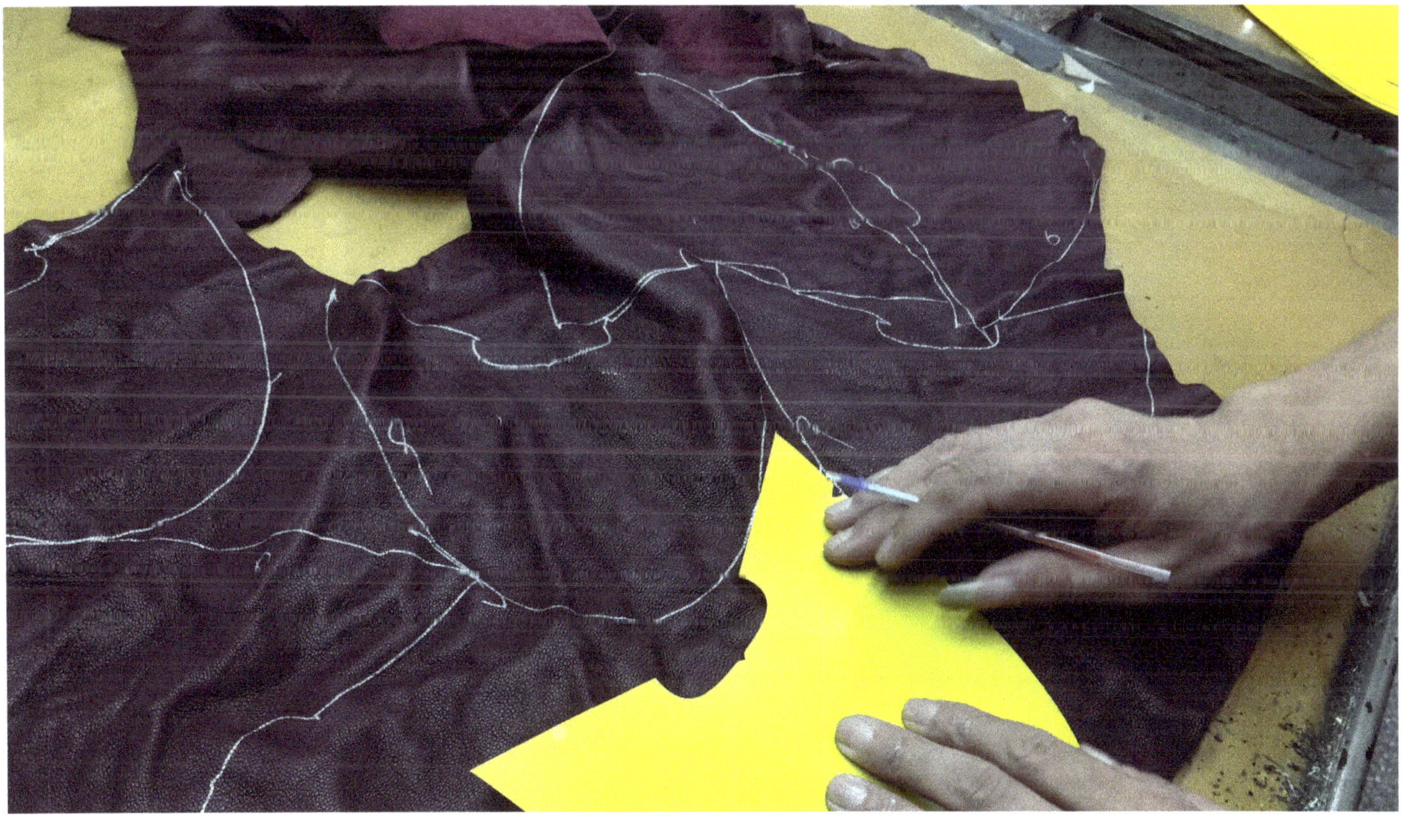

La piel fina, o suave, se debe marcar y cortar a mano.

Procesamiento de material

Una vez que todas las partes hayan sido cortadas, es el momento de convertirlas en componentes de calzado. Las piezas deben estar marcadas con las instrucciones de montado, entres, los bordes rebajados y los logotipos impresos, o bordados. Las piezas deben organizarse en kits para que permanezcan juntas.

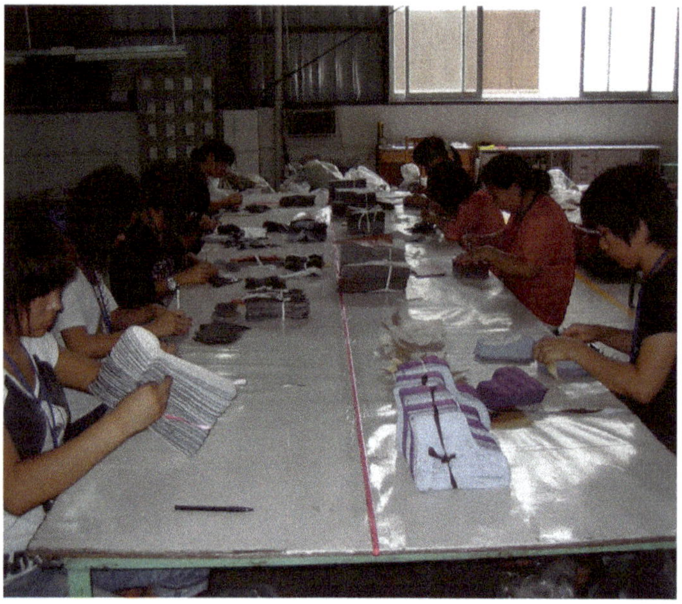

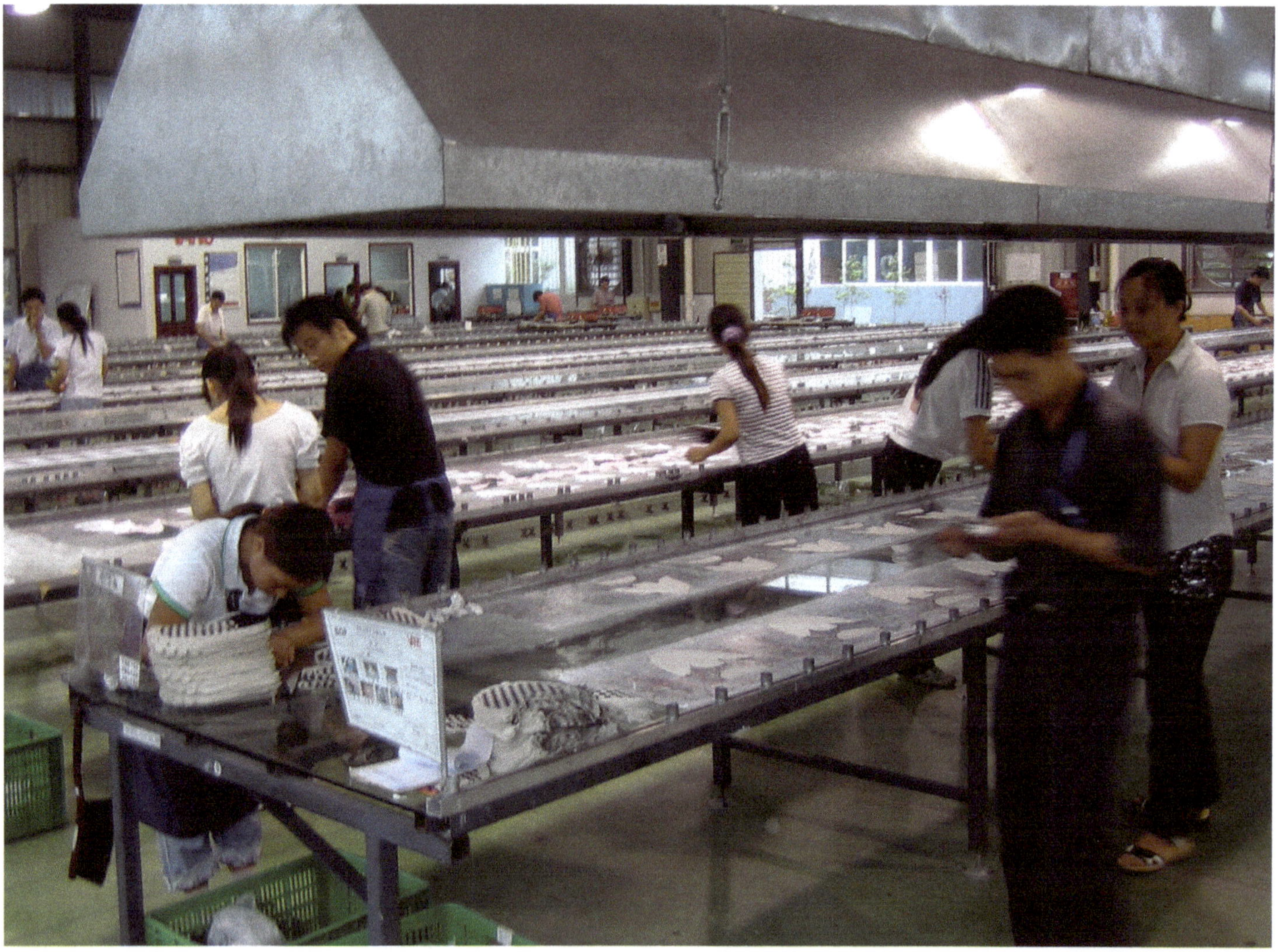

Una buena sala de impresión tendrá mucha ventilación. El cemento en spray mantiene las piezas en su lugar mientras que un túnel de secado acelera el proceso. Los pequeños topes que se ven en la foto sirven para alinear las pantallas en cada mesa.

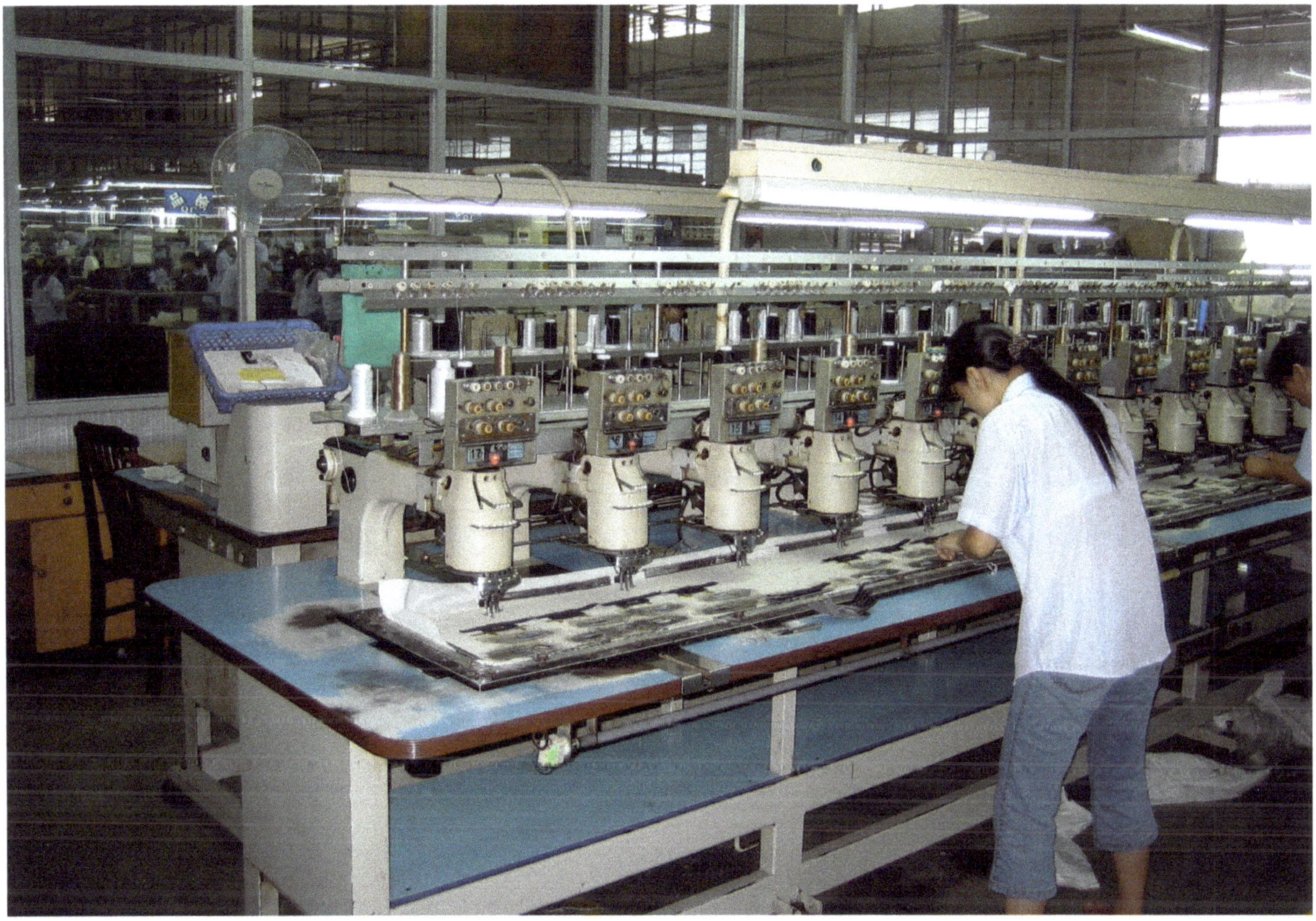

Esta imagen muestra una máquina de bordar de 20 cabezales moviéndose de manera simultánea; la máquina se coloca en una sala aparte para que esté libre de polvo y aislar el ruido que produce.

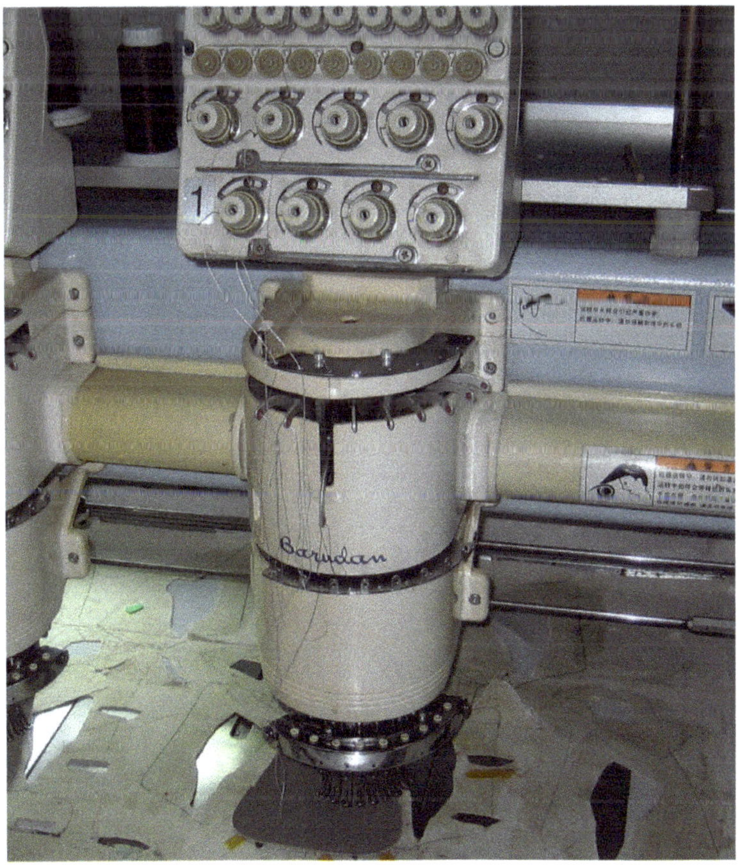

Esta, es una máquina para bordar de 9 colores.

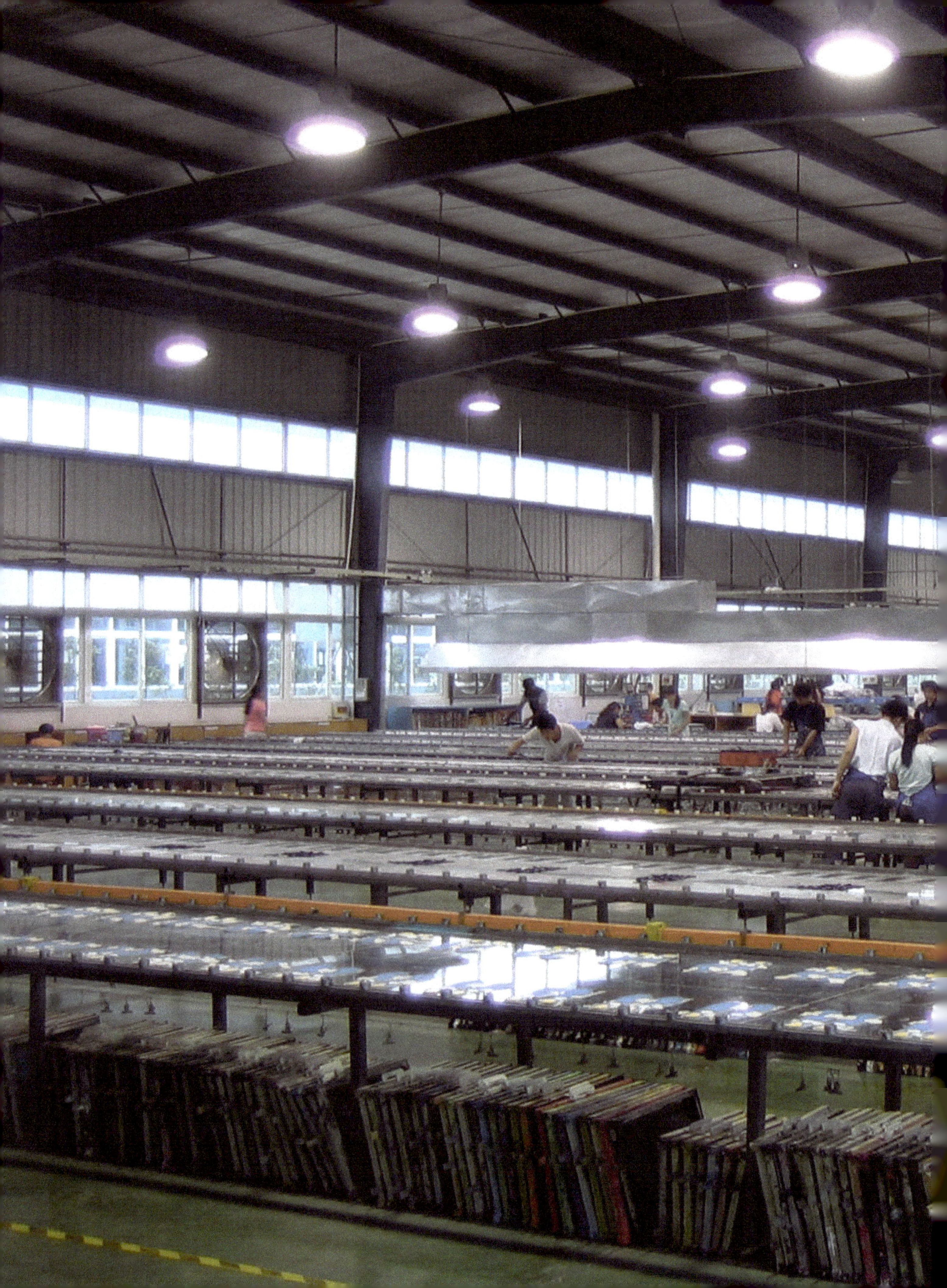

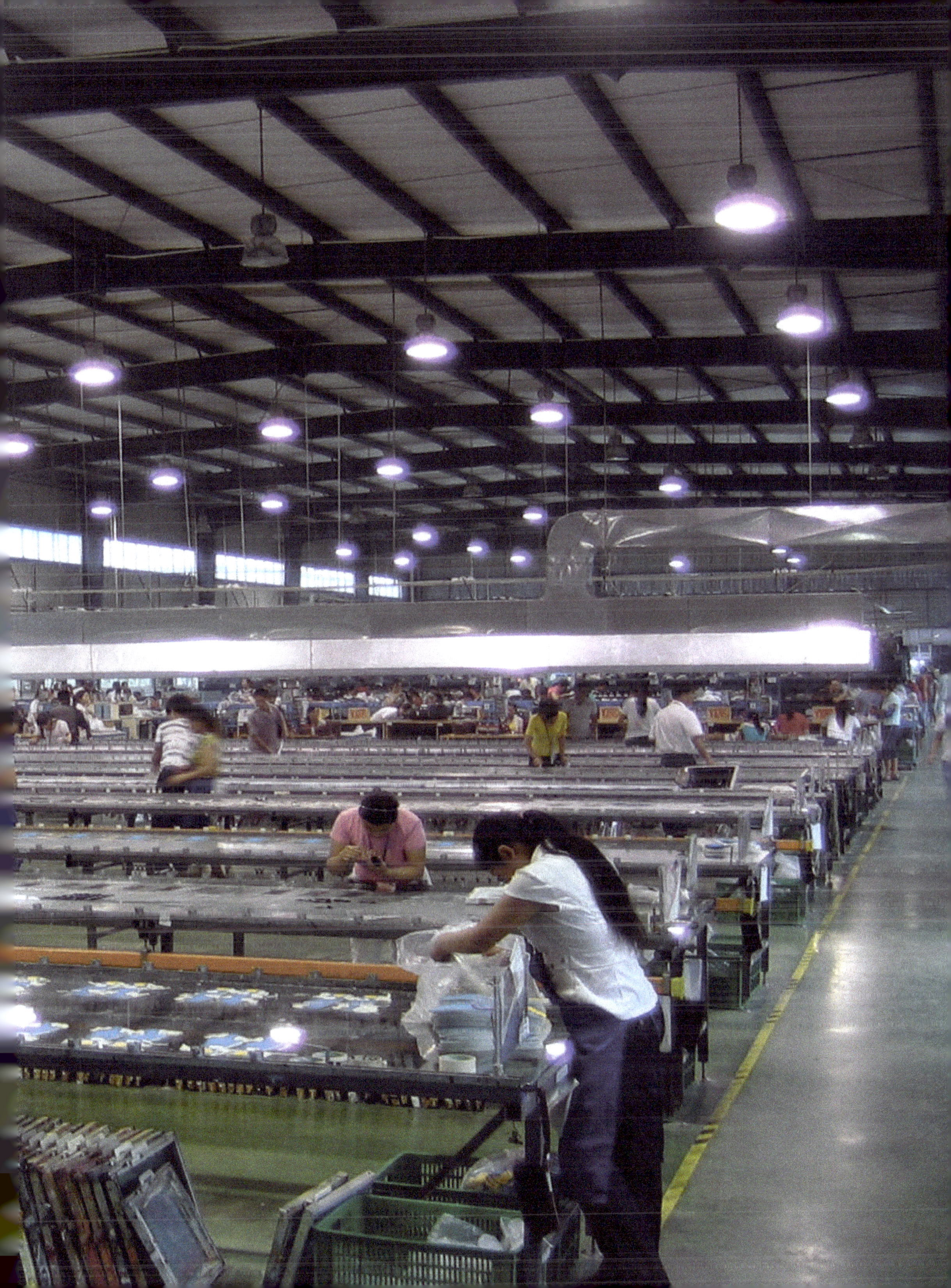

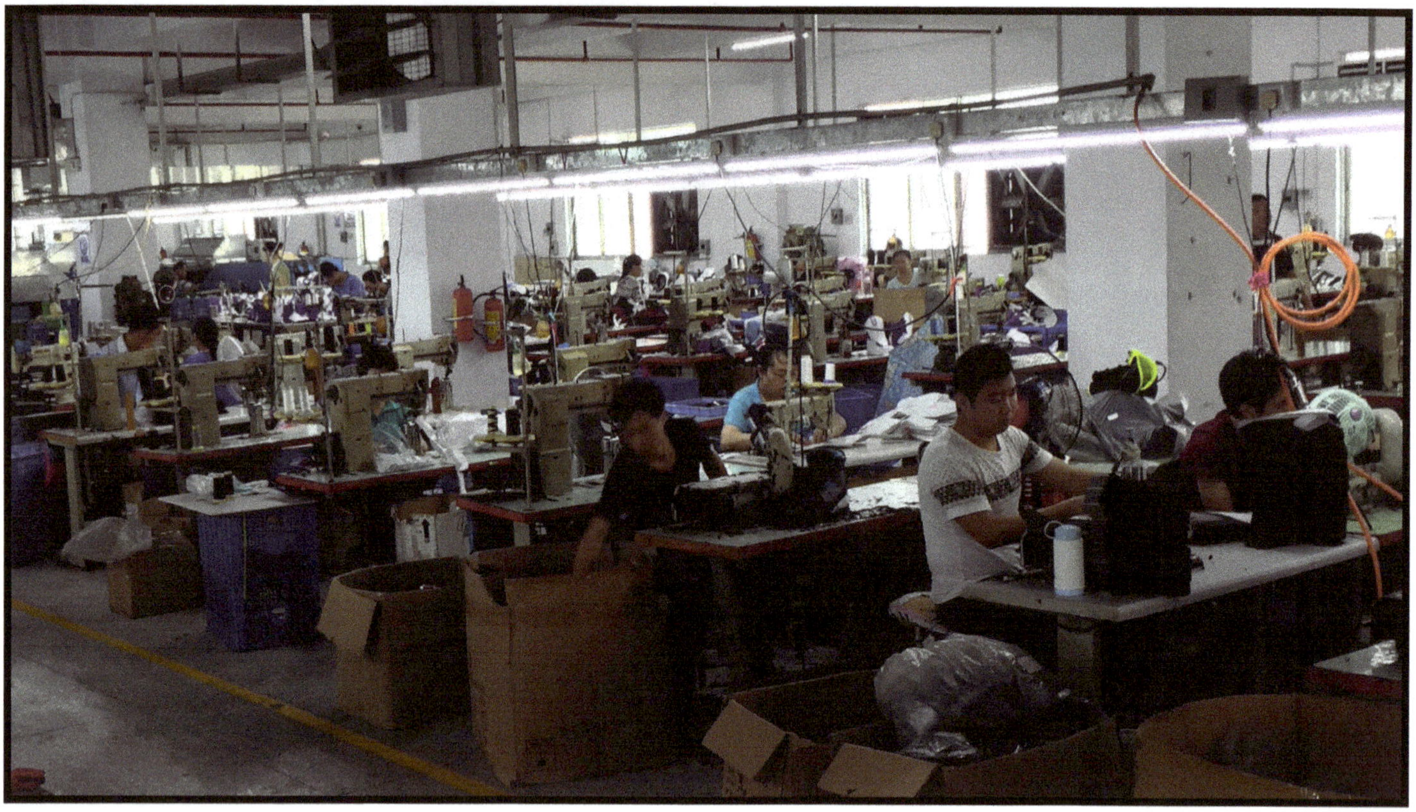

CAPÍTULO 9

APARADO DEL CORTE

Cuando todas las piezas se encuentran cortadas y marcadas, es el momento para que los aparadores ensamblen el corte.

El departamento de aparado es ahora la parte central de la fábrica de calzado. Este proceso es la parte más complicada y laboriosa de la construcción de la zapatilla. Dependiendo de la complejidad del diseño, puede requerir de 800 a 1.000 operarios para poder formar una línea de montaje.

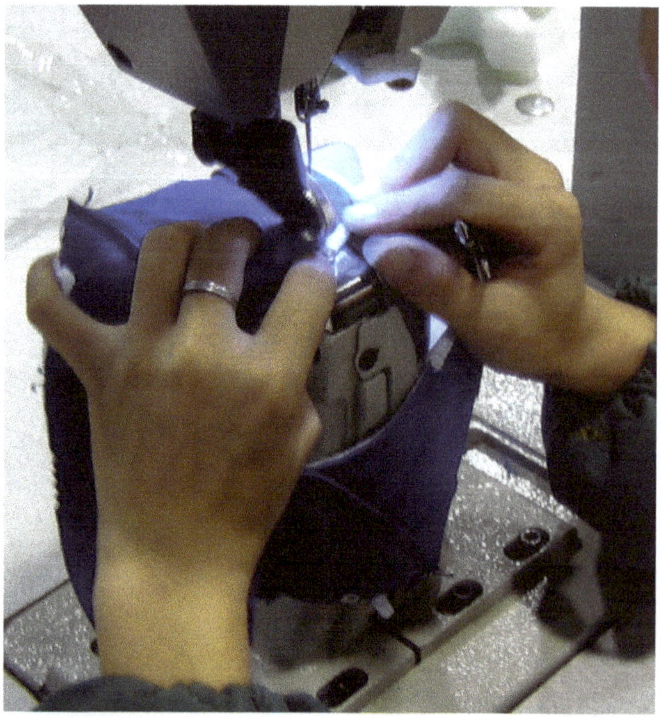

Todo el calzado está hecho a mano.

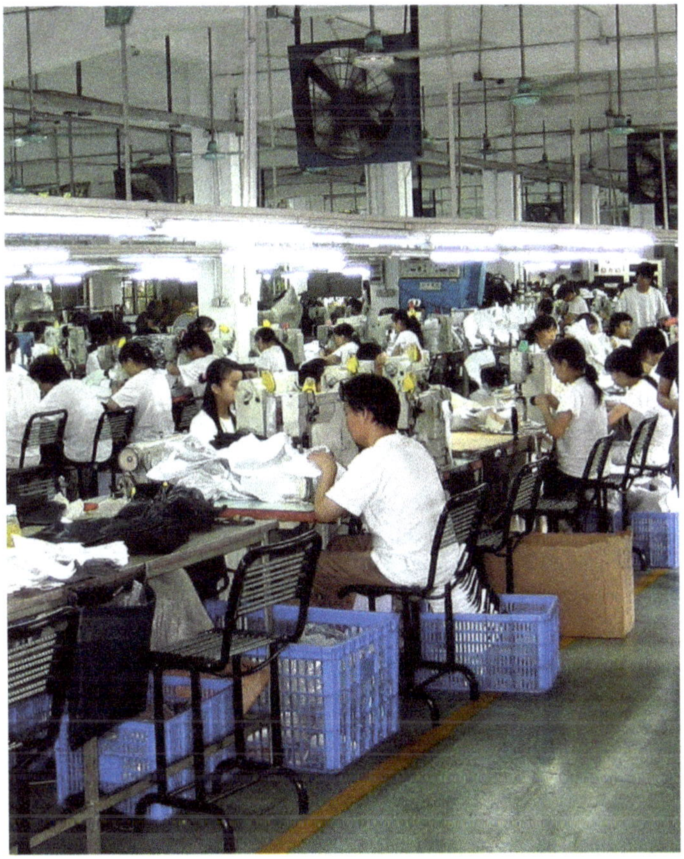

Aparado

La precisión y la organización del departamento del cosido, o aparado, determina en gran medida la calidad del modelo elaborado. Las operaciones de costura de la zapatilla se dividen en varios procedimientos pequeños. Cada procedimiento lo maneja un operario en una máquina de coser diferente.

Esto es clave para garantizar la calidad de la zapatilla. Cada operación de costura está vinculada a una máquina específica; ya que, si se descubre un problema, es más fácil poder dar con él y corregirlo.

Además, dado que la misma máquina de coser es la que repite la operación para cientos, o miles de pares de zapatillas, la tarea se domina rápidamente. Veamos de cerca las operaciones del aparado.

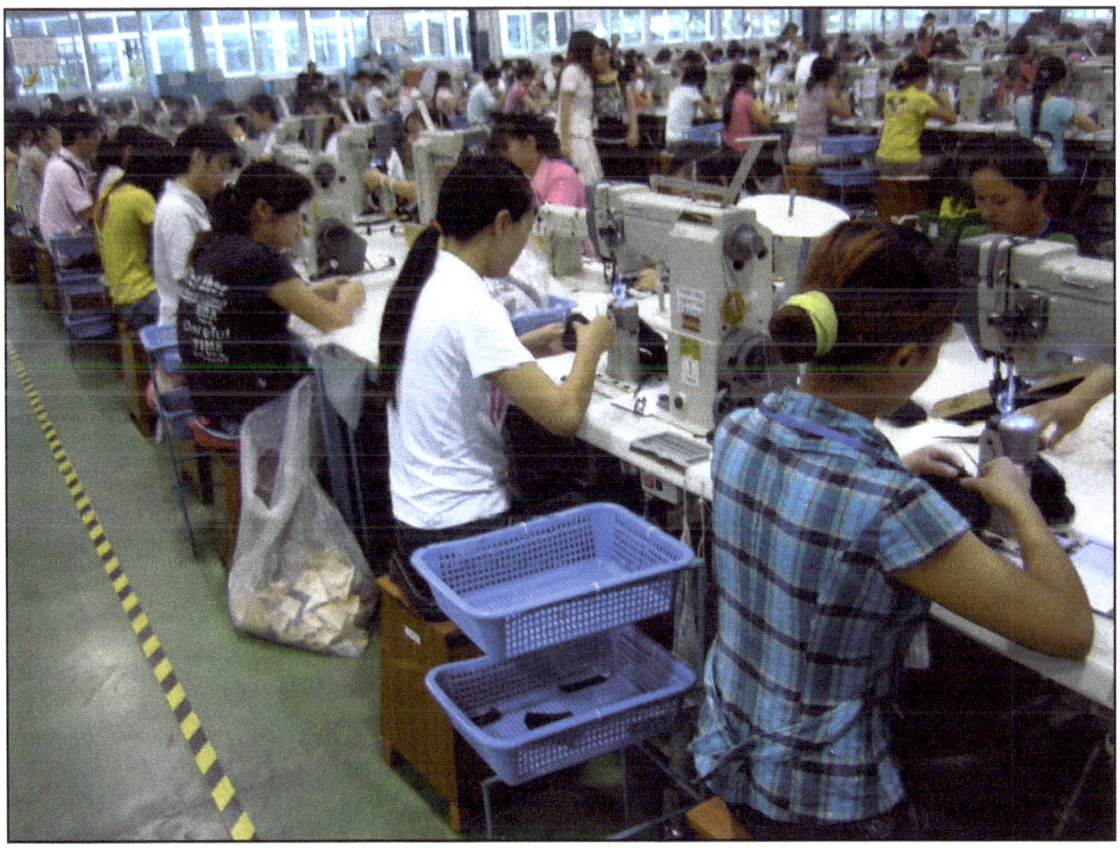

Una sala de aparado trabajando.

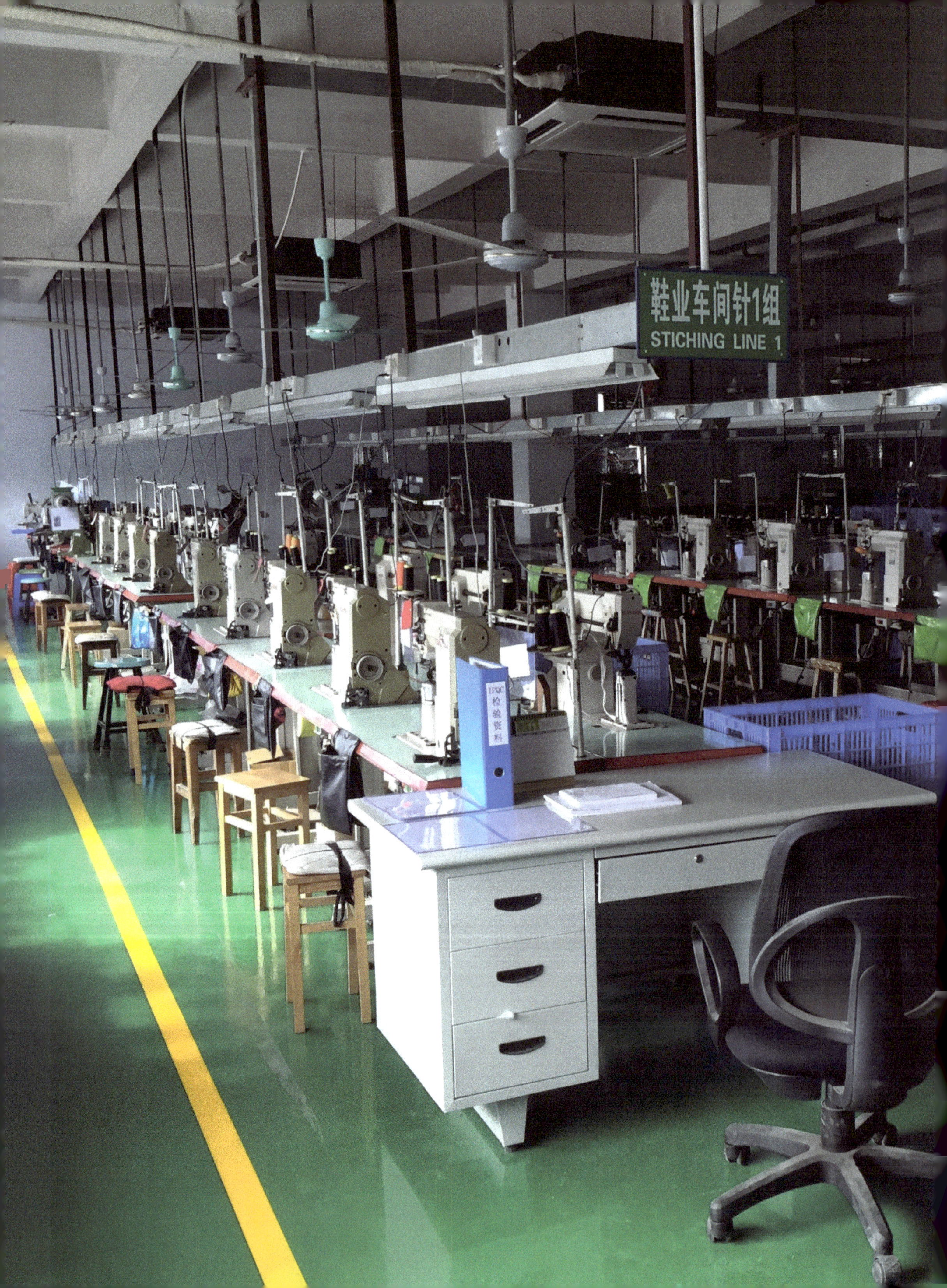
鞋业车间针1组
STICHING LINE 1

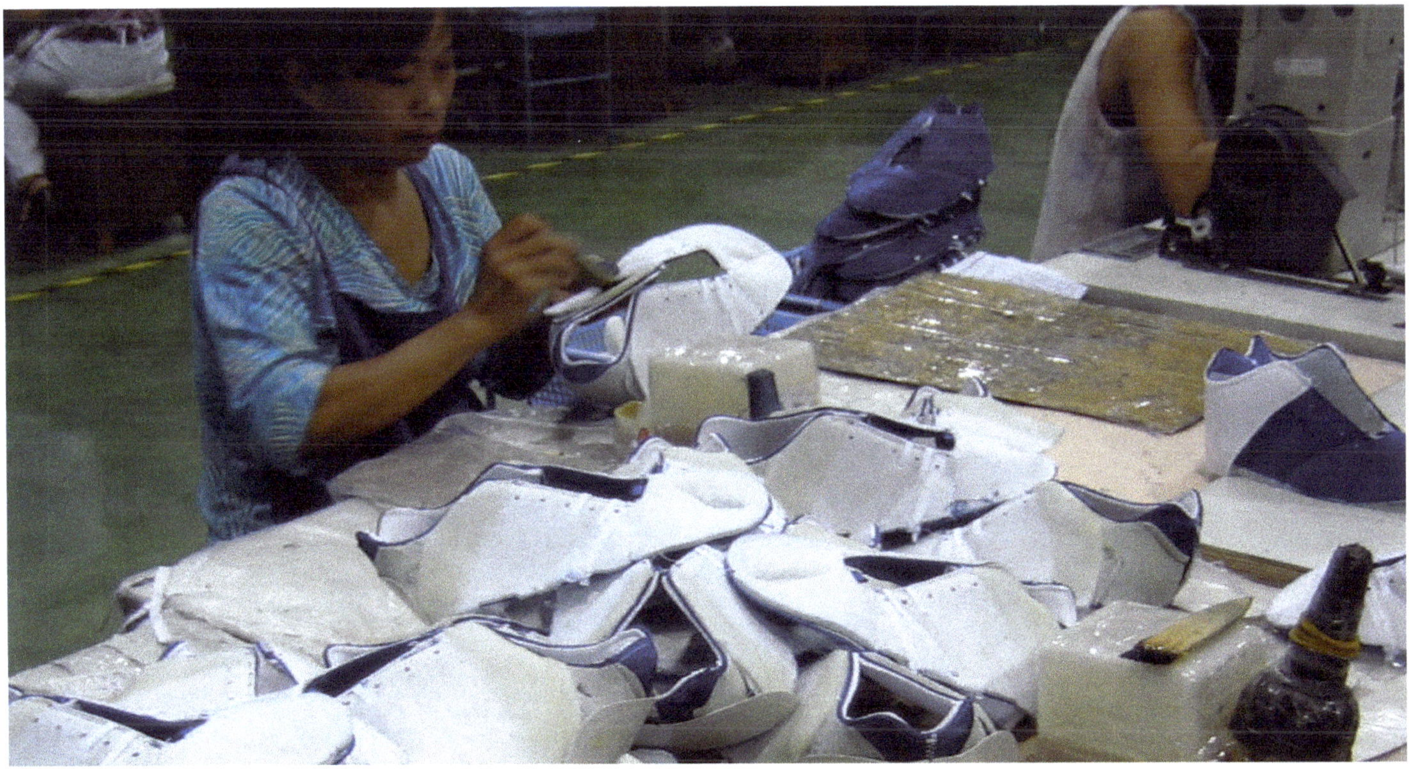

En la imagen, se muestra cómo cierran el corte y se incorpora el forro. En este caso, se voltea el corte para evitar que el pegamento dañe el forro mientras se pega un contrafuerte de goma en el talón de la zapatilla.

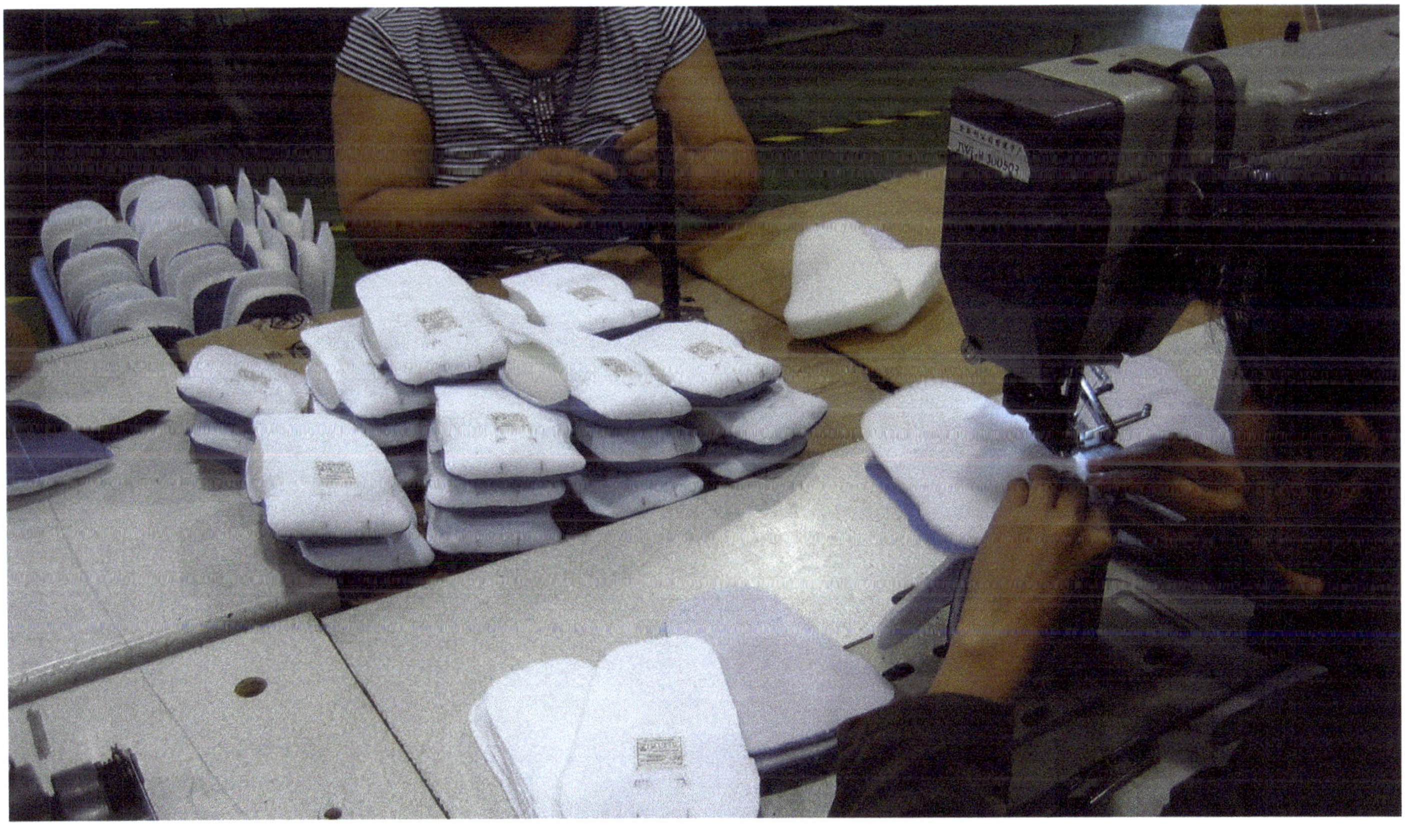

Aquí, el forro se une al corte exterior de la lengüeta. El otro operario se encarga de rellenar con espuma la lengüeta, y se asegura que la costura quede asentada en el exterior.

Orden de las operaciones del aparado

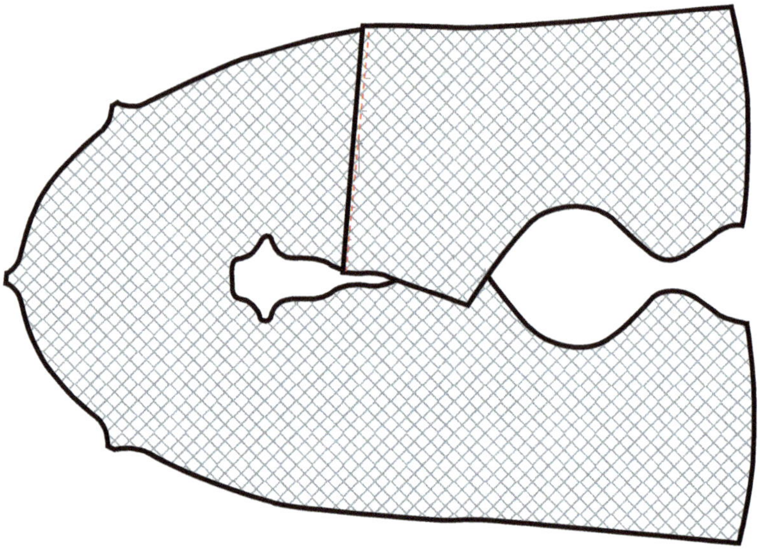

La primera operación consiste en unir las piezas del forro de la zapatilla. Para esta zapatilla ligera, el forro y la malla superior son el mismo componente: una malla laminada con espuma, y con el forro. Posteriormente, se une todo el corte. Esta capa base puede estar hecha de un tejido no tejido, o de un tejido especial para reforzar.

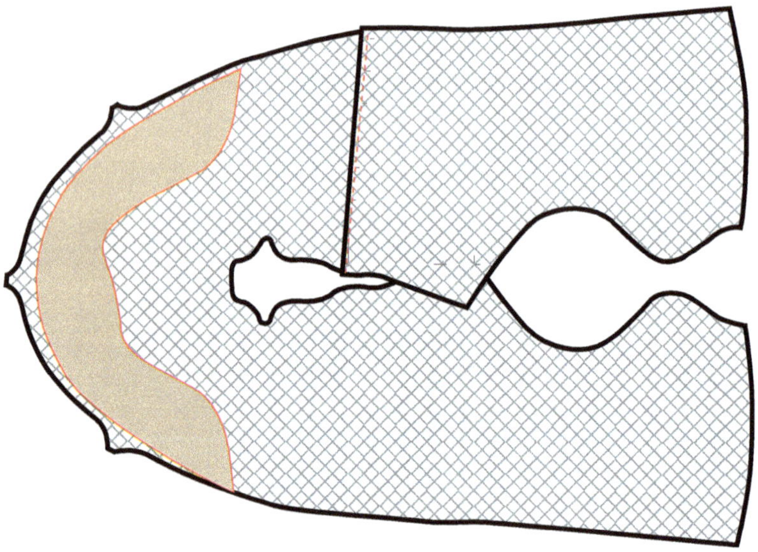

Una vez que el forro haya sido completado, se coloca el tope en la puntera. Esta pieza suele tener una cara termofusible, por lo que no es necesario que se cosa para mantenerlo en su posición. Para la pala, cuanto menos aparado mejor, ya que ayudará a garantizar la comodidad.

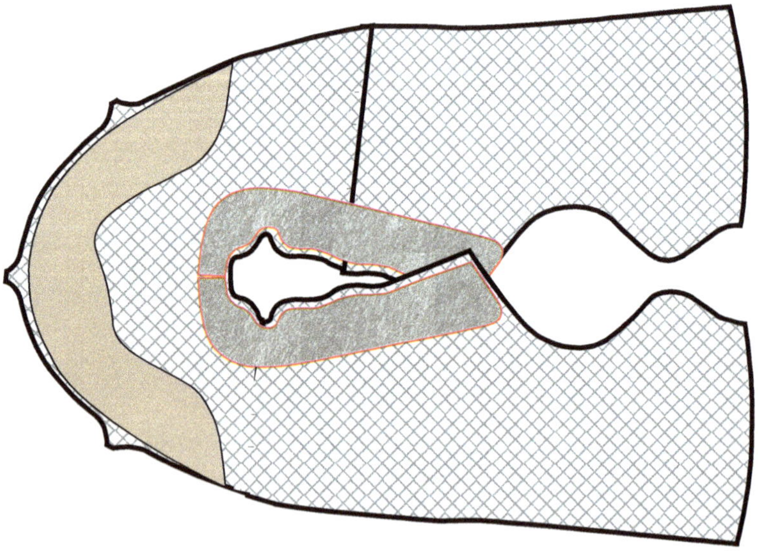

Posteriormente, se posiciona el refuerzo en las carrilleras. A este material se le conoce como *super tuff*; puede coserse a máquina, o colocarse con la ayuda de un material autoadhesivo. También se utiliza para reforzar los pinchazos y los ojetes metálicos; el *super tuff* asegura que los cordones de las zapatillas no desgarren o estiren el corte de la zapatilla.

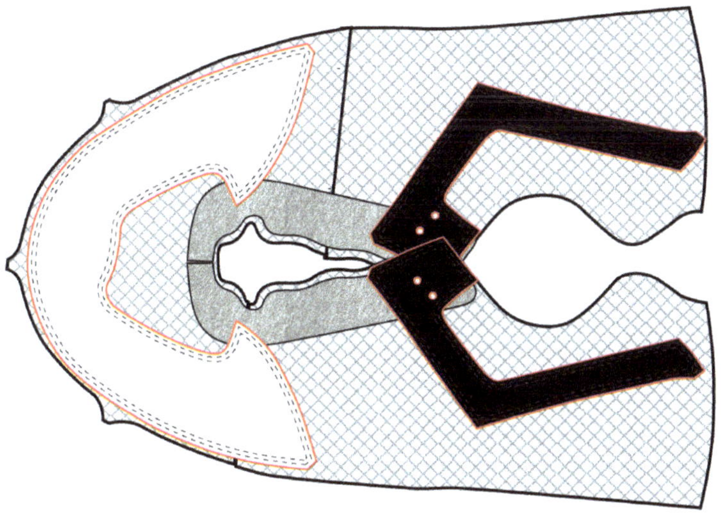

En esta imagen, la puntera (que en este caso también actúa como guardabarros) se cose a la pala. Esta pieza cubre el refuerzo o contrafuerte de la puntera; la pieza se coloca debajo de la carrillera, por lo que se debe coser en una operación previa.

El refuerzo del escote o collar también queda unido.

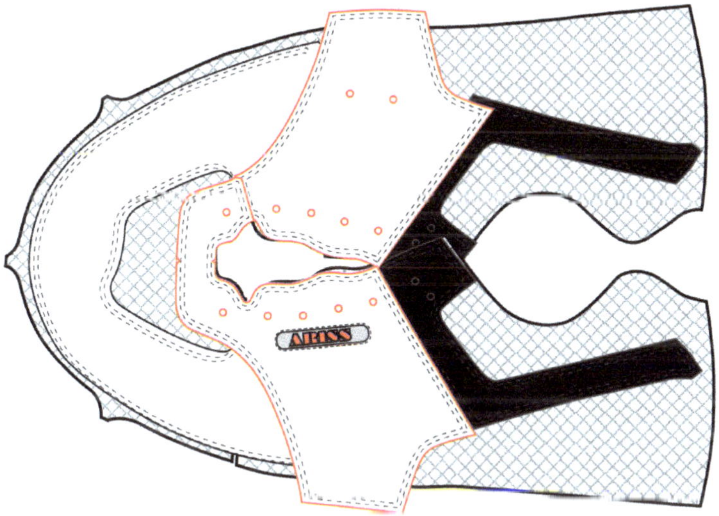

Posteriormente, se cosen las dos carrilleras, y después se unen al corte. Las piezas de las carrilleras cubren y esconden los refuerzos en esta zona. Mientras que las piezas del patrón ya tienen los pinchazos o perforaciones hechas, se volverán a hacer después de aparar el forro y los diferentes refuerzos.

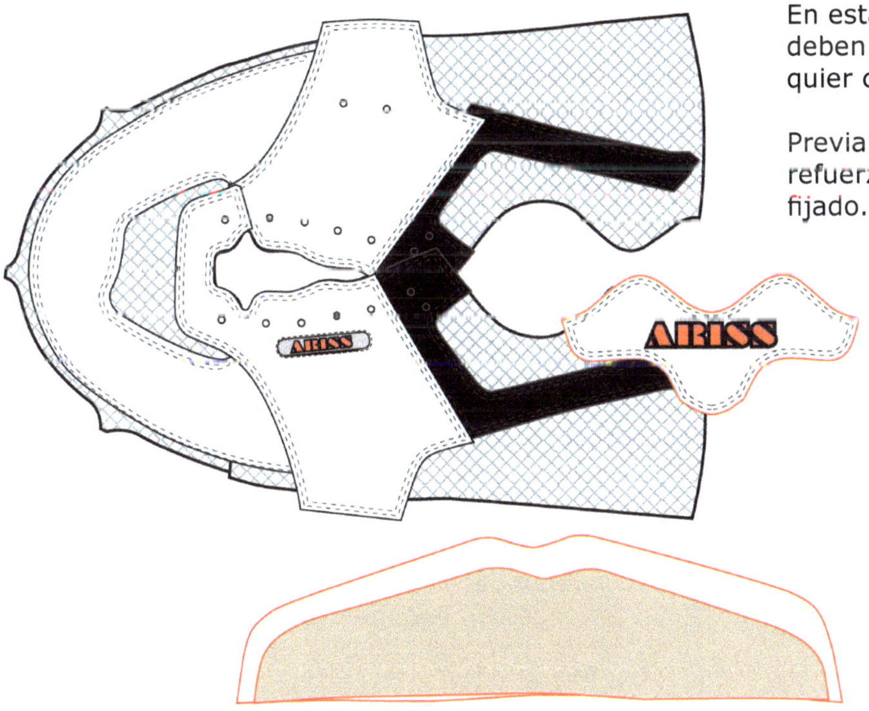

En esta operación, se ensambla el bigote. Se deben agregar los logotipos antes de cualquier costura.

Previamente, en otro puesto de trabajo, se refuerza el bigote mediante pegado o termo fijado.

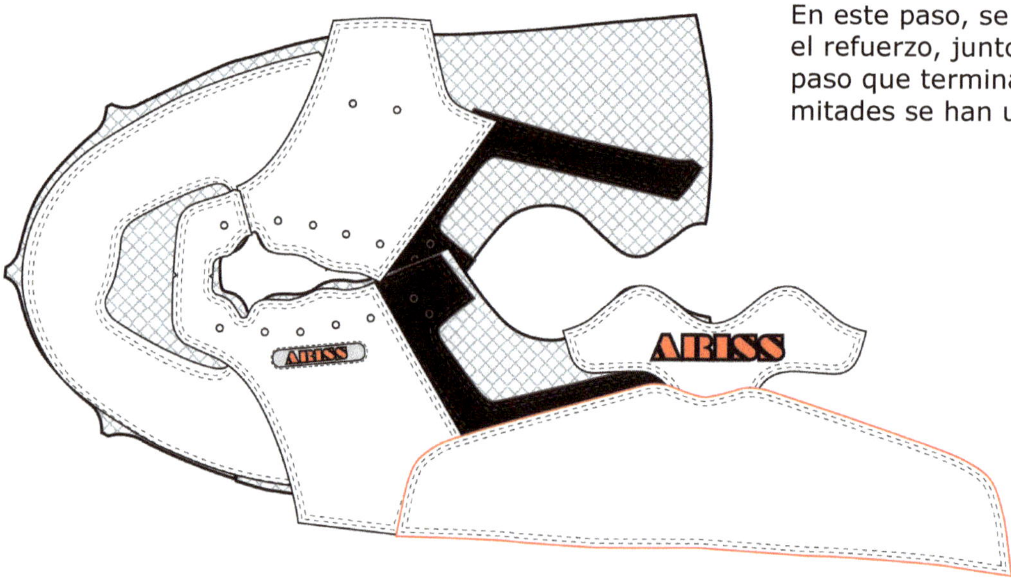

En este paso, se cose el bigote que cubre el refuerzo, junto con el refuerzo. Este es el paso que termina el aparado del corte. Las mitades se han unido creando el corte en 3D.

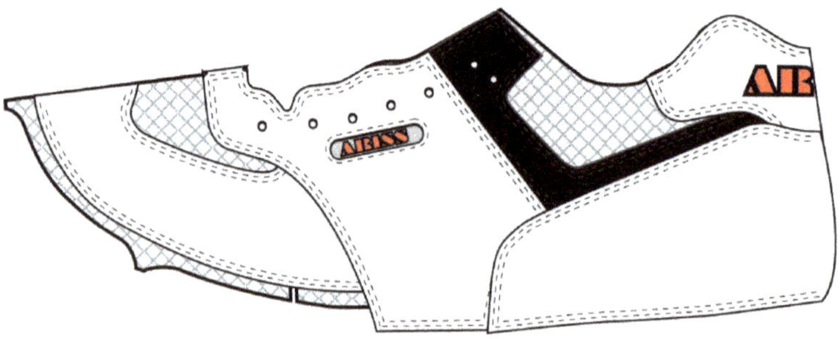

El siguiente paso, ensambla la pieza del talón a la zapatilla, aunque todavía no está formada completamente.

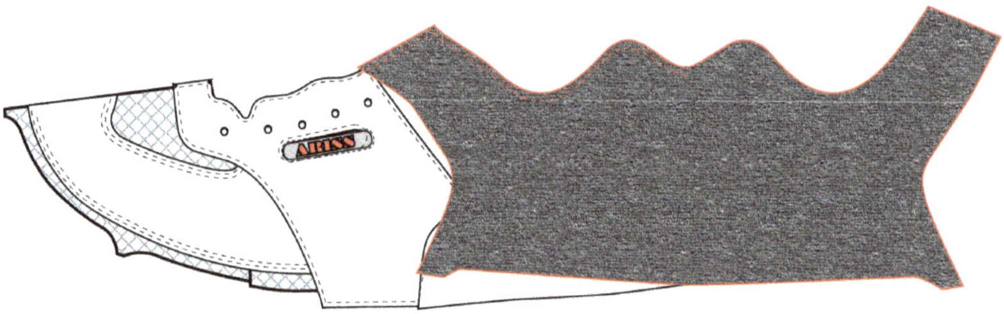

Una vez que se ha cerrado el corte, se añade el forro. El forro suele laminarse con una capa de espuma de PU de 4mm; esto aporta suavidad extra, y permite manipular la tela con facilidad. El forro se cose, cara con cara, al corte exterior para después voltearlo al interior de la zapatilla.

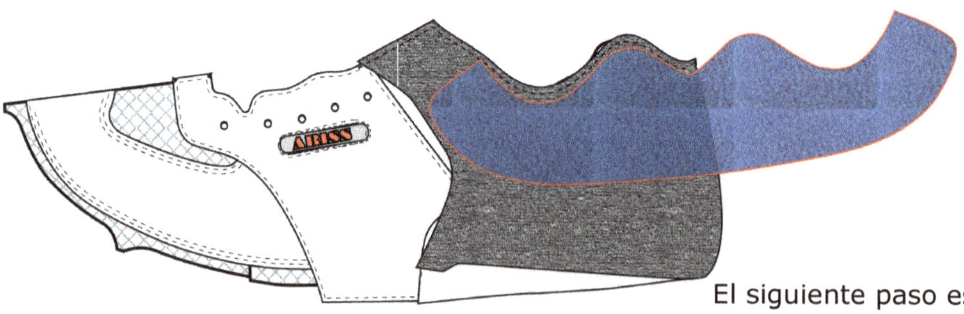

El siguiente paso es añadir la espuma en el escote. Se pega con pegamento para PU, o se rocía un adhesivo termofusible. Una vez adherido, el forro se voltea al interior de la zapatilla.

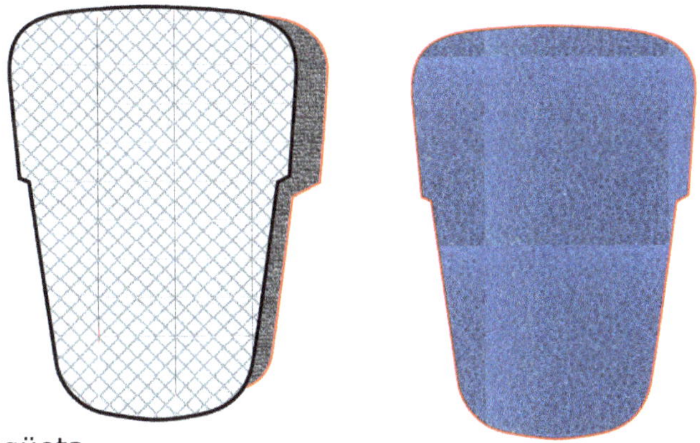

En esta operación, la cara exterior de la lengüeta y el forro se cosen. Después, se voltea la lengüeta y se rellena con la espuma. La lengüeta también puede terminarse con un vivo.

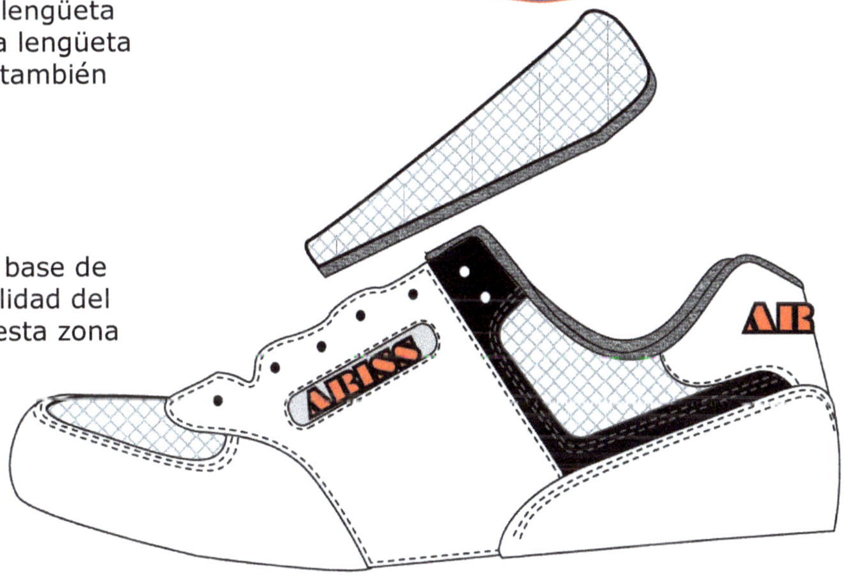

Posteriormente, la lengüeta se cose a la base de la garganta. Durante la inspección de calidad del calzado, hay que asegurarse de revisar esta zona para detectar cualquier bulto.

Una vez se haya ensamblado la lengüeta, y el forro esté colocado en su lugar, el corte puede necesitar algunos ajustes finales. La zona de la puntera se coloca en un túnel de calor para suavizar y moldear el tope, ya que está compuesto de un plástico, generalmente surlyn. Después, el corte pasa por un túnel de frío para asentar la forma final de la puntera. Esta misma operación se realiza de nuevo con el contrafuerte del talón.

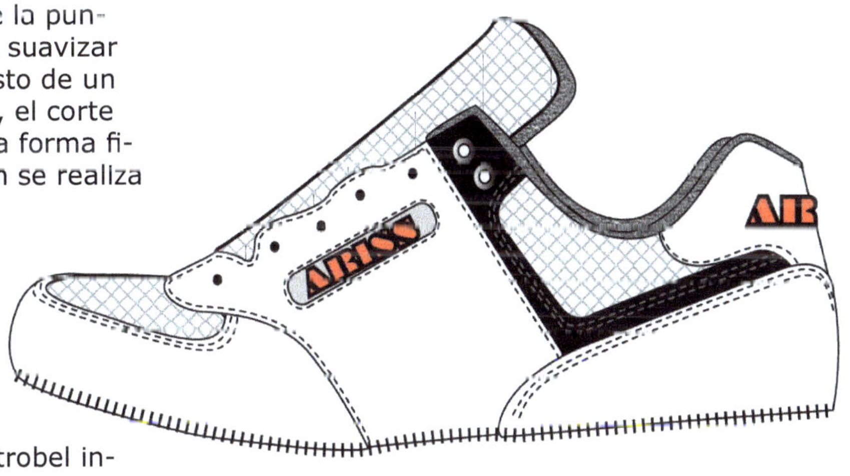

El corte se completa con una plantilla strobel inferior; ahora, el modelo se encuentra listo para el paso final en la línea de montado.

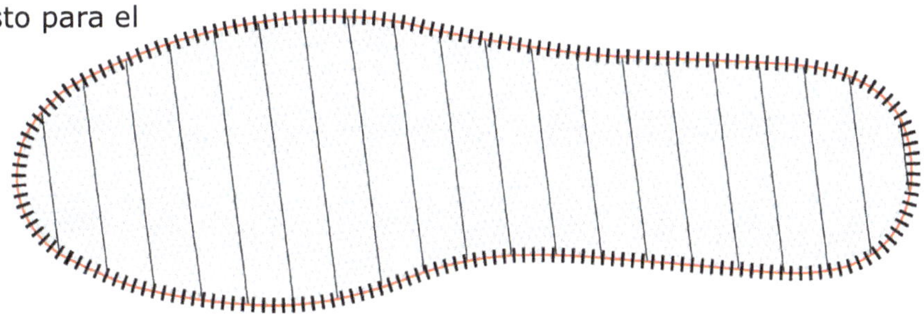

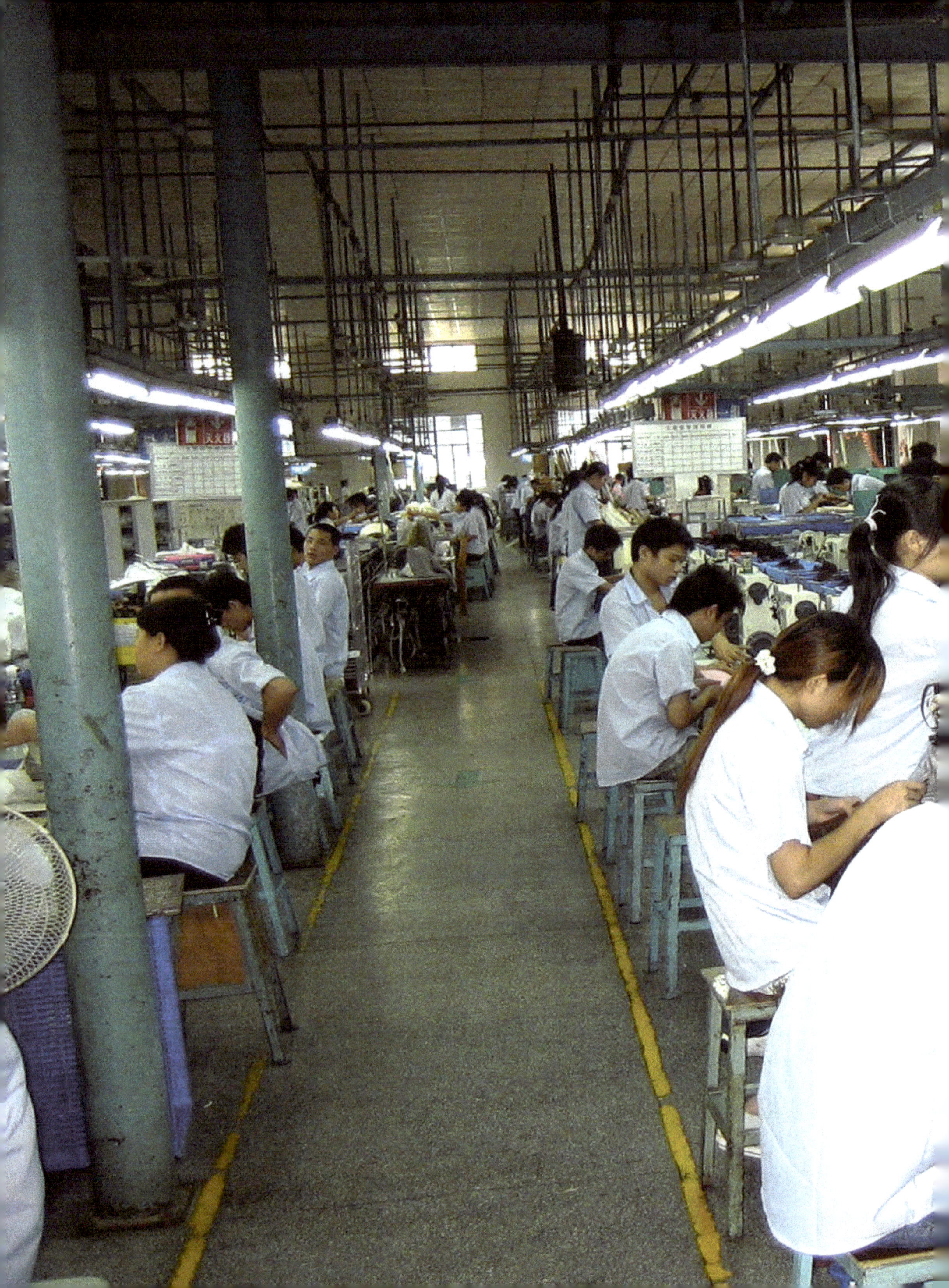

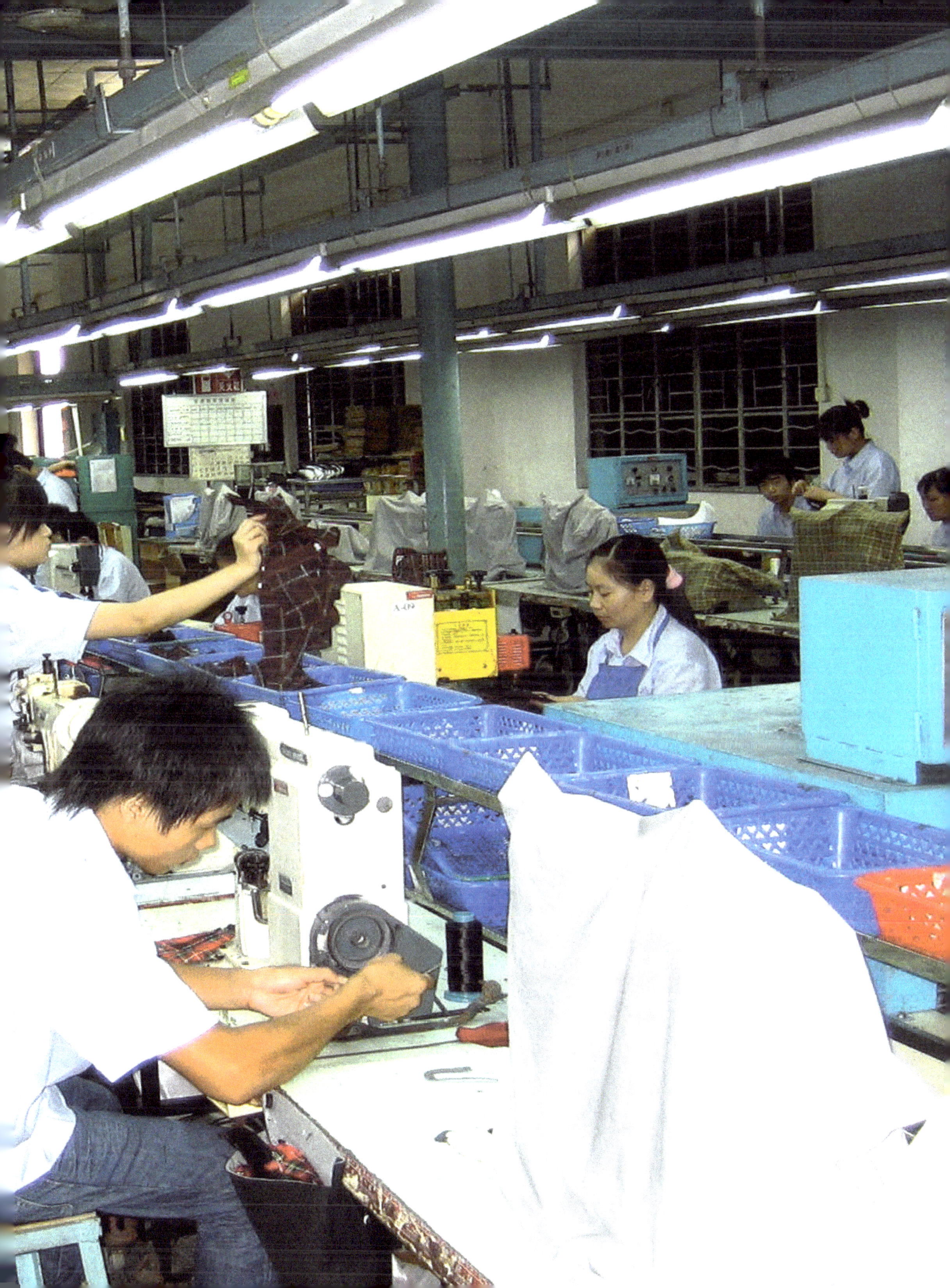

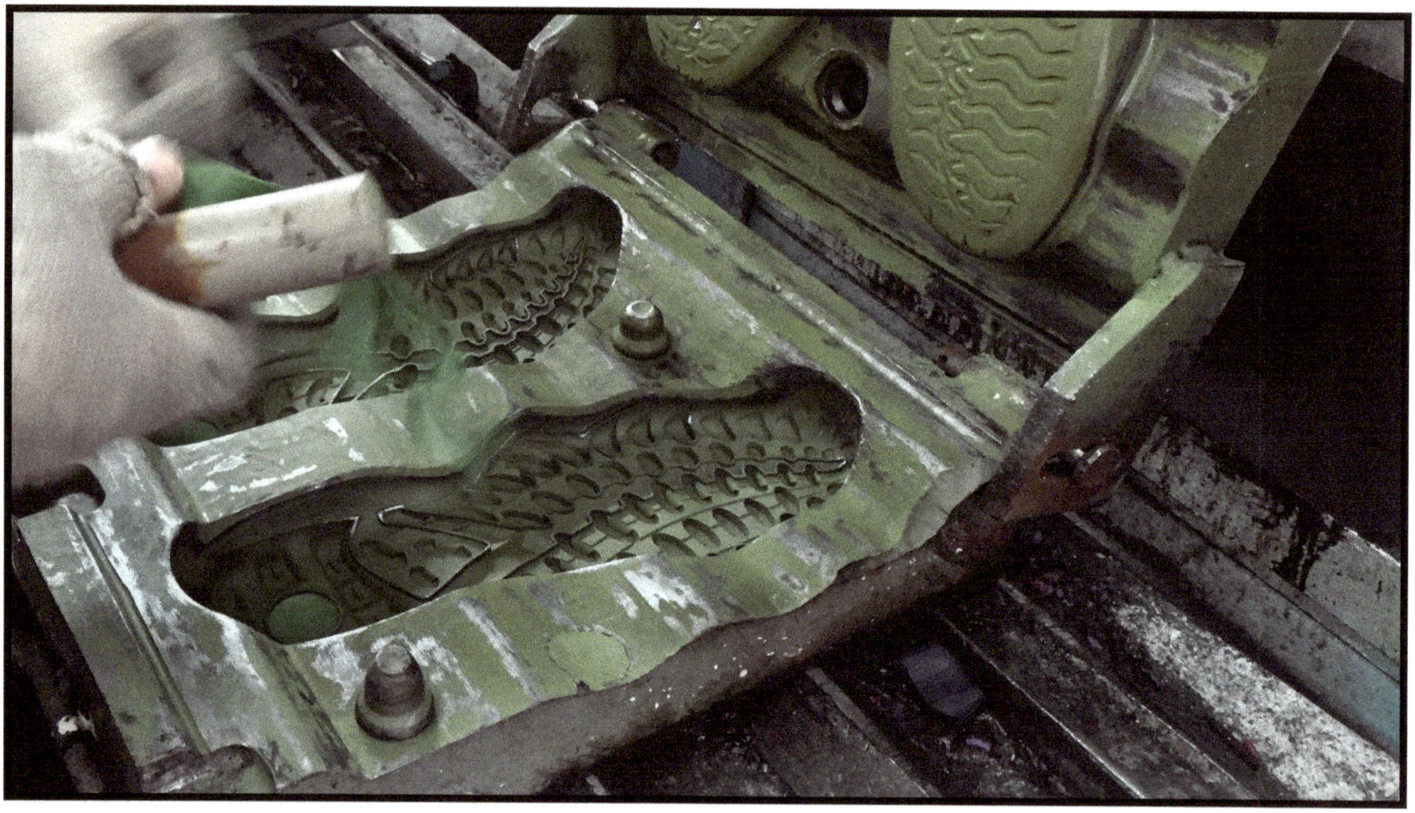

CAPÍTULO 10

PRENSADO DE SUELAS DE GOMA

Hay que agradecer a Charles Goodyear por su perseverancia, ya que, después de años de experimentos, inventó el proceso de calentamiento del caucho natural mezclándolo con azufre en 1844. Decidió nombrar el proceso como vulcanizado, y es técnica que se emplea actualmente para fabricar la goma. Con una combinación correcta de la mezcla, calor y agentes de curado, el caucho natural pegajoso se transforma en suelas sólidas y coloridas.

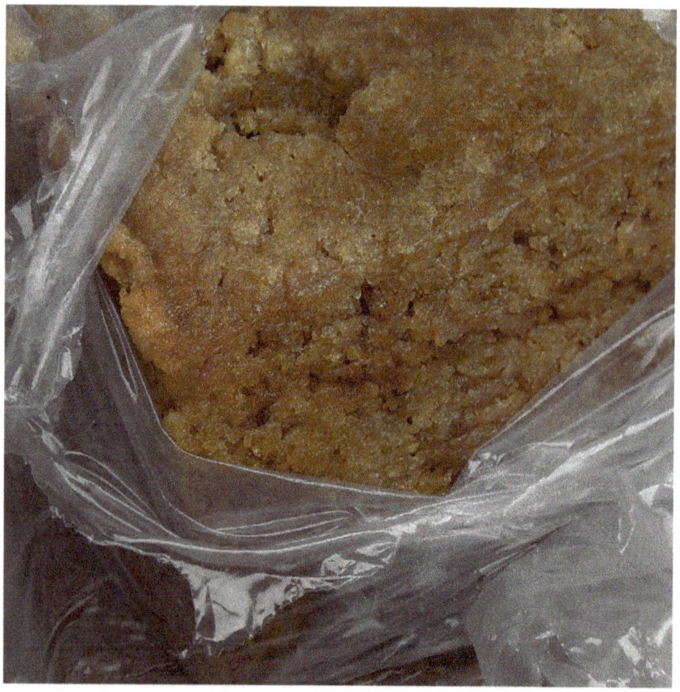

El caucho natural está parcialmente curado para facilitar el transporte.

Prensado de caucho

Las operaciones de prensado del caucho se suelen subcontratar a una fábrica que se especialice en esta labor. Las operaciones para mezclar el caucho son sucias, y las salas de prensado son incómodamente calientes, por lo que es mejor que se lleven a acabo fuera de la fábrica de calzado.

Además, las fábricas de prensado del caucho, por lo general, cuentan con un alto volumen de clientes, lo que permite que las prensas manejen un mayor volumen de manera más eficiente.

La operación del prensado de caucho comienza con la mezcla de los componentes de la goma. Dependiendo de los requisitos de rendimiento de la suela, el caucho natural y el caucho sintético se combinan con los agentes de curado del azufre, o del peróxido.

El compuesto del caucho controla los siguientes atributos:
Dureza (escala Shore A).
Resistencia al deslizamiento.
Durabilidad (clasificación NBS).
Gravedad específica (peso, en SG).
Resistencia química.
Resistencia térmica.
Resistencia a la tracción.
Resistencia a la rotura.

La suela de la típica zapatilla de *skate* está hecha de goma, y se especifica de la siguiente manera: NSB 400 Shore A 65 ±3 SG 1 a 1.2.

Una vez seleccionada y probada la fórmula de caucho, la producción de la goma puede mezclarse, formarse y prensarse.

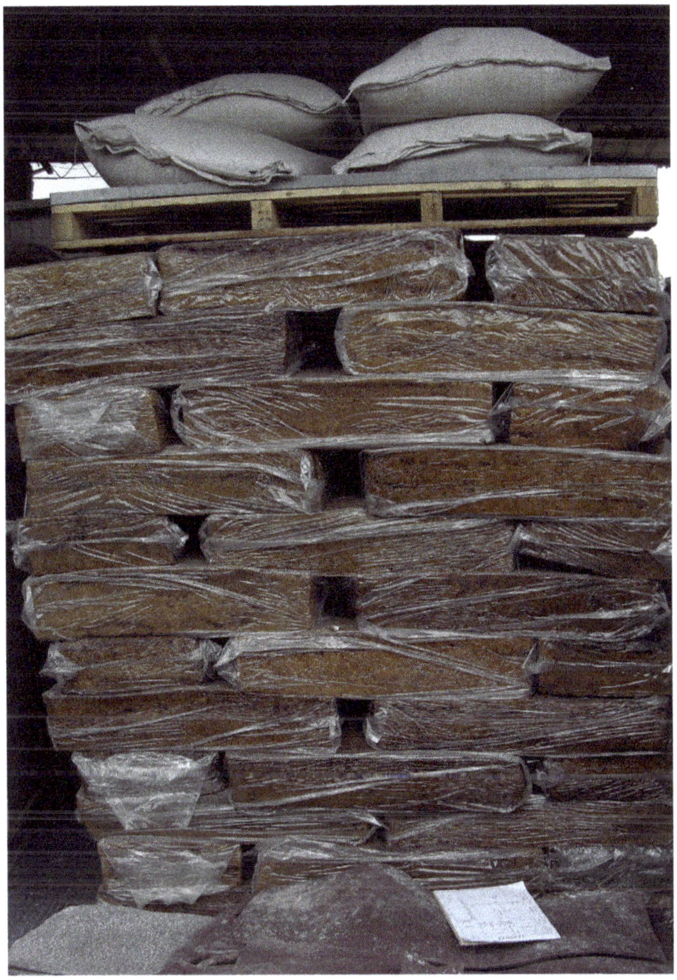

Caucho natural de Tailandia, o Indonesia. ISNR 20 (TSR 20) es la goma de uso general.

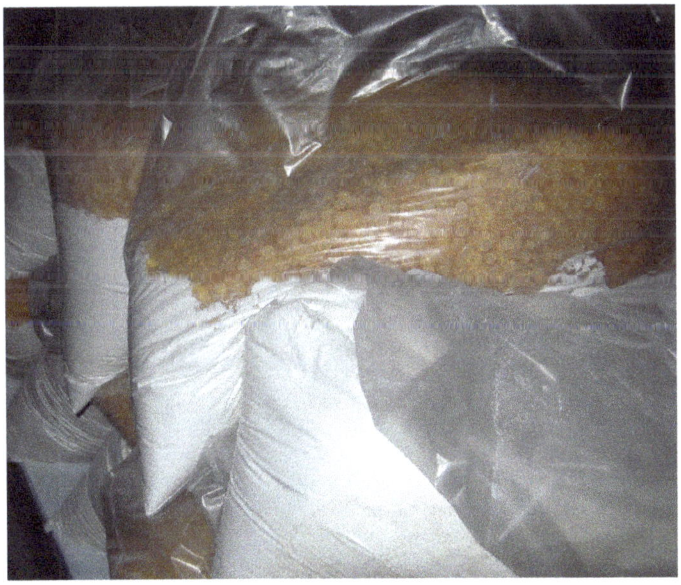

Lotes de caucho sintético, y aditivos en espera de ser mezclados.

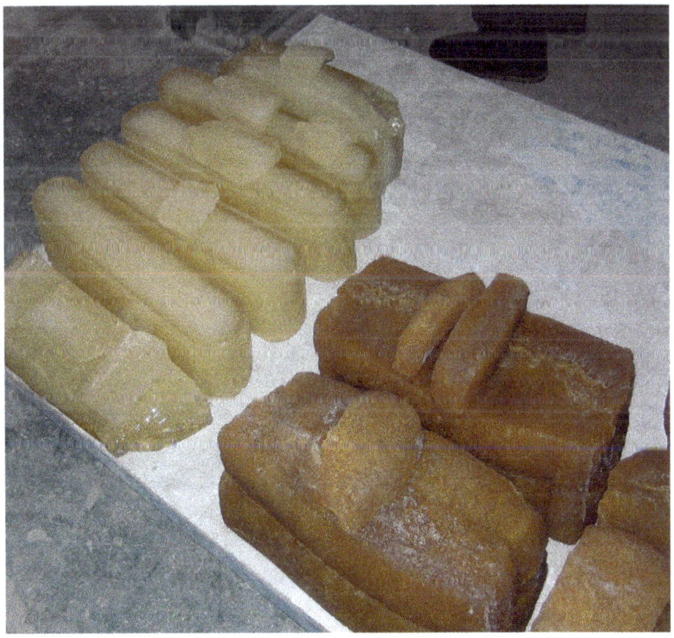

Los bloques de caucho sintético y natural sin curar se miden y se preparan para mezclarse.

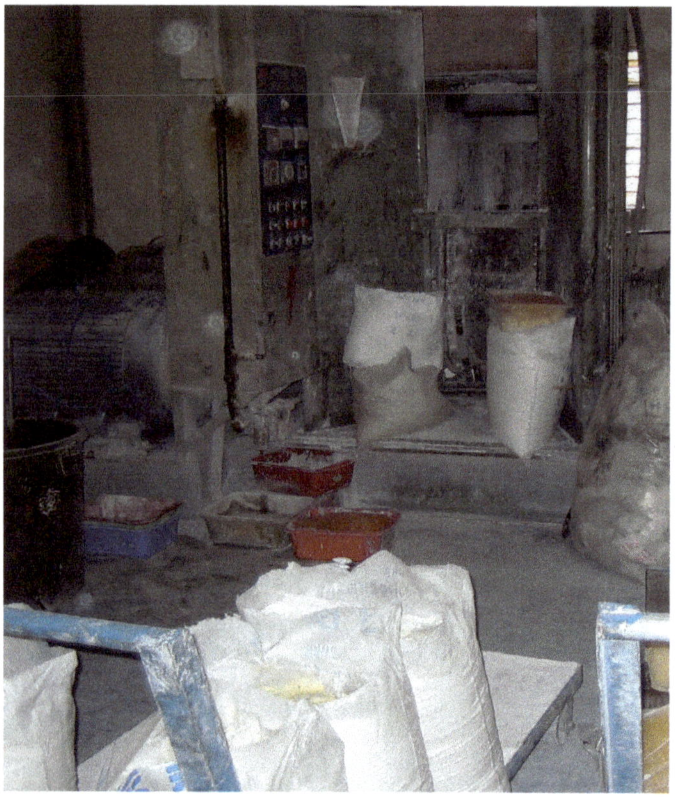
Los componentes secos se mezclan.

Una vez que el caucho se haya mezclado por completo, se pasa a través de un laminador, por donde sale en tiras grandes. Este proceso se parece a la fabricación del caramelo. El caucho no curado puede quitarse a mano, o haciendo un corte limpio.

Después, el caucho se divide para hacer los diferentes bloques de color para las suelas. Con la goma mezclada, y las partes cortadas según el diseño, la suela puede ser prensada.

El prensado de la suela se realiza en un molde parecido al de los gofres. La parte superior e inferior del molde suelen estar hechas de acero fundido, o acero mecanizado, y están unidas por una fuerte bisagra que permite abrir y cerrar el molde.

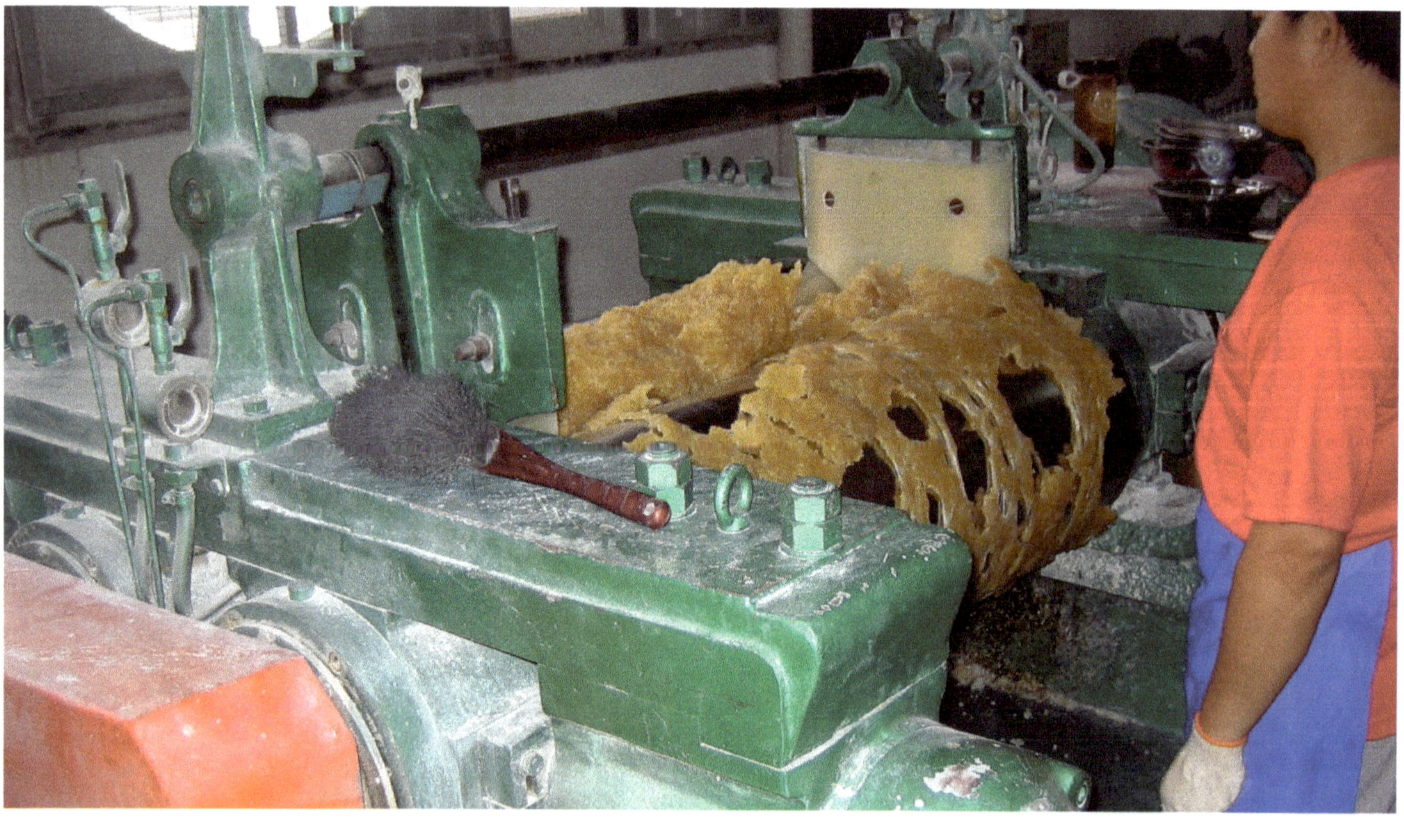
Después de mezclar los componentes en seco, se pasan por un laminador.

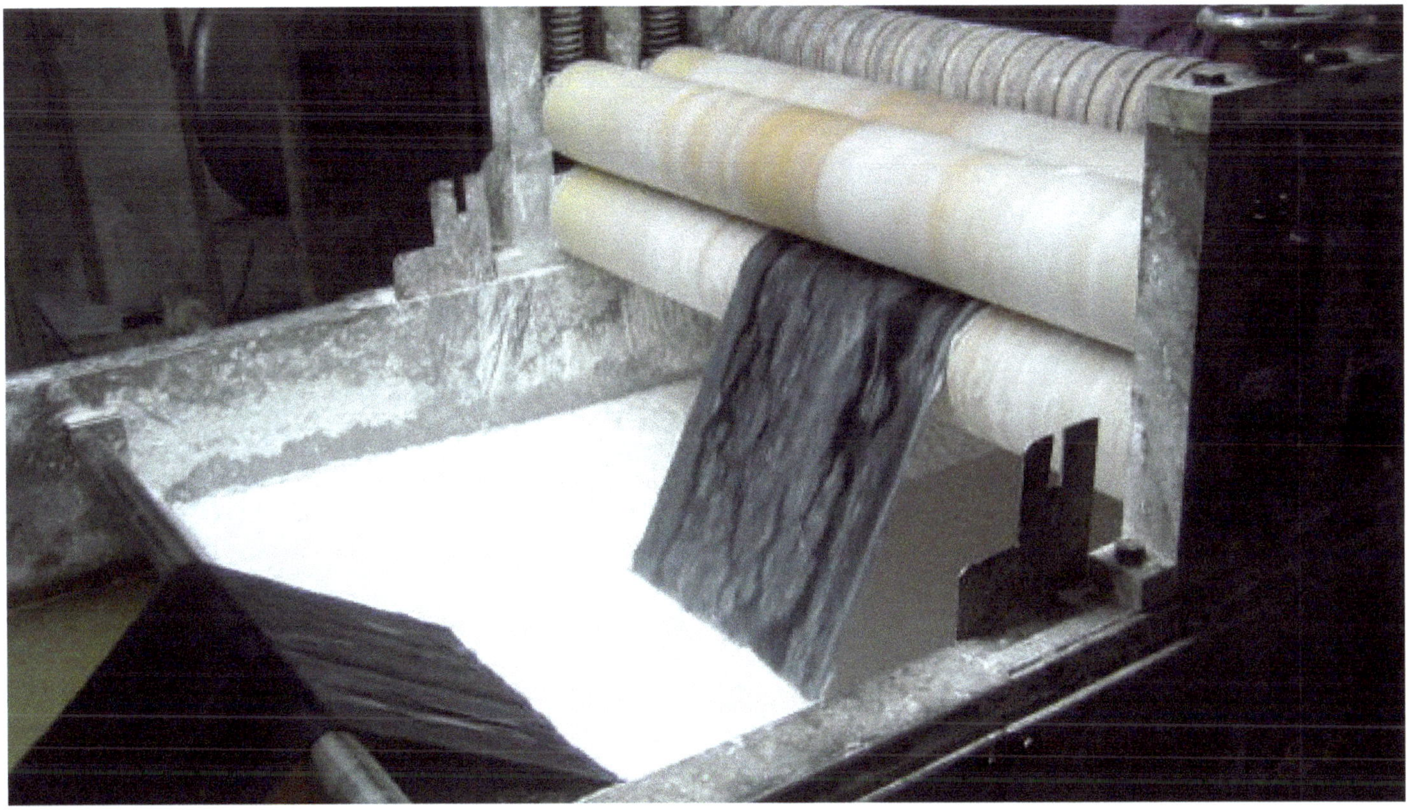

En la imagen, se muestra la goma pasando por una mezcla de talco y agua para evitar que se adhiera entre sí.

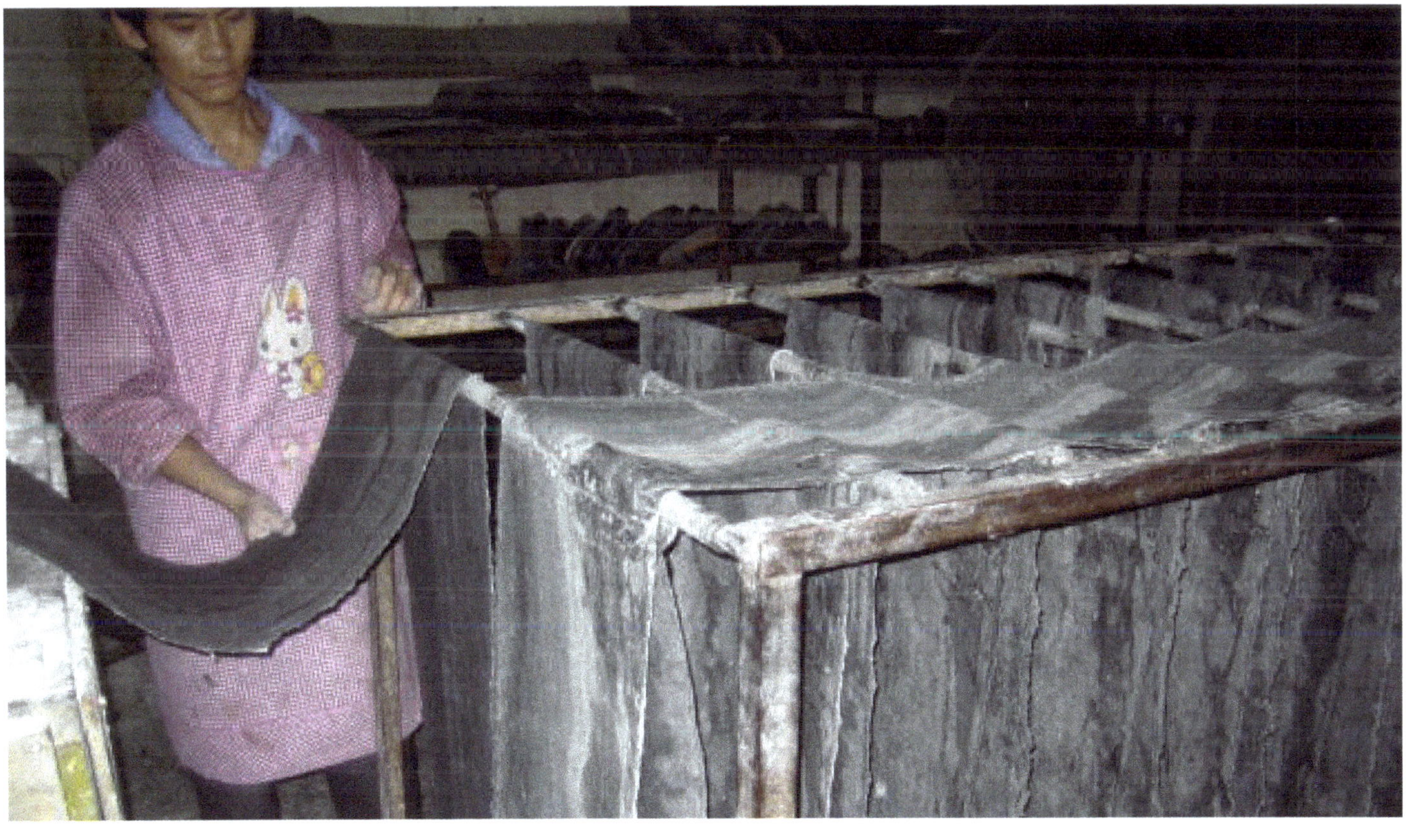

El operario coloca la goma en un estante.

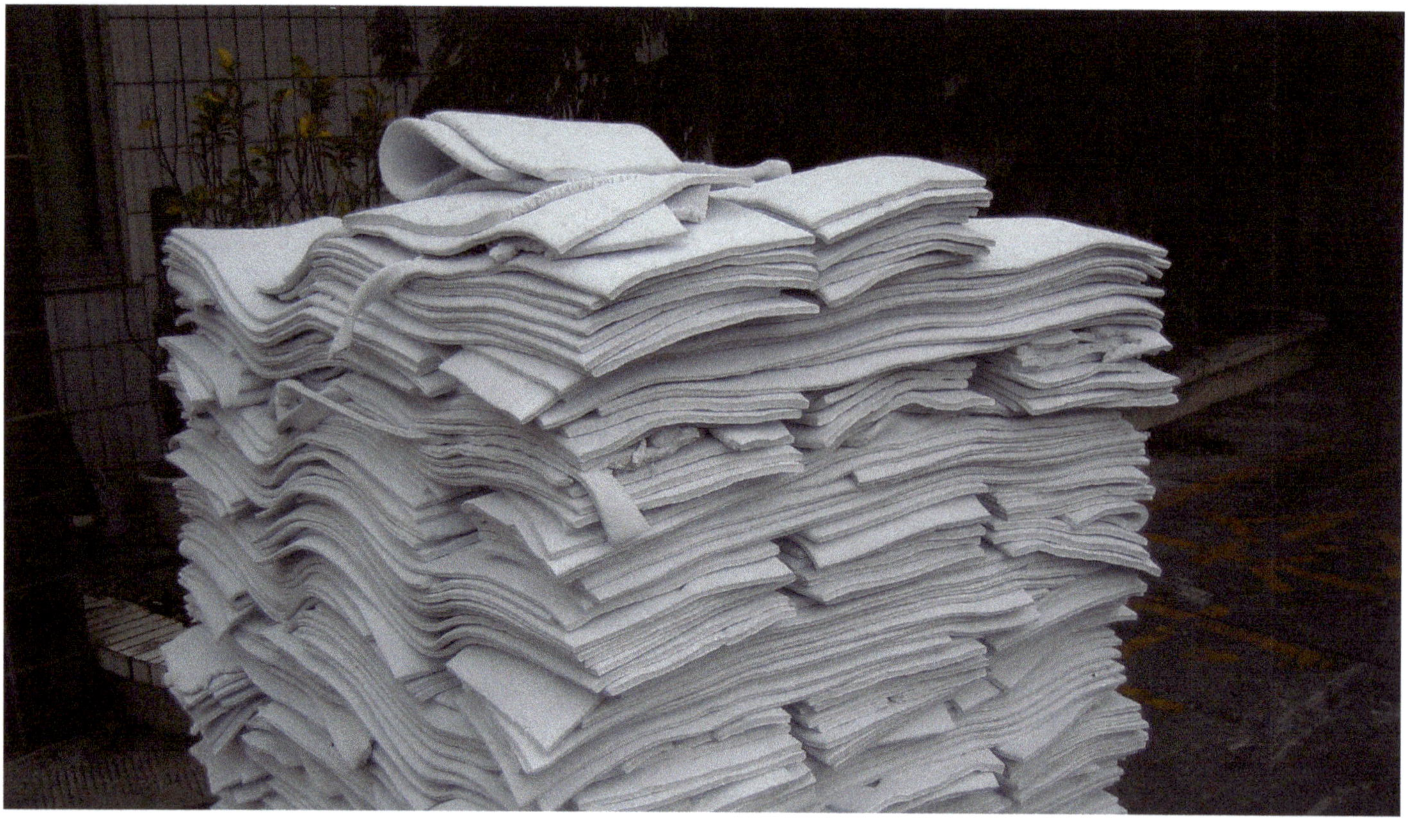

La imagen muestra cómo las láminas han sido apartadas, y están a la espera de ser cortadas.

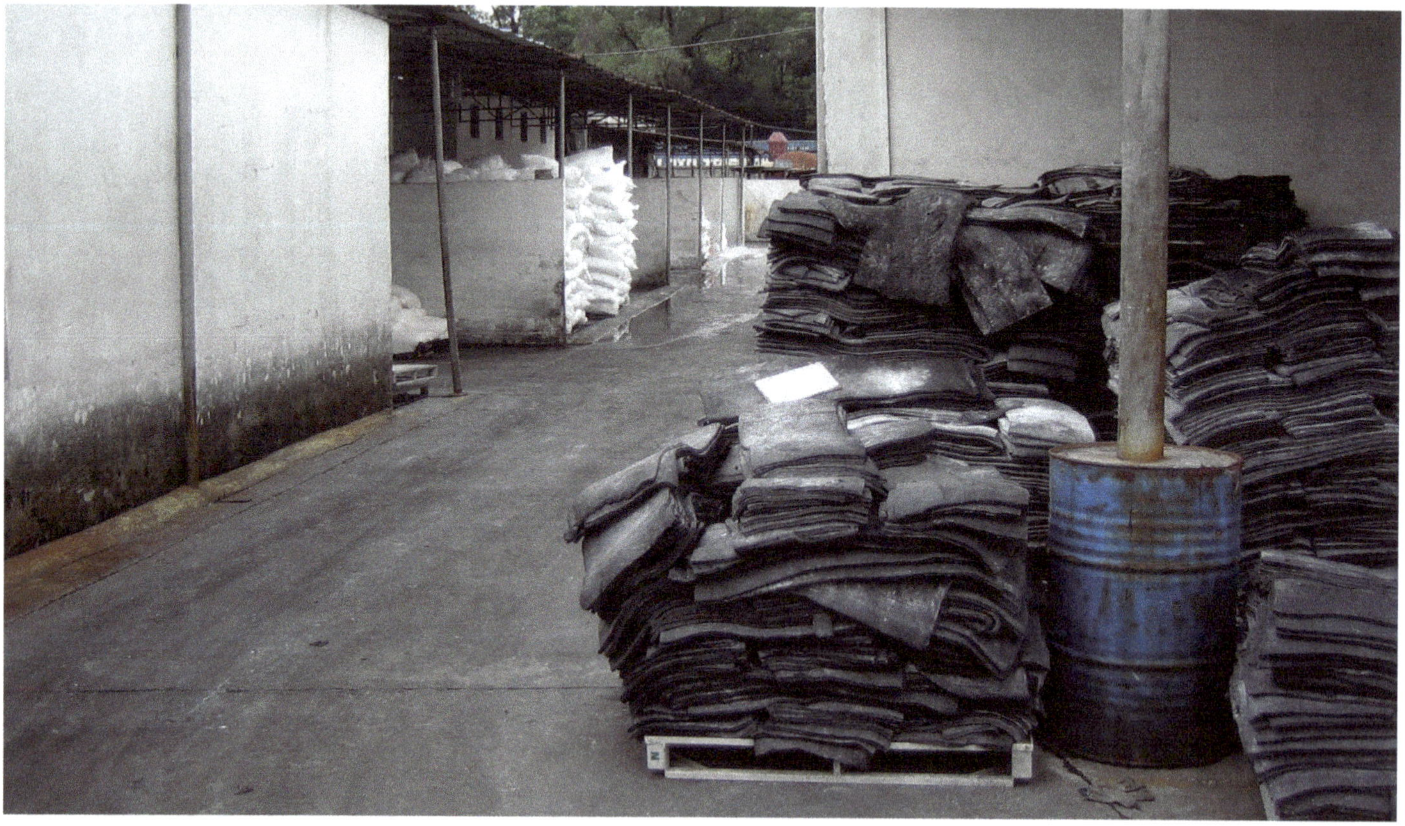

Materias primas y caucho mixto en almacenamiento a la espera de ser cortadas.

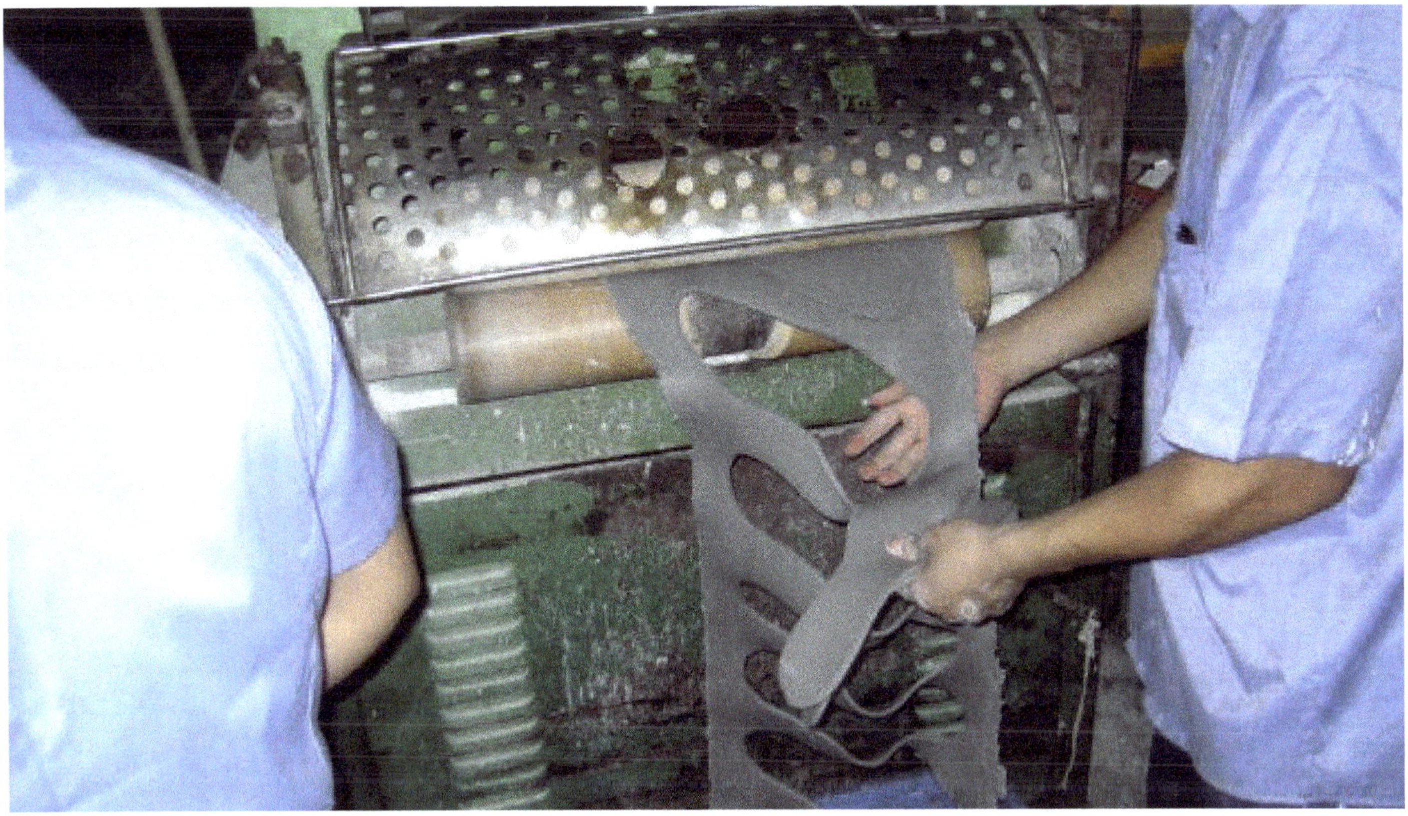

Para las piezas muy grandes, se emplea un cortador automático.

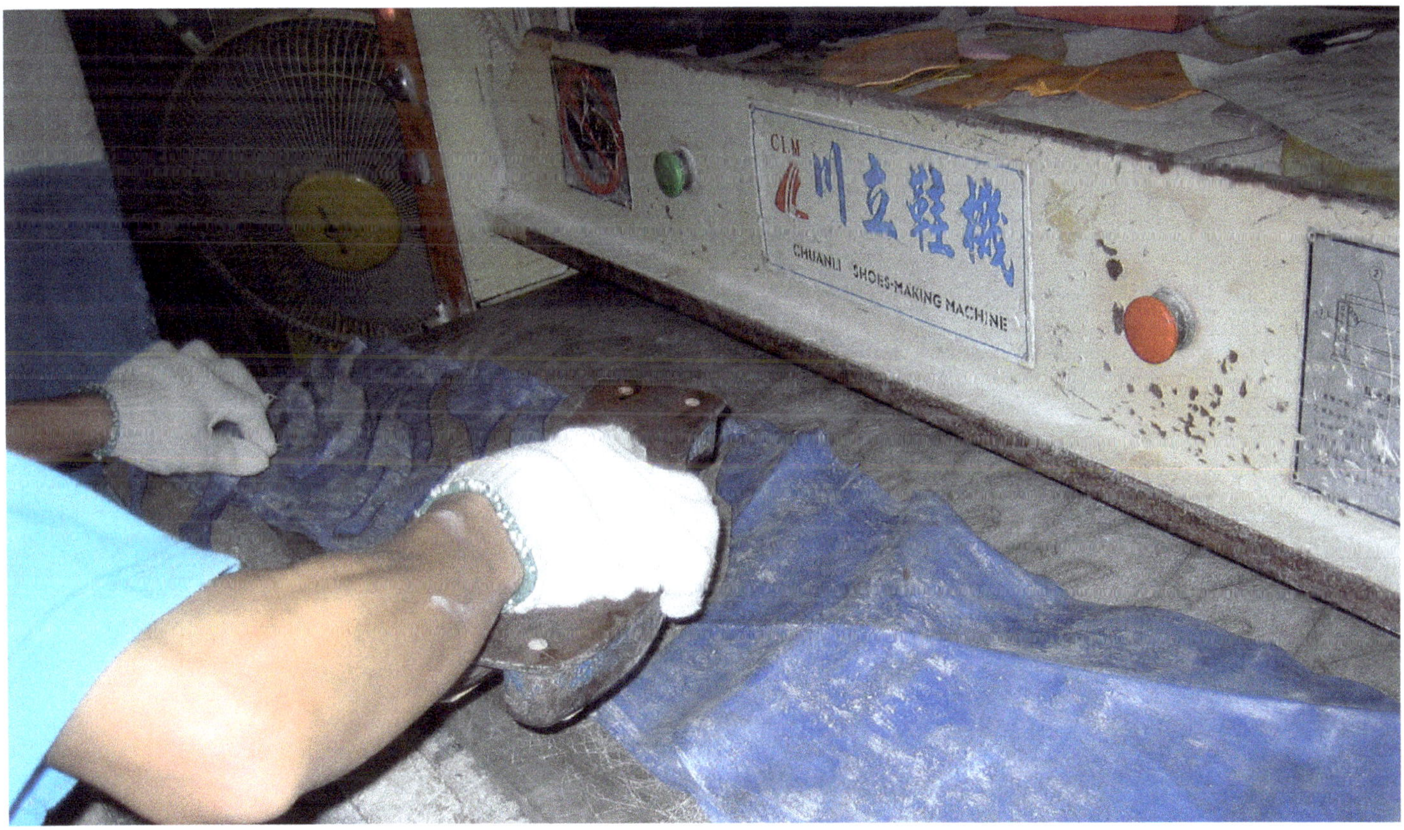

El caucho no curado es muy pegajoso, por lo que se suele empolvar para facilitar el corte.

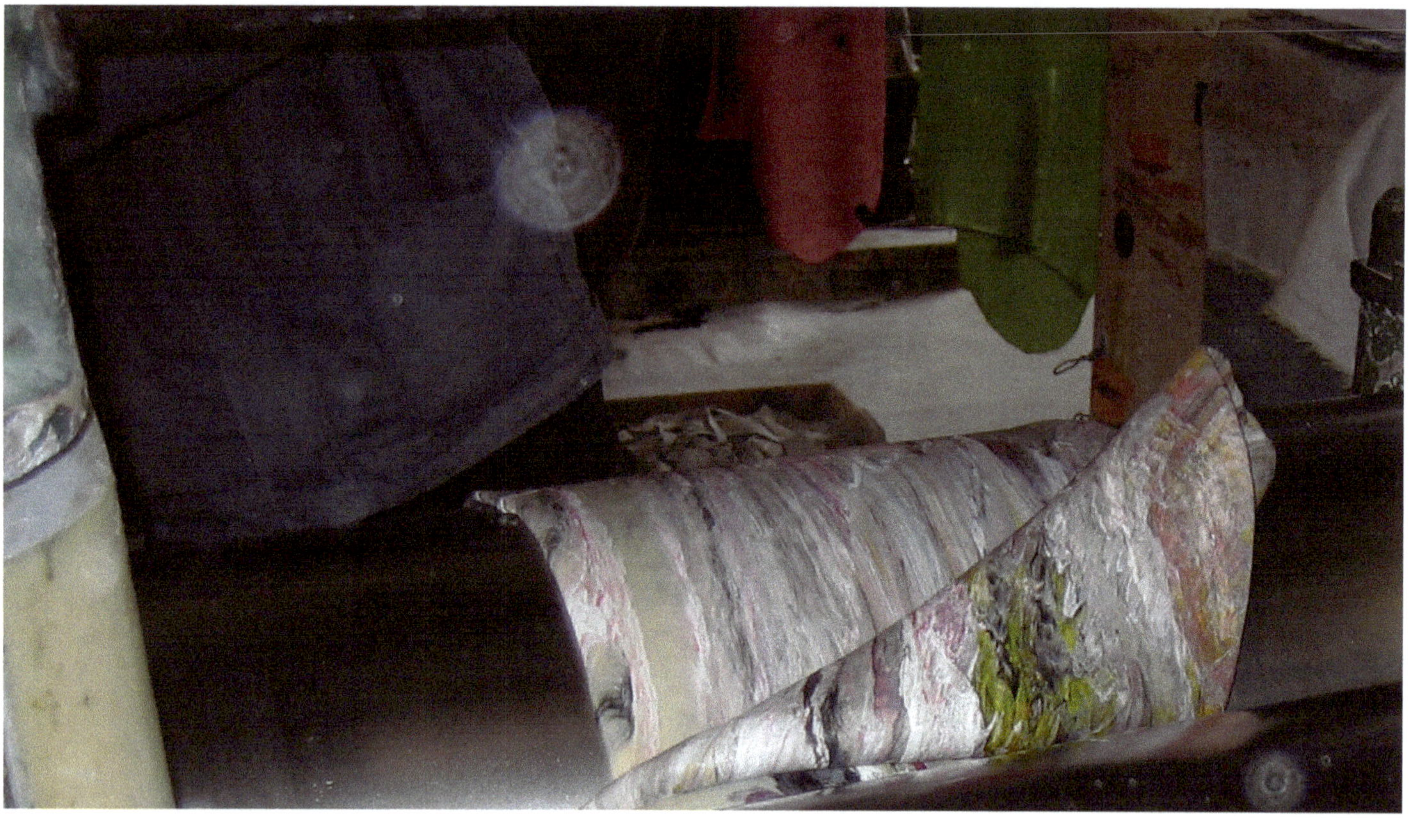

En esta imagen se muestra cómo se mezclan los agentes colorantes.

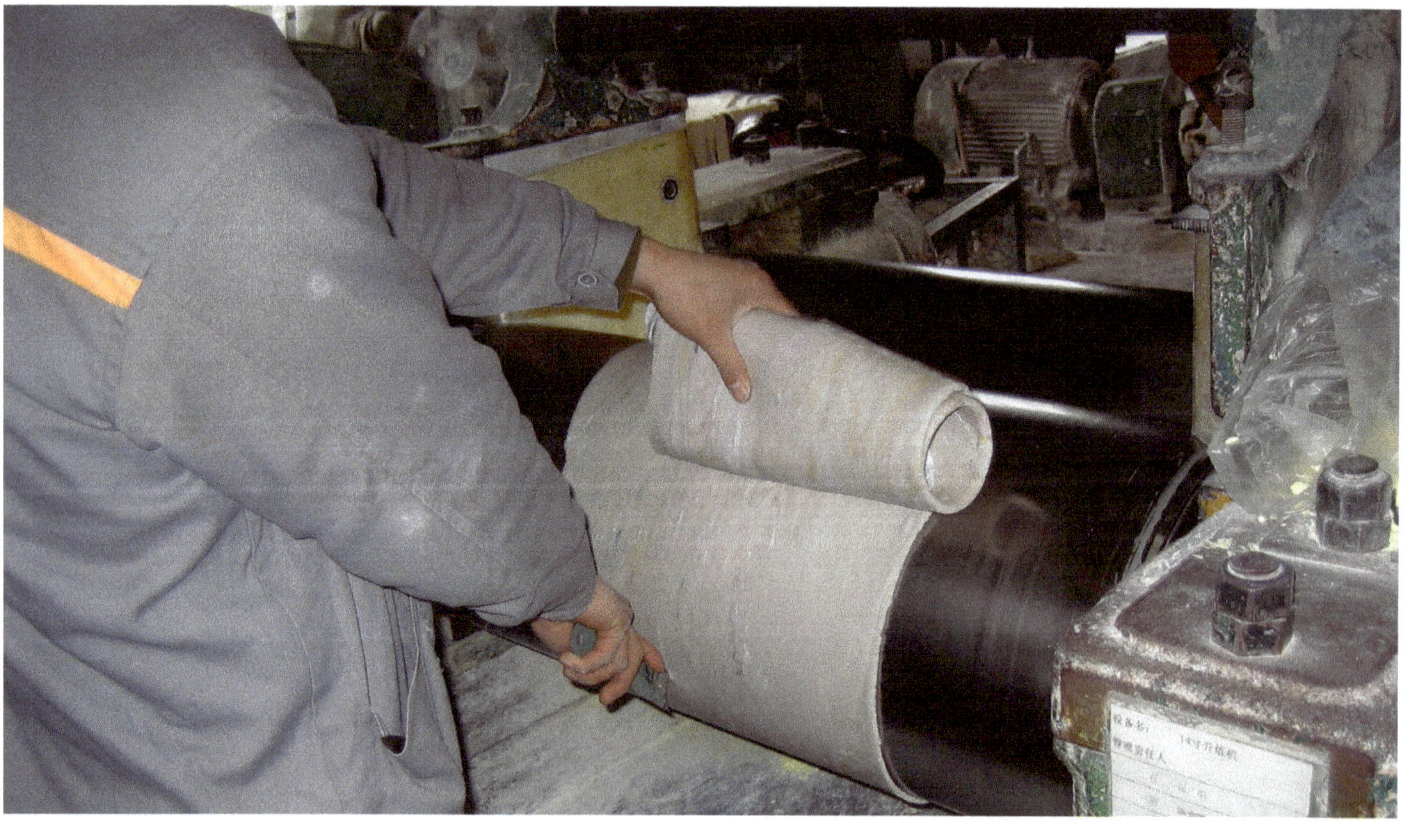

En tan solo unos minutos, se completa la mezcla.

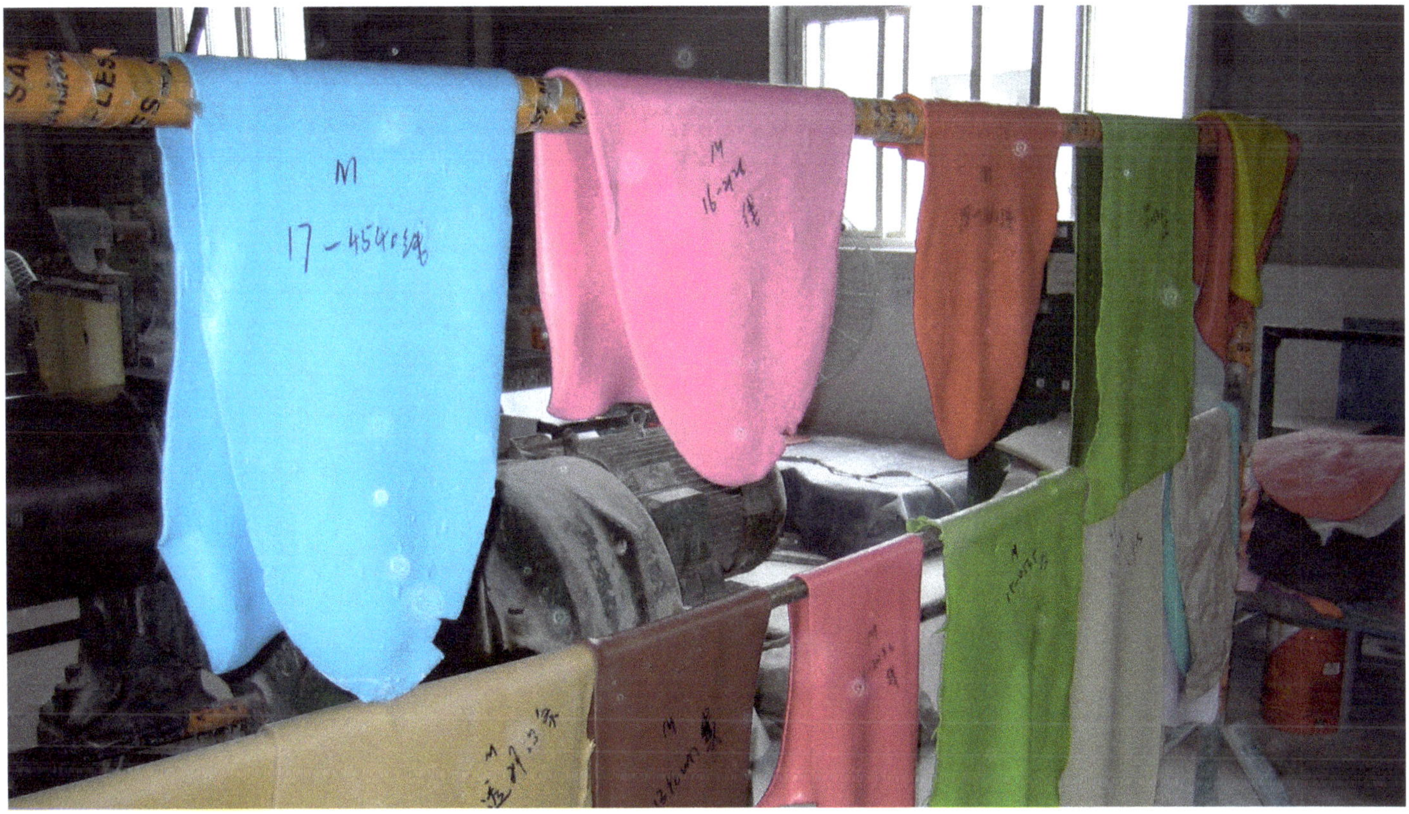

Muestras de color no curadas esperando a ser revisadas.

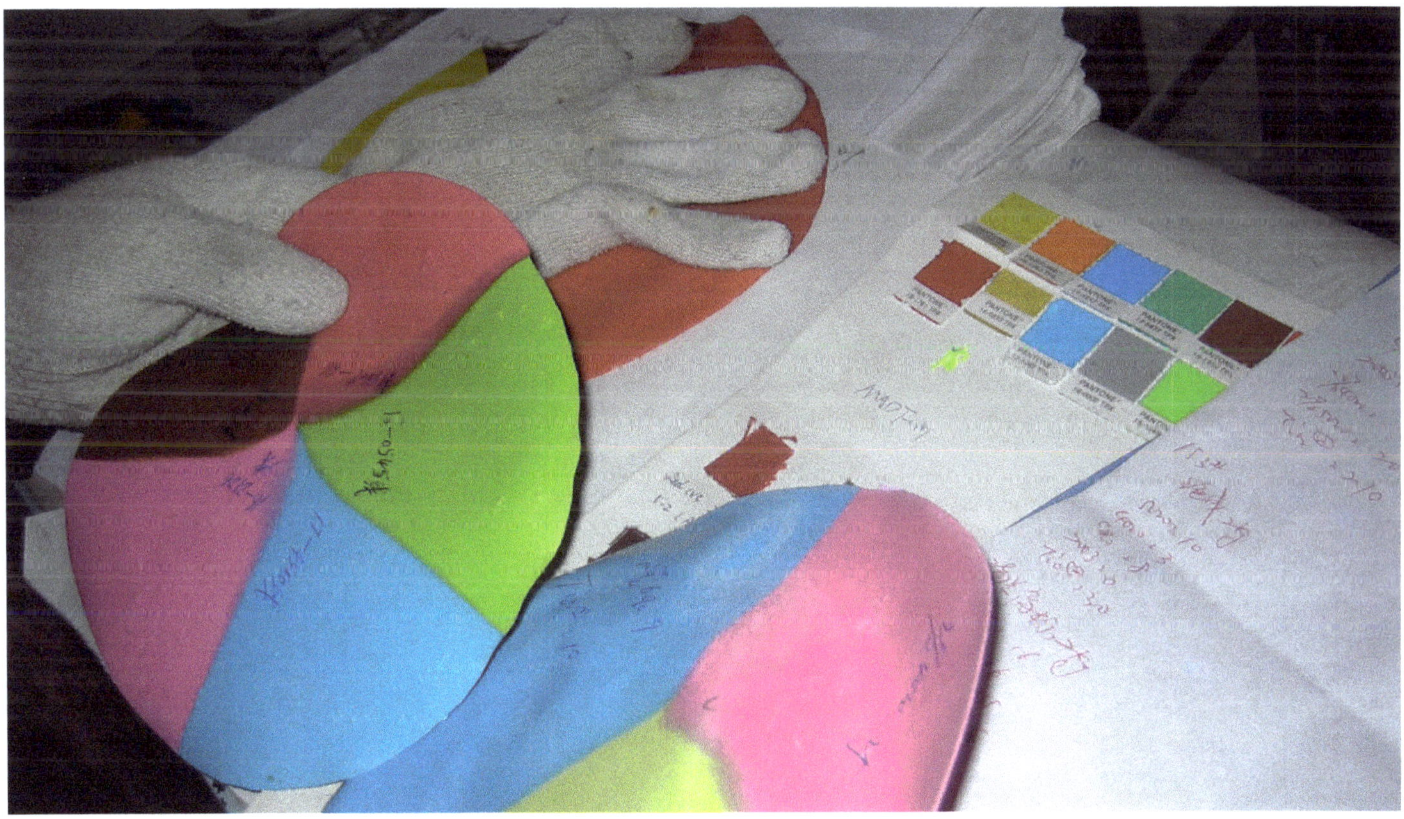

Un trabajador compara el caucho curado con las muestras de color Pantone, y las muestras de caucho aprobadas.

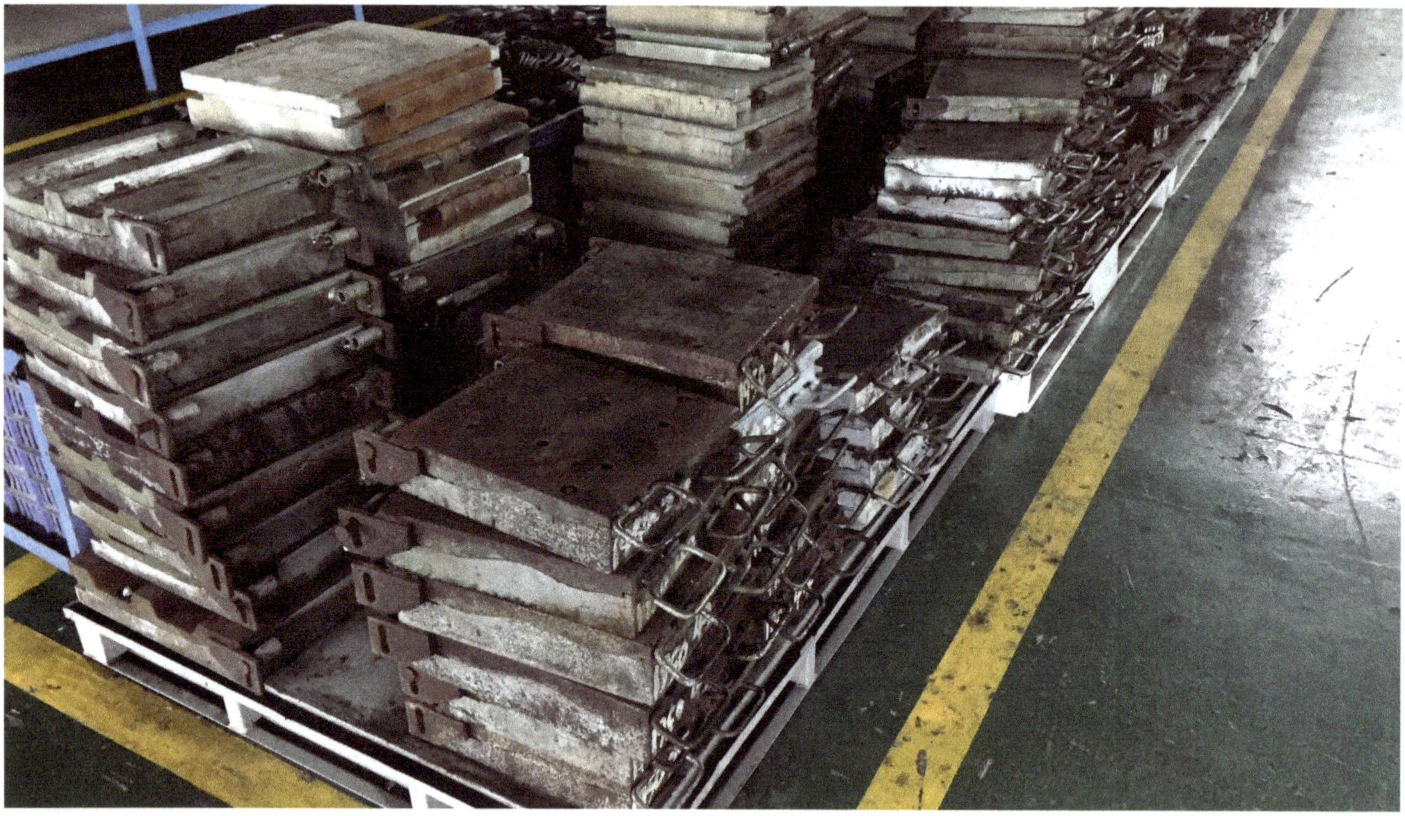

Cada talla de la zapatilla necesita su propio molde. Una tirada estándar ronda los 14 moldes. Un molde cuesta en torno a 2.000 dólares por talla. Un set completo puede costar de 30.000 a 100.000 dólares. Para pedidos grandes se necesitan moldes extra para las tallas americanas 9, 10, y 11.

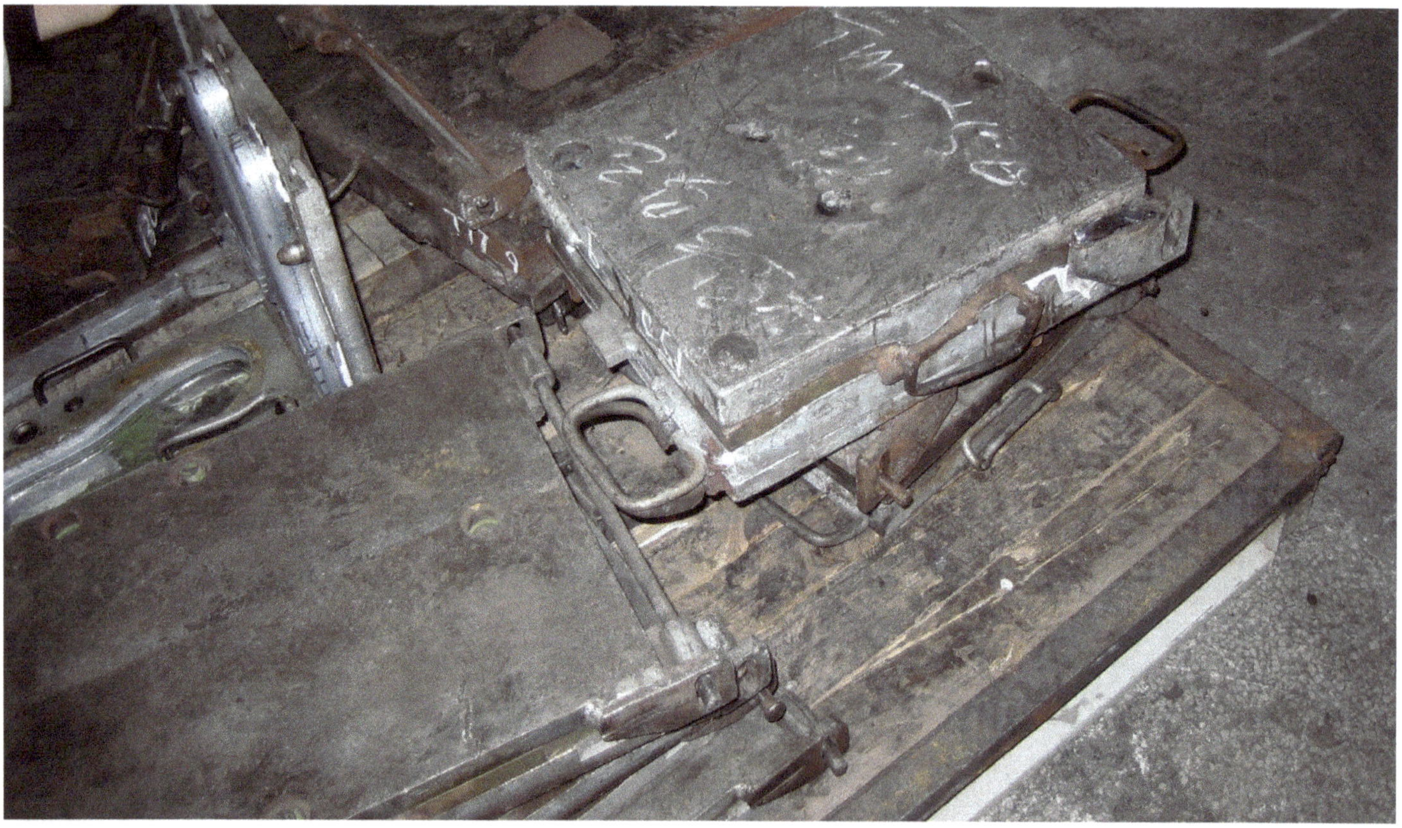

El molde de la suela se parece a un molde para gofres, y suele estar hecho de acero, o aluminio. Las asas permiten retirar el molde de la prensa.

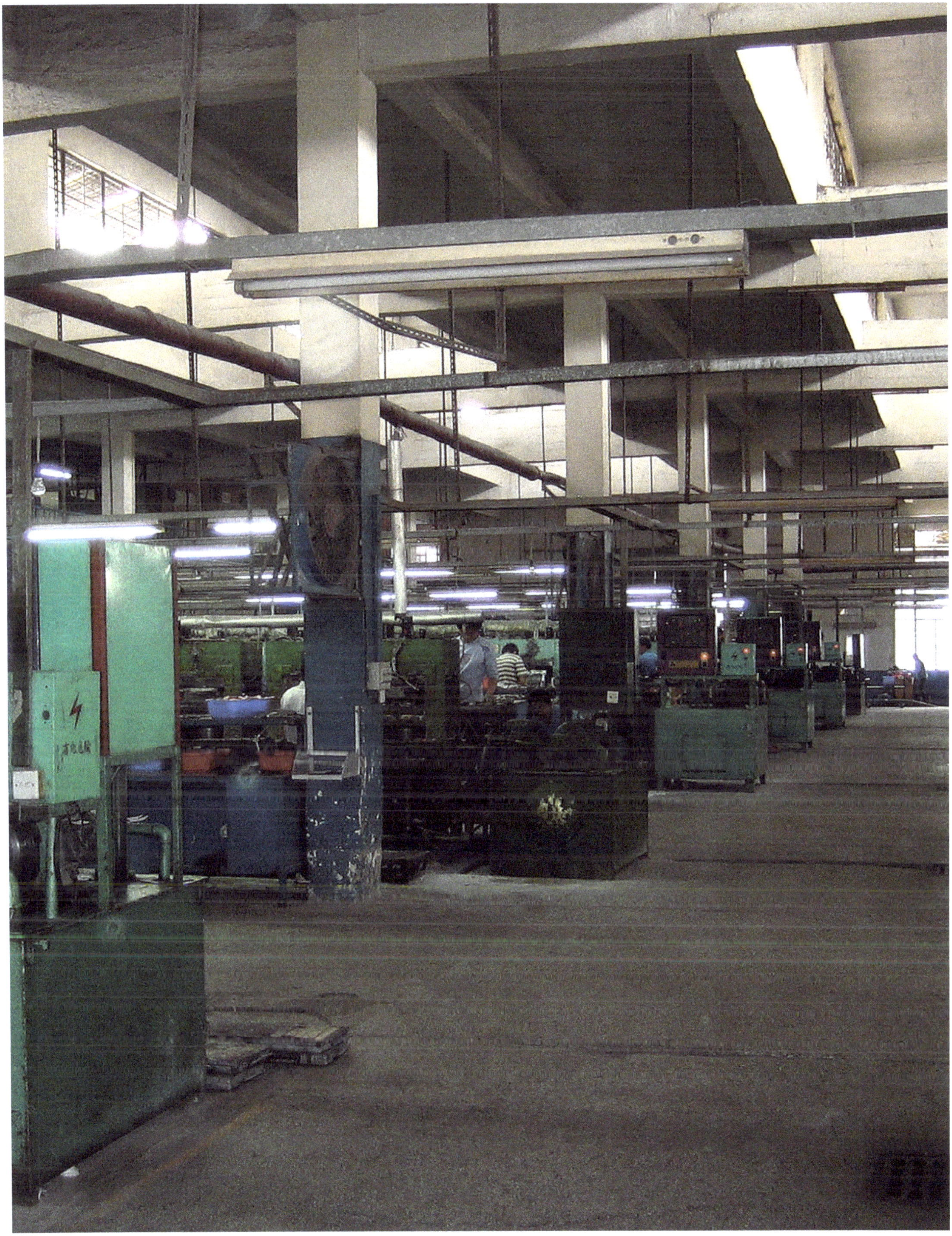

En la imagen, se ve una sala de prensado de goma con muchas prensas; tiene techos altos que permiten la ventilación. Cada operario manipula varias prensas a la vez, donde el caucho sin curar se queda en la parte superior, y la parte prensada se queda abajo.

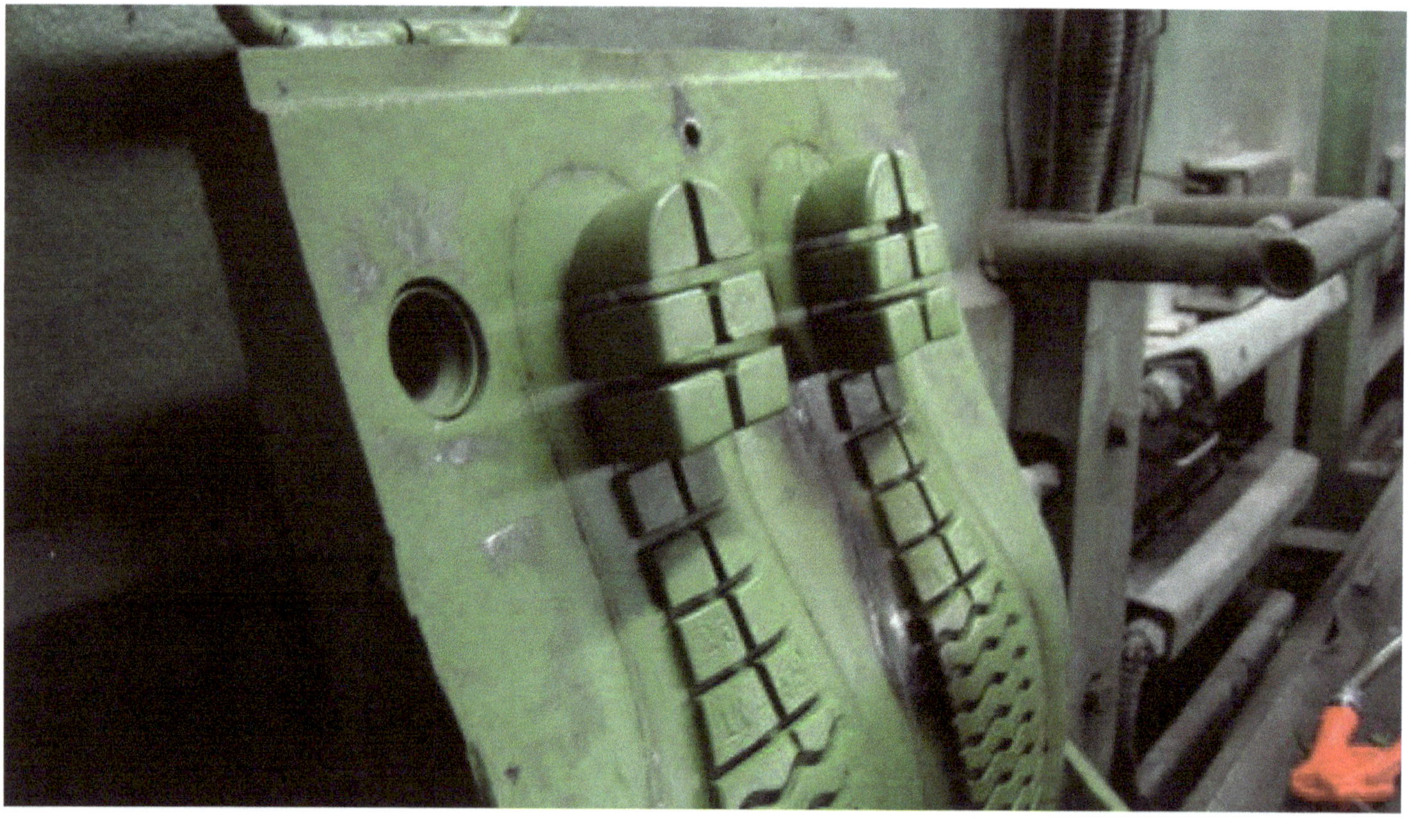

Los huecos del molde permiten hacer lo que se llaman ahorros, haciéndolo más ligero que un bloque de goma sólido.

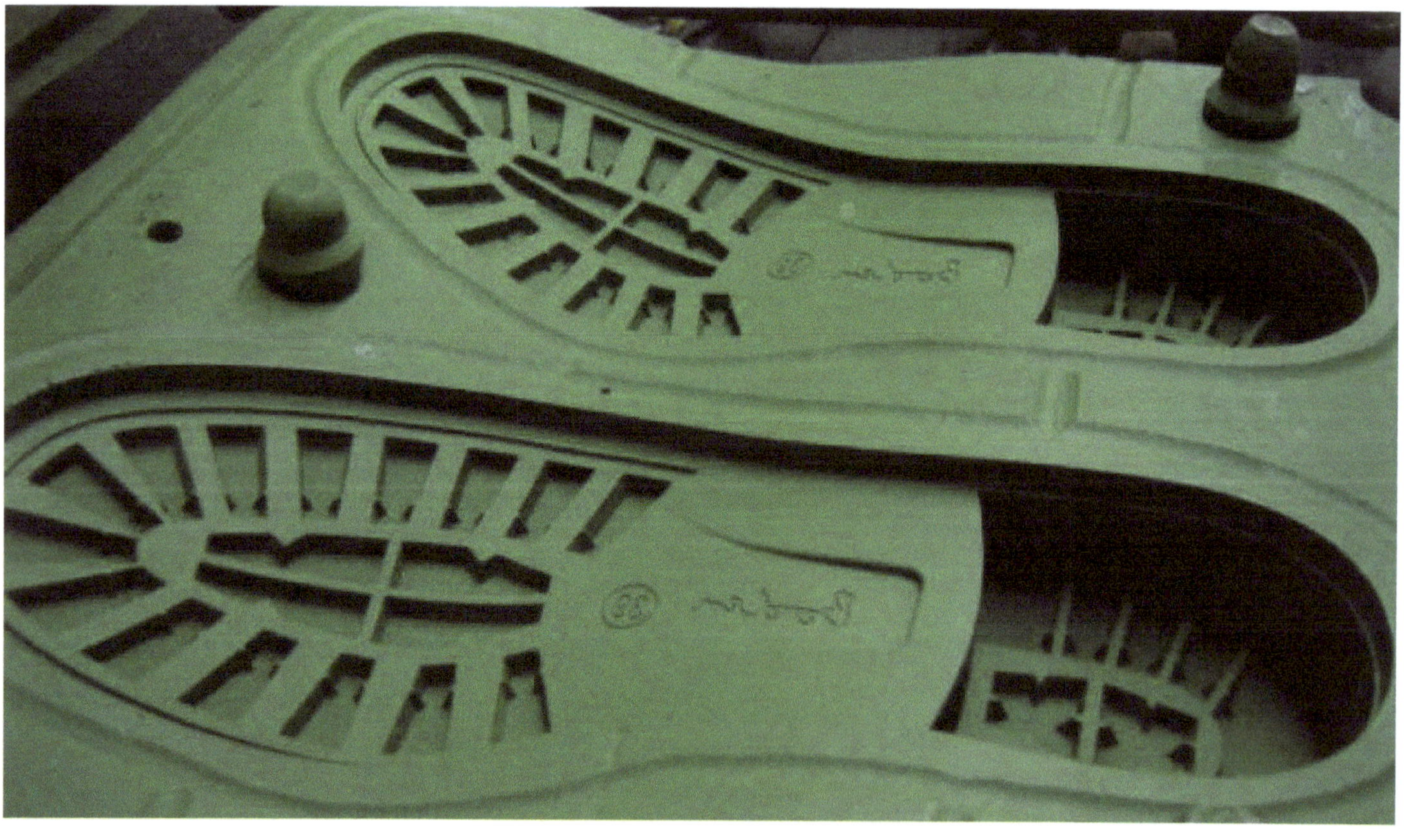

Este es el lado inferior del molde, con el dibujo del piso.

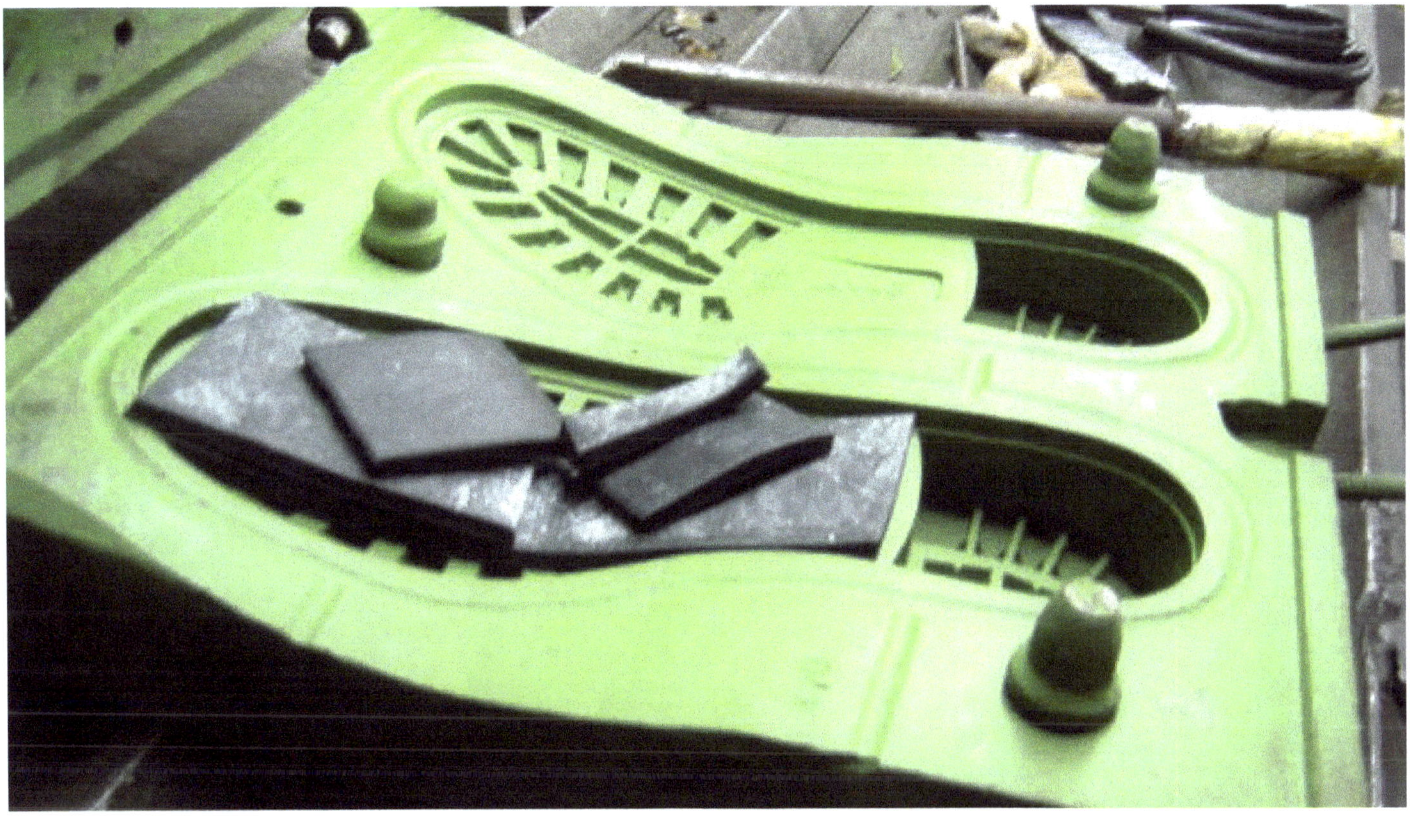

El molde se llena con trozos de goma; al cerrar el molde, la goma derretida llena todo el espacio.

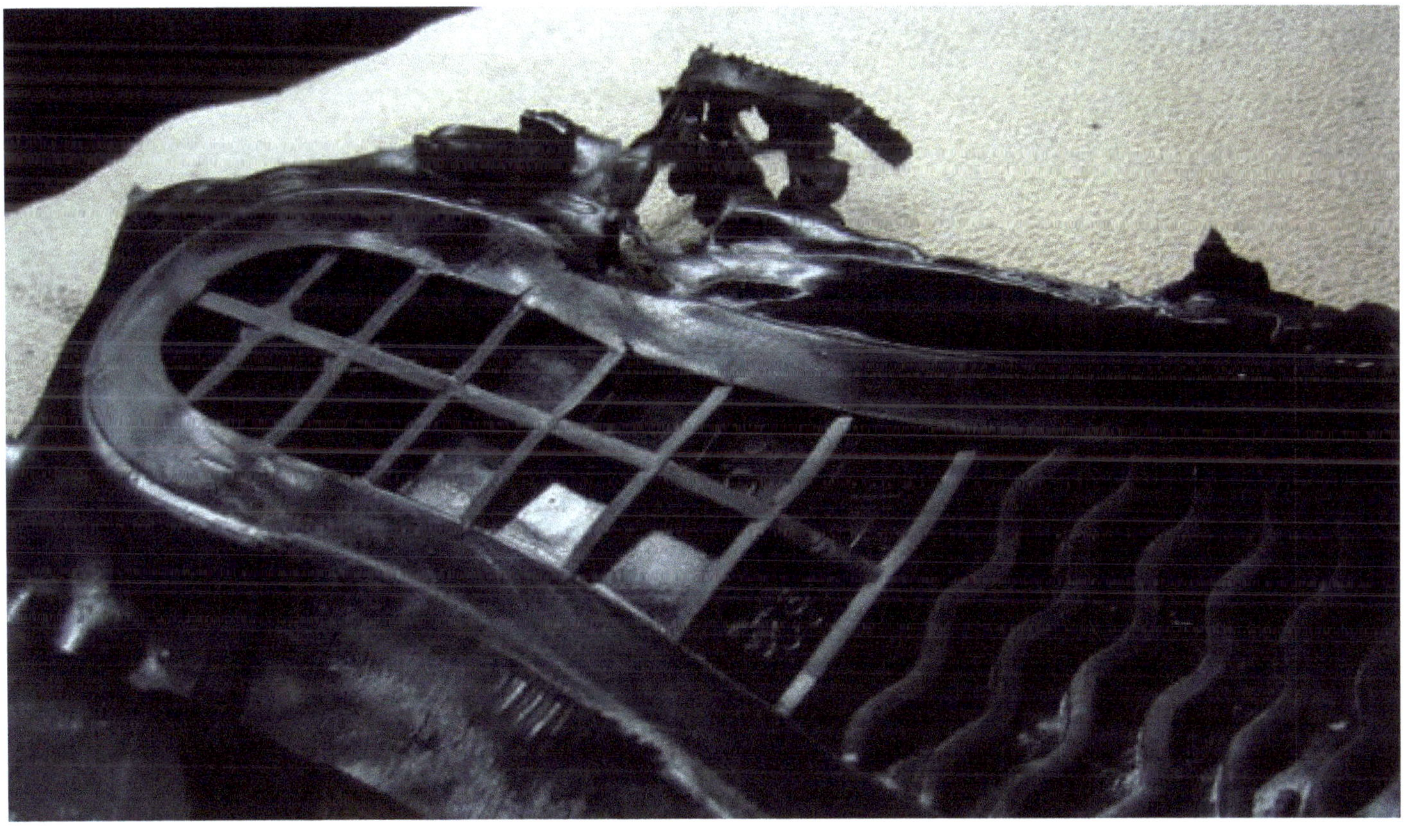

El caucho se derrite dentro del molde; también se puede ver cómo la goma rebosa por el borde. Un molde que ha sido diseñado, y se rellena correctamente, tendrá poco exceso de goma en los bordes.

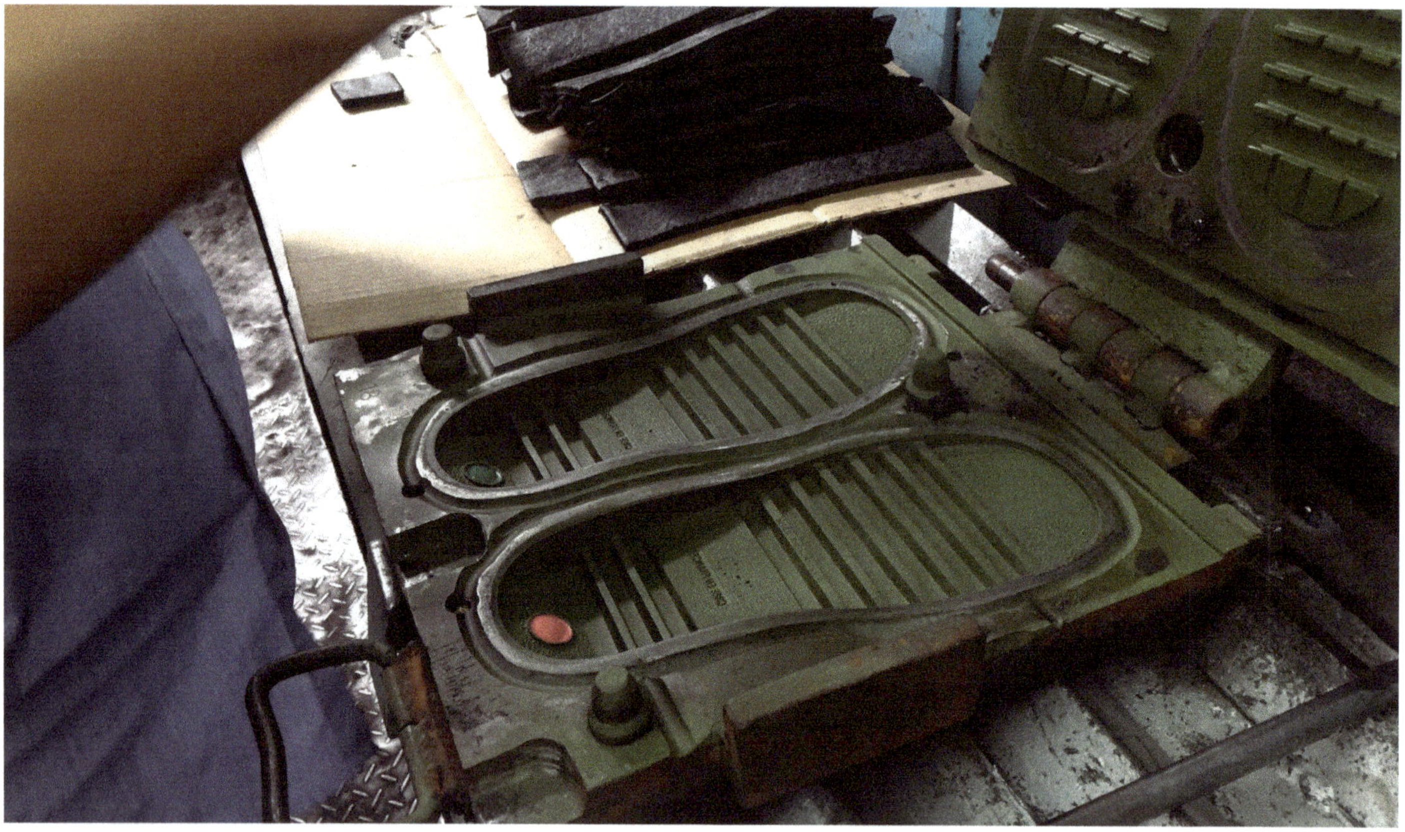

Con el molde abierto, se añaden los logotipos del tacón. En el molde superior se ve el parecido del molde con la máquina de hacer gofres.

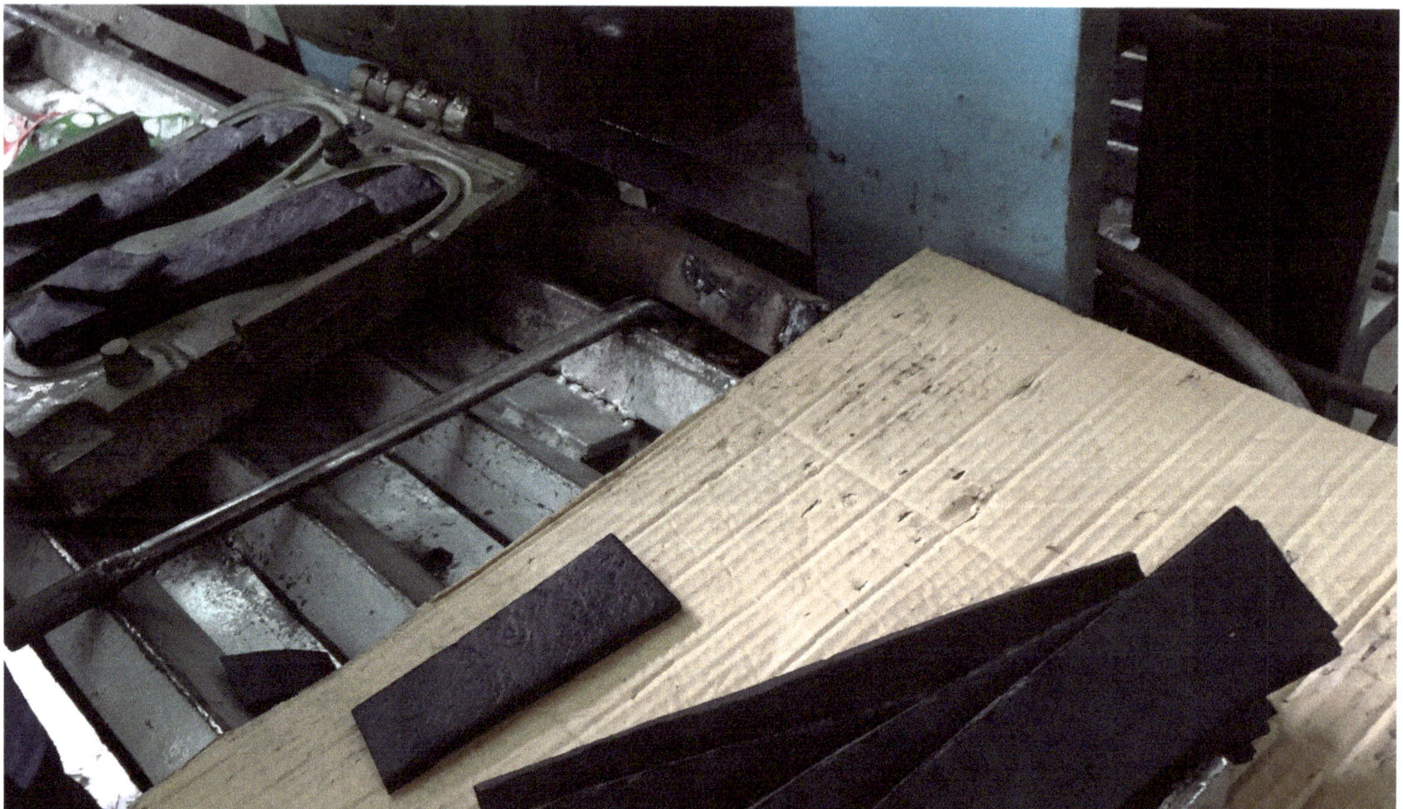

En esta imagen se muestra la goma antes de ser introducida en el molde.

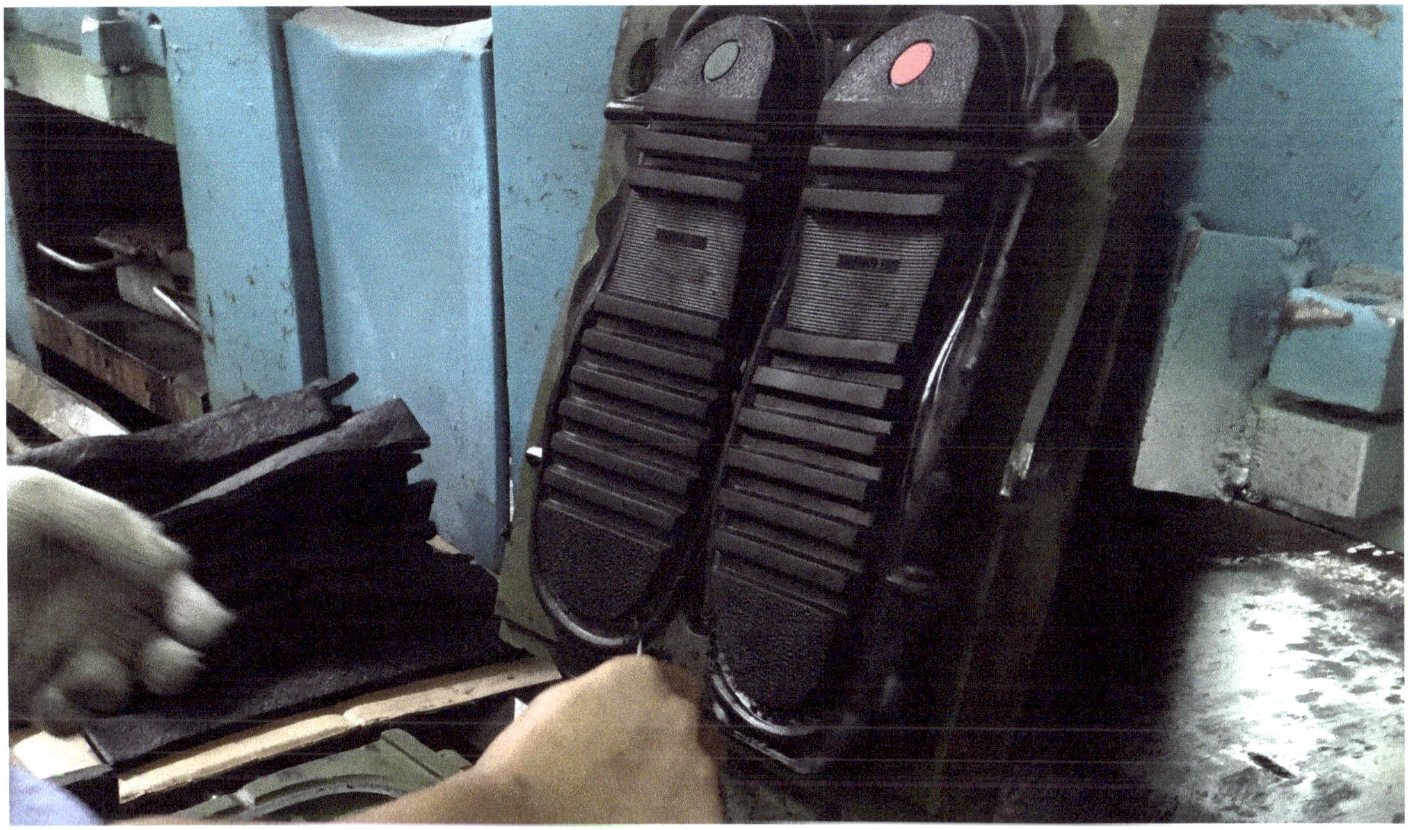

Una vez abierto el molde, se deja enfriar la goma para después despegar la suela del molde.

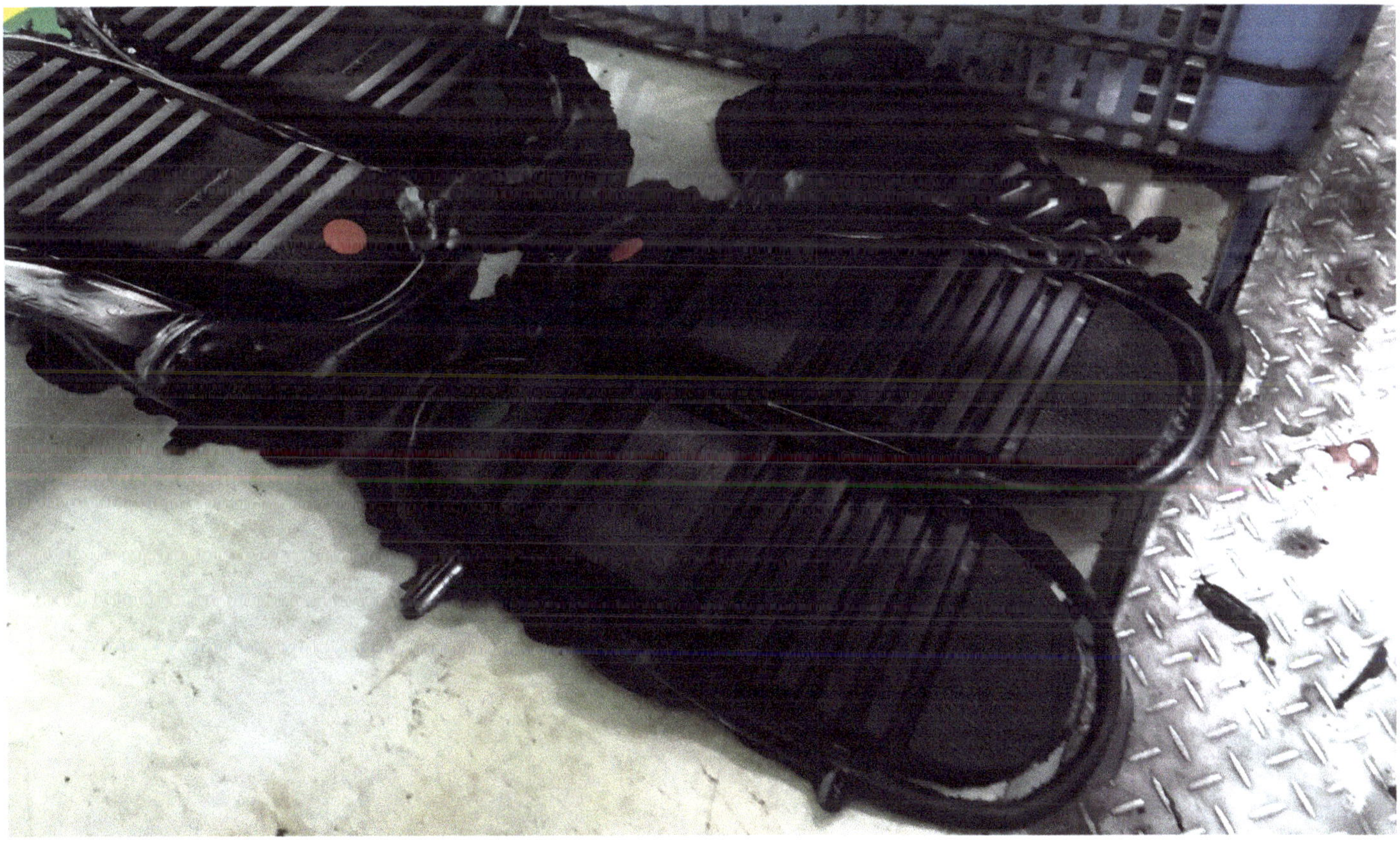

Cuando la goma se enfría, la suela puede ser manipulada. La goma extra que aparece en los bordes es lo que asegura que el molde está totalmente lleno. El siguiente paso es cortar el exceso.

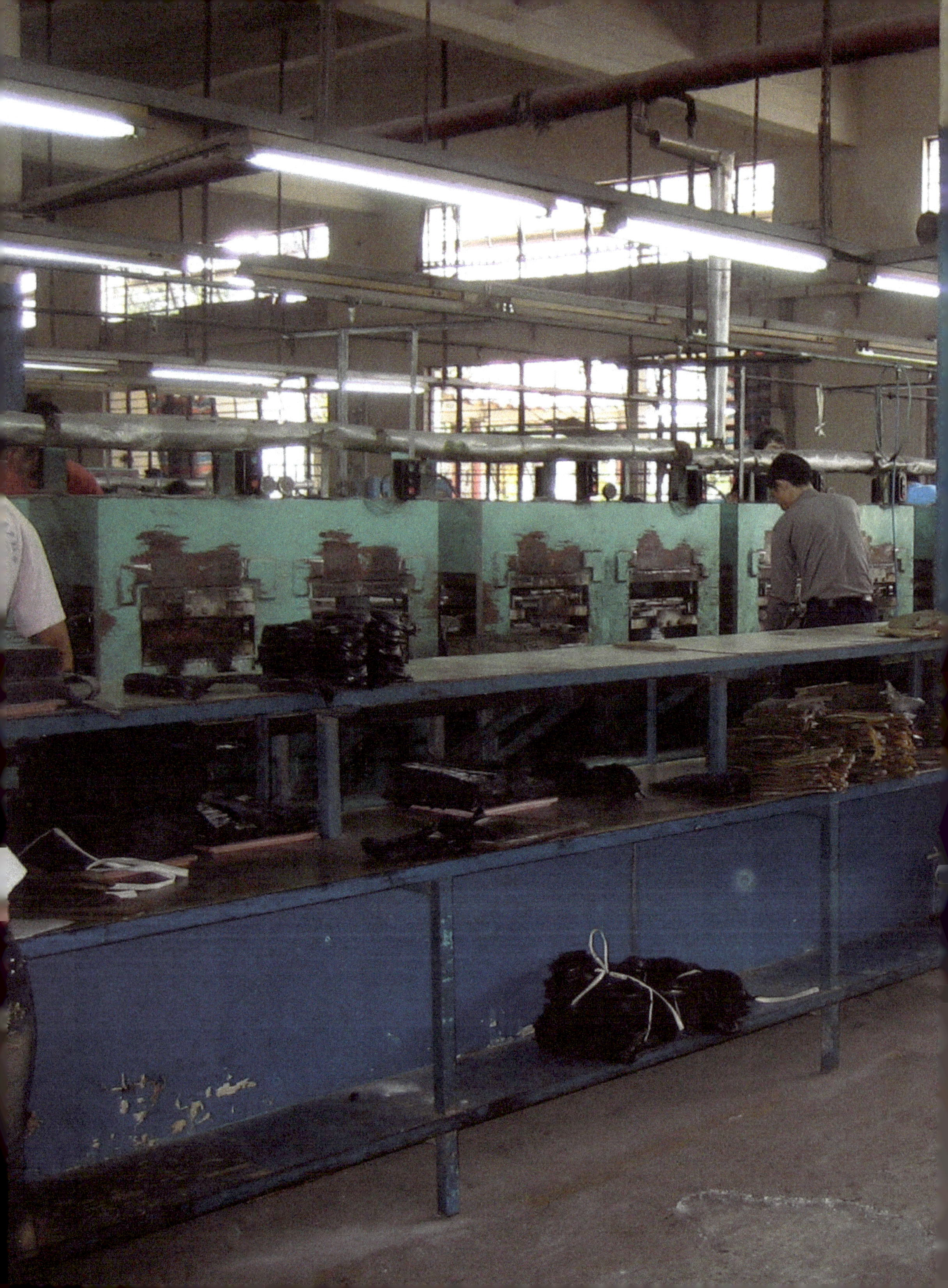

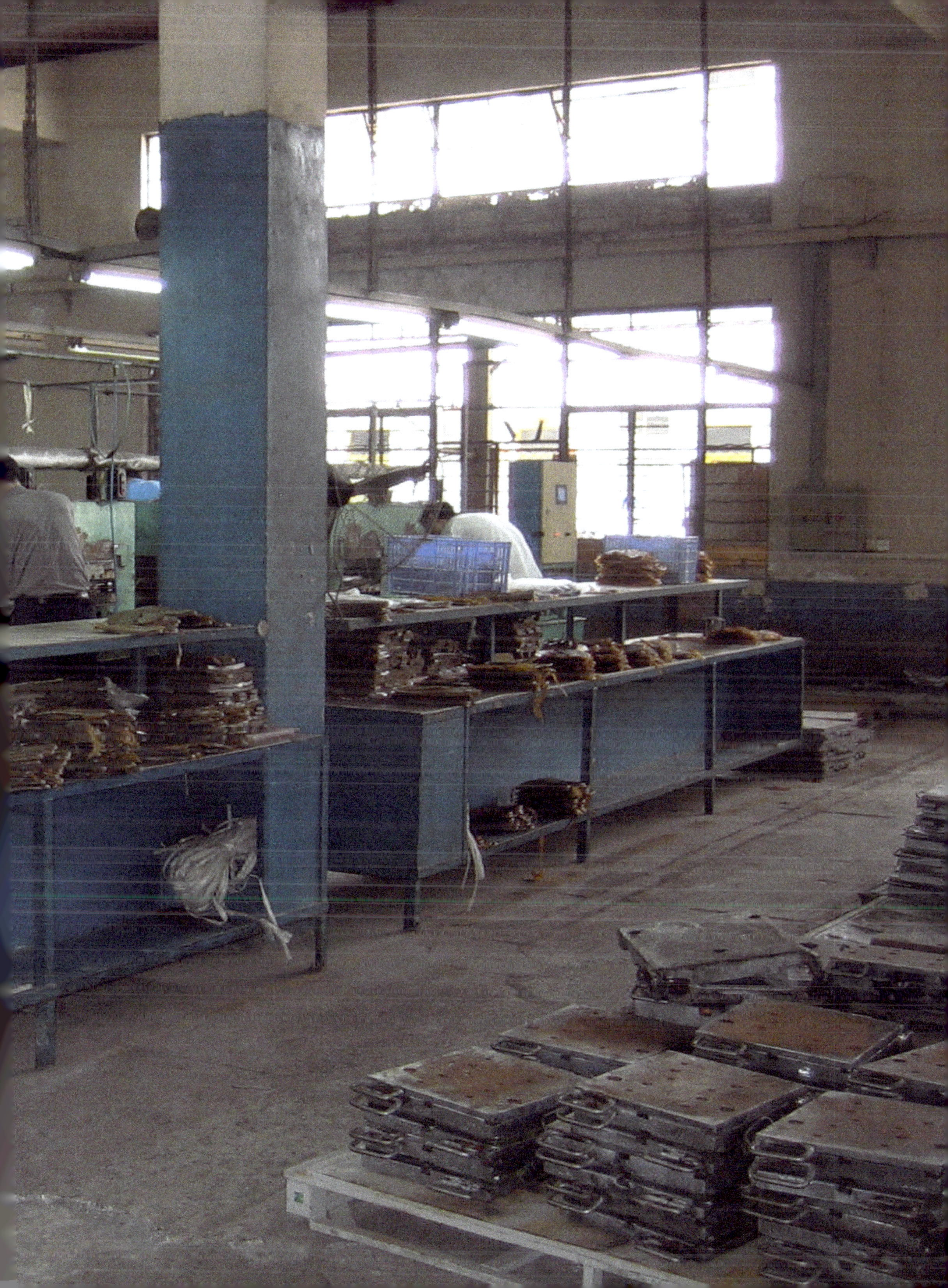

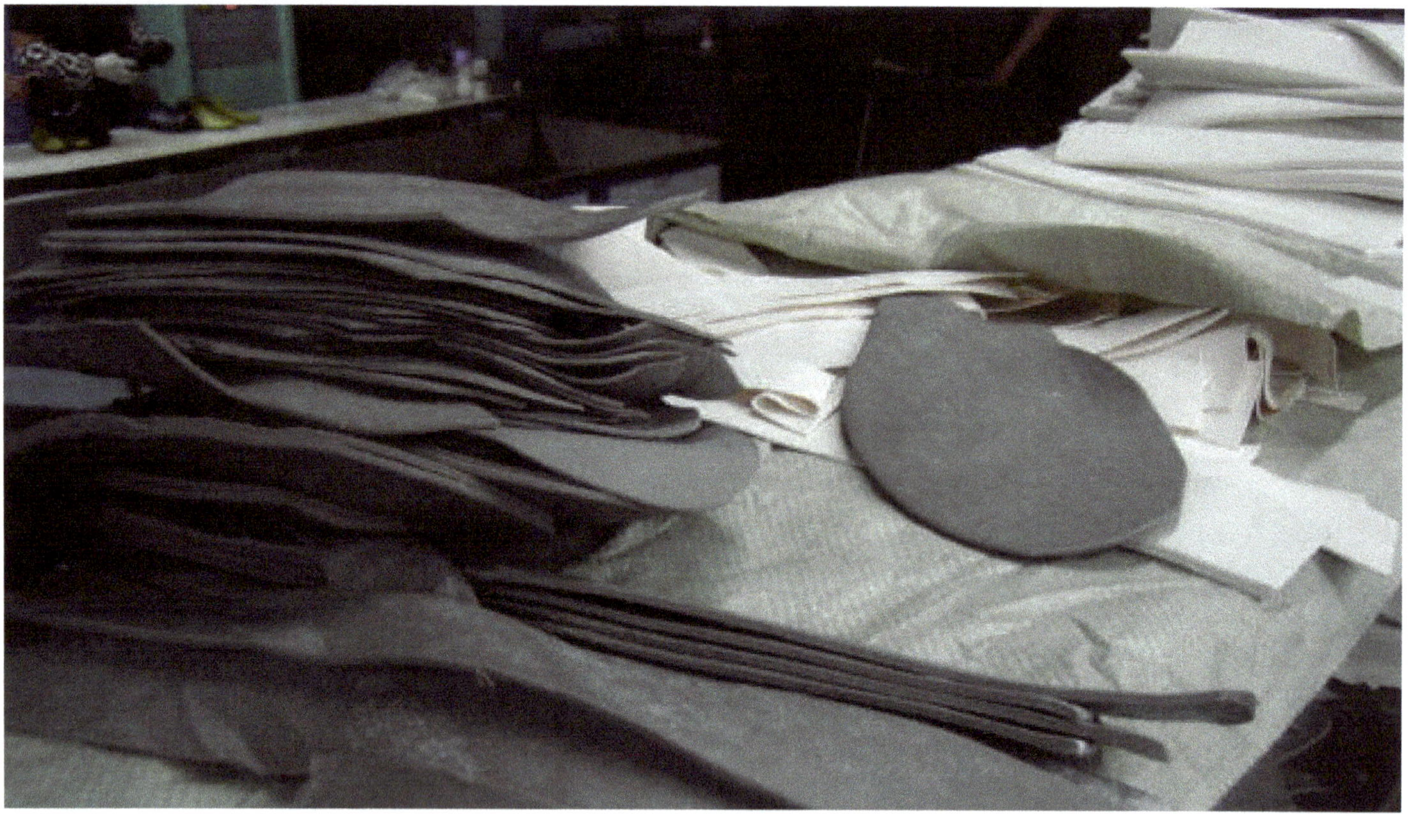

En esta fotografía se muestran las piezas sin curar, listas a ser introducidas en el molde.

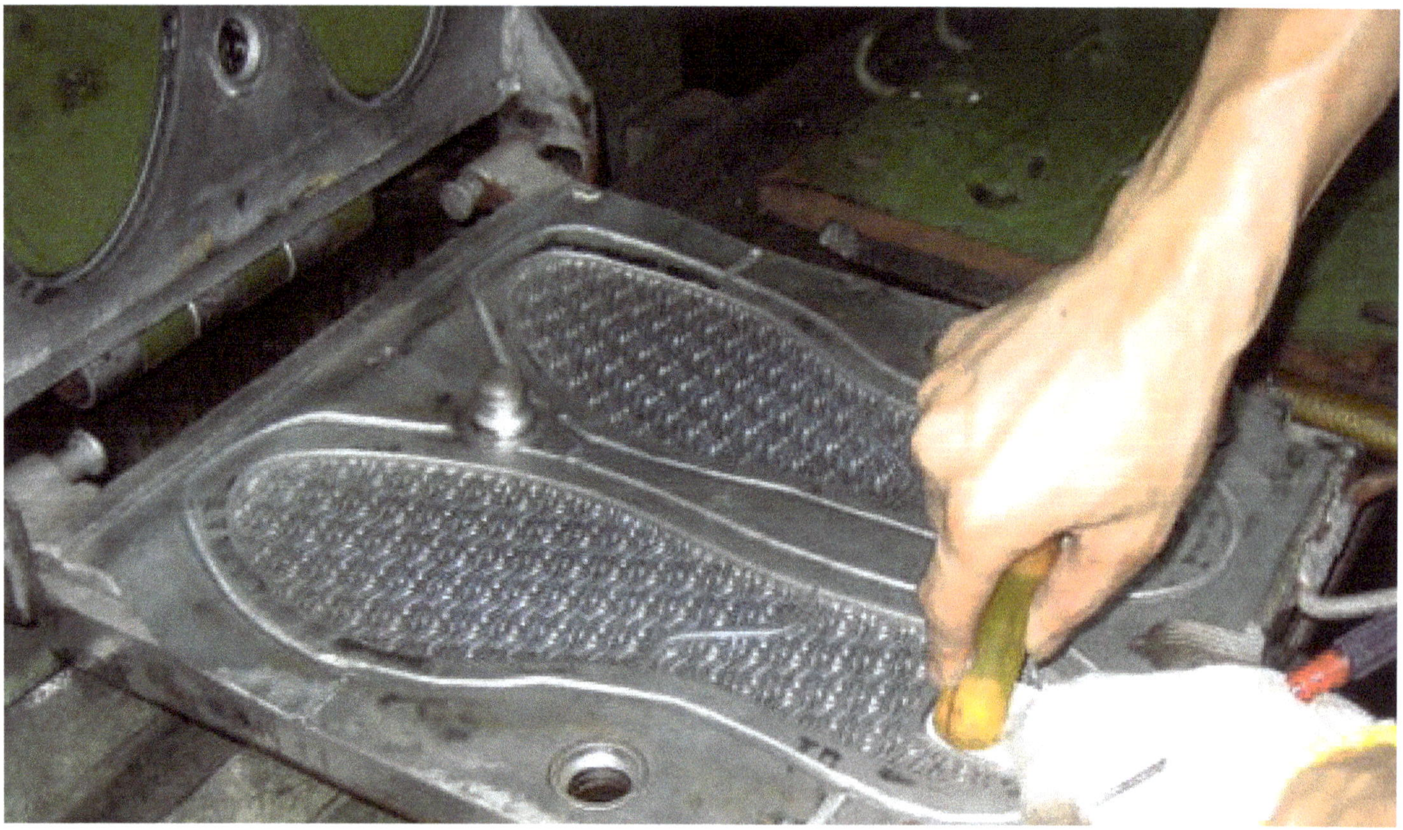

Esta imagen muestra cómo se presiona la goma sobre el logotipo del tacón.

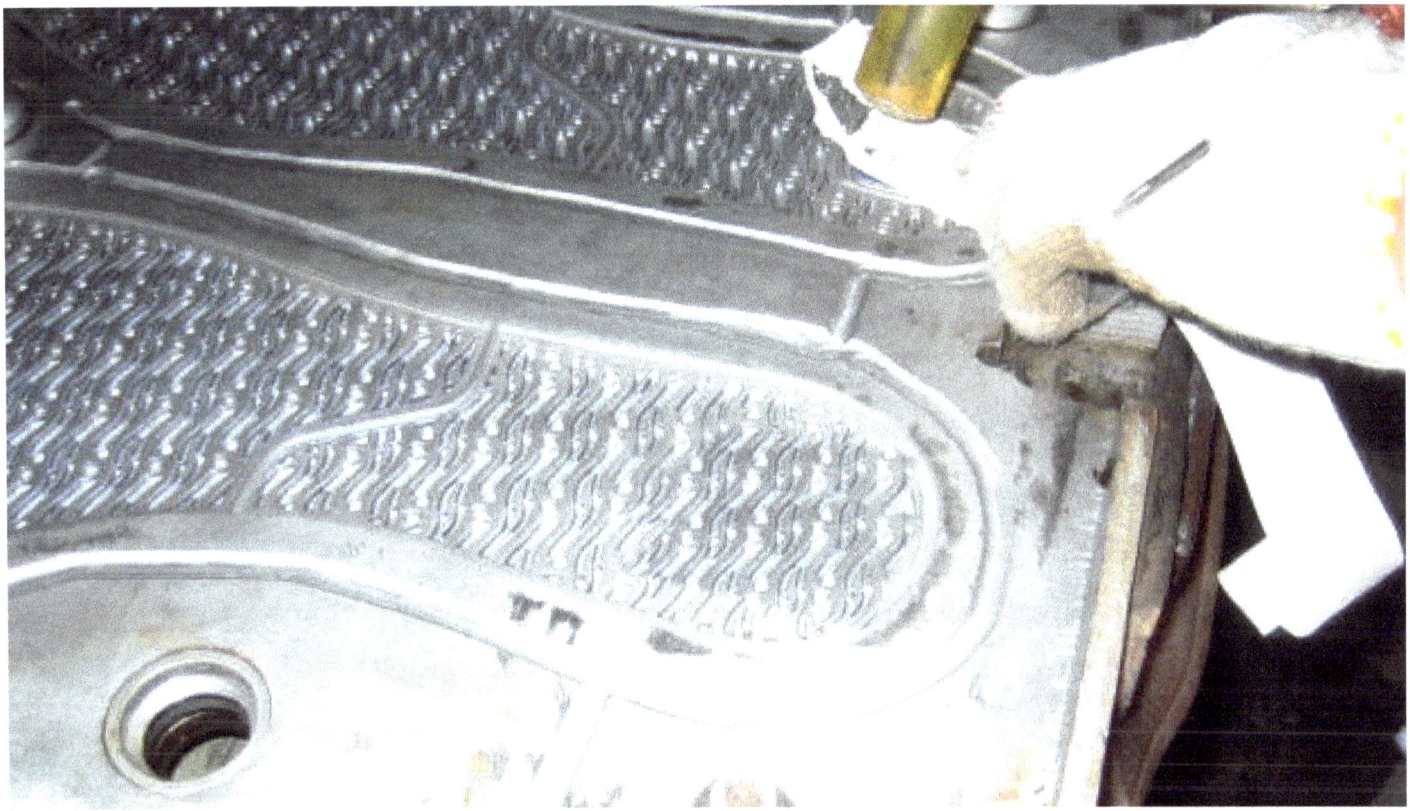

En esta imagen se ve cómo elaboran las pequeñas letras de un logotipo de dos colores: gris y blanco.

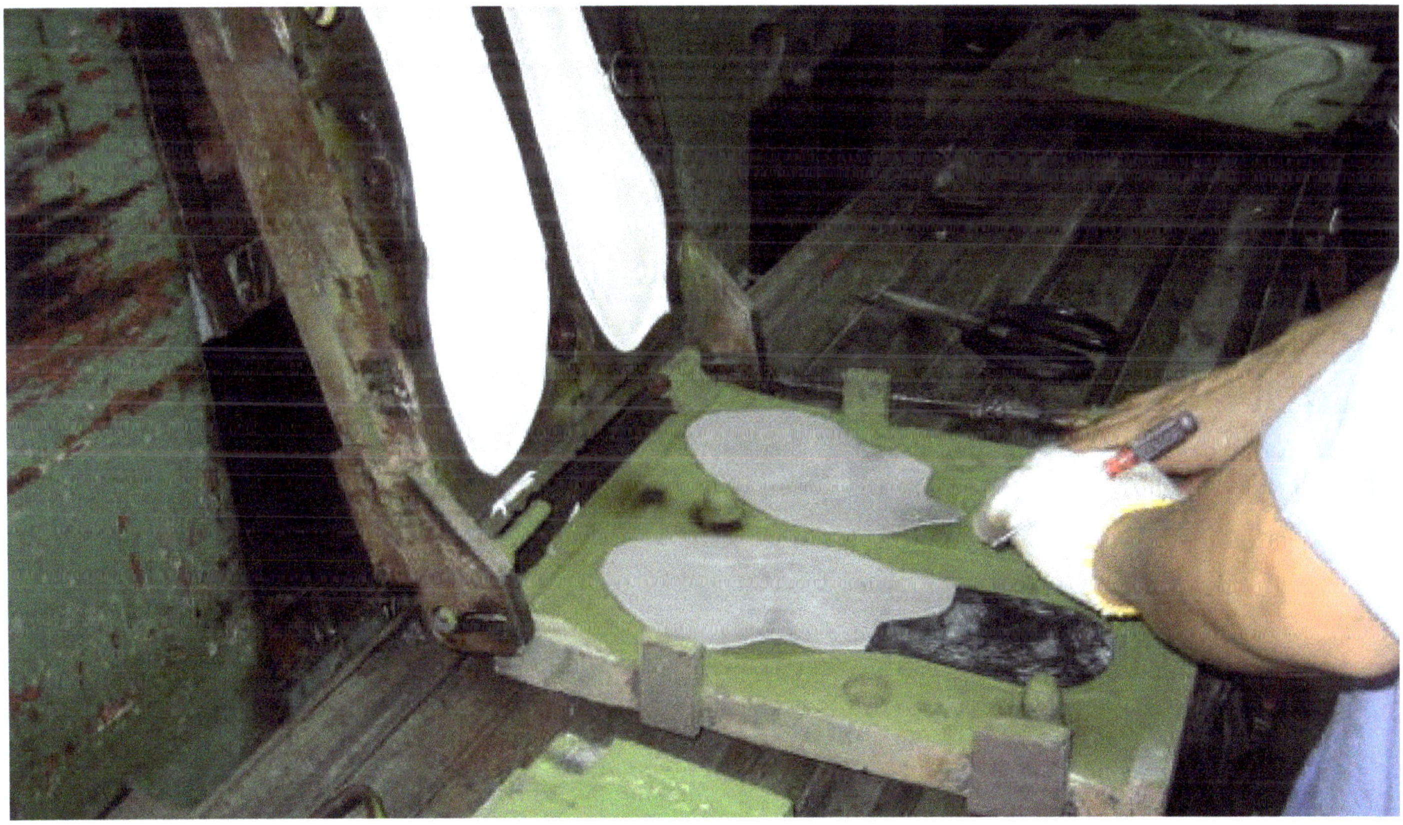

En este punto, se coloca el piso de goma sobre del logotipo de la zona del tacón.

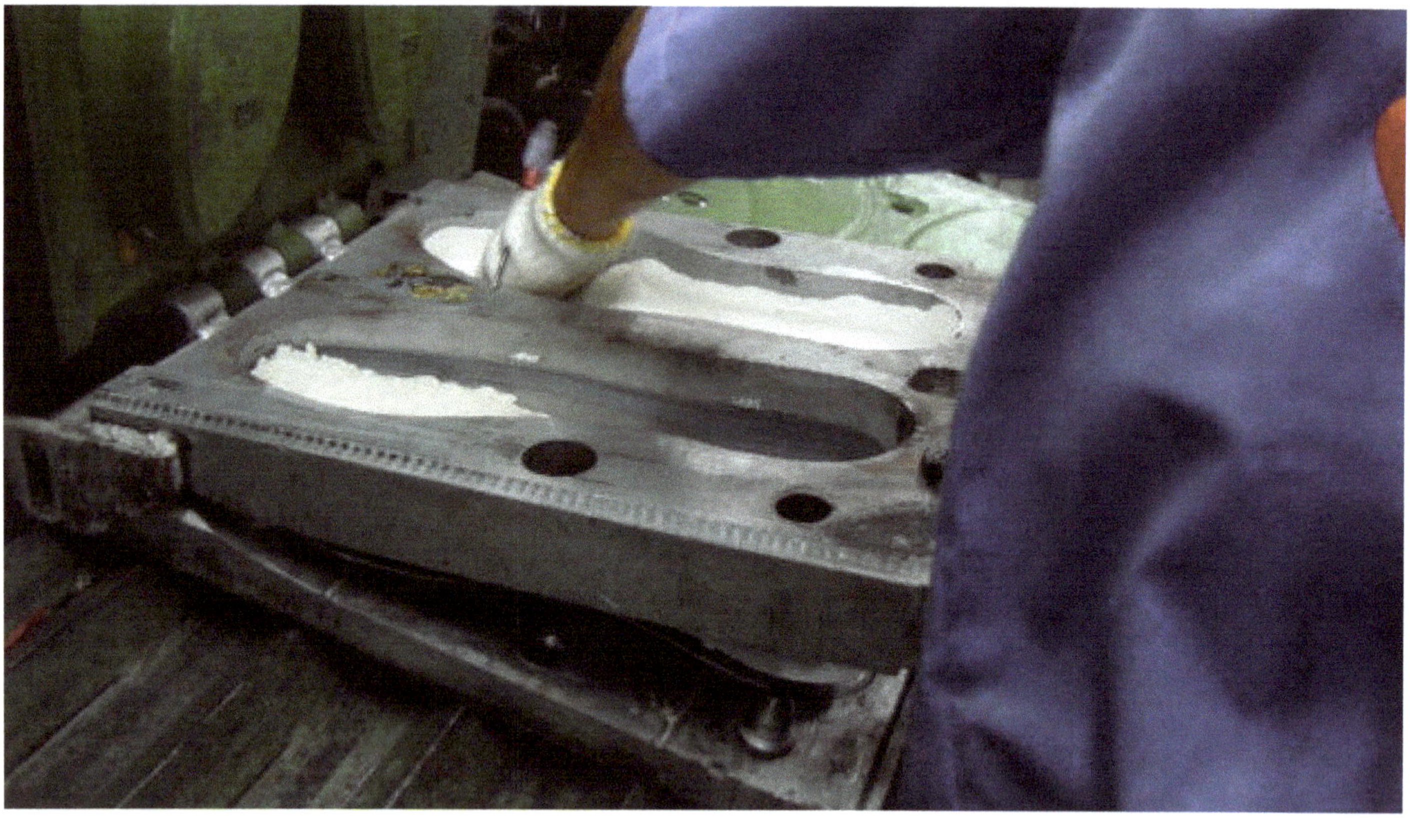

En esta imagen, se ha levantado la palanca con el molde que compone la pared suela. La siguiente operación es sacar las piezas calientes.

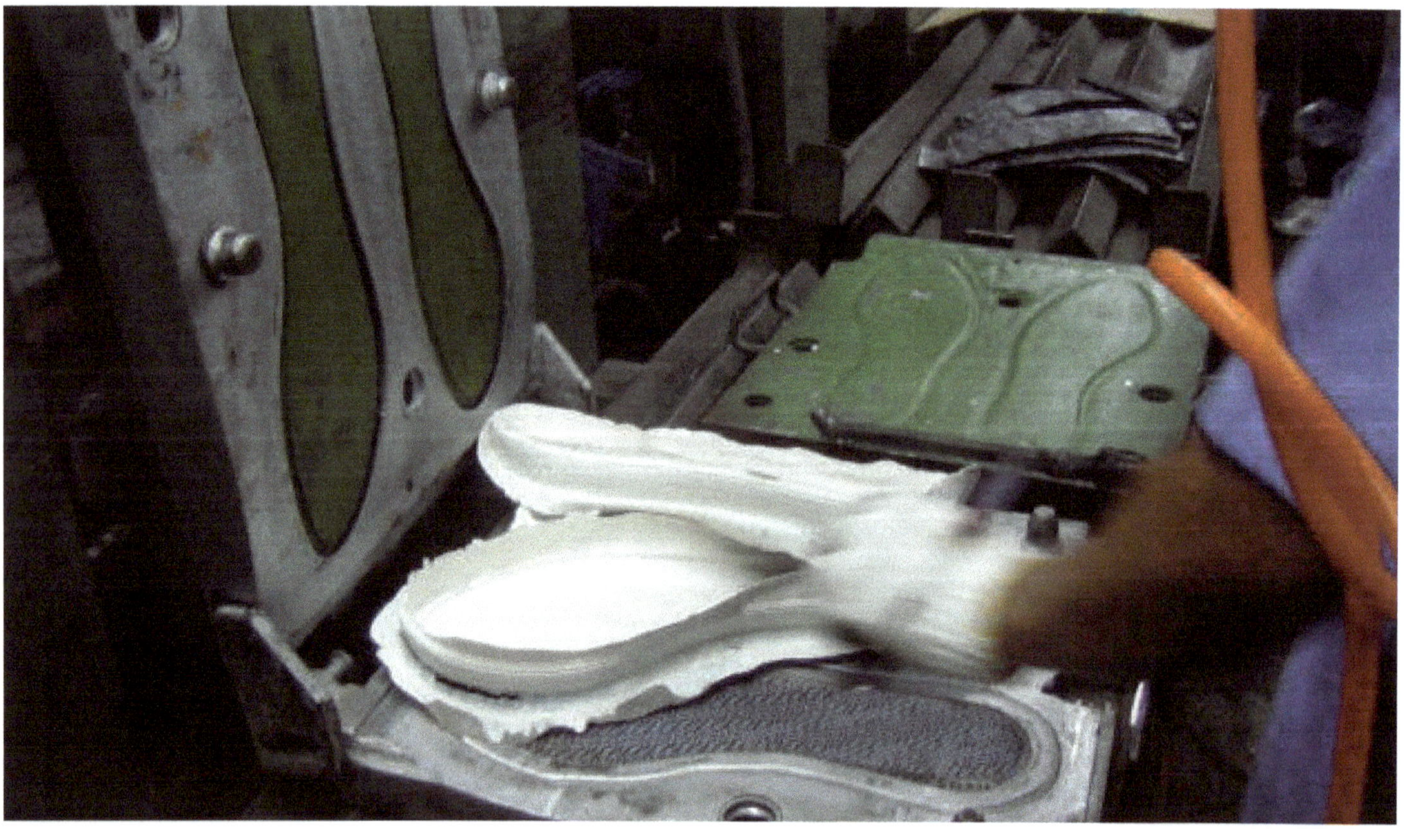

No tiene buen aspecto, pero solo se necesita una operación de recorte del exceso, y algunos retoques para finalizar.

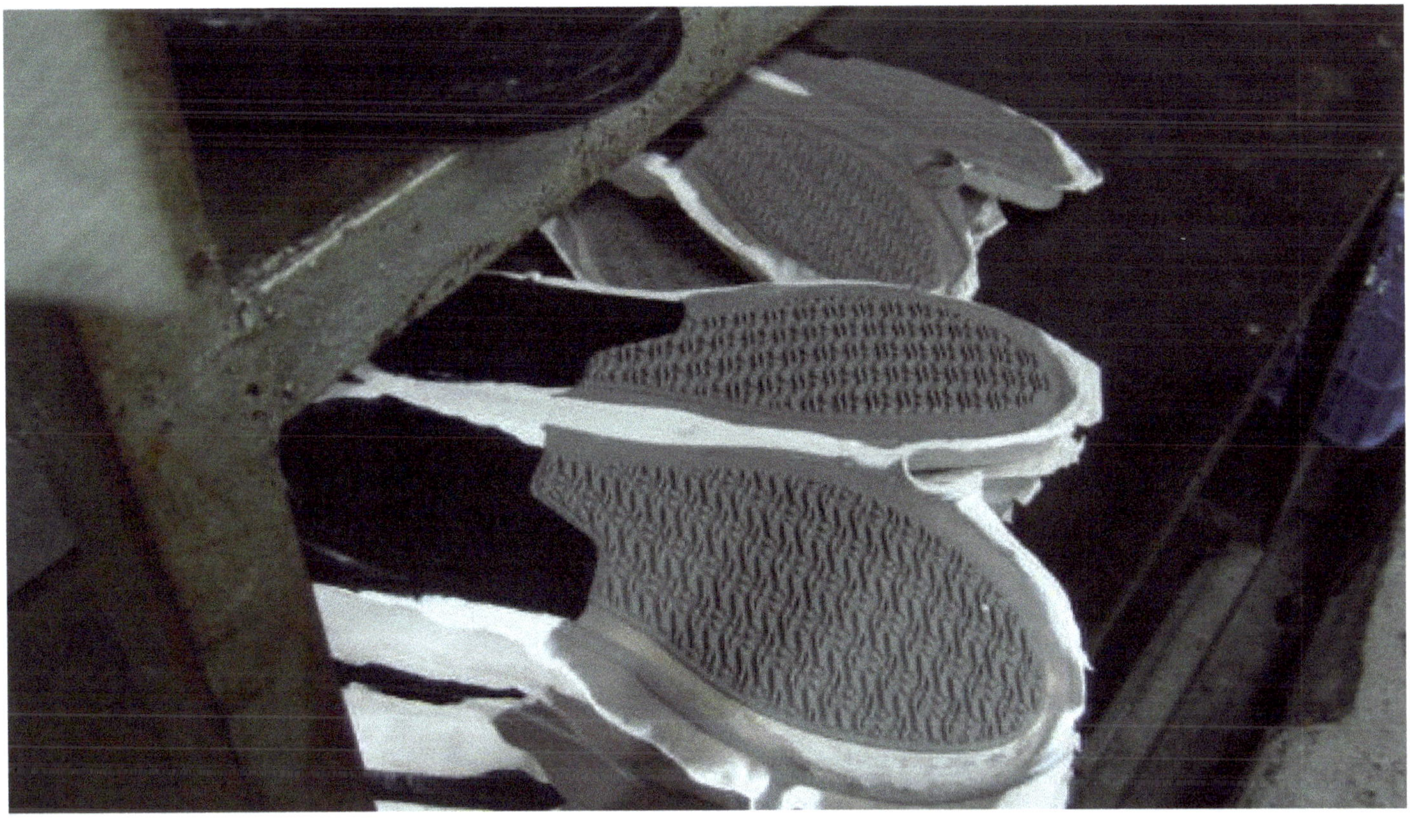

Las piezas terminadas se enfrían. El exceso de goma asegura que el molde estaba totalmente lleno. Esta suela no tiene ahorros, con lo cual, el espacio vacío se rellenará con láminas de EVA para proporcionar una buena amortiguación. Diseñar el borde interior curvado hace que se cree un buen margen de unión, donde posteriormente, descansará el corte. El patrón con hendiduras, o vacíos, se hace para ahorrar peso y dinero a la suela. La talla se suele incluir en el molde para asegurar que las piezas no se mezclen.

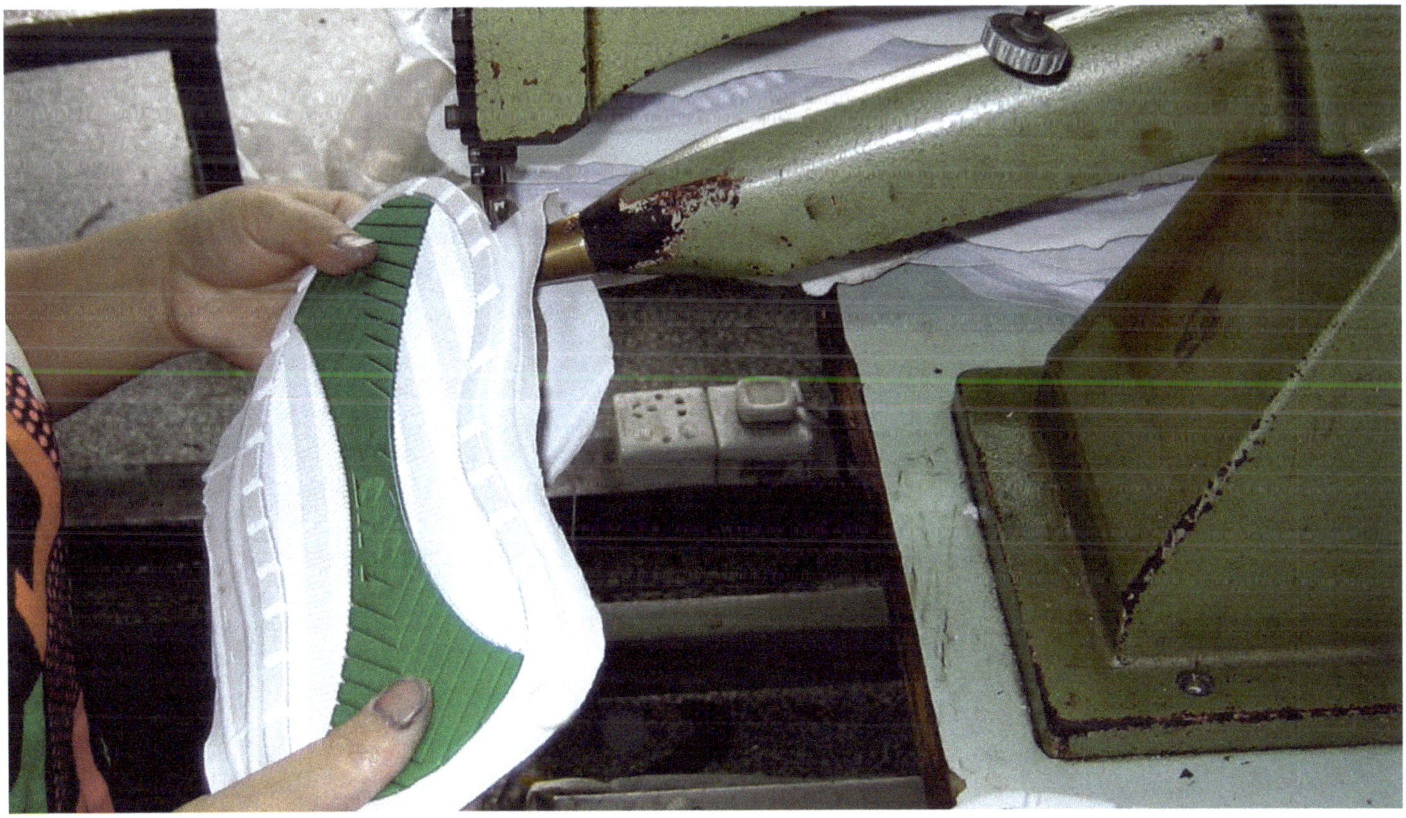

Un recortador eléctrico recorta el exceso de la goma de manera muy precisa, haciendo que apenas se vea la línea de partición del molde.

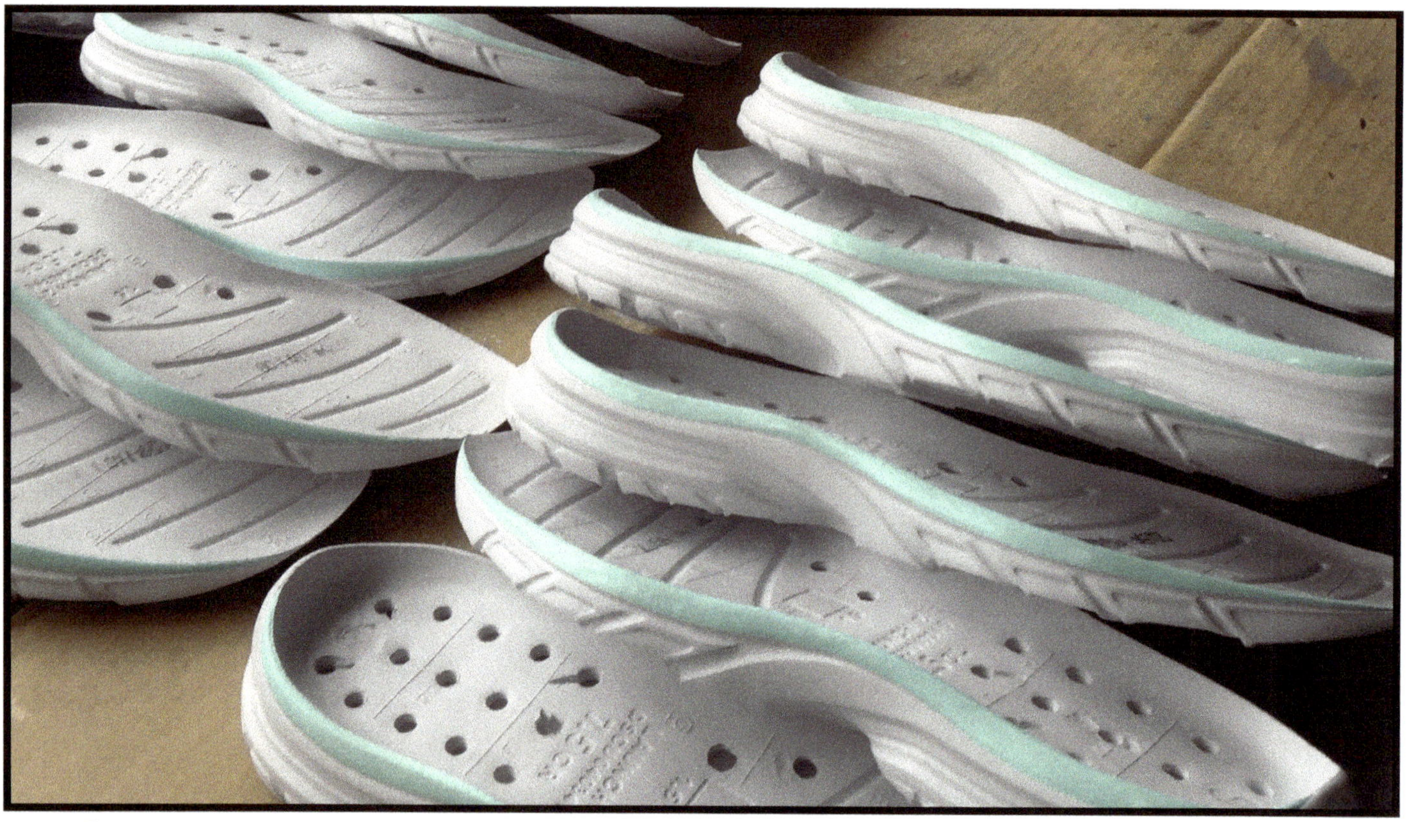

CAPÍTULO 11

FABRICACIÓN DE ENTRESUELAS DE EVA

La espuma EVA, o acetato de etileno vinilo, es el material que otorga a la zapatilla deportiva su imagen fresca y actual. La EVA es la espuma más utilizada en calzado deportivo; sin la espuma EVA, las zapatillas serían pesadas, y acabarían haciendo daño. Es ligera, y fácil de manipular para crear formas difíciles; y, además, puede hacerse de casi cualquier color.

¿Cómo se hace la espuma EVA?

La deportiva actual casi siempre llevará algo de espuma en su interior para la amortiguación; a esa pieza se le conoce como entresuela. En una zapatilla para correr, el estándar suelen ser 15 mm de espuma moldeada; mientras que otro tipo de calzado, como las zapatillas de béisbol con tacos, o los zapatos para correr en pista, pueden tener tan solo 5mm, o incluso menos. La espuma EVA es la espuma más utilizada para las entresuelas.

Es ligera, duradera, y resistente al agua y a la compresión permanente. Una entresuela de EVA destinada para correr, y fabricada correctamente, puede durar cerca de 1.000km, o más.
Antes de analizar cómo se fabrica la espuma EVA, hay que detallar que esta espuma es en realidad un plástico flexible con millones de pequeñas burbujas de aire atrapadas en su interior. En este caso, el plástico está compuesto por etileno y acetato de vinilo. Dependiendo de la fórmula y la densidad de la espuma, la EVA puede ser blanda, suave y flexible, o dura como una piedra.

En este capítulo se revisan los dos tipos de configuración de la EVA: láminas de espuma para el prensado en frío; y planchas preformadas para el prensado en caliente. Ambas opciones son muy comunes, y a menudo se encuentran modelos con una entresuela prensada en caliente, y una plantilla prensada en frío; o una zapatilla con una plancha troquelada para la entresuela, y la plantilla.

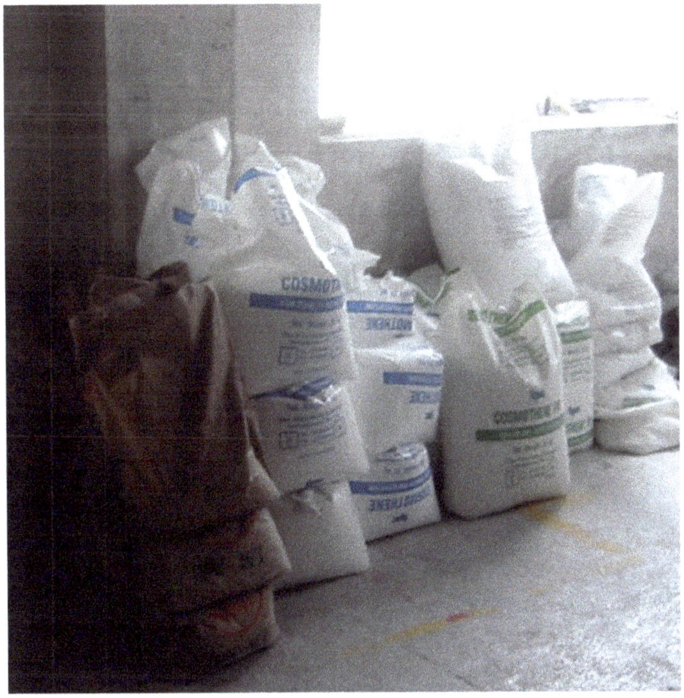

Las materias primas secas se importan de Japón, Corea, Estados Unidos, y Alemania. La fórmula incluye resinas plásticas, algunos rellenos, colorantes, y el agente espumante.

El agente espumante es un compuesto químico que crea pequeñas burbujas de gas en el material plástico cuando se calienta.

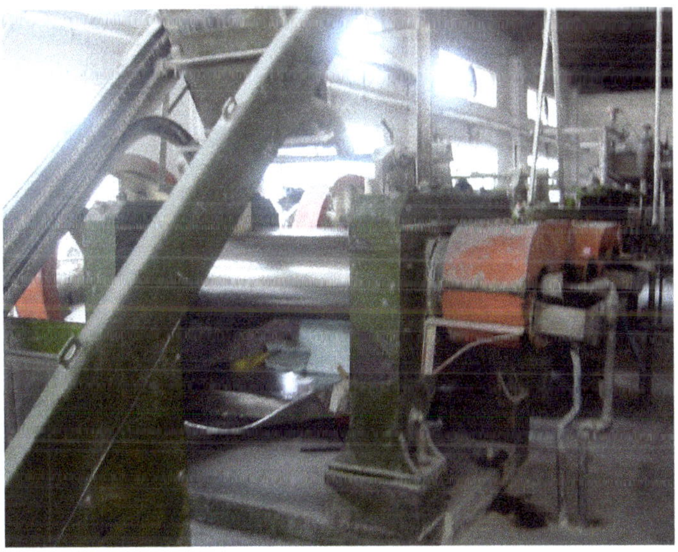

En el mezclador, la EVA en crudo se prensa en finas láminas, al igual que el compuesto del caucho.

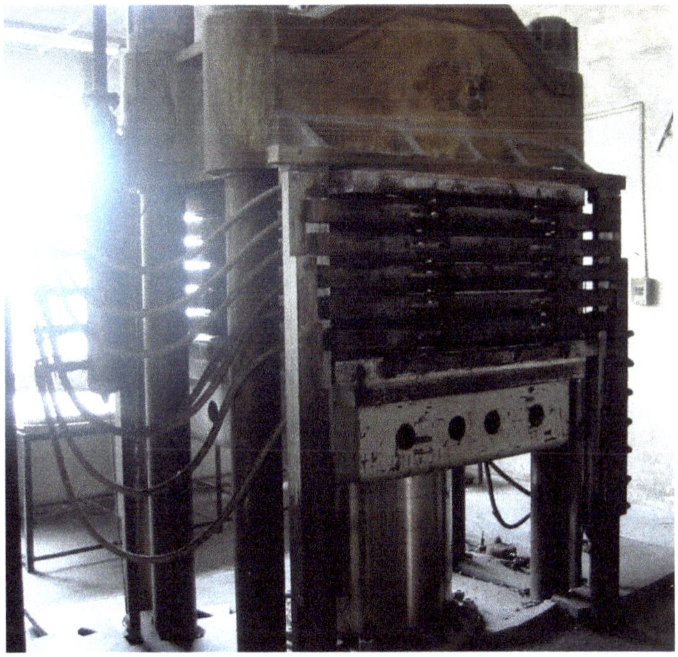

Cuando se cierra la prensa, el calor y la presión aumentan. Las tuberías que van a la prensa se llenan de aceite caliente; y, dentro de la prensa, la EVA en crudo entra en el estado donde el agente espumante crea las pequeñas burbujas de aire que forman la espuma.

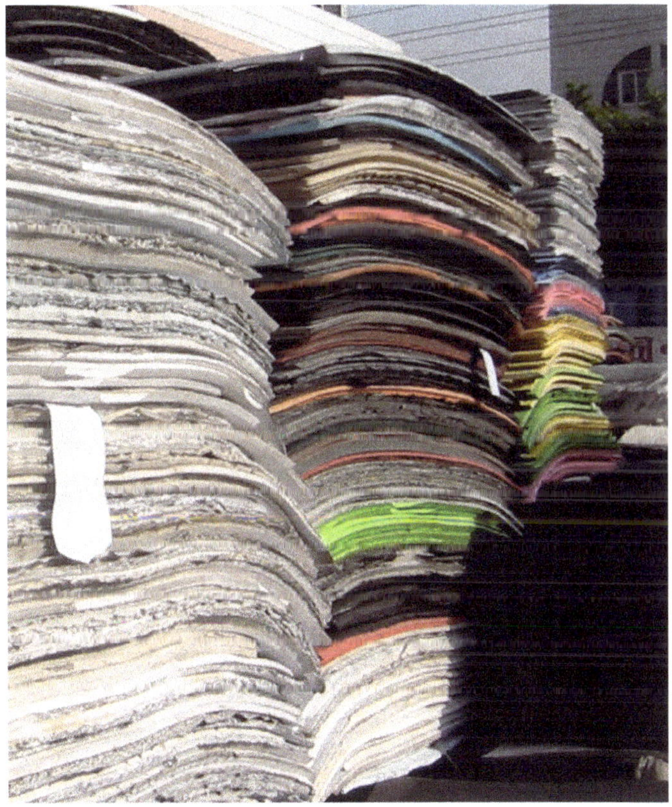

Fuera de la prensa, la mezcla de EVA cruda es ahora una gran capa de espuma.

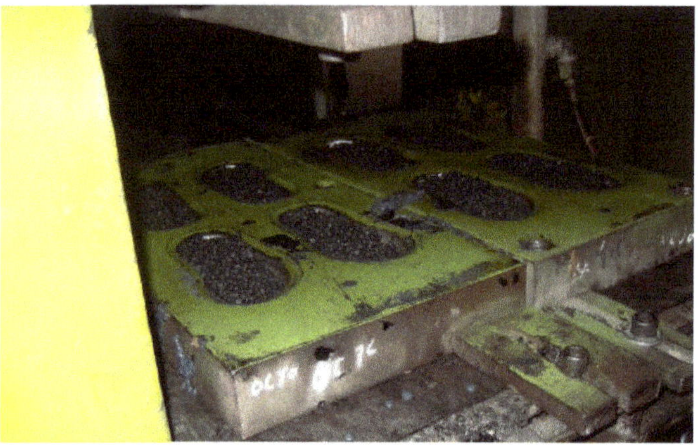

El grano en crudo se coloca en un molde de expansión para fabricar las piezas preformadas del moldeo de la EVA por termoconformación. Hace apenas unos años, las fábricas utilizaban láminas troqueladas para hacer las piezas preformadas a mano.

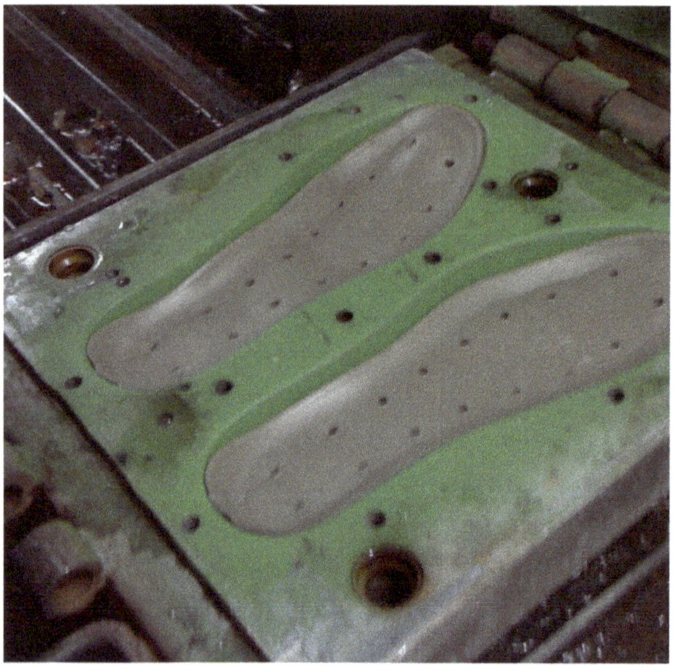

La pieza preformada se introduce en el molde final. Este molde se encuentra a alta temperatura, y hará que la capa de espuma se vuelva a fundir reactivando el agente espumante. A este proceso se le conoce como EVA prensado en caliente, o termoconformado.

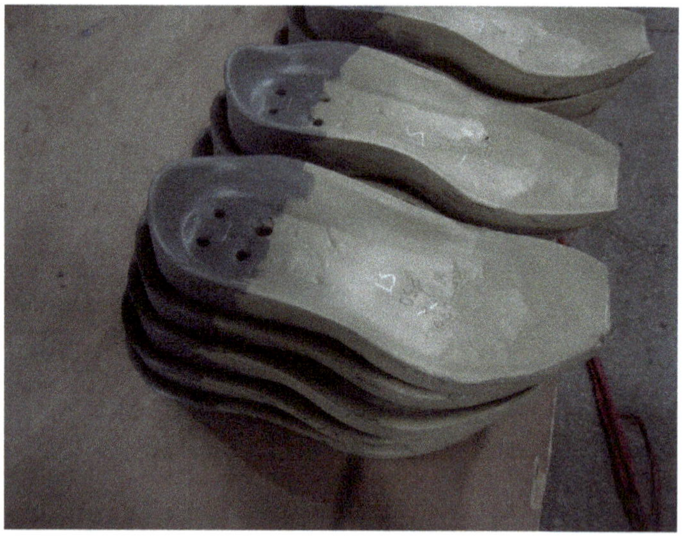

En la imagen se muestran las piezas preformadas expandidas, listas para utilizarse en las operaciones finales de moldeo.

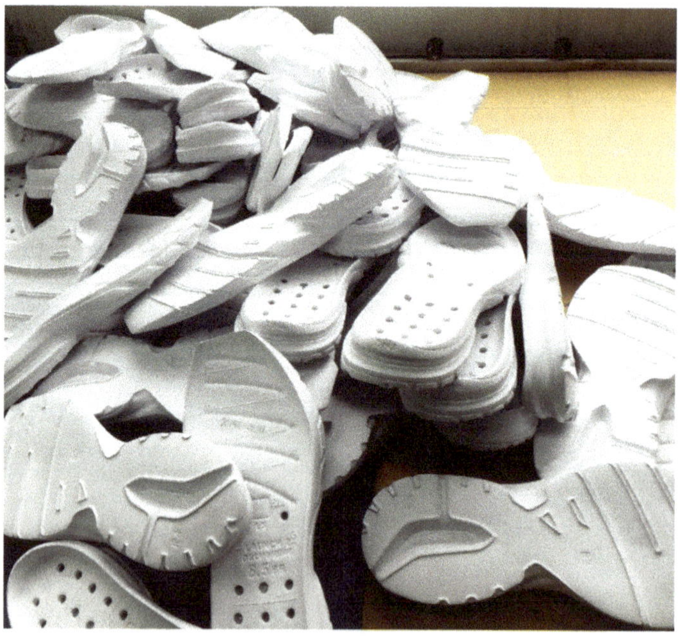

Las piezas termoconformadas tienen una capa exterior fuerte, con una densidad más alta, y detalles con definición. Casi todas las zapatillas para correr están fabricadas mediante este proceso.

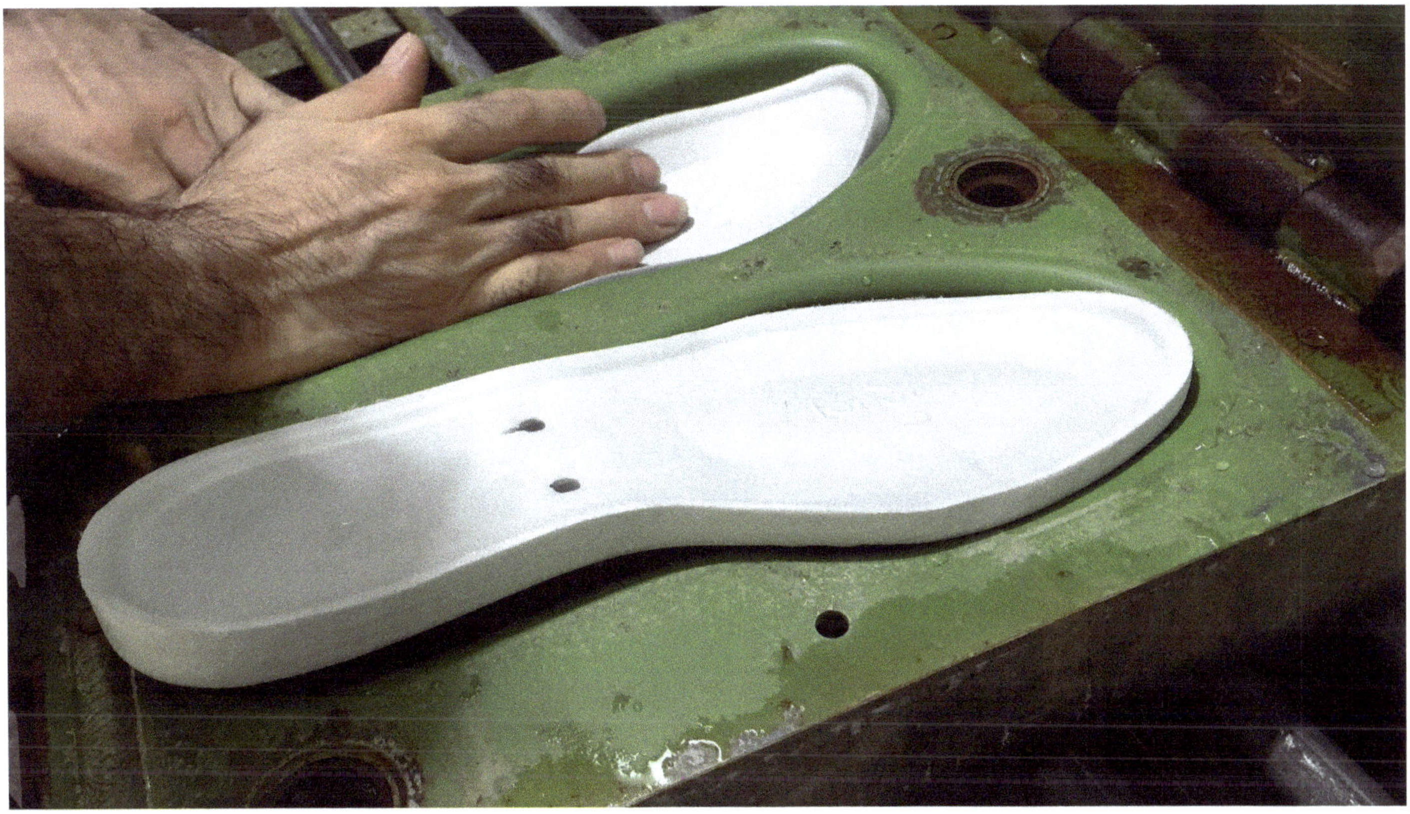

En esta imagen, se muestra al operario colocando la pieza preformada en el molde. La pieza se ajusta, y posteriormente, el calor y la presión hacen que la espuma se expanda de nuevo llenando por completo la cavidad del molde.

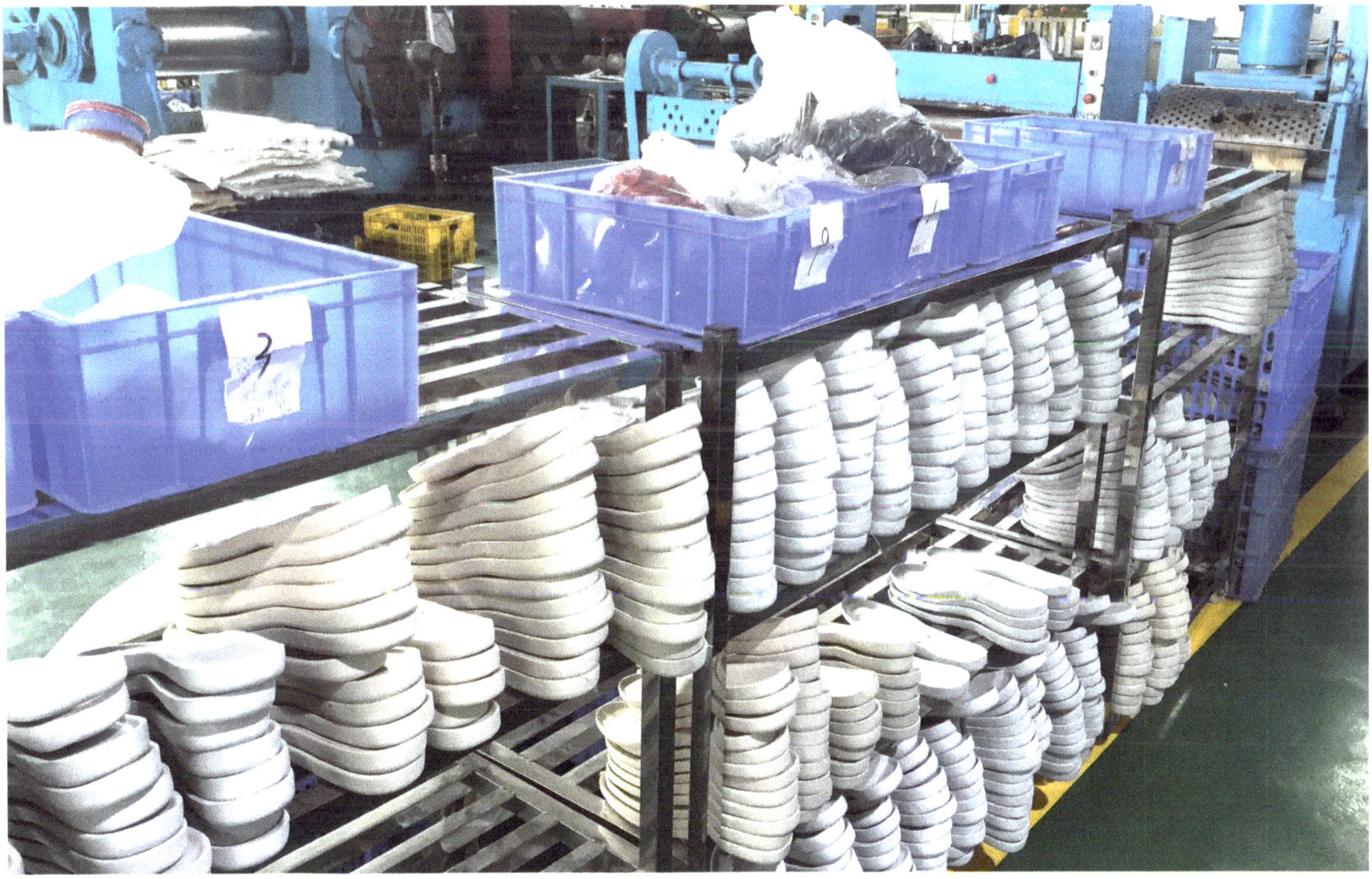

En la imagen, las piezas preformadas se colocan junto a las piezas terminadas en la fábrica de moldes.

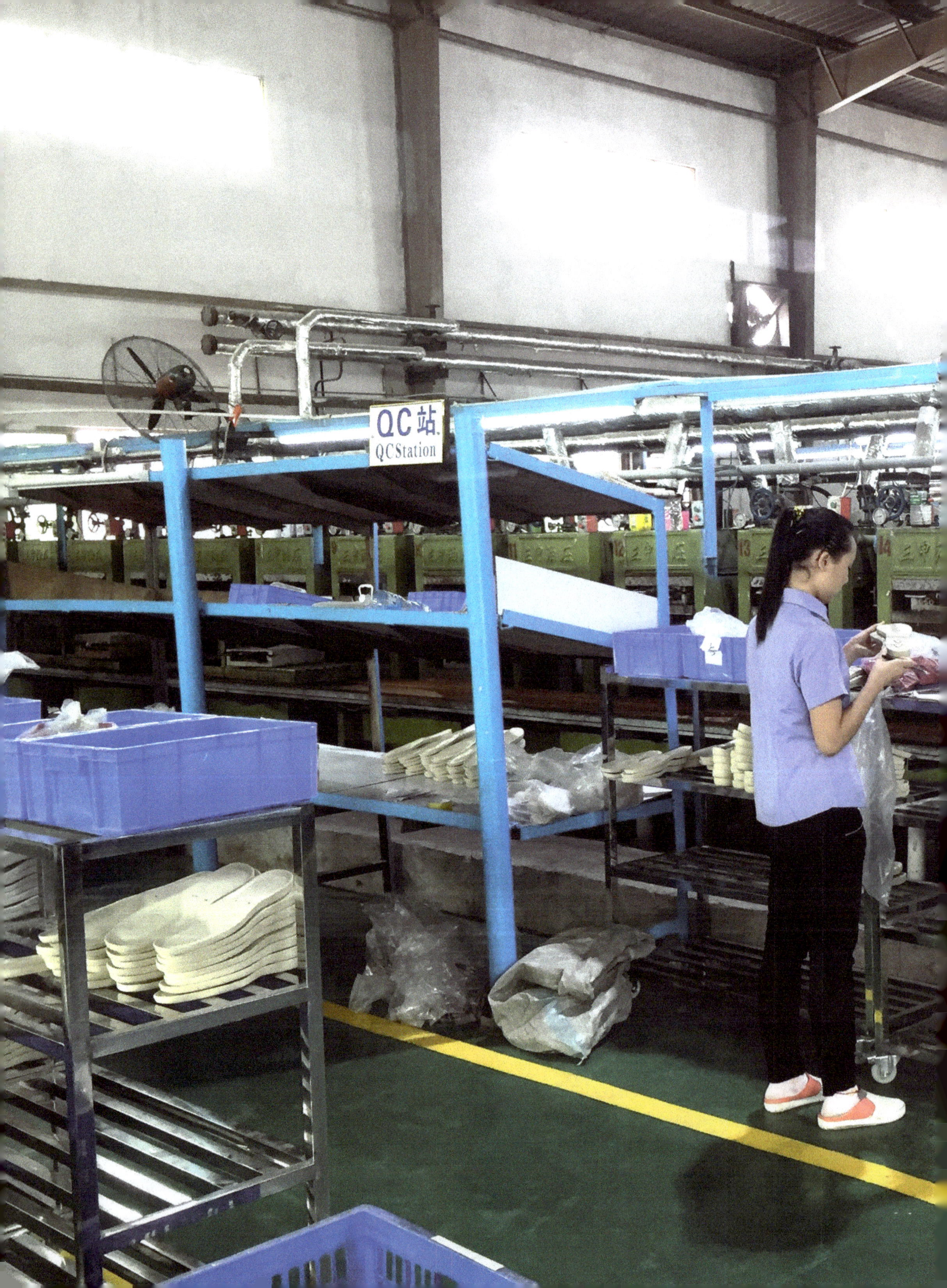
QC站
QCStation

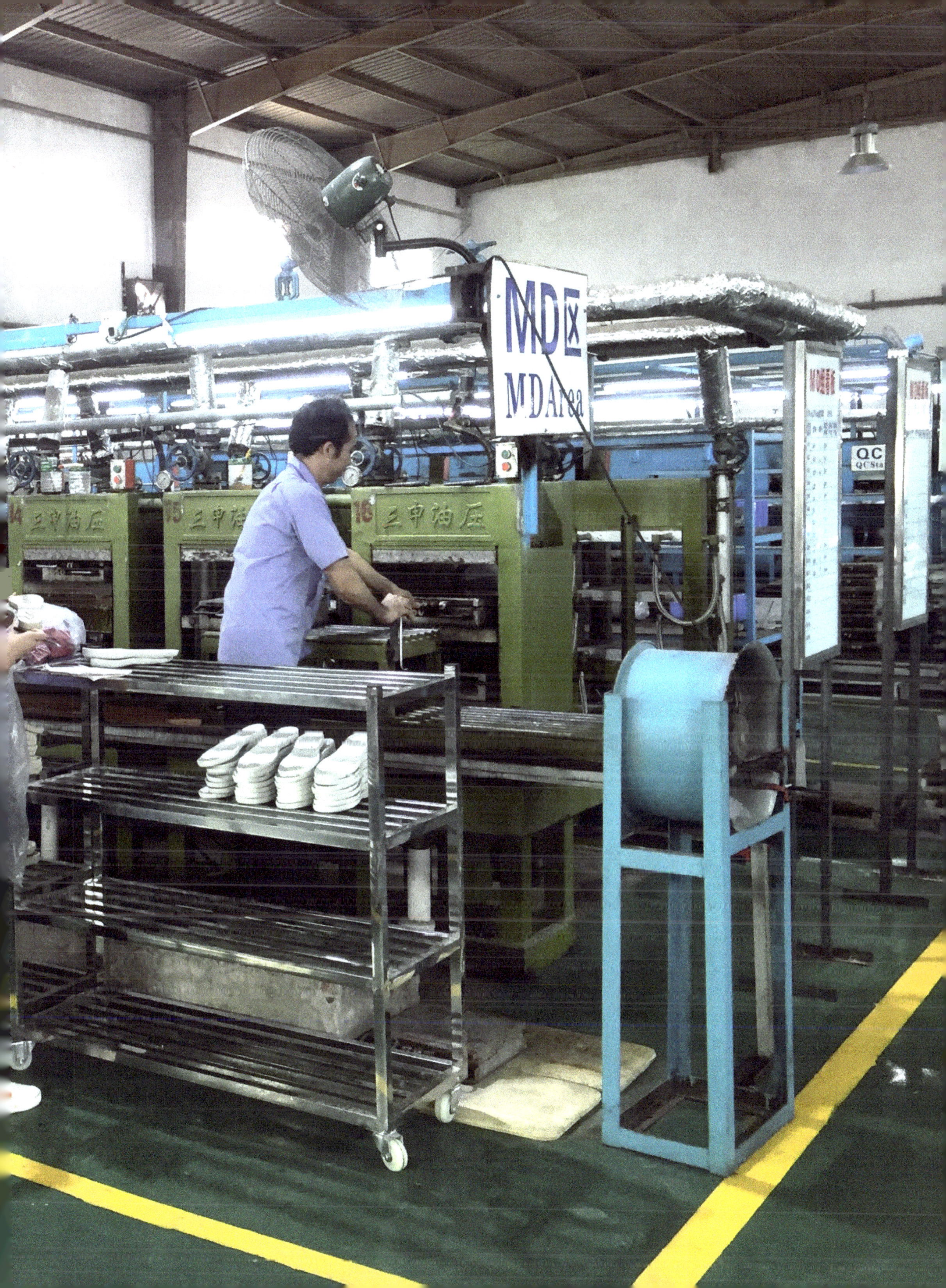
MD区
MDArea
14 三申油压
16 三申油压
QC

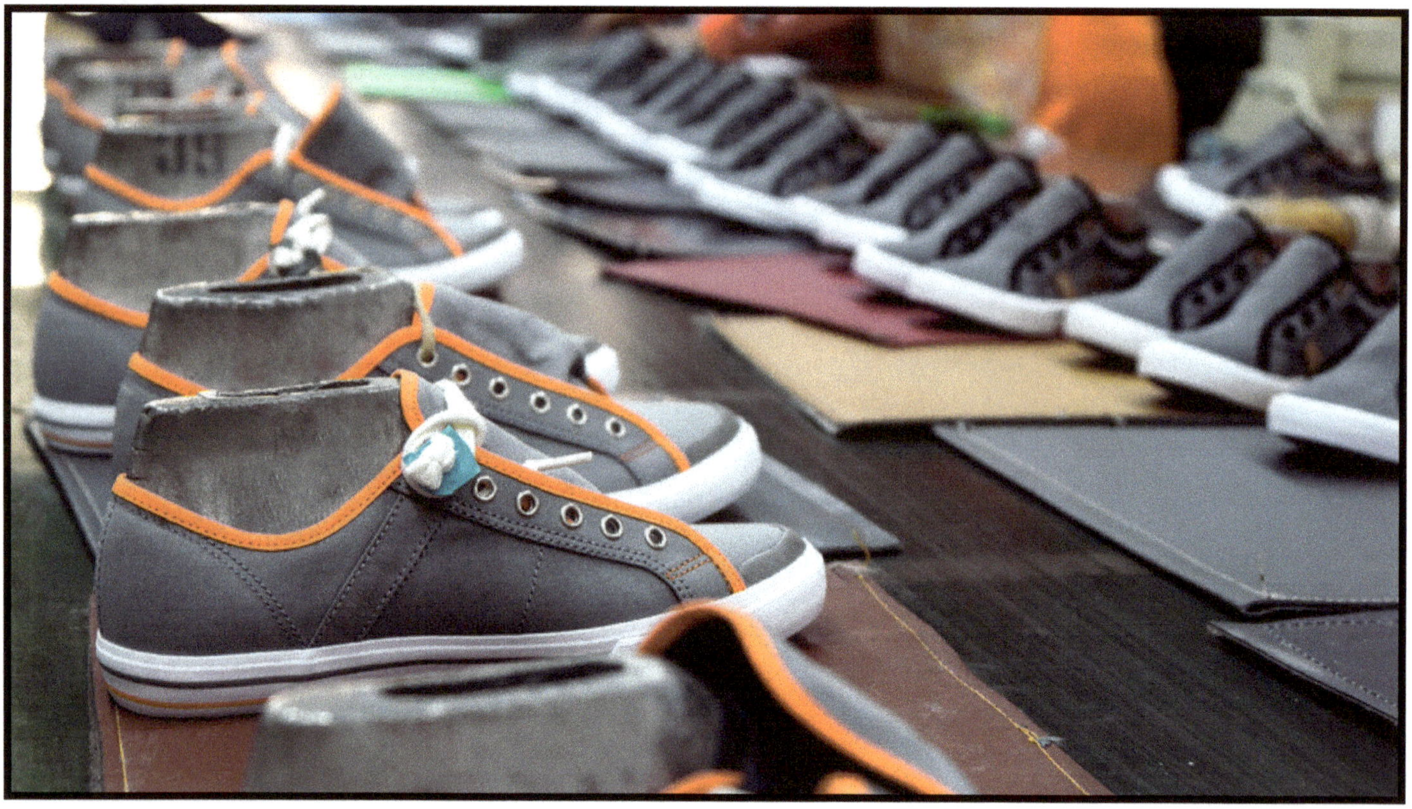

CAPÍTULO 12

LA LÍNEA DE MONTAJE

Después de meses de trabajo, con los diseños clasificados, las pruebas realizadas, haber fabricado las herramientas, y después de haber buscado los materiales por todo el mundo, por fin llega el momento de poder fabricar las zapatillas. El corte, previamente cosido, se saca del almacén; cuando la fábrica de pisos entrega las suelas de caucho, finalmente se podrá montar el zapato en su totalidad.

Dos tipos de construcción

Existen dos métodos principales de montado de calzado: pegado, y vulcanizado o autoclave.
El vulcanizado es una técnica mucho más antigua, y su uso ha disminuido en favor del montado pegado.

Construcción pegado o montado

El pegado permite el uso de materiales más modernos, como el plástico liviano, la espuma, o la malla debido a la baja temperatura requerida para el montado. Hoy en día, todas las zapatillas de alto rendimiento, para correr, de baloncesto, etc. se fabrican utilizando este proceso de montado.

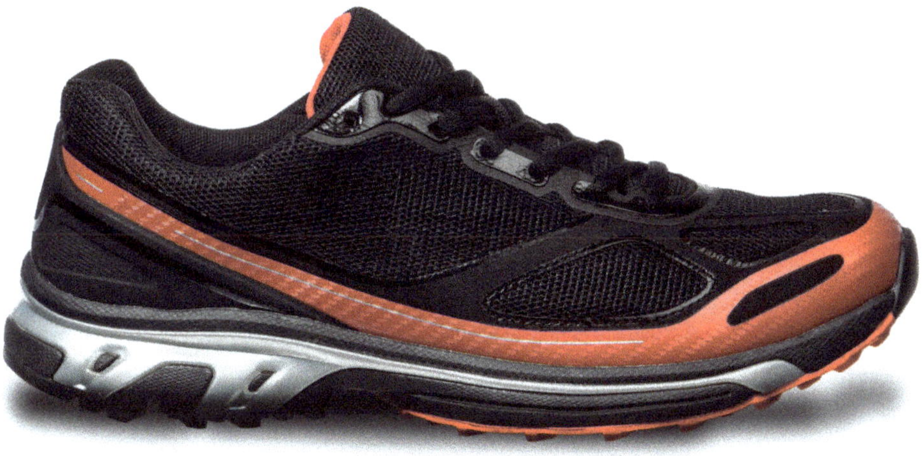

Este es un ejemplo de un modelo de zapatilla destinada para correr, montado pegado, con lengüeta de malla, detalles de cuero sintético, entresuela de EVA, y con la suela de goma.

Construcción vulcanizada

También llamada autoclave, el proceso de construcción vulcanizada es la manera más común de hacer zapatillas. Debido a la alta temperatura requerida para vulcanizar, o "cocinar" la suela de caucho, las opciones de diseño son limitadas, por ejemplo, la loneta y la piel tipo serraje son los materiales más utilizados.

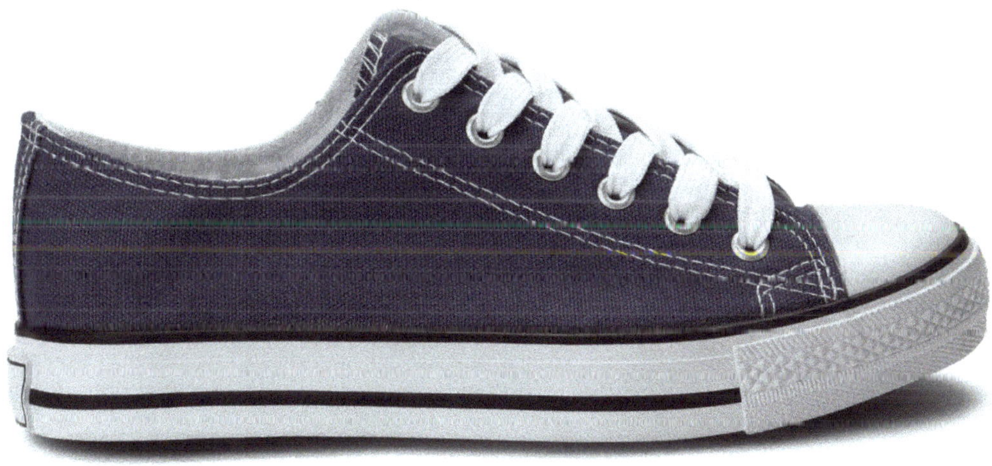

Este es un ejemplo muy común de una zapatilla vulcanizada; fabricada con una loneta de algodón para el corte y la lengüeta. El corte es muy fino, la lengüeta y el corte apenas tienen forro en la zona del escote, y todos los materiales utilizados son resistentes al calor.

Construcción pegado o montado

En el proceso de pegado, el corte de la zapatilla se prepara al coserse con la plantilla strobel. La parte inferior de la plantilla, o calcetín strobel, finaliza el corte para introducir la horma; esta puede ser de plástico, o de metal.

El material que forma el strobel es un tejido muy resistente, con poca elasticidad, y está marcado con líneas rectas para indicar si el corte está mal montado en la horma.

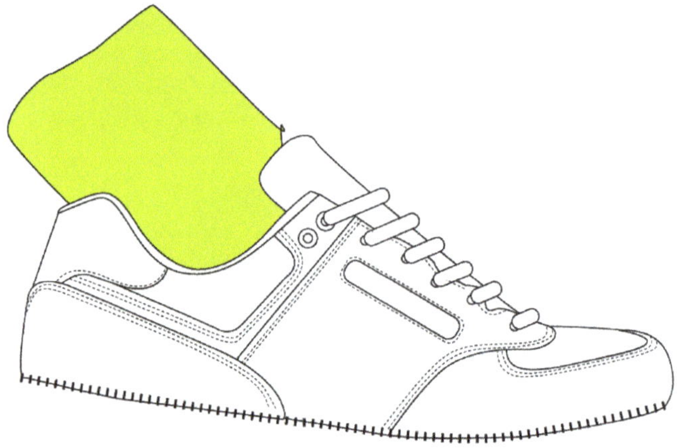

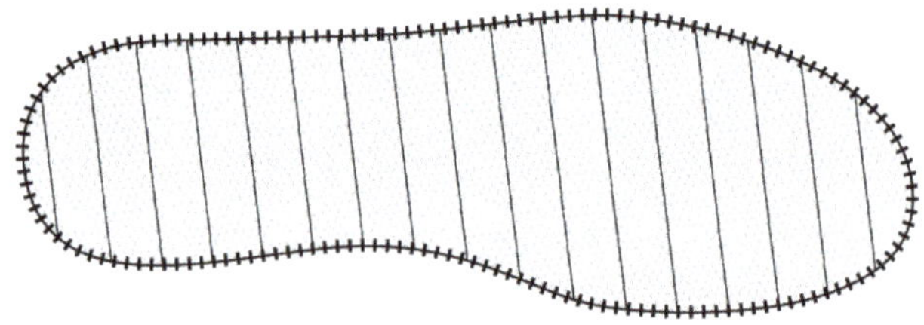

Posteriormente, se aplica vapor al corte para ablandar los materiales, y se procede a introducir la horma. Una vez que la horma ha sido colocada dentro del corte, y los cordones temporales están tirantes, se enfría el modelo para contraer el corte y ajustarlo a la horma.

La zapatilla suele contar con una pieza de plástico, o tejido, en la parte superior de la lengüeta para proteger la superficie de posibles daños y resbalones durante las operaciones del montado. En la industria, se llegan a utilizar varias máquinas para asegurarse que el corte esté bien ajustado; por ejemplo, con maquinaria especial que asegura que la puntera y el talón están firmes, ayudando a asegurar que el corte quede bien estirado, ya que este ajuste se encarga de dar al corte la forma final del modelo.

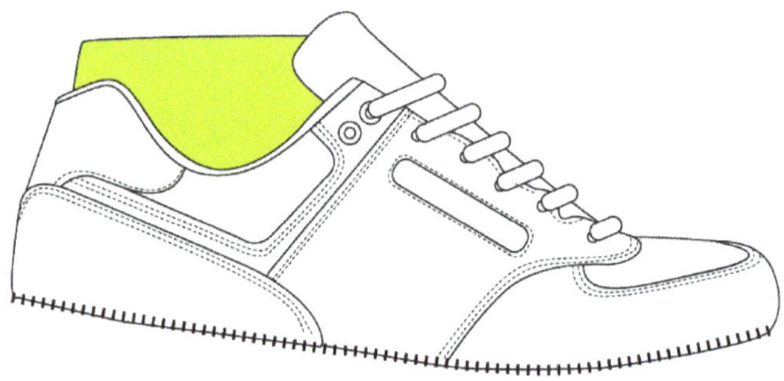

En lo que el corte se ajusta a la horma, se prepara la suela. En este caso, es una suela cóncava de goma con una base de EVA pegada en el interior para ayudar a la amortiguación. Este proceso se hace por separado, y se conoce como guarnecido de materiales.

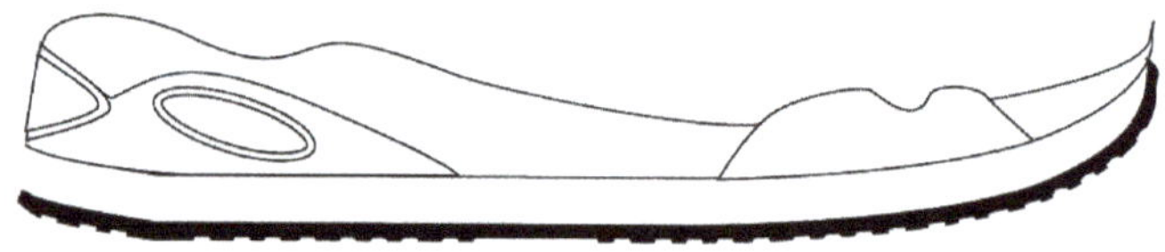

En el corte, se marca el margen de adherencia para aplicar el pegamento. Con el corte firme y bien ajustado a la horma, y el exterior terminado, se unen ambas piezas. La suela de goma recibirá una capa de halogenado o primer, y el cemento especial para calzado.

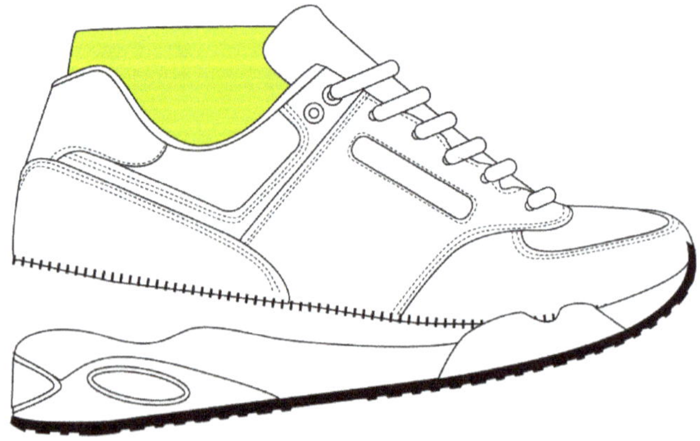

La suela tiene su propio halogenado especial hecho para materiales de EVA y goma. El corte de la zapatilla también se prepara con su propio primer y cemento especial. Cuando el cemento y el halogenado se han secado por completo en los túneles de calor, las dos piezas se unen a mano.

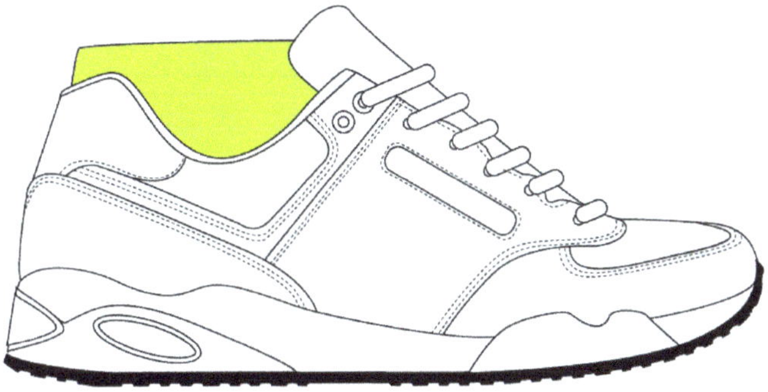

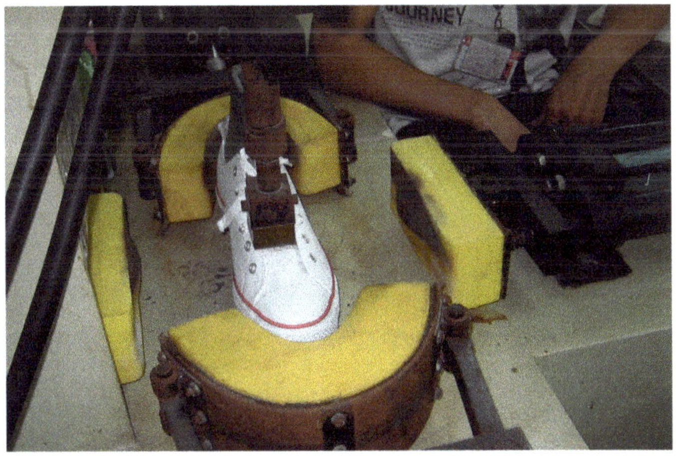

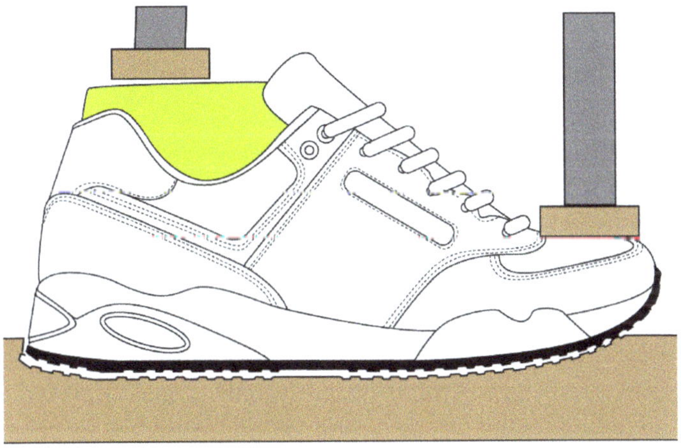

Se revisa que el modelo tenga el corte y la suela alineadas; después, se coloca el modelo en una prensa hidráulica. La zapatilla recibe tres operaciones de presión: presión vertical, presión en la punta y talón, y presión en las paredes; este proceso normalmente se realiza con una sola máquina, y asegura que haya un contacto completo entre el corte y la suela.

Una vez se ha aplicado presión en la zapatilla, se mete en un túnel de frío para fijar el pegamento. Después del túnel, se utiliza una máquina para deshormar la zapatilla, evitando cualquier arruga en el corte.

En este punto, el modelo ya se encuentra terminado; el trabajador introduce la plantilla, y coloca los cordones. La nueva deportiva está lista para la inspección, la limpieza final, y para ser embalada.

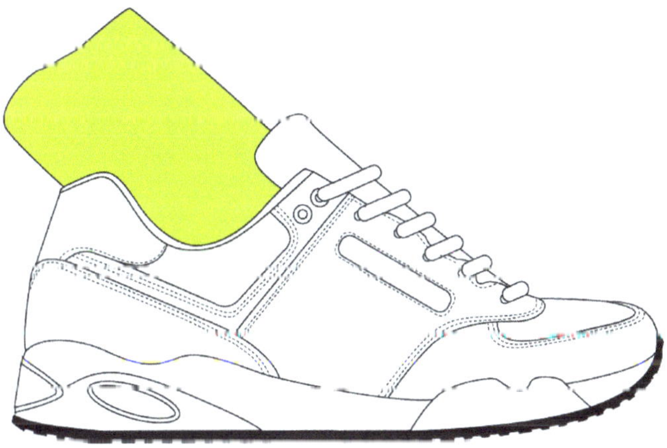

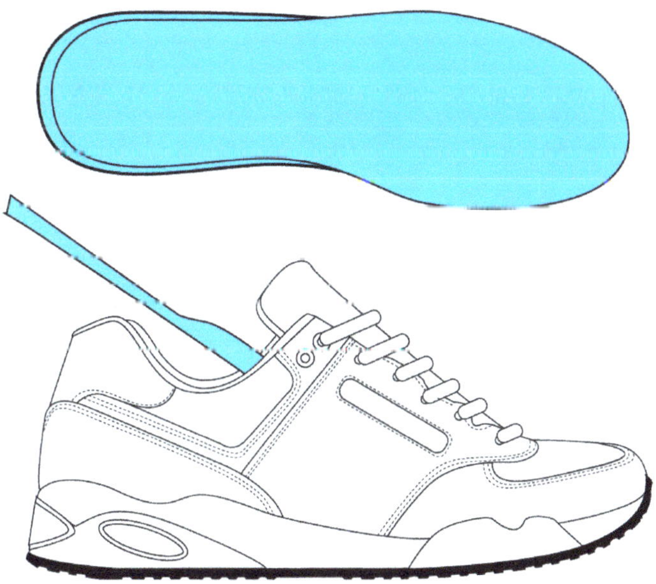

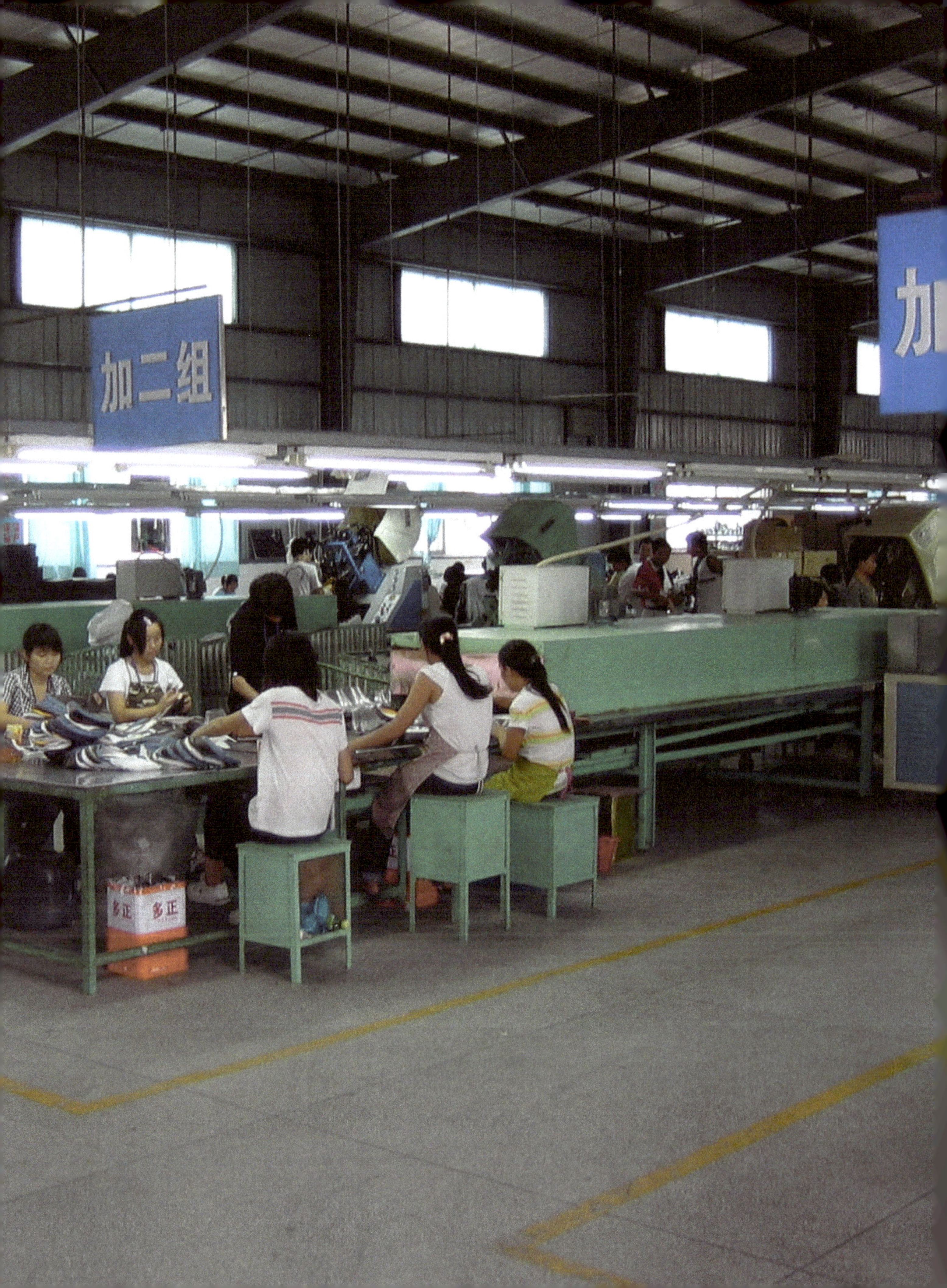
加二组

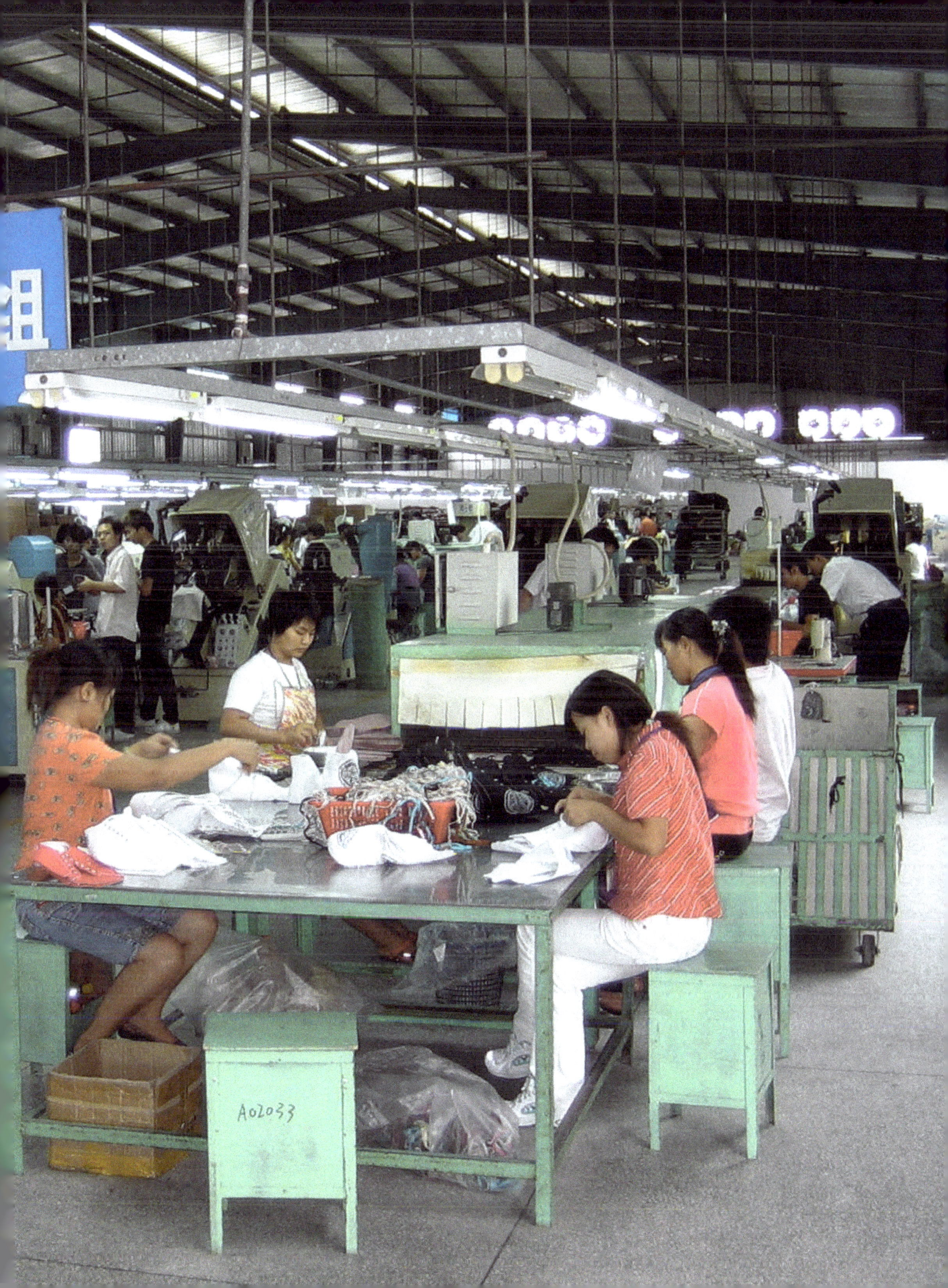
A02033

Construcción vulcanizada

La diferencia entre la construcción vulcanizada, también llamado autoclave, y el montado, reside en el método utilizado para unir la suela. El montado pegado requiere que la suela esté terminada previamente antes de unirse con el corte; mientras que, en el vulcanizado, las piezas de la suela se unen al corte pieza por pieza.

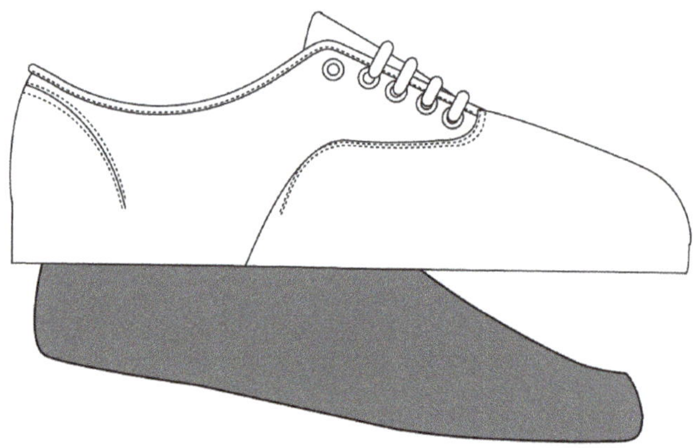

En el vulcanizado, el *foxing* de goma sin curar debe fabricarse poco antes del ensamblaje. Si las piezas de goma han estado mucho tiempo listas y sin uso, no fundirán correctamente con las demás piezas que forman la zapatilla. Al colocar la cinta *foxing*, se necesita el componente inferior del piso de la zapatilla, pieza que ya ha sido previamente trabajada con una vulcanización del 90%, por lo que todavía está algo blanda y se unirá en el proceso de ensamblaje.
A la parte inferior se le añade la entresuela, un relleno de goma color gris con pequeñas burbujas de aire en el interior. La entresuela está hecha a base de cinta *foxing* reciclada sin curar. Para la construcción vulcanizada, no se puede utilizar espuma EVA, ya que el calor del proceso de vulcanización derrite la espuma.

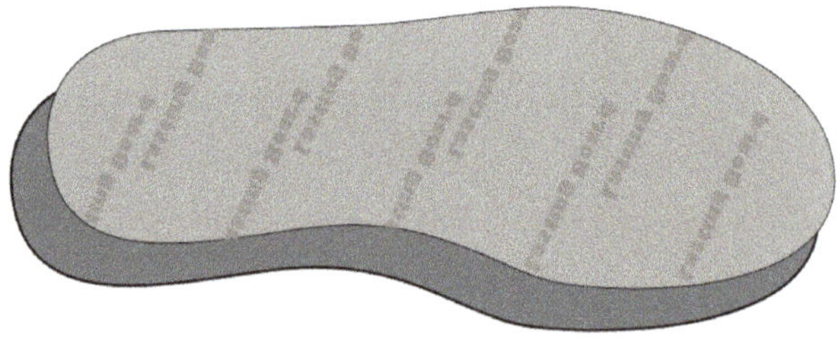

Para una construcción autoclave, la horma debe estar hecha de aluminio para aguantar la temperatura del horno; una horma de metal se calienta, y se enfría rápidamente.

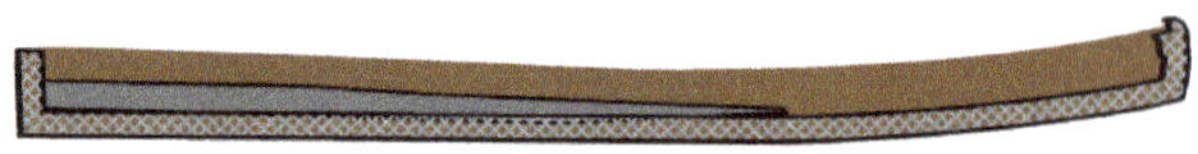

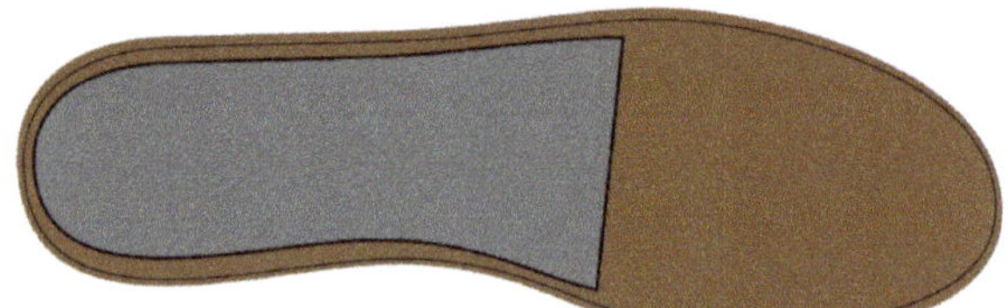

El primer paso en el proceso de fabricación, es aplicar una fina capa de cemento en la planta para sujetarlo a la horma, se aplica lo suficiente para mantenerlo en su lugar durante el proceso. La planta es una tabla de fibra de papel que proporciona rigidez al modelo final.

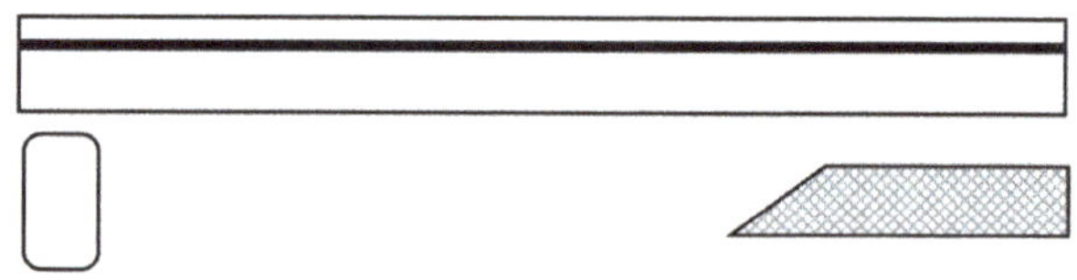

Esta pieza suele estar hecha de diferentes materiales, pudiendo ser rígidos o flexibles, y finos o gruesos. Posteriormente, la horma y el corte se pasan a la máquina de montado; esta máquina ajusta la puntera empujando el corte hacia la base de la planta, uniendo con cuidado ambas partes en una sola operación. Una vez que el talón y la cintura del zapato se han montado, el corte está preparado para la suela.

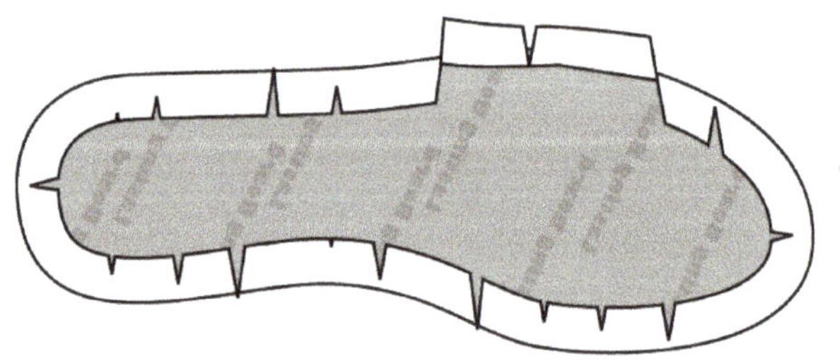

El primer paso del proceso de ensamblaje de la suela vulcanizada es similar al proceso de pegado. Todas las piezas del corte y de la suela reciben una capa de halogenado y cemento. Ahora, el piso de goma, junto con la entresuela de amortiguación, se ensamblan con el corte.

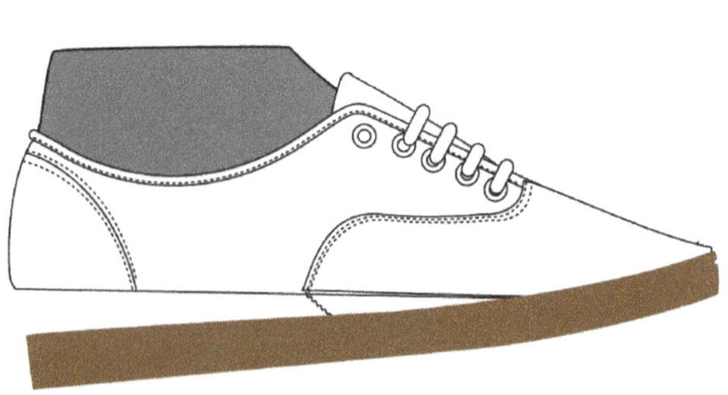

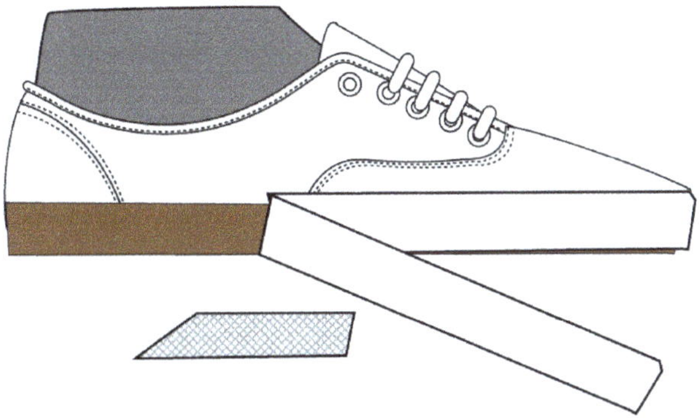

Después del prensado de la suela, el *foxing*, hecho de caucho sin curar, se envuelve cuidadosamente alrededor de la zapatilla, cubriendo la parte exterior de la suela, y superponiéndose al corte, donde debe cubrir unos 5mm para tener una unión solida. Después de este paso, se coloca otra especie de *foxing* extra en la puntera a la vez que se coloca una pieza con el logotipo en la parte posterior, cubriendo la junta de unión del *foxing*.

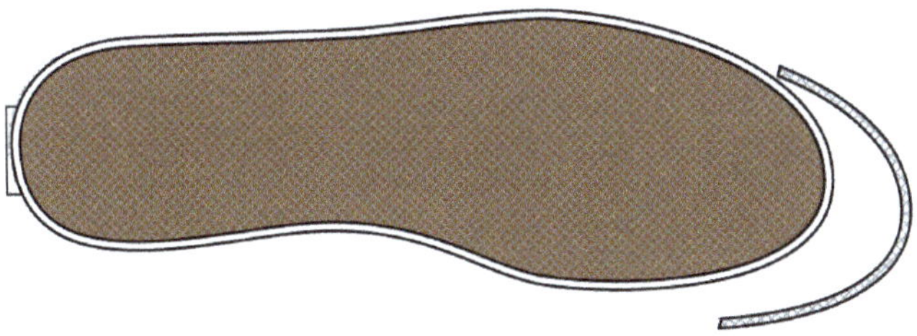

Una vez se han añadido las piezas, es el momento de quitar cualquier exceso de goma con una especie de cuchillo caliente, asegurándose que no queden huecos. Con la horma todavía dentro de la zapatilla, se coloca el modelo sobre una rejilla de acero para ser llevada al horno.

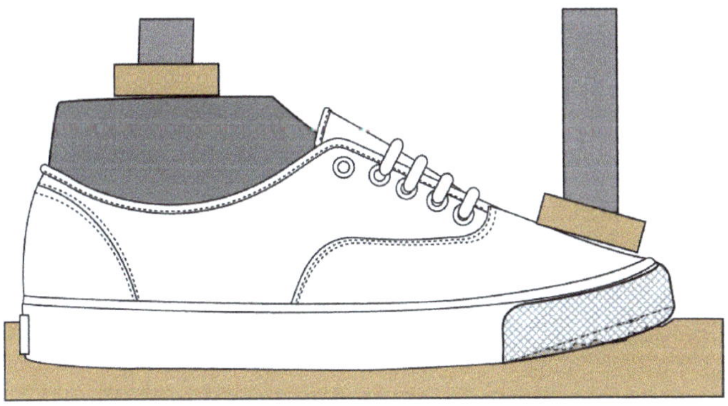

La deportiva estará en el horno de vulcanizado varias horas; se calienta para que el *foxing* sin vulcanizar, y la suela, se fundan en una pieza.

Después de dejar que se enfríe, se retira la horma, se inserta la plantilla, y se colocan los cordones. Ahora, la zapatilla está lista para la inspección, la limpieza final, y para ser embalada.

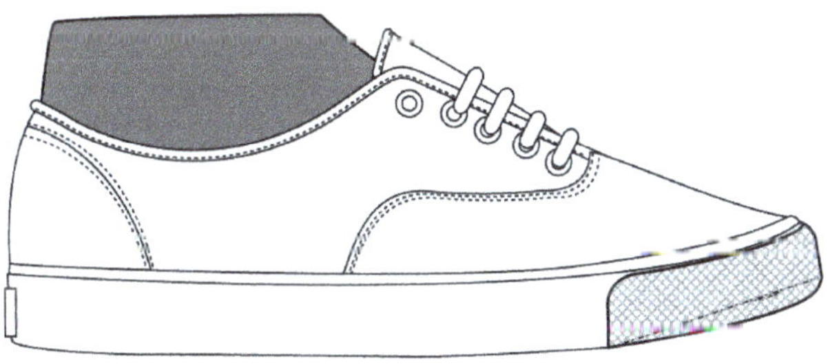

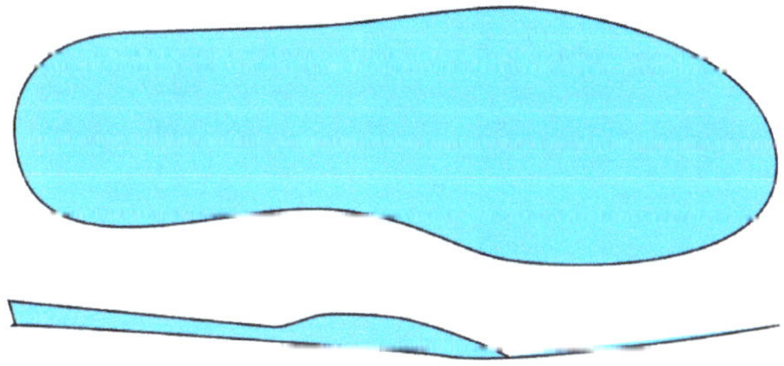

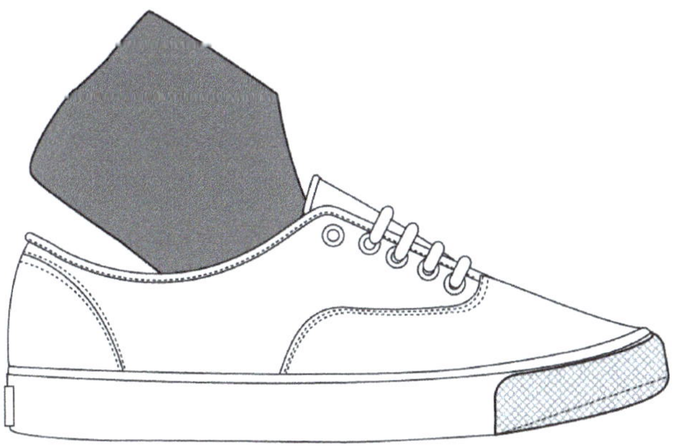

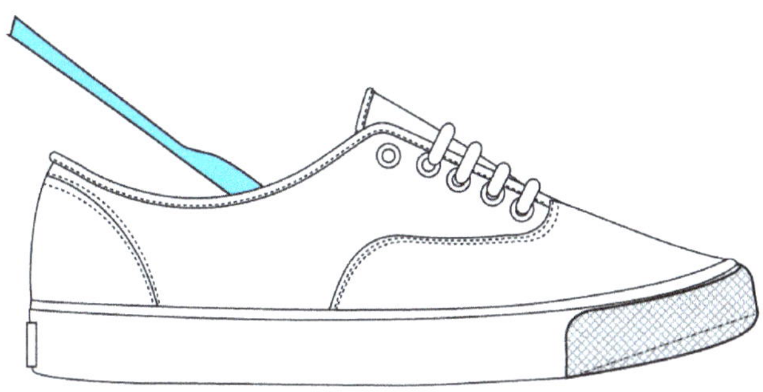

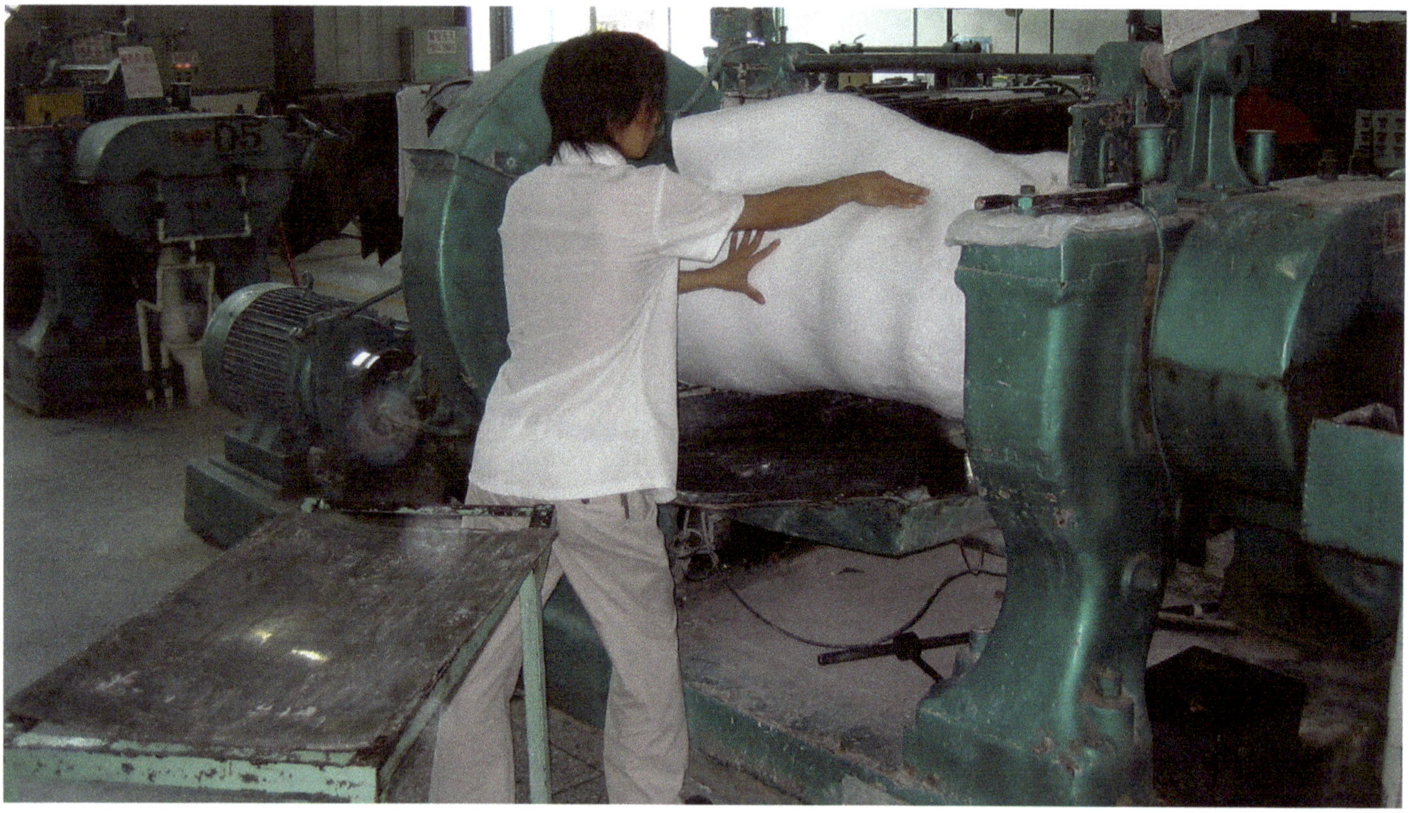

El caucho sin curar se coloca en el laminador para mezclarse.

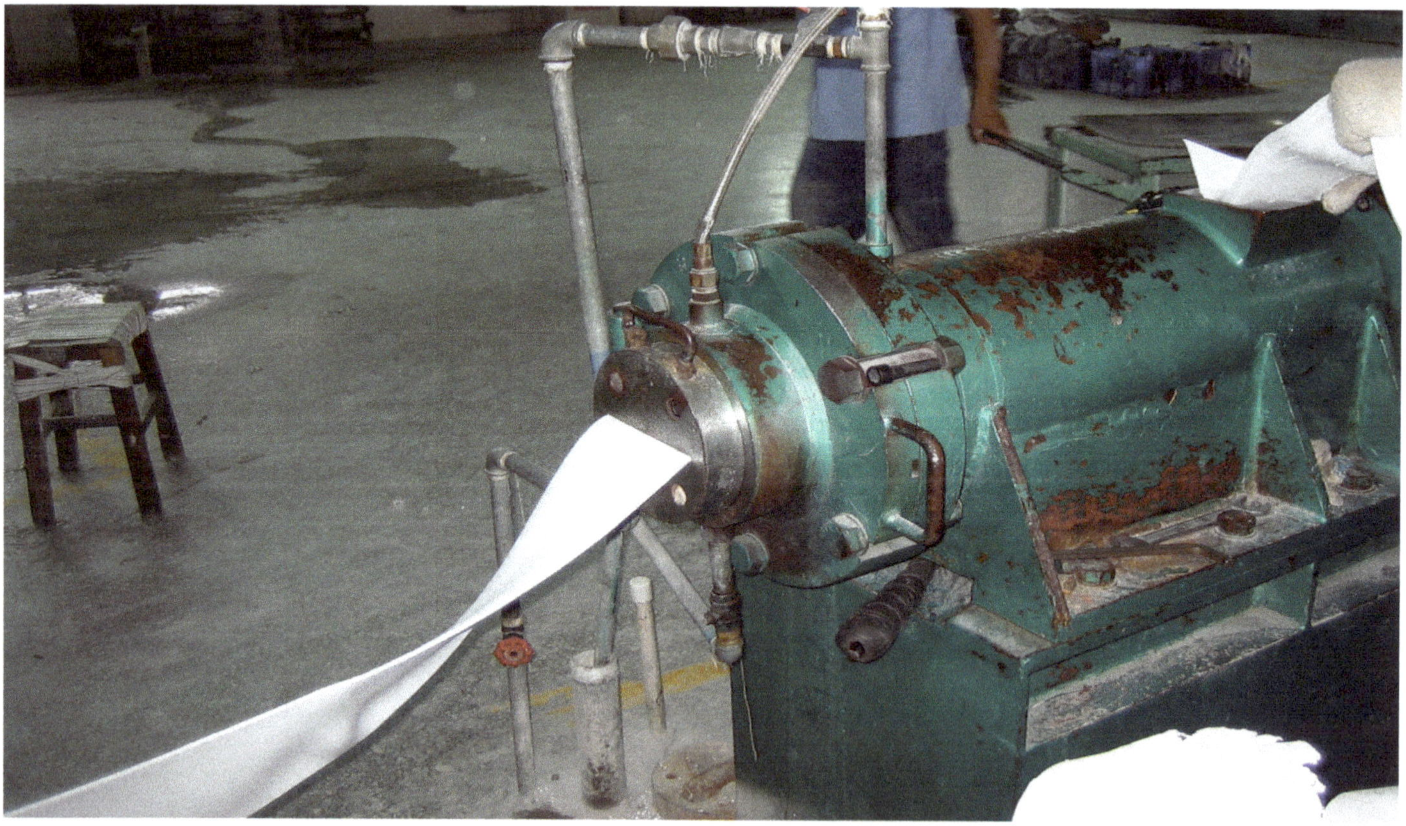

El caucho sin curar se introduce en la máquina de extrusión para fabricar una tira gruesa.

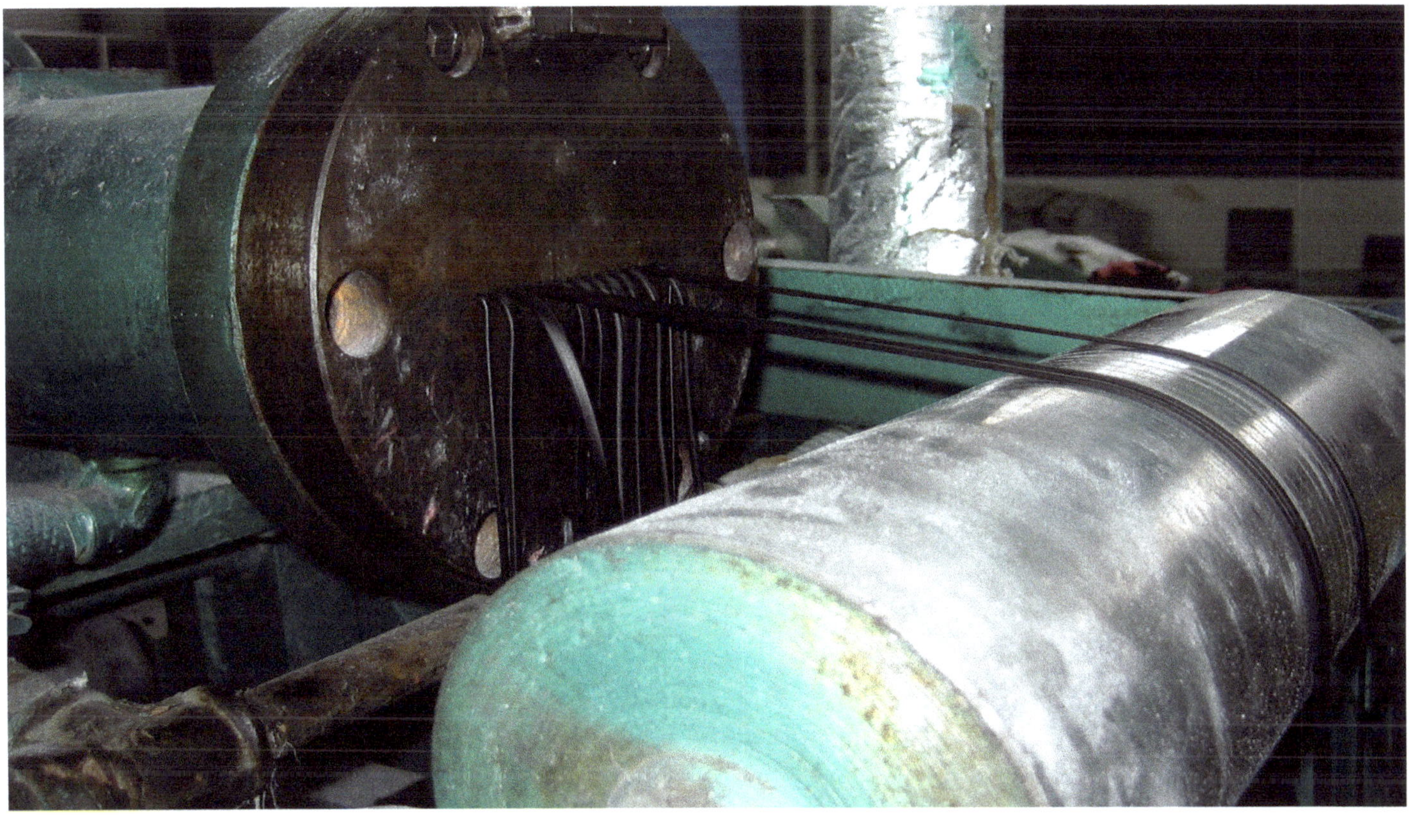

Las tiras negras son extruidas y llevadas por un rodillo traccionado.

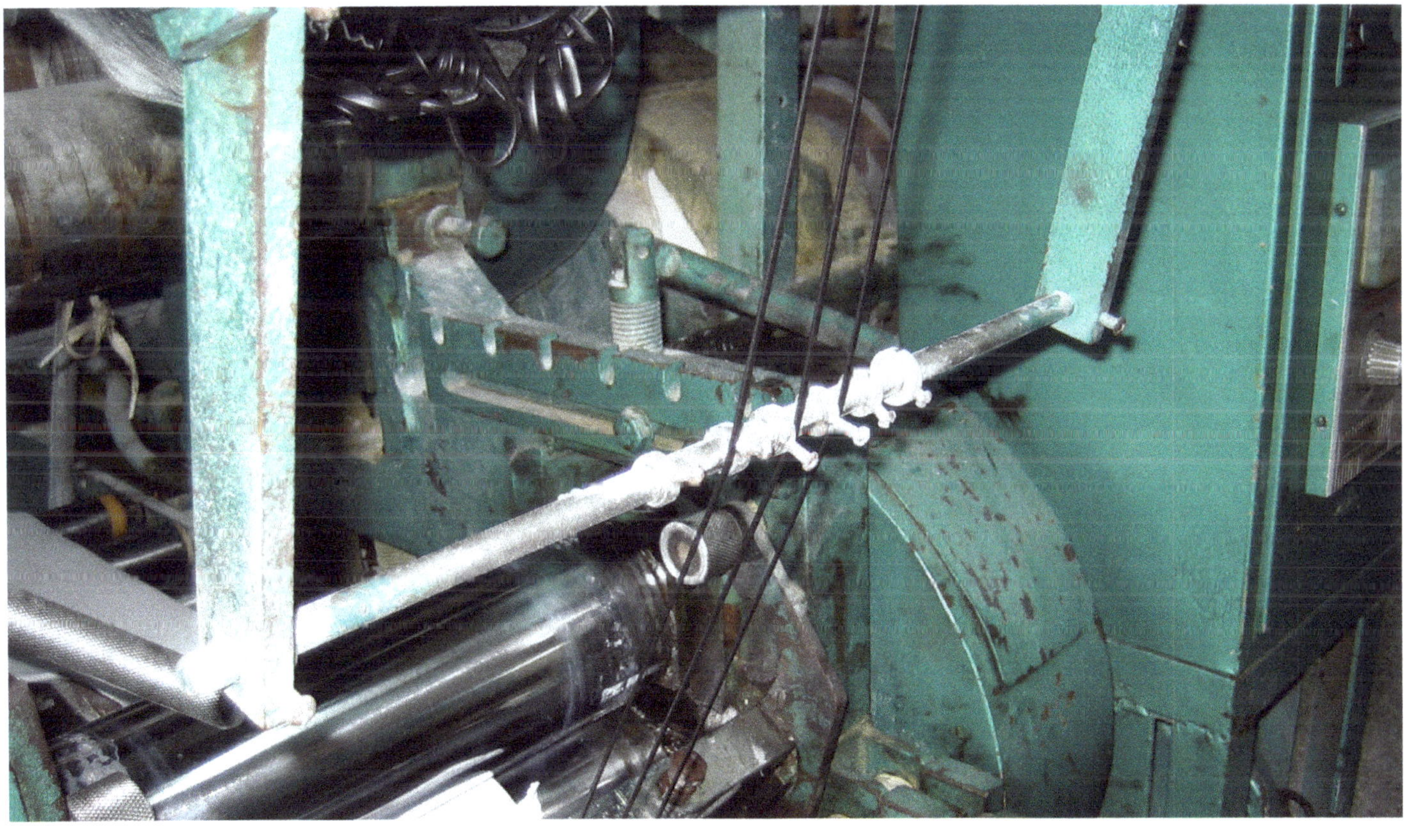

Posteriormente, las tiras se estiran para hacerlas más finas.

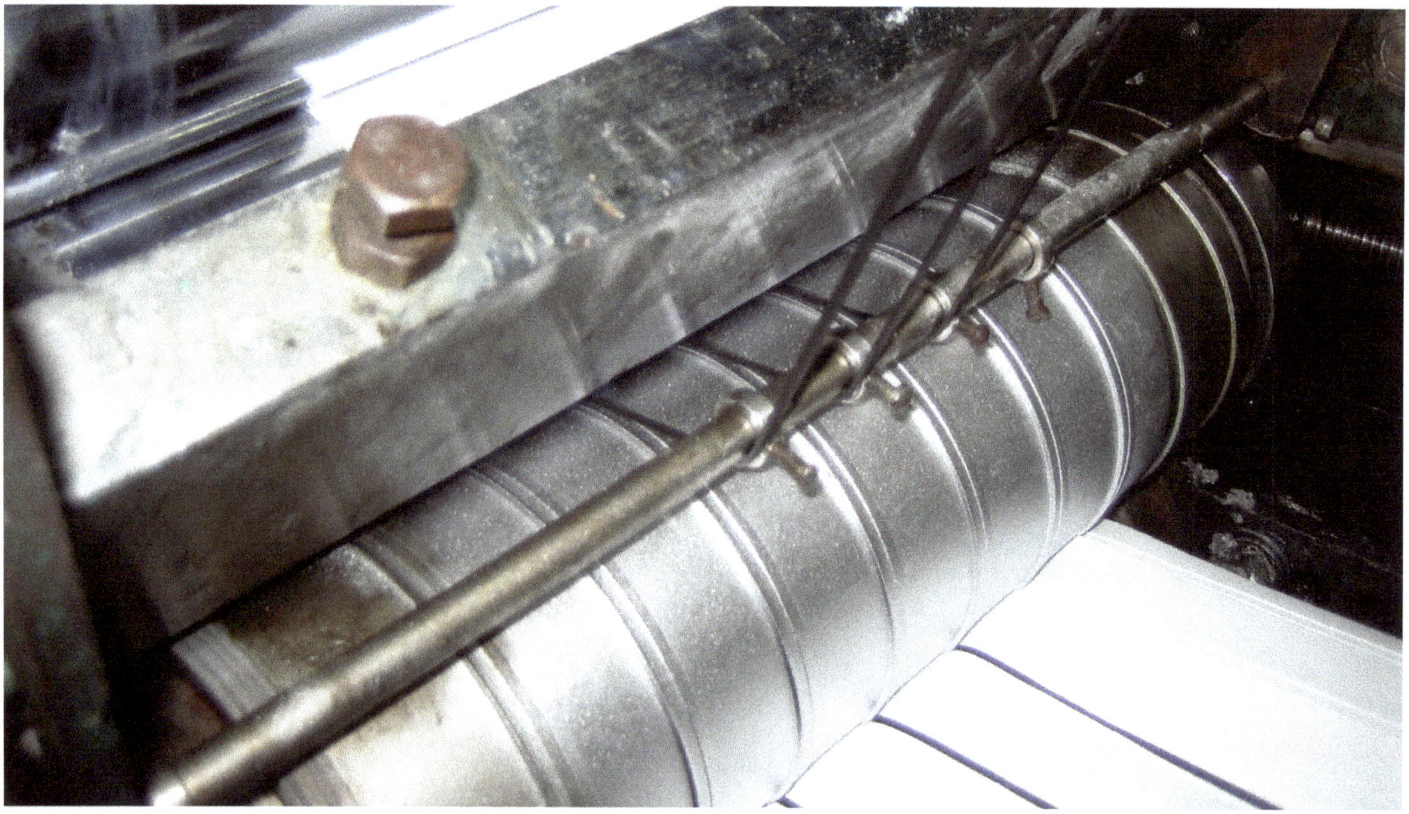

Esta imagen se muestra cómo las tiras negras se enrollan junto con la tira blanca. Al curarse, ambas se fusionarán; también, se puede ver que el rodillo tiene una textura en la superficie.

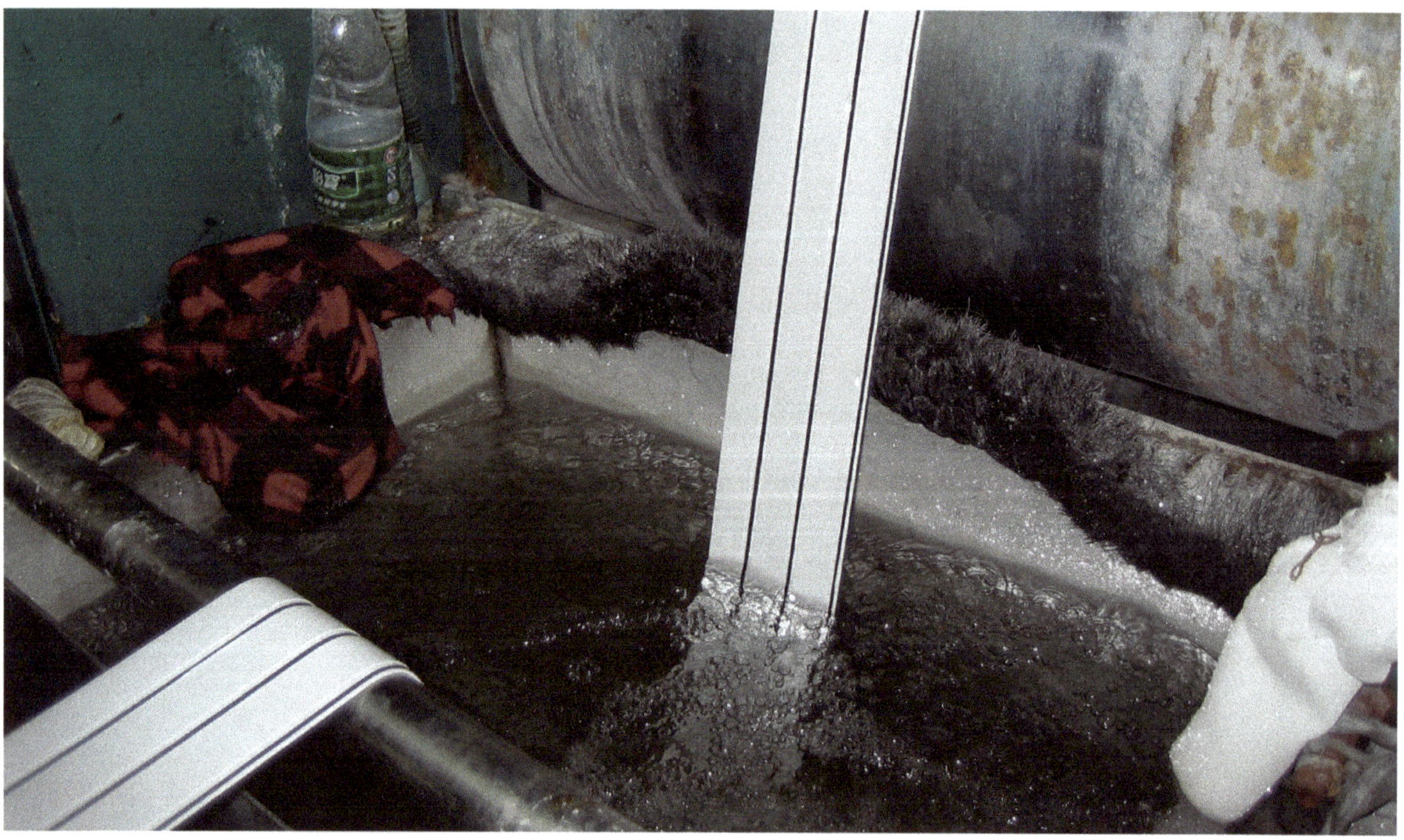

Posteriormente, la cinta de goma se enfría con agua.

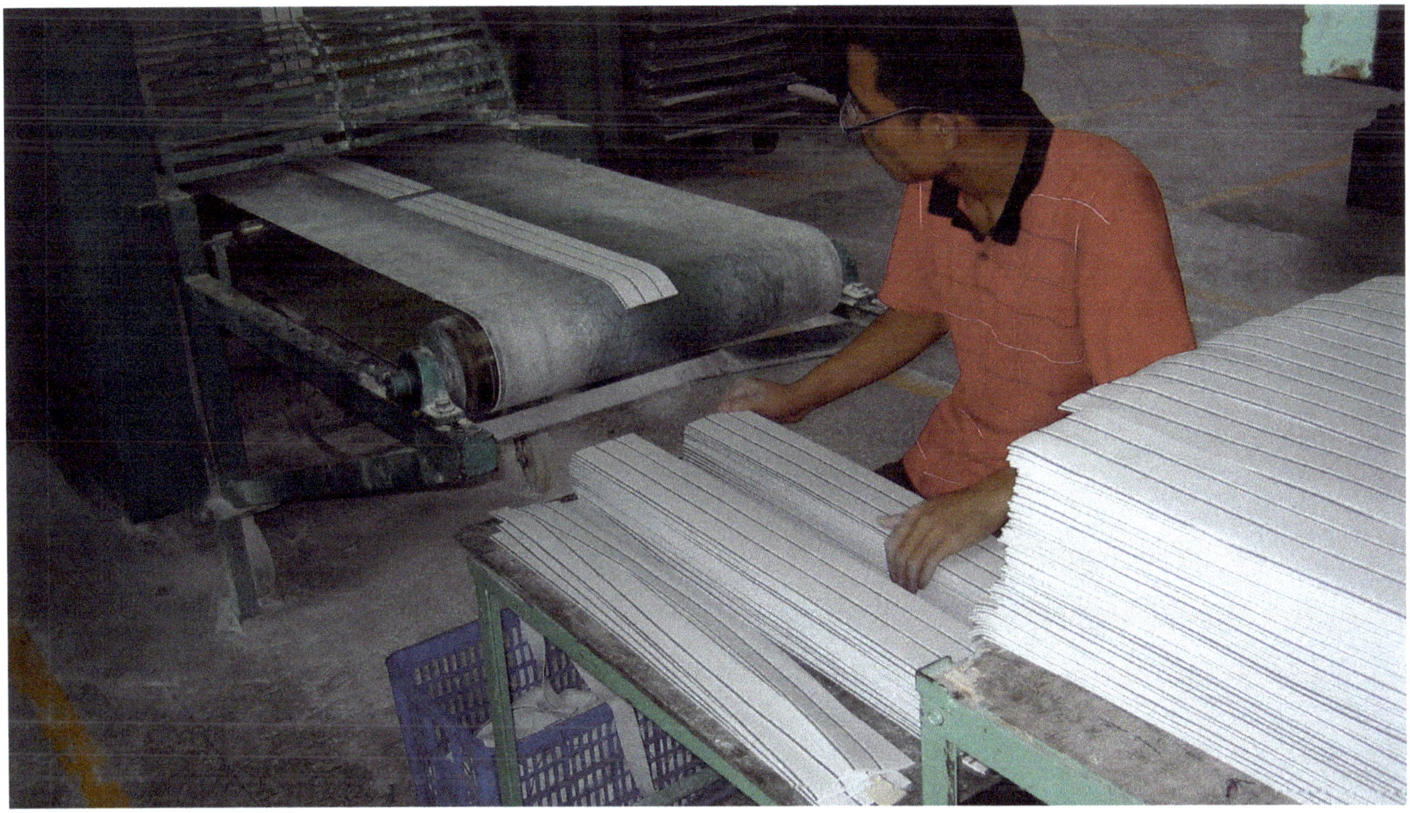

Después de pasarlo por agua, la cinta se seca y se empolva, para posteriormente cortarla a la medida.

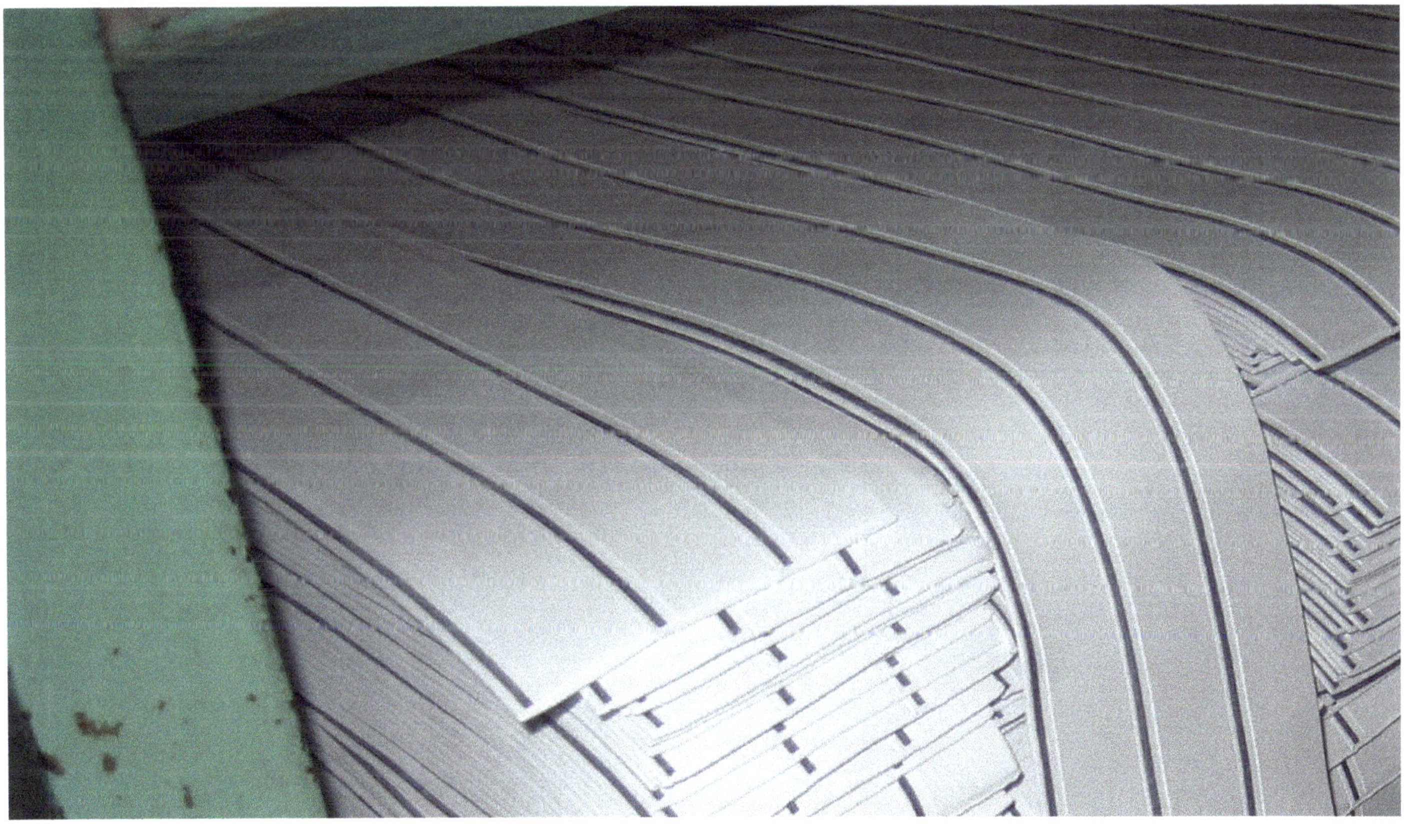

La cinta *foxing* terminada está lista para la cadena de montaje. Esta cinta debe usarse en pocos días.

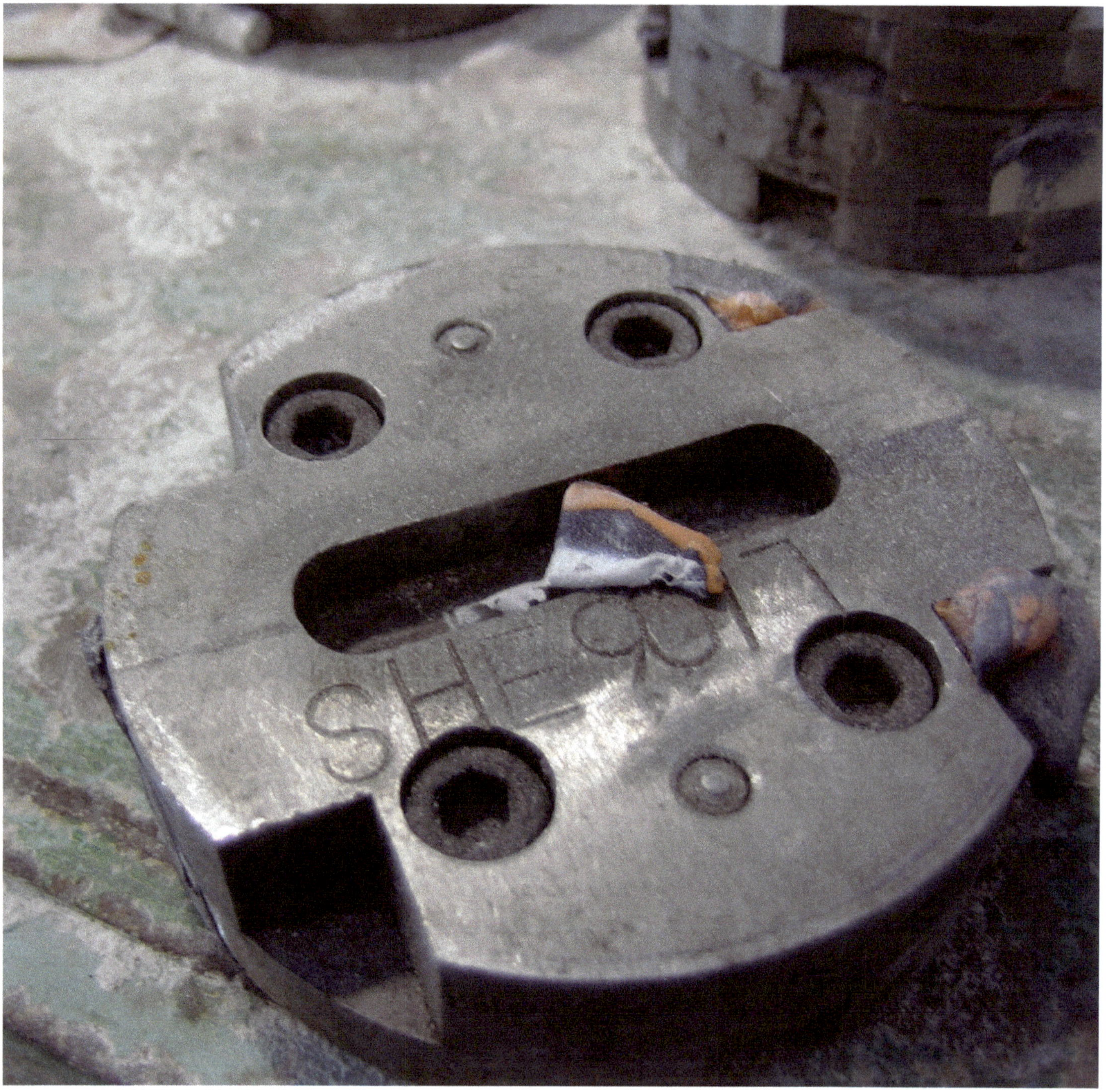

En esta imagen se muestra el cabezal de extrusión; se atornilla en la máquina de extrusión para fabricar diferentes tipos de cintas. Esta tiene 3 colores.

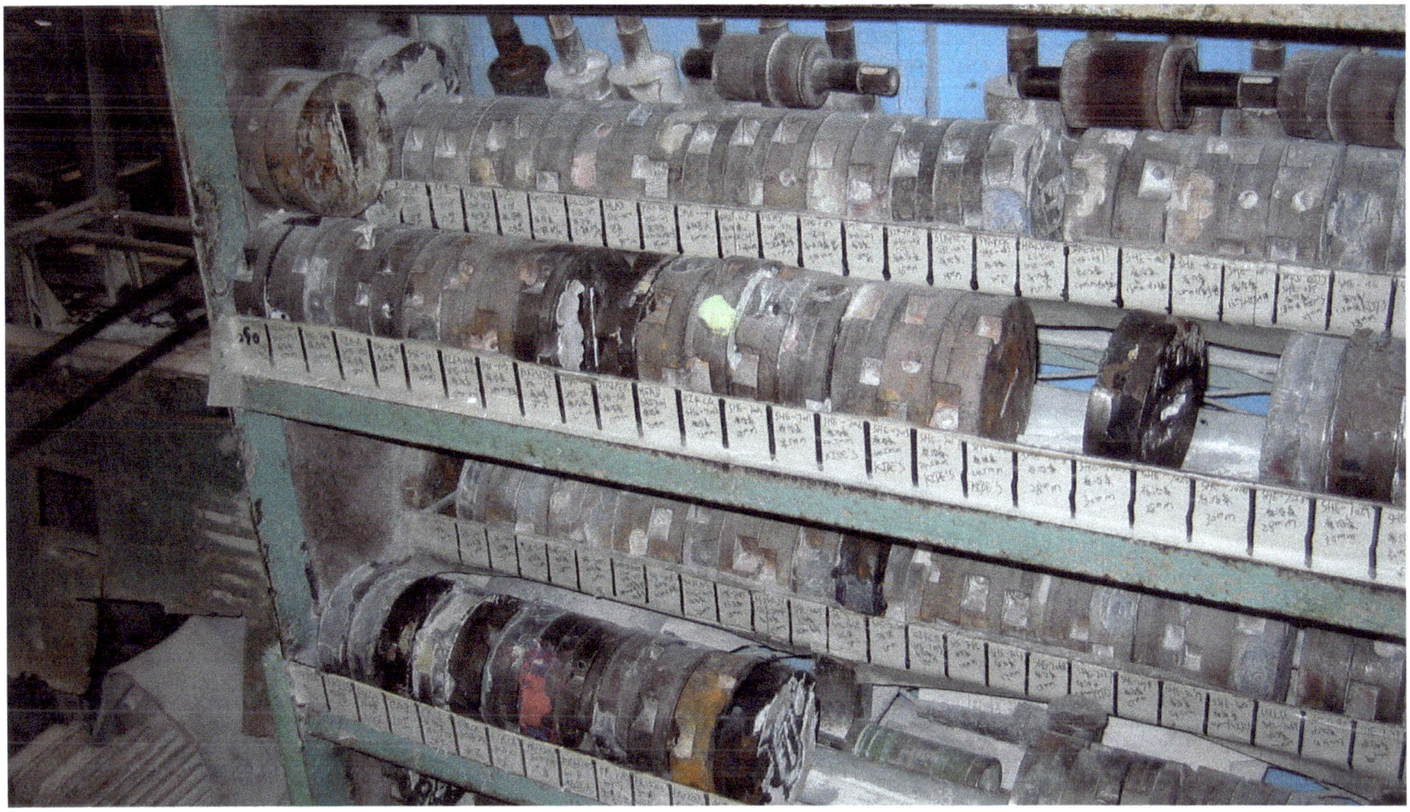

La fábricas cuentan con un gran surtido de diferentes cabezales de extrusión para las cintas.

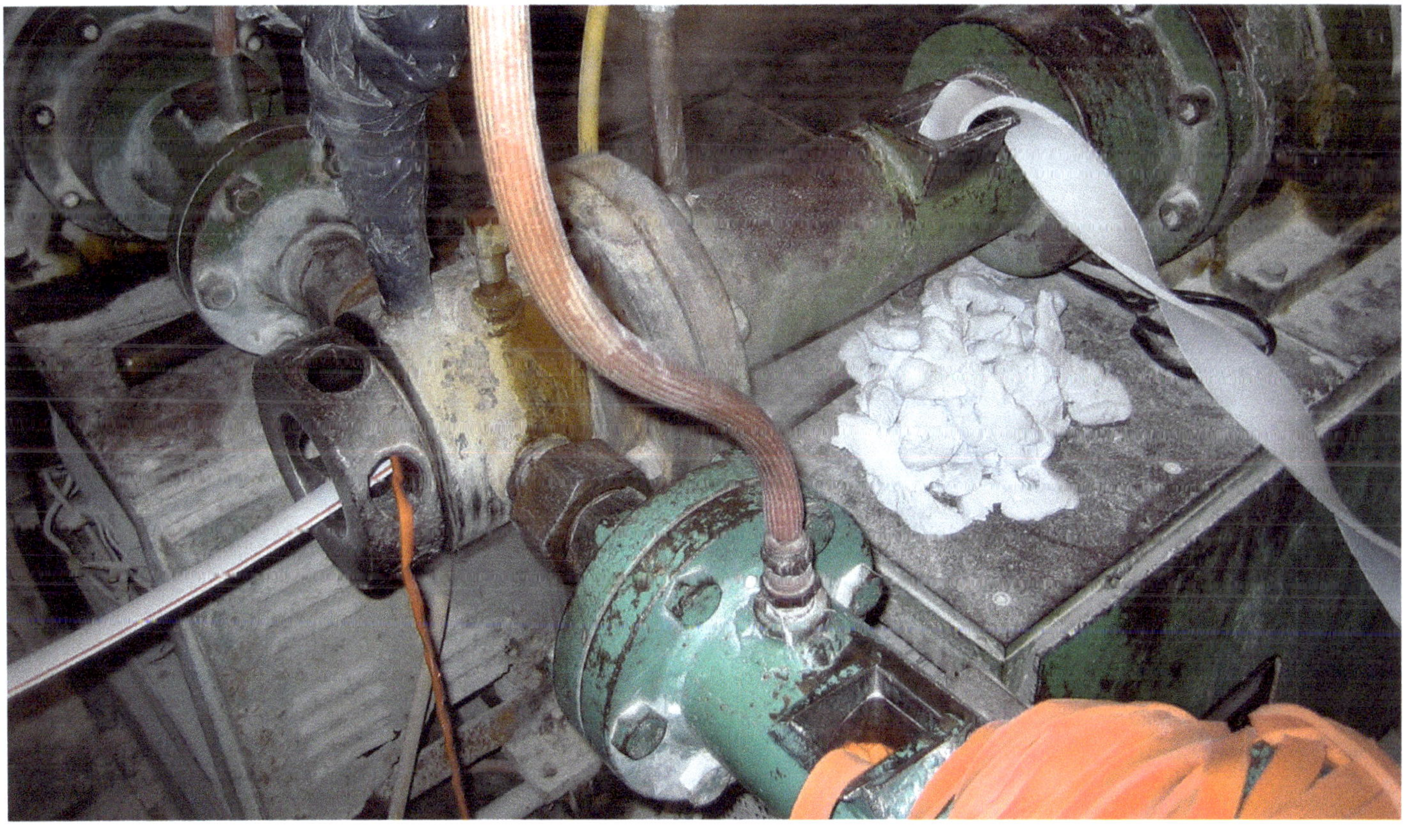

En esta imagen, la goma naranja se ha introducido en la máquina de extrusión para crear una cinta de ese color.

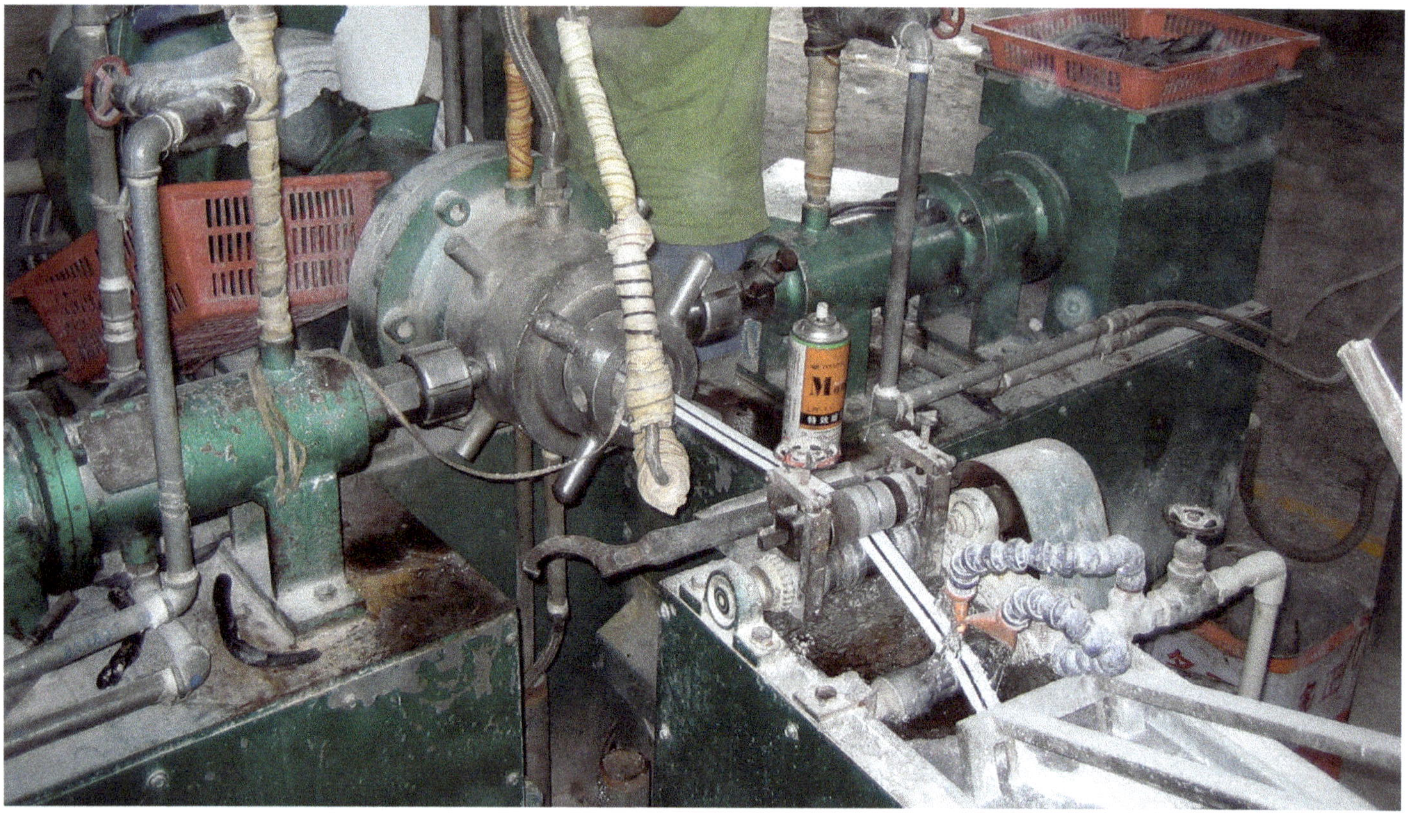

Esta es una máquina de extrusión de dos colores. El caucho color blanco, y el caucho color negro se introducen en la máquina y se combinan.

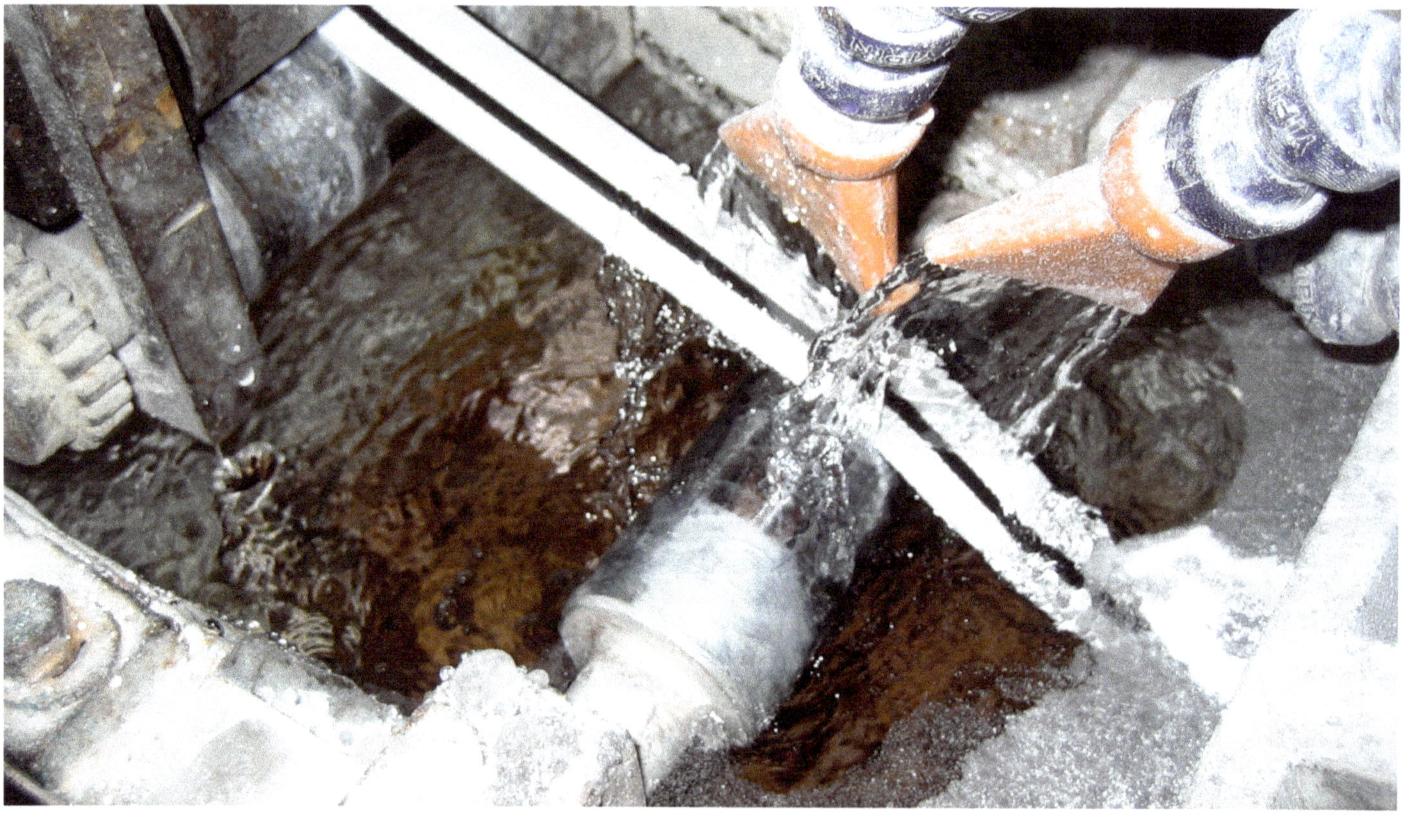

El agua se utiliza para enfriar la goma.

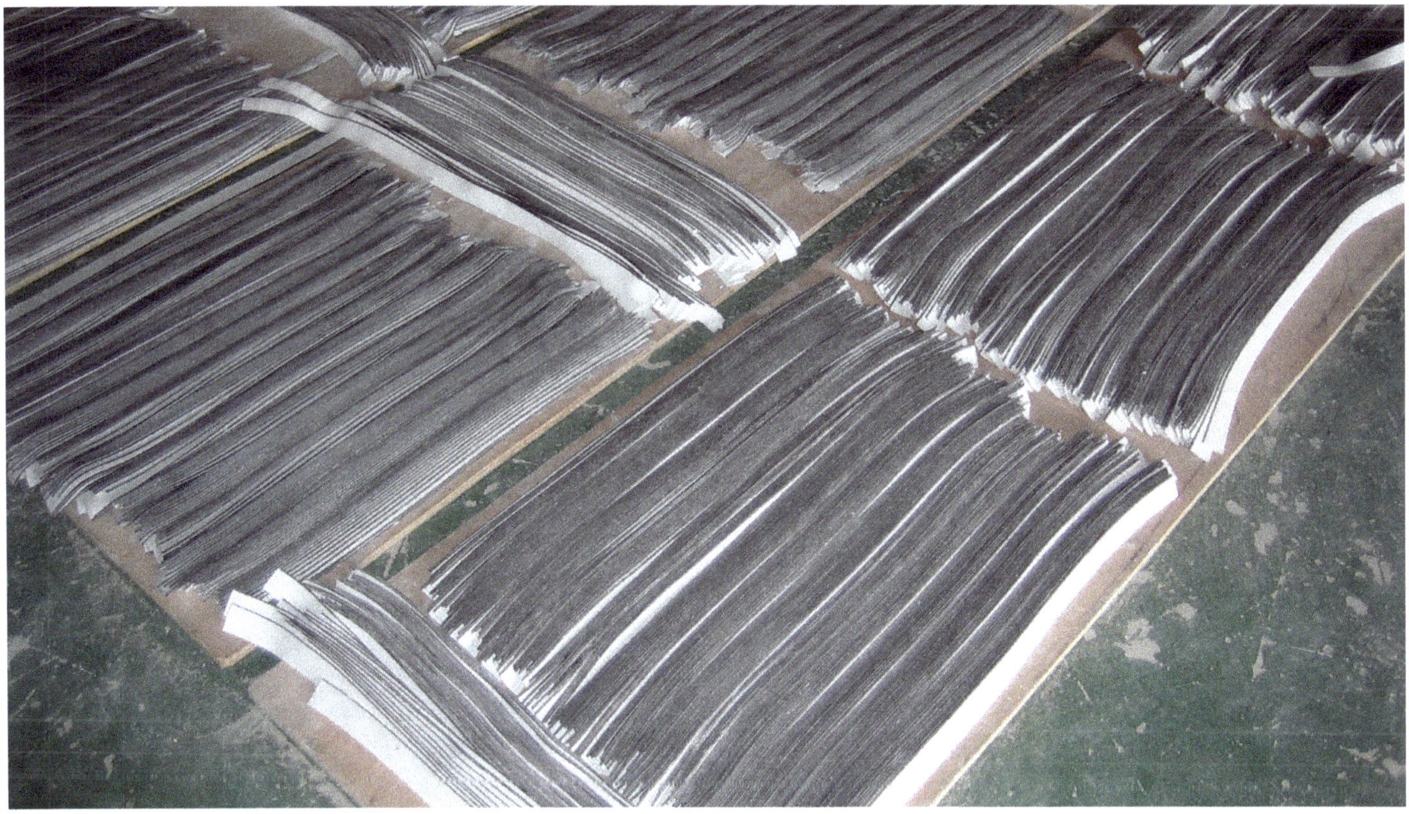

La producción en masa requiere miles de cintas.

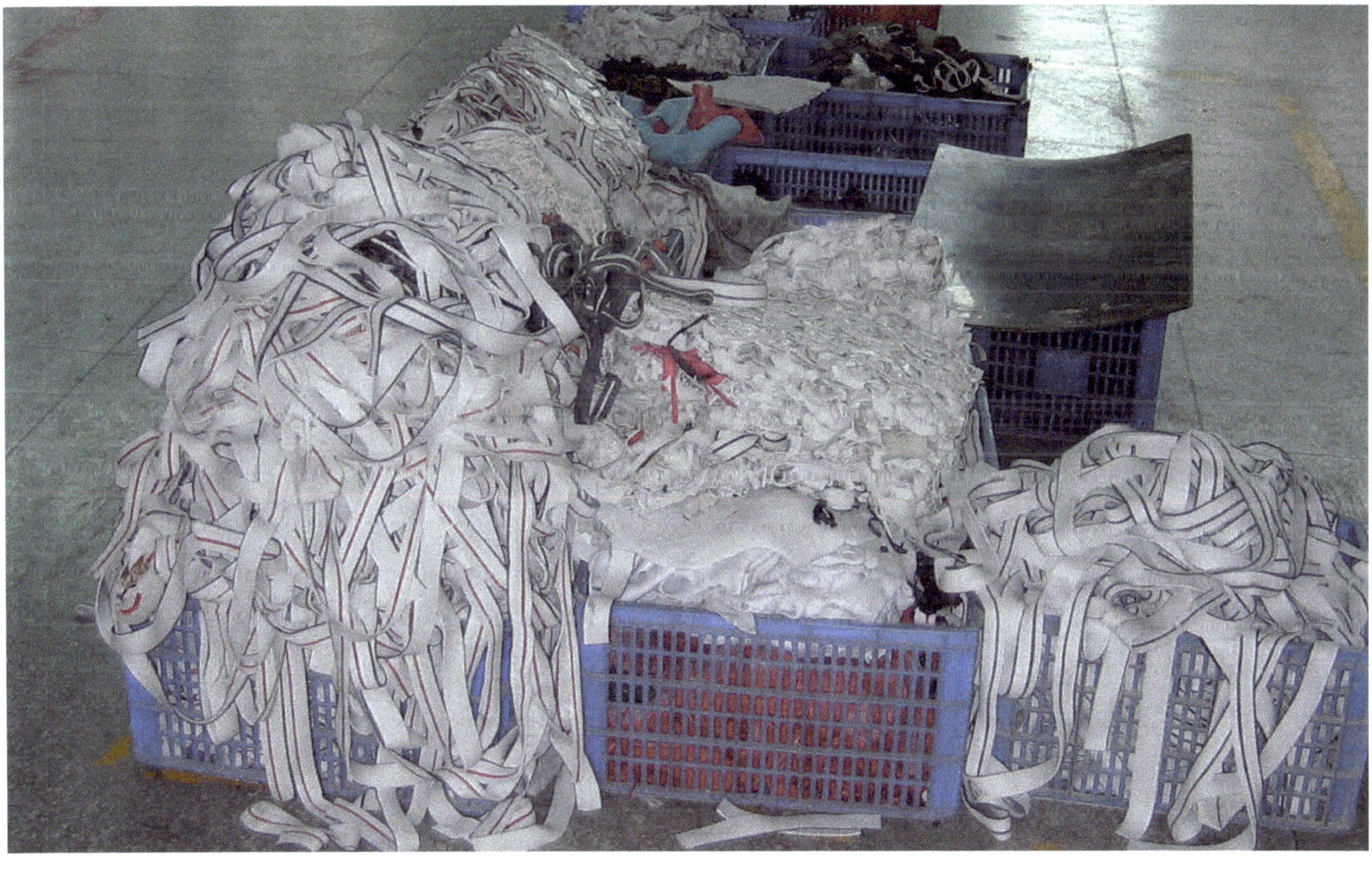

No se puede utilizar el sobrante de las cintas, ya que después de unos días, perderán su capacidad de adherirse y no se soldarán correctamente. Estas cintas se volverán a meter en la máquina de extrusión, y se usarán para hacer rellenar huecos, o para hacer entresuelas de amortiguación.

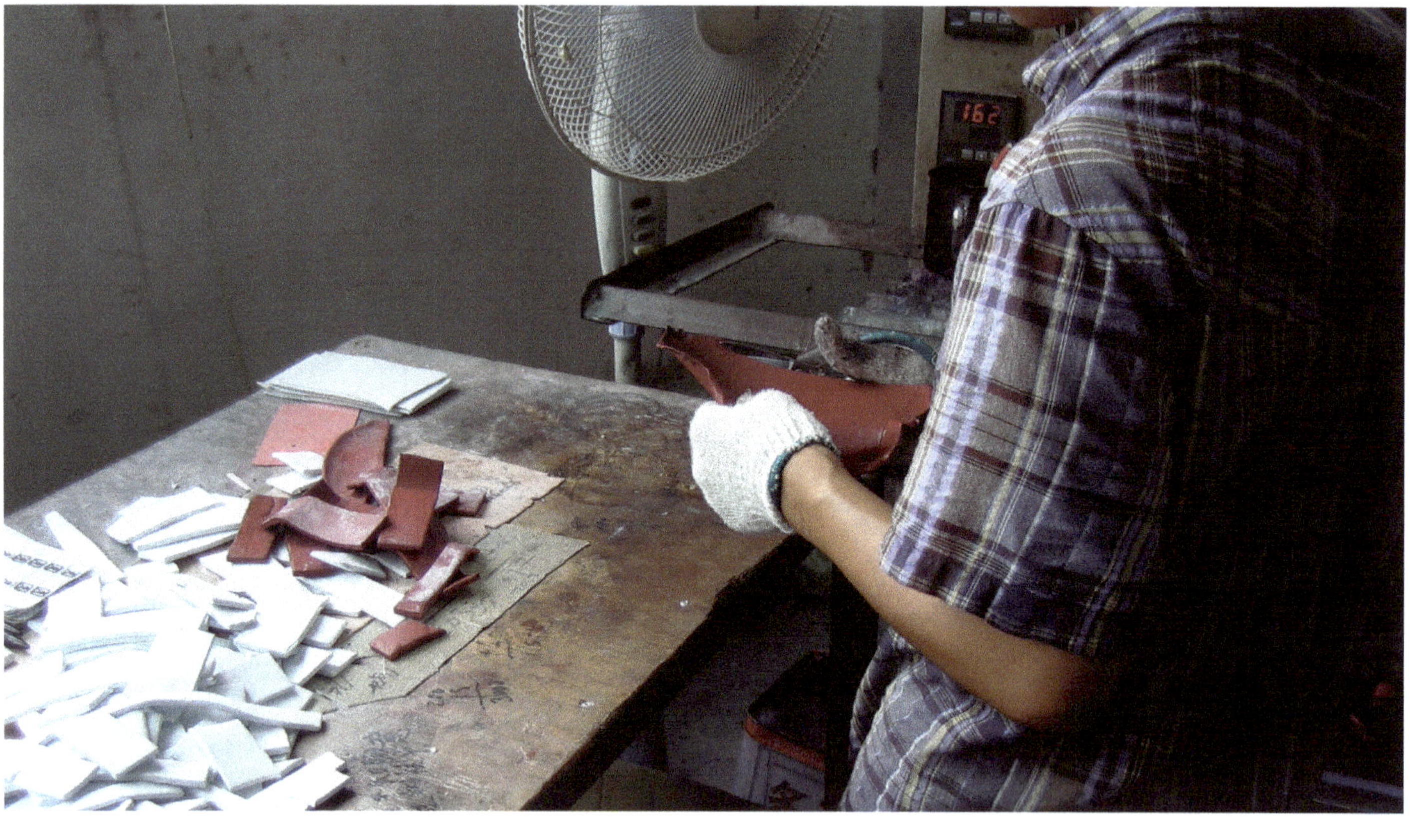

Un trabajador recorta el caucho crudo para hacer el logotipo del talón, en inglés también llamado *license plate*.

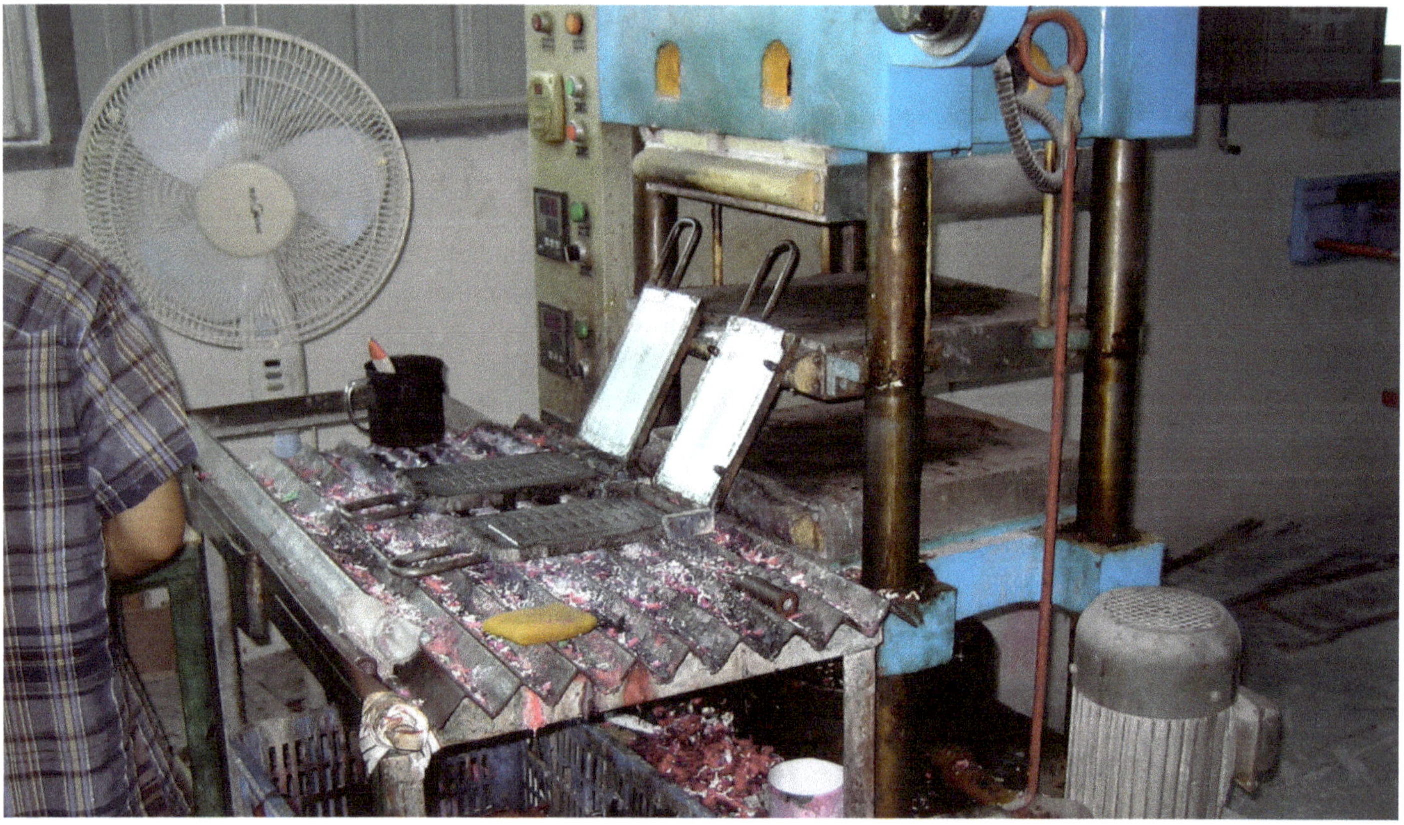

Esta es una versión en pequeño de una prensa para goma, exclusivamente para hacer los logotipos.

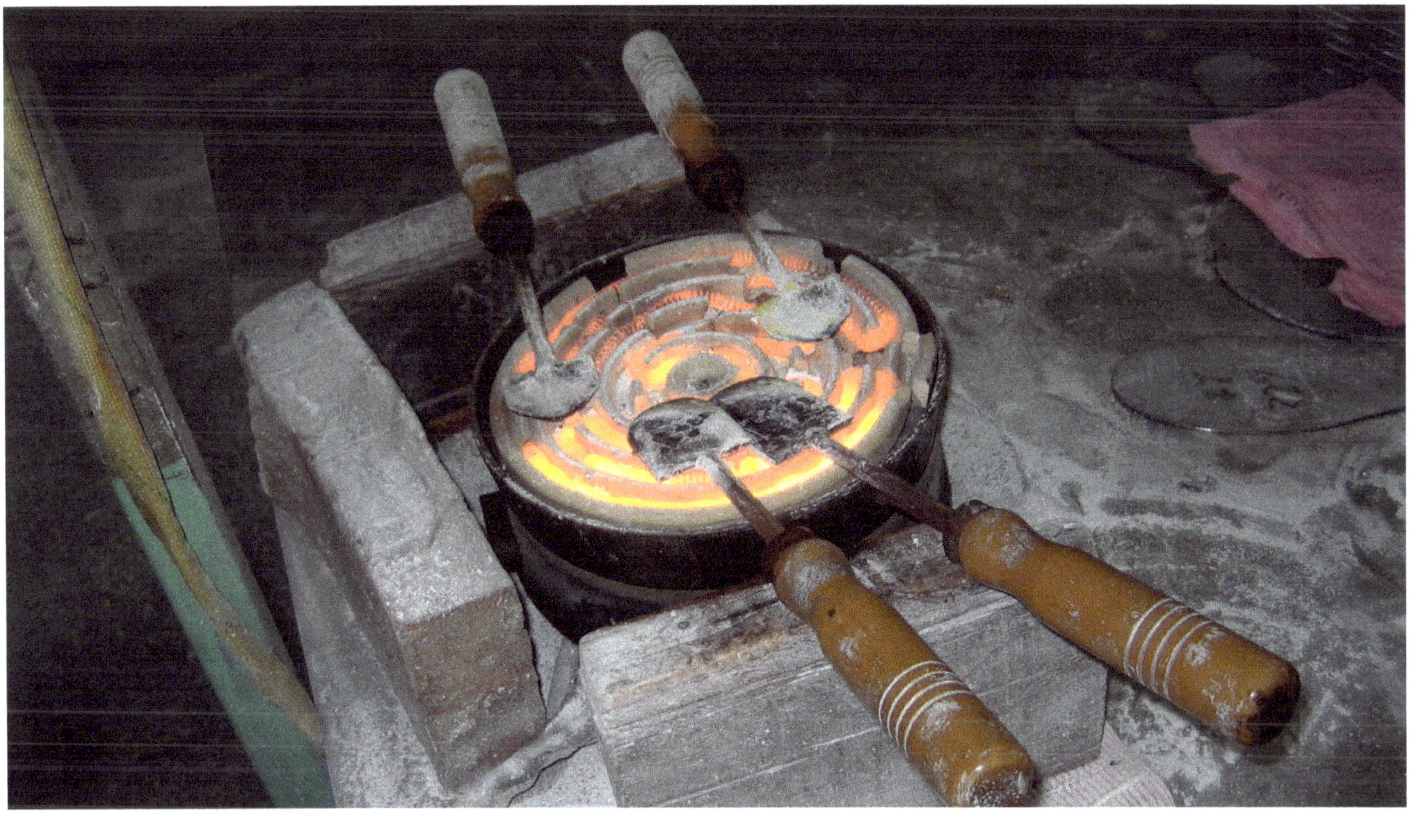

Los cuchillos se mantienen calientes.

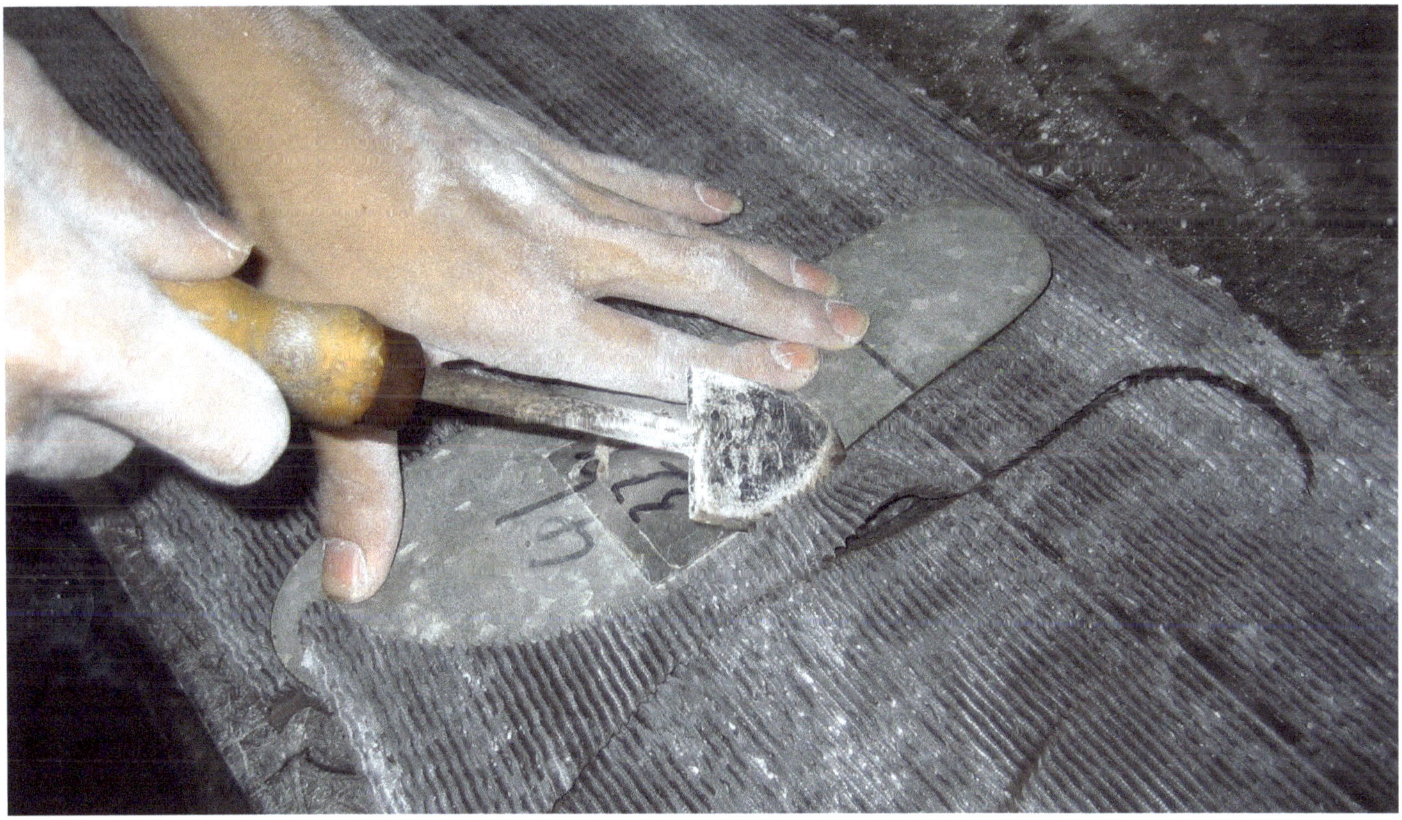

El trabajador utiliza el cuchillo caliente para cortar las suelas, utiliza un patrón cortado en metal.

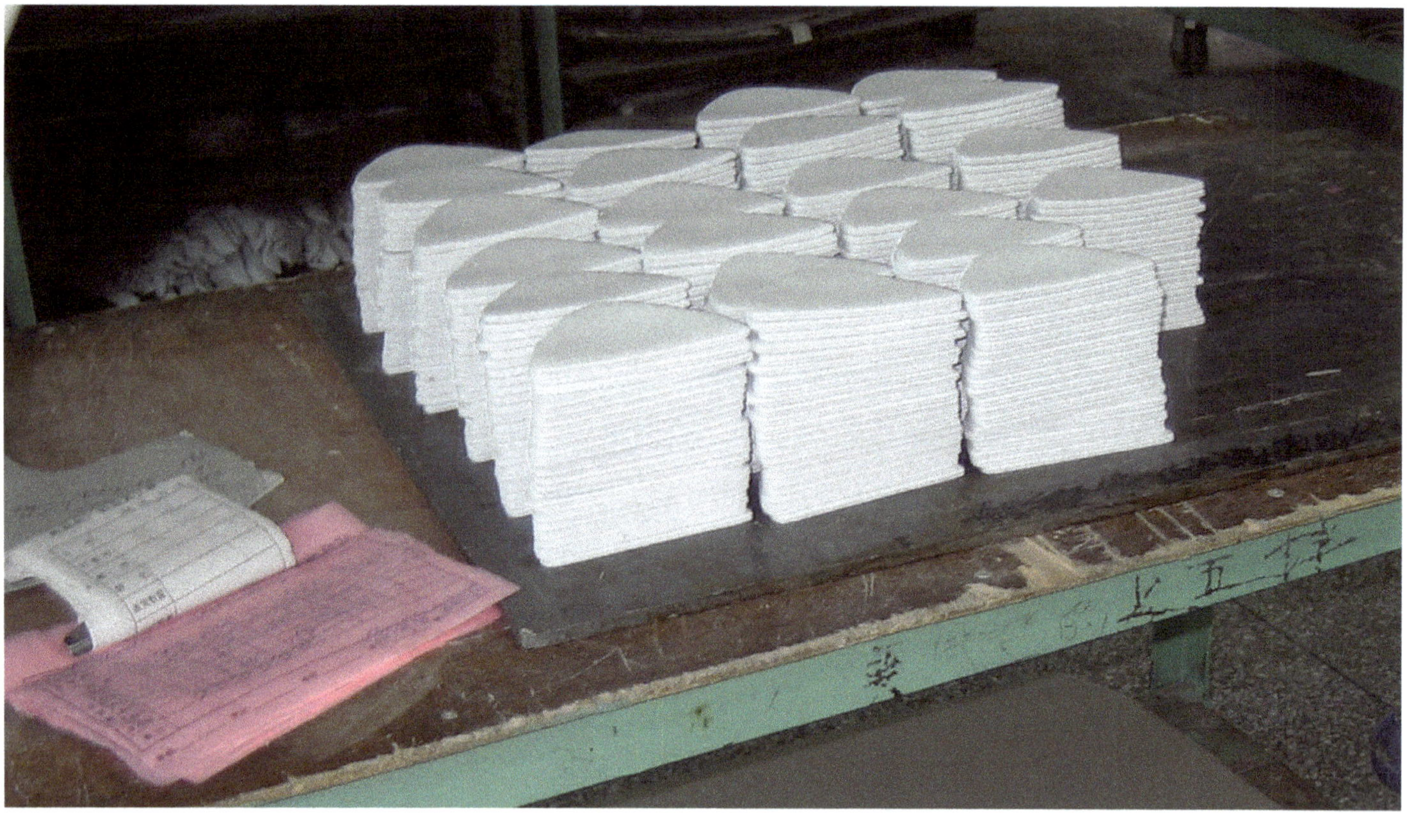

Esta imagen muestra las punteras cortadas y clasificadas, listas para ser utilizadas. El caucho crudo solo puede mantenerse sin utilizar unos días, después hay que reciclarlo.

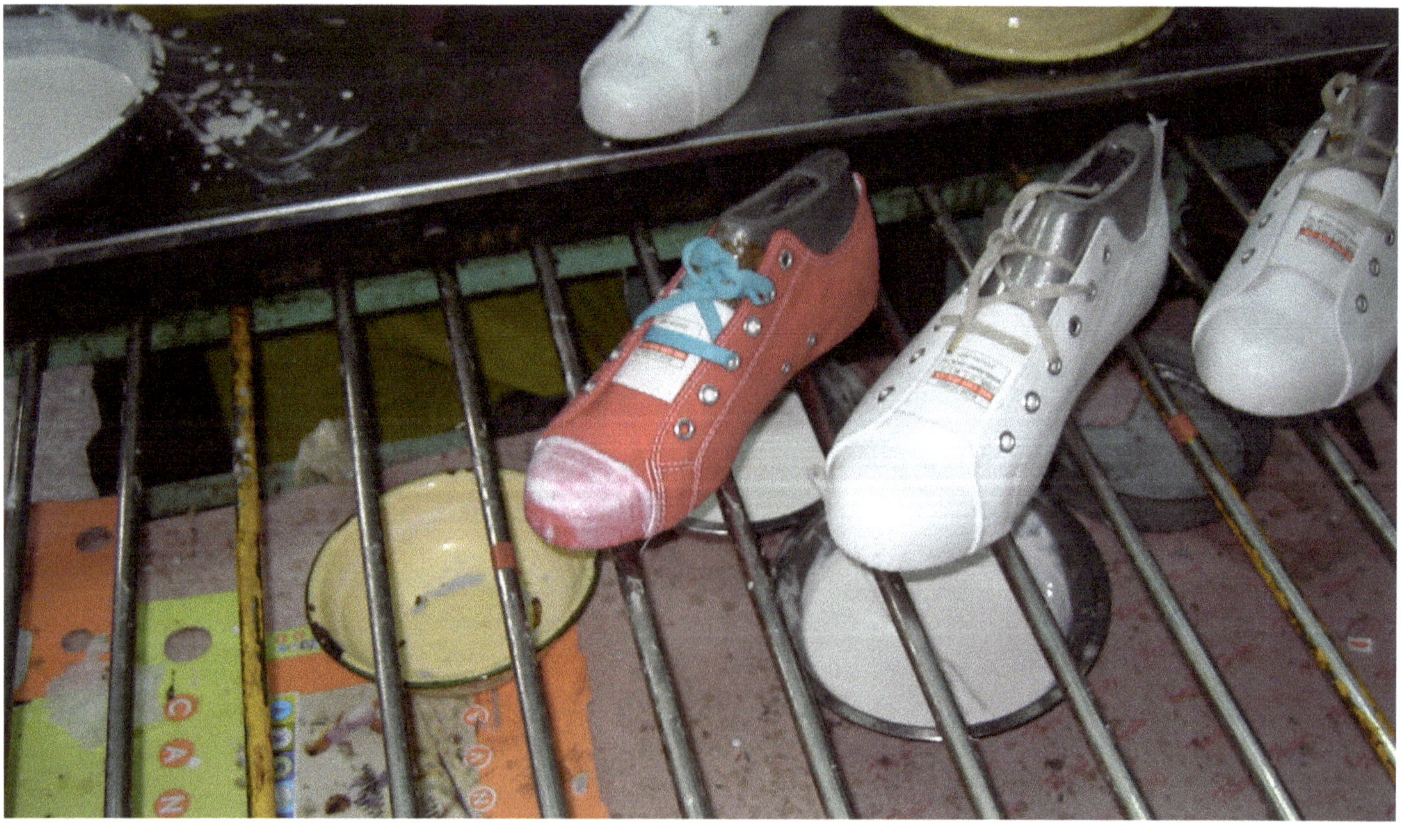

La punta se encola antes de colocar la puntera de goma; y la fina lámina de goma también recibe pegamento antes de ser colocada y prensarse.

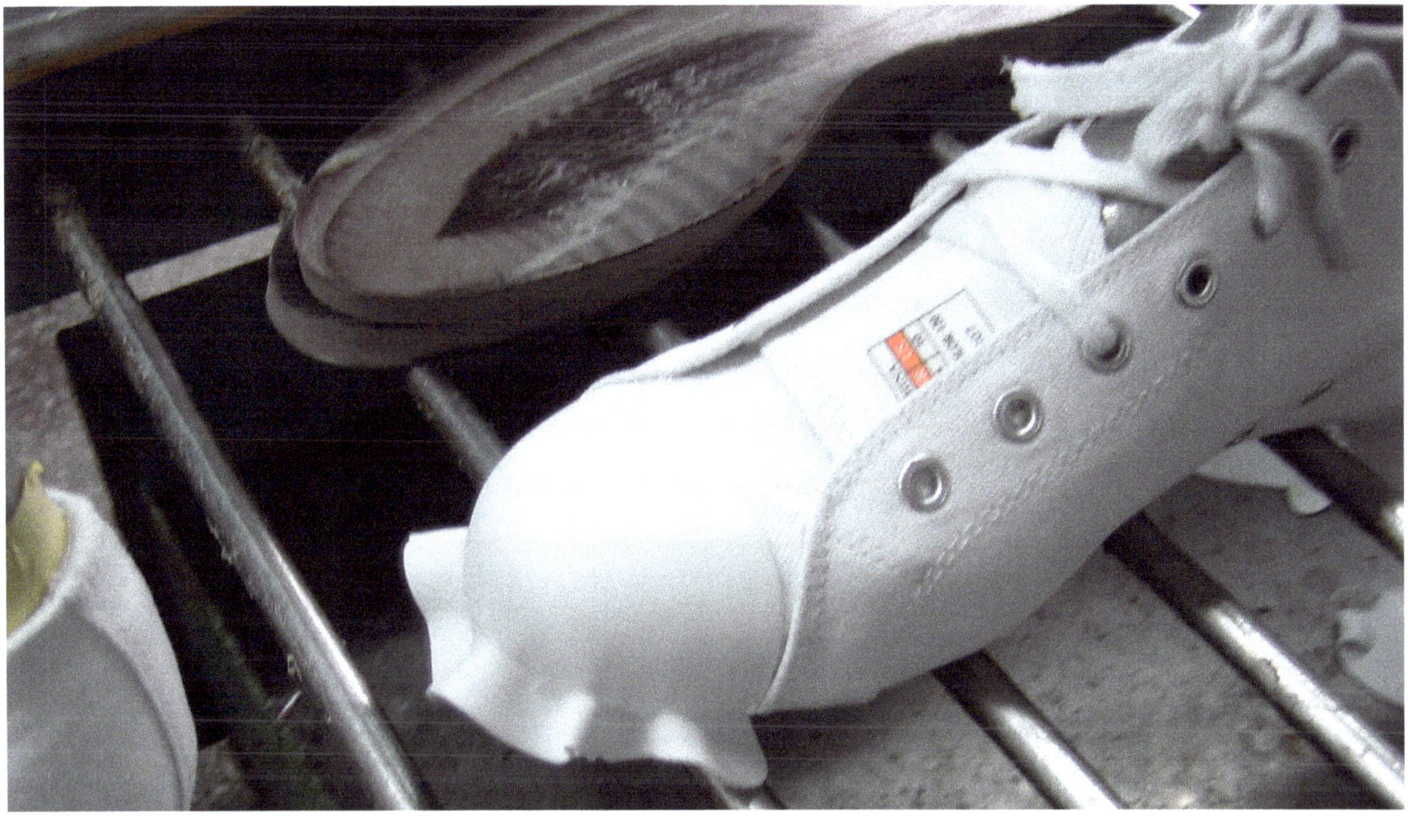

El caucho sin curar es suave, y se moldea con facilidad.

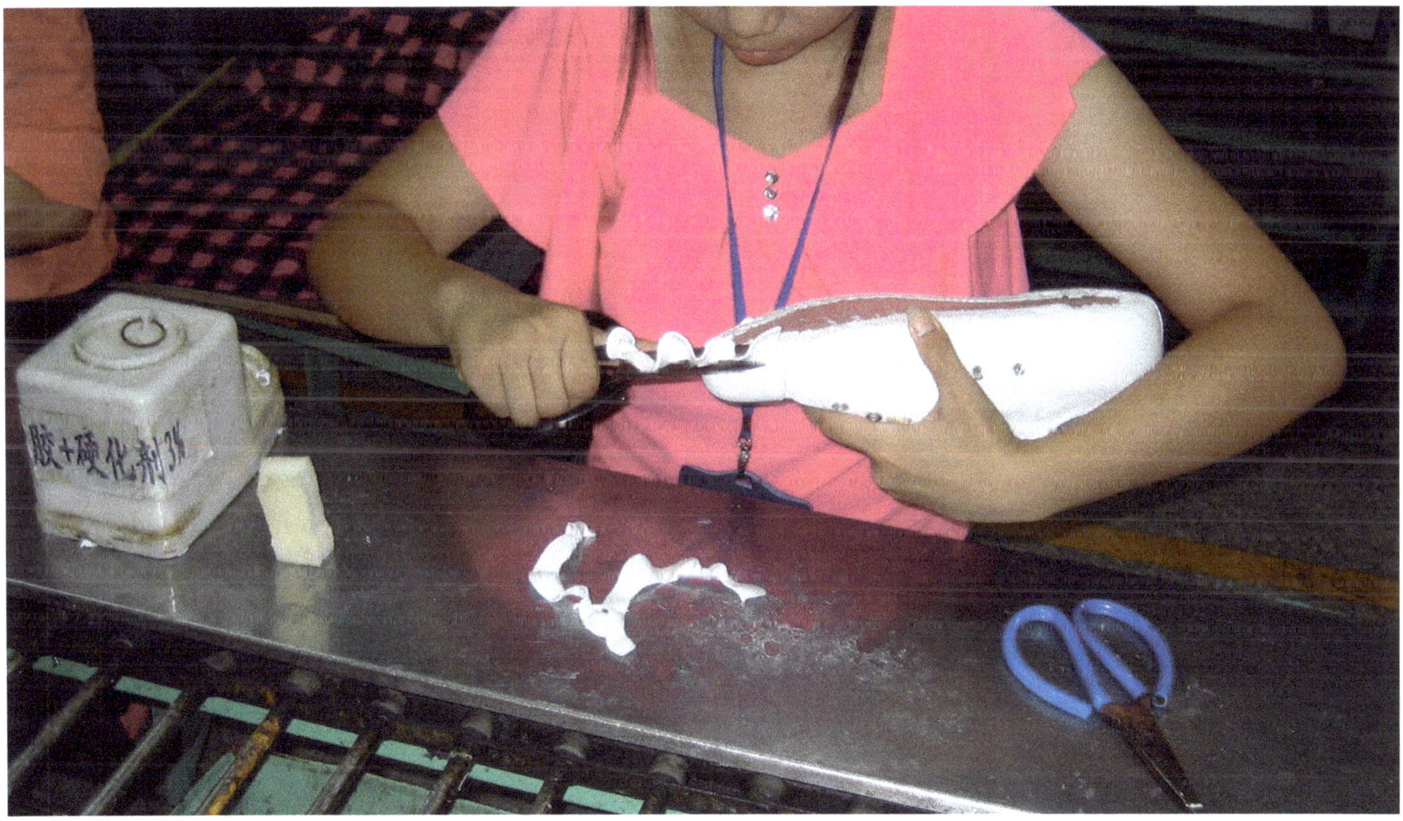

Cualquier exceso se recorta, y se recicla.

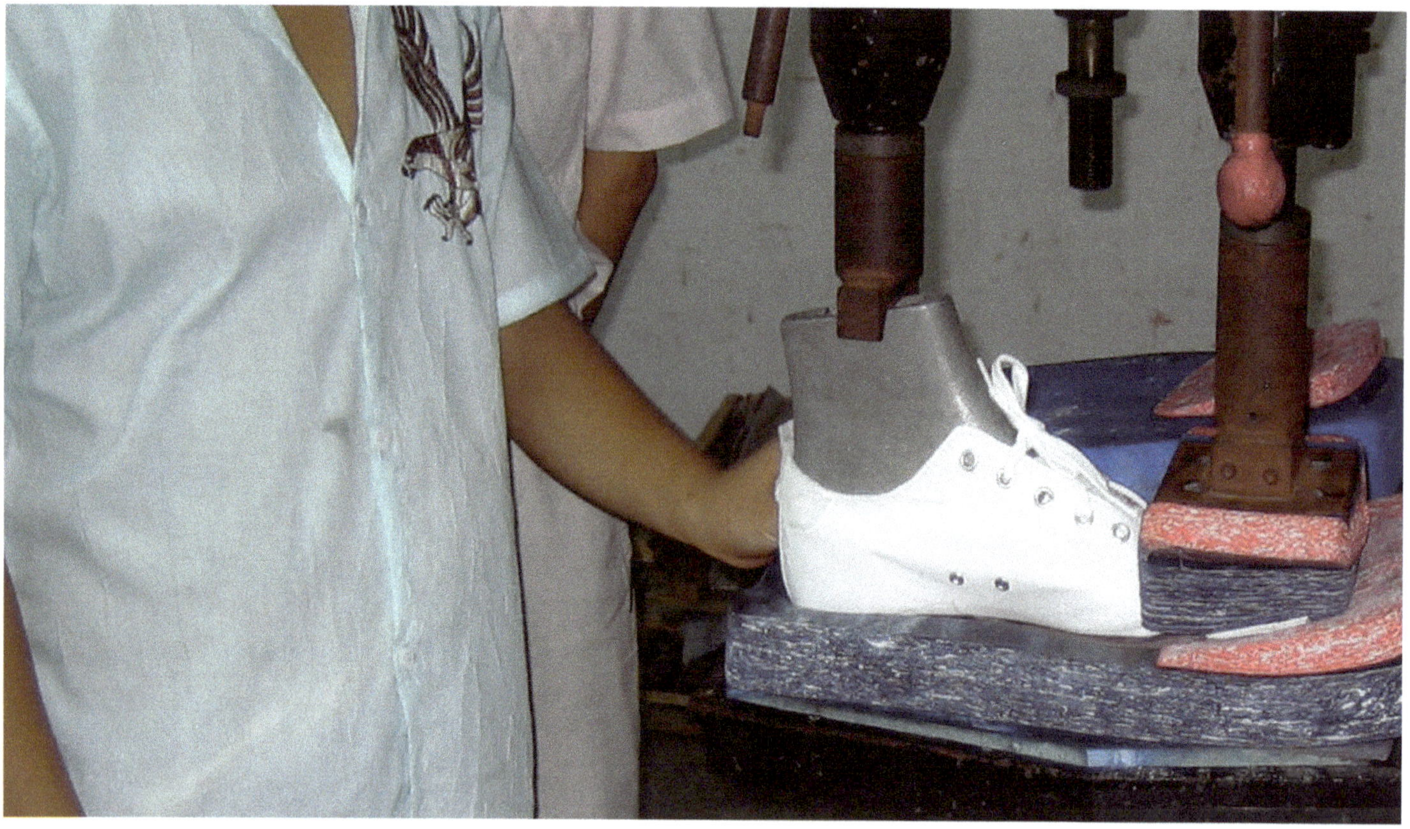

La puntera y el piso se prensan a máquina antes de colocar el *foxing*.

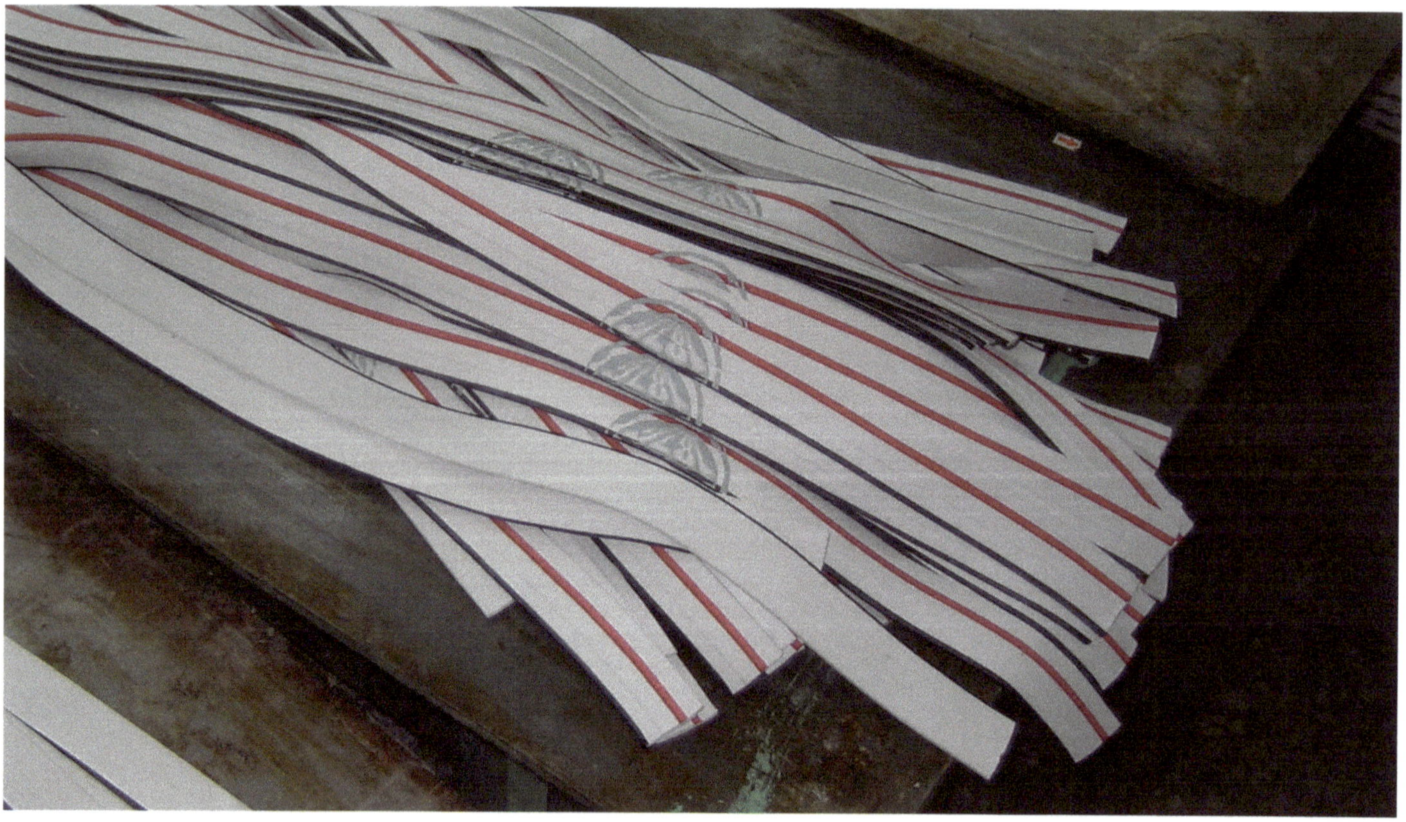

La cinta está lista para ser procesada. En este ejemplo se puede ver que el *foxing* tiene un diseño impreso para que coincida con el corte.

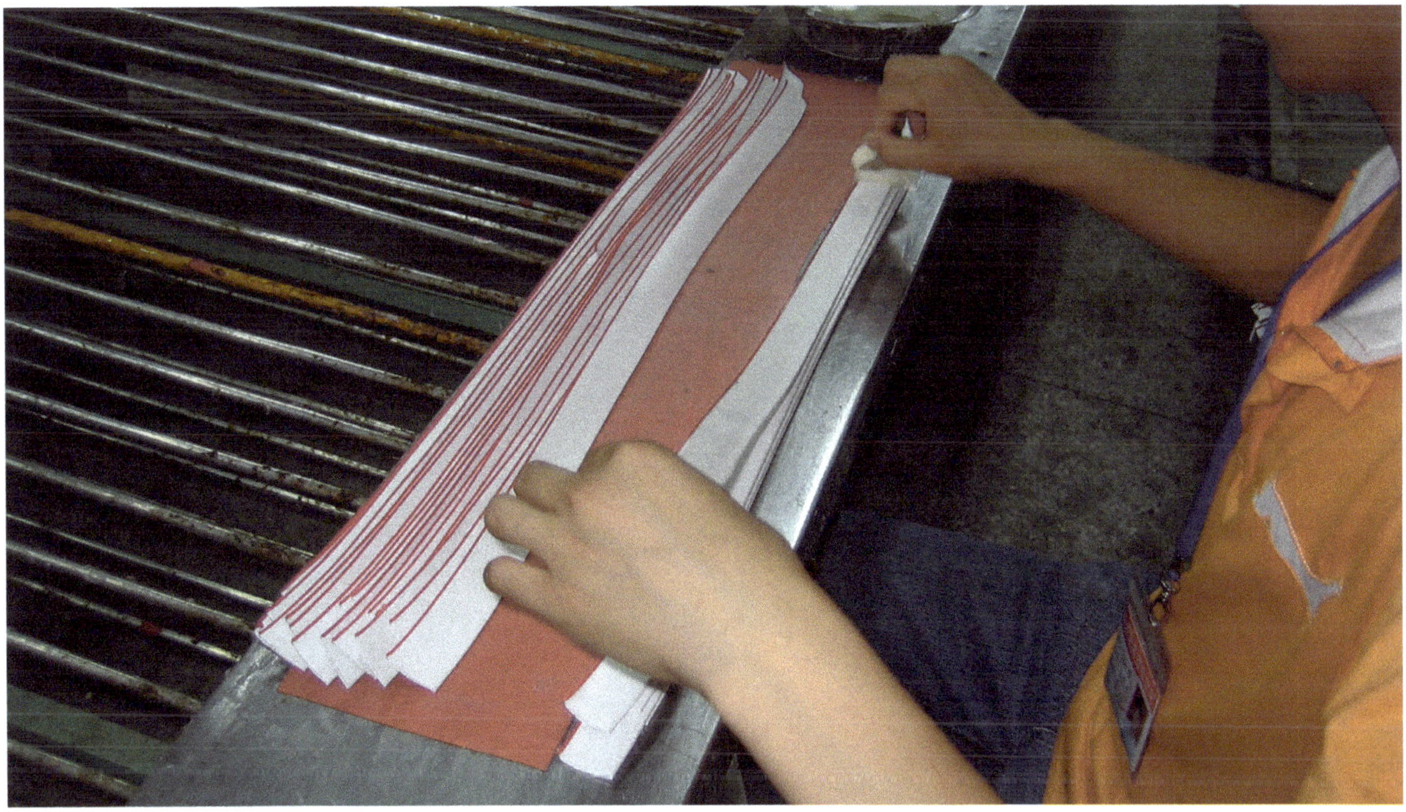

El cemento se aplica tanto al corte, como al *foxing*.

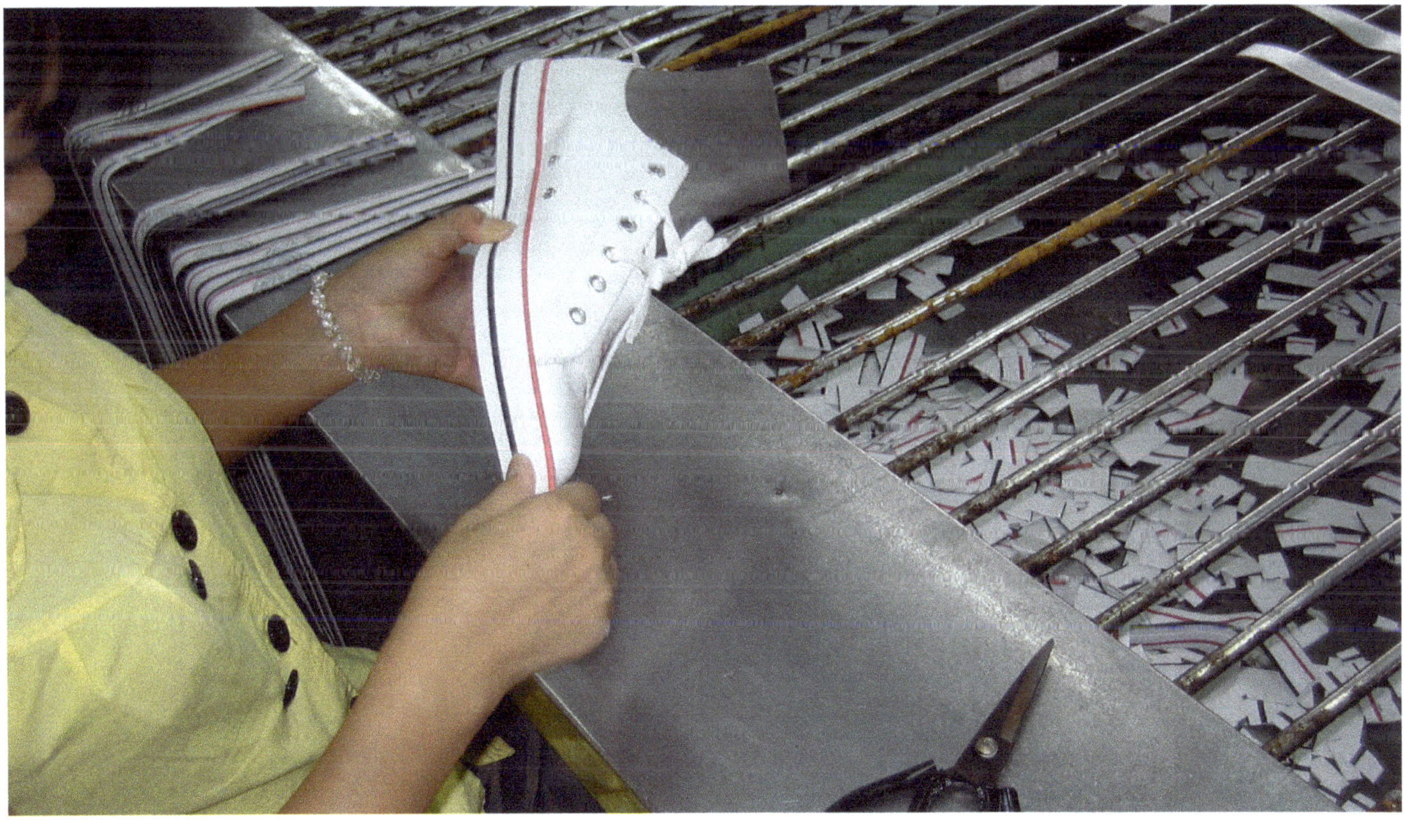

En esta imagen, se muestra la cinta *foxing* colocada en la zapatilla.

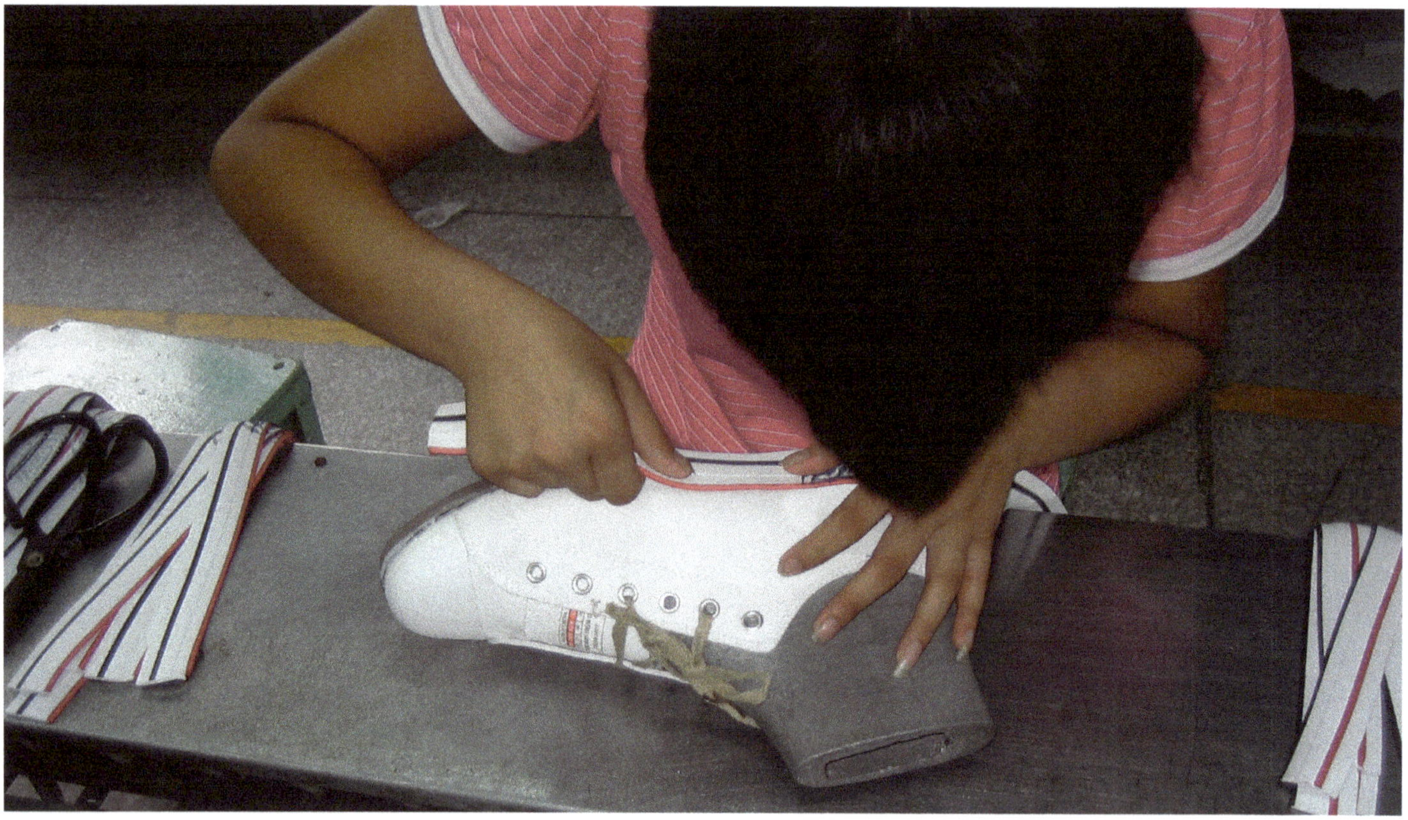

El trabajador posiciona cuidadosamente el logotipo del *foxing* para que coincida con el logotipo del corte de la zapatilla.

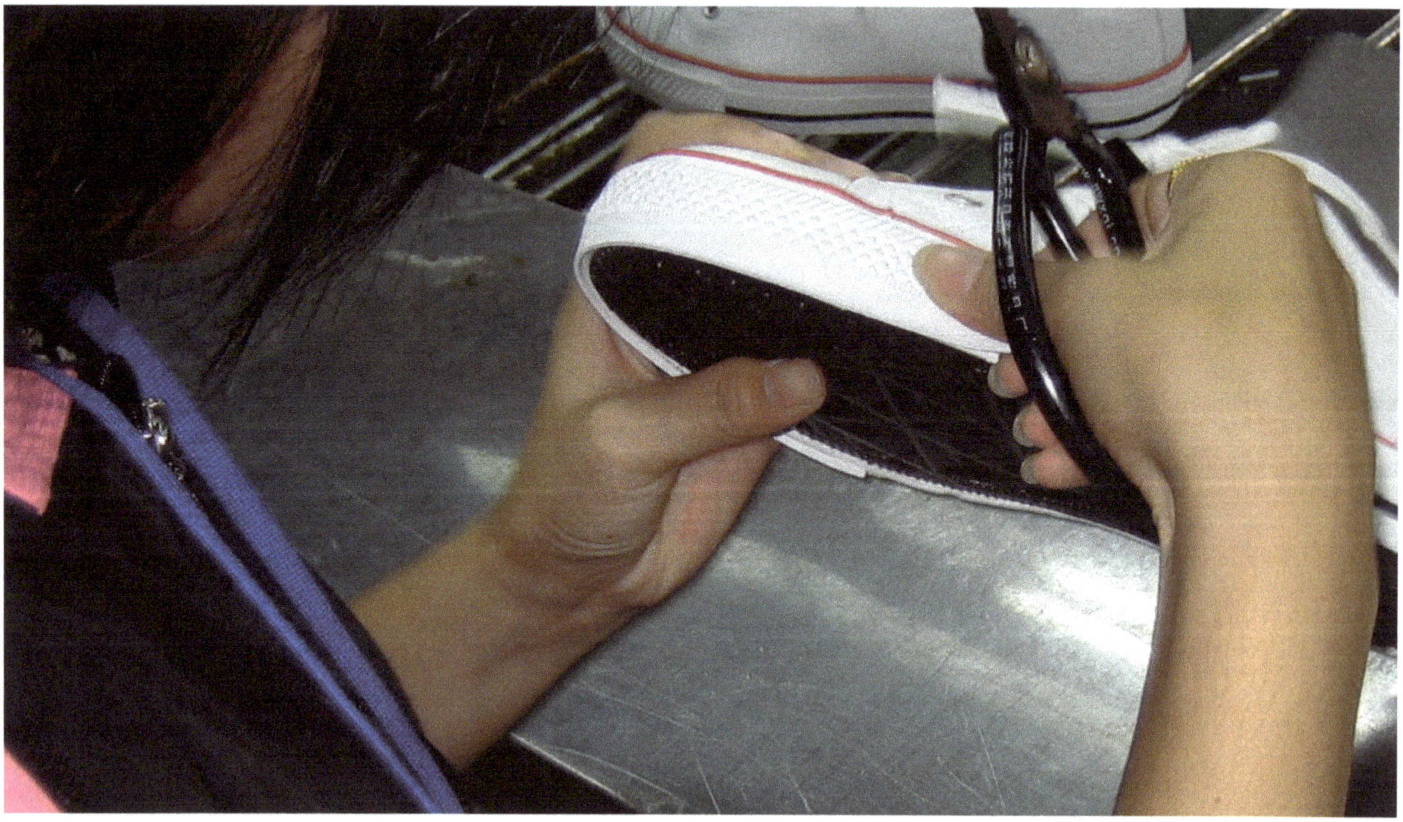

A continuación, se coloca otra cinta *foxing* extra en la puntera para cubrir las uniones. Todavía queda recortar el exceso que asoma por la base de la zapatilla.

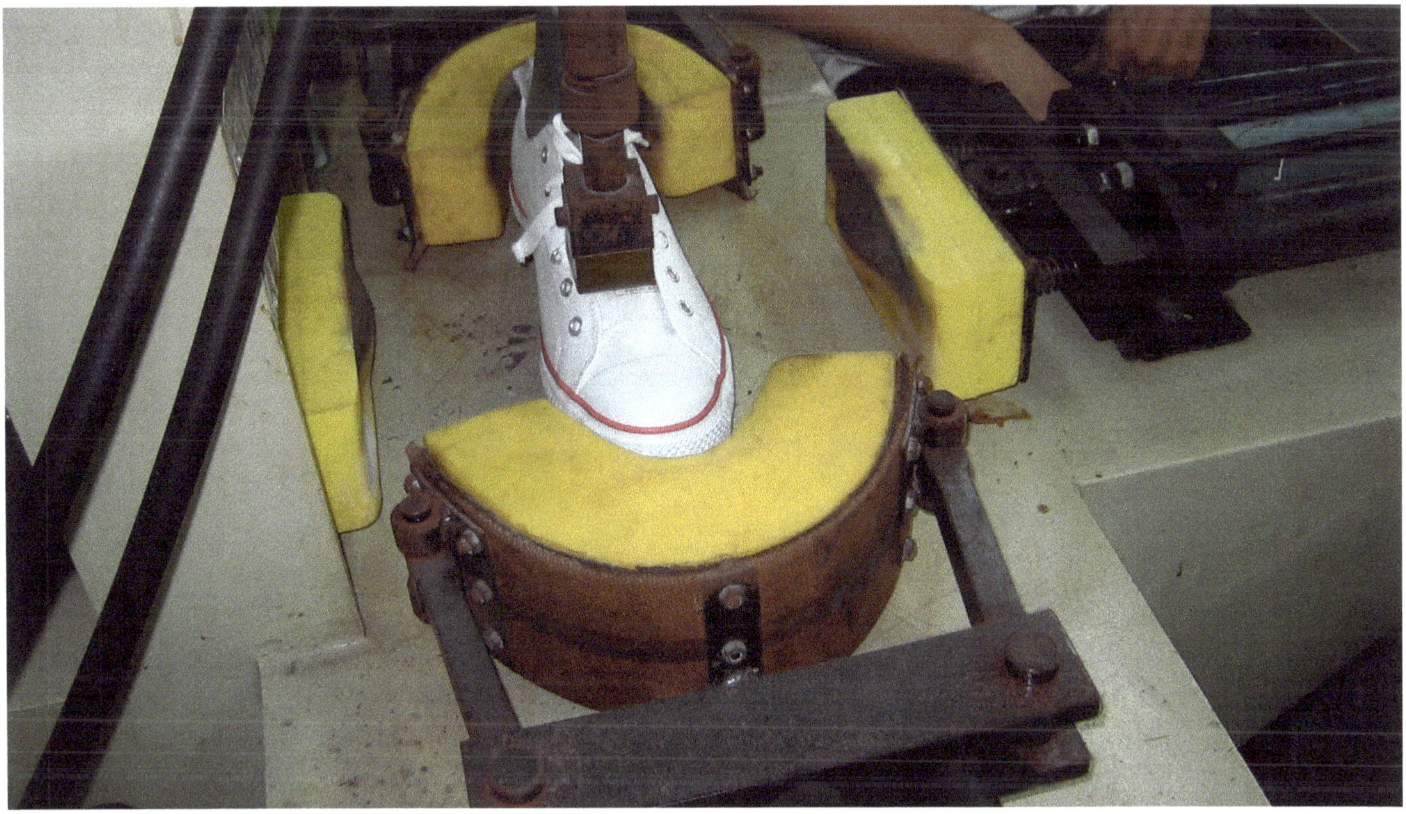

Se presionan los laterales de la cinta *foxing*.

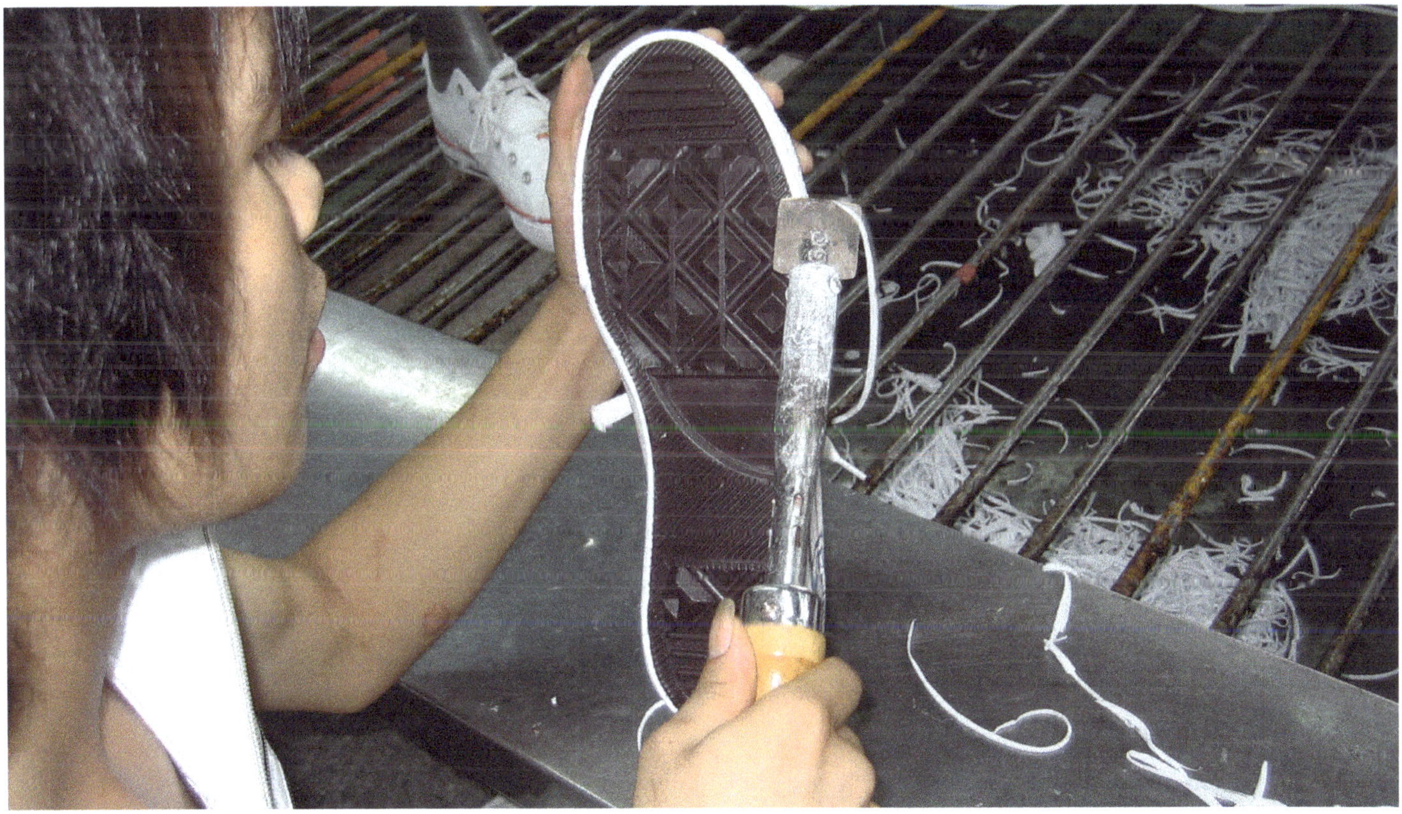

Se utiliza de nuevo un cuchillo caliente para quitar la goma superpuesta sobrante.

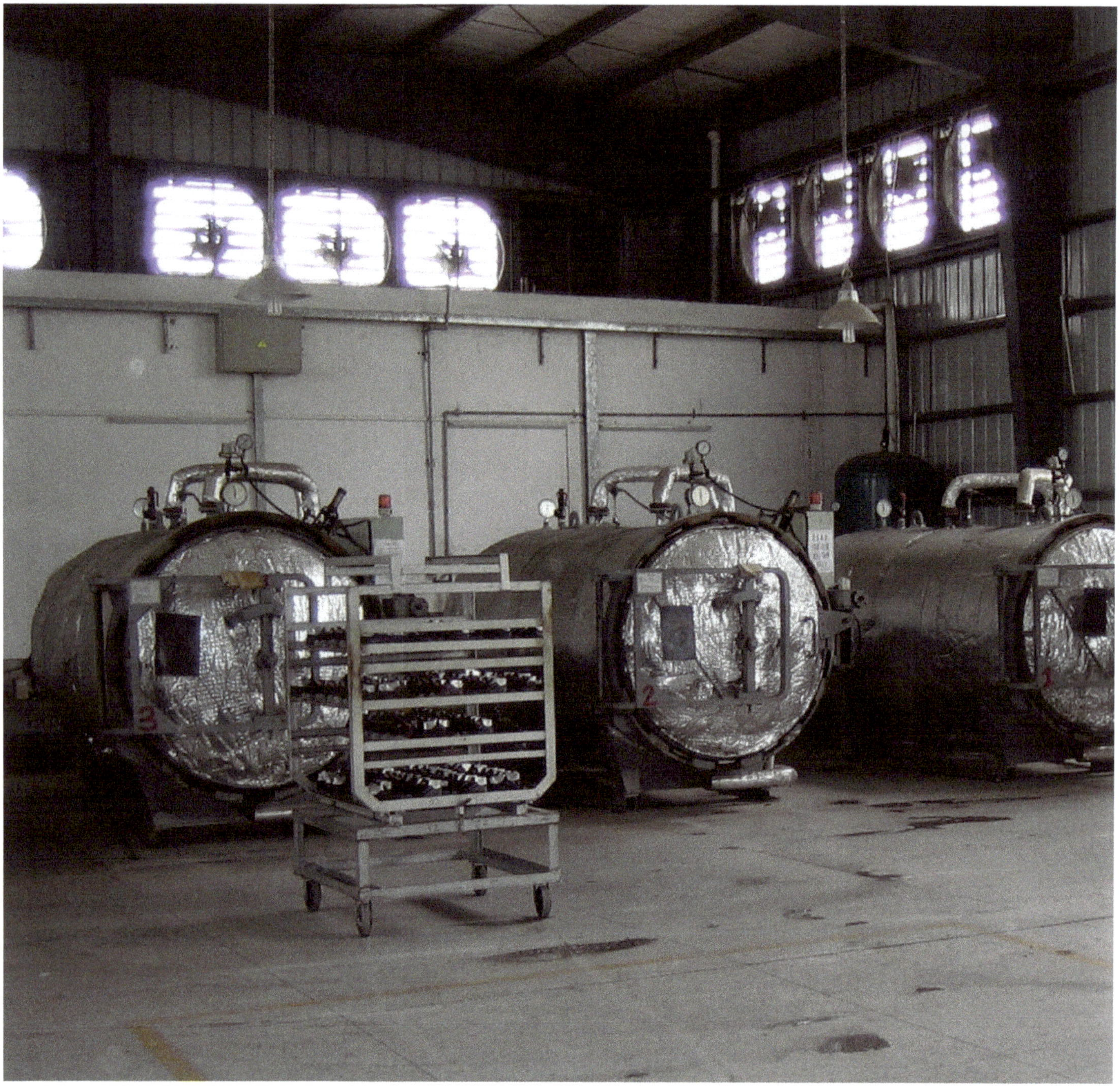

Una vez que los zapatos están ensamblados, y se ha quitado el exceso de goma del piso, se colocan en carros de metal. Las hormas aún se encuentran dentro de las zapatillas para que mantengan la forma. Las deportivas se calientan con vapor durante varias horas para curar el caucho.

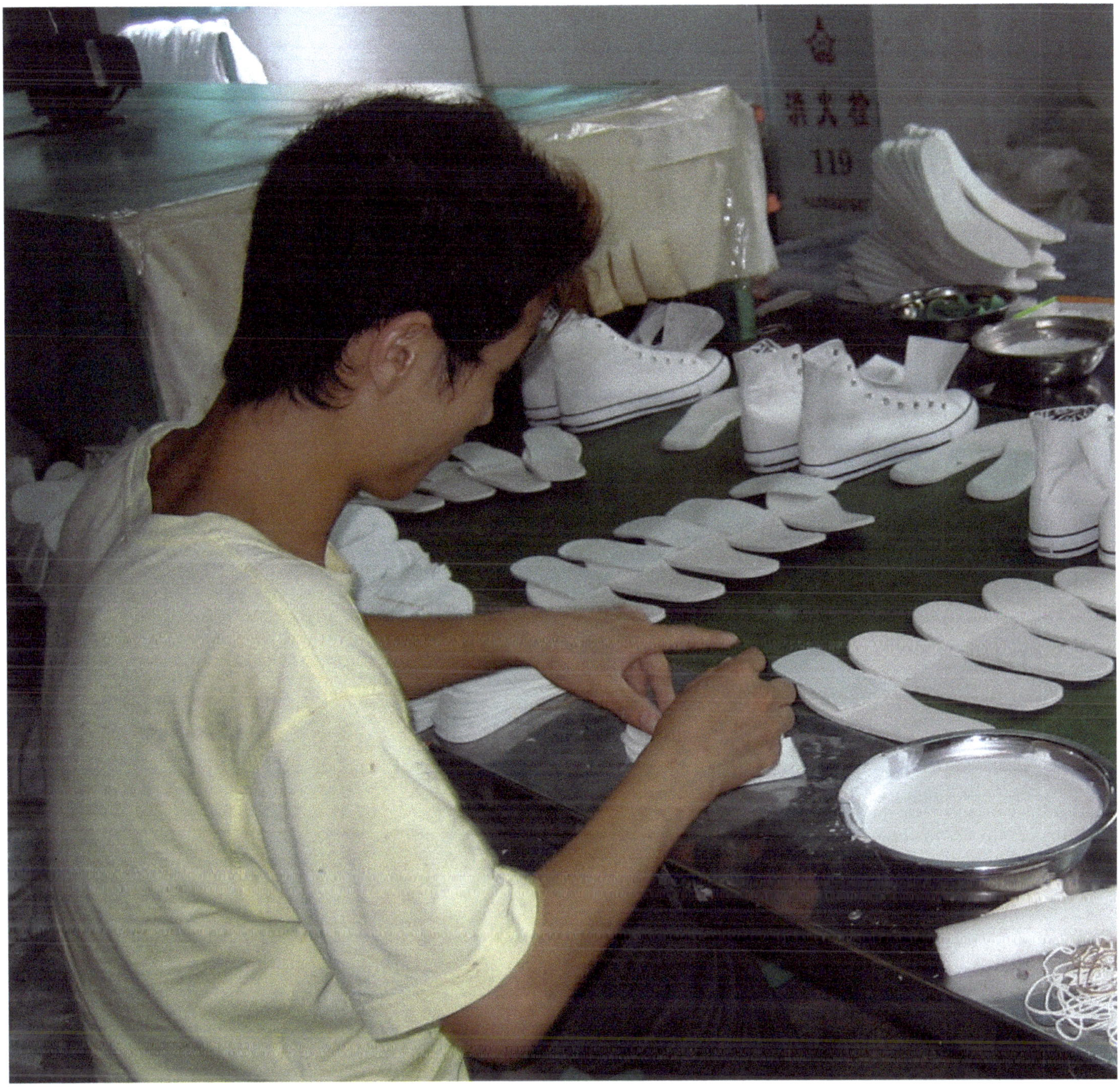

Una vez se han sacado del horno, las zapatillas están listas para que se introduzcan las plantillas y los cordones. En la fotografía, el trabajador pega una pequeña cuña de espuma de látex en la plantilla.

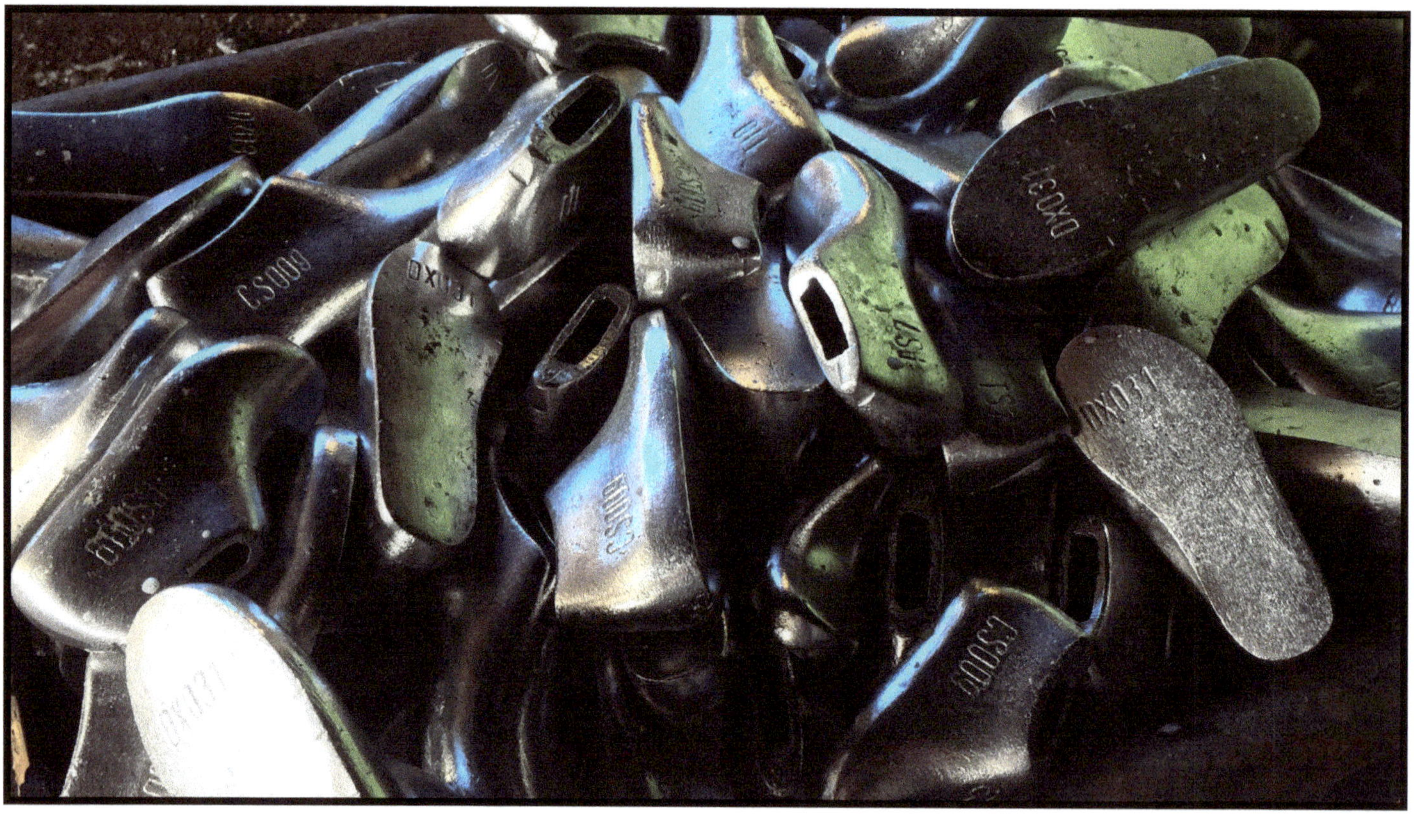

CAPÍTULO 13

LA HORMA

La horma es el punto de partida para poder hacer cualquier diseño; es un molde con forma de pie hecho de plástico, madera, o metal. Se utiliza tanto en el desarrollo como, en la producción del calzado; la horma establece la talla, la silueta, y el contorno del zapato. Es lo más importante para dar forma a un zapato.

La configuración de la horma determina el ajuste, el rendimiento, la ergonomía, y el estilo del zapato. También, es lo que hace posible que un modelo sea adecuado para poder jugar al baloncesto, escalar montañas, o correr maratones.

Al hablar sobre los atributos de una horma, se deben conocer los términos más comunes.
La mayoría de las medidas son volumétricas en vez de el largo y ancho tradicional que se asocia con el ajuste del calzado.

En este capítulo, se aclaran algunas de la terminologías básicas de la horma, como la escala de las tallas que es la manera en que cambian las dimensiones de una horma a medida que aumenta la talla del modelo. Cada país cuenta con unas tallas de calzado estándar diferentes.

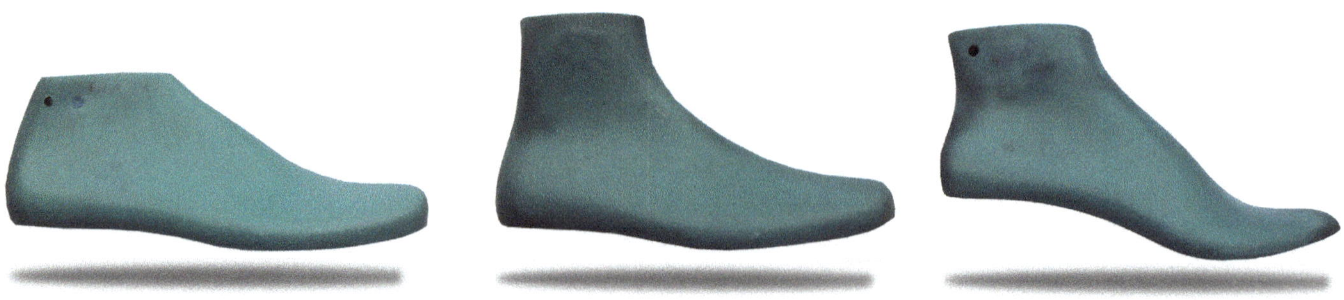

Realmente, la talla no se relacionada con la dimensión de la horma. Una zapatilla talla 12 americano no es el doble de grande que la talla 6 americana. En la escala de tallas de Estados Unidos, cada media talla equivale al aumento de 4mm en longitud, y cada talla completa, 8mm. Las demás dimensiones de la horma, como el ancho de la cintura, o la circunferencia de la bola se estandariza con diferentes medidas por cada talla.

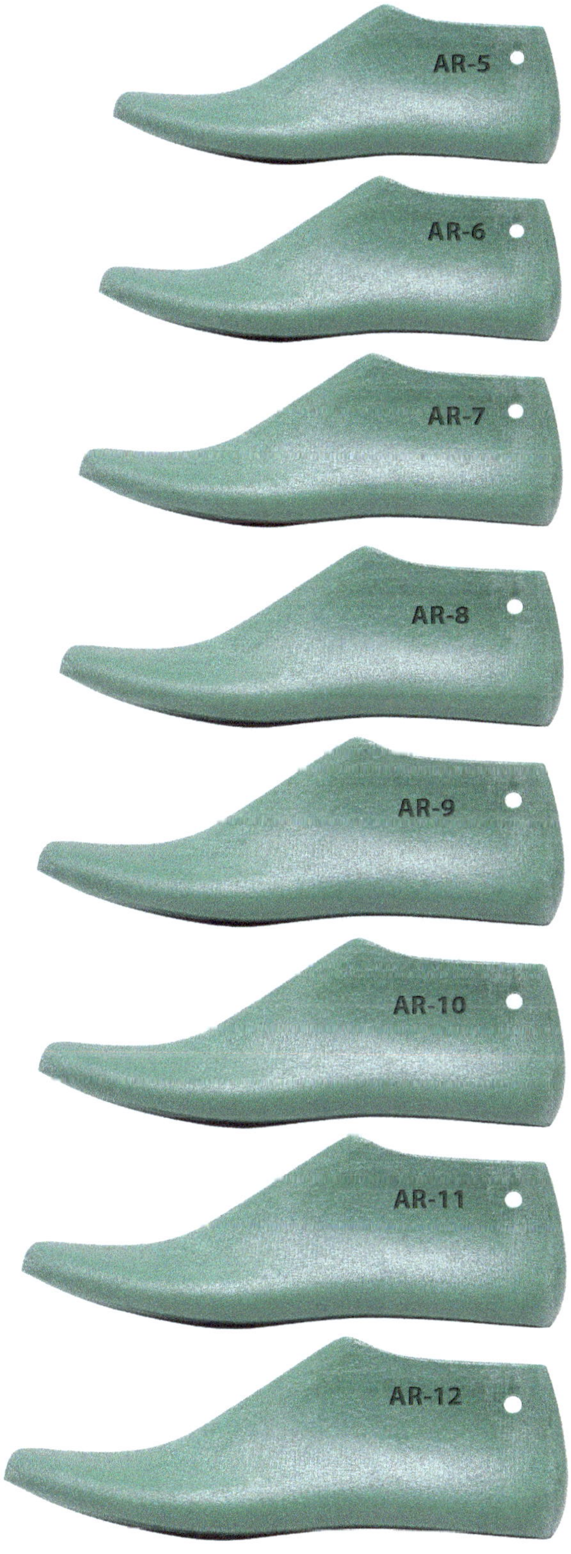

Dependiendo del tipo de calzado que se elabore, la horma puede necesitar características especiales para deshormar el zapato. Una deportiva estándar, con lengüeta, y cordones, puede utilizar una horma corriente. Los mocasines, *oxfords*, y botas, requieren una horma que pueda articularse.

Horma entera o lisa: es el tipo de horma más habitual, puede ser de plástico, aluminio, o madera.

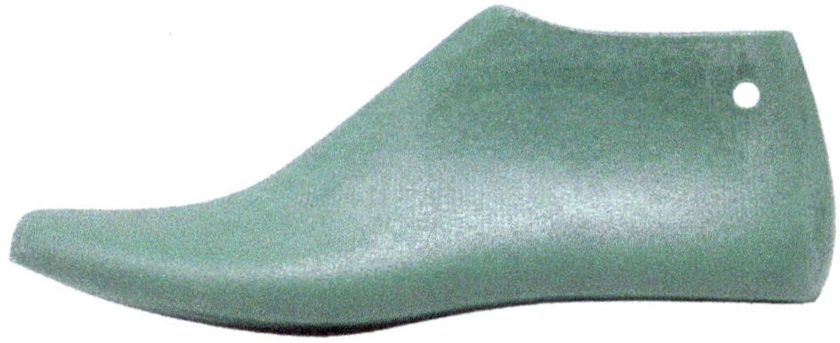

Horma con articulada: también denominado articulado alfa, este tipo de horma se utiliza para hacer zapatos de cuero fino. El talón de la horma se eleva para poder ser retirada con facilidad.

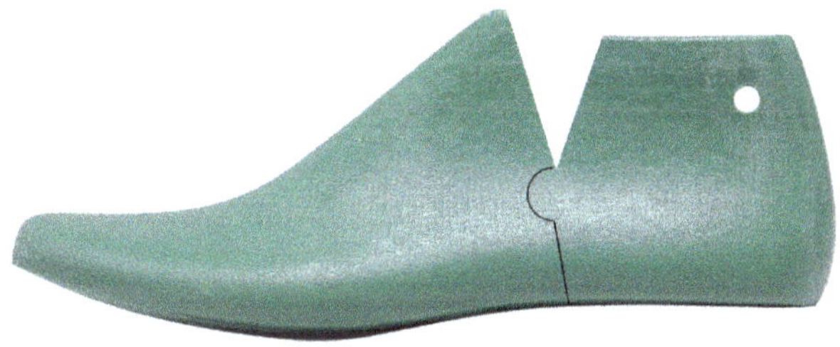

Horma con cuña: en este tipo de horma, el empeine es extraíble, lo que permite dar forma a la zona del cono del zapato.

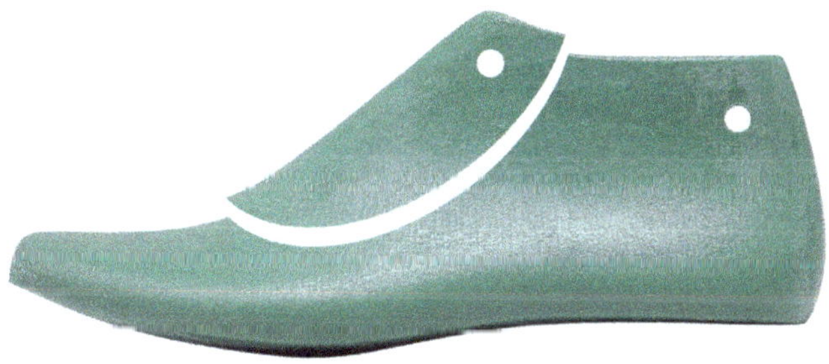

Horma con articulado tendo: utilizada para botas altas, esta horma se desliza, o se separa en piezas permitiendo que la horma se pueda retirar sin dañar el corte.

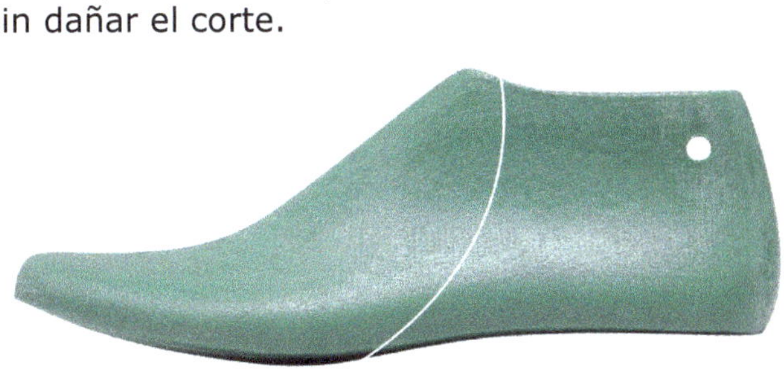

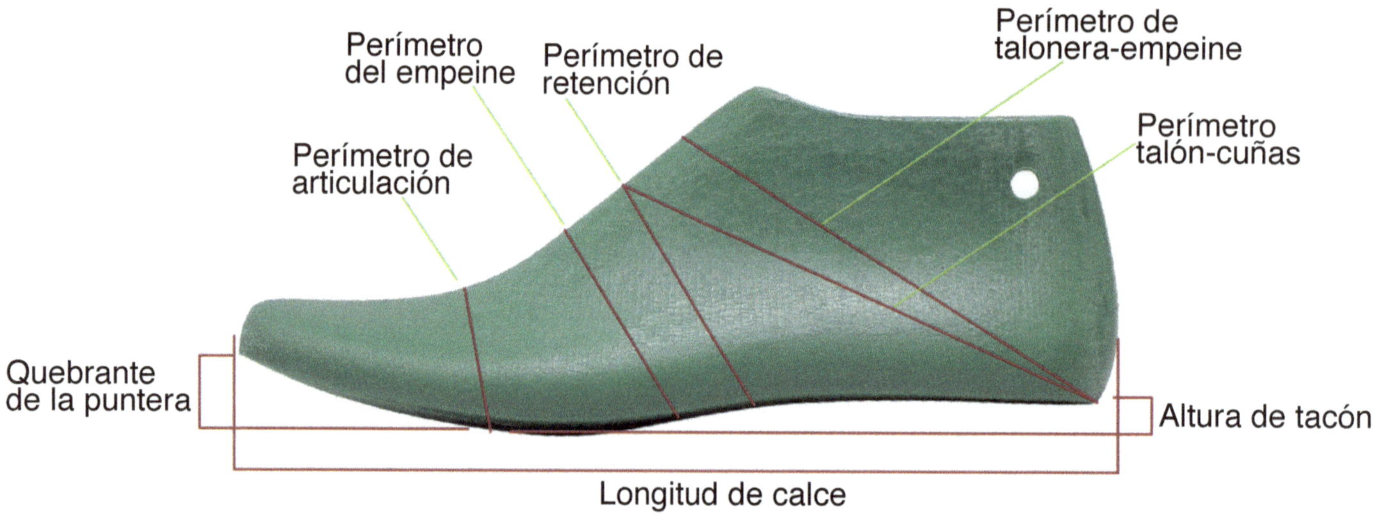

Longitud de calce: se mide desde los puntos extremos de la punta y el talón.
Perímetro de articulación: se mide con una cinta métrica alrededor de la bola o articulación de la horma.
Perímetro del empeine: se mide con una cinta métrica sobre el empeine de la horma.
Perímetro de retención: se mide con una cinta métrica alrededor de la cintura de la horma.
Altura de tacón, y quebrante, o salida de la puntera: se mide con la parte trasera de la horma paralela a una superficie.

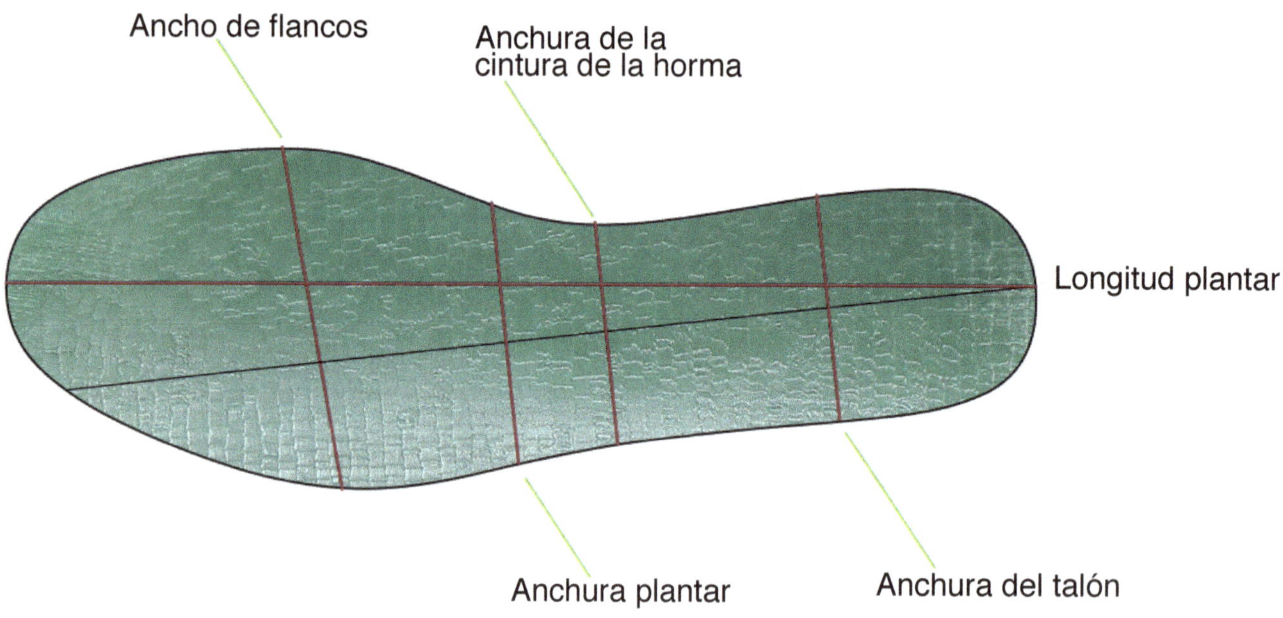

Longitud plantar: se mide con una cinta métrica en la base de la horma.
Ancho de flancos plantar: se mide con una cinta métrica en la base de la bola de la horma.
Anchura plantar (empeine bajo): se mide con una cinta métrica el revés del empeine de la horma.
Anchura de la cintura de la horma: se mide con una cinta métrica en la base de la de la cintura de la horma.
Anchura del talón: se mide con una cinta métrica en el talón, la base, o caja del tacón de la horma.

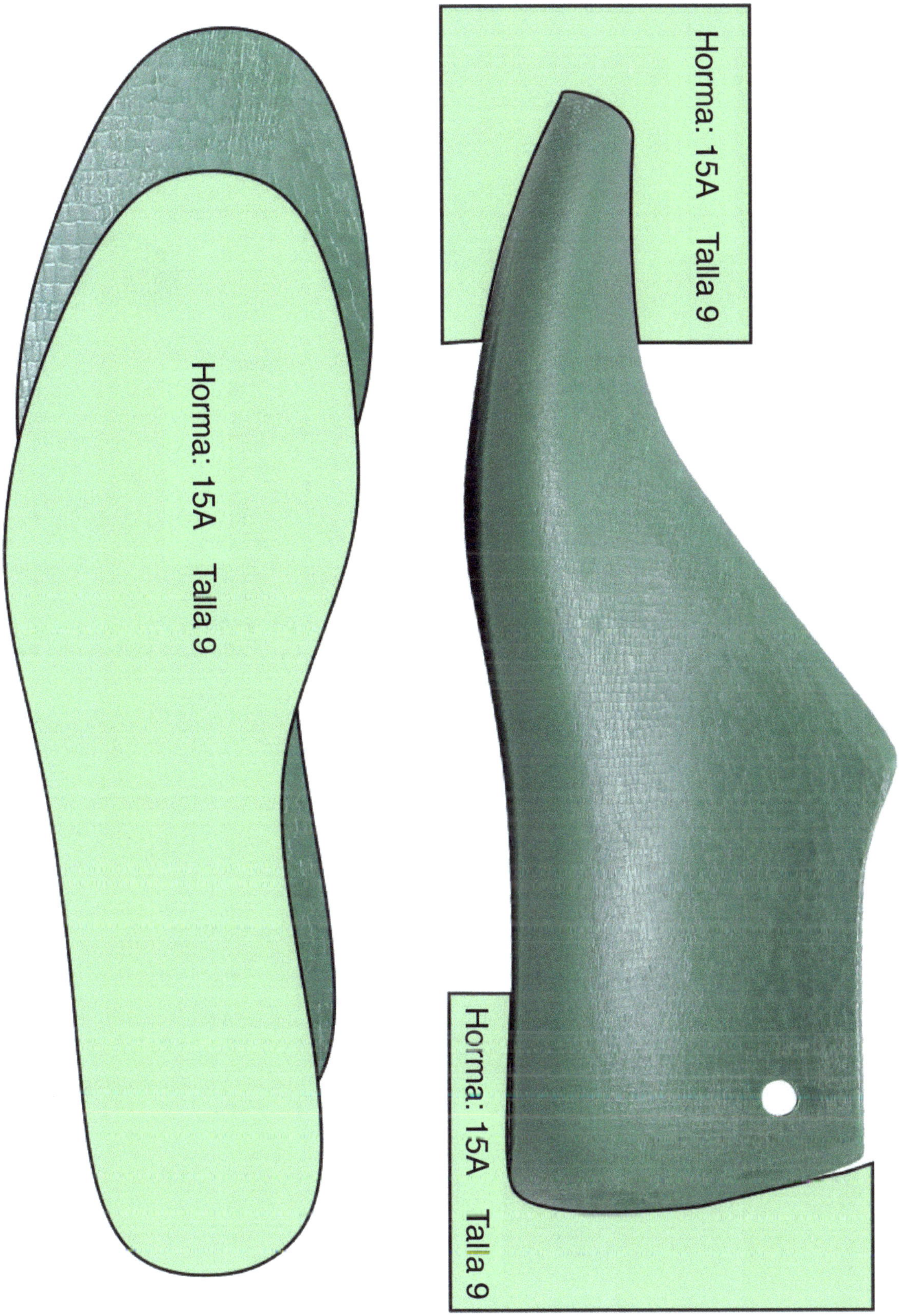

Las plantillas de cartulina, o el calibrador de la horma, se cortan por ordenador. Los calibradores tienen el tamaño marcado en puntos clave, junto con el tamaño y el código de la horma. Se utilizan para contrastar cada talla en las hormas de muestra. Una vez que se haya confirmado el ajuste de la horma, se utilizan los mismos medidores de cartulina para confirmar que todas las hormas que se han producido sean reproducciones perfectas.
Los calibradores pueden ser utilizados por los inspectores para asegurarse que el material producido no se encuentre desgastado, o dañado.

Hormas de madera

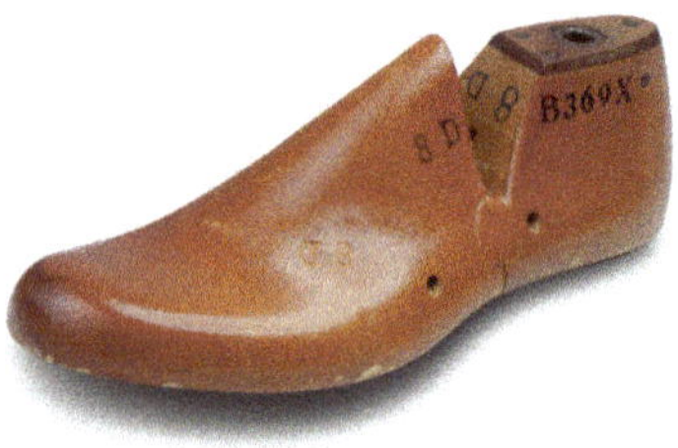

Ventajas:
Fácil de adaptar a un cliente específico. La superficie de madera permite utilizar clavos para la fabricación de modelos personalizados, siendo perfecto para utilizarlo con modelos hechos a mano.

Desventajas:
Las hormas de madera son caras, frágiles, y susceptibles a deformarse o pudrirse si se humedecen.

No son adecuadas para los túneles de calor, o los hornos de vulcanizado.

No se aceptan para la producción en masa de hoy en día.

Hormas de plástico

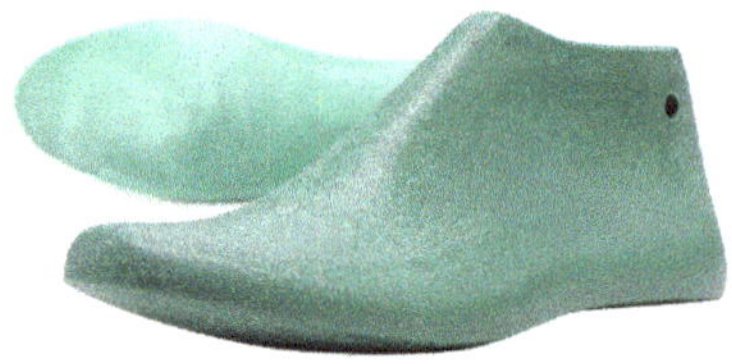

Ventajas:
Se utiliza tecnología moderna. Fácil de fabricar y reparar. La utilización de un ordenador permite una alta precisión. Fácil de producir en masa, repele el calor y la humedad. Eje central en las fábricas de calzado de alta calidad.

Desventajas:
Pueden ser caras.

Duradero, pero pueden rayarse, abollarse, o agrietarse fácilmente.

Las tallas grandes pueden ser pesadas, y difíciles de manipular para los trabajadores.

No son aptas para vulcanizado.

Caras de reciclar.

Hormas de aluminio

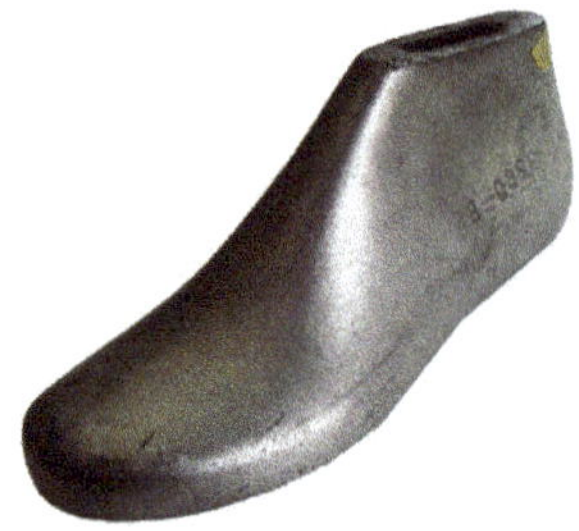

Ventajas:
Es barato. Fácil de producir en masa. Repelen la humedad y el calor. Necesarios para la producción de calzado vulcanizado. Perfectas producciones cortas. Fácil de reciclar. Es ligero. Muy duraderas.

Desventajas:
La forma no es tan precisa como con las hormas de madera o de plástico.

No son fáciles de limpiar.

Vulnerables en cuanto a calidad, ya que debe vigilarse la variación entre tallas.

La superficie áspera puede dañar el forro.

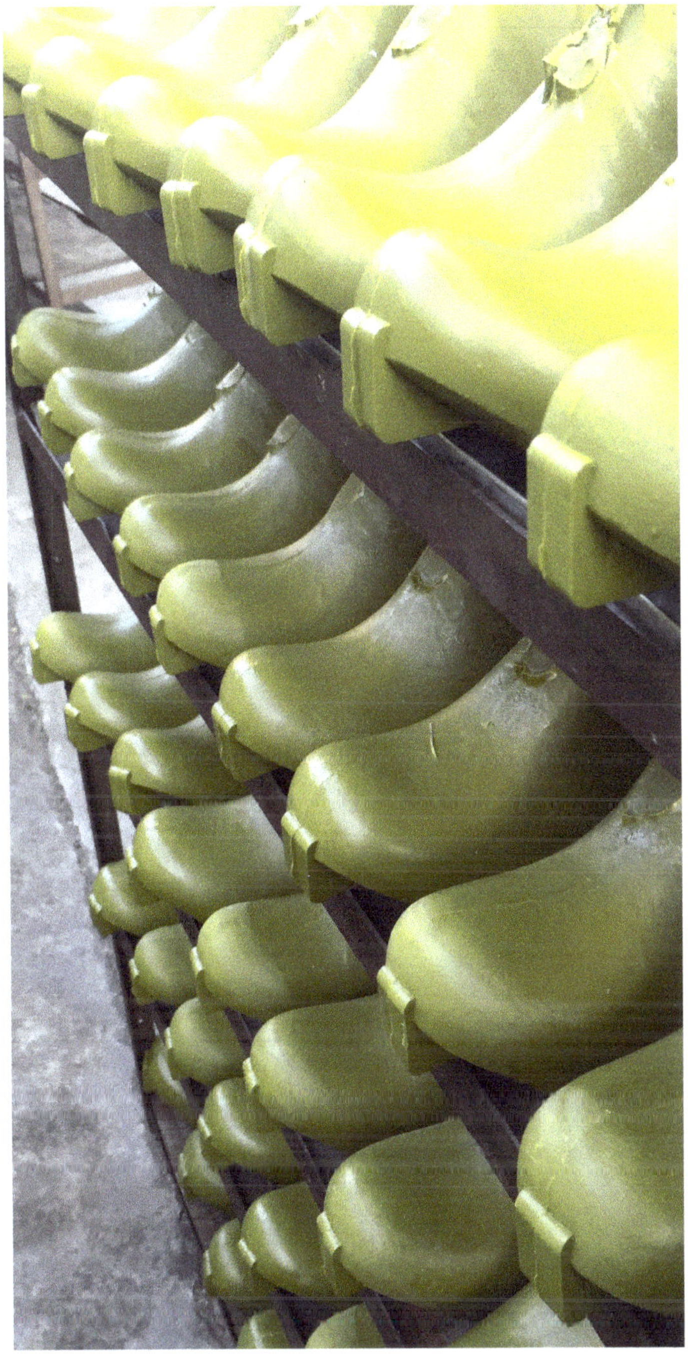

Hormas de plástico a la espera de ser devastadas por ordenador.

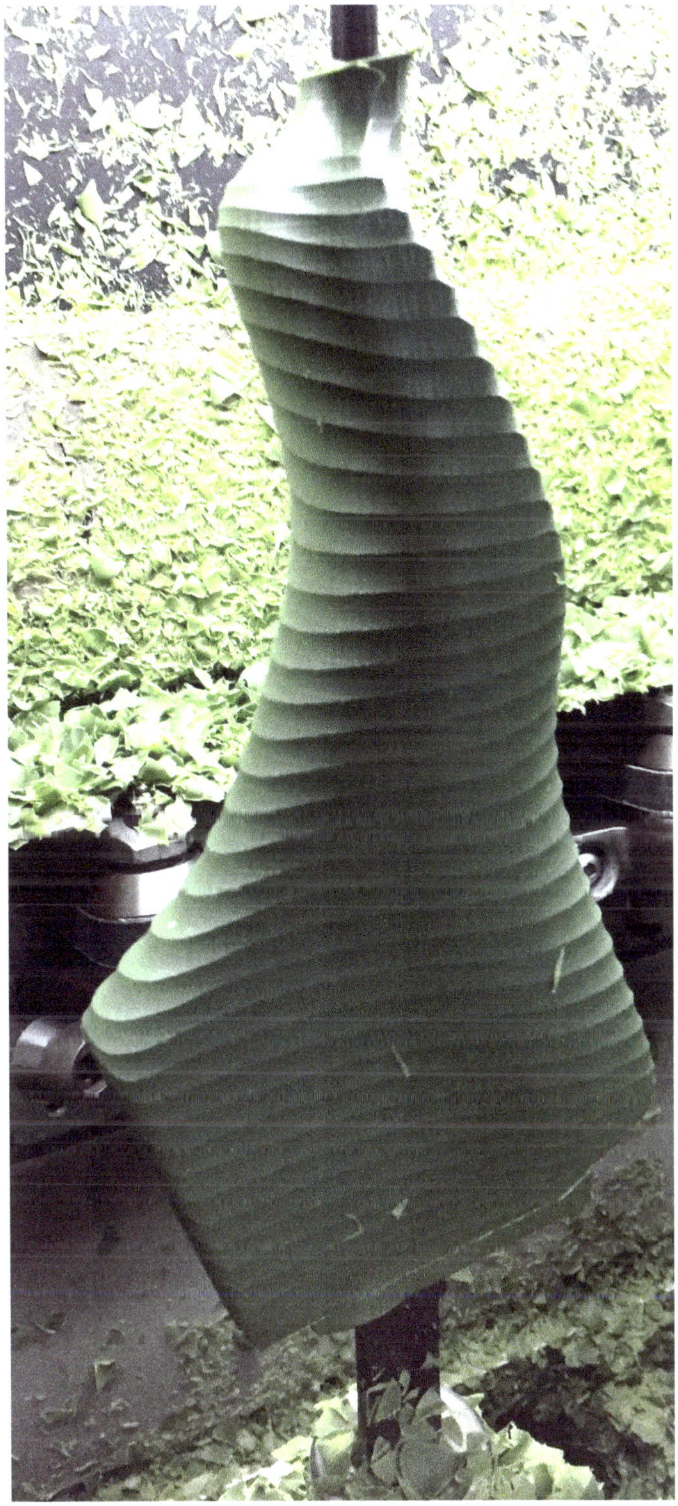

En la imagen, se muestra una horma de plástico que está siendo devastada a alta velocidad.

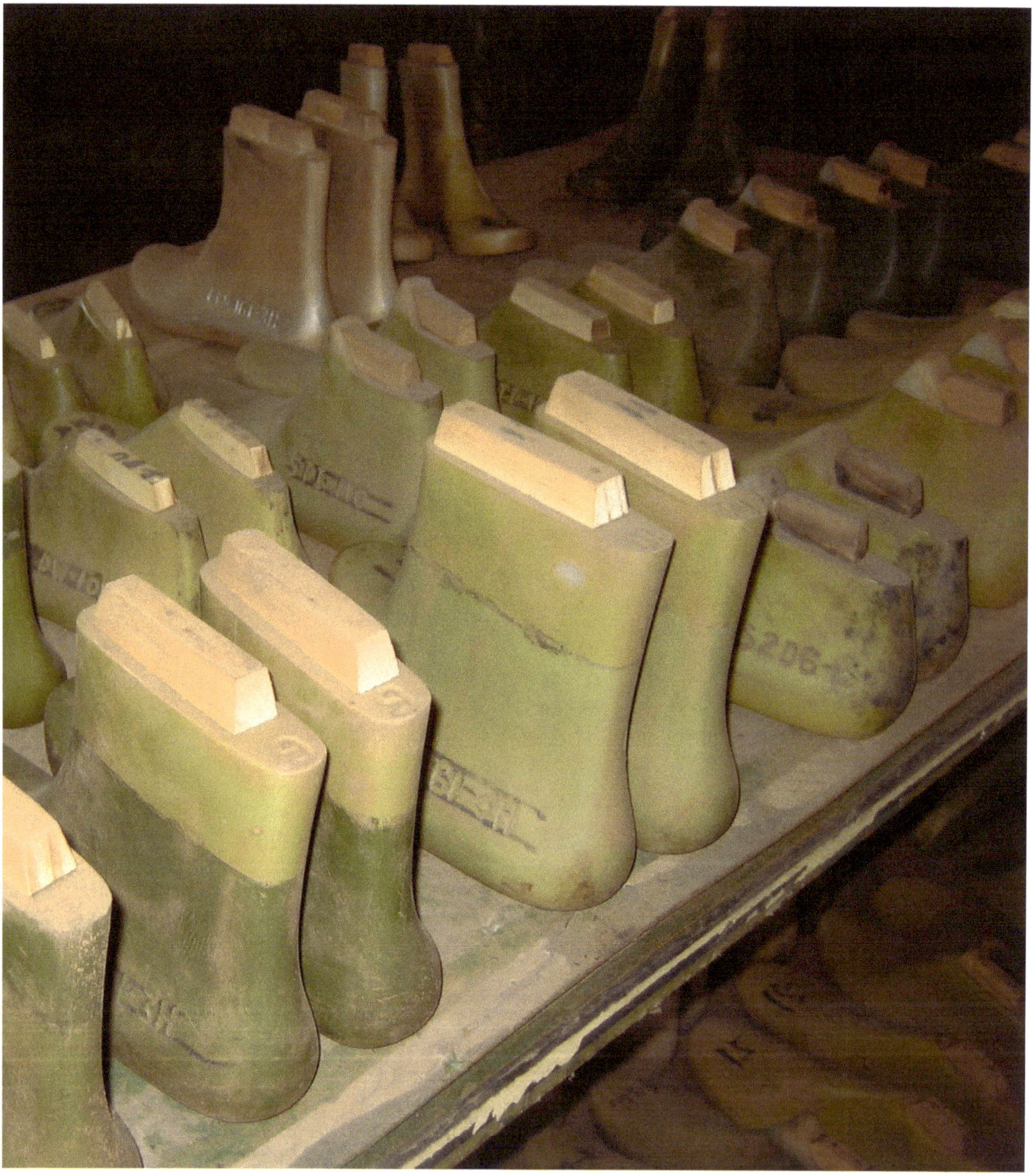

Hormas de plástico utilizadas como base principal para hacer hormas de metal.

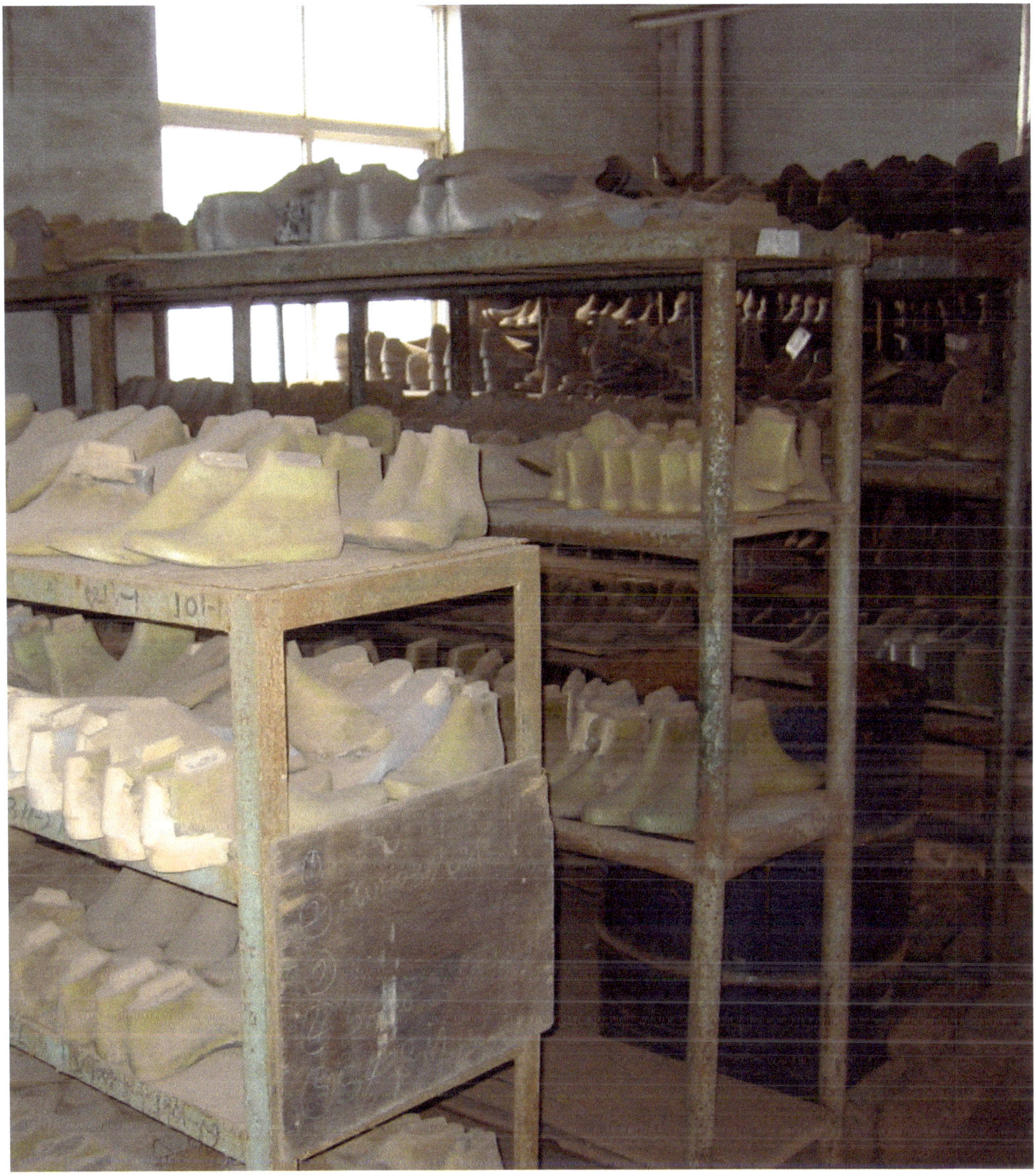

Un par completo de cada talla; un taller de hormas tendrá miles de opciones.

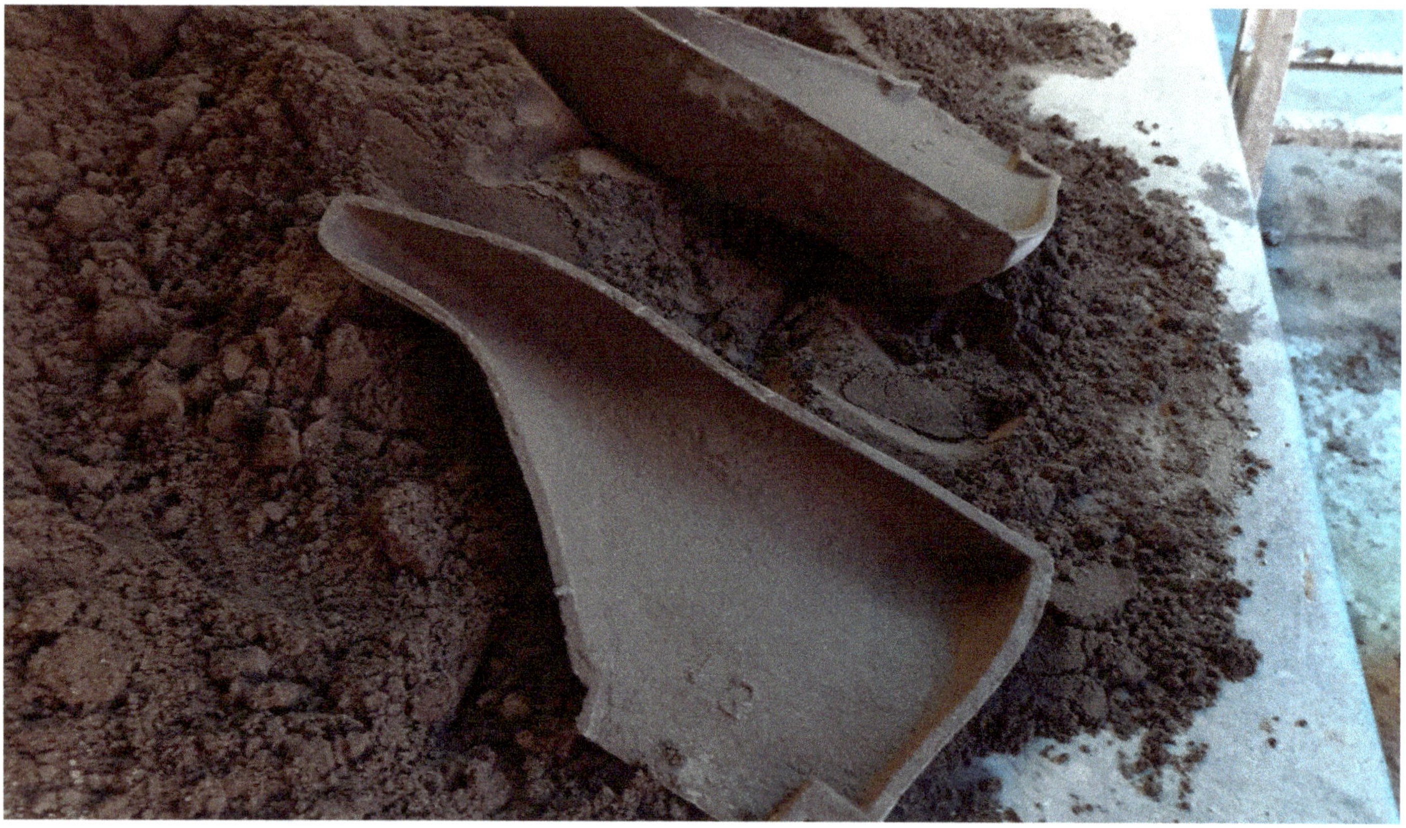

Moldes de acero para hacer hormas.

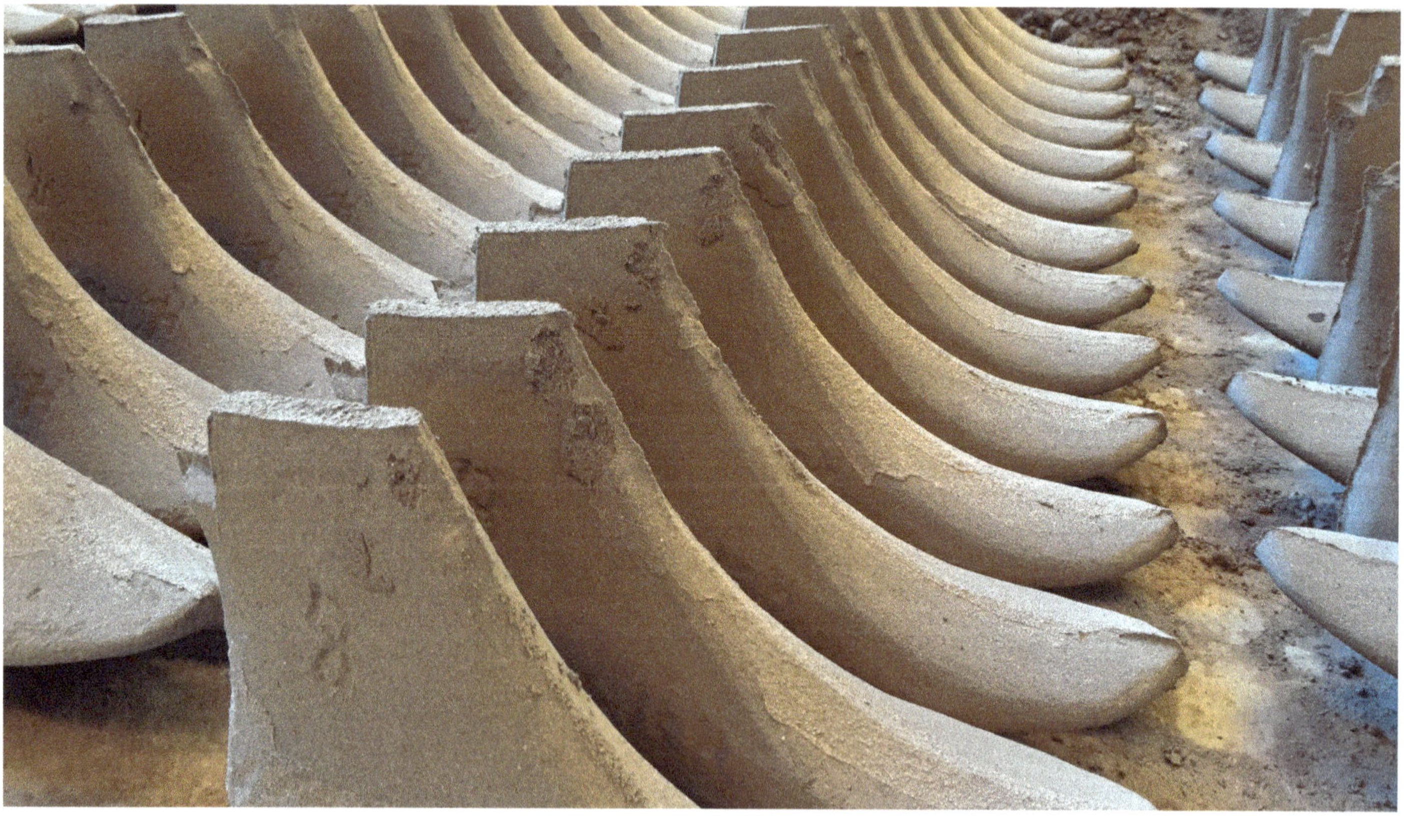

Bases de arena prensada esperando a ser introducidas en los moldes.

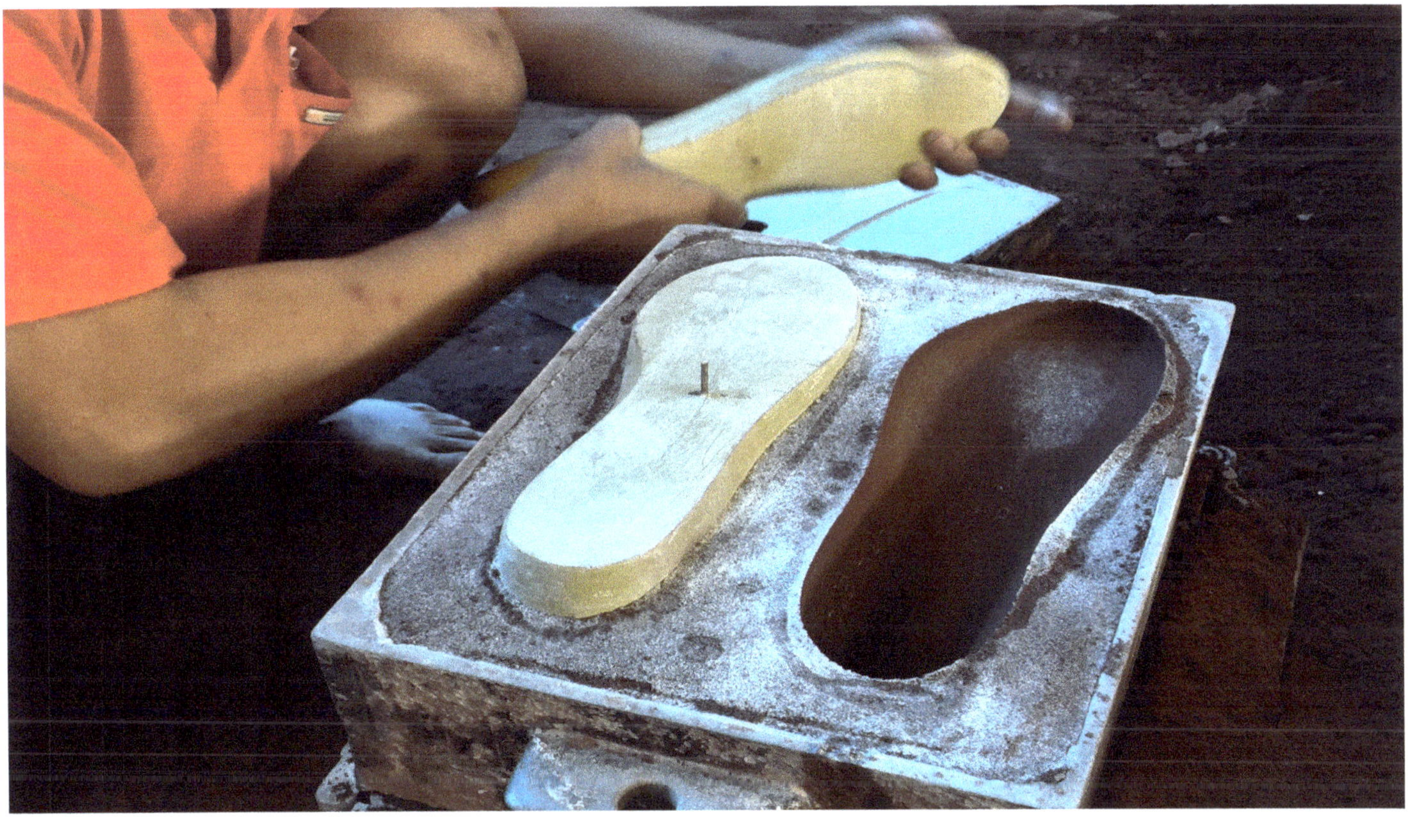

El molde está listo para introducir la base de arena, que hará la horma final hueca.

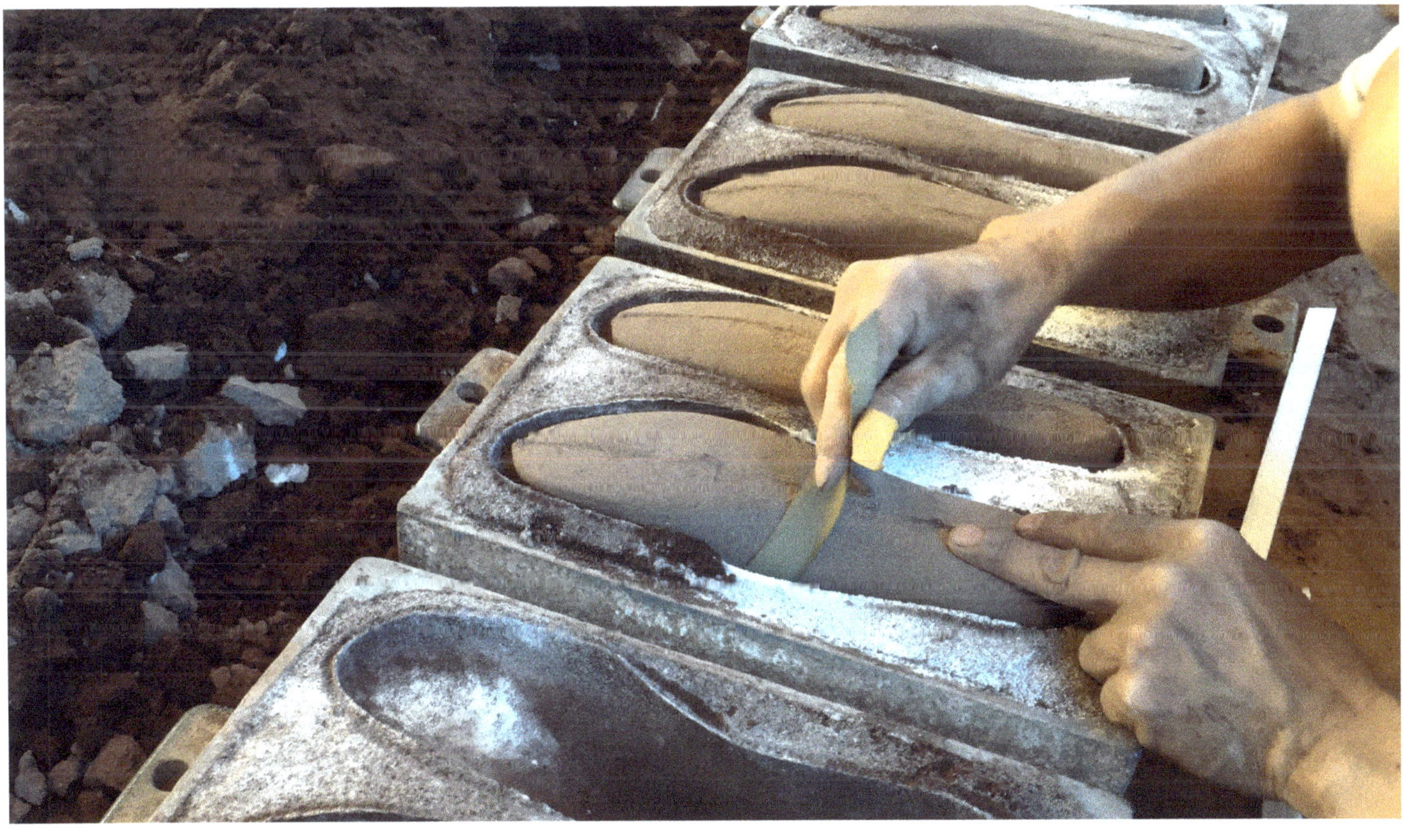

El trabajador introduce la base de arena con la ayuda de una cinta.

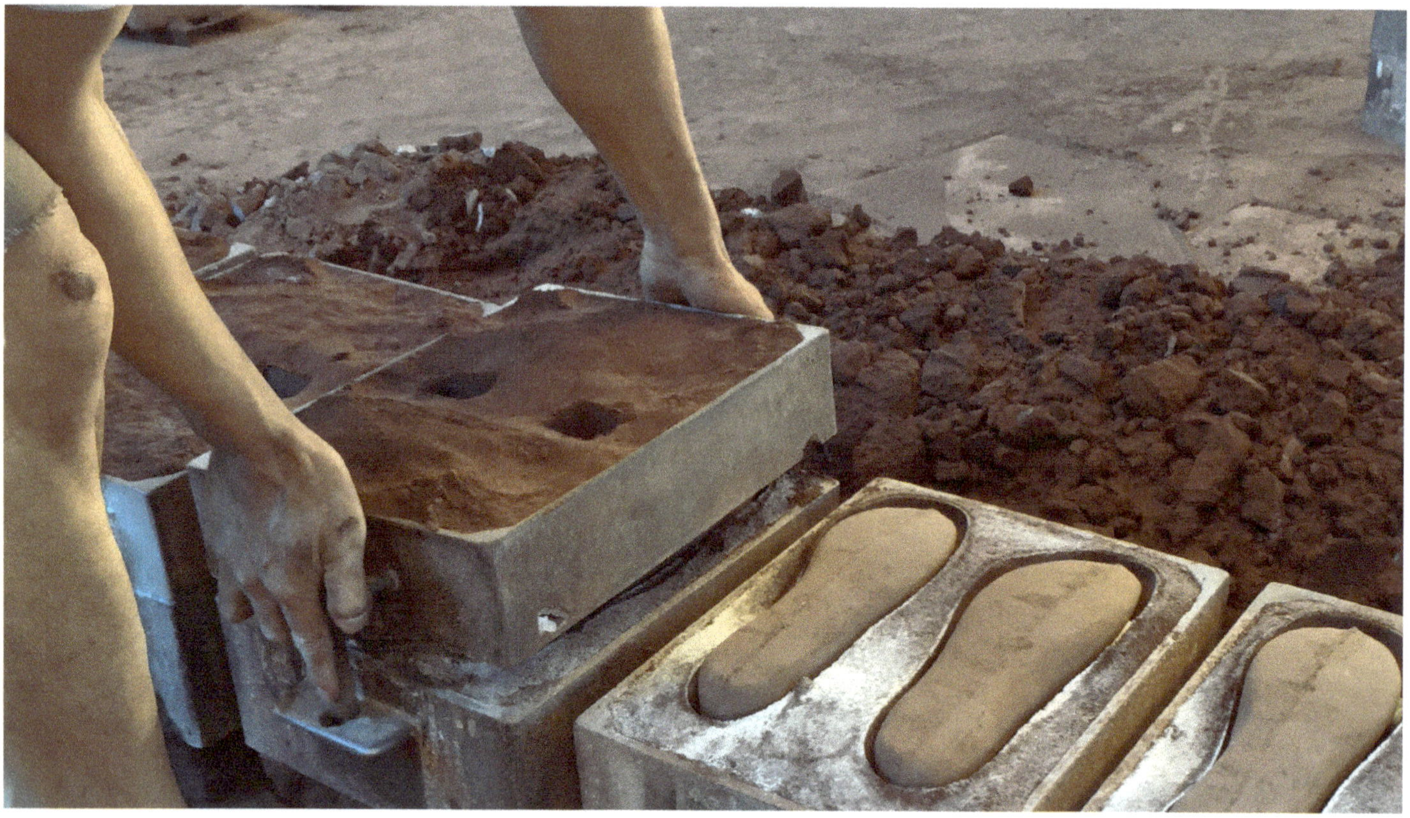

En esta imagen, se muestra el molde montado. Los agujeros de la parte superior se dejan para verter el metal fundido.

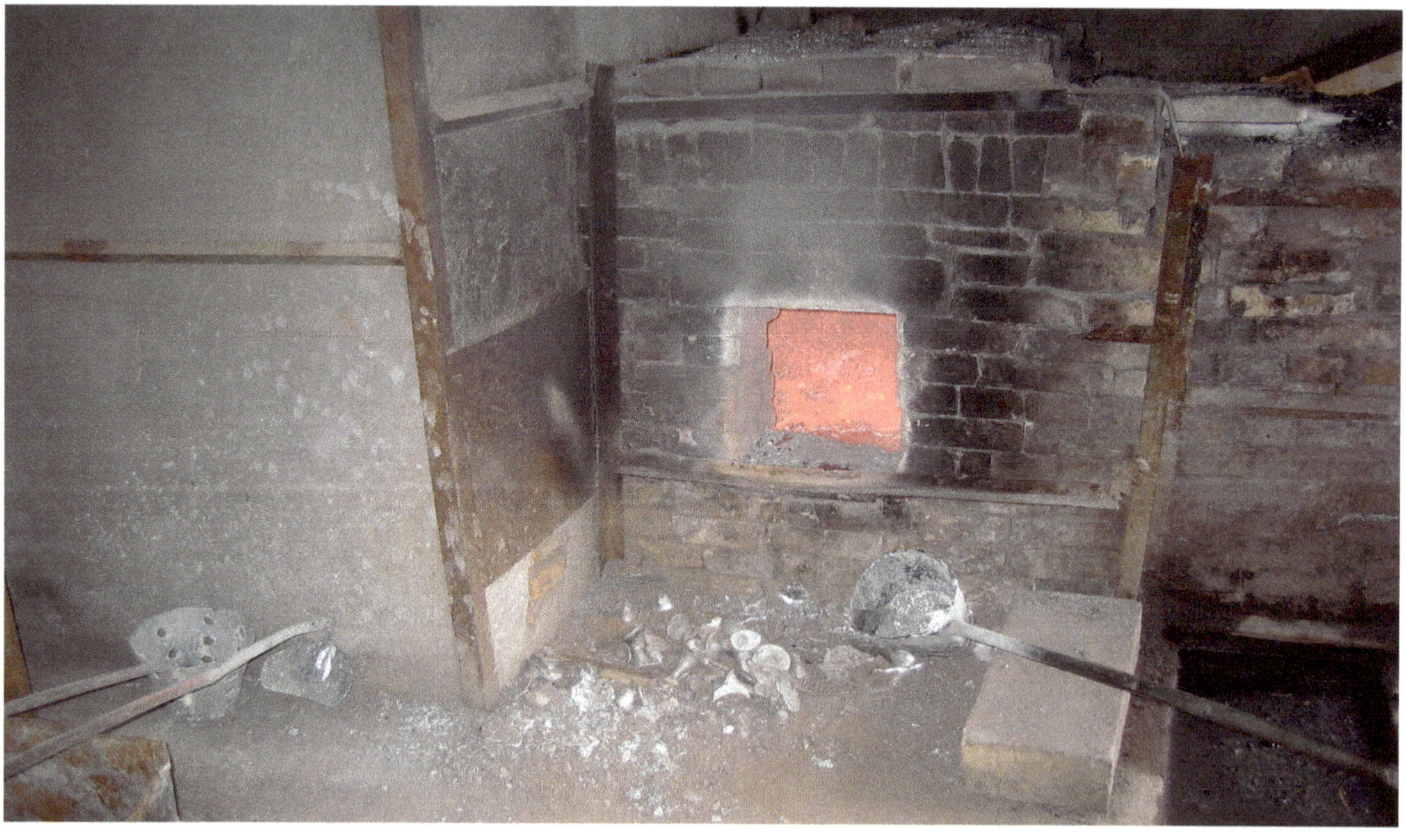

El aluminio fundido se saca con un cubo que tiene un mango largo. En el suelo, restos de acero que se reciclarán.

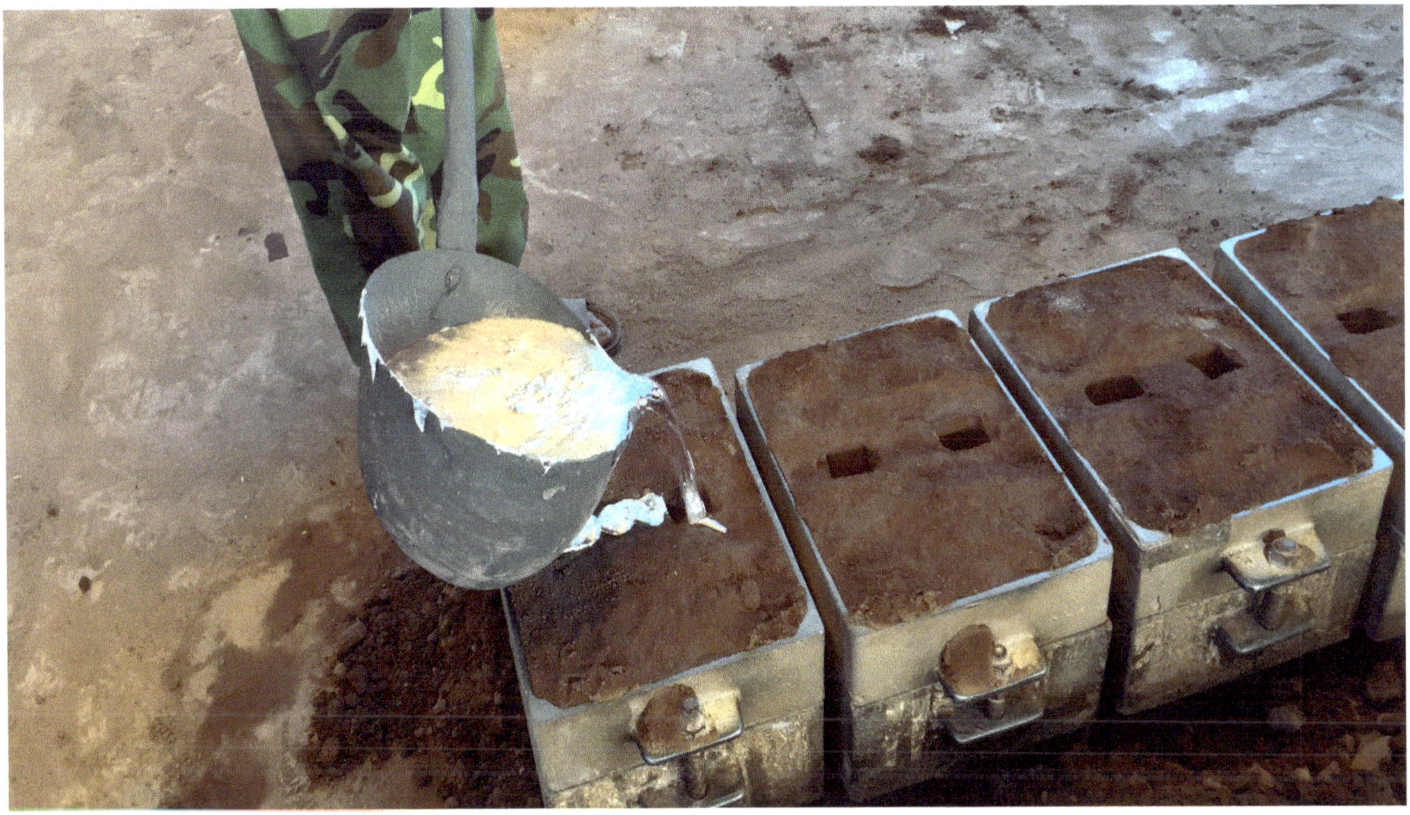

El metal se vierte en el molde de arena.

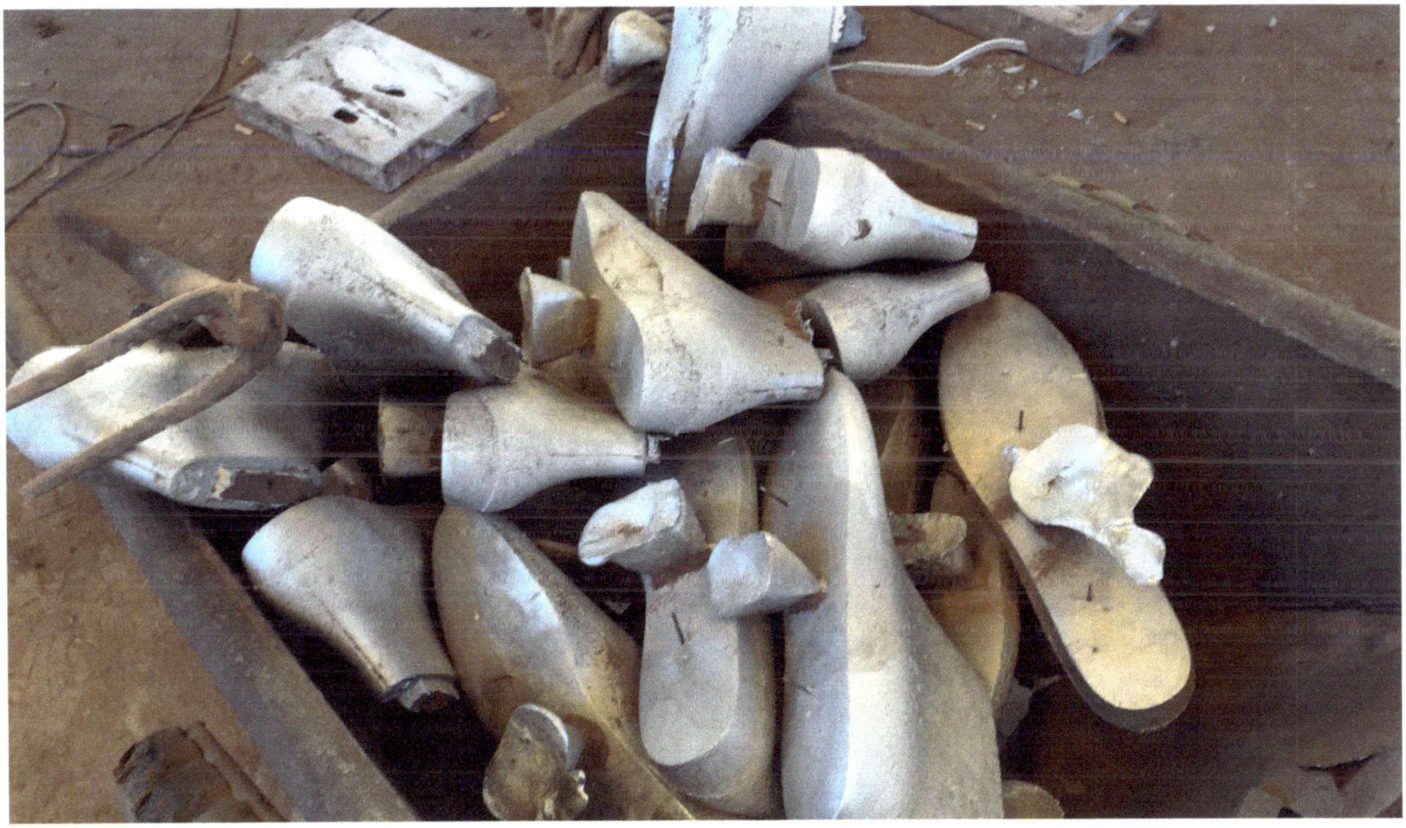

Tan solo unos minutos después de verter el metal, el molde se voltea y la caja puede abrirse.
La horma se saca, y se sacude la arena. A continuación, se corta el exceso de metal de la base, y las hormas estarán listas para ser pulidas.

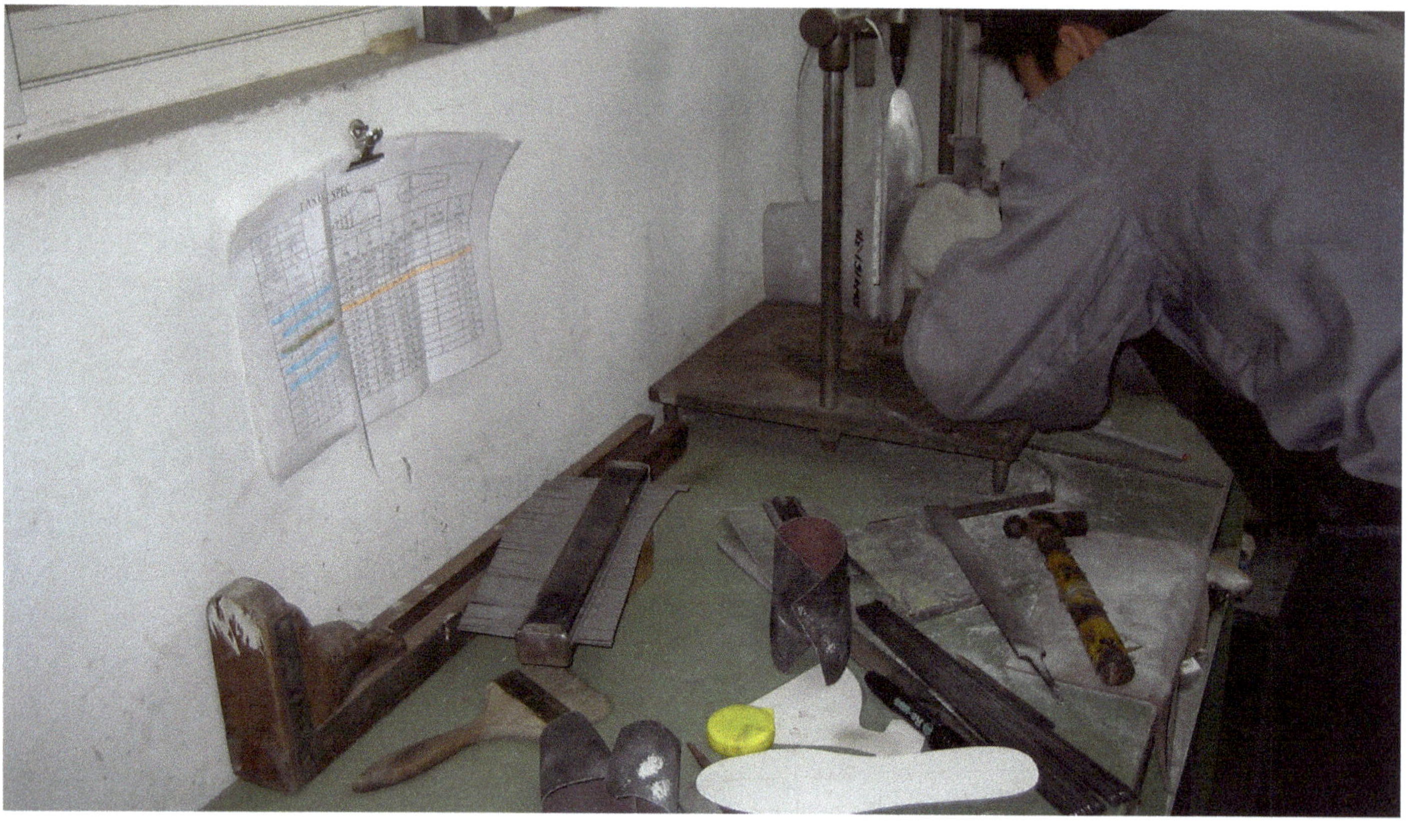

El técnico revisa la longitud, el contorno de la base, la puntera, y el talón. En la pared se pueden ver las especificaciones para las tallas de hormas. También, se pueden ver los calibradores, cartulinas utilizadas para verificar los contornos.

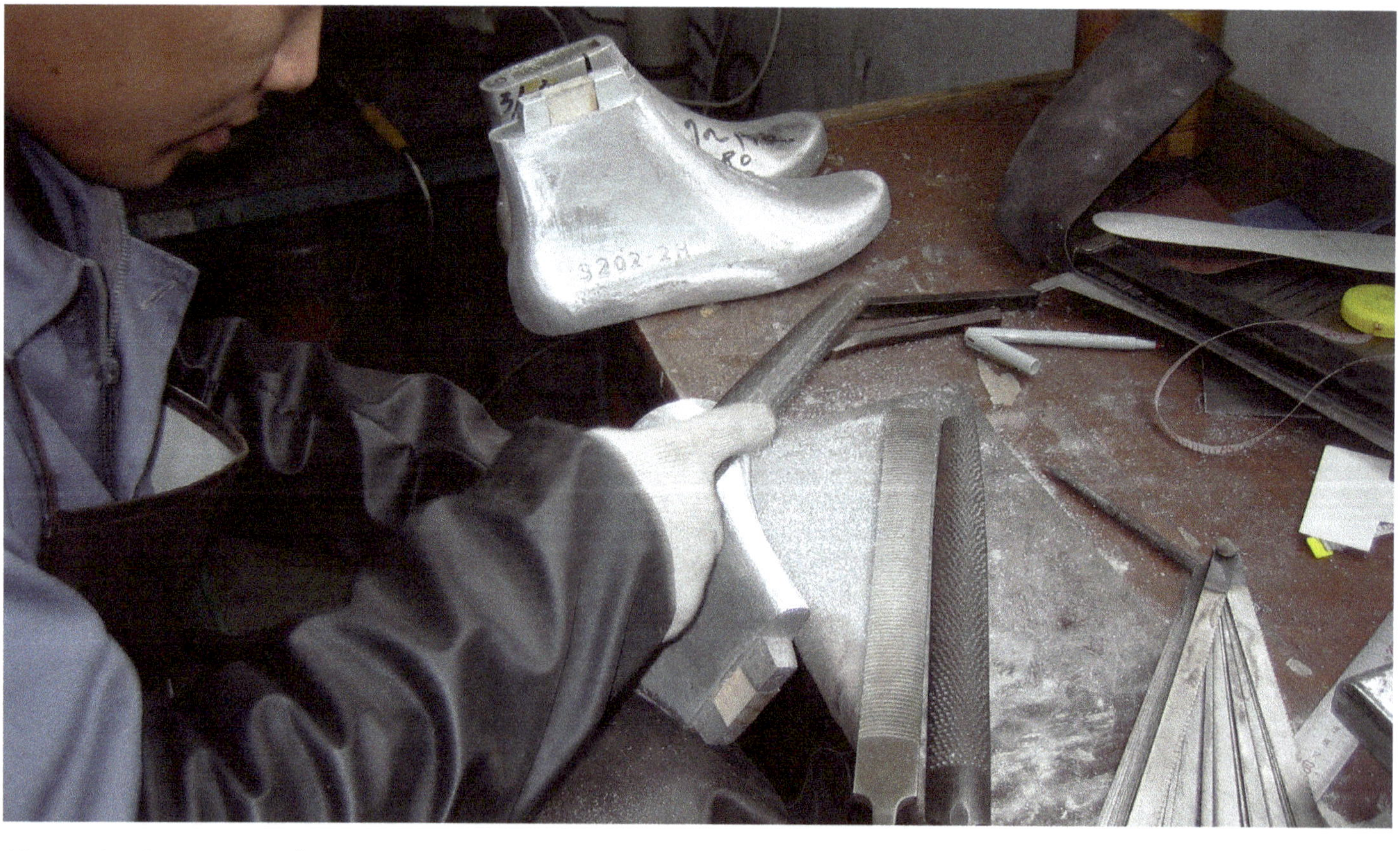

Ahora, las hormas están listas para ser terminadas. Se lima cualquier imperfección de la superficie de la horma; deben quedar bien pulidas para que no tengan los bordes ásperos y terminen por dañar los zapatos en el montaje. En la foto se puede ver la talla y el código de la horma.

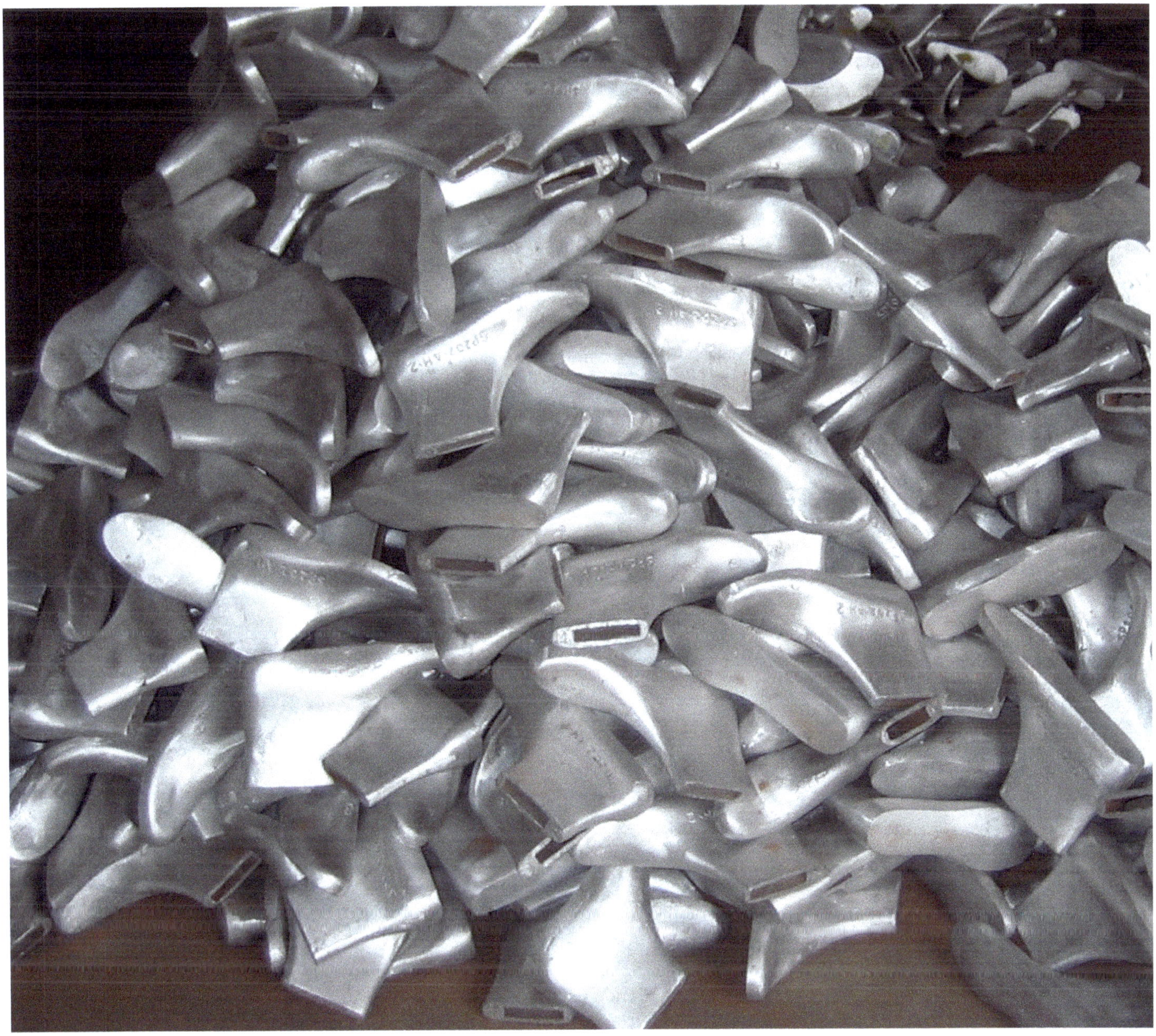

Los trabajadores tienen mucho trabajo por hacer. Una línea de producción necesitará cerca de 750 pares de cada tipo de horma para trabajar sin problemas.

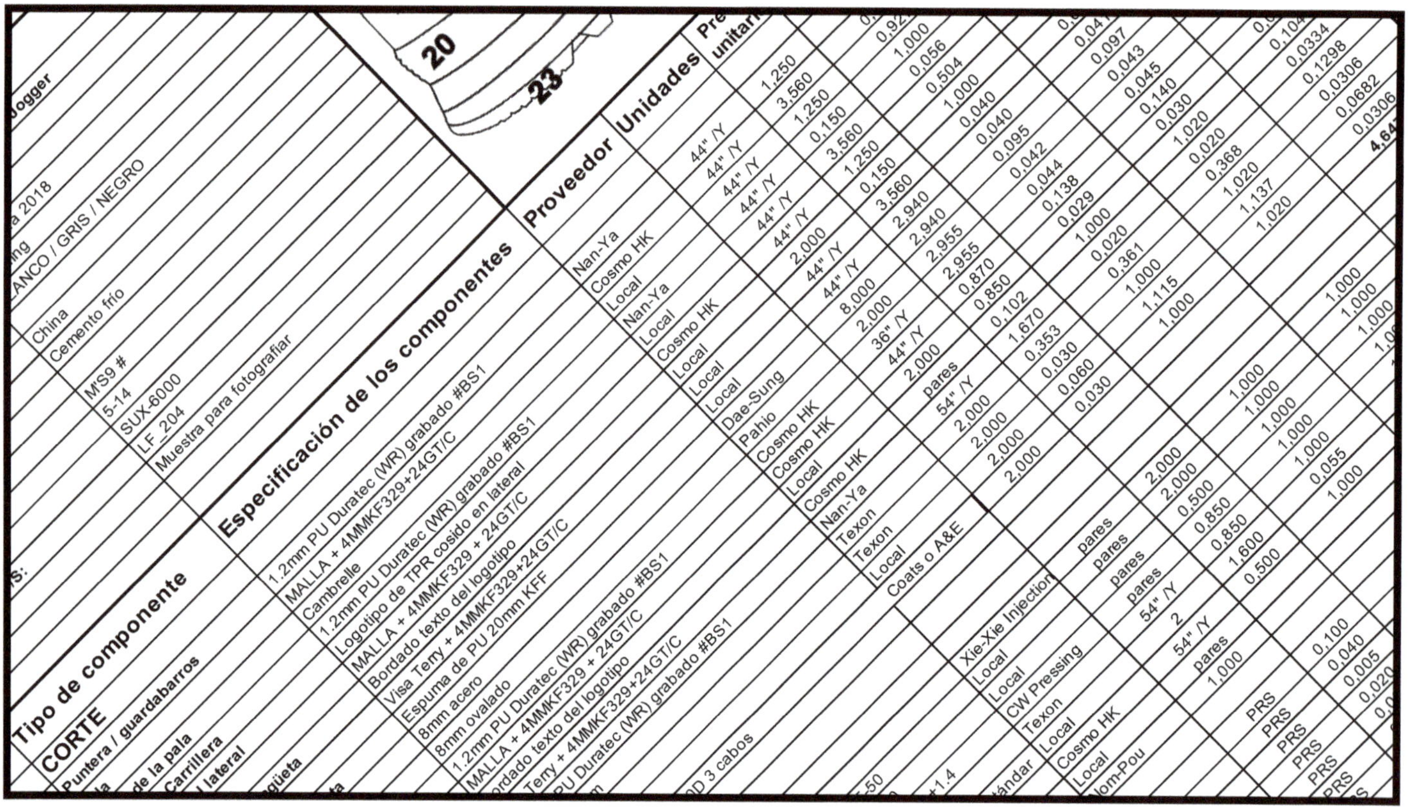

CAPÍTULO 14

COSTES DEL CALZADO

¿Cuánto dinero cuesta realmente hacer una zapatilla?, ¿gana Nike mucho dinero vendiendo zapatillas de 100 dólares? En este capítulo se analiza cómo se distribuye el dinero.

Una vez que se fabrica la zapatilla, la fabrica utilizará las fichas técnicas para detallar el coste de cada modelo. A este documento se le conoce como escandallo, u hoja de costes.

El escandallo incluye cada pieza que compone el modelo, incluyendo la caja, el papel de relleno, el paquete de gel de sílice, las etiquetas, etc. Todo lo que se incluya en la caja de zapatos debe incluirse.

Cada articulo se enumera con su coste unitario, y el total para fabricar esa parte. También se agregará el porcentaje de desperdicio. El porcentaje de desperdicio, o pérdida en el corte, es la cantidad de material sobrante una vez que todas las partes son cortadas.

Sí, también hay que pagar por el desperdicio. Por ejemplo, para el tejido de malla, el desperdicio es muy pequeño, menos del 5%. En el caso del cuero para un zapato de una marca premium o de lujo, la fábrica no puede utilizar ninguna parte de la piel que tenga cortes, o las cicatrices del animal. En este caso, el desperdicio puede ser de hasta el 20%.

Este listado incluye el porcentaje de uso y desperdicio, y el coste total por pieza. Una vez detallada cada pieza, los técnicos de coste podrán verificar el precio del material para cada parte, y medir el uso viable para la fabricación. Este trabajo puede llevar mucho tiempo, pero si la producción es de 500.000 pares, cada centavo cuenta. Un técnico de coste hábil puede ahorrar miles de dólares, incluso más que su propio salario.

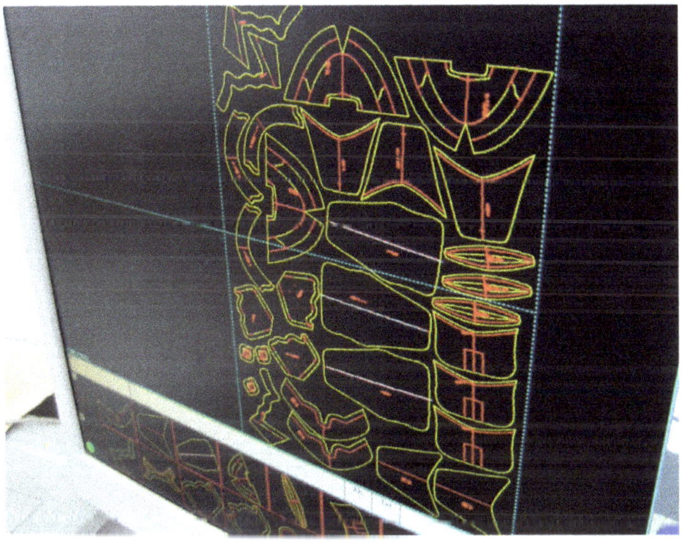

El rendimiento/ desperdicio se calcula por ordenador, aunque el rendimiento también puede hacerse a mano con un papel milimetrado, y el patrón en papel.

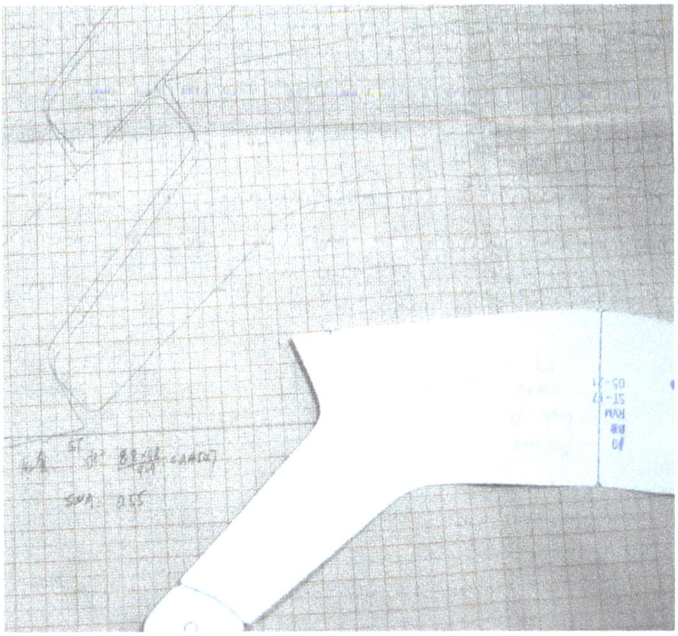

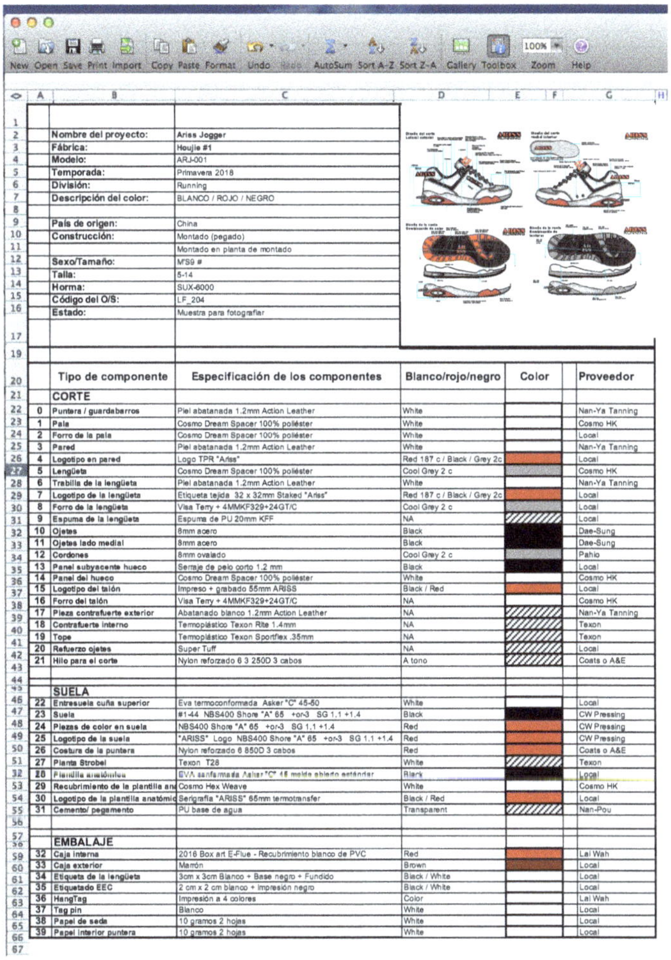

Nombre del proyecto:	Ariss Jogger
Fábrica:	Houjie #1
Modelo:	ARJ-001
Temporada:	Primavera 2018
División:	Running
Descripción del color:	BLANCO / ROJO / NEGRO
País de origen:	China
Construcción:	Montado (pegado)
	Montado en planta de montado
Sexo/Tamaño:	M'S9 #
Talla:	5-14
Horma:	SUX-6000
Código del O/S:	LF_204
Estado:	Muestra para fotografiar

	Tipo de componente	Especificación de los componentes	Blanco/rojo/negro	Color	Proveedor
	CORTE				
0	Puntera / guardabarros	Piel abatanada 1.2mm Action Leather	White		Nan-Ya Tanning
1	Pala	Cosmo Dream Spacer 100% poliéster	White		Cosmo HK
2	Forro de la pala	Cosmo Dream Spacer 100% poliéster	White		Local
3	Pared	Piel abatanada 1.2mm Action Leather	White		Nan-Ya Tanning
4	Logotipo en pared	Logo TPR "Ariss"	Red 187 c / Black / Grey 2c		Local
5	Lengüeta	Cosmo Dream Spacer 100% poliéster	Cool Grey 2 c		Cosmo HK
6	Trabilla de la lengüeta	Piel abatanada 1.2mm Action Leather	White		Nan-Ya Tanning
7	Logotipo de la lengüeta	Etiqueta tejida 32 x 32mm Staked "Ariss"	Red 187 c / Black / Grey 2c		Local
8	Forro de la lengüeta	Visa Terry + 4MMKF329+24GT/C	Cool Grey 2 c		Local
9	Espuma de la lengüeta	Espuma de PU 20mm KFF	NA		Local
10	Ojetes	8mm acero	Black		Dae-Sung
11	Ojetes lado medial	8mm acero	Black		Dae-Sung
12	Cordones	8mm ovalado	Cool Grey 2 c		Pahio
13	Panel subyacente hueco	Serraje de pelo corto 1.2 mm	Black		Local
14	Panel del hueco	Cosmo Dream Spacer 100% poliéster	White		Cosmo HK
15	Logotipo del talón	Impreso + grabado 55mm ARISS	Black / Red		Local
16	Forro del talón	Visa Terry + 4MMKF329+24GT/C	NA		Cosmo HK
17	Pieza contrafuerte exterior	Abatanado blanco 1.2mm Action Leather	NA		Nan-Ya Tanning
18	Contrafuerte interno	Termoplástico Texon Rite 1.4mm	NA		Texon
19	Tope	Termoplástico Texon Sportflex .35mm	NA		Texon
20	Refuerzo ojetes	Super Tuff	NA		Local
21	Hilo para el corte	Nylon reforzado 6 3 250D 3 cabos	A tono		Coats o A&E
	SUELA				
22	Entresuela cuña superior	Eva termoconformada Asker "C" 45-50	White		Local
23	Suela	#1-44 NBS400 Shore "A" 65 +or-3 SG 1.1 +1.4	Black		CW Pressing
24	Piezas de color en suela	NBS400 Shore "A" 65 +or-3 SG 1.1 +1.4	Red		CW Pressing
25	Logotipo de la suela	"ARISS" Logo NBS400 Shore "A" 65 +or-3 SG 1.1 +1.4	Red		CW Pressing
26	Costura de la puntera	Nylon reforzado 6 850D 3 cabos	Red		Coats o A&E
27	Planta Strobel	Texon T28	White		Texon
28	Plantilla anatómica	EVA conformada Asker "C" 45 molde abierto estándar	Black		Local
29	Recubrimiento de la plantilla ana	Cosmo Hex Weave	White		Cosmo HK
30	Logotipo de la plantilla anatómic	Serigrafía "ARISS" 65mm termotransfer	Black / Red		Local
31	Cemento/ pegamento	PU base de agua	Transparent		Nan-Pou
	EMBALAJE				
32	Caja interna	2016 Box art E-Flue - Recubrimiento blanco de PVC	Red		Lai Wah
33	Caja exterior	Marrón	Brown		Local
34	Etiqueta de la lengüeta	3cm x 3cm Blanco + Base negro + Fundido	Black / White		Local
35	Etiquetado EEC	2 cm x 2 cm blanco + impresión negro	Black / White		Local
36	HangTag	Impresión a 4 colores	Color		Lai Wah
37	Tag pin	Blanco	White		Local
38	Papel de seda	10 gramos 2 hojas	White		Local
39	Papel interior puntera	10 gramos 2 hojas	White		Local

Este es el ejemplo de una ficha técnica a la que se le ha añadido el coste de los materiales. Los componentes de la zapatilla se enumeran a la izquierda con una breve nota especificando el material. En el lado derecho se encuentra el cálculo del coste que ha hecho la fábrica por cada par de zapatillas.

El escandallo es una herramienta fundamental para el desarrollador y el diseñador, especialmente cuando se diseña un modelo con un precio especifico.

Los técnicos de la fábrica convertirán esta ficha técnica en una hoja de costes (ver la página siguiente).

New Open Save Print Import Copy Paste Format Undo Redo AutoSum Sort A-Z Sort Z-A Gallery Toolbox Zoom Help

Sheets | Charts | SmartArt Graphics | Word

Nombre del proyecto:	**Sneaker Factory Jogger**
Fábrica:	**Houjie #1**
Modelo	MSK069
Temporada:	Primavera 2018
División:	Running
Descripción de color:	BLANCO / GRIS / NEGRO
País de origen:	China
Construcción:	Cemento frío
Sexo/Tamaño:	M'S9 #
Talla:	5-14
Horma:	SUX-6000
Código del O/S:	LF_204
Estado:	Muestra para fotografiar

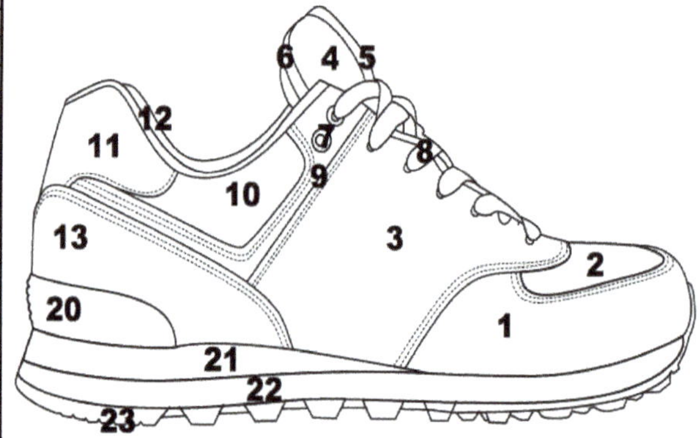

	Tipo de componente	Especificación de los componentes	Proveedor	Unidades	Precio unitario	Aprovecha-miento neto	Aprovecha-miento bruto	Precio / par
	CORTE							
1	**Puntera / guardabarros**	1.2mm PU Duratec (WR) grabado #BS1	Nan-Ya	44" /Y	1,250	0,595	0,607	0,7583
2	**Pala**	MALLA + 4MMKF329+24GT/C	Cosmo HK	44" /Y	3,560	0,043	0,044	0,1569
	Forro de la pala	Cambrelle	Local	44" /Y	1,250	0,927	0,946	1,1824
3	**Lateral / Carrillera**	1.2mm PU Duratec (WR) grabado #BS1	Nan-Ya	44" /Y	0,150	1,000	1,000	0,1500
	Logotipo del lateral	Logotipo de TPR cosido en lateral	Local	44" /Y	3,560	0,056	0,057	0,2044
4	**Lengüeta**	MALLA + 4MMKF329 + 24GT/C	Cosmo HK	44" /Y	1,250	0,504	0,514	0,6426
5	**Logotipo de la lengüeta**	Bordado texto del logotipo	Local	2,000	0,150	1,000	1,000	0,1500
6	**Forro de la lengüeta**	Visa Terry + 4MMKF329+24GT/C	Local	44" /Y	3,560	0,040	0,041	0,1452
	Espuma para la lengüeta	Espuma de PU 20mm KFF	Local	44" /Y	2,940	0,040	0,041	0,1200
7	**Ojetes**	8mm acero	Dae-Sung	8,000	2,940	0,095	0,097	0,2849
8	**Cordones**	8mm ovalado	Pahio	2,000	2,955	0,042	0,043	0,1257
9	**Panel subyacente hueco**	1.2mm PU Duratec (WR) grabado #BS1	Cosmo HK	36" /Y	2,955	0,044	0,045	0,1338
10	**Panel del hueco**	MALLA + 4MMKF329 + 24GT/C	Cosmo HK	44" /Y	0,870	0,138	0,140	0,1220
11	**Logotipo del talón**	Bordado texto del logotipo	Local	2,000	0,850	0,029	0,030	0,0255
12	**Forro del talón**	Visa Terry + 4MMKF329+24GT/C	Cosmo HK	pares	0,102	1,000	1,020	0,1040
13	**Pieza contrafuerte exterior**	1.2mm PU Duratec (WR) grabado #BS1	Nan-Ya	54" /Y	1,670	0,020	0,020	0,0334
	Contrafuerte interno	Texon 4mm	Texon	2,000	0,353	0,361	0,368	0,1298
	Tope	Texon 2mm	Texon	2,000	0,030	1,000	1,020	0,0306
	Refuerzo ojetes	Super Tuff	Local	2,000	0,060	1,115	1,137	0,0682
	Hilo para el corte	Bonded Nylon 6 250D 3 cabos	Coats o A&E	2,000	0,030	1,000	1,020	0,0306
								4,6478
	SUELA							
20	**Contrafuerte**	Plástico inyectado color rojo	Xie-Xie Injection	pares	2,000	1,000	1,000	0,6500
21	**Entresuela cuña superior**	Eva termoconformada Asker "C" 45-50	Local	pares	2,000	1,000	1,000	0,7000
22	**Entresuela cuña inferior**	Eva termoconformada Asker "C" 55-60	Local	pares	0,500	1,000	1,000	0,5000
23	**Suela**	#1-44 NBS400 Shore A 65 +or-3 SG 1.1 +1.4	CW Pressing	pares	0,850	1,000	1,000	1,5000
	Planta Strobel	Texon T28	Texon	54" /Y	0,850	1,000	1,000	0,8500
	Plantilla anatómica	EVA conformada Asker "C" 45 molde abierto estándar	Local	2	1,600	0,055	0,056	0,0898
	Recubrimiento de la planta anat.	Malla como muestra + 4MMKF329 + 24GT/C	Cosmo HK	54" /Y	0,500	1,000	1,000	0,5000
	Logotipo de la plantilla anatómica	Serigrafía logotipo "Texto" 45 x 25 MM	Local	pares				**4,7898**
	Cemento/ pegamento	PU base de agua	Nom-Pou	1,000				
	EMBALAJE			PRS	0,100	1,000	1,000	0,7000
	Caja interna	2016 Box art E-Flue - Recubrimiento blanco de PVC		PRS	0,040	1,000	1,000	0,0400
	Caja exterior	Marrón	Lai Wah	PRS	0,005	1,000	1,000	0,0050
	Etiqueta de la lengüeta	3cm x 3cm Blanco + Base negro + Fundido	Local	PRS	0,020	1,000	1,000	0,0200
	Etiquetado EEC	2 cm x 2 cm blanco + impresión negro	Local	PRS	0,060	1,000	1,000	0,0600
	HangTag	Impresión a 4 colores	Local	PRS	0,005	1,000	1,000	0,0050
	Tag pin	Blanco	Lai Wah	PRS	0,020	1,000	1,000	0,0200
	Bolsa de polietileno (PE)		Local	PRS	0,010	1,000	1,000	0,0100
	Papel de seda	10 gramos 2 hojas	Local	PRS	0,010	1,000	1,000	0,0100
	Papel interior puntera	10 gramos 2 hojas	Local	PRS	0,010	1,000	1,000	0,0100
								0,8800
	1. Coste total del material:							**10,3176**
	2. Mano de obra total:							**2,0000**
	a. Corte:							
	4. OTROS	Molde TPR US$400,00	Basado en:					**0,0040**
	5. Ganancia:	7,00%						
	6. Herramientas:							0,0000
	a. Troqueles	$0,00	Basado en:					
	b. Horma:	$0,00	Basado en:					
	c. Molde de la suela:	$25.000,00	Basado en:					0,2500

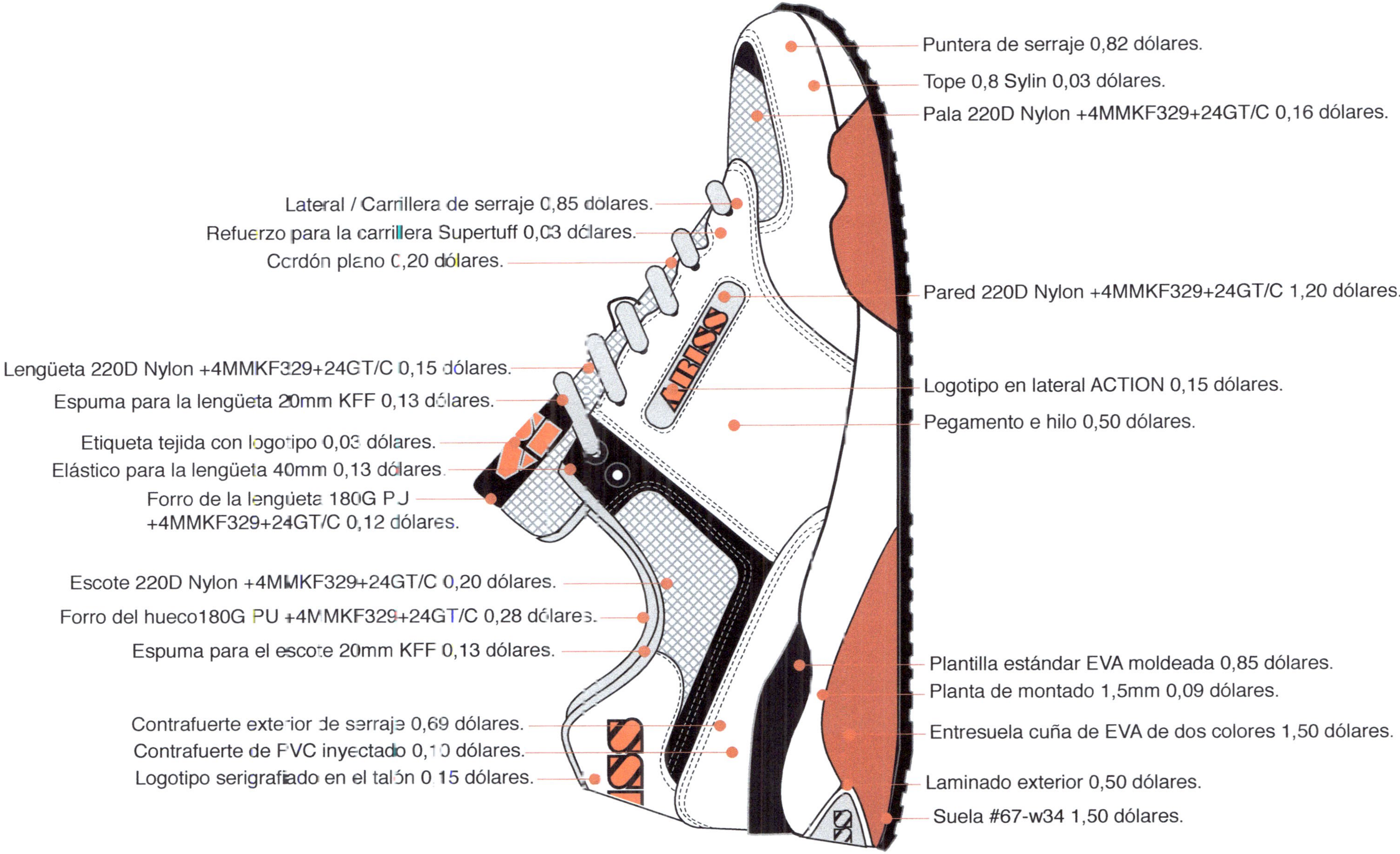
Puntera de serraje 0,82 dólares.
Tope 0,8 Sylin 0,03 dólares.
Pala 220D Nylon +4MMKF329+24GT/C 0,16 dólares.
Lateral / Carrillera de serraje 0,85 dólares.
Refuerzo para la carrillera Supertuff 0,03 dólares.
Cordón plano 0,20 dólares.
Pared 220D Nylon +4MMKF329+24GT/C 1,20 dólares.
Lengüeta 220D Nylon +4MMKF329+24GT/C 0,15 dólares.
Espuma para la lengüeta 20mm KFF 0,13 dólares.
Logotipo en lateral ACTION 0,15 dólares.
Pegamento e hilo 0,50 dólares.
Etiqueta tejida con logotipo 0,03 dólares.
Elástico para la lengüeta 40mm 0,13 dólares.
Forro de la lengüeta 180G PJ +4MMKF329+24GT/C 0,12 dólares.
Escote 220D Nylon +4MMKF329+24GT/C 0,20 dólares.
Forro del hueco180G PU +4MMKF329+24GT/C 0,28 dólares.
Espuma para el escote 20mm KFF 0,13 dólares.
Plantilla estándar EVA moldeada 0,85 dólares.
Planta de montado 1,5mm 0,09 dólares.
Contrafuerte exterior de serraje 0,69 dólares.
Entresuela cuña de EVA de dos colores 1,50 dólares.
Contrafuerte de PVC inyectado 0,10 dólares.
Logotipo serigrafiado en el talón 0,15 dólares.
Laminado exterior 0,50 dólares.
Suela #67-w34 1,50 dólares.

Cuando compras un zapato de 100 dólares, ¿dónde va todo el dinero?

Minorista: 50 dólares
La ganancia de la tienda al vender cada par de zapatos. Con esta cantidad, la tienda debe pagar al personal, y sus propios gastos.

La marca: 25 dólares
La ganancia de la marca de calzado o importador al vender el modelo al minorista. Con esta cantidad, la empresa debe pagar al personal, y sus propios gastos.

Materiales del corte: 11 dólares
Se incluye todo el corte del modelo, fornituras, espuma, logotipos, lengüeta, cordones, etc.

Suela: 6 dólares
El coste de la suela que forma la zapatilla.

***LOP*: 3 dólares**
LOP se refiere al gasto de la fábrica de calzado para mano de obra, gastos generales y ganancias.

Importación: 2 dólares
Derechos de importación.

Herramientas: 1 dólar
Amortización de las herramientas.

Embalaje: 1 dólar
La caja exterior, la caja de las zapatillas, las etiquetas y el papel de relleno.

Envío: 1 dólar
Incluye el transporte marítimo, el transporte terrestre, las tasas portuarias, y los impuestos.

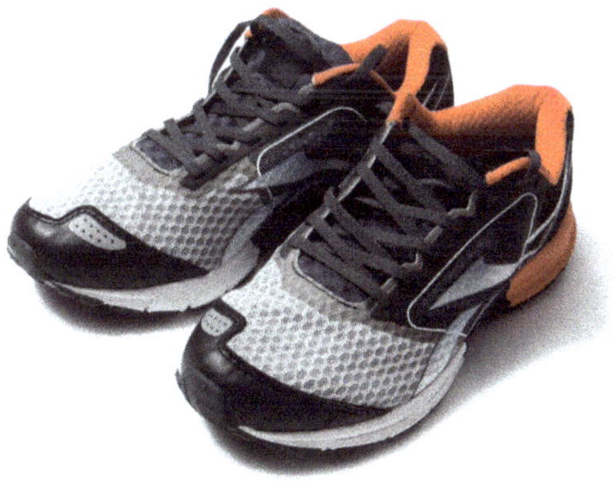

Comencemos a desglosar a la inversa el coste de unas zapatillas de 100 dólares.

El margen del minorista

La tienda compra la zapatilla a la marca al por mayor, con un precio mayorista, que es aproximadamente el 50% del precio minorista: 50 dólares. Si se trata de un gran minorista, se puede obtener un descuento de entre el 3 y el 5%, o el transporte gratuito.

Así de sencillo, la tienda minorista obtiene el 50% del precio de manera inmediata. Pero, también tendrán que pagar a los vendedores, la electricidad, la publicidad, y pagar el alquiler de la tienda. Puede que tengan que poner los últimos pares con algún descuento. Si la zapatilla se vende muy poco, tendrán que rebajar muchos pares; cuando llegues a ver algo al 40% de descuento, significa que la tienda no está generando ninguna ganancia.

El margen de la marca de calzado

Entonces, ¿cuál es el beneficio que obtiene la marca de calzado? Recuerda que la marca de calzado no es el dueño de la fábrica. De las principales marcas de zapatos, únicamente New Balance tiene su propia fábrica.

Entonces, ¿cuánto pagó la marca por el par de zapatillas que vendieron a la tienda por 50 dólares? Al rededor de 20 dólares.
Una vez que la marca compra el calzado a la fábrica, este deberá ser transportado. La mayoría de los zapatos se envían por transporte marítimo. Generalmente, los términos del coste con la fábrica es *FOB*, que en castellano significa Franco a bordo. Este término se refiere al precio del calzado, más el envió en un contenedor de transporte marítimo al puerto de entrada acordado en el lugar dónde se acuerde.

Coste en destino

El coste de los portes de China a Estados Unidos es de aproximadamente 0,95 dólares por par. Un contenedor de 40 pies, que equivale al tamaño de un semirremolque de camión, puede albergar alrededor de 5.000 pares de zapatillas.
5.000 x 0,95 = 4.750 dólares.

Ese es el coste por contenedor de China a Estados Unidos, incluyendo los derechos portuarios y el transporte terrestre.

Una vez que la mercancía llega al destino, se debe importar legalmente. En el caso de una zapatilla textil, el gobierno de Estados Unidos exige un arancel que se sitúa entre el 8,5 y el 20% del precio de fábrica. Eso equivale a unos 25 dólares.

Ahora que la deportiva se encuentra en el almacén: 25 - 0,95 - 2,50 = 21,55 dólares.

Después, es el momento de venderlo a las tiendas: precio mayorista de 50 dólares - 21,55 = 28,45 dólares de beneficio.

En realidad, la ganancia es de menos de 28,45 dólares, ya que el vendedor recibe una comisión basada en el precio mayorista, normalmente alrededor del 7%. Cerca de 2 dólares por una zapatilla de 50 dólares.

Ahora, el beneficio ha bajado a 26,45 dólares por par. Pero, si es un gran minorista puede negociar un descuento del 5%.

Se descuentan otros 2 dólares para que la ganancia total se acerque a los 25 dólares.

Obviamente, de los 25 dólares, la marca de calzado tiene que pagar a los diseñadores, directores de producto, desarrolladores, directores de ventas, directores de *marketing*, anunciantes, atletas, alquiler, impuestos, etc.

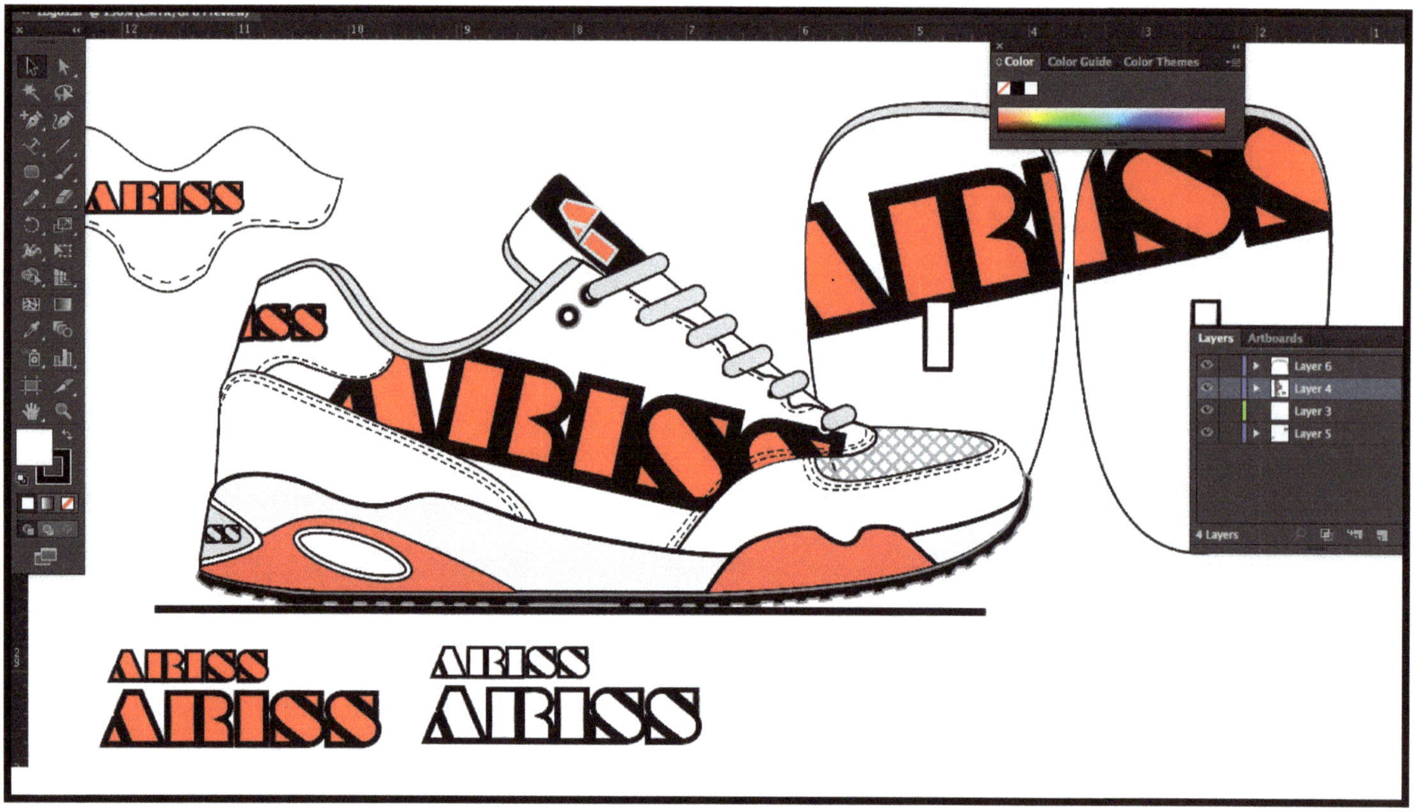

CAPÍTULO 15

DISEÑO DE LOGOTIPOS PARA CALZADO

Un nuevo diseño no está completo hasta que se hayan detallado los logotipos. Un buen conjunto de logotipos agrega valor, proporciona información a los clientes, y da un toque único y especial; mientras que un gran logotipo puede ser la pieza central del diseño.

Al trabajar con una fábrica de calzado por primera vez, es bueno conocer sus capacidades. Por ejemplo, si la fábrica no cuenta con una máquina de bordado interno, costará más dinero mandar las piezas cortadas para su procesado. O bien, si la fábrica tiene una buena relación con el proveedor de etiquetas, valdrá la pena organizar una visita para ver los trabajos que pueden hacer.

A continuación, se detallan los tipos de logotipos más comunes que configuran el calzado deportivo. Se estudia el precio de las piezas que componen los logotipos, los cargos de configuración de la maquinaria, y los consejos de los diseñadores.

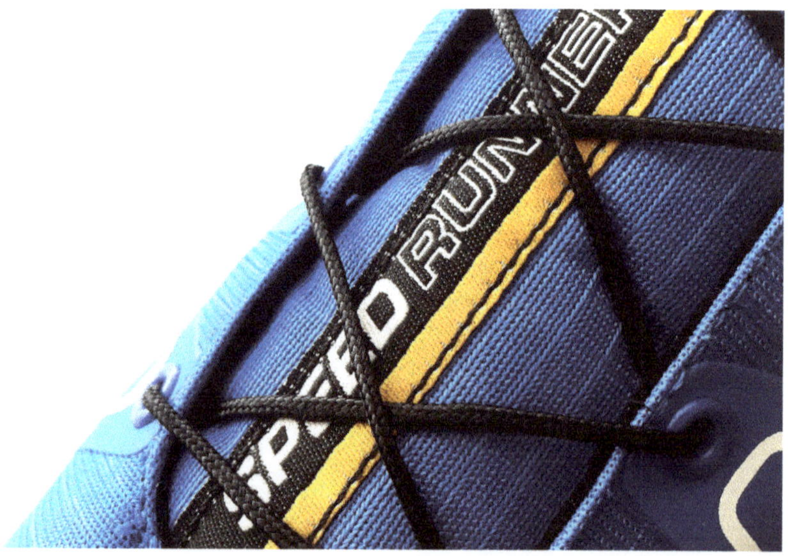

El logotipo refuerza la imagen de la marca, agrega interés, y comunica propiedades.

Logotipo troquelado

Un logotipo troquelado en lateral de la zapatilla es lo más utilizado. El logotipo se troquela en el material deseado, y se cose. El *swoosh* de Nike, las bandas de Adidas, la N de New Balance, la V de Vans y el *formstrip* de Puma son los clásicos. Los logotipos troquelados son perfectos si se quiere una alta visibilidad; y, además, pueden estar hechos de casi cualquier material. El lado negativo es que los detalles pueden limitarse únicamente al bordado. Las piezas troqueladas son un recurso perfecto para usar sobre cualquier costura del corte, o sobre las intersecciones de varias piezas. El troquelado también puede invertirse para que se muestre vacío hacia el interior de la zapatilla. El precio es bajo, solo el coste del material.

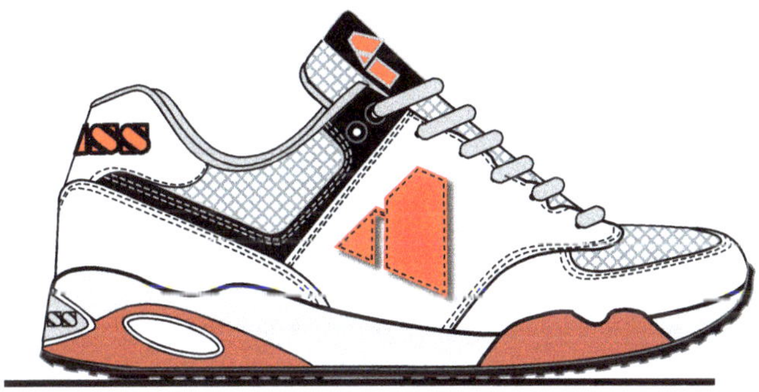

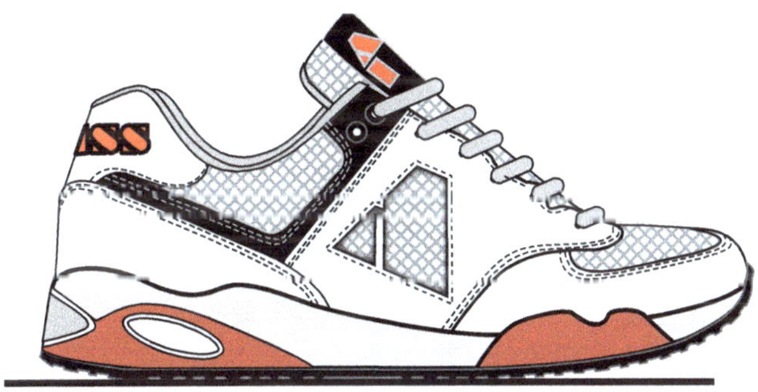

Logotipo troquelado vacío, o ventana

En lugar de una superposición, el troquel puede hacer que un vacío exponga la malla u otro uso del logotipo, como una etiqueta tejida, o una segunda malla con color.

3D *Weld transfer*

El 3D *weld transfer* es un tipo de soldadura por radiofrecuencia. El troquel de soldadura tiene un borde muy definido, y cuando el material de TPU se suelda, el exceso se quita dejando atrás el material. Los colores y las superficies se limitan a lo que uno puede obtener del material TPU apto para este proceso. Es una buena manera de obtener un logotipo brillante, o un efecto cromado sobre una malla gruesa. Las herramientas pueden costar desde 300 a 1.000 dólares, dependiendo del tamaño del logotipo.

Serigrafía

La serigrafía también es muy utilizada en calzado, ya que apenas se necesita infraestructura, y los colores son casi ilimitados. Existen muchos acabados disponibles: mate, brillo, con relieve o 3D. Sin embargo, también existen limitaciones en cuanto a la superficie donde se trabaja. Las superficies ásperas, o materiales como el serraje, no se imprimen bien; y los tejidos elásticos hacen que la tinta se agriete. Cualquier superficie encerada, o engrasada, tampoco es adecuada para hacer serigrafía.
Sin embargo, la serigrafía es óptima para logotipos grandes con alto contraste, y pueden incluir varios colores. Hay que tener en cuenta que el registro de colores puede ser difícil. Cada fábrica tendrá un departamento de serigrafía. El logotipo serigrafiado puede costar de 0,25 a 0,75 dólares, dependiendo del tamaño y la cantidad de colores. Por lo general, no se aplican cargos por logotipos serigrafiados.

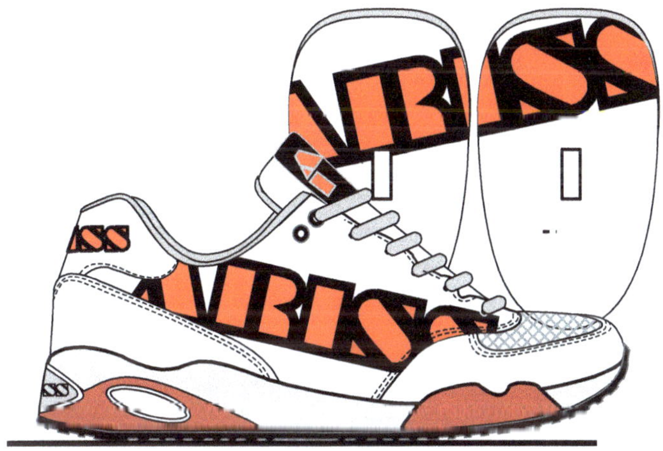

Serigrafía y grabado

Un recurso económico y con gran efecto que se utiliza en calzado, es serigrafiar y grabar el logotipo con una máquina de soldar por radiofrecuencia para obtener un efecto 3D. La soldadura por radiofrecuencia es una herramienta económica, y los cabezales metálicos no cuestan mucho. Asequible de configurar, y cuando se hace en la fábrica, es barato. Las herramientas para el grabado pueden costar cerca de 300 dólares, dependiendo del tamaño del logotipo.

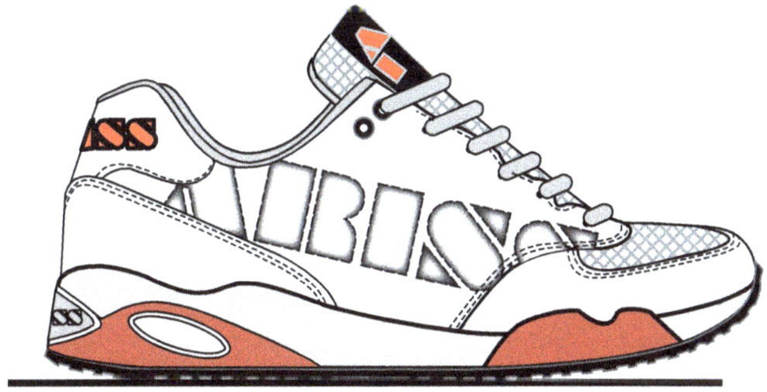

Logotipo bordado

Otro recurso muy utilizado en calzado, es el bordado, o la costura asistida por ordenador. Un hilo satinado puede crear un logotipo de aspecto caro, aportando un toque de clase. La mayoría de las máquinas pueden trabajar de 8 a 10 colores. Es una buena aplicación para logotipos, pero hay que tener cuidado, ya que el precio del bordado se mide por puntada, más un coste extra para añadir más colores. Los colores claros se pueden ensuciar fácilmente, y los hilos pueden engancharse. Hay que tener cuidado con el calzado impermeable, ya que el bordado dejará entrar agua. El logotipo puede bordarse en el panel lateral, y el precio puede variar mucho según el logotipo, también depende si la fábrica cuenta con su propio departamento de bordado. Normalmente el precio por unidad está entre 0,25 y 0,75 dólares, dependiendo del número de puntadas, y el número de colores.

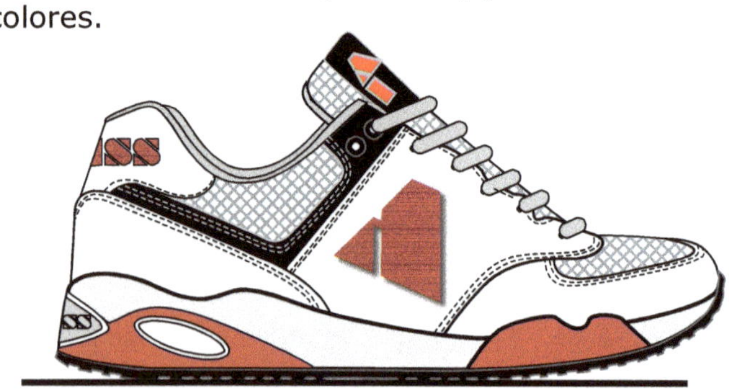

Bordado 3D

Hacer un bordado en 3D es una manera muy visual de integrar el logotipo en el diseño. Se coloca una pieza pequeña de espuma EVA bajo el cabezal de bordado; al bordarse, los hilos cortan el canto de la EVA, dejando el logotipo con un efecto 3D de entre 2-3mm. Se logra un gran efecto, pero también es propenso a imperfecciones y a ensuciarse al utilizarse en calzado. Generalmente no hay cargos de la puesta a punto de la maquinaria. El coste varía de 0,25 a 0,75 dólares, según el número de puntadas, y el número de colores.

Efectos de impresión en el reverso

Muchas zapatillas tienen piezas de plástico, o goma, que permiten al diseñador agregar logotipos dentro del modelo. Normalmente, se pueden imprimir logotipos dentro de la base de goma transparente de una zapatilla, o detrás de una malla semitransparente.

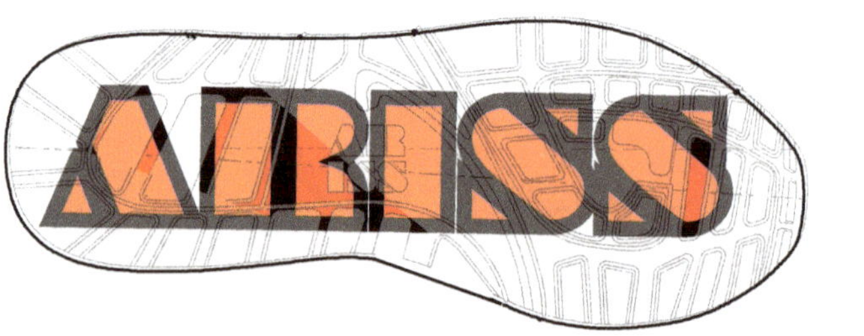

Sublimación

La sublimación es el proceso de impresión que utiliza un ordenador para imprimir un diseño a todo color en papel transfer. Se posiciona el papel en la superficie del material y se calienta, haciendo que la tinta se vaporice y se transfiera al material. La sublimación es conveniente para diseños fotográficos con cuatro colores.

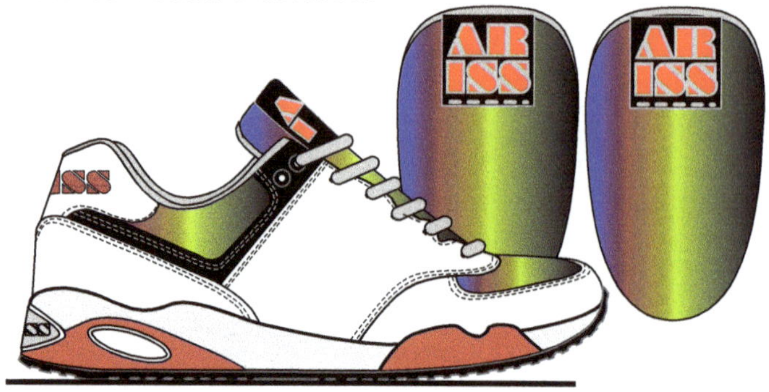

Etiquetas tejidas

Este tipo de etiquetas se hacen con una máquina controlada por ordenador. La definición es muy alta para detalles pequeños y texto. Los colores son casi ilimitados, y puede incluir hasta 15 colores. Las etiquetas que encontramos en la lengüeta de las zapatillas New Balance, o en las Nike clásicas, se fabrican mediante este proceso. También puede utilizarse para crear etiquetas con información en las zapatillas. Los costes de programación de la máquina son bajos, incluso nulos. Este tipo de logotipos en etiquetas tejidas no son caros. Los precios varían de 0,05 a 1 dólar por un parche grande multicolor.

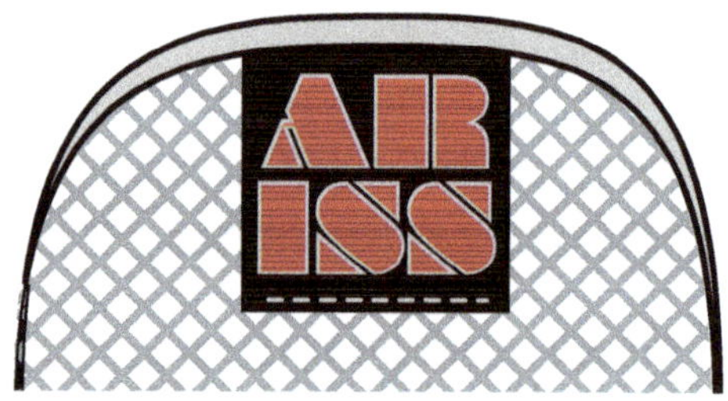

ABS cromado

Si se quiere un logotipo cromado, hay que optar por el metal, o el plástico ABS moldeado por inyección. El plástico ABS tiene un efecto único que permite hacer un recubrimiento metálico con una máquina de vació para poder obtener una buena superficie cromada.

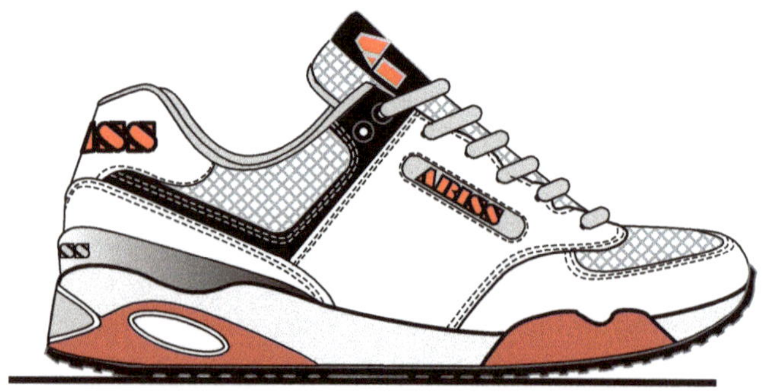

Logotipos moldeados

Las zapatillas modernas pueden incluir varios componentes moldeados. Por ejemplo, suelas de EVA, estabilizadores de plástico, suela de goma, etc. Cada una de estas piezas es una oportunidad perfecta para dar a conocer el logotipo de la marca en el diseño. Estos logotipos no cuestan nada una vez que se crean en el molde.

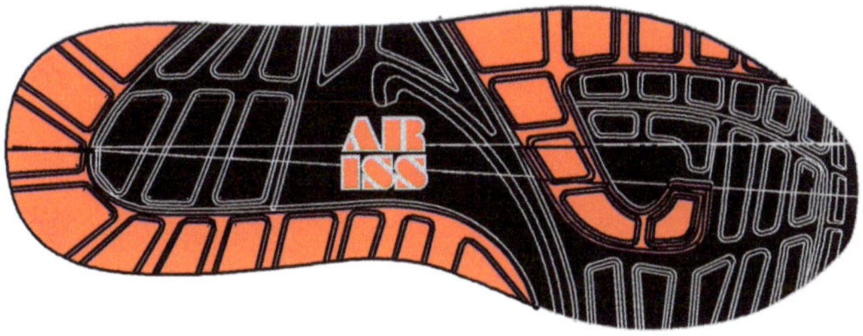

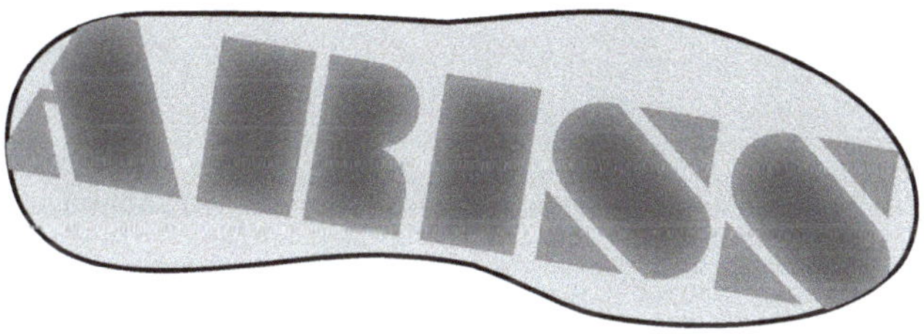

Fornituras metálicas

Las fornituras metálicas son la mejor forma de personalizar un diseño. Placas con logo, ojetes personalizados, o trevillas, son otras opciones para personalizar. Las fornituras se pueden moldear, estampar, pintar, bañar, pulir, o anodizar. Existen muchas opciones de metal, desde el acero hasta el latón, zinc, o aluminio. Las fornituras de metal personalizadas tendrán algunos costes de desarrollo, y el precio depende del tipo de metal y del proceso requerido.

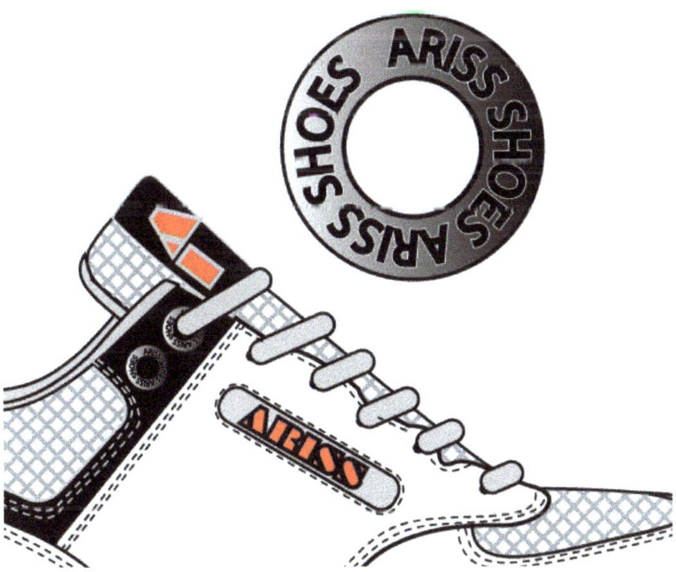

Microinyección de TPR

También se le conoce como *rubber badges*, microinyección, o simplemente TPR, los logotipos de caucho termoplástico son una buena manera de disponer de detalles delicados en el diseño. Los logotipos de TPR vienen en todas las formas y tamaños; los detalles pueden ser pequeños y los colores son casi ilimitados. Estos pequeños logos se pueden utilizar en capas subyacentes, o en superposiciones en la lengüeta y la base de suela. Son duraderos, coloridos y relativamente baratos (0,25 dólares). Pueden tener burbujas de gel transparentes, y también pueden tener un refuerzo de tejido. Son muy apropiados para calzado deportivo y zapatillas de calle. Un inconveniente es que requieren moldes, afortunadamente los moldes TPR son baratos y por lo general cuestan menos de 200 dólares.

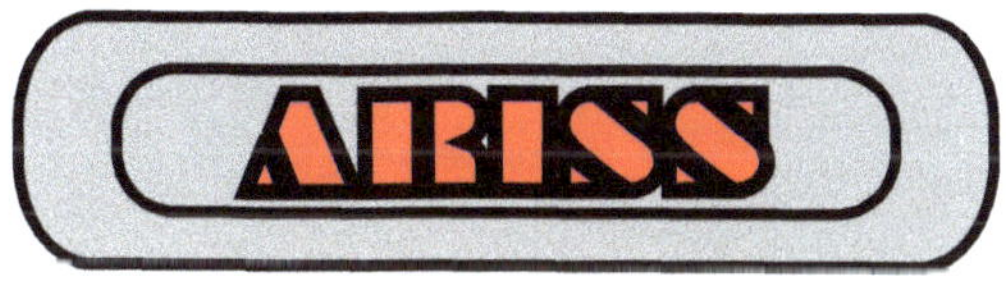

TPR prensado

El TPR prensado es la versión de alta tecnología del logotipo básico de TPR. En este caso, con el TPR aún en el molde, el corte de la zapatilla se coloca en el molde. Se añade calor y presión haciendo que el TPR se fusione con el material del corte. Se puede utilizar para hacer logotipos pequeños en piezas de refuerzo de gran tamaño.

Burbujas de gel de PVC

Una manera sencilla de hacer un logotipo único es mediante la aplicación de una burbuja de gel. Se realiza añadiendo una burbuja transparente de gel de PVC en una etiqueta tejida, o impresa. Estos logotipos suelen tener una base donde se cose; también puede utilizarse sobre una entresuela, o la suela.

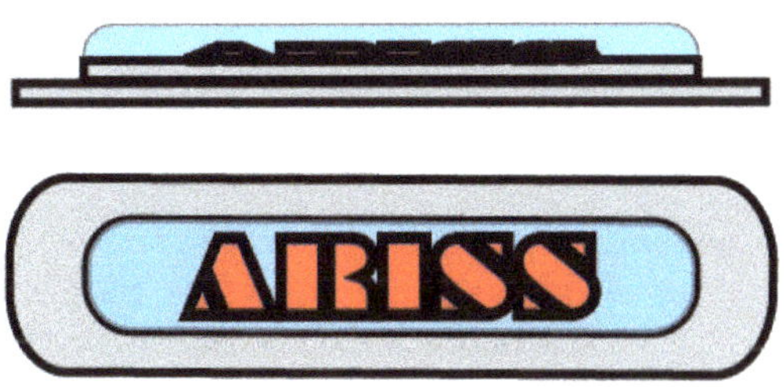

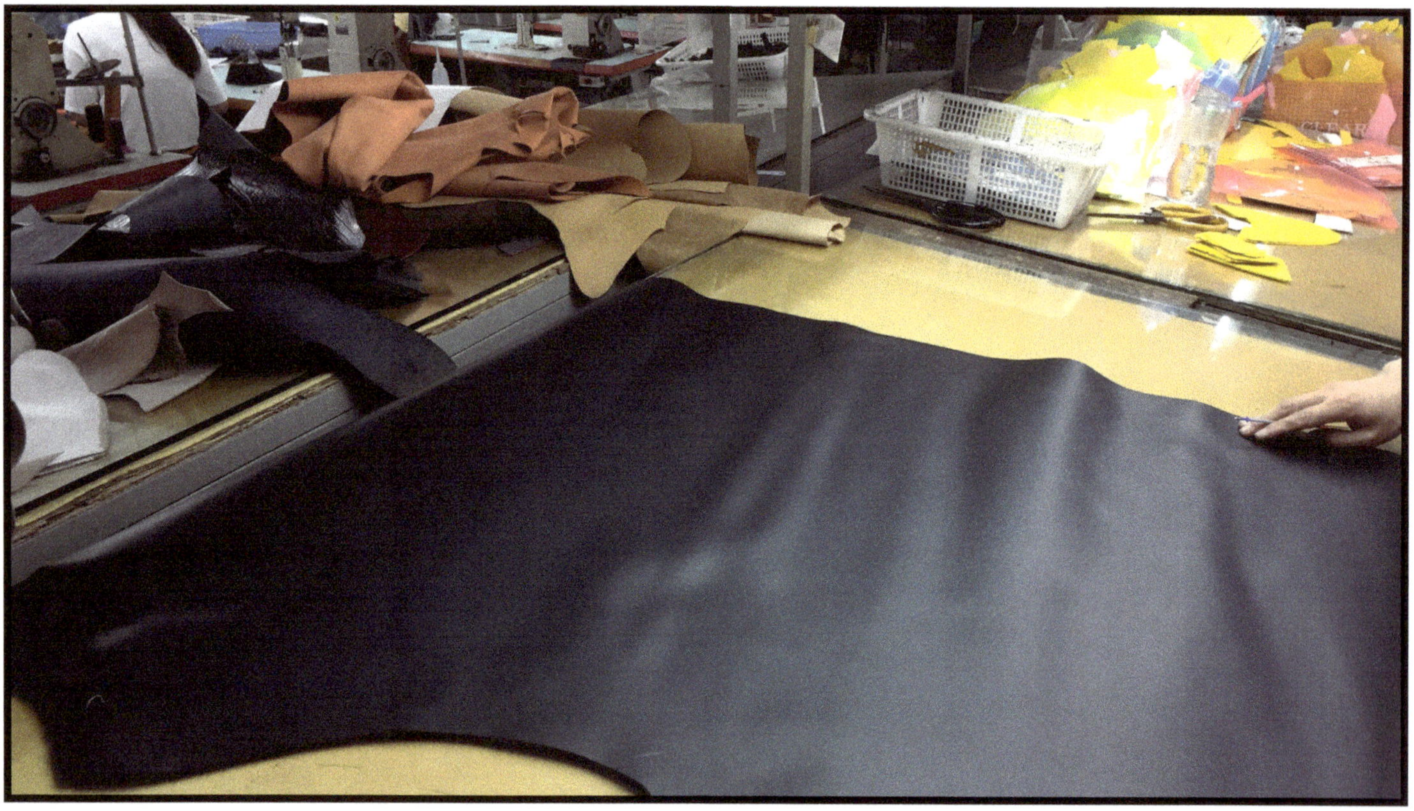

CAPÍTULO 16

CUERO PARA CALZADO

El cuero es el material más utilizado para hacer calzado. Es duradero, flexible, y existen muchos tipos, colores, y precios diferentes. Es un gran material con el que se puede hacer calzado atractivo, funcional, y a la moda. Sin embargo, tiene algunos inconvenientes. Puede ser pesado, dar calor, y ser susceptible a la absorción de agua, y se daña si no se trata. Los tratamientos impermeabilizantes, y los tratamientos resistentes al agua le añaden coste. El cuero es un material relativamente caro en comparación con el tejido u otros materiales hechos por el hombre.

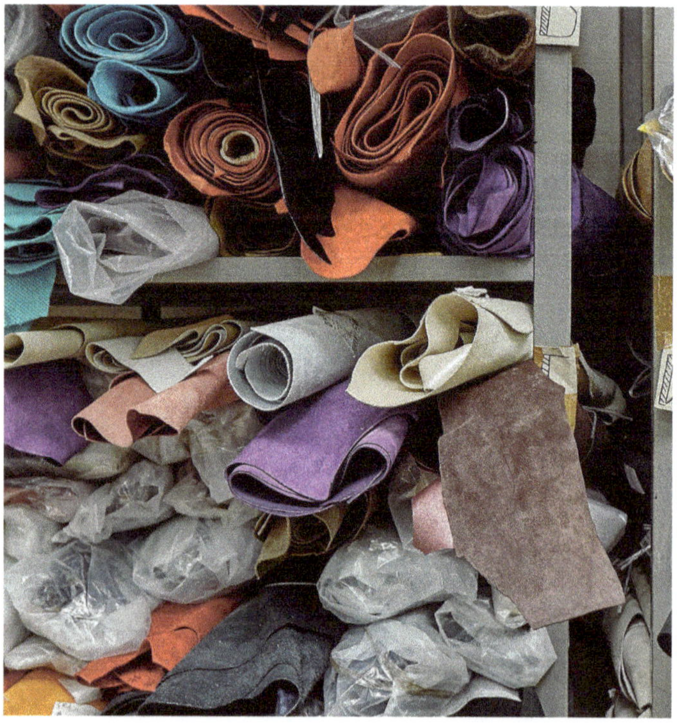

Una sala de muestras bien surtida tendrá muchos tipos de cuero diferentes.

Debido a que el cuero proviene de animales individuales, cada piel tiene un tamaño diferente; también tienen cicatrices, imperfecciones, e incluso marcas que deben evitarse al cortar. A este material sin cortar se le conoce como desperdicio. Cuando hablamos de cuero, el porcentaje de desperdicio empieza en el 5%, en modelos de alta gama puede ser de hasta el 15%, lo que significa desechar un 15% del coste.

La piel suele tener un arancel bajo, dependiendo de las reglas de importación del país. El calzado hecho con un 51% de superficie de piel tiene una tasa de alrededor del 9%. El calzado hecho de textil puede tener un 20% + 0,90 dólares de arancel, dependiendo del país de origen.

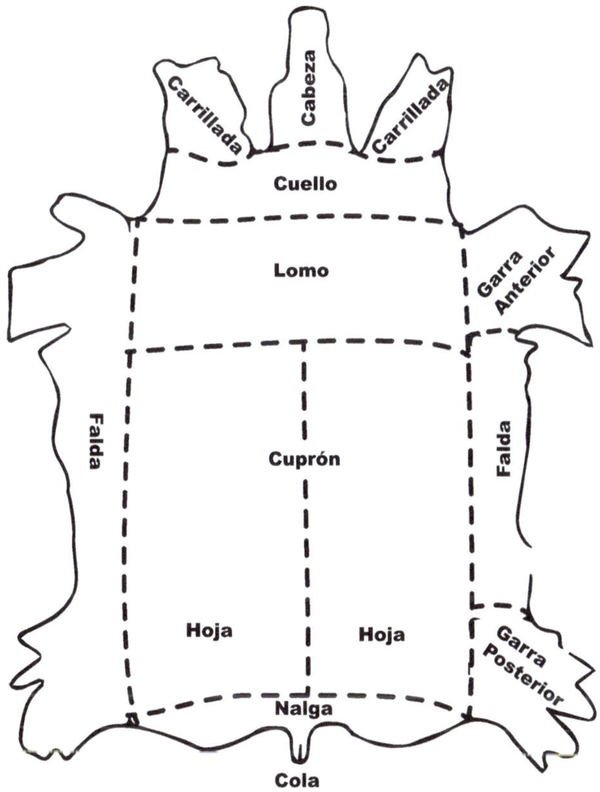

¿Cuál es la mejor piel?

Existen muchos tipos de piel para calzado; se han escrito muchos libros sobre el cuero, y cómo se procesa; en este capítulo se cubren los aspectos básicos para el calzado deportivo y casual.
El tipo de cuero más utilizado es el vacuno, seguido del cerdo, la cabra, la oveja, el canguro (para tacones de fútbol), el cocodrilo, el avestruz, etc. Nos centraremos en la piel vacuna, ya que es, por mucho, el cuero más común que se encuentra en el calzado, y puede ser de muchos tipos.

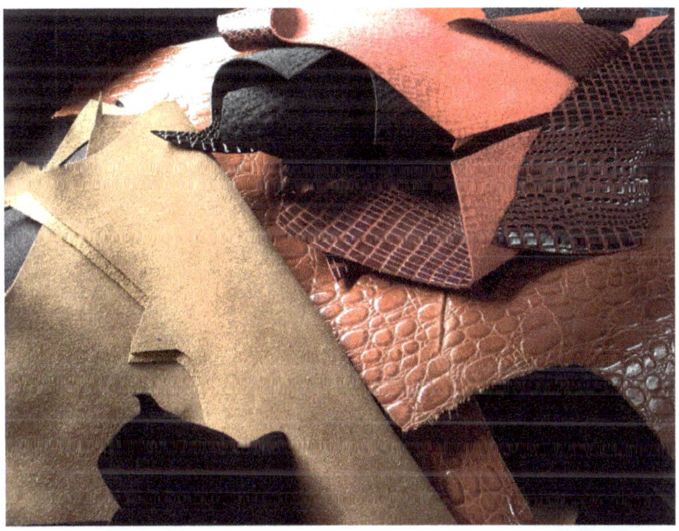

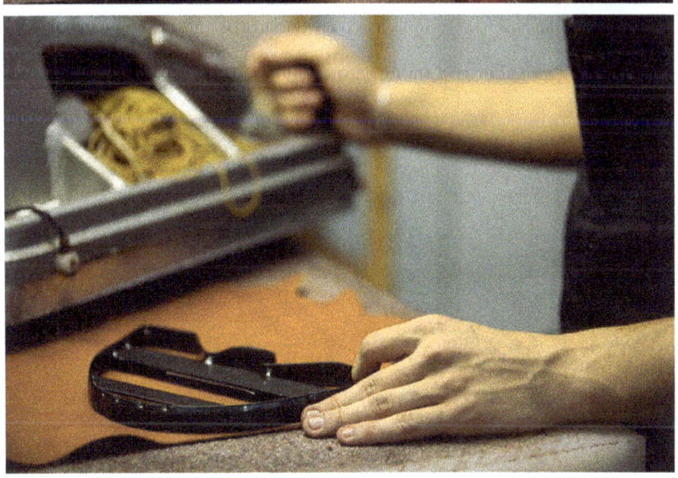

El cuero proviene de piel animal, y se le retira cualquier pelaje de la superficie durante su procesado; cualquier resto de carne también se elimina de la parte interior de la piel. Siguiendo estas operaciones, la piel pasa por un proceso de curtido para preservar las fibras. Así mismo, existen procesos que introducen grasa en el cuero para hacerlo más suave y flexible. Existen muchas formas de trabajar una piel.

Es importante saber que la piel vacuna es gruesa y tiene dos partes: la parte superior, conocida como flor, o grano; y la parte inferior, que se denomina dividido, o reverso (en inglés, split).

La flor es la parte más valiosa de la piel, ya que las fibras de cuero son densas y firmes. La flor es suave, y hay muchas maneras de procesar este tipo de piel dependiendo de su calidad. La piel plena flor se puede procesar para aplanar el grano natural, exagerar el grano, o grabar con una pastilla el grano completamente diferente.

A medida que la profundidad aumenta en la piel del animal, las fibras se vuelven más flexibles y suaves. Estas capas se conocen como divididos, y la piel que se obtiene es el serraje. Se le llama divididos porque se utiliza una máquina con cuchillas de metal que divide la capa de la flor y el serraje.

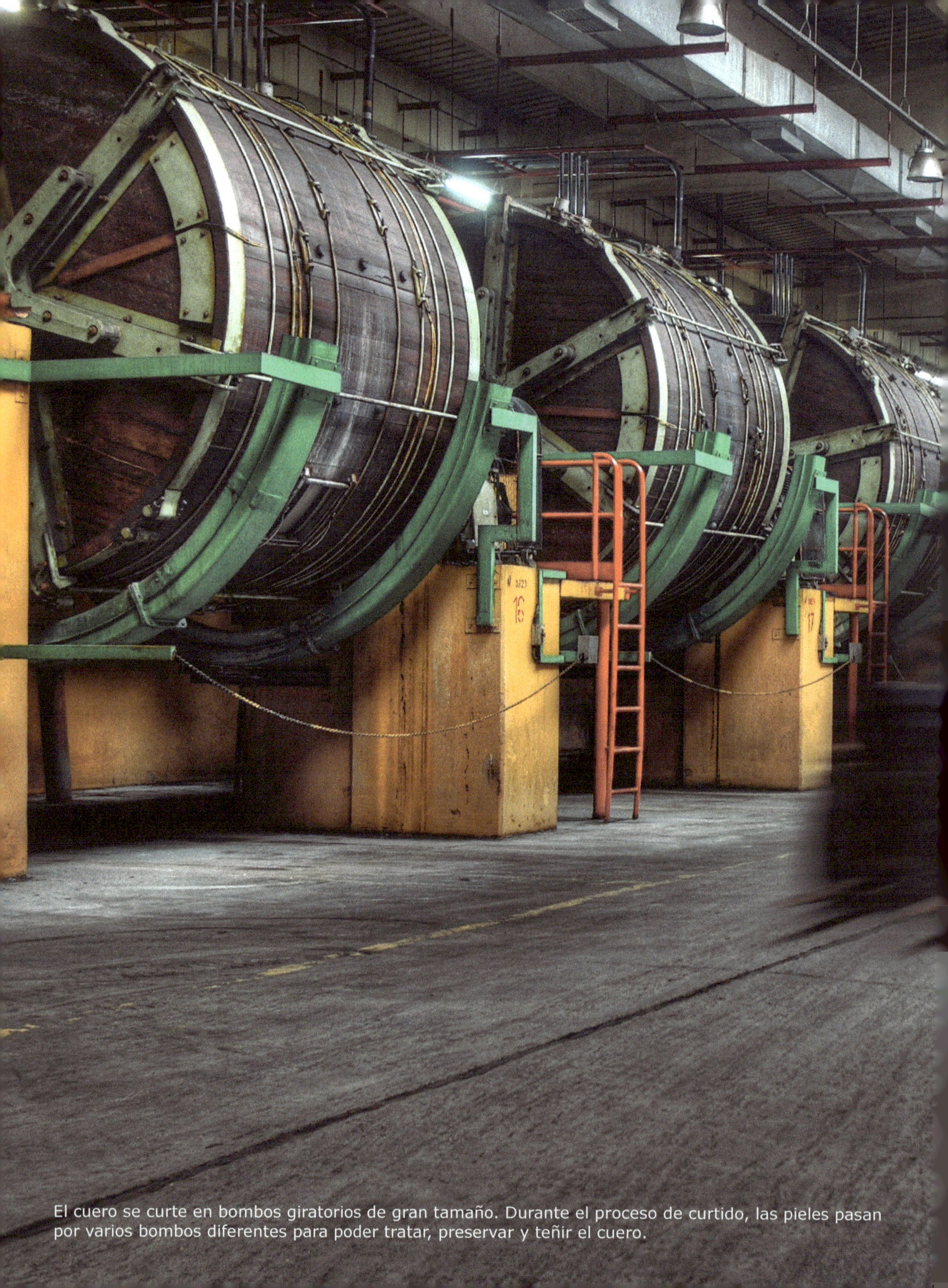

El cuero se curte en bombos giratorios de gran tamaño. Durante el proceso de curtido, las pieles pasan por varios bombos diferentes para poder tratar, preservar y teñir el cuero.

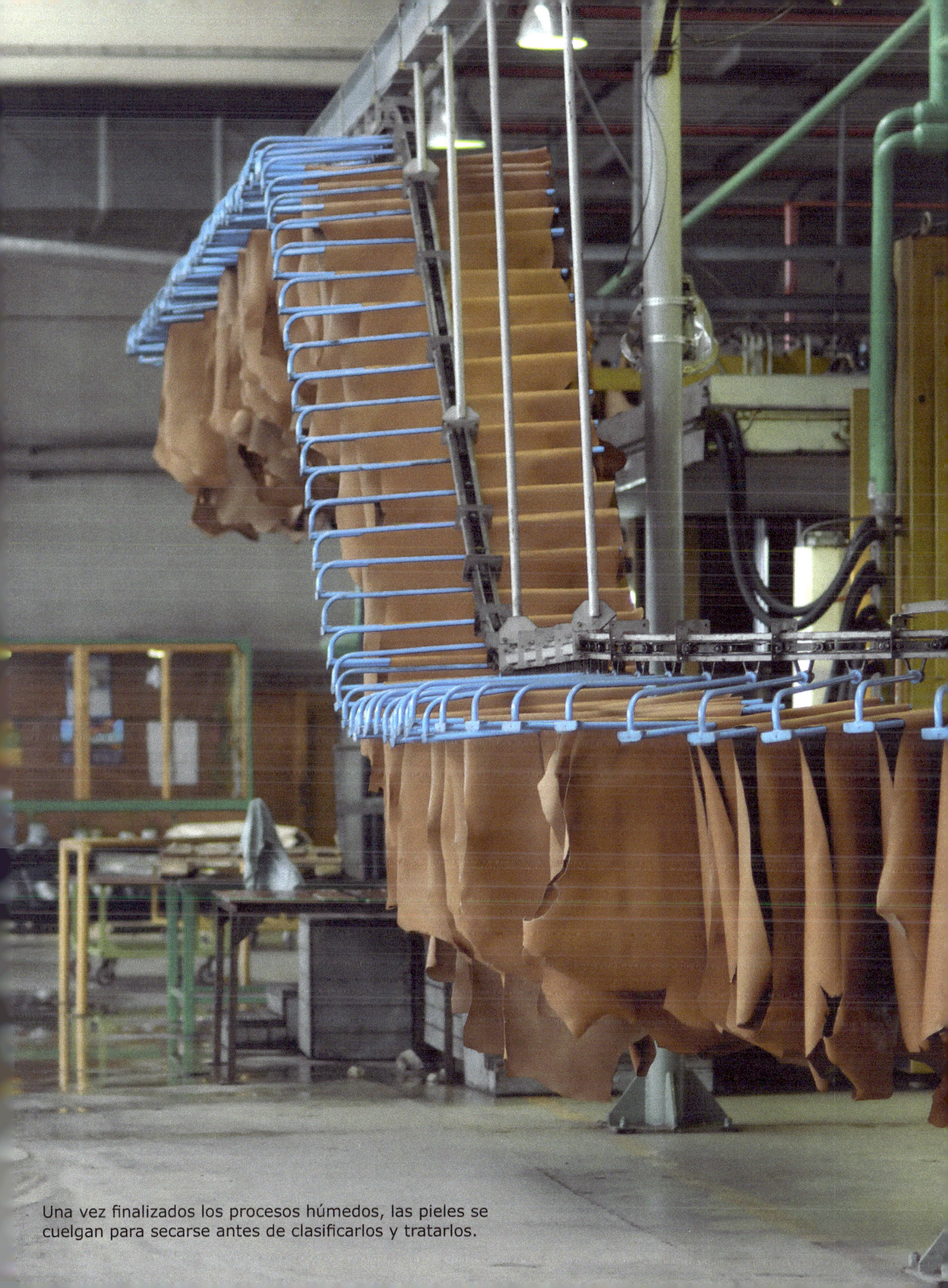

Una vez finalizados los procesos húmedos, las pieles se cuelgan para secarse antes de clasificarlos y tratarlos.

Tipos de cuero flor más comunes

Plena flor anilina

Es la piel que conserva su grano completo, y cuenta con una superficie porosa con textura natural. La fijación del color de la anilina se logra con tintes solubles, sin cubrir la superficie del cuero con una capa de pintura final, o pigmentos insolubles. Puede tener, o no, una capa con un acabado transparente. Este tipo de piel es de la más alta calidad, siendo su precio el más caro; y solo las pieles sin defectos se someten a este tratamiento. Si no se protegen bien, estas pieles se oscurecen con el tiempo.

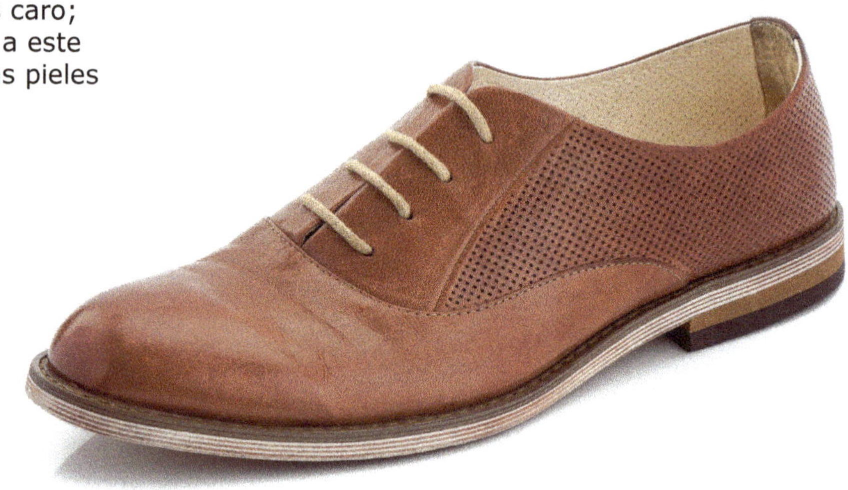

Rectificado de flor pigmentada

También denominado semiflor; esta piel conserva su grano, pero, sobre un tinte penetrante, un acabado de color opaco le da una apariencia unificada que oculta pequeños defectos y protege la piel. Este proceso solo se utiliza en pieles de alta calidad, haciendo que el cuero sea agradable a la vista, y al tacto; y, además, es resistente al agua. Es la mejor combinación entre lo estético y lo resistente.

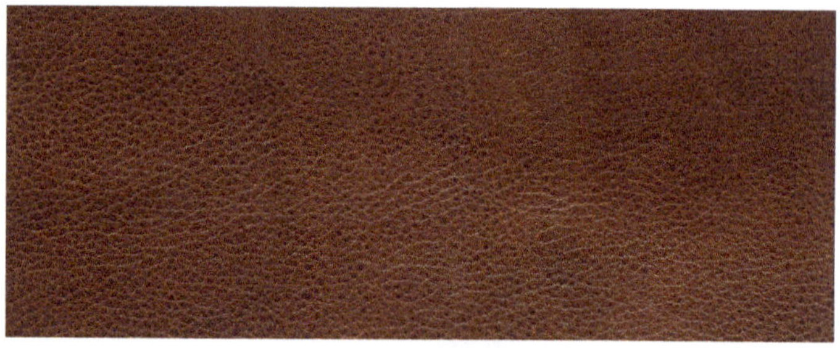

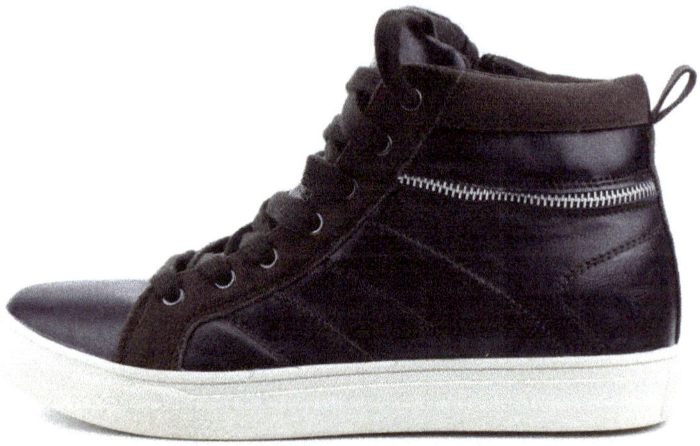

Rectificado pigmentado

Para suavizar capa superficial de la piel, y eliminar sus imperfecciones, arrugas y arañazos, la piel se graba con pastilla y se le aplica un tinte en la superficie. Estas pieles no son de la mejor calidad y tienen una apariencia ligeramente artificial. Sin embargo, la superficie es bastante resistente al desgaste.

Nobuck

Con aspecto aterciopelado, esta piel se obtiene mediante un proceso de esmerilado, resaltando así el grano y los poros. Para obtener un nobuck con buen aspecto, se utilizan pieles de buena calidad. Es un material es agradable, suave al tacto, con colores aterciopelados; también es frágil y requiere bastante mantenimiento, como, por ejemplo, un impermeabilizado, o puede estar engrasado, o tratado. El grosor oscila entre 1.8 y 2.2mm, y es un material ligeramente caro, el precio puede oscilar entre los 2 y 3 dólares, dependiendo de la calidad y del color, ya que los colores más claros requieren materias primas de mayor calidad.

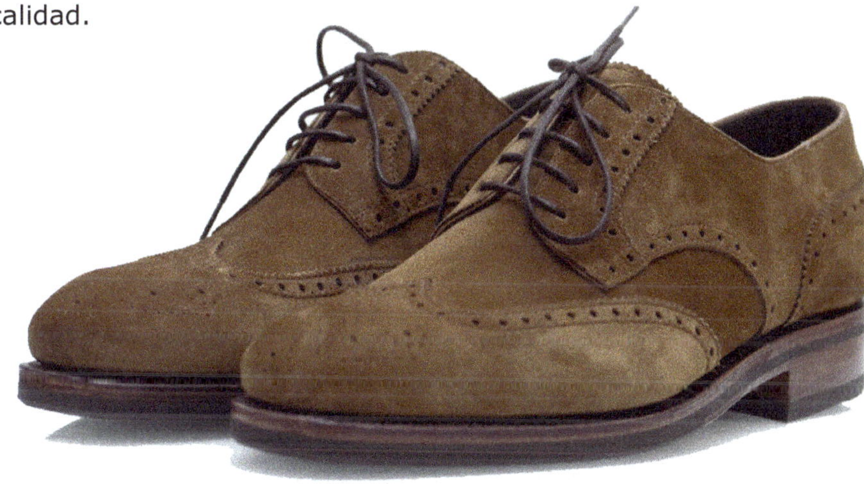

Vacuno engrasado

En inglés se conoce al vacuno engrasado como *crazy horse*. Para elaborar este tipo de cuero, se requiere cepillar la flor de la piel para quitarle el grano. Posteriormente, se trata con un compuesto denso a base de ceras y aceites para oscurecer la piel, dando un aspecto áspero y resistente. Es posible que tenga arañazos, picaduras de insectos, cicatrices, y arrugas en la superficie, pero no importa, el vacuno engrasado es así. Este tipo de piel suele cambiar de tono cuando se estira o moldea.

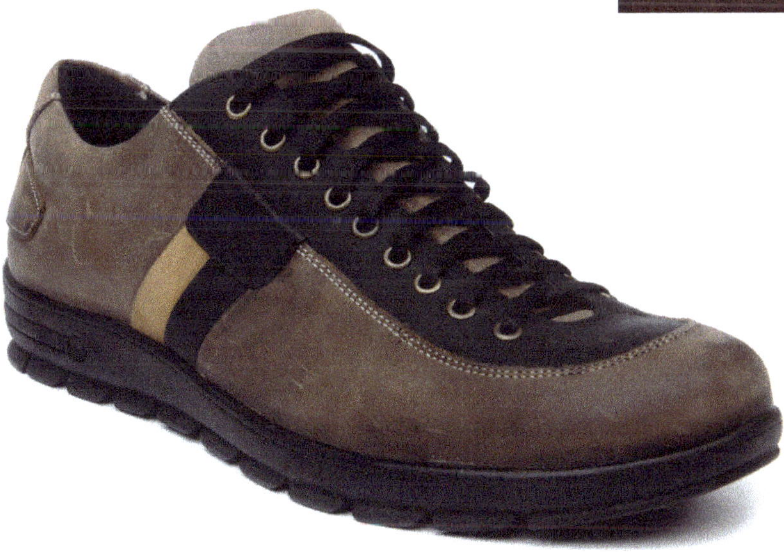

Tipos de serraje y ante más comunes

Serraje y *split leather*

El serraje es un material muy utilizado en calzado, proviene de la superficie de cuero que queda después de haber dividido la flor. El serraje de alta calidad puede tener cierto parecido al ante, mientras que el serraje de calidad inferior, conocido como *split leather*, puede ser muy pelón, estar acartonado, o tener un color muy apagado. Está disponible en una variedad inmensa de colores, y el serraje de calidad es un material óptimo para calzado casual, de *skate* y vulcanizados. Está disponible en grosores entre 1,2 y 1,8mm, siendo de 1,4 a 1,6mm el más habitual. Los precios van desde 1,05 a 1,45 dólares por pie.

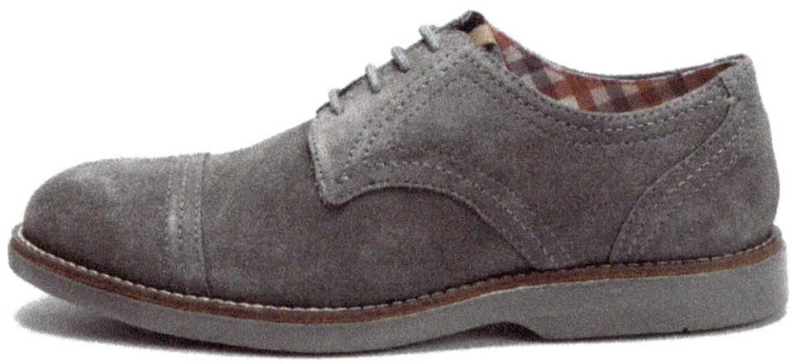

Ante

El ante es un tipo de piel afelpada parecida al serraje, solo que, con el pelo mucho más fino, y con mejor aspecto. Suele obtenerse de la cabra, el cabrito, y el cerdo; aunque el ante de cerdo, o pecari, tiene una superficie más fina y suave, y se pueden ver los poros fácilmente.
El grosor puede variar desde 0,5mm a 1mm aproximadamente; y puede tener varios acabados, siendo una piel de alta calidad que se utiliza para calzado, guantes, bolsos, cinturones y artículos premium, o de lujo.

Split leather prensado

Comenzando con una base de *split leather*, la superficie se trata con una resina a base de aceite y plástico. Posteriormente, la piel se graba con una pastilla haciendo que la superficie tenga una textura fina, y un aspecto ligeramente brillante. Es un material de muy bajo coste que se hace con pieles de baja calidad. Con el uso, la superficie se agrieta, y las fibras de la piel reaparecen.
No es una buena opción para zapatos finos, o de calidad.

Action leather

Para fabricar este producto, se comienza con una base de *split leather* de baja calidad. La superficie se prensa, o se aplana, para después ser cubierta con una capa fina y flexible de PU, o PVC.
Esta superficie sintética está hecha con resina de colores; siendo el color blanco, y el color negro, los más comunes. La superficie suele tener un grabado que se hace vertiendo el compuesto de plástico sobre una hoja de papel texturizado. Una vez que la la piel y el PU, o PVC, se han unido, se crea un producto con una superficie homogénea que se asemeja estéticamente al cuero semiflor.

Este material se utiliza en casi todas las zapatillas de deporte que tienen una superficie de piel lisa. El *action leather* es duradero, resistente al agua, se corta bien, y se trabaja igual que la piel semiflor en el montado del calzado. Este tipo de piel es más barata que el serraje, aproximadamente 1 dólar por pie, y resulta más fácil de cortar para la fábrica, ya apenas tienen arañazos o cicatrices que deben evitarse.

Siendo material muy común para deportivas, el *action leather* es barato, duradero, estéticamente bonito, y viene en muchos colores y acabados, como semiflor grabada, nobuck, o charol. A pesar de su recubrimiento plástico, el *action leather* aún se considera como cuero a nivel de impuestos y aranceles.

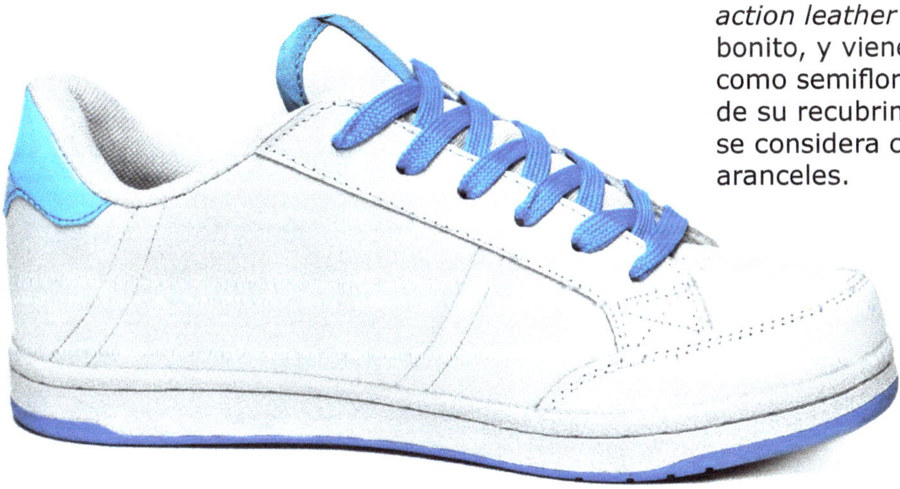

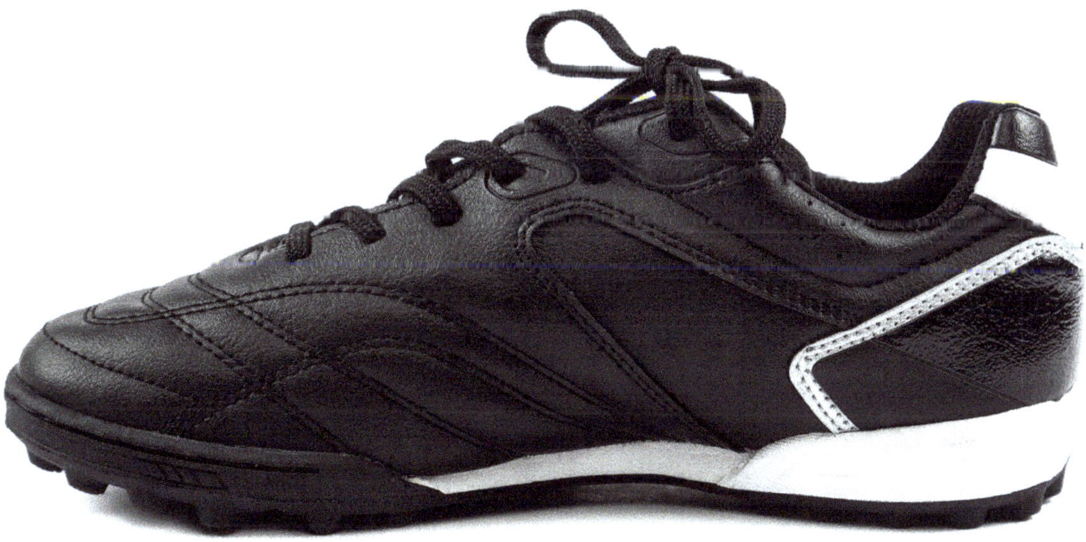

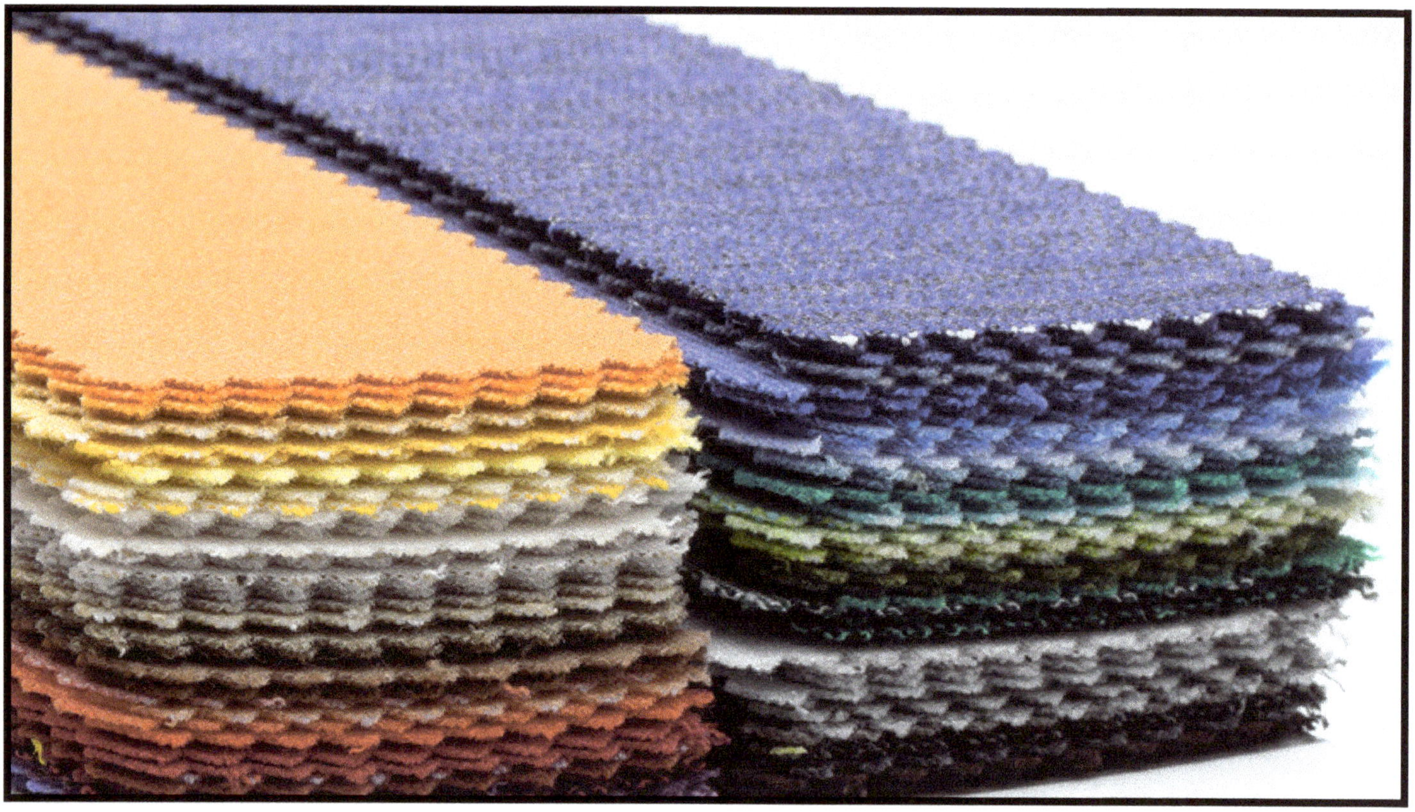

CAPÍTULO 17

TEXTILES PARA CALZADO

Para diseñar calzado, primero se deben entender las características de los tejidos. La materia textil es considerada un recurso extraordinario para los diseñadores, ya que existen una infinita variedad de tejidos, colores, diseños, estampados, y características especiales; el textil tiene un lugar especial en el diseño de calzado.
Se encuentran tejidos tanto para el corte como para el forro, e incluso para la plantilla. Las fibras con polímeros, como el nylon y el poliéster, son livianas y duraderas. La licra es elástica, y el tejido hecho de algodón es necesario para construcciones vulcanizadas.

Selección de textiles

Al considerar cualquier textil para el diseño, hay que tener en cuenta las siguientes seis características: grosor del hilo, composición de la fibra, la forma en la que se teje (estructura), el material de refuerzo (entretela), el tamaño, y los tratamientos superficiales.

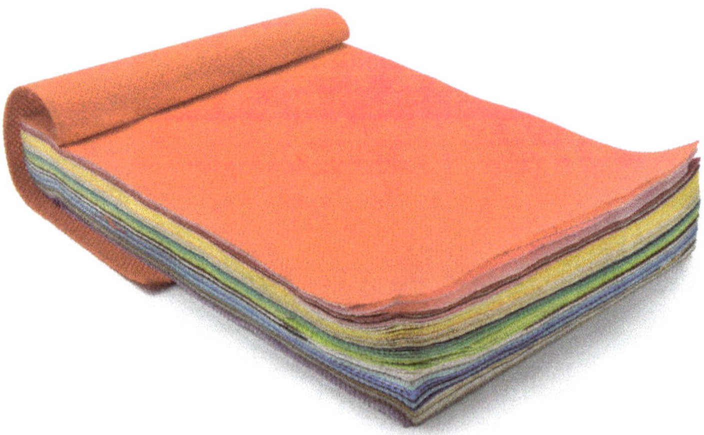

Tamaño del hilo

La parte esencial para la elaboración del tejido es, sin duda, el hilo. El denier es el equivalente al peso del hilo. 1 denier = 1 gramo por 9.000 metros lineales de hilo. El denier más común es de 110D para tejidos muy ligeros; de 420 a 600D son más comunes en tejidos destinados al calzado, y 1.000D para botas y bolsos.

Tipos de fibras

Los textiles para calzado vienen en muchos tipos de fibra, incluyendo el algodón, lana, nylon, poliéster, polipropileno, rayón, licra y muchos más. Cada uno tiene su propio aspecto y propiedades físicas, como la higroscopicidad, elasticidad, la resistencia a rayos UV, o la solidez del color.

En el diseño de calzado, el poliéster y el nylon son las composiciones más utilizados. La licra elástica, y el spandex se utilizan a menudo para ribeteados y forros. El algodón es imprescindible para las zapatillas vulcanizados, ya que las fibras sintéticas se derriten en los hornos de vulcanizado.

Las fibras naturales como el algodón, o la lana, aceptan tratamientos de acabado; el corte hecho en lona de algodón puede lavarse con sal, o piedras antes del aparado para darle a las zapatillas un aspecto especial. El algodón también puede trabajarse con un acabado encerado, pero debe hacerse después de montar la zapatilla; también hay que tener en cuenta que este material encerado no se adhiere fácilmente a la suela durante el montado.

Tipos de estructuras de tejidos

Existen muchas formas de tejer las fibras. En un tejido, dos fibras se entrecruzan elaborando un patrón. Las fibras que se extienden a lo largo del tejido se le conocen como urdimbre, y las fibras que atraviesan el tejido horizontalmente, se conocen como trama. Lo normal es que el tejido tenga la misma densidad en los hilos de la trama y en los de la urdimbre, creando una estructura homogénea. Existen muchos tipos de tejidos: tafetán, sarga, satén, esterilla, *dobby*, y *rip stop*.

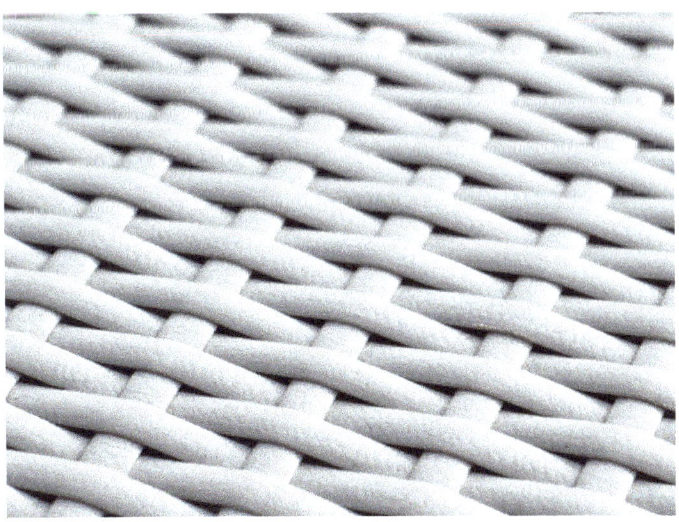

Utilizar tejidos de punto es otro recurso muy común. En los tejidos de punto, el hilo sigue un patrón formando mallas entrelazados de manera simétrica. Estas puntadas enlazadas hacen que el tejido se pueda estirar fácilmente en diferentes direcciones, dando al tejido de punto mucha más elasticidad que los tejidos convencionales. Dependiendo del tipo de fibra y del patrón, el tejido de punto puede estirarse hasta un 500%.

Las estructuras de punto más comunes son *jersey*, *interlock*, punto doble, y acanalado o *rib*.

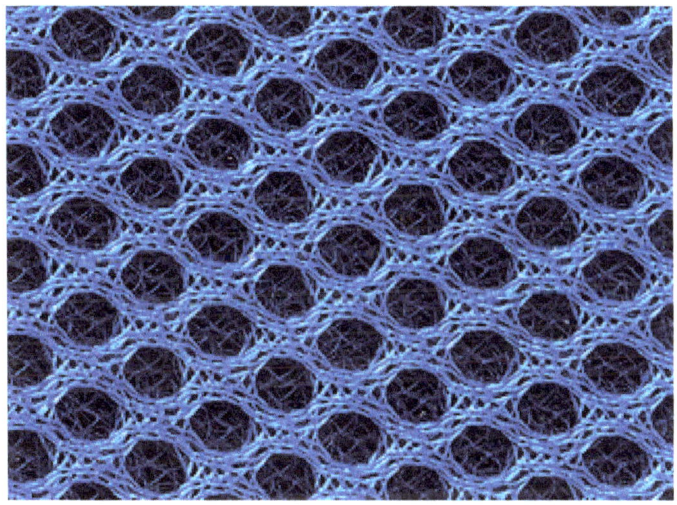

La malla 3D, en inglés también conocida como *air mesh*, está hecha de punto, y la superficie interna puede ser lisa y actuar como forro de la zapatilla.

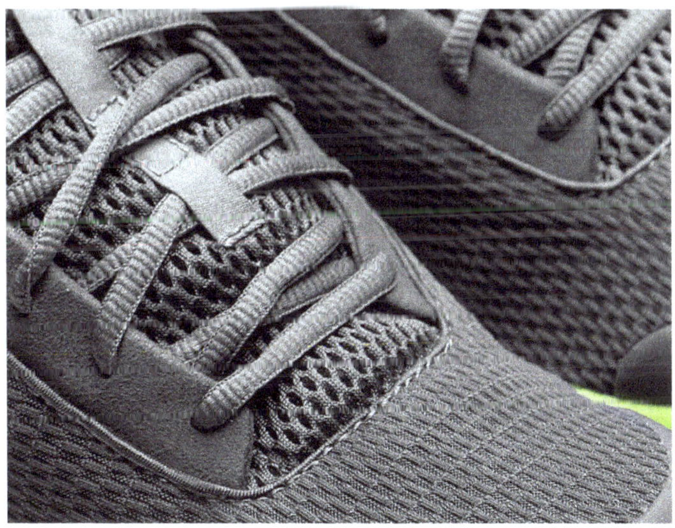

Reforzado y encolado

Una vez las fibras estén tejidas, el tejido debe ser teñido, clasificado, y reforzado antes de poder usarse en calzado.

El tejido, nada más tejerse, es maleable y deforme, no es apto para utilizarse en calzado. Son los tratamientos de encolado y reforzado los que le aportan al tejido la dureza y el cuerpo para que pueda ser viable. El encolado es un tratamiento con resina líquida que se aplica a la tela; el tejido se estira, se calienta, y se trata con resina de apresto, lo cual mantiene las fibras en su lugar.

El material de refuerzo es muy importante para el comportamiento del tejido. Existen dos tipos de refuerzos muy utilizados: PU y PVC. El PU tiene un recubrimiento más fino y transparente; también es más barato, ligero y es algo impermeable, y se puede ver la fibra debajo del recubrimiento.

El refuerzo de PVC es sólido, por lo tanto, no se pueden ver las fibras a través del refuerzo. El PVC se utiliza para hacer que un tejido sea resistente e impermeable.

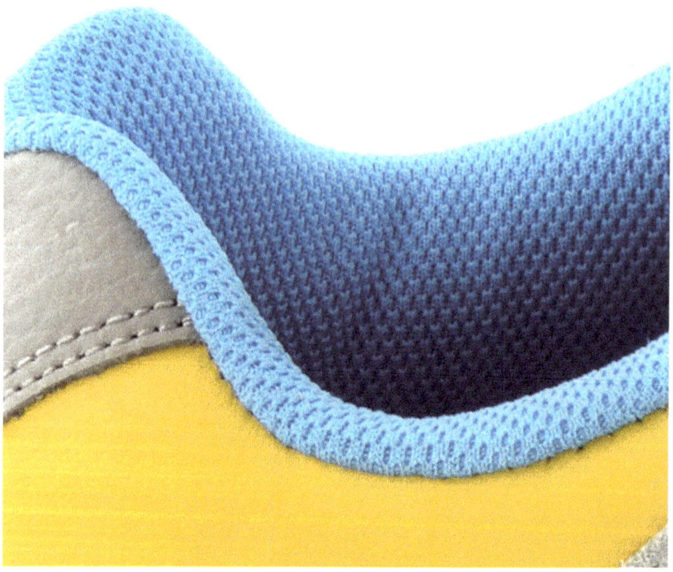

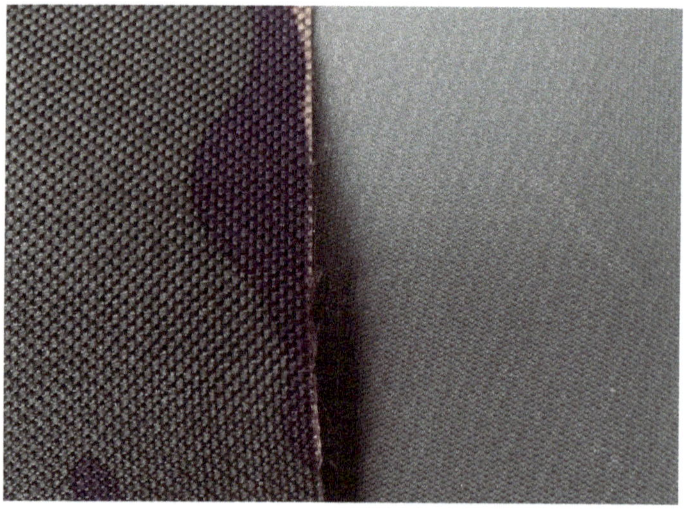

El refuerzo de PVC, o TPU, hace que el tejido sea muy robusto y repela el agua por completo; muy utilizado en productos de calidad. El único inconveniente es el peso del material.

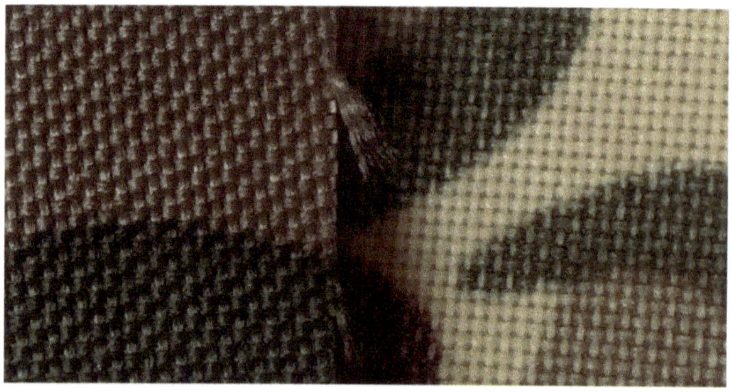

Un refuerzo fino y semitransparente de PU impermeabiliza y da un poco de cuerpo al tejido. Es más ligero, pero no tan duradero como el recubrimiento de PVC.

Laminado: el tejido utilizado para montar casi todas las zapatillas se suele laminar con una capa de espuma de PU para ayudar a controlar las arrugas, y hacer que el tejido sea más fácil de manipular durante el aparado. También, se evita que las capas internas se dañen por los rayos UV. Este tejido tiene un tejido de punto laminado en la parte posterior de la espuma.

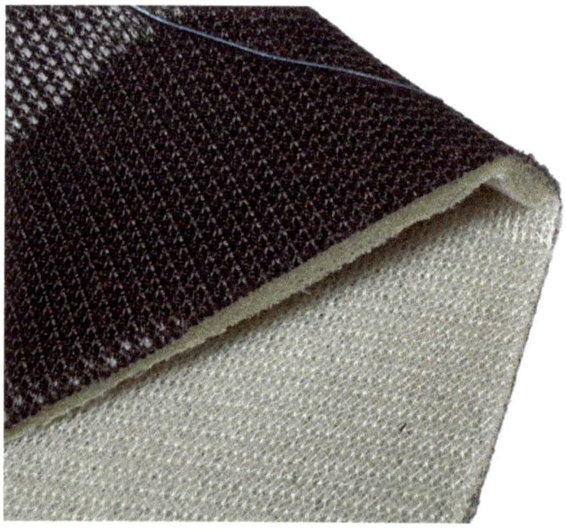

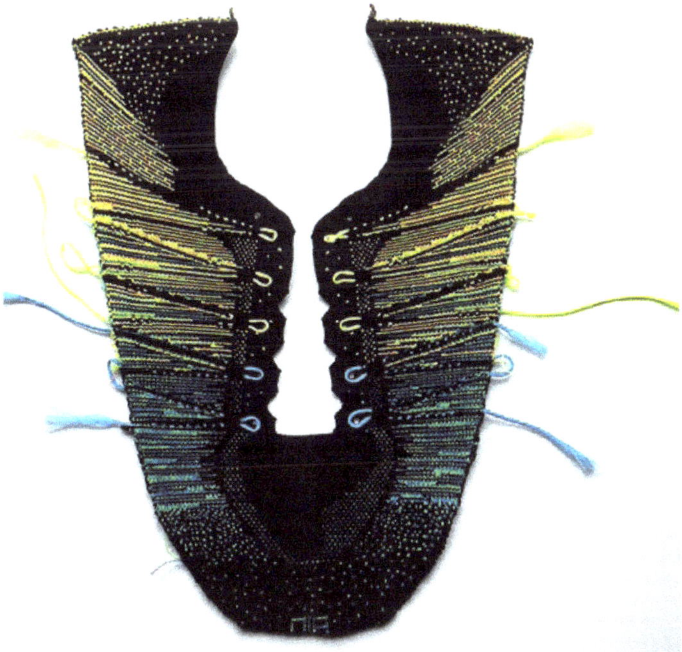

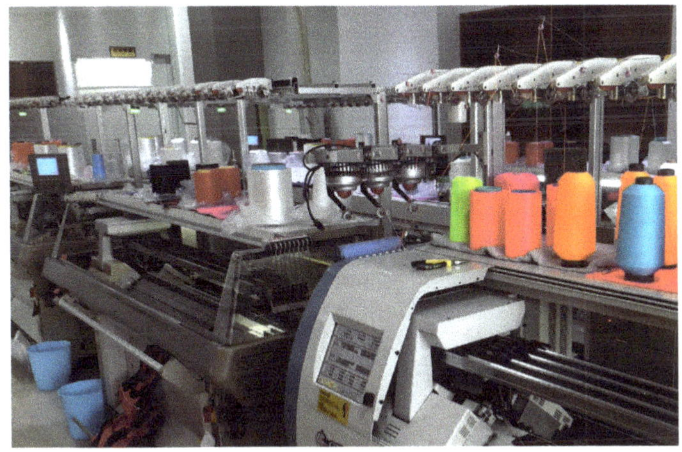

Tejido 4D

El tejido 4D está cambiando la forma en que se fabrican las zapatillas deportivas. El corte en una sola pieza se crea en una máquina de tejer asistida por ordenador, posteriormente se ensambla la lengüeta, el forro y los refuerzos.

Anteriormente, esta tecnología solo se utilizaba en zapatillas de alta gama, pero se está expandiendo rápidamente al calzado asequible. Se puede encontrar esta tecnología de tejido 4D en deportivas para correr hechas por Nike, modelos de fútbol de Adidas, e incluso en el mercado local chino. En las principales áreas de fabricación de calzado de China, la máquina CNC (asistida por ordenador) se está convirtiendo en algo muy común.

Para construir el corte de una sola pieza, la máquina de tejer se carga con fibras de poliéster, nylon, o spandex, e incluso las máquinas más modernas pueden trabajar una mezcla de fibras, y hasta 10 colores a la vez. La máquina se puede programar para tejer un solo corte, o tres a la vez con un ancho máximo de 90cm.

Dependiendo de la programación y de las fibras seleccionadas, el corte puede ser fino y flexible, o grueso y estable. Las opciones de diseño son casi infinitas, con múltiples opciones de fibras, colores, densidades, y calados.

El precio depende de la cantidad de colores y los tipos de fibras. Un diseño hecho con fibras de poliéster en un solo color puede costar en torno a 2,50 dólares, mientras que una mezcla de poliéster y spandex de varios colores puede costar cerca de 7,50 dólares por unidad.

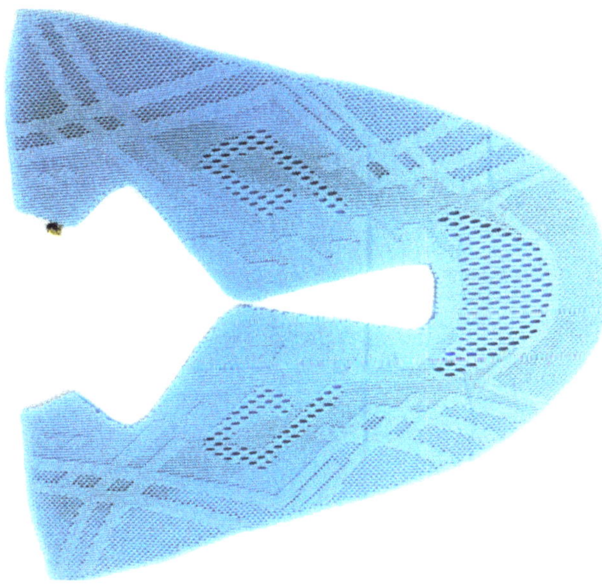

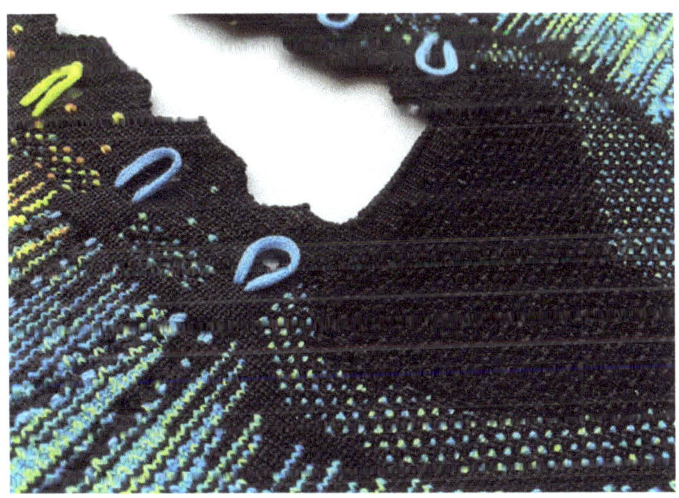

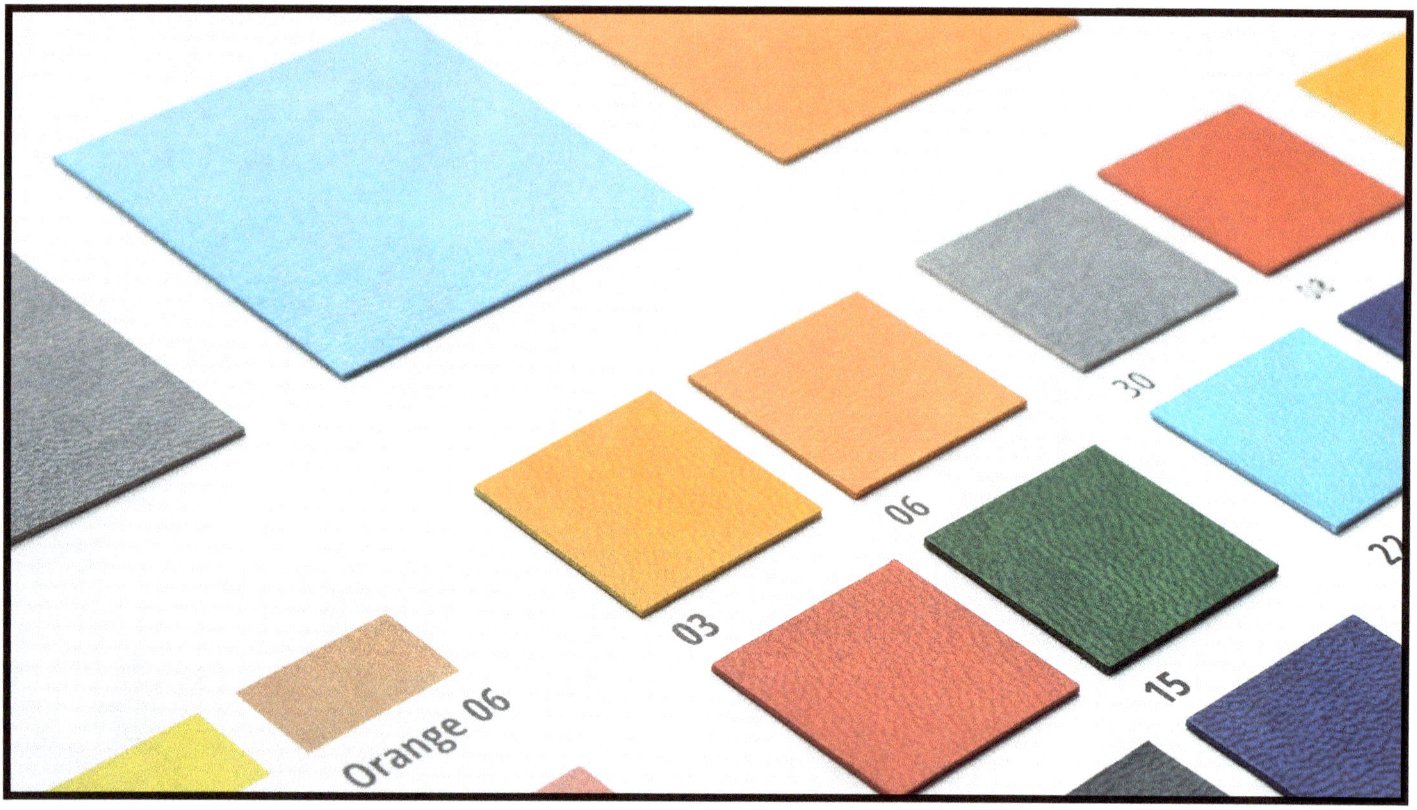

CAPÍTULO 18

CUERO SINTÉTICO PARA CALZADO

Independientemente de cómo decidas llamarlo, el cuero sintético, polipiel, PU, PVC, o cuero vegano, es otro material imprescindible para la elaboración del calzado deportivo moderno. Para poder diseñar zapatillas, se debe tener conocimiento de los materiales sintéticos actuales. Este tipo de material ofrece al diseñador una gran variedad de colores, texturas y características a diferente precio.

Hace tiempo, los productos sintéticos se consideraban basura barata, no apto para calzado de alta gama, pero los tiempos han cambiado.

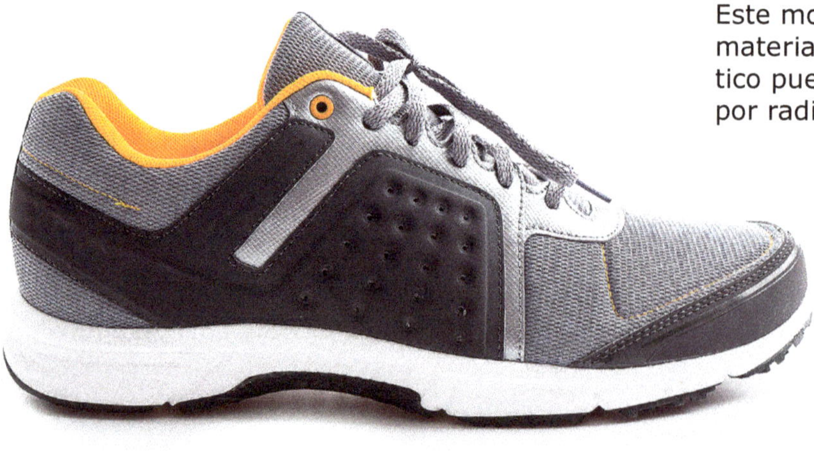

Este modelo está conformado por una mezcla de materiales de polipiel sintéticos. El cuero sintético puede tener acabados metálicos, y soldarse por radiofrecuencia para crear efectos de relieve.

Fabricación del material sintético

Los materiales sintéticos son ahora de alto rendimiento, y a menudo se componen de dos capas. Una capa base de fibras de poliéster tejidas, o no tejidas, que se combina con una superficie externa mediante un laminado en seco, o procesos húmedos. Los sintéticos más baratos tienen una base de tejido fibroso con una piel de PVC hecha por medio de un proceso húmedo.

Tipos de cuero sintético

Existen cuatro materiales principales utilizados en la capa superficial del cuero sintético: PVC (policloruro de vinilo) que es el más barato; PU (poliuretano) que puede ser de mayor calidad y tener muchos tipos de superficie; TPU (poliuretano termoplástico), y un tipo de material fabricado con fibras de PU sin capa superficial. El PVC y el PU son similares en cuanto a su fabricación: una capa superficial sobre una base. El TPU tiende a ser un material de una sola capa con un grabado más fino. El PU se suele ofrecer como un material sólido sin efecto de cuero, a veces con una superficie cepillada para parecerse al nobuck.

Cuero sintético de PU

El cuero sintético hecho de PU de alta calidad se fabrica con una base de microfibra de PU resistente al agua. Este respaldo tiene una superficie lisa, se corta de manera precisa, y puede teñirse para que coincida con el material de la superficie. La base de microfibra se puede pedir en grosores de 0,5 a 2mm, y tiene elasticidad. Encima de esta base se aplica el símil de piel.

La película tiene un grosor de entre 2 y 5mm, se fabrica en una operación aparte; y, posteriormente, las dos capas se unen con calor y presión. La textura exterior se consigue mediante impresión, grabado, raspado, o pulido.

Los fabricantes con mayor capacidad de producción cuentan con cientos de texturas que pueden aplicarse a superficies diferentes. Si cumples con el mínimo establecido, se podrá escoger el color que quieras.

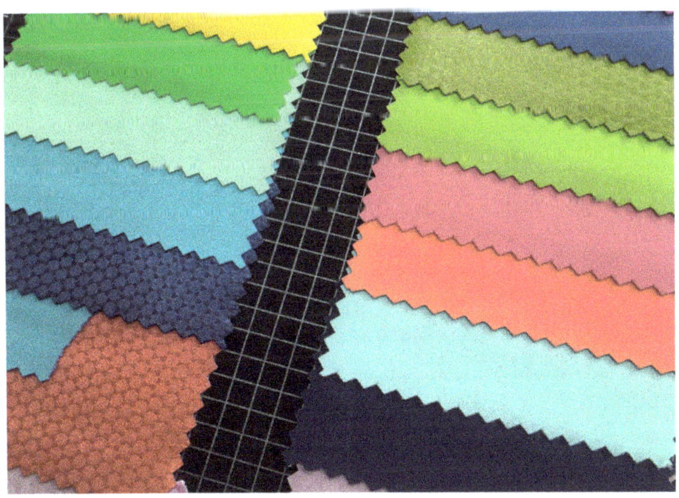

El cuero sintético de poliuretano está hecho con una superficie sellada con apariencia de cuero plena flor, pero puede cepillarse para que parezca nobuck, o ante. Este tipo de piel sintética se hace mediante un proceso con papel adhesivo que se combina con la base. Un rodillo de acero caliente con un patrón establecido, se utiliza para laminar la capa del sintético y la base. Este proceso permite un patrón grabado más profundo y nítido.

La superficie del PU acepta grabados e impresiones, y también es elástico y duradero, por lo que puede combinarse con una base maleable. Esto permite ser utilizado en la puntera de las zapatillas deportivas, y en zapatillas de calle.

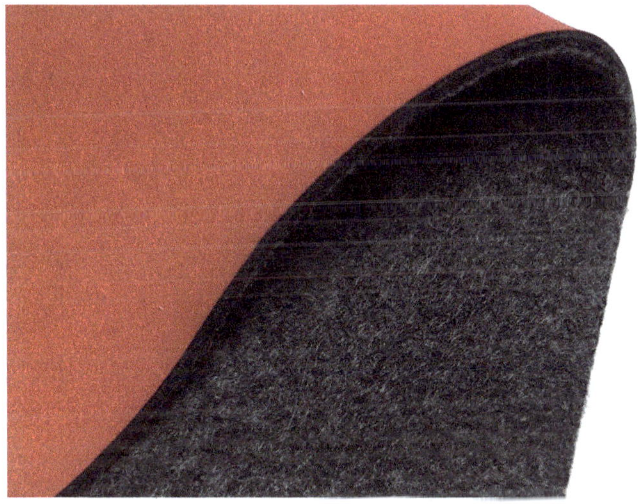

PU con base de tejido no tejido de alta calidad.

Este material también se fabrica en versiones con resistencia a la abrasión, y puede tener una base resistente al agua. El material de microfibras da un corte limpio, y queda perfecto cuando se perfora. Las bases pueden combinarse con el color de la capa superficial para que, al cortar, el borde quede visualmente limpio. También, se puede pedir con determinados colores para un efecto pulcro como en la película Tron.

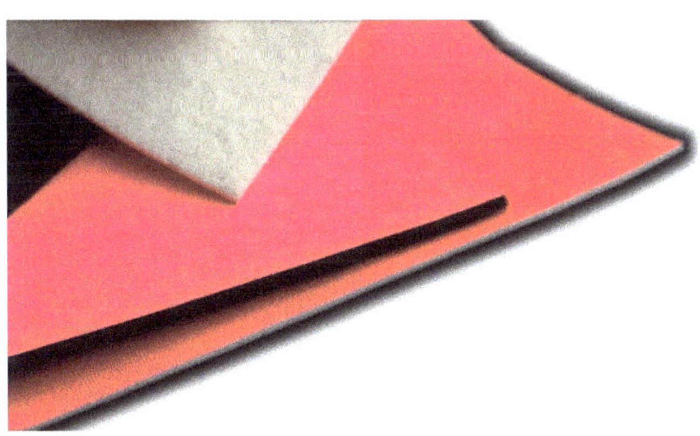

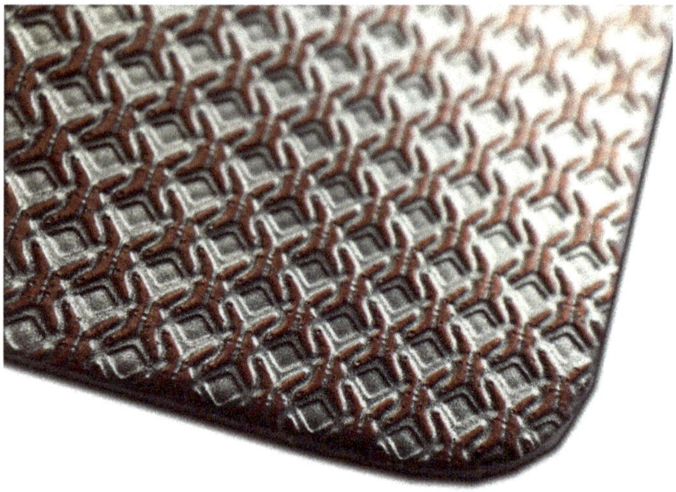

El cuero sintético de poliuretano puede adecuarse a casi cualquier textura o grabado. Las fábricas que suministran este material cuentan con muchas texturas disponibles, y las empresas grandes cuentan con cientos de opciones diferentes.

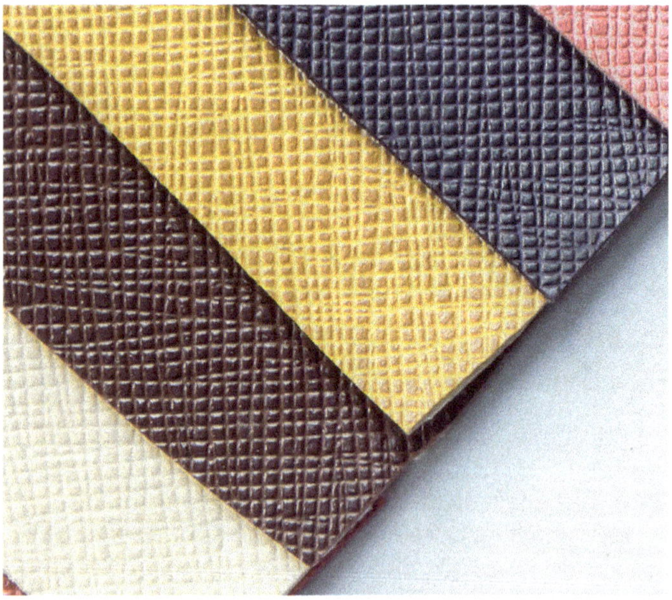

Prácticamente, se puede fabricar cualquier combinación de color y textura si el pedido es lo suficientemente grande.

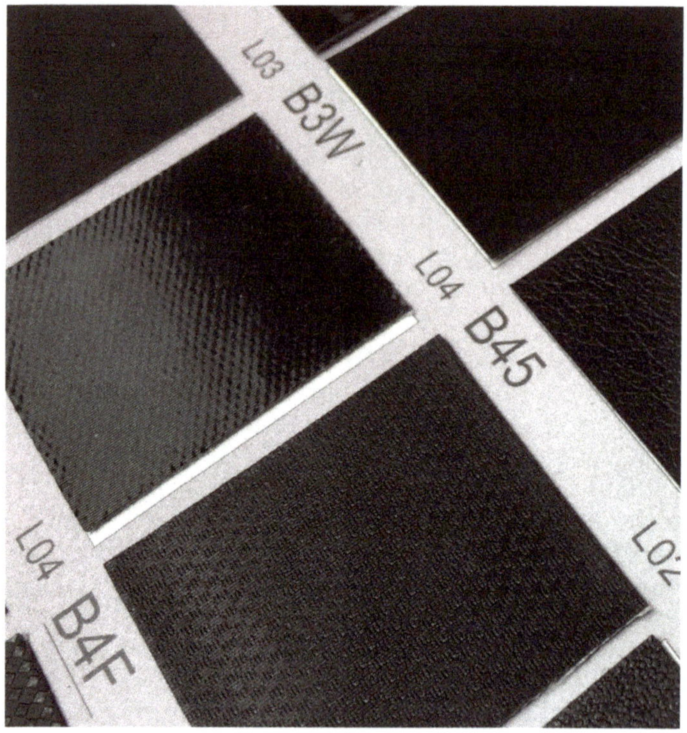

Cuero sintético de PVC

El cuero sintético de PVC es el más básico, está hecho a través de un proceso húmedo, siendo la superficie una lámina sellada que, generalmente, va grabada. El PVC en estado líquido se vierte en un papel antiadherente texturizado; después, se superpone un paño mientras la superficie aún está mojada. El PVC suele tener una base o respaldo de tejido con una elasticidad limitada. Sin embargo, no es un problema para calzado que tengan la punta y la pala unidas en una pieza, pero no es tan viable en zapatillas básicas con puntera.

Este material es barato, y se puede encontrar en calzado de bajo coste. Cuando se estira puede arrugarse, y la base de la polipiel se puede notar en la capa superficial.

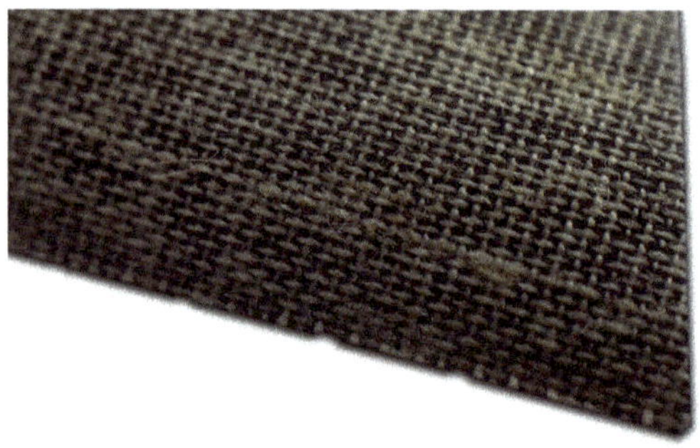

Perfecto para calzado barato, se puede encontrar mezclado en algunas zapatillas como estrategia para abaratar el modelo. En nuestro caso, no especificamos el cuero sintético de PVC para calzado que se venda por más de 75 dólares. El grosor varía entre 0,8 y 2mm según la base, y el tratamiento superficial.

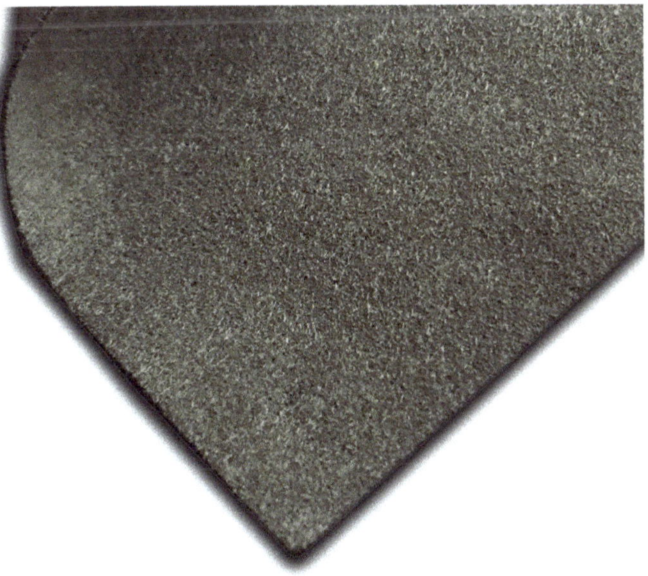

Láminas de TPU

Las láminas de poliuretano termoplástico, o TPU, se utilizan para hacer piezas sin costuras. El TPU se troquela y se corta con láser, o también puede ser cortado con una forma específica cuando se ensambla la zapatilla mediante soldadura por radiofrecuencia.

El material de TPU se puede utilizar tanto en piezas decorativas como estructurales. Las láminas de TPU pueden ser transparentes, teñidas, u opacas; y se puede pedir en cualquier color, y con casi cualquier textura. También, está disponible en planchas de 0,3 a 0,8 mm de grosor.

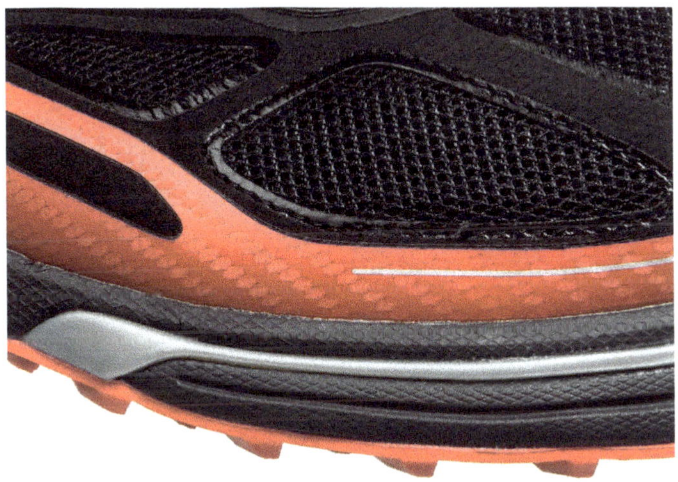

Detalle decorativo de TPU color rojo imitando la fibra de carbono.

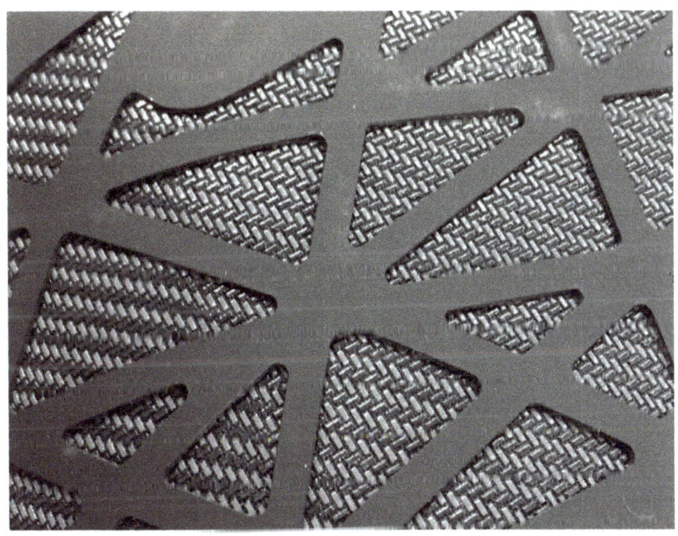

TPU de 0,8mm cortado a láser para la estructura de una zapatilla

Serraje sintético

El serraje sintético está hecho de microfibras de poliéster; tiene una superficie suave y consistente que ha sido cepillada. En inglés algunas denominaciones son: *ultra suede*, *alcantara*, *hi-skin*, *chamude* y *amara*. En castellano también se le conoce como antelina, o microfibras de cuero sintético. Estos materiales pueden ser caros, pero son óptimos para su uso en calzado, guantes, forros, y detalles.

Está disponible en grosores de 0,3 a 1,5mm, y el acabado es un corte limpio para que permite detalles de calidad. Al ser resistente al desteñido y al agua, este sintético ha reemplazado al ante y al serraje en calzado deportivo con uso previsto con agua; y, además, tiene una amplia variedad de colores disponibles.

La base de este material sintético, también se fabrican sin la capa superficial.

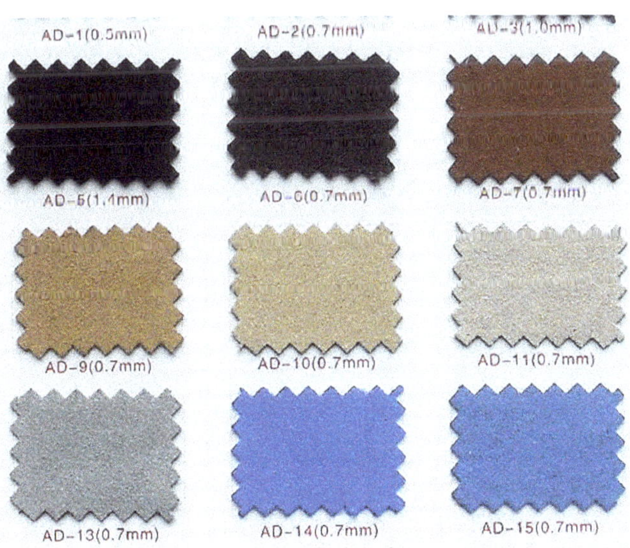

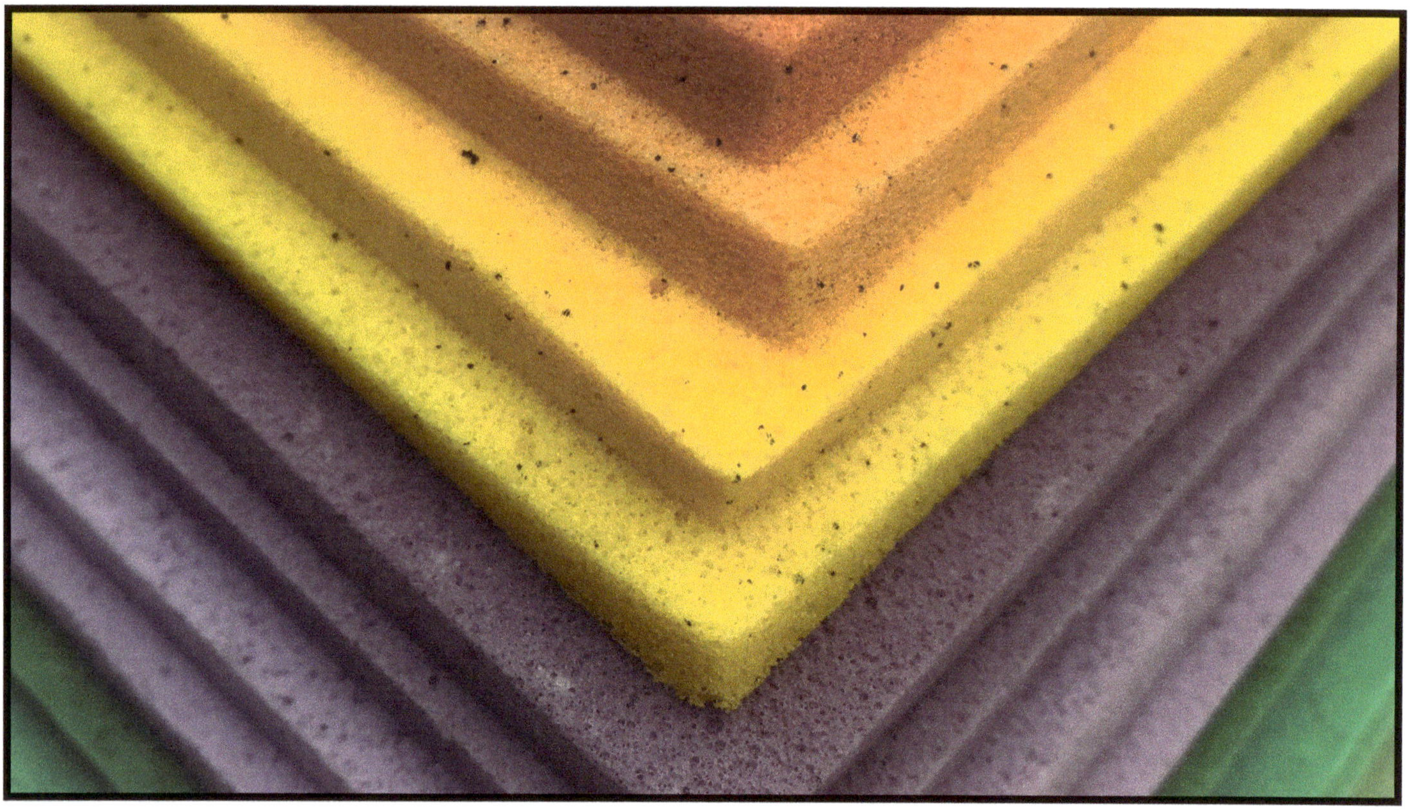

CAPÍTULO 19

ESPUMA PARA CALZADO

Existen muchos tipos de espuma que se utilizan para la fabricación del calzado. En este capítulo se detallan los distintos tipos de espuma que se encuentran dentro del corte de las zapatillas, y las suelas. Generalmente, la espuma se clasifica en dos tipos: espuma de celda abierta, y espuma de celda cerrada. Las dos tienen diferentes atributos como pueden ser: la densidad, la resistencia a la compresión, y la transpiración; factores importantes a la hora de seleccionar la espuma para las deportivas.

Densidad de la espuma

La densidad, o durómetro, se refiere a la firmeza o rigidez es la espuma. Para la espuma de EVA, una densidad de 25C es correcto para el relleno del corte, pero demasiado ligera para la entresuela.

Resistencia a la compresión

La resistencia a la compresión se refiere a la capacidad de la espuma de volver a hincharse una vez ha sido comprimida. Una espuma con una resistencia a la compresión deficiente se hundirá después de pocos días.

Espuma de celda abierta

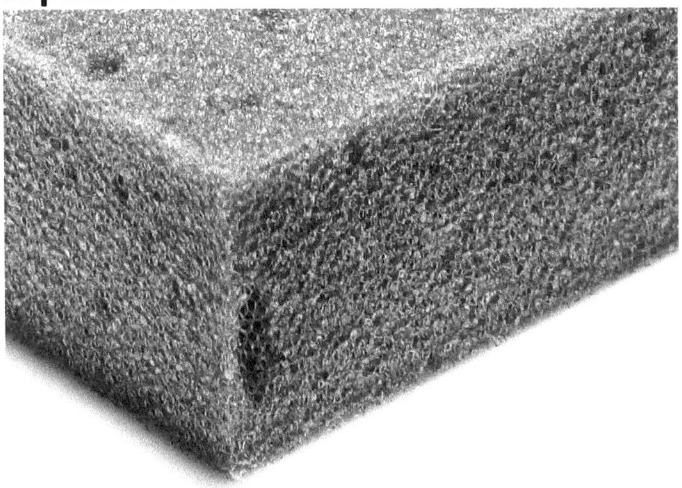

La espuma de celda abierta se define por sí sola; los compuestos de plástico que forman las celdas de espuma están abiertos, el aire y el agua interfieren libremente, similar a una esponja para lavar los platos.
La espuma de celda cerrada es exactamente lo contrario, las celdas individuales están cerradas o selladas, y no permiten que escape el gas interno de la espuma. La elasticidad y la dureza del material plástico, combinado con el tamaño de las células, determina la densidad de la espuma. La espuma de celda abierta es, generalmente, más suave. Esta espuma está hecha de plástico de poliuretano, y en inglés se conoce como *KF* o *KFF foam*. Esta espuma está disponible en diferentes densidades, y en casi cualquier grosor y color. Se utiliza en lengüetas, y en el hueco; aunque también se utilizan planchas finas de espuma de PU para reforzar el tejido en la mayoría de las piezas que forman el corte de las zapatillas. La espuma de PU permite que las puntadas penetren para proporcionar a la malla un soporte adicional a la vez que reduce las arrugas del corte.

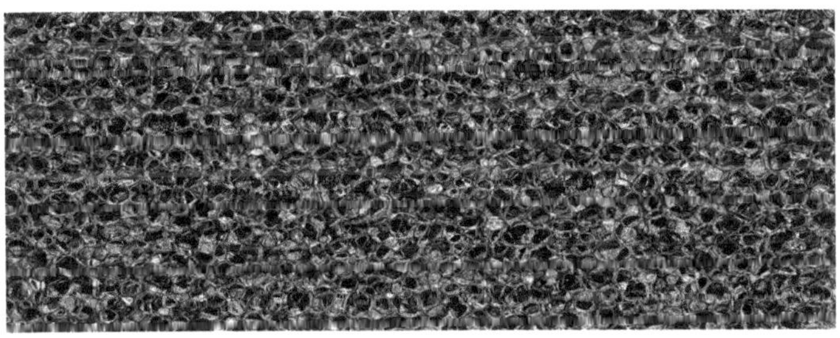

La espuma con memoria es una variante del PU (poliuretano), con sustancias químicas adicionales que aumentan su viscosidad y densidad. La espuma con memoria tiene una recuperación muy lenta, y hay que tener cuidado, ya que esta espuma con puede congelarse si se utiliza en botas para el frío.

Espuma de celda cerrada

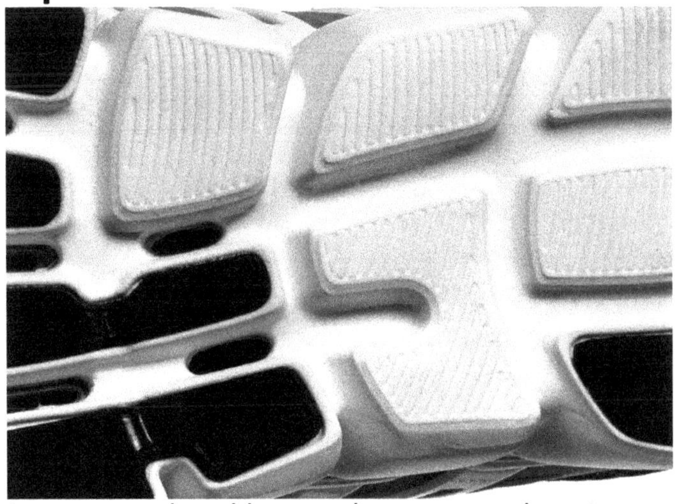

La espuma de celda cerrada es, generalmente, más densa; las entresuelas de las deportivas están hechas de este tipo de espuma. La espuma de celda cerrada más común incluye EVA (Etilvinilacetato), PE (Polietileno), SBR (Caucho de Estireno Butadieno), PU (Poliuretano), látex y neopreno. Cada uno tiene sus propiedades concretas; la espuma EVA se usa para reforzar materiales hechos de maya, una capa de 2mm de EVA hará el tejido impermeable. El neopreno y el SBR se utilizan cuando es necesario que el producto tenga propiedades elásticas. El látex es muy utilizado para revestir el escote, o el hueco de las zapatillas, mientras que la espuma de PE es más ligera, pero no es tan duradera, por lo que su uso es limitado.

Al trabajar con espuma, es importante saber qué espuma es apropiada para el corte de la zapatilla, y cuál es la espuma apropiada para amortiguar la suela.

Cómo medir la densidad de la espuma

Medir la densidad de una espuma muy blanda puede ser difícil. La densidad se mide en gramos por metro cúbico. La espuma de celda abierta blanda es de aproximadamente 544gr/m3.

Para una espuma más densa, se necesitará una prueba con un durómetro.

Se utiliza un durómetro tipo Asker C para medir la dureza de los componentes de espuma del calzado. El durómetro dará la lectura de la densidad del material. Hay que intentar hacer la prueba en zonas planas, y hacer varias comprobaciones sobre la misma pieza de la zapatilla. Otra forma de hacerlo consiste en intentar cortar el material hasta llegar al centro de la espuma para hacer la prueba. El exterior de la espuma EVA puede dar un valor con mayor densidad. Una entresuela de EVA estándar puede ser de 55º, y una plantilla anatómica fina, 35º.

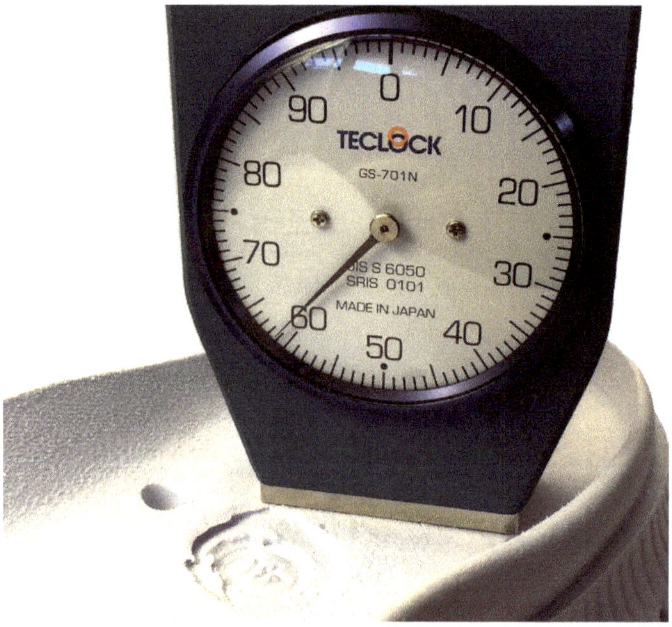

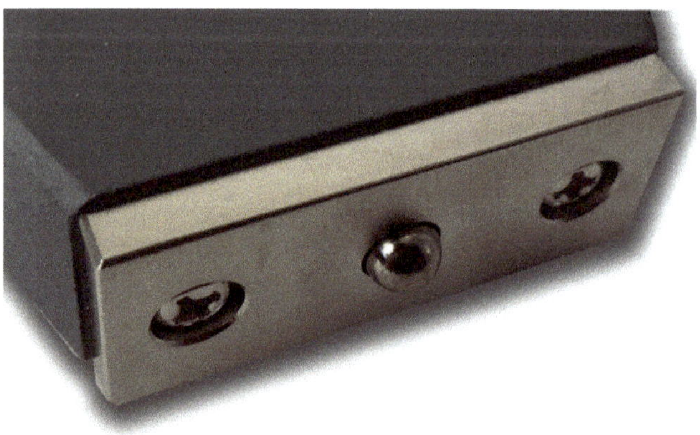

El durómetro Shore Tipo A es muy importante para las pruebas del calzado. El medidor se usa para verificar la dureza de cualquier componente de goma o plástico de la zapatilla.

El pincho de medición que se encuentra en la base del durómetro se empuja contra el material que se quiere medir. Hay que intentar hacer la prueba en zonas planas, y hacer varias comprobaciones sobre la misma pieza de la zapatilla, donde se podrá ver que la variación es mínima.

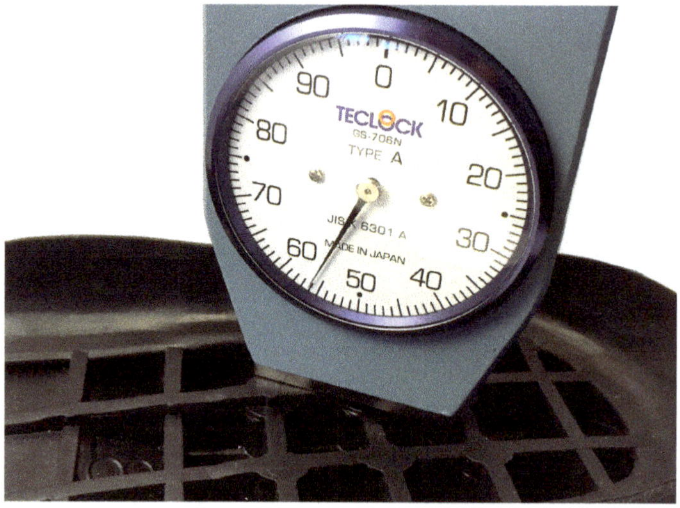

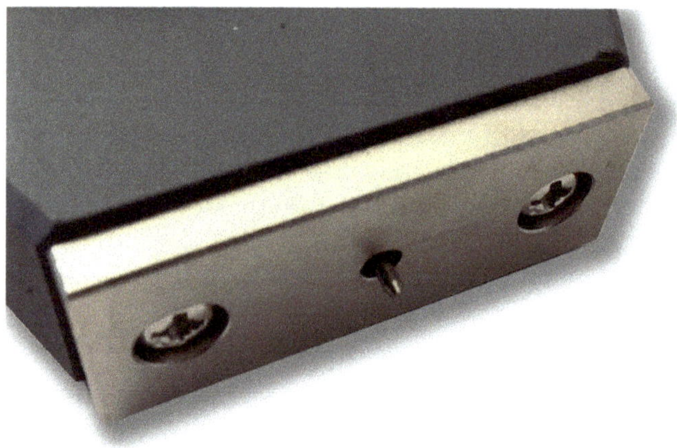

ESPUMAS MÁS UTILIZADAS EN CALZADO

EVA (etilvinilacetato)

La EVA es el material para entresuela más utilizado para calzado deportivo. Es liviano, duradero, fácil de hacer y resiste la compresión. La EVA puede ser prensada en caliente (termoconformado), o en frío; troquelada, inyectada y conformada para elaborar entresuelas.
Disponible en una amplia gama de densidades y fórmulas, pudiendo ser suave y flexible, o dura y rígida. La EVA se puede fabricar en casi cualquier color, y se puede encontrar en todos tipos de calzado. También se utiliza para elaborar plantillas anatómicas, plantillas acolchadas para el strobel, y laminados para reforzar un tejido.

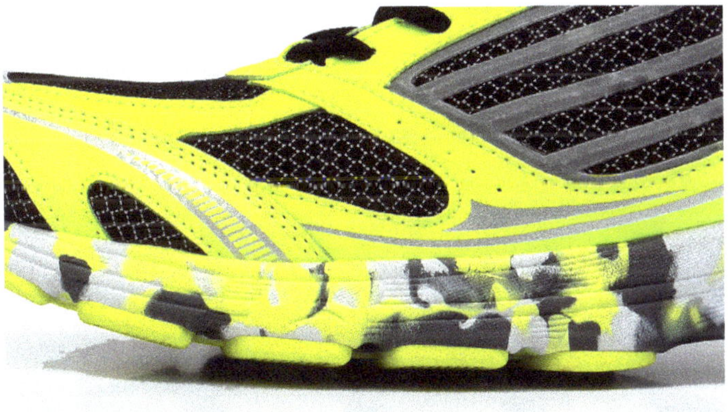

PU de celda cerrada

La espuma de PU también es muy utilizada en calzado. Se introduce en moldes, donde el compuesto líquido se expande y forma celdas de aire para llenar el molde. Se usa para hacer entresuelas resistentes para botas de montaña, y también se pueden hacer piezas con la entresuela y el piso juntos. Otro uso de la espuma es unir la entresuela con el corte, ya que el PU se expande en líquido y permite llenar formas complejas. Muchas suelas de zapatos de tacón están hechas de espuma de alta densidad; y la espuma blanda se utiliza muy a menudo en plantillas anatómicas debido a su resistencia a la compresión.

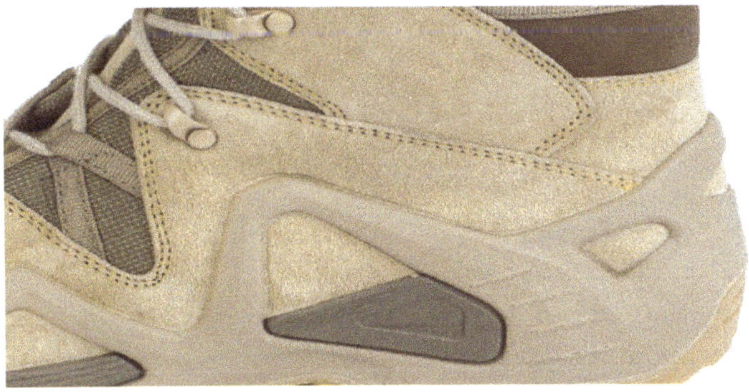

PU de celda abierta

Esta espuma forma parte del corte de casi todas las zapatillas de deporte. Esta espuma es de celda abierta, por lo que se debe tener cuidado para que no absorba el pegamento. También, esta espuma de PU se utiliza para laminar tejidos y hacerlos más resistentes. La espuma de PU se utiliza para foamizar la lengüeta y el hueco. A menudo, se le conoce como espuma KFF. Debido a su configuración blanda, la espuma de PU de celda abierta no se puede utilizar en componentes que estén bajo el pie.

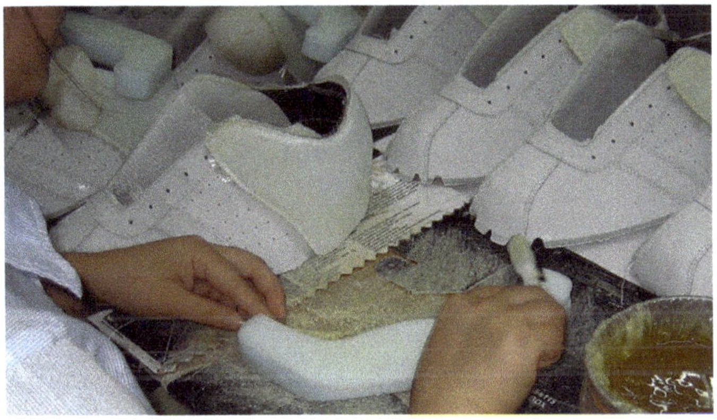

PE (polietileno)

En planchas, la espuma PE se corta fácilmente y se utiliza para laminar. Las piezas se conforman para ser utilizadas en el interior, y en lengüetas. Debido a su baja densidad, la espuma de PE no se utiliza en componentes que estén bajo el pie. Esta espuma es de celda cerrada, e impermeable.

SBR (caucho de estireno butadieno)

La SBR es una espuma muy blanda, a menudo utilizada para laminar dos capas de tejido, ya que es de célula cerrada, y tiene la capacidad de impermeabilizar. La espuma SBR se utiliza también como sustituto ligero de la goma de neopreno, pero no es tan elástica.

Espuma de látex

La espuma de látex se moldea fácilmente en cualquier forma deseada mediante moldes.
Se usa para acolchar el corte, y no como entresuela. Se pueden utilizar láminas de espuma de látex de alta densidad troqueladas para hacer plantillas, y plantillas anatómicas, ya que proporciona una gran comodidad instantánea al probártelo en la tienda, pero no es una espuma duradera que se utilice para correr, o para calzado deportivo.

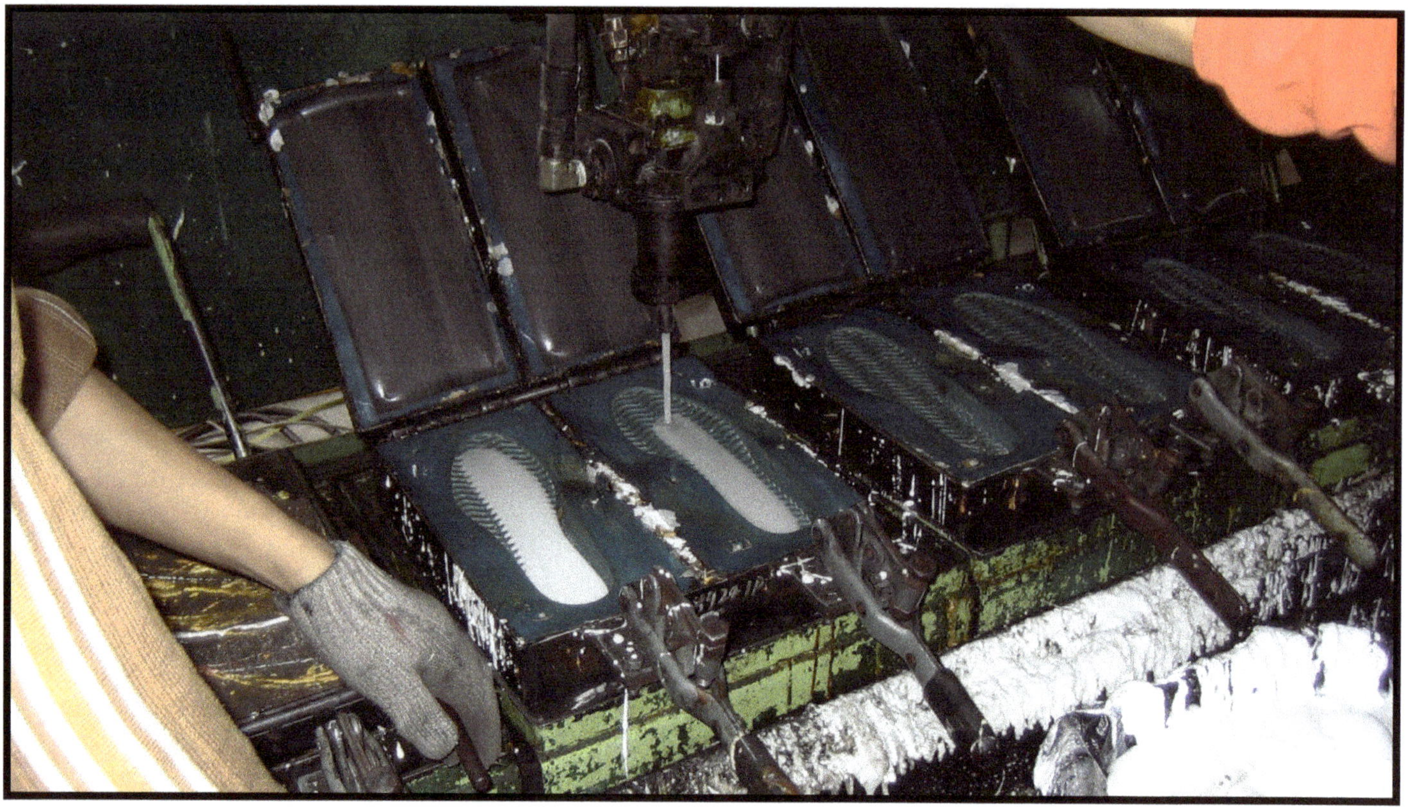

CAPÍTULO 20

DISEÑOS DE PLANTILLAS

La plantilla es muy importante para la comodidad, el rendimiento, y el coste de la zapatilla. Las plantillas vienen en todas las formas, tamaños, y materiales; pueden ser personalizables, extraíbles, o pegadas. Es importante escogerlas correctamente para complementar el diseño de la zapatilla.

Cuando el modelo esté en desarrollo, es importante tener una idea para las plantillas. Cada zapatilla tiene un espacio en la parte inferior de la horma, en inglés, a este espacio se le llama *sock allowance*, y crea espacio dentro de la deportiva para introducir la plantilla. Las plantillas pueden tener un grosor de 4 a 6mm, o más. Hay que calcular bien el espacio, de lo contrario el pie no calzará bien en la zapatilla. Sin embargo, un poco de espuma extra en la plantilla puede ayudar a mejorar, o arreglar, cualquier problema de calce.

La plantilla también es muy importante para la vida útil de una zapatilla. Una plantilla fina hecha de una espuma muy suave y barata puede contraerse después de unos pocos días de uso, dejando el calce suelto, y al cliente con los pies cansados.

A la medición de la vida útil de la espuma cuando se coloca bajo los pies, se le conoce como resistencia a la compresión. No todas las espumas son aptas para unas plantillas duraderas.

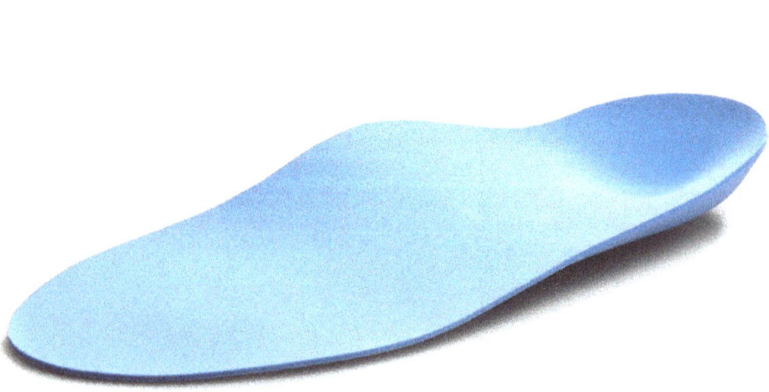

Los contornos 3D moldeados hacen que una plantilla anatómica sea estable y cómoda.

Tipos de plantillas más comunes

Las plantillas, y las plantillas anatómicas, vienen en dos tipos de construcción: moldeadas, o troqueladas. Las plantillas moldeadas están hechas de EVA moldeada por compresión (termoconformadas), PU (espuma de poliuretano) vertido, látex y corcho, espuma de goma, o espuma de PE (polietileno).

Con una plantilla anatómica moldeada se pueden agregar otras características, como pueden ser los refuerzos moldeados por inyección, estabilizadores, piezas de gel, o cámaras de aire. No hay límites, pero debes recordar que una plantilla de 4 dólares suma casi 20 dólares al precio de venta de tu zapatilla.

Plantilla anatómica

La plantilla anatómica es la más utilizada para el calzado deportivo de alto rendimiento. Los contornos ayudan al apoyo, y mantienen el pie en su lugar. Las botas militares, de caza, y de senderismo necesitan esta plantilla. Dentro de las deportivas montadas con strobel, la plantilla es más delgada, ya que el interior de la zapatilla cuenta con los contornos de la horma, y con una entresuela preformada. Las botas con una planta de montado más rígida deben tener una plantilla anatómica para proporcionar soporte y llenar el hueco plano creado por una horma con el canto liso. Esta plantilla es, generalmente, extraíble.

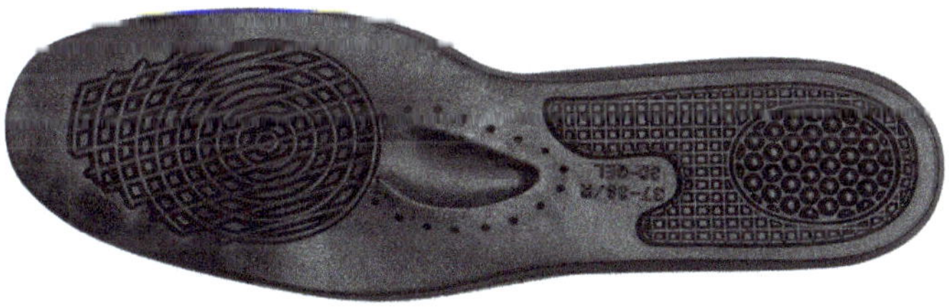

Plantilla anatómica de PU vertido, lujoso, máxima durabilidad, pero pesada.

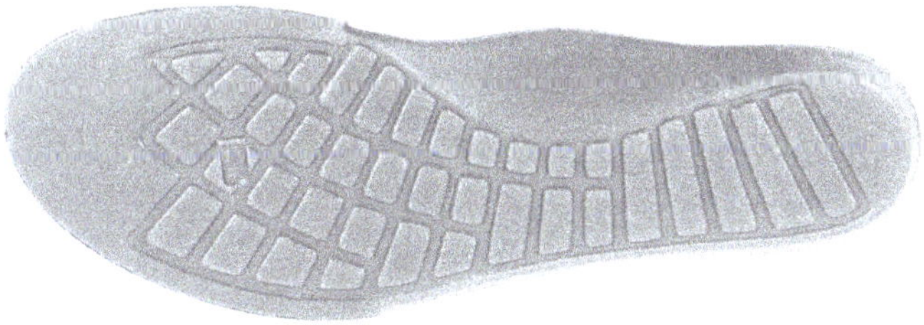

Plantilla anatómica de EVA termoconformada, ligera, económica, y muy común.

Plantillas troqueladas

La plantilla troquelada puede ser barata y mala, o realmente buena; que sea troquelado no significa que sea barato. Las zapatillas básicas tienen plantillas finas cortadas con troquel, hechas de espuma blanda de poca duración. Las deportivas de gama alta pueden tener plantillas troqueladas forradas en piel, fabricadas con varias capas de espuma de alta calidad, espuma de neopreno, o láminas de gel. Las deportivas de calle, y las zapatillas destinadas a producto de moda, suelen tener plantillas troqueladas; y las zapatillas de fútbol, incluso las más caras, suelen tener plantillas muy finas troqueladas.

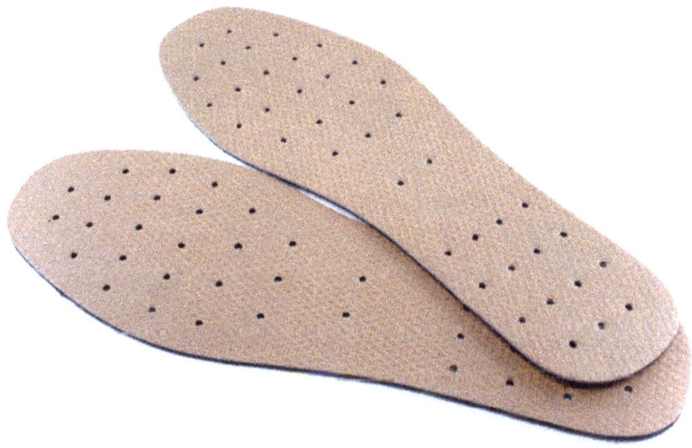

Materiales para forrar plantillas

Los mejores forros tienen una suficiente de agarre para mantener los pies en su lugar. Los tejidos suaves no son estables, y los que tienen mucho agarre desgastarán los calcetines. Las plantillas de *running* y para caminar, necesitan materiales resistentes a la abrasión y resistir al *crocking* (solidez del color al frote en húmedo, y transferencia de color por fricción). Las plantillas de cuero son agradables, pero no deben decolorar los calcetines (no son las mejores para calzado deportivo).

Otras características de las plantillas

Las plantillas pueden estar hechas de diferentes densidades de espuma. Pueden tener perforaciones u otras características para la ventilación. Forrar en un tejido que absorbe la humedad, o tener dibujos vivos pueden dar un toque atractivo. La mayoría de las empresas tienen sus propios moldes con formas y logotipos moldeados. Otro truco que usan las empresas es utilizar una cuña de espuma de látex muy blanda debajo del talón; dura poco tiempo, después de unos días, o una semana se aplastará. Este truco se hace para mejorar la sensación al probarse la zapatilla en la tienda. Para botas de invierno o botas de caza, existen plantillas aislantes con recubrimientos que reflejan el calor. Hay que comparar precios y probar diferente tipo de calzado, ya que existen muchas opciones disponibles. Deja que el precio, el rendimiento, y la comodidad te guíen.

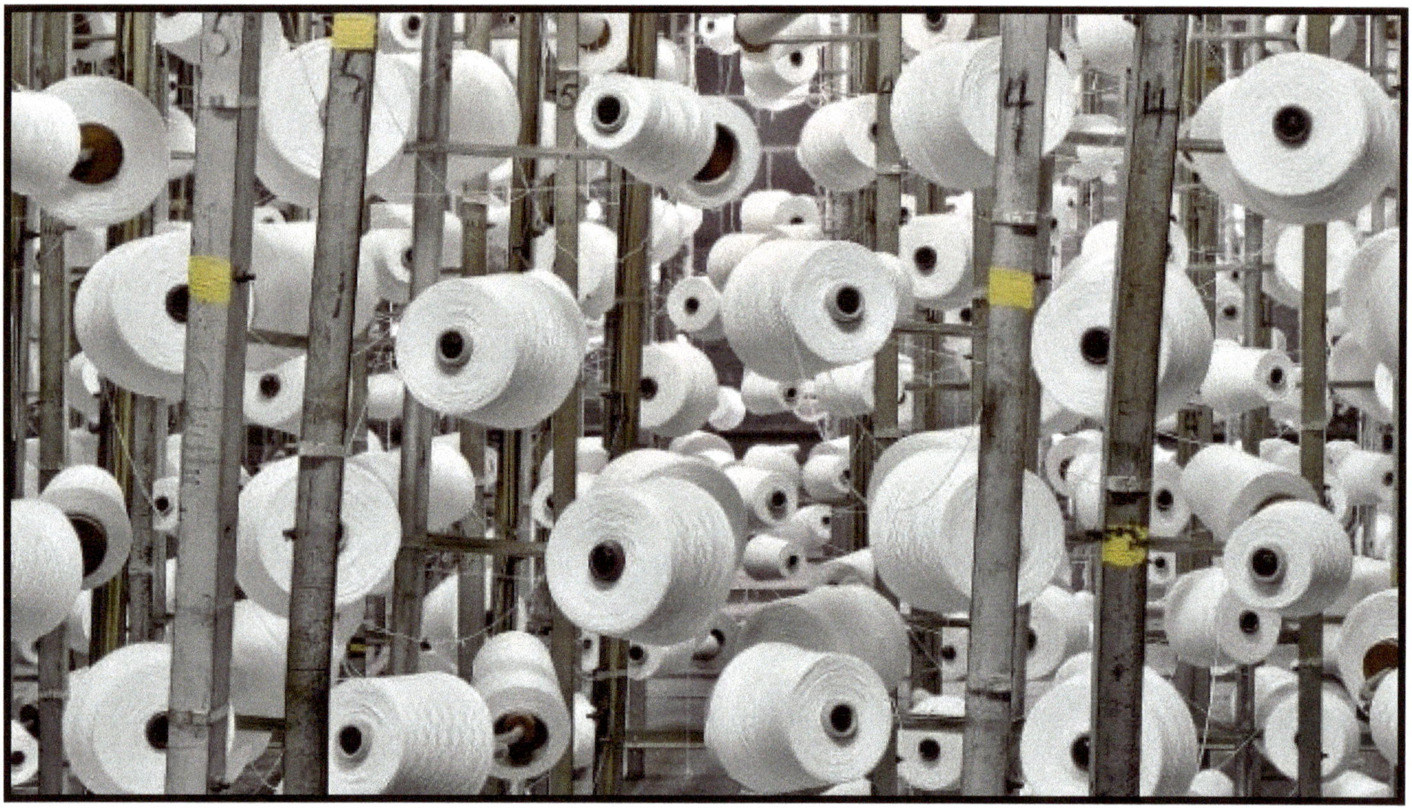

CAPÍTULO 21

PROVEEDORES DE MATERIAL PARA CALZADO

El suministro de materiales y componentes de calzado de alta calidad es clave para lograr calzado duradero y con buen aspecto. Los proveedores de materiales son los mejores socios a medida que se diseña, y se desarrollan las líneas de calzado. Tener buena relación con los proveedores traerá muchos beneficios. El proveedor puede recomendar materiales, y también ayudar a fabricar, o a encontrar, nuevos materiales únicos. Si hay pedidos constantes por tu parte, la fábrica priorizará tu pedido, y serán los primeros en ofrecer ayuda si hay algún problema.

Encontrar proveedores de material para calzado

Los proveedores que abastecen a las fábricas son un buen punto de partida. Se puede pedir a tu departamento de desarrollo en fábrica que pida muestrarios y muestras para estudiarlos. Suelen tener muchas cartas de piel, textiles, cuero sintético, y plásticos; no hay que olvidarse de pedir el listado de precios. Si no pueden conseguir los muestrarios, haz una foto para pedirlo tú mismo al proveedor. Si no hay nada atractivo, no hay que tener miedo de buscar y encontrar nuevos proveedores por tu cuenta. Hay muchas ferias repletas de proveedores en busca de nuevos clientes. The Material Show y Alibaba.com son buenas plataformas para encontrar materiales cerca de las fábricas de calzado.

Los proveedores vendrán a ti

Una vez que empieces, los proveedores vendrán a ti. Si trabajas para una marca importante, posiblemente rechazarás a algunos. Las relaciones a largo plazo con los comerciales es una ayuda para obtener información. Puede que tu comercial te diga: "estamos haciendo mucho de este material para ...". Aparte, el comercial es un gran medio para saber información sobre la industria. "¿Sabías que tal persona se ha cambiado a la nueva empresa de calzado ...?". Hay que estar alerta.

Visitar a tus proveedores de materiales

Al viajar, hay que asegurarse de visitar a tus proveedores para ver cómo fabrican sus productos; las visitas siempre merecen la pena. Te darán conocimiento sobre las capacidades y los procesos; puedes ver algo que te abra la mente, como por ejemplo, maquinaria nueva o vieja, un proceso determinado, material de la competencia en producción, hay mucho que ver si mantienes los ojos, y los oídos abiertos.

Proveedores locales

Dependiendo de la ubicación de la fábrica de calzado, es probable que se encuentre cerca de los mercados de abastecimiento para calzado. Estas zonas son un buen lugar para buscar inspiración, y todo está a la venta. Hay que prestar atención a la calidad de los materiales, y asegurarse de probar cualquier material antes de la producción.

Selección de materiales para calzado

Los materiales que se escojan para la zapatilla harán que tu diseño cobre vida. Piel de calidad, una malla brillante, o tejidos sintéticos de alta tecnología; existe una variedad infinita de opciones de materiales y colores para crear una obra maestra. Sin embargo, se debe tener mucho cuidado para elegir los materiales adecuados que hagan frente a la demanda del calzado. Se deben cumplir los requerimientos del rendimiento del calzado, y los requisitos de fabricación. No se puede utilizar un material bonito que se rompa durante el montado.

Factores para tener en cuenta

Al seleccionar los materiales, tu *briefing* deberá ayudarte a elegir, ya que ahí se define el tipo de calzado que se debe elaborar. ¿Una zapatilla de ballet, o botas de trabajo?, ¿las zapatillas serán baratas, o premium? Con el *briefing* de diseño a mano, y algunos conocimientos básicos, podrás encontrar los materiales adecuados para diseñar.

Sobre los tests

Existen muchos estándares y pruebas para los materiales de calzado. Test de tracción, alargamiento, rotura, ensayos de lavado en húmedo o en seco, flexión, abrasión, solidez del color, etc. Al echar un vistazo a los muestrarios de calidades de una fábrica, verás que están incluidos los datos de las pruebas. Trabajar con proveedores serios es un requisito, ya que cuentan con laboratorios para las pruebas, y experiencia sobre la viabilidad de los materiales para el calzado.

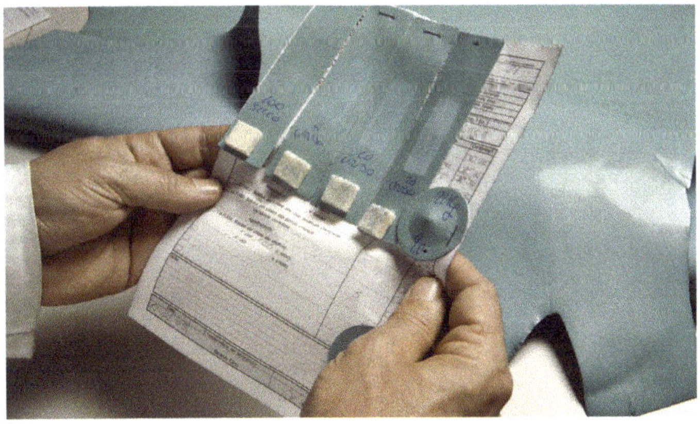

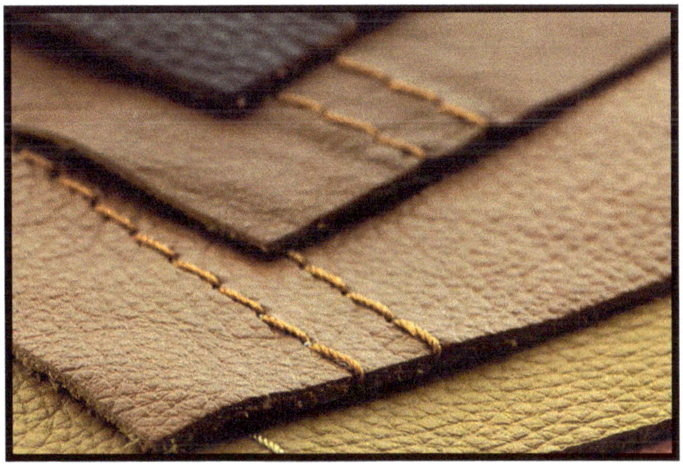

Cuero

Asiatan
www.asiatan.com

Wei Tai Leather Co., Ltd
www.weitai.cn

Wolverine Leathers
www.wolverineleathers.com

Auburn Leather
www.auburnleather.com

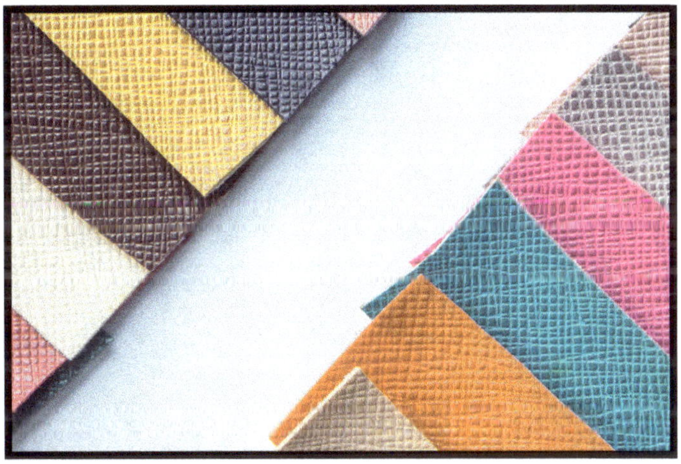

Cuero sintético

Baiksan Co., Ltd
www.baiksan.co.kr

Clarino
www.clarino-am.com/

Nan Ya Plastics Corporation
www.npc.com.tw

San Fang Chemical Industry Co., Ltd
www.sanfang.com

Yuan Feng Synthetic Leather
www.szyongfeng.com.cn

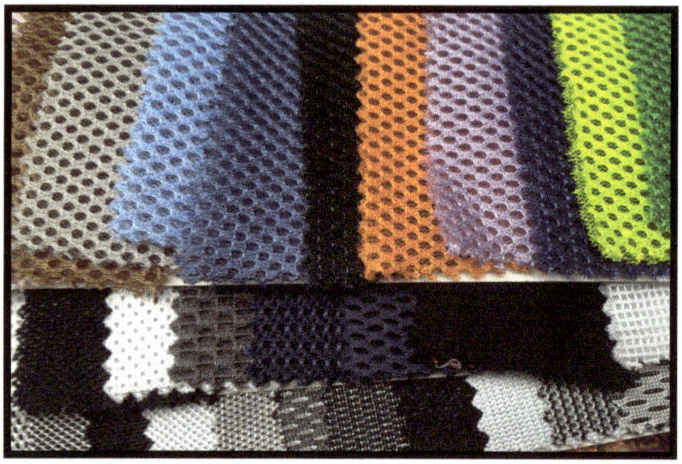

Textil

Bu Kwang Textile Co., Ltd
www.bukwang.com/

Dae Young Textile Co., Ltd
www.daeryong.co.kr/

Faytex Corporation
www.faytex.com/fabricbooks.html

Ducksan Co., LTD
www.ducksan.biz

Yuan Ling Knitting Ind. Co., Ltd
www.yuanling.com.tw

Cosmo
www.cosmofabric.net

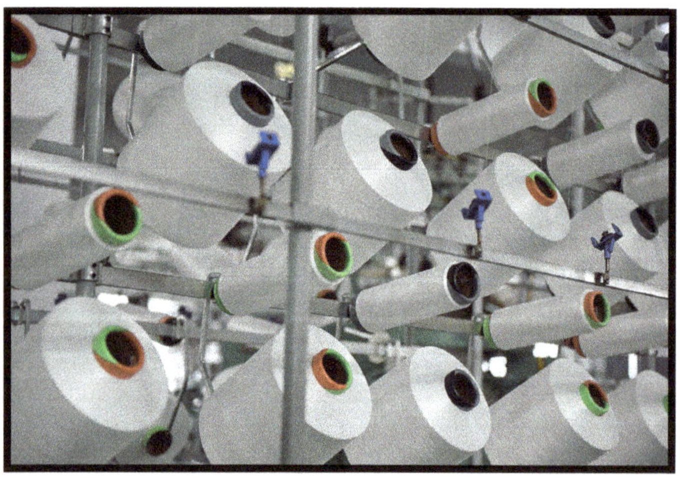

Hilo

American & Efird, Inc
www.amefird.com/

Coats Thread
www.coatsindustrial.com

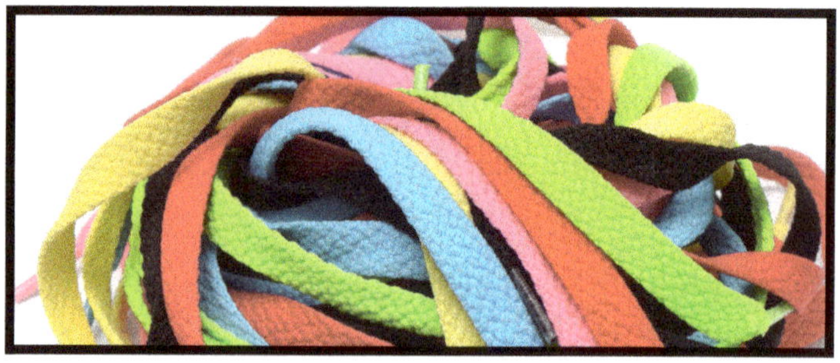

Cordones y adornos para calzado

Paiho Group
www.paiho.com

Junmay Label Mfg Corp.
www.jmlabel.com

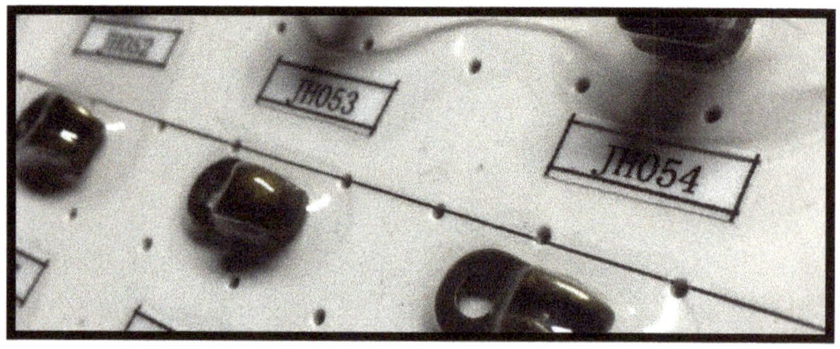

Fornituras metálicas

Dae Sung Co. Ltd.
www.Daesung.net

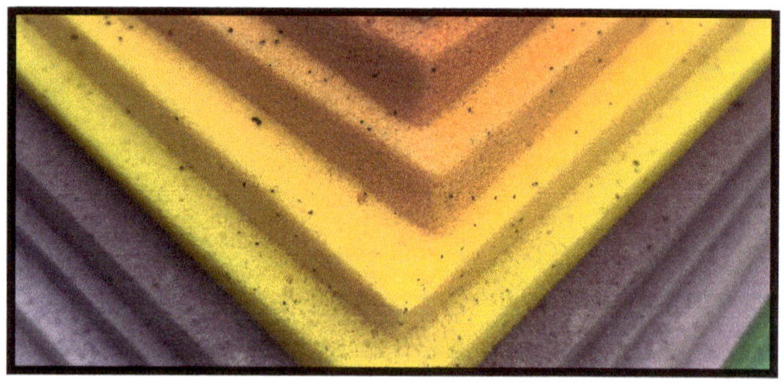

Espuma para plantillas

Rogers Corporation
www.rogerscorp.com/

Ortholite
www.ortholite.com

Ultralon Foam
www.ultralon.co.nz

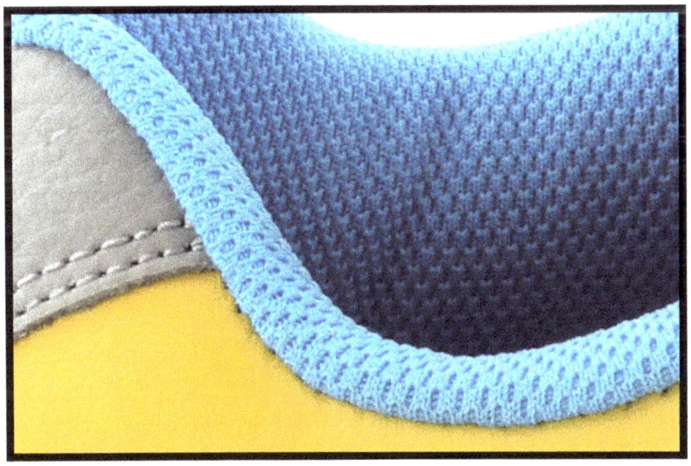

Tejido para forro

Trendware
www.trendwaremarketing.com

Cosmo
www.cosmofabric.net

Yuan Ling Knitting Ind. Co., Ltd
www.yuanling.com.tw

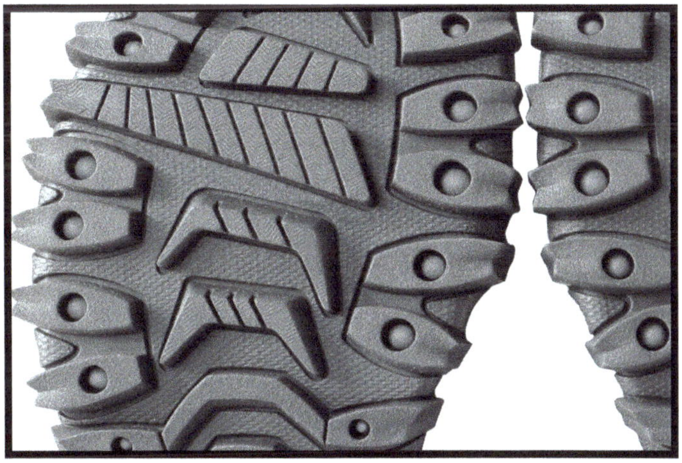

Suelas

Jones & Vining, Incorporated
www.jonesandvining.com/footwear.html

Framas
www.framas.com/en/products/#c48

Vibram
www.vibram.com/

Meramec Group
www.meramec.com

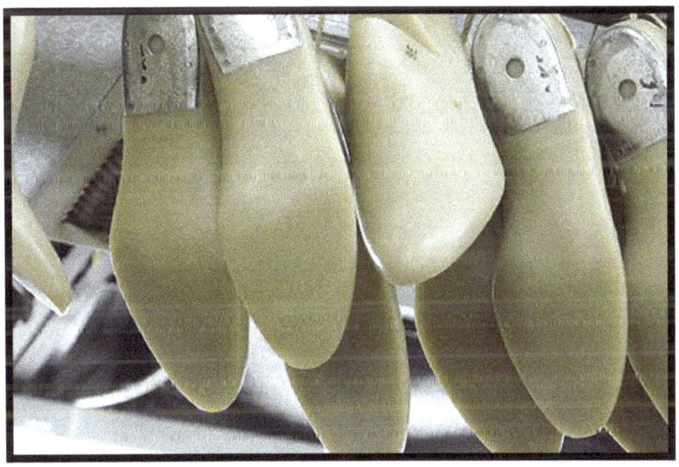

Hormas

Jones & Vining, Incorporated
www.jonesandvining.com

Framas
www.framas.com/

The Shoe Last Shop
www.shoe-last-shop.com

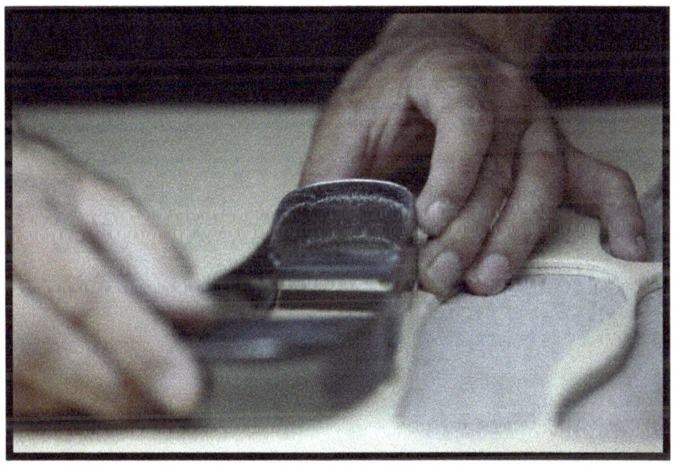

Plantas de montado

Bontex, Inc
www.bontex.com

Texon International
www.texon.com

TecnoGi S.P.A.
www.tecnogi.com/index.php/en/products

Cosmo
www.cosmofabric.net/

Jones & Vining, Incorporated
www.jonesandvining.com

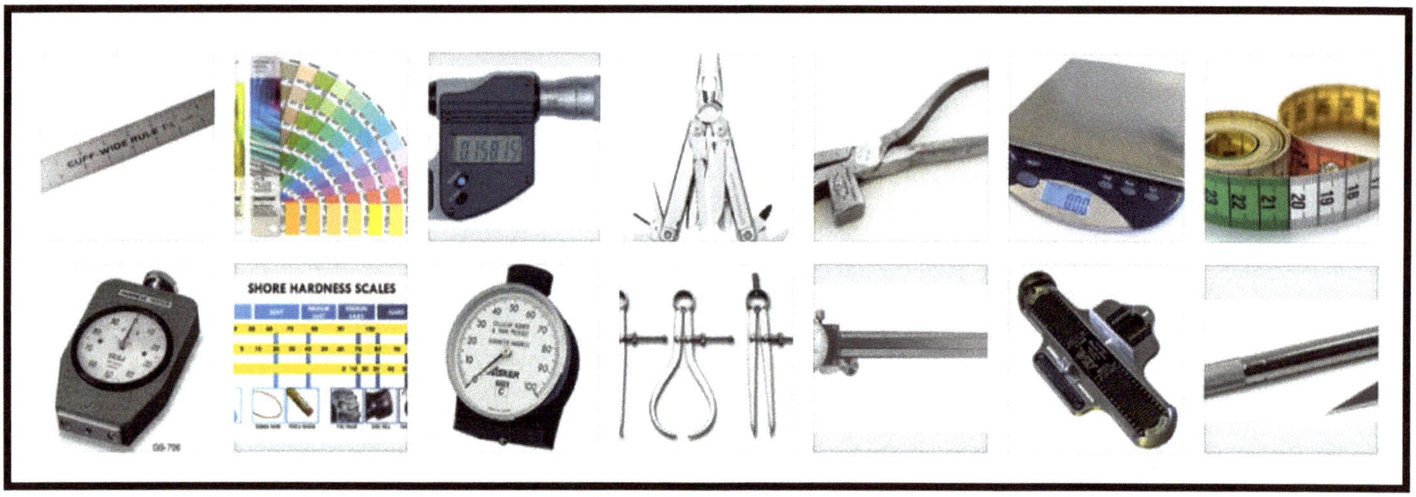

CAPÍTULO 22

HERRAMIENTAS DE CALZADO PARA DISEÑADORES

Como desarrollador o diseñador, se necesitan algunas herramientas que te ayudarán a hacer tu trabajo. En este capítulo, detallaremos algunas de las herramientas más utilizadas que un diseñador y un desarrollador de calzado utilizan en su día a día en una oficina.

Algunas de estas herramientas son específicas para la fabricación, otras son de uso común. Indudablemente, también se necesita un ordenador y material de dibujo; a continuación, se incluye un listado de las herramientas para diseñadores que quizá no se tenga, pero que, sin duda, es necesario.

La pantonera

La nueva zapatilla se encuentra lista para fabricarse, pero cómo explicar al fabricante en China, o Italia, el tono de rojo que tienes en mente. Se pueden buscar muestras de materiales y cortar trozos de los colores, adjuntarlos en las fichas técnicas, y mandarlos por mensajería a China.

Esta técnica está bien para materiales o texturas únicas. Sin embargo, si hay 20 modelos diferentes que hay que referenciar con logotipos en varios colores, no es práctico. También, se debe considerar lo que sucede dentro de la fábrica.

La muestra de color que se escoja tiene que dividirse en una docena de trozos: un trozo irá a la fábrica de goma, otro trozo a la fábrica de tejido, otro a la fábrica de cuero, otro trozo a la imprenta, uno más a la fábrica de cordones, etc.; y la fábrica de calzado también necesitará un trozo para confirmar que el resto de las fábricas lo han hecho bien. No es para nada práctico.

Para ahorrar tiempo y dinero, se utilizan sistemas de color; existen varios: Toyo (de Japón), Ral (de Alemania), y Pantone (de Estados Unidos).

El libro Pantone, o pantonera, es obligatorio para todo diseñador y desarrollador de calzado. Se debe tener una pantonera para comunicarse con la fábrica de calzado, y con los clientes para saber exactamente qué color quieren utilizar.

Los libros de color Pantone son los más utilizados en la industria para la combinación de colores, cada fábrica de calzado tiene una pantonera, por lo que es fácil referenciar los colores. Sin Pantone, es casi imposible combinar los colores correctamente con las fábricas del extranjero. Los libros son caros, pero se pueden compartir en la oficina.

En definitiva, es una herramienta imprescindible para cualquier diseñador de calzado.

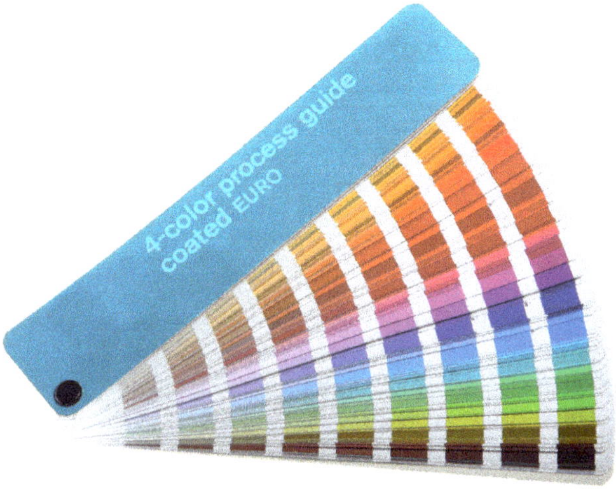

Cómo utilizar la pantonera

Existen muchos muestrarios y grupos de chips Pantone. Los pantonarios en formato abanico con colores básicos de papel, cuestan alrededor de 150 dólares, el pack de dos abanicos es para acabados *coated* (brillantes) y *uncoated* (mate).

El modelo *coated* es perfecto para plásticos, mallas, gomas y cuero sintético. El *uncoated* es útil para la EVA, el nobuck sintético, la loneta, o cualquier otro artículo con acabado mate.

Estos colores también están disponibles en formato libro con chips extraíbles.
Pantone también fabrica los mismos colores en muestrarios para algodón, nylon y plástico. Para una oficina grande, son muy prácticos. La empresa también tiene desarrollado un sistema de detección de color electrónico, y muchos otros productos para trabajar el color.

Un último comentario sobre la pantonera

Al llegar a la fábrica, hay que asegurarse de mirar sus pantoneras. Una vez, tuvimos algunos problemas con una fábrica al intentar combinar los colores; y, durante una visita a la fábrica, nos dimos cuenta de que el departamento de Impresión estaba utilizando una pantonera antigua, sucia y gastada. El jefe se molestó mucho cuando tiré su libro a la basura, pero se alegró cuando le di uno nuevo.

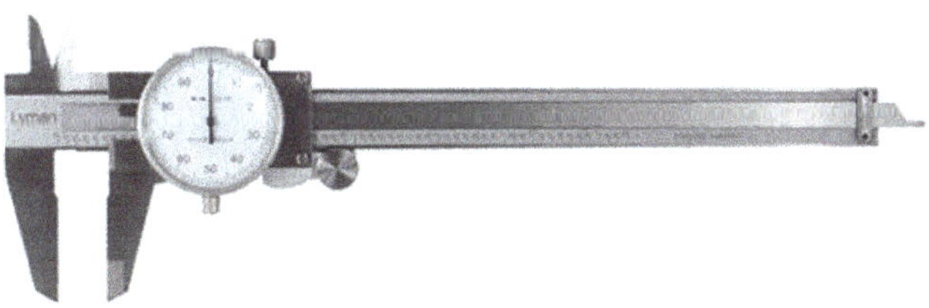

Un par de calibradores, analógicos o digitales, son muy útiles al diseñar calzado. Utilizamos calibradores todos los días para medir el ancho de los componentes de calzado más pequeños.

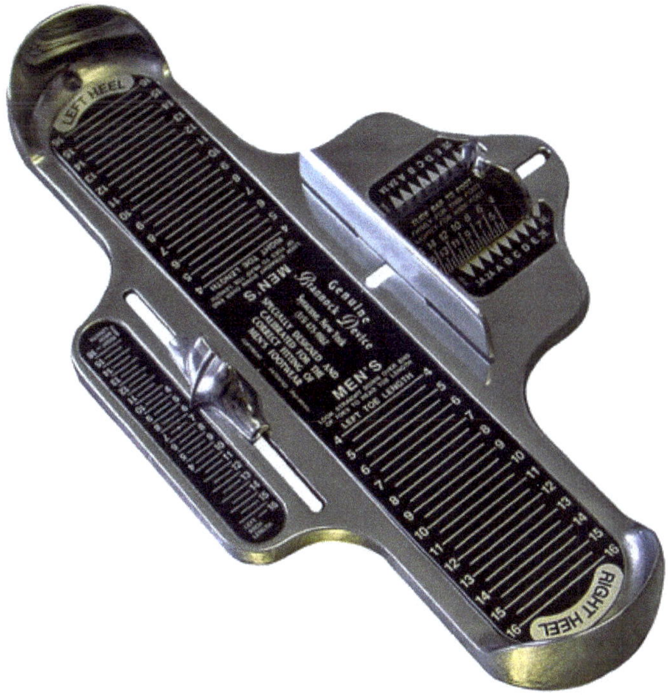

Un dispositivo Brannock. Supongo que has visto esta herramienta en zapaterías; esta es la herramienta estándar para medir los pies. Si estas en el mundo del desarrollo de calzado, debes tener un dispositivo Brannock en tu oficina. Cuando una persona dice que el zapato es pequeño, o grande, lo primero que hay que hacer es medir los pies con la herramienta. También, hay que utilizar la cinta métrica flexible para medir los dos pies.

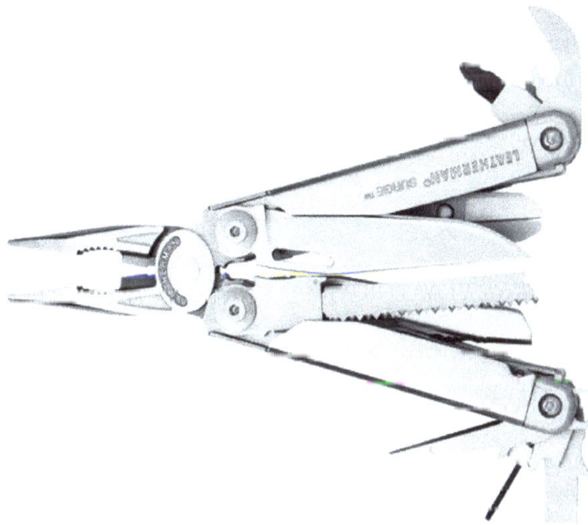

Una navaja multiusos tipo Leatherman es una herramienta muy útil. Tiene cuchillas para cortar y abrir las costuras, y alicates para quitar piezas. Las cuchillas dentadas son muy útiles para cortar piezas de las muestras de calzado.

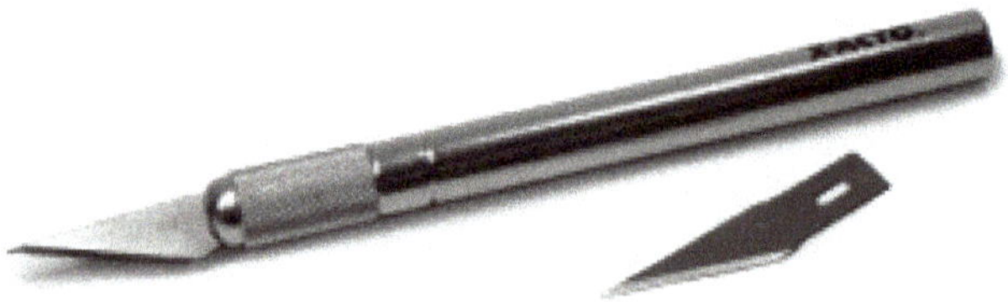

Un bisturí X-Acto también es una herramienta muy útil para cortar muestras de materiales, abrir zapatos y cortar costuras. Un bisturí muy afilado es la mejor opción.

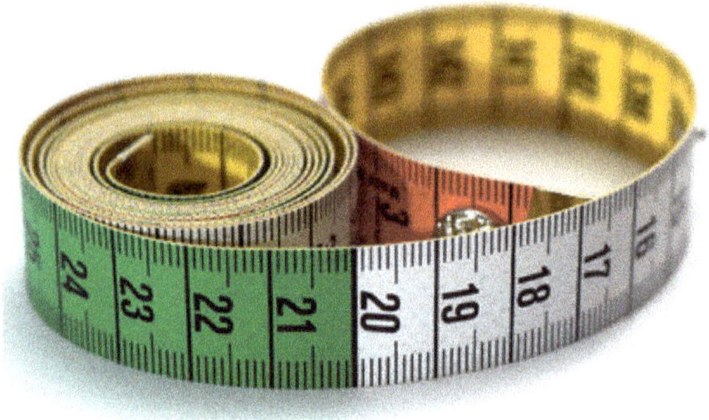

Ten siempre a mano una cinta métrica flexible para medir las hormas; y también, para medir los diferentes componentes de los zapatos. Una cinta métrica flexible es muy útil para medir pies y tobillos.

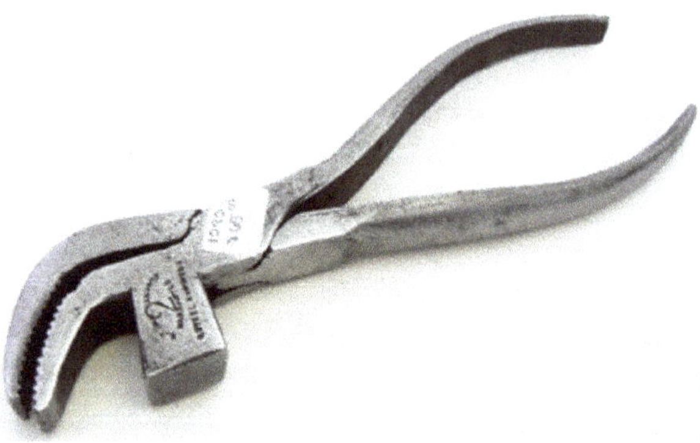

Los alicates, o tenazas de zapatero, también son prácticos; en la fábrica de calzado se utilizan para jalar los bordes del material hacia la horma. El desarrollador, a menudo utiliza esta herramienta para descomponer un zapato y ver lo que contiene en su interior.

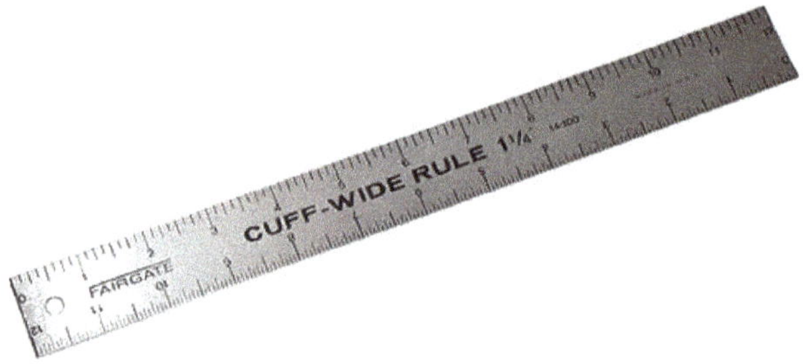

Una regla de acero pequeña para medir las piezas de un modelo. Hay que asegurarse que el extremo de la regla comience en cero para poder medir el interior, o la altura del hueco del zapato metiendo la regla hasta la base del zapato.

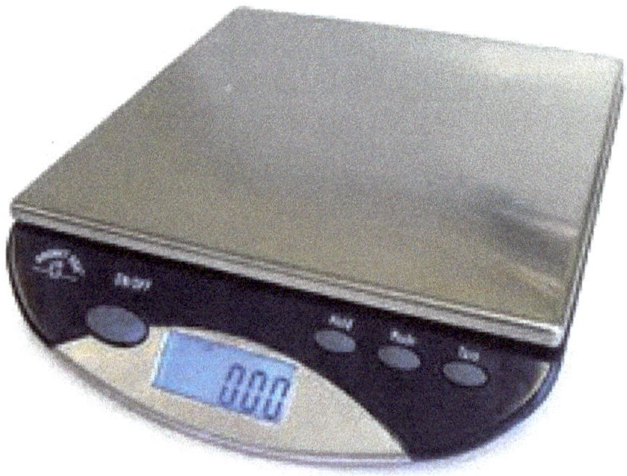

Una báscula de precisión se utiliza en la creación de calzado de alto rendimiento, o calzado *hi-tech*. A menudo, hay problemas con los subcomponentes, y habrá que pesar cada componente, pieza por pieza, para asegurarnos que se está haciendo el componente de calzado más ligero que se pueda fabricar.

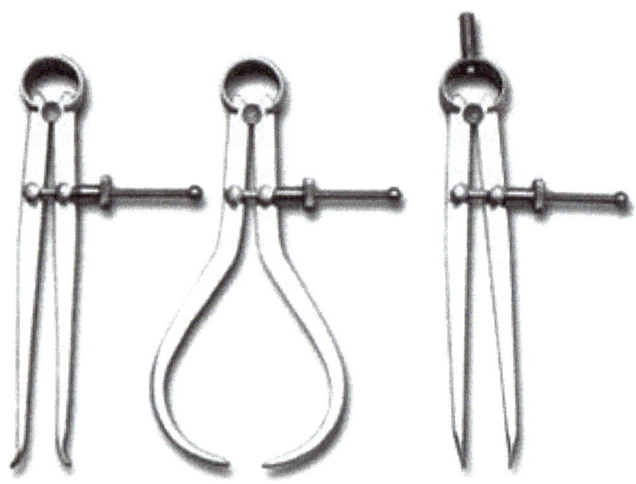

Un conjunto compases de precisión para diseñar y desarrollar calzado. Se utilizan para verificar las medidas más importantes de las hormas, y los diferentes componentes que puedan ser difíciles de alcanzar. Un par compases son muy útiles para comparar las dimensiones de una muestra a otra.

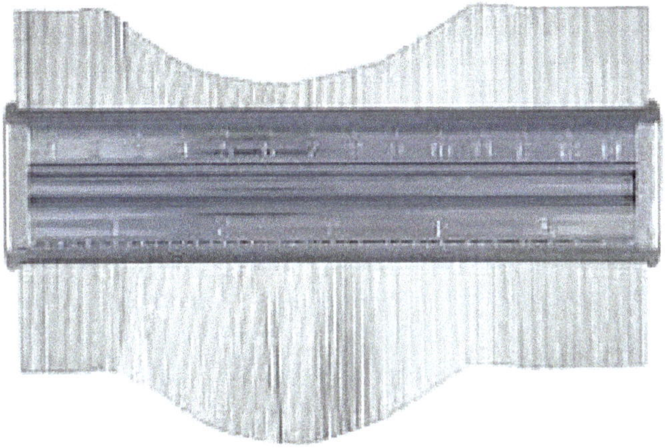

Es bueno tener un calibrador a mano para revisar las hormas, es necesario para verificar curvas complejas de manera rápida. Aunque no sea una herramienta común, la utilizamos al trabajar en una nueva horma, o para ver si la entresuela sigue el quiebre inferior de la horma correctamente.

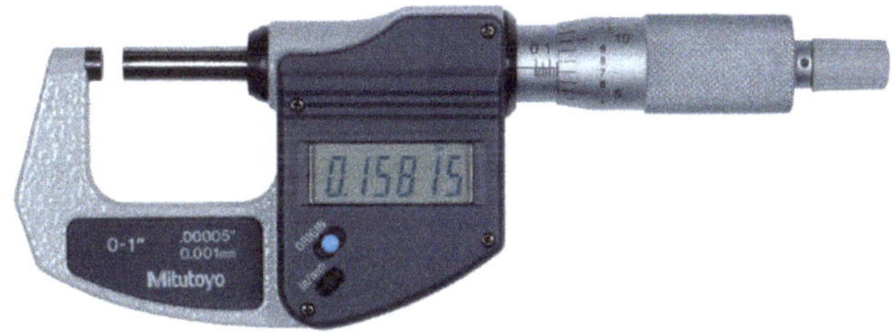

Un micrómetro es la herramienta que debe tener en su oficina el desarrollador de calzado. Se utiliza para verificar el grosor de las piezas de cuero, o cualquier material sintético. Utilizamos un micrómetro casi todos los días para confirmar que los materiales de la muestra coincidan con las especificaciones del producto.

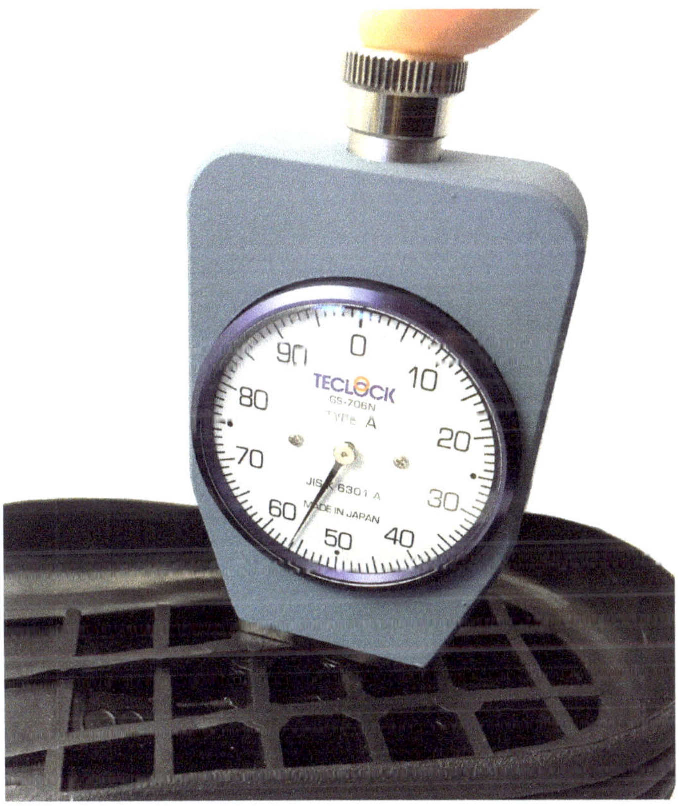

El durómetro se utiliza para saber la dureza de cualquier componente de goma, o plástico, en calzado. El pincho del durómetro se presiona contra el material para dar la lectura de la densidad del material. Hay que intentar hacer el examen en las zonas planas, y hacer varias pruebas para cada pieza del modelo que se esté revisando.

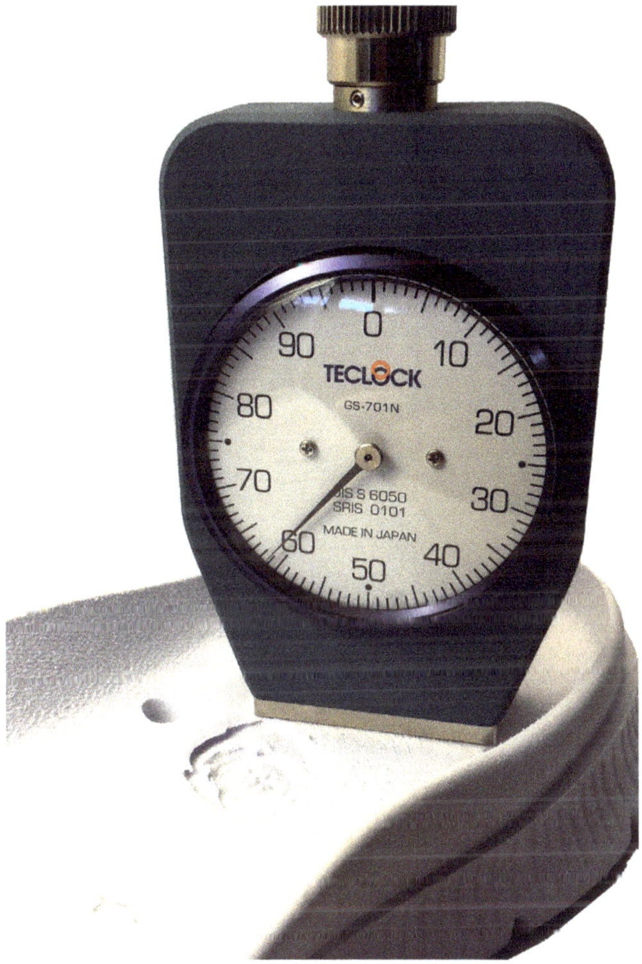

Se utiliza un durómetro tipo Asker C para medir la dureza de los componentes de espuma del calzado. El durómetro dará la lectura de la densidad del material. Hay que intentar hacer la prueba en zonas planas, y hacer varias comprobaciones sobre la misma pieza de la zapatilla. Otra forma de hacerlo consiste en cortar el material hasta llegar al centro de la espuma para hacer la prueba, ya que el exterior de la espuma EVA puede dar un valor con mayor densidad. Una entresuela de EVA estándar puede ser de 55º, y una plantilla anatómica fina, 35º.

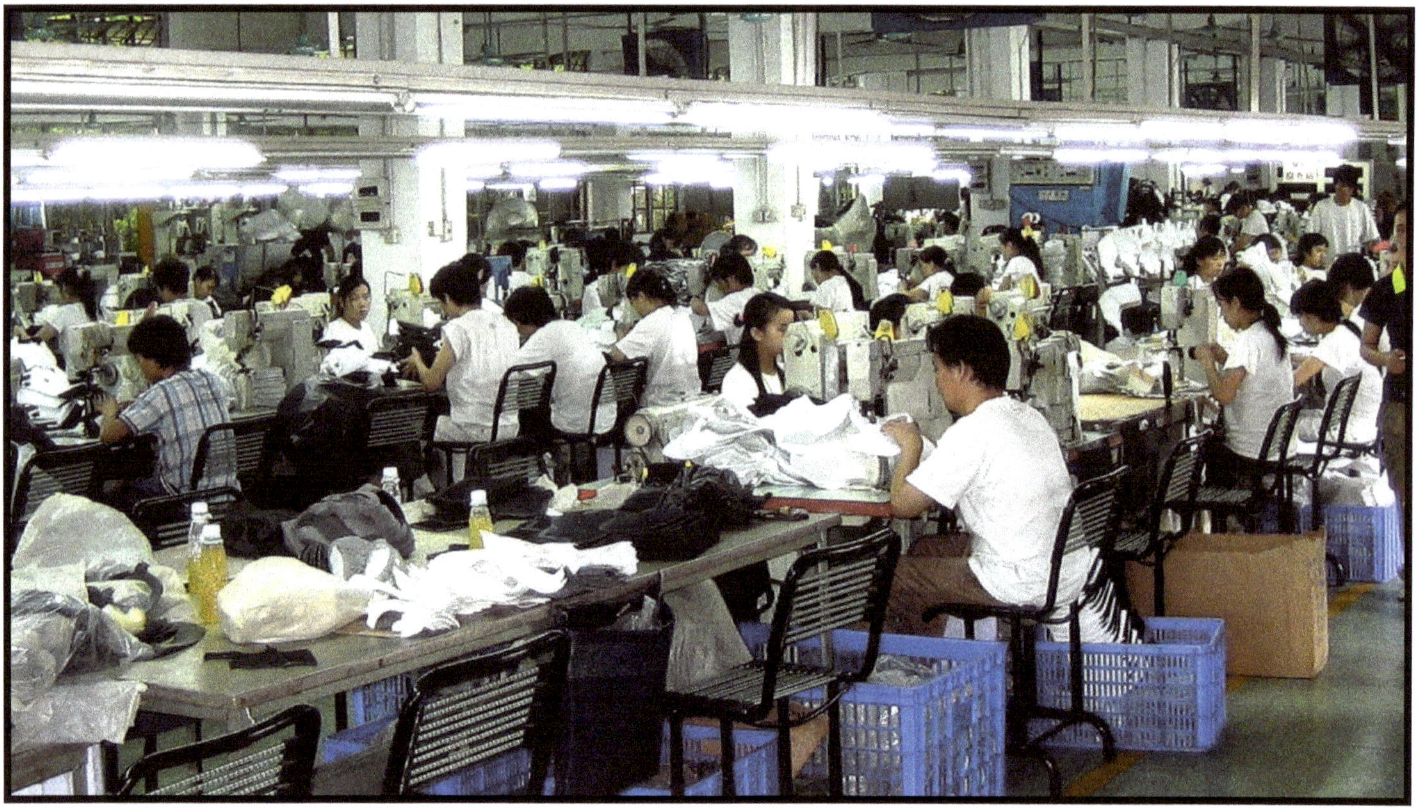

CAPÍTULO 23

PUESTOS DE TRABAJO EN LA INDUSTRIA DEL CALZADO

Diseñador de calzado

Alguien tiene que dibujar los zapatos. Dependiendo a quién le preguntes, este es el trabajo más fácil, o el más difícil. El diseñador debe dibujar lo que la gente quiere ponerse en los pies.

Para ser diseñador, puedes ir a una escuela de arte. Hay muchas escuelas donde aprender diseño industrial, comercio, y diseño de moda. Un título en diseño industrial, o de producto, puede ser un buen comienzo. Aunque, si sabes dibujar calzado muy bien, ¿para qué estudiar? Los diseñadores dibujan los zapatos, y posteriormente trabajan con los desarrolladores para hacer los prototipos perfectos. Escoger tendencias de color, y saber qué está de moda son habilidades importantes.

Director de diseño de calzado

Un diseñador de calzado con éxito, con los modelos más vendidos en su cartera, pronto se le pedirá que dirija el equipo. Si eres un gran diseñador y eres bueno con la organización y el liderazgo, puedes llegar a ser director de diseño. Con la responsabilidad de formar y orientar a los diseñadores más jóvenes, también puedes tener la responsabilidad de asignar proyectos, organizar viajes de inspiración, y trabajar para motivar a tu equipo. El director de diseño también trabaja estrechamente con ventas y marketing.

Desarrollador de calzado

Diferente al trabajo de diseñador de calzado, el trabajo de los desarrolladores es interpretar el dibujo, y convertirlo en un modelo real que uno se puede poner en los pies. El desarrollador de calzado es el que escribe las especificaciones técnicas, verifica los planos, y se comunica con la fábrica. El trabajo de los desarrolladores consiste en hacer el zapato, y evitar que los diseñadores hagan un modelo bonito que no se adapte bien. Los desarrolladores son los ingenieros de prototipos de calzado, y los encargados de seguir el calendario marcado. Para ser desarrollador puede que empieces como diseñador, aprendiz, o asistente. Prepárate para viajar.

Conseguir trabajo como asistente de desarrollador de calzado es una buena forma de empezar. Si estás dispuesto a aprender, viajar y trabajar hasta tarde en las fábricas de Asia, este es tu lugar.

Director de desarrollo de calzado

Con experiencia como desarrollador de calzado, puede que te asignen más responsabilidades. El director de desarrollo es el responsable de asignar proyectos a los desarrolladores, seleccionar las fábricas, programar las operaciones de desarrollo, resolver los problemas técnicos, diseñar los moldes, administrar proyectos técnicos avanzados, obtener nuevos materiales y gestionar la negociación de los precios.

Desarrollador de tecnología avanzada

Los diseñadores y desarrolladores de calzado con visión para detalles técnicos, y una imaginación asombrosa pueden unirse a un equipo que trabaja en proyectos con tecnología avanzada. Estos proyectos no están reflejados en ningún programa de producción, pero permite que la empresa de cree diseños únicos. El equipo investiga sobre patentes, visita proveedores, y resuelve los problemas de los nuevos procesos de producción.

Técnico de calzado CAD

El departamento de diseño necesita soporte en diseño asistido por ordenador, ya que las herramientas se modelan para hacer los moldes. Los diseñadores de calzado no crean los modelos en 3D, hacen diseños en 2D para el técnico de calzado CAD. Dependiendo del tipo de empresa, puede que existan técnicos CAD en la oficina, o se colabore con la fábrica para crear los modelos.

Director de producto / Director de la línea de producto de calzado

En inglés se utiliza la abreviatura *PM* para *product manager*, cuya tarea es averiguar en qué trabajar, y poner en marcha el trabajo del desarrollador y del diseñador diciéndole qué tipo de calzado deben hacer. El director de producto trabaja con el equipo de ventas, y con los clientes para averiguar lo que necesitan. También, tiene la tarea de ver más allá. ¿Qué necesitará la gente el año que viene?, ¿qué colores estarán de moda?, contar con experiencia en venta al por menor o cifras de ventas, y un título de marketing serán muy útiles para desempeñar este cargo.

Coordinador de muestras de calzado

Una oficina de desarrollo que esté ocupada trabajará con cientos de modelos a la vez. El coordinador de muestras es como el policía que controla el tráfico, hace un seguimiento de los zapatos. ¿Las muestras siguen en China?, ¿cuándo lo enviará la fábrica?, ¿la empresa de envío necesita documentación extra para gestionar la importación? El coordinador de muestras es un puesto muy bueno para iniciarse y aprender sobre las operaciones de desarrollo y diseño de calzado.

Representante, y sub repr. de ventas

Vender zapatos es una buena manera de involucrarse con el mundo del calzado, la fuerza de ventas puede revelar mucha información sobre el comercio del calzado. Un buen representante de ventas puede ayudar a dar forma a la línea de producto, ya que están en la primera línea de venta, y los vendedores saben de primera mano lo que el cliente busca. El vendedor puede ser ascendido a un puesto de director si hace crecer el negocio de manera adecuada.

Trabajar en una zapatería

Trabajar en una zapatería es muy buena opción para empezar si eres estudiante.
Puedes aprender sobre calzado, conocer a los agentes comerciales de la zona, y sentarte con los compradores cuando revisen las nuevas líneas de calzado.

Comprador de calzado

El comprador tiene la responsabilidad de asegurarse que la tienda tenga el aprovisionamiento correcto con los modelos adecuados, al precio correcto, y en el momento adecuado. El comprador se planifica para tener sandalias en verano, botas en invierno, y nuevas zapatillas para béisbol en primavera, y de fútbol americano en otoño. El comprador estudia las ventas, tiene en cuenta las tendencias, y tiene habilidad para negociar. Los compradores suelen empezar como asistentes de compras, responsables de pequeñas familias, y luego van promocionando si los modelos se venden rápidamente sin llegar a la liquidación.

Especialista en importación de calzado

Las firmas que importan calzado necesitan a un especialista que controle al equipo de diseño y desarrollo para el país al que se importe. Sin un especialista, un zapato puede tener un 37,5% de arancel, en vez de un 9%, o 0%. El especialista trabaja junto a los desarrolladores para evitar excesos en los impuestos siempre que sea posible.

Inspector de calidad de calzado

Un programa de control de calidad óptimo cuenta con inspectores que revisan el proceso de fabricación de principio a fin. El control de calidad en destino asegura que no hubo problemas durante el envío, y detecta los fallos que puedan haberse producido en la fábrica. Normalmente, un trabajador de confianza del almacén recibe formación sobre control de calidad. Posteriormente, trabaja con el personal de desarrollo para resolver cualquier duda. Aprenden rápido a detectar los procesos de la calidad en calzado, y desarrollan conocimiento sobre las construcciones de los zapatos. Desde esta posición, hay un paso muy pequeño para convertirse en un asistente de desarrollador.

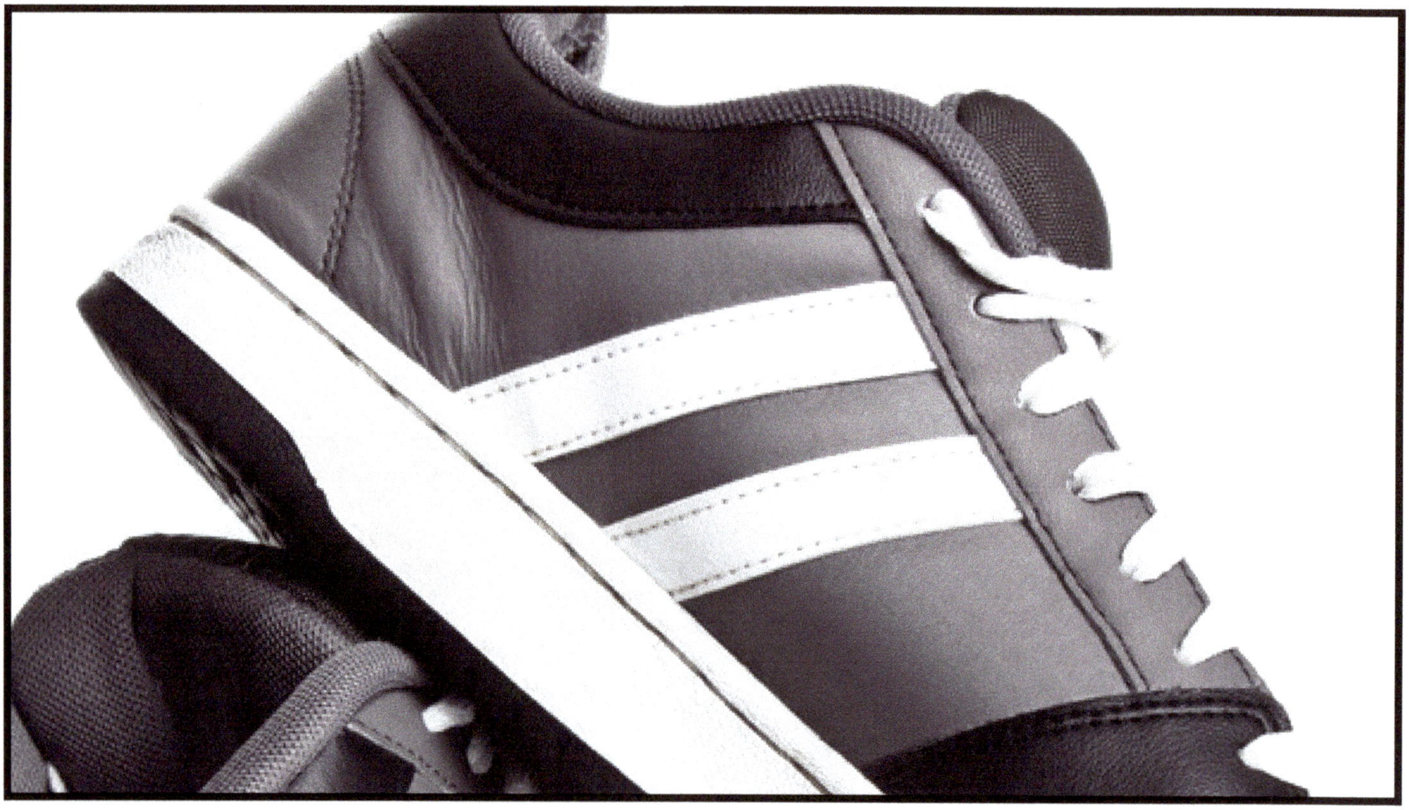

CAPÍTULO 24

CONTROL DE CALIDAD

Procedimientos de la inspección del calzado

Todo el esfuerzo para elaborar calzado se pierde si no se fabrican con la calidad para cumplir los estándares. Se requiere un ojo crítico en cada paso: cortado, aparado y montado.

Todas las grandes marcas imponen programas de calidad muy estrictos con muchos inspectores en la fábrica.

Inspección de la calidad del calzado: cómo inspeccionar un modelo

Una vez que se aprenda a inspeccionar de manera profesional un par de zapatos, o zapatillas, nunca se volverán a ver de la misma manera. La calidad es una característica muy importante para cualquier par de zapatos que se fabrique, compre, o venda.

Saber cómo realizar una inspección de la calidad es una habilidad crítica para diseñadores, desarrolladores, y directores de producto. Cuando llega una nueva muestra, es fundamental inspeccionar el material, los detalles del aparado, y la mano de obra. Inspeccionar un zapato es una buena habilidad para tener como cliente al llegar a una tienda. En este capítulo se enseña cómo clasificar e inspeccionar un zapato de manera profesional.

Definición de calidad en la inspección de calzado. Clasificaciones "A", "B", "C":

Calzado con clasificación A:

Calzado sin defectos funcionales o estéticos que perjudiquen la venta del calzado. Modelos de alta calidad que estéticamente se ven bien, y calzan correctamente. Una clasificación A debe seguir las especificaciones de producción, y coincidir con la muestra de confirmación aprobada.

Calzado con clasificación B:

Calzado sin grandes defectos funcionales que puedan causar lesiones al usuario. Estos zapatos pueden tener defectos estéticos, errores de producción, o problemas en la mano de obra que no se pueden arreglar adecuadamente. Estos modelos cuentan con descuento, o se mandan a mercados con mayor tolerancia a los defectos superficiales.

Calzado con clasificación C:

Calzado con defectos funcionales importantes que pueden causar lesiones al usuario, o defectos superficiales importantes que no se pueden reparar. Así mismo, también se incluyen en esta clasificación si tienen una mano de obra deficiente, materiales defectuosos que puedan acortar la esperanza de vida normal del zapato, o dañar la reputación de la empresa. Los zapatos con clasificación C deben ser destruidos.

Cómo inspeccionar un zapato

Los principales puntos en una inspección son los siguientes:

1. ¿Es este el modelo correcto?, ¿hacen par?
2. ¿Está limpio?
3. ¿El modelo sigue la ficha técnica?
4. ¿El aparado es de buena calidad?
5. ¿Está dañado en alguna zona?

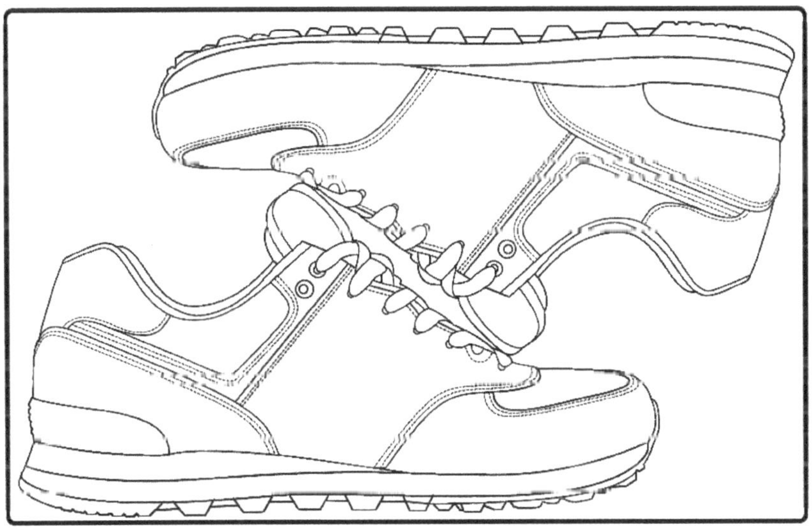

El primer paso en cualquier inspección, es revisar el embalaje.
Según el modelo, ¿está la zapatilla en su caja correcta?
¿La caja está en buenas condiciones? Hay que asegurarse que la caja no esté dañada, o sucia.
¿La caja es del tamaño correcto? Los zapatos no deben colocarse apretados dentro de una caja pequeña.
Hay que comprobar que la información de la etiqueta de la caja coincide con el color, el modelo y el tamaño del modelo.
Hay que verificar todas las etiquetas que cuelgan para asegurarte que corresponden con el modelo.

Saca las zapatillas de la caja.

¿Hay un pie izquierdo, y un pie derecho?

¿Los zapatos son de la misma talla y color? Verifica la información de la etiqueta que está en la lengüeta.
En la fábrica no resulta difícil mezclar una talla 7 del pie izquierdo, junto con una talla 7,5 del pie derecho en la misma caja.

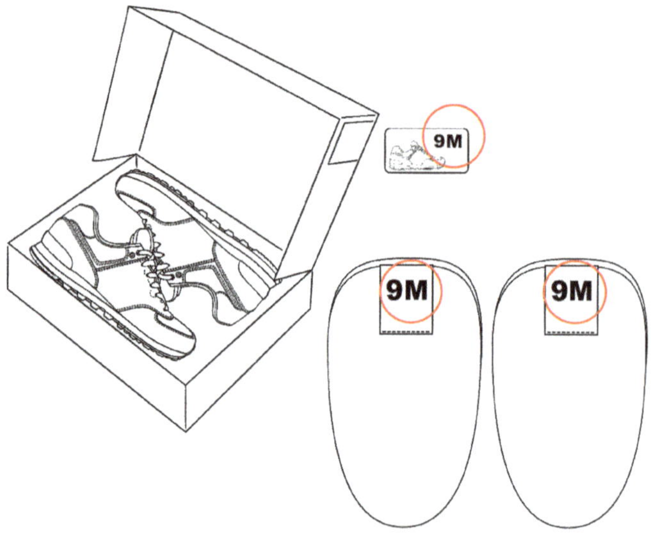

Con las dos zapatillas en la mano, colócalos suela con suela.
Examínalos para ver si son simétricos. ¿Coincide la longitud? La talla puede coincidir, pero hay que mirar que realmente tengan el mismo largo.

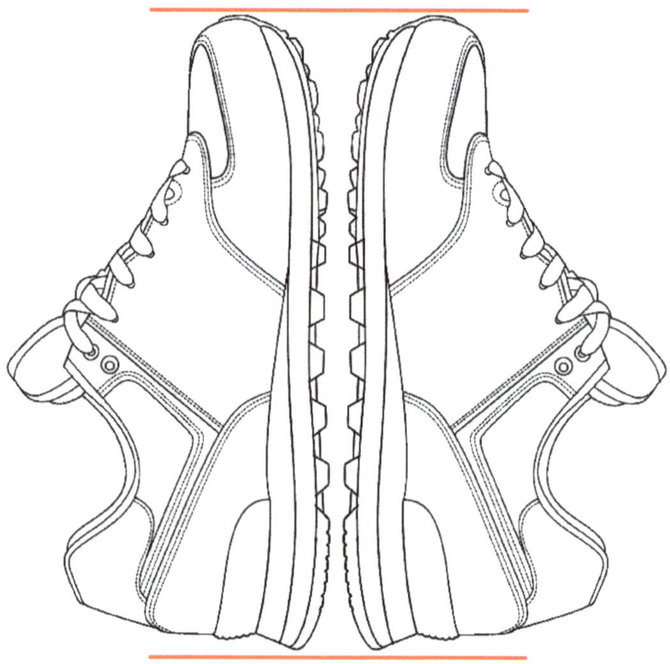

Ahora, sosteniendo las zapatillas por la suela, coloca el corte cara a cara, y gíralos. En este punto, se revisa que las piezas estén alineadas. Comenzando por la parte delantera, gira las zapatillas para alinear: punteras, palas, piezas superpuestas, carrilleras, ojetes, etc.

Aprovecha que tienes las dos zapatillas en la mano, y mira que los colores y el acabado coincida para ambas zapatillas.

A continuación, sujeta las zapatillas por los talones.
Mira que el corte asiente en recto sobre la suela. Verifica que el eje central del corte no esté girado.

Después, juntando los talones, mira que la altura de las piezas y el hueco coincidan.

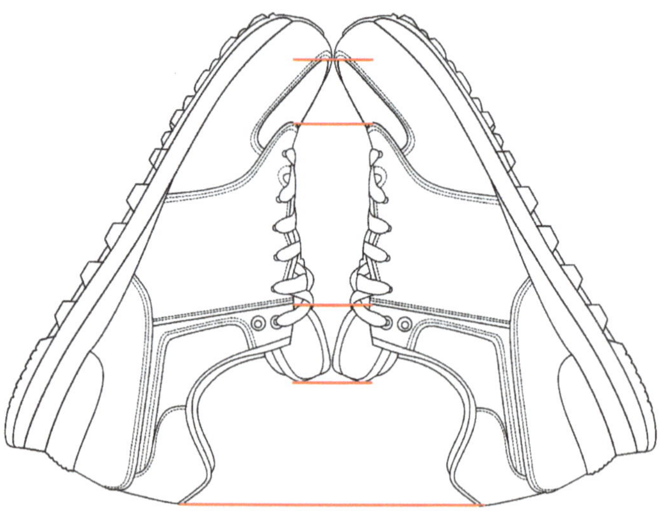

Observa si los dos pisos son iguales. ¿Están los bloques de color en el mismo sitio? Mira la pared de la entresuela en busca de arrugas. Examina si la costura que une la suela y el corte está bien. Busca cualquier trazo de pegamento en el corte, 2mm es el limite que se acepta. Observa si hay un exceso de rebajado o rebatido en el corte.
En la parte inferior de la zapatilla, mira si hay transferencia de color entre los bloques de la suela. Busca cualquier error al pintar las piezas. Asegúrate que las piezas de la suela se ajustan perfectamente sin marcas de pegamento extra.

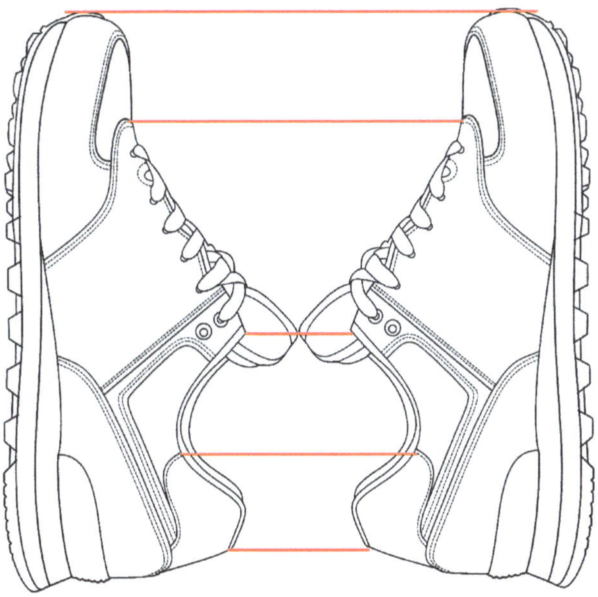

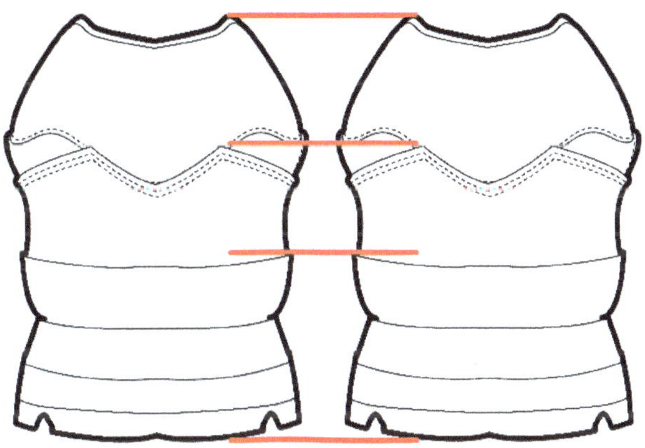

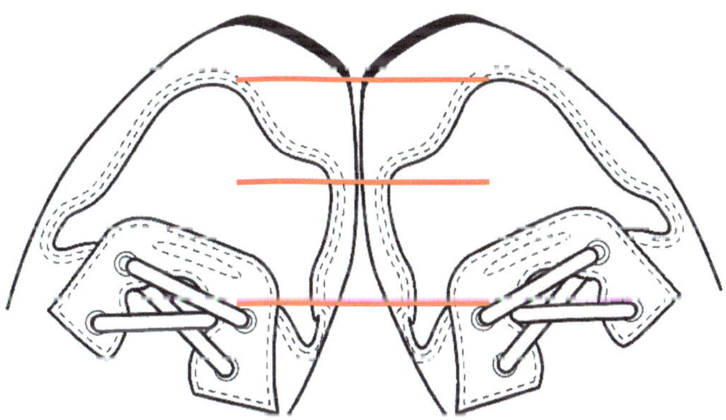

Una inspección completa incluye que el modelo se revise por dentro, y por fuera.

Después de analizar el exterior, es el momento de empezar con el interior. Mira por dentro del hueco de la zapatilla. ¿Está el forro limpio y sin arrugas? Pasa la mano sobre el escote, trata de detectar cualquier bulto, o traza de pegamento. Para zapatos de piel, mira si hay algún clavo o grapa. En calzado deportivo, asegúrate que la plantilla esté recta, nivelada y correctamente ajustada. Si es demasiado pequeña, la plantilla bailará; si es demasiado grande, la plantilla se arrugará o se ondulará.

A continuación, inspecciona el forro de la lengüeta para detectar cualquier arruga o bulto. Coloca tu mano dentro para inspeccionar la pala y el tope de la puntera. Toca desde la punta por la plantilla para detectar posibles arrugas. Mira si hay alguna costura dura en el interior.

Por último, inspecciona los cordones; que sean demasiado largos no es ningún problema, pero si son demasiado cortos, menos de 15cm sobre el ojete superior, hay que arreglarlos.

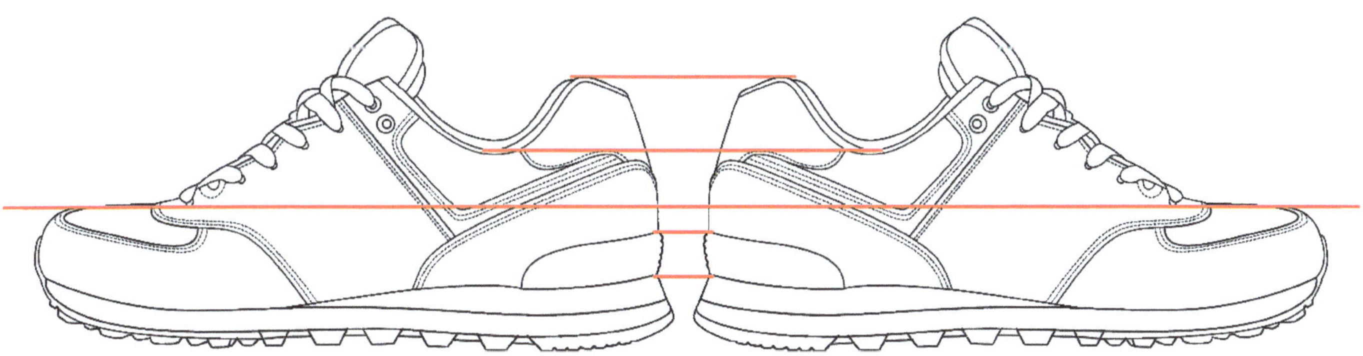

Problemas de calidad más comunes en calzado

Al inspeccionar un modelo, hay algunos problemas muy comunes en los que se debe prestar atención:

¿Están limpios las zapatillas? Las zapatillas blancas pueden ser difíciles de hacerse en una fábrica sucia.
¿Coinciden los colores? El serraje y la piel flor pueden ser difíciles de igualar.
¿Qué tal es la calidad del material? Mira si el serraje está pelón (pelo demasiado largo), o si tiene otros problemas relacionados con el material.
¿El corte es limpio? Verifica que el corte y los cantos no estén desiguales.
¿Hay arrugas en el corte? Examina la espuma de alrededor del hueco.
¿Cómo está la costura? Verifica si el pespunte está torcido, o si hay puntadas sueltas.
¿Hay marcas del prensado en la pala?
¿Hay manchas de la impresión del logotipo?
¿Revisaste las costuras? *Grinning* es el término en inglés para referirnos a la costura marcada o visible.
¿Qué tal es la calidad del montado? Montar mal el corte puede causar arrugas en la puntera.
¿Hay floración en la goma? Mira si hay restos de materia color blanco en las piezas de goma.
¿Hay migración de color en las piezas de goma?
¿Cómo está unida la lengüeta? Asegúrate que no estén torcidas, y que queden a la misma altura.
¿Se han creado arrugas en las zonas donde hay espuma?
¿Revisaste si hay exceso de pegamento? El pegamento no debe sobresalir más de 2mm por encima del borde de la suela.
¿Hay señales de un exceso de rebajado? El rebatido no debe extenderse más de 2mm por encima del borde de la suela.
¿Hay zonas sin pegar? Mira si hay huecos sin pegamento en la suela.
Echa un vistazo la suela. Asegúrate que no hay zonas rotas, deformadas, inclinadas o torcidas.

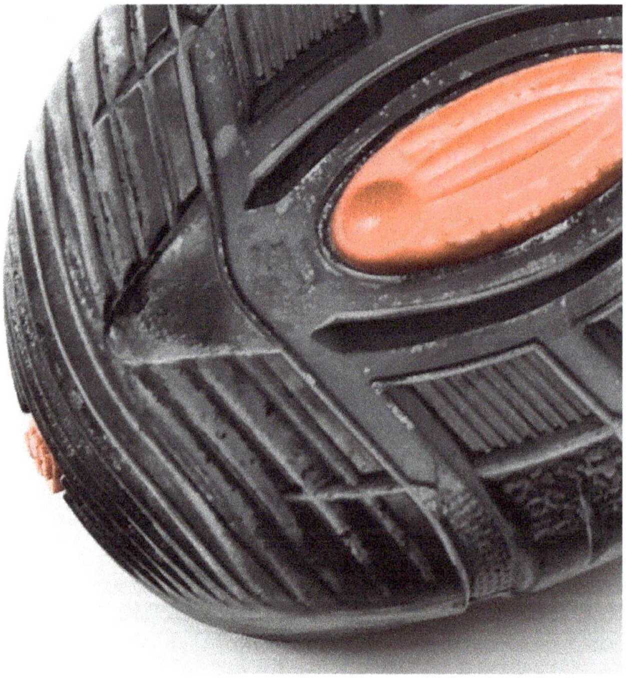

Floración del caucho: los químicos del caucho hacen que aparezca una migración.

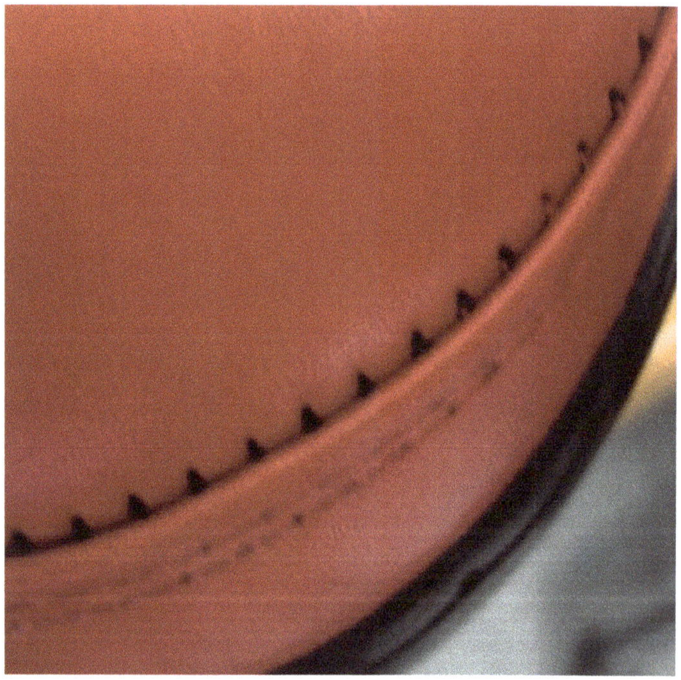

Si la puntera está mal montada, se verán las puntadas; en inglés se conoce este término como *grinning*.

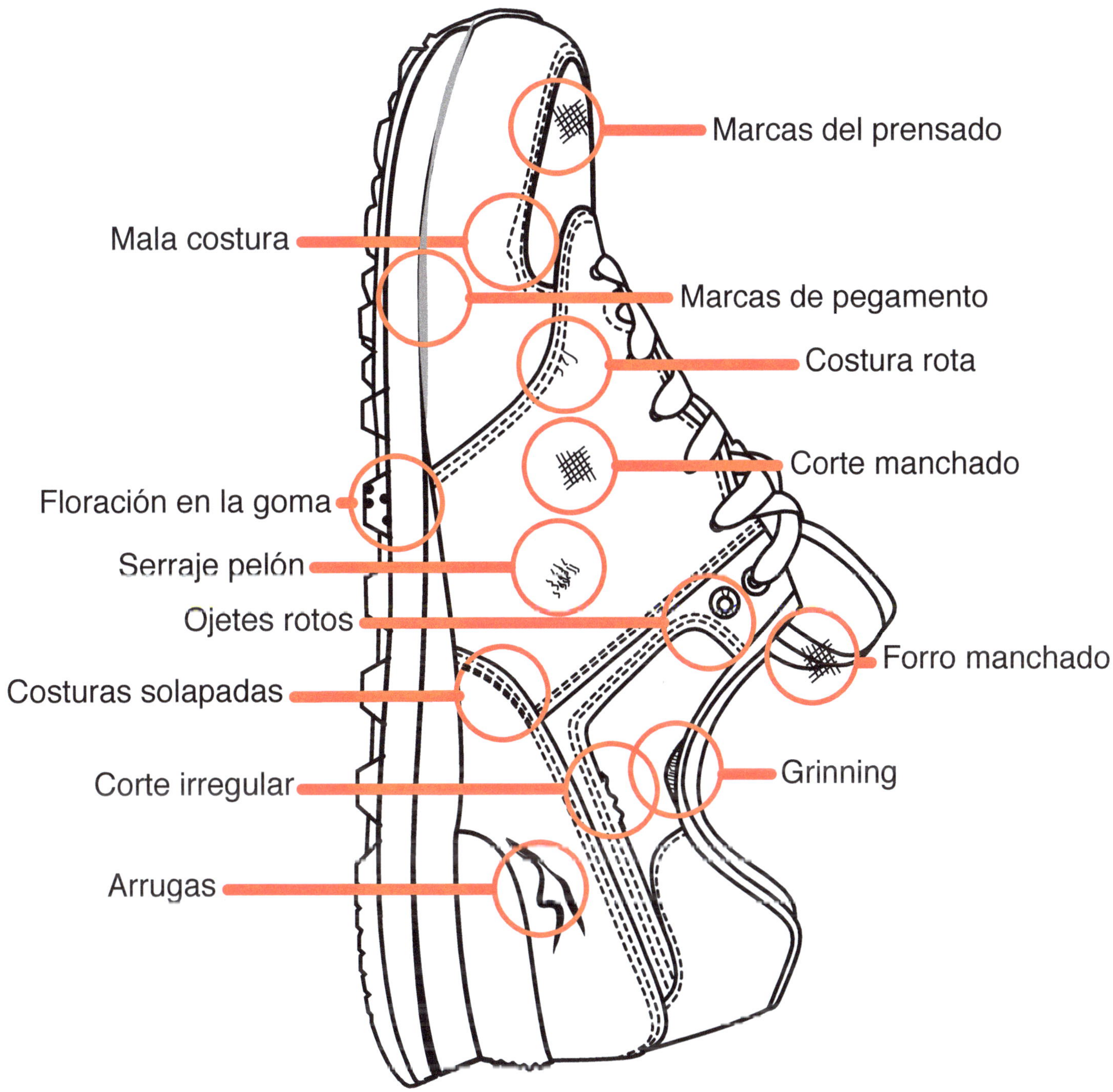

Unas últimas palabras sobre la calidad en el calzado

Al inspeccionar un modelo, es fundamental analizar si el problema es un error que se ha hecho una sola vez, o es un problema sistemático que afecta a todos los modelos. En las fábricas, cada operación la realiza el mismo operario. Si la persona que apara, o ensambla la pala tiene un mal día, es posible que se vean muchos modelos con costuras torcidas en esa zona.

Si te encuentras dentro del almacén, estás al mando del problema y es tu responsabilidad. Debes preguntarte: ¿cómo ha llegado este modelo hasta este punto?, ¿quién pasó por alto todos estos problemas en la fábrica antes de mandar los zapatos? Hay que encontrar a los responsables.
Si la fábrica tiene problemas con el control de la calidad, puedes probar a arreglar el problema; o quizás sea mejor encontrar un proveedor nuevo.

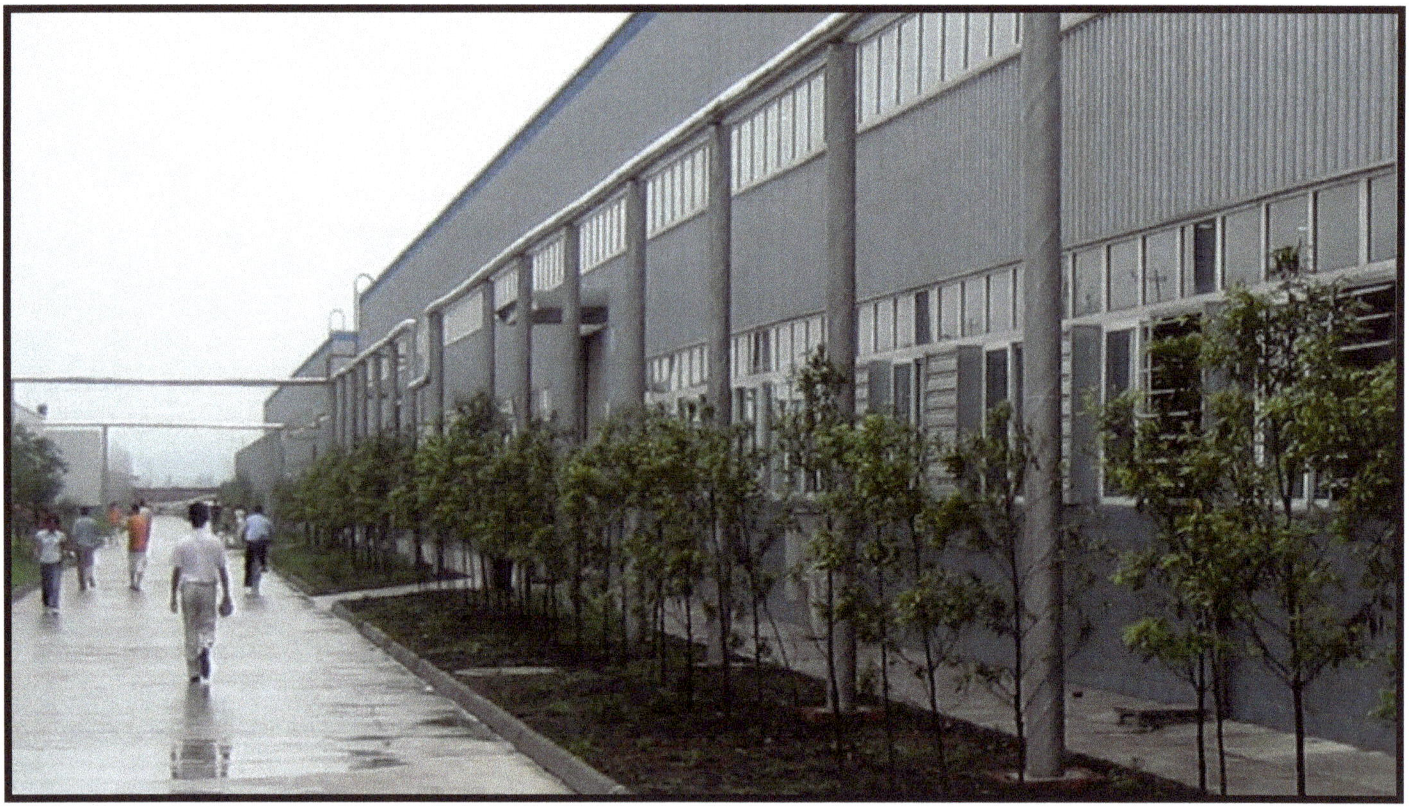

CAPÍTULO 25

LA VIDA EN UNA FÁBRICA DE CALZADO

¿Cómo son las condiciones de trabajo para los trabajadores de una fábrica de calzado? Normalmente, las condiciones de trabajo en las fábricas de exportación de las principales marcas son buenas. Los diseños complicados, y los modelos de alta calidad solo pueden fabricarse en fábricas limpias, bien organizadas y con trabajadores cualificados y contentos.

Hay que tener en cuenta que estas fábricas no son propiedad de las grandes marcas, toda la fabricación se realiza por contrato. Las marcas establecen estándares y realizan inspecciones, pero puede haber algunos abusos.

A los trabajadores se les paga un salario por hora, regulado por el derecho laboral de China, y las leyes locales. Los trabajadores de las fábricas ganan mucho más dinero que el salario mínimo nacional. Muchos puestos requieren trabajadores cualificados, y cuanto mayor sea la experiencia, mayor es su remuneración.

La mayoría de los trabajadores son de la zona rural China, y viven en las residencias de la fábrica, donde se les proporcionan tres comidas al día. Los trabajadores tienen seguros médicos, clínicas, remuneración por horas extra, y permisos para visitar a sus familiares. El trabajo infantil es ilegal.

Aclarado este punto, puede que aún haya muchas fábricas con malas condiciones de trabajo, y derechos humanos que dejan mucho que desear. Si esto es un problema, ve con una marca de renombre; las marcas como Nike, Adidas, Reebok, Under Armour, New Balance, etc., tienen estándares muy rigurosos, inspecciones periódicas, y solo trabajan con fábricas que acepten seguir sus políticas.

Cada año, más de 1.500 personas pierden la vida en las minas de carbón en China. Las fábricas de calzado no son tan malas en comparación.

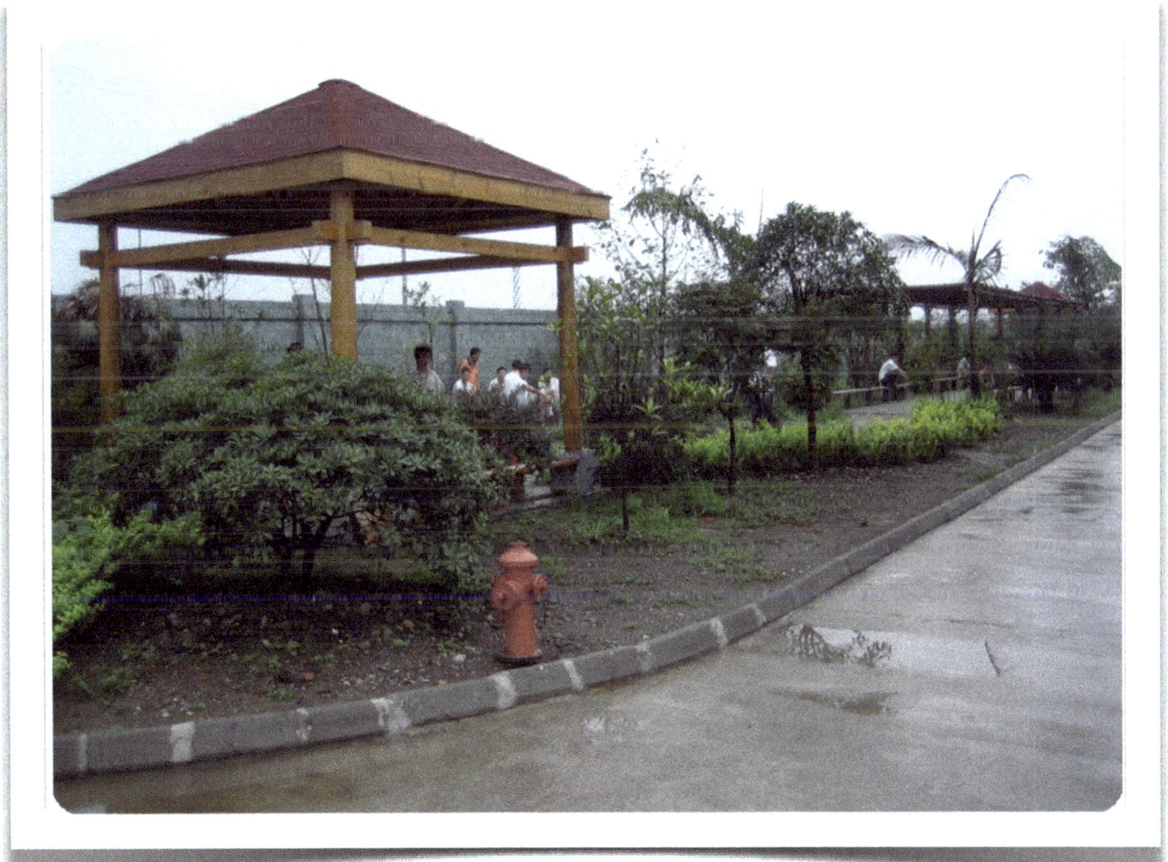

Una zona exterior de descanso.

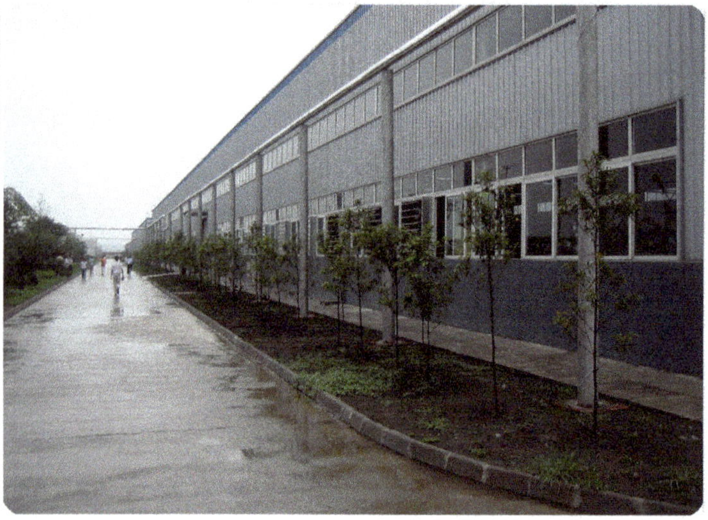

Calles anchas que conducen a la fábrica.

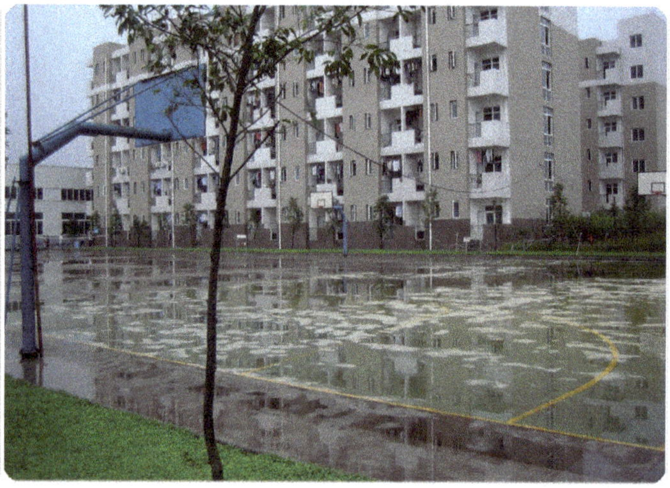

Esta residencia cuenta con canchas de baloncesto, y una clínica.

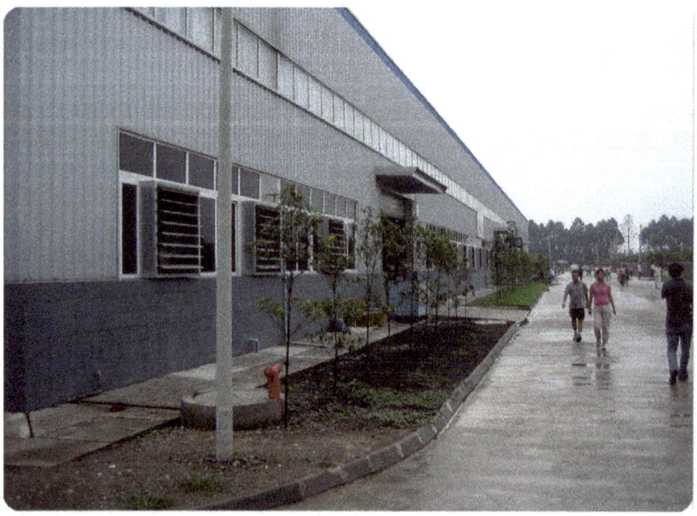

Atención a lo limpio que está todo.

Esta cafetería sustenta a miles de trabajadores con tres comidas al día. El personal de la cafetería alimenta a todo el personal en dos turnos.

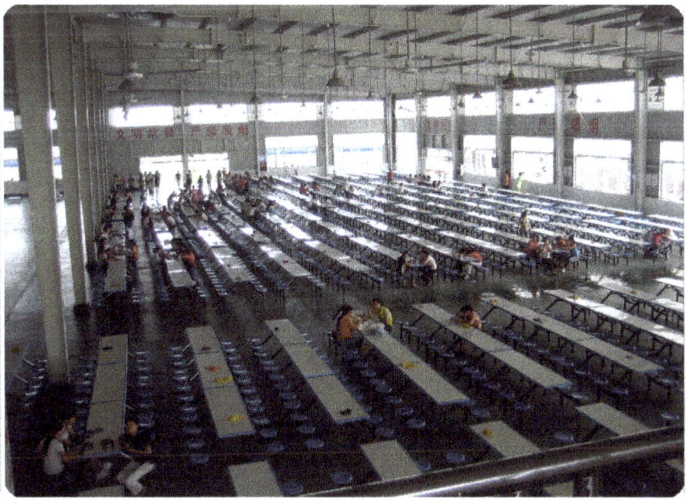

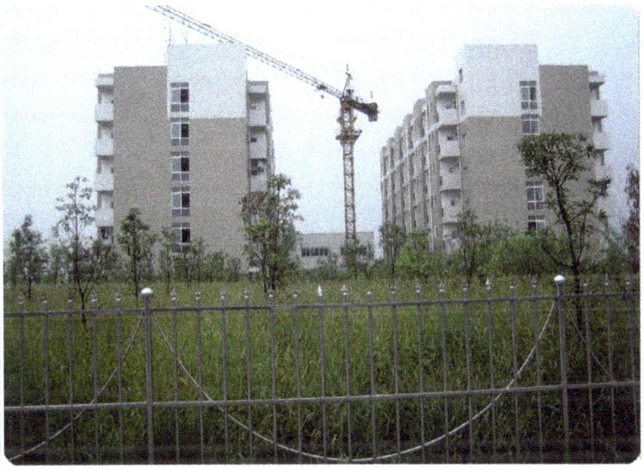

Nuevas residencias en construcción.

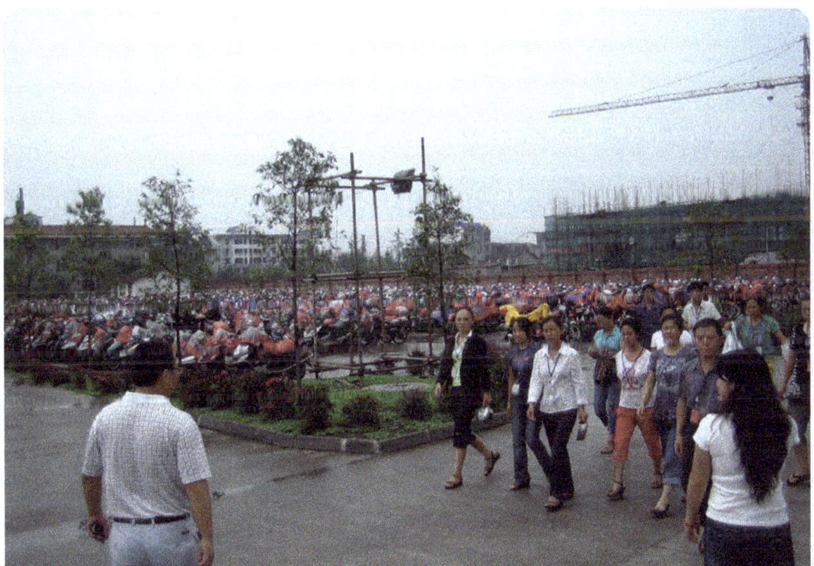

Suele haber mucho espacio reservado para aparcar motos. En esta fábrica al noroeste de China, la mayoría de los trabajadores viven en sus casas, y se desplazan diariamente.

CAPÍTULO 26

DICCIONARIO DE CALZADO

Acabado / *Finishing*
El acabado es el proceso final que se da en los zapatos una vez han sido construidos; consiste en la limpieza, aplicación de cera, crema y pulido del corte. También incluye el lujado de los cantos, raspado del tacón, y el pulido del tacón y los cantos de la suela. El canto de la suela y el tacón se trabajan dándole presión con varias herramientas metálicas, y son acabadas con el abrillantado a máquina en cantos y tacón. La parte superior y el piso se pueden acabar con crema, o lujar.

Action leather
Cuero vacuno, generalmente serraje de baja calidad cubierto con una fina capa de poliuretano. El recubrimiento puede ser de cualquier color, y puede estar grabado con un rodillo. El producto final suele ser un producto con aspecto de cuero liso con color uniforme. El *action leather* aun se clasifica como cuero para los aranceles de importación. Casi todas las zapatillas blancas están hechas con este tipo de piel.

Ahorros o retícula *egg crate* en suelas y entresuelas / *Egg crate rubber midsole*
Los ahorros, en inglés *egg crate*, es el término para referirnos a las suelas que tienen en el interior una retícula con hendiduras en forma de panal o diamante. Este recurso se utiliza para rellenar el interior de las suelas y entresuelas, creando un producto más liviano sin renunciar a la robustez de una pieza maciza. En zapatos muy baratos, también se utiliza este recurso como sustituto al relleno de espuma para amortiguar. En otros modelos, esta retícula se emplea para nivelar el interior de la suela y permitir que la entresuela ajuste correctamente.

Alcantara™ - Amara™
Microfibras sintéticas de cuero. Este material de aspecto similar ante, con microfibras de alta calidad puede ser muy caro, pero es perfecto para la elaboración de zapatos, guantes; e incluso forros o interiores.

Altura o inclinación de tacón / *Heel lift*
La altura de tacón de un zapato, o de una horma, es el espacio especificado para la altura de talón sobre el suelo, y está determinado por la horma. Una zapatilla deportiva tiene, generalmente, una altura de tacón de 6 a 8mm por encima de la bola del pie, siendo esta medida una postura ergonómica estándar que permitirá que el zapato tenga más amortiguación debajo del talón. Un zapato o sandalia informal puede no tener altura de tacón, y un zapato de mujer de tacón alto puede tener una altura de tacón de 10cm, o más.

Amortización / *Amortization or amortize*
El jefe de una fábrica acepta que el cliente pague por las herramientas de calzado pieza por pieza. Esto significa establecer una pequeña cantidad a cada par de zapatos para amortizar el coste de las herramientas. Por ejemplo, se puede pagar una factura de herramientas de 10.000 dólares si añadimos un extra de 0,50 dólares a los primeros 20.000 pares que se vendan.

Ancho de la bola / Ball Width
Esta es la medida que va desde el lateral hasta el medial de la bola en la parte inferior de la horma. Cuando se miden las hormas, es necesario saber la medida de la bola, que aumentan en torno a 6,35mm por talla.

Anchura del zapato / *Width or shoe width*
La anchura de un zapato se mide en letras: AAA, AA, A, B, C, D, E, EE, EEE y EEEE, 4A, 3A, 2A, A, B, C, D, E, 2E, 3E, 4E, 5E y 6E, o N (estrecho), M (mediano), R (normal) y W (ancho). Estas letras se refieren al ancho del zapato medido a partir del saliente de los dedos.

Ante / *Goat suede*
El ante es un tipo de piel afelpada parecida al serraje, solo que, con el pelo mucho más fino, y con mejor aspecto. Se obtiene de las cabras adultas, o del cabrito (una cabra de cuatro meses de edad). Cuanto más joven es el animal, mejor es su piel. Una piel de cabra adulta tiene en torno a 6 o 7 pies, mientras que un cabrito, tan solo 2 pies. El grosor puede variar desde 0,5mm a 1mm aproximadamente; y puede tener varios acabados, resultando una piel de alta calidad que se utiliza para calzado, guantes, bolsos, cinturones y artículos premium, o de lujo. En inglés, el término que se utiliza para denominar el ante de cabra es *goat suede*; si queremos un ante de mucha calidad nos referimos al *kid suede* (cabrito), y si queremos un ante de cerdo, *pig suede*. También existe una denominación de ante vacuno (serraje vacuno de alta calidad) destinado a la confección de calzado y botas de muy alta gama.

Bandeleta o guardabarros / *Mudguard*
La bandeleta es la pieza de la zapatilla que se pone en la parte delantera, y que recorre la unión con la suela, también se conoce a esta pieza como guardabarros.

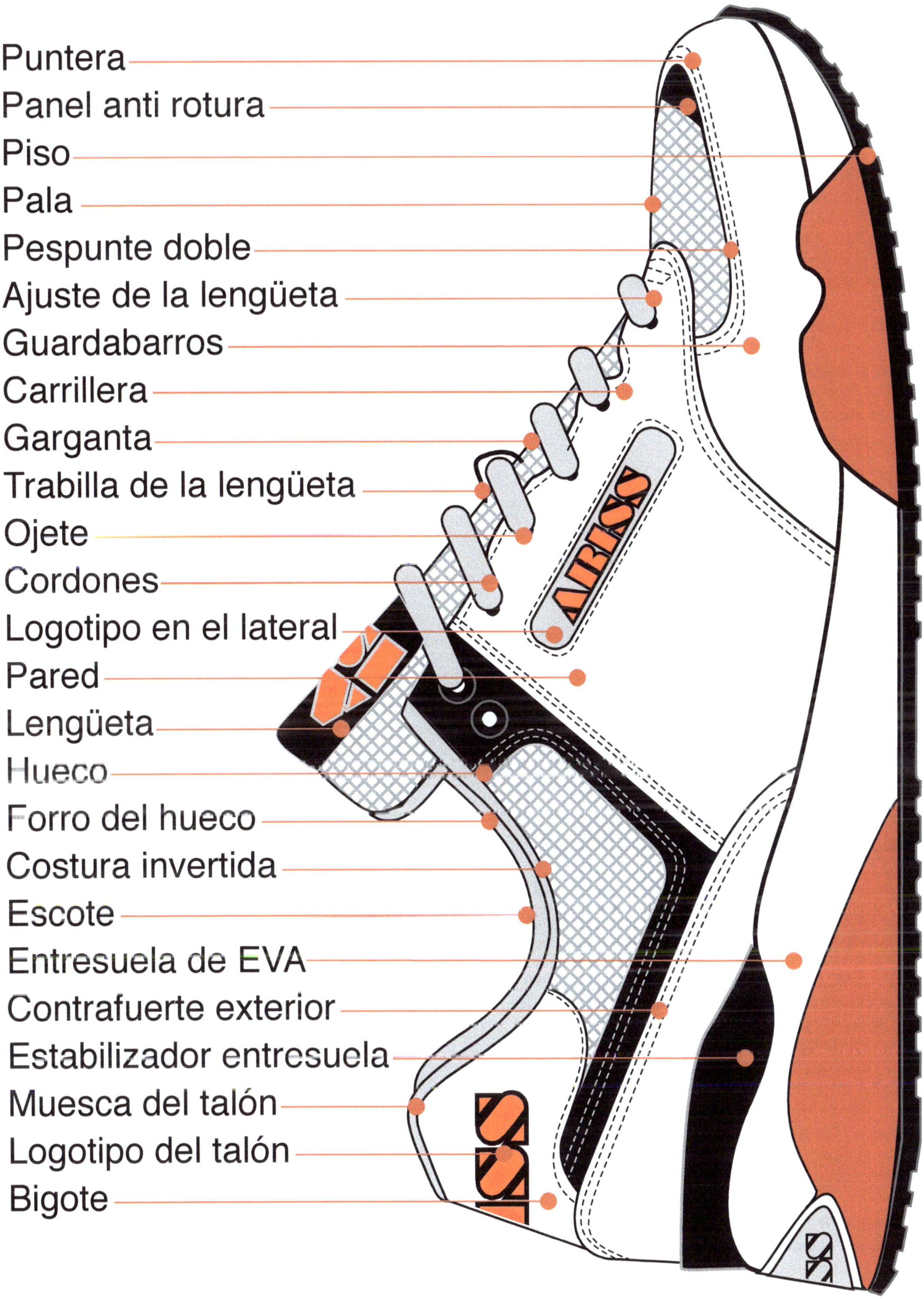

Puntera
Panel anti rotura
Piso
Pala
Pespunte doble
Ajuste de la lengüeta
Guardabarros
Carrillera
Garganta
Trabilla de la lengüeta
Ojete
Cordones
Logotipo en el lateral
Pared
Lengüeta
Hueco
Forro del hueco
Costura invertida
Escote
Entresuela de EVA
Contrafuerte exterior
Estabilizador entresuela
Muesca del talón
Logotipo del talón
Bigote

Bigote / *The shoe part: mustache*
El bigote es la pieza sobre el talón que va cosida a la zapatilla. Las *sneaker*s clásicas tienen bigote.

Biselado / *Feather edge*
El canto biselado de la horma es la esquina donde el corte y la suela (o la horma) se unen. La horma puede tener un canto suave y redondeado, o un quiebre de 90°.
Las zapatillas de *running* que tienen un contorno redondeado y entresuelas moldeadas, se han fabricado con hormas con el canto biselado; mientras que una bota rígida de calzado laboral se ensambla con una horma que tiene el canto recto, y la base de la horma plana.

Borde o escote / *Top line*
El borde, también llamado escote, es el canto superior del zapato. También se llama borde al canto superior de la suela.

Briefing de diseño / *Design brief*
El *briefing* de diseño contiene toda la información esencial para el diseñador de calzado. Por ejemplo: para quién va dirigido este zapato, para qué deporte está diseñado esta zapatilla, cuál es el precio de venta que se tiene pensado para el producto una vez terminado, o para qué país se destina el producto. Un *briefing* de diseño detallado deberá tener toda la información que el diseñador de calzado necesita para poder empezar.

Calibrador de horma / *Last gauge*
El calibrador dará la forma del talón en el patrón que realicemos. Normalmente se utiliza una tarjeta de papel.

Cantidad mínima de pedido o *MOQ* / *MOQ or Minimum Order Quantity*
Las fábricas de calzado y los fabricantes de materia prima, a menudo tienen una cantidad mínima de pedido basado en el tamaño del lote del tintado, o el funcionamiento de la maquinaria. Por ejemplo, una malla especial puede requerir una configuración de la máquina que lo teje, por lo tanto, el *MOQ* puede ser de 500 metros. Para teñir un material de *stock* puede que el pedido mínimo sea de 50 metros; y si hablamos del ante necesario para calzado, la carga de un bombo pequeño para tintar es de alrededor de 1.000 pies cuadrados. Un zapato básico consume 2 pies, con lo cual, la fábrica solicitará un pedido mínimo de 500 pares por color.

Carrillera o áncora / *Eyestay*
La pieza de alrededor del hueco, o garganta del zapato. Puede ser de tejido, tener ojetes, etc.

Carta de crédito o *LC* / *Letter of Credit, LC, term of payment*
Una carta de crédito, en inglés *Letter of Credit* o *LC*, es una promesa de pago entre empresas. Los compradores y vendedores contratan bancos para que emitan cartas de crédito como una forma de garantizar el pago a los vendedores siempre que cumplan lo acordado. El *LC* es común en el comercio internacional, siendo más caro en términos de realizar transacciones que una transferencia bancaria normal, ya que garantiza que se realizará un pago si se cumplen ciertas condiciones.

Caucho BR-9000 / *Rubber BR-9000*
Del butadieno (polímero), es un tipo de goma sintética que proviene de los productos petroquímicos SBR1502. Cuando hablamos de goma sintética, es muy común encontrar el estireno-butadieno (polímero).

Caucho RSS-1 / *Rubber RSS-1*
Caucho RSS 1 (en inglés, *Ribbed Smoked Sheets*), también denominado hojas ahumadas, se refiere a la goma producida a partir del caucho o látex en estado crudo; se produce en láminas con textura acanalada mediante la coagulación con ácidos y el prensado, posteriormente las láminas son secadas al aire libre, ahumadas, y clasificadas.

Cemento (pegamento) / *Contact cement*
El cemento para calzado es, generalmente, un pegamento de contacto de PU, o un disolvente con base de agua. Cada pieza se recubre con el cemento y se deja secar; después, las superficies se unen con presión. La presión es muy importante para obtener una buena adherencia. Este tipo de cemento se cura en minutos, pero el pegado completo puede tardar días.

Cerco / *Welt*
El cerco es la tira de cuero, goma, o plástico que va encima de la suela recorriendo el canto de un zapato. La maquinaria utilizada para este proceso fue inventada en 1869 por Charles Goodyear Junior, el hijo de Charles Goodyear. La construcción Goodyear requiere mucho tiempo, pero está considerado como la mejor construcción existente para calzado.

Chamude™
Microfibras sintéticas de cuero. Este material de aspecto similar ante, con microfibras de alta calidad puede ser muy caro, pero es perfecto para la elaboración de zapatos, guantes; e incluso forros o interiores.

Chemi-sheet
Las planchas *chemi-sheet* son un material no tejido para hacer refuerzos y contrafuertes; está impregnado con un endurecedor químico que se activa con la aplicación de calor u otro químico; se utiliza comúnmente para los contrafuertes del talón en calzado muy barato.

Clasificados de la piel / *Grade*
Los clasificados de la piel se refieren a la calidad del producto.
A: significa que es bueno.
B: tiene algunos defectos y puede venderse con descuento.
C: no puede venderse y debe repararse, o destruirse.

Contenedor de transporte marítimo / *Shipping containers, ocean containers*
Un contenedor de transporte marítimo estándar de 40 pies es del mismo tamaño que un remolque de camión. En metros, las medidas aproximadas son 12 x 2,5 x 2,5 metros, y tiene capacidad para cerca de 5.000 pares de zapatos. También existe un tamaño más pequeño de 20 pies, y el *Extra Large 40 foot High Cube* (aproximadamente 1 pie más alto que el estándar de 40).

Construcción con cerco Goodyear / *Goodyear welt*
La construcción Goodyear conlleva la utilización de un cerco de cuero, goma, o plástico que recorre el canto de la suela de un zapato. La maquinaria utilizada para este proceso fue inventada en 1869 por Charles Goodyear Junior, el hijo de Charles Goodyear. La construcción Goodyear requiere mucho tiempo, pero está considerado como la mejor construcción existente para calzado.

Contrafuerte / *Heel counter*
Interno o externo, el contrafuerte es la pieza que cubre el talón del zapato. El contrafuerte interior puede estar hecho de goma (en calzado vulcanizado), material termoplástico (para calzado pegado), de una lámina de fibra química (para calzado barato), o de cuero (para calzado de vestir). Dependiendo del tipo de zapato, el contrafuerte puede ser delgado o grueso, suave o rígido.

Coordinador de muestras / *Sample coordinator*
Una oficina de desarrollo que esté ocupada trabajará con cientos de modelos a la vez. El coordinador de muestras es como el policía que controla el tráfico, hace un seguimiento de los zapatos. ¿Las muestras siguen en China?, ¿cuándo se enviarán?, ¿la empresa de envío necesita documentación extra para gestionar la importación? El coordinador de muestras es un puesto muy bueno para iniciarse y aprender sobre las operaciones de desarrollo y diseño de calzado.

Cortado de bocatapas / *Heel breasting*
El cortado de bocatapas es la operación que realiza el zapatero para rebajar y suavizar los bordes de la suela y el tacón, logrando que el material sea más compacto. Se utiliza una herramienta con distintos tamaños de conos, o fresas, para dar diferentes acabados.

Cortado de patrones / *Pattern cutting*
Se hacen patrones por secciones para el corte, forros, plantillas, tacones, suelas, refuerzos, contrafuertes, y topes para la puntera. Se le añaden los entres, o margen de montado, y se cortan las piezas en los materiales que se vayan a utilizar en la fabricación de los modelos.

Cosido del hendido de la suela o ranurado / *Outsole channel stitch*
La base de las suelas suelen tener un hendido, o dos si está en el muro en vez de en la base. Una vez que el zapato está ensamblado, una máquina con brazo doblado, especial para coser materiales gruesos, cose la suela de goma atravesando todas las capas que componen el zapato. Es muy habitual encontrar la puntera con el ranurado cosido en calzado de *running*, también el hendido cosido en el muro de la suela del calzado de *skate*, o simplemente en la base de la suela en zapatos tipo náuticos.

Cosmo
Cosmo es el nombre de la marca de un tejido no tejido utilizado para forrar el corte de las *sneakers*, también se utiliza como refuerzo.

Costura invertida / *Stitch and turn*
Una costura que se ha hecho para unir dos piezas, después se voltea de adentro hacia afuera para que se oculte la costura. Esta costura casi siempre se encuentra en la parte del escote, o en áreas donde se junta con el forro interior. Este tipo de costura también se usa para ocultar los bordes de los materiales utilizados; para que la costura sea más fina, a menudo, los bordes se rebajan para quitar grosor al material antes de coserlo.

Crema encerada / *Shoe Finishing Wax*
La crema encerada es un tipo de cera que el operario da al corte de los zapatos después de aplicar el tinte. Después de la aplicación, es necesario aplicar presión con una herramienta de metal templada para sellar la cera.

Crupón / *Bend leather*

El crupón es la parte más valorada, robusta, y grande del cuero vacuno; tiene aproximadamente un grosor de 5 a 8mm, es resistente al agua, aguanta bien la temperatura, y es fácil de trabajar con él. Este tipo de piel se suaviza y se trabaja en bombos de curtición de 15 a 18 meses; es muy utilizado para suelas y tacones.

Cuero Cordovan / *Cordovan leather*

El cuero Cordovan es un cuero equino curtido con sales de cromo, se utiliza para el corte de zapatos y botas.

Cuero de PVC / *PVC leather*

El cuero sintético de PVC es un material hecho por el hombre, a menudo compuesto por dos capas: una primera capa de soporte hecha de fibras de poliéster tejidas o no tejidas, combinada con una superficie externa mediante un proceso de laminado en seco, o mediante procesos líquidos o húmedos.

Cuero plena flor / *Full grain leather*

El cuero plena flor se refiere a las pieles que no se han lijado, pulido, o dividido (a diferencia del cuero rectificado, o semiflor) para eliminar posibles imperfecciones o marcas naturales en la superficie de la piel. El grano natural se mantiene, permitiendo la resistencia y la durabilidad de las fibras. La flor también tiene mejor capacidad para transpirar, lo que produce menos humedad por contacto prolongado. En lugar de desgastarse con el tiempo, desarrolla una pátina. A menudo, muebles y calzado de alta calidad se confeccionan con cuero plena flor.

Cuero rectificado / *Corrected-grain leather*

El cuero rectificado es cualquier piel a la que se le haya aplicado un grano artificial en su superficie. Las pieles utilizadas para crear este tipo de cuero no cumplen con los estándares para el uso con curtido vegetal o anilina. Las imperfecciones se corrigen, o se lijan; se graba un grano de manera artificial en la superficie para después revestirlo con tintes. La mayor parte del cuero con flor corregida se utiliza para hacer cuero pigmentado, ya que el pigmento sólido ayuda a ocultar las correcciones o imperfecciones.
Esta calidad de piel puede comprarse con dos acabados: semi-anilina, o pigmentado.

Cuero semiflor o rectificado de flor / *Top-grain leather*

Así podemos denominar a la calidad mas utilizada para productos de cuero de alta gama; es la segunda mejor en cuanto a calidad. Tiene la capa superficial dividida, por lo que es más delgada y más flexible que la plena flor. Su superficie se ha lijado, y se ha grabado para igualar la capa superficial con un acabado que le da una sensación más fría y plástica. Este tipo de piel tiene menos transpirabilidad y no desarrolla una pátina natural.

Cuero sintético / *Synthetic leather*

El cuero sintético, o PU, es un material hecho por el hombre, a menudo compuesto por dos capas: una primera capa de soporte hecha de fibras de poliéster tejidas o no tejidas, combinada con una superficie externa mediante un proceso de laminado en seco, o mediante procesos líquidos o húmedos.

Cuero vacuno / *Cowhide*

El cuero vacuno es la principal materia prima para la fabricación del calzado. El crupón es la pieza más robusta y grande, se encuentra a ambos lados de la columna vertebral. El cuello se utiliza para plantas y entresuelas; mientras que las faldas se usan para el cerco, topes en las punteras, y contrafuertes.
La piel de curtido vegetal es adecuada para el forro y para las piezas inferiores del zapato, mientras que el corte es mejor hacerlo con piel curtida al cromo.

Cut and buff

Cut and buff es la construcción de entresuelas más utilizada para las zapatillas de correr. Las Nike Cortez y muchos modelos clásicos de New Balance usan este tipo de construcción. Las entresuelas *cutt and buff* se fabrican mediante el pegado de un perfil de EVA a una entresuela de goma plana. Este perfil hace que la puntera sea más fina y el talón más grueso. Una vez adherido la EVA a la goma, se corta con troquel para corregir el contorno. Finalmente, se lleva a una piedra de esmerilado para pulir la pared de la suela.

Denier

El denier es la medida utilizada en relación con el peso y la longitud del hilo, 1 denier = 1 gramo por 9.000 metros de hilo. El denier más común es de 110D para tejidos muy ligeros; y, por otro lado, 420D y 600D son más comunes en tejidos destinados al calzado. 1.000D se utiliza para botas y bolsos.

Desarrollador de calzado / *Developers or shoe developers*

Diferente al trabajo de diseñador de calzado, el trabajo de los desarrolladores es interpretar el dibujo y convertirlo en un zapato real que uno se puede poner en los pies. El desarrollador de calzado es el que escribe las especificaciones técnicas, verifica los planos, y se comunica con la fábrica.

El trabajo de los desarrolladores consiste en hacer el zapato, y evitar que los diseñadores hagan un modelo precioso que no se adapte bien. Los desarrolladores son los ingenieros de los prototipos de calzado, y los encargados de seguir el calendario marcado. Para ser desarrollador puede que empieces como un diseñador, aprendiz, o asistente. Prepárate para viajar.

Desperdicio / *Cutting interlock loss*
El desperdicio es el material perdido al cortar una pieza grande de un patrón. Por ejemplo, el patrón de bota clásica de senderismo que está cortado en una sola pieza, no se ajusta bien a la piel. Por tanto, todo el material que queda sin aprovechar se pierde.

Despiezado / *Pattern*
El despiezado es el recorte de las piezas que conforman el diseño; este patrón se ajusta a la horma. Tanto diseñadores como desarrolladores hacen a menudo ajustes en el patrón al crear un nuevo zapato.

Director de producto o responsables de línea de productos / *Product managers or product line managers*
En inglés se utiliza la abreviatura *PM* para *product manager*, cuya tarea es averiguar en qué trabajar, y poner en marcha el trabajo del desarrollador y del diseñador informando del tipo de calzado que se debe hacer. El responsable de producto trabaja con el equipo de ventas y con los clientes para averiguar lo que necesitan. El *PM* también tiene la tarea de ver más allá. ¿Qué necesitará la gente el año que viene?, ¿qué colores estarán de moda?, contar con experiencia en venta al por menor, cifras de ventas, y tener un título de marketing será muy útil para desempeñar este cargo. Es muy común que diseñadores y desarrolladores opten a ascensos para este tipo de puestos.

Diseñador de calzado / *Designers or shoe designers*
Dependiendo a quién le preguntes, este es el trabajo más fácil, o el más difícil. El diseñador debe dibujar lo que la gente quiere ponerse en los pies. Los diseñadores dibujan los zapatos, y trabajan con los desarrolladores para hacer los prototipos perfectos. Estar al día en tendencias, color y saber lo que esta de moda son habilidades importantes.

Para ser un diseñador de calzado, estudiar en una escuela de arte puede ayudarte; obtener el título en diseño industrial o diseño de producto es un buen paso, pero si sabes dibujar extremadamente bien, ¿para qué ir a la universidad?

Dispositivo Brannock / *Brannock™ device*
Seguro que has visto esta herramienta en las tiendas de calzado, es el dispositivo estándar para medir pies. Si trabajas como desarrollador de calzado, deberás tener un dispositivo Brannock en tu oficina. Cuando una persona te menciona que un zapato le queda suelto, o ajustado, lo primero que se debe hacer es medir sus pies con el dispositivo Brannock. Este dispositivo te dará las medidas de longitud y anchura, recuerda medir los pies izquierdo y derecho. También es importante medir con la cinta métrica la bola del pie.

Durómetro / *Durometer*
El durómetro es la herramienta para medir la dureza de un material. Se debe especificar el valor Shore de todas las piezas de goma, espuma, y plástico. Se necesitan dos medidores de durómetro diferentes.
El durómetro Asker C es el más utilizado para EVA; Shore 25C es un valor muy suave, 55C es un valor estándar para una entresuela, y 85C es un valor muy duro.
Para goma plástica, necesitarás el Asker A, siendo Shore 55A bueno para una suela de goma. Un valor mayor de 60 significa que la goma es rígida, pesada, y descalzará.
La escala del durómetro fue definida por Albert Ferdinand Shore, quien desarrolló un dispositivo de medición para medir la dureza Shore en la década de 1920.

Shore 20A = gomas elásticas; Shore 40A = borrador de un lápiz; Shore 60A = rueda de un coche; Shore 80A = cinturón de cuero; Shore 100A = Rueda de un carrito de compras.

Elaboración especial o *SMU* / *SMU or Special Make Up*
La elaboración especial, en inglés *Special Make Up* o *SMU*, se refiere a una producción especial de zapatos. Los zapatos hechos por encargo pueden ser para una tienda de calzado concreta, o para un distribuidor internacional. Este tipo de calzado, generalmente, requiere un tratamiento especial de color, o de material. El jefe de producto de los artículos *MTO* trabajará estrechamente con el jefe de ventas, el jefe de la línea de productos, los vendedores, y los diseñadores para crear nuevos productos. Los proyectos de *MTO* pueden llevarse a la venta rápidamente, ya que no requieren de un período de venta o de reserva concreta. Una vez confirmado el diseño, la orden se manda a la fábrica.

En crudo / *Greige*
En crudo se refiere a los tejidos que han sido fabricados y se mantienen en su forma "natural". En inglés se utiliza el termino *greige*, pronunciado

como *grey-sh*. El material en crudo tiene su color original, y las fábricas almacenan los tejidos en crudo hasta que un interesado lo compre. Con el pedido en la mano, la fábrica tintará el tejido para suplir la orden.

Entresuela en cuña / *Wedge or midsole wedge*

La entresuela de espuma EVA en un zapato, más fina en la parte delantera y más alta en la zona del talón. Al usar la palabra inglesa *wedge*, normalmente nos referimos a la pieza troquelada de la entresuela que tiene forma de cuña.

Encintar el corte / *Upper or taped shoe upper*

Una manera rápida de crear un nuevo patrón de calzado, o de ver tu diseño cobrar vida, es encintar un zapato y dibujar el nuevo diseño sobre él. En nuestra ocupada oficina de diseño, a veces hacemos este proceso y lo enviamos directamente a la fábrica. Este método también nos permite ver si hay algún problema de diseño antes que crear la muestra.

Encintar la horma / *Taped shoe last*

Encintar la horma significa cubrir la horma con cinta de carrocero, o cinta de carpintero. Una vez que la horma esté cubierta con varias capas, se dibuja el diseño sobre de la cinta; finalizado el diseño, se despega la cinta para colocarla en una superficie plana, o una cartulina, para crear los patrones del modelo.

Entresuela / *Midsole*

La entresuela es el componente de un zapato que encontramos entre el corte y la suela; se utiliza para proporcionar amortiguación, comodidad y soporte. Suele estar hecha de espuma EVA o PU.

Entresuela troquelada de EVA / *Die cut EVA midsole*

*La entresuela troque*lada de EVA es una forma sencilla de agregar espuma amortiguadora a la base del zapato. La suela tiene que tener un hueco previamente moldeado en la goma, donde la pieza troquelada de espuma se pega en la cavidad. La entresuela de EVA puede ser completamente plana, o estar perfilada; y nunca será visible desde el exterior del zapato, ya que estará rodeada por la suela y se encuentra bajo la plantilla strobel, o la planta.

Escalado de tallas / *Grading or size grade*

Consiste en la realización de diferentes tallas del modelo de zapato. El tamaño de la muestra, o el tamaño del desarrollo suele ser para hombres la talla 9 americana, y para mujeres la talla 7 americana. Una vez que se confirma la muestra, los tamaños extremos se hacen en las tallas 5 y 12. Después, se escalan todos los tamaños intermedios. Actualmente, el escalado de tallas se realiza por software, y los modelos se revisan por el jefe patronista.

Espuma de PU / *PU Foam*

Es el acolchado más comúnmente utilizado dentro de la lengüeta y el escote de las zapatillas. Las celdas abiertas de la espuma de poliuretano permiten la entrada de aire y agua. Puede ser muy blanda. También se conoce a este tipo de espuma como espuma de KFF o, K360.

Espuma para entresuela de PU / *PU midsole foam*

Otra manera de ver el poliuretano; en este caso, en espuma, o inyectado mediante aire en moldes cerrados. Se utiliza para entresuelas, plantillas y algunas piezas del corte que requieran de amortiguación. Puede ser más pesado que la EVA, pero es más elástico y flexible. El calzado laboral y las botas de senderismo suelen tener suelas de PU.

Estabilizador de la entresuela / *Heel stabilizer*

El estabilizador del talón puede ser de goma, plástico, o cuero. Esta pieza se adhiere a la entresuela y al corte en el exterior de la zapatilla como parte funcional y estética. Muy común en entresuelas *cut and buff*.

EVA

El etileno acetato de vinilo, EVA por sus siglas en inglés, es el polímero de etileno y acetato de vinilo. El porcentaje de peso del acetato de vinilo varía del 10 al 40%, con el restante compuesto de etileno. La espuma EVA es la más utilizada en la fabricación de piezas acolchadas en calzado. Por ejemplo, en plantas y plantillas de espuma; aunque también se utiliza para el corte de manera muy habitual. Se puede conformar en caliente, o en frío, y se fabrica en cualquier color y rangos de dureza, o por inyección.

EVA moldeada por compresión o CM EVA / *EVA or CM EVA foam*

EVA moldeada por compresión, o CM EVA. Un material ampliamente utilizado en las entresuelas por su amortiguación y compresión. A Nike le gusta llamarlo Phylon, aunque es el mismo material independientemente del nombre. EVA es más utilizado para las entresuelas de zapatillas, ya que es fácil de cortar, moldear e inyectar, y a la vez es ligero y duradero. La EVA moldeada se puede hacer en muchos grados dependiendo de la mezcla química; variar la cantidad de relleno, y mezclar con mayor o menor cantidad de acetato de vinilo hace que la EVA sea suave como una almohadilla, o dura como una roca.

Festoneado / *Gimping*

El festoneado es el decorado de los cantos, o de las piezas del zapato por medio de un troquel. El operario realiza esta acción con la máquina de festonear, donde se utilizan unas ruedas que están fabricadas con diferentes dibujos para adaptarse al diseño.

FOB o franco a bordo / *FOB "Free On Board" Purchase Term*

En la mayoría de los casos, cuando se negocia el precio del calzado, hay que ser claros y especificar cual será el destino final del producto. En muchos casos el precio *FOB* incluye el transporte al puerto más cercano. En el sur de China, sería *FOB* Yantian. El vendedor es el responsable del transporte terrestre hacia el puerto de embarque, más los costes de carga del producto. Ver también el término precio en fábrica.

Forro del zapato / *Lining of a shoe*

1. Forro del talón, o trasera: pieza interior con forma de herradura que va desde la mitad del zapato, hacia atrás.
2. Forro de la pala: pieza interior que cubre toda la parte delantera (y punta) del modelo.
3. Plantilla: pieza interior que cubre todo, o parte de la superficie superior de la planta.

Foxing / Foxing tape

En el calzado vulcanizado, o autoclave, el *foxing* es la banda de goma que forma la pared lateral, o el canto de la suela, cubriendo ligeramente el corte.

Garganta del zapato / *Throat of the shoe*

La garganta del zapato es la abertura donde se sujeta la lengüeta del zapato, extendiéndose por los cordones. La garganta, generalmente, está rodeada por las carrilleras.

Goma natural o NR / *NR or Natural Rubber*

La goma natural, en inglés abreviado con las siglas NR, se produce del látex obtenido de las plantaciones de los árboles del caucho. Las aplicaciones más comunes en los que se procesa la goma natural son: planchas, suelas de crepé, bloques de goma y concentrados de látex en conserva.

Guarnecido de materiales / *Stock fitting*

El guarnecido de materiales es una operación de ensamblaje que se realiza fuera del lugar de la cadena de montaje principal. Por ejemplo, los componentes sueltos que componen la suela de una zapatilla se ensamblan en una línea de montaje paralela antes de ser llevados a la línea de montaje principal. El guarnecido de materiales, o *stock fitting*, reduce las operaciones en la línea principal para que las líneas de montaje de calzado puedan funcionar de manera más eficiente y rápida. Este tipo de trabajo también permite realizar inspecciones de calidad, y operaciones más complejas que no se pueden realizar en la línea de montaje principal.

Halogenante / *Primer*

Las soluciones halogenantes, o primer, es un producto de limpieza, disolvente, o producto a base de agua, que se utiliza para unir superficies. El primer elimina cualquier aceite del molde donde se han hecho previamente las piezas; es esencial para una buena adherencia del pegamento. Durante una operación de montado, ambas superficies a unir se pasan por un proceso de halogenado antes de aplicarle el cemento. Entre cada aplicación, las piezas del zapato pasan a través de un túnel de calor para poder secar rápidamente la solución halogenante; es muy importante que el primer coincidida con el tipo de material que va a pegar, ya que la goma, el cuero, o la EVA, requerirán un halogenado diferente.

Herrete/ *Aglet*

El herrete es esa pequeña pieza de plástico o metal que encontramos en el extremo del cordón de las zapatillas.

Hi-Skin

Microfibras sintéticas de cuero. Este material de aspecto similar ante, con microfibras de alta calidad puede ser muy caro, pero es perfecto para la elaboración de zapatos, guantes, adornos; e incluso forros o interiores.

Horno de vulcanizado o autoclave / *Vulcanizing oven*

El horno de vulcanizado es un tanque a presión, calentado por vapor, que se utiliza para curar la suela de los zapatos vulcanizados. Se pueden calentar de 500 a 1.000 pares a la vez. El proceso de calentamiento fusiona las piezas de goma de la suela con el corte de la zapatilla.

Holgura de punta o puntos perdidos / *Overmeasure*

La holgura de la punta es el espacio interior existente entre la punta de los dedos del pie hasta el final de la punta del zapato. Los puntos perdidos son muy importantes en las botas de *snowboard* y en las botas de caza. Según la moda, los zapatos pueden tener muchos, o pocos puntos perdidos.

Horma / *Last*
La horma es el molde con forma de pie que se utiliza para fabricar el calzado. Las hormas pueden ser de plástico, metal, o madera.

Hueco / *Shoe collar or top Line*
El hueco, a veces llamado escote, es el área de apertura de un zapato por la parte superior.

Huella plantar o huella de la pisada / *Foot imprint*
La huella de la pisada se hace con un podoscopio. Nos da una imagen exacta del arco del pie, de los puntos de apoyo del arco, y de la posición de los dedos.

ISNR 20 (TSR 20)
ISNR 20 (TSR 20) es la goma de uso general clasificado por normas técnicas precisas y no por características visuales. Los estándares pueden variar según el origen. Técnicamente, la goma clasificada como TSR se utiliza para fabricar neumáticos, tubos, alfombras de goma, material de amortiguación, impermeabilizantes, láminas micro celulares para tapicería y embalaje, cintas transportadoras, calzado y otros productos de caucho.

Lado lateral o externo / *Lateral side*
El lado lateral, o externo, es el exterior del pie o del zapato; el lado que no arquea.

Lado medial o lado interno / *Medial side*
El lado medial se refiere al interior del pie o del zapado, la zona arqueada. Al exterior se le denomina parte lateral o externo.

Laminillas / *Sipes*
Las laminillas conforman el patrón que encontramos en la parte inferior de la suela de una zapatilla, sobre todo en zapatos tipo náutico. El patrón de las laminillas ayuda a disipar el agua y evitan el resbalarse.

Lengüeta / *Shoe Tongue*
La lengüeta amortigua la parte superior del pie; está cosida a la pala del zapato, y en ocasiones, también a las carrilleras. La lengüeta puede tener tiras elásticas para mantener la pieza centrada, o una pestaña por donde pasan los cordones. Dependiendo del tipo del calzado, la lengüeta puede estar hecha de una sola capa de cuero, o hasta un par de centímetros de espuma de PU.

Lezna o punzón / *Awl*
La lezna es un punzón con el mango de madera. Los zapateros suelen utilizar las leznas para abrir los agujeros del cosido en el cerco.

Lijar, rebajar o esmerilar / *Buff or buffing*
Proceso de eliminar material a través del lijado. Por ejemplo, las entresuelas de EVA se lijan antes del montado para ayudar a que la superficie lisa sea rugosa y obtener una mejor adherencia al corte. La fábrica de calzado utilizará una máquina especial con una rueda de metal, o de piedra.

Línea de partición o línea de separación / *Parting line or outsole parting-plane*
En un molde de suelas, la línea de partición es la línea que se crea por los bordes del cierre de la herramienta. El molde se divide por la línea de separación, y puede tener uno o dos planos por donde se separa. Por estas líneas puede salir un exceso de goma que tendrá que ser eliminada posteriormente. Una línea de partición estrecha y fina es un signo de que las herramientas son de calidad.

Mano de obra, gastos y beneficios o LOP / *LOP or labor overhead and profit*
La mano de obra, los gastos generales, y el beneficio, es una parte fundamental en una fábrica de calzado a la hora de establecer el precio de un modelo. La fábrica sumará todos los costes de materia prima, y después agregará la tasa de mano de obra, gastos generales, y beneficio requeridos. El *LOP* puede ser del 30% del coste total del modelo. Desde unos cuantos dólares por un zapato de *skate* sencillo, hasta 10 o 15 dólares por una bota de *snowboard*. Algunas fábricas agregan un porcentaje sobre el coste del material para establecer el *LOP*; otras fábricas calculan cuidadosamente cada componente.

Margen de adherencia del pegado / *Shoe cement bonding margin*
El margen de adherencia es el espacio necesario para conseguir una unión fuerte del pegamento a la suela de goma; si la goma tiene un margen de unión de solo 2mm, puede desprenderse del corte. Un margen de adhesión correcto ronda los 12mm.
El margen de pegado para extender el pegamento, es de unos 2mm. El pegamento se extiende en suela aplicándose hasta 2mm del borde de la suela. Esto permite una buena adherencia y evitaremos un exceso de pegamento, impidiendo que quede amarillo y no quede bien.

Margen de montado / *Lasting margin*
El corte, una vez se monta en la horma, deja un margen doblado en la base para poder posicionarlo sobre la planta de montado. Un margen de montado adecuado es de entre 15 y 20mm.

Margen de pegado / *Glue allowance or glue line*

El margen para extender el pegamento es de unos 2mm. El pegamento se extiende en suela aplicándose hasta 2 mm del borde de la suela. Esto permite una buena adherencia y evitaremos un exceso de pegamento, impidiendo que quede amarillo y no quede bien.

Moldeo por soplado / *Blow molding*

Este proceso comienza con el derretimiento del plástico, formando un parisón. El parisón es una pieza de plástico con forma de tubo que tiene un orificio en uno de los extremos por el que pasa aire comprimido. El parisón, posteriormente, se fija en un molde donde se le sopla aire. La presión del aire empuja el plástico para que quede con la forma del molde; y una vez que el plástico se haya enfriado y endurecido, el molde se abre y se saca la pieza.

Montado (pegado) / *Cement or board lasting*

Proceso de montado donde se usa una palmilla o planta de montado (normalmente cartón, o Texon) en la base de la horma para, posteriormente, pegar el margen de montado sobre la plantilla de cartón, o palmilla. Este tipo de calzado suele ser más rígido y pesado, y es necesario la utilización de una máquina especial para trabajar el corte y el pegado a la vez.

Montado / *Lasting*

El montado se refiere a la operación que monta y estira el corte del zapato sobre la horma y la planta. Casi todos los zapatos se montan en algún momento del proceso. Con el corte sobre la horma, la suela se ensambla y se prensa. Una vez unida la suela, el zapato se podrá deshormar. Existen muchos tipos de operaciones de montado: montado *slip*, montado con palmilla, montado por la puntera, montado del enfranque, montado del talón, montado a cordón, montado tipo California, y montado a mano.

Montado a cordón / *String lasted*

Este tipo de montado se utiliza en calzado barato; se consigue cosiendo una cuerda en el borde inferior del corte de la zapatilla para después tirar de la cuerda y ajustar el corte hacia abajo sobre la horma. Este proceso solo puede utilizarse en calzado de tela.

Montado a la fuerza / *Force lasting*

Es el proceso donde la planta de montado, o la planta strobel (normalmente de hecha de un tejido *canvas*, o de un tejido no tejido) se cose alrededor del canto inferior para completar el corte. En este tipo de montado, la horma se introduce, o se fuerza dentro del corte, previamente calentado. Normalmente se utiliza para calzado ligero y flexible, como el calzado de *running*. Al montado a la fuerza también se le denomina montado tipo *slip*.

Montado doble / *Double lasting*

El montado doble se da cuando un zapato se somete a dos operaciones de montado diferentes durante el ensamblaje. La primera operación de montado puede ser ajustar el forro de piel, o un forro impermeable a la horma; y la segunda operación de montado se dedicaría al corte del zapato. Este tipo de montado doble se utiliza a menudo para esconder una entresuela de espuma moldeada dentro del zapato.

Montado tipo slip / *Slip lasting*

El montado tipo *slip* es el tipo de ensamblaje donde la plantilla, o planta strobel (normalmente hecho con un *canvas*, o un tejido no tejido) se cose alrededor del canto inferior para completar el corte de la zapatilla. Normalmente se utiliza esta construcción para calzado ligero, flexible, y zapatillas de *running*.

MTO o hecho por encargo/ *MTO or Made To Order*

Hecho por encargo, más comúnmente encontrado con las siglas en inglés *MTO*, se refiere a producción especial de calzado. Los zapatos hechos por encargo pueden ser para una tienda de calzado concreta, o para un distribuidor internacional. Este tipo de calzado generalmente requiere un tratamiento especial de color o material. El jefe de producto de los artículos *MTO* trabajará estrechamente con el jefe de ventas, el jefe de la línea de productos, los vendedores, y los diseñadores para crear nuevos productos.
Los proyectos de *MTO* pueden llevarse a la venta rápidamente, ya que no requieren de un período de venta, o reserva concreta. Una vez confirmado el diseño, la orden se manda a la fábrica.

Muesca del talón / *Heel notch*

Esta muesca se encuentra en la parte superior trasera del hueco del zapato, por encima del talón; también se puede llamar hendidura.

Nobuck / *Nubuck leather*

El nobuck es un tipo de cuero bovino que ha sido esmerilado en la capa inversa de la flor para darle un acabado superficial muy suave y aterciopelado con fibras cortas.

Nobuck sintético / *Synthetic Nubuck*

El nobuck sintético es un material hecho por el hombre, a menudo compuesto por dos capas:

una primera capa de soporte hecha de fibras de poliéster tejidas, o no tejidas, combinada con una superficie externa mediante un proceso de laminado en seco. La superficie está ligeramente esmerilada para obtener un acabado suave y mate. Es un material muy utilizado en la industria del calzado.

Ojete / *Eyelet*
El agujero por el cual pasan los cordones y se atan las zapatillas. También se llama pinchazo.

Ortho-lite
Ortho-lite es una marca de plantillas anatómicas de espuma de PU cristalizada. Son ligeras, flexibles, y cómodas. Esta plantilla se puede encontrar en los zapatos de *running* de alta gama.

Pago de T/T / *T/T payment*
T/T significa transferencia telegráfica o transferencia de télex; es una forma de transferencia bancaria muy simple que asegura una forma rápida y económica de transferir dinero al extranjero. En el comercio internacional tradicional es arriesgado el uso de trasferencias bancarias, ya que el dinero va directo a la cuenta del proveedor antes de que el comprador haya recibido el pedido. Para empresas con un largo historial de confianza, la T/T es rápida y fácil.

Pala / *Vamp or shoe vamp*
La pala es la parte del zapato que se encuentra encima de los dedos de los pies; en el pie, a esta parte se le llama empeine. La pala, a menudo está fabricada de tejido de malla transpirable, o tiene perforaciones para una mejor transpirabilidad.

Pantonera / *Pantone Books*
Pantone Inc. es una sociedad con sede en Carlstadt, Nueva Jersey. La empresa es conocida por su *Pantone Matching System* (*PMS*), un espacio de color exclusivo utilizado en una variedad de industrias, principalmente en la impresión, aunque también en la fabricación de pintura de color, tejidos, y plásticos. Es la única manera de asegurar que los colores sean los correctos.

Pared o lateral / *The shoe part: quarter panel*
La pared es la pieza principal del lateral del zapato. El *swoosh* de Nike, la N de New Balance, y la V de Vans están posicionadas en la pared, o lateral.

Patronista o modelista / *Pattern maker or pattern master*
El patronista es el técnico que transforma el dibujo hecho en 2D, en un patrón en 3D que se adapta a una horma concreta. El diseñador dibuja el zapato, el patronista lo convierte en un zapato real. Un modelista profesional con experiencia puede mejorar tus diseños, mientras que un patronista novato puede arruinarlo.

Perímetro / *Girth*
El perímetro es la distancia alrededor de un objeto. Al medir una horma, se necesita saber el perímetro de la articulación o bola (empeine dedos), el perímetro del empeine o cintura (empeine bajo), y el perímetro del talón (empeine alto).

Perímetro de la bola o articulación/ *Ball Girth or joint girth*
El perímetro de la bola es la circunferencia de la horma en la zona de la articulación. En la horma, se mide desde el punto lateral hasta el medial de la bola. Cuando se miden las hormas, es necesario saber la medida de la bola, que aumentan en torno a 6,35mm por talla.

Picados / *Brogueing row*
La línea de picados es una hilera de agujeros que pueden ser del mismo tamaño, o alternar varios tamaños; el intervalo se hace de manera regular a lo largo de los cantos de las piezas del corte del zapato.

Piel *box calf* o piel de ternera / *Box Calf leather*
La piel *box calf* o piel de ternera se curte con sales de cromo, y está considerada como el mejor material para los cortes de los zapatos y botas.

Piel box o piel vacuno / *Box cowhide leather*
La piel denominada *box*, se refiere a las pieles de origen vacuno que han sido curtidas con sales de cromo. Se utiliza para el corte de los zapatos.

Piso / *Tread or shoe tread*
El piso es la parte del zapato que está en contacto con el suelo, en *sneakers*, generalmente es de goma.

Planta de montado o palmilla / *Insole Board or lasting board*
Para reforzar el calzado, se utiliza una palmilla, o planta de montado, que se ensambla junto con el corte; suele ser de cartón rígido, plástico, u otros materiales, y proporciona una mejor estructura dentro del zapato. Por ejemplo, una bota de senderismo rígida tendrá una planta de montado de plástico. En inglés se conoce este término como *lasting board* o *insole board*.

Plantilla / *Sockliner or Sock liner*

La plantilla es la pieza de espuma acolchada sobre la que apoya el pie. Puede ser extraíble o pegada. En calzado de alta gama, este tipo de plantillas acolchadas son de espuma EVA o de PU moldeado, y las plantillas de calzado de gama baja suelen ser de EVA troquelada.

Plantilla anatómica / *Footbed*

La plantilla anatómica, aunque normalmente se denomina *footbed*, se refiere a la pieza de espuma acolchada sobre la que apoya el pie. Puede ser extraíble, o ir pegada. En calzado de alta gama, este tipo de plantillas acolchadas son de espuma EVA o de PU moldeado.

Plantilla o calcetín strobel / *Strobel sock or strobel board*

La plantilla, calcetín, o planta strobel es la pieza de tejido, cartón, o tejido no tejido, que se utiliza para terminar la parte inferior del corte de una zapatilla. El operario utiliza una máquina strobel para hacer el cosido y unir la plantilla al corte. Fue inventado por un hombre llamado Strobel.

Polipiel / *PU leather*

La polipiel es un material hecho por el hombre, a menudo compuesto por dos capas: una primera capa base, o de soporte, hecha con fibras de poliéster tejidas o no tejidas, combinada con una superficie externa mediante un proceso de laminado en seco, o mediante procesos húmedos.

Poliuretano / *Poly-Urethane*

El poliuretano, o PU, es un material sintético (plástico) con burbujas o células minúsculas, y una superficie que se asemeja al cuero. Se utiliza como material para el corte del calzado y, de diferente manera, en entresuelas o almohadillas de espuma.

Porcentaje de desperdicio / *Cutting loss*

El porcentaje de desperdicio, o pérdida en el corte, es la cantidad de material sobrante una vez que todas las partes son cortadas. Dependiendo del tipo de material, la pérdida de corte puede ser del 2% al 15%. El porcentaje también depende del tamaño y de la forma de las piezas que se cortan; un tejido de malla tiene poco porcentaje de desperdicio, por el contrario, el cuero puede tener mayor pérdida.

Es importante mantener el porcentaje de desperdicio al mínimo posible, ya que esta pérdida se agregará al coste total del zapato. Un cortador experto ahorrará mucho dinero a la fábrica.

Precio al por mayor / *Wholesale Price*

El precio al por mayor es el coste que la tienda paga por comprar un artículo a la marca de calzado, o al mayorista. El precio mayorista es, generalmente, el 50% del precio minorista. Una tienda con mucho volumen puede negociar un pequeño descuento sobre el precio del mayorista.
Cuando en una tienda veas unos zapatos que han sido rebajados al 50%, piensa que con ese precio quieren cubrir los gastos.

Precio en fábrica (término de compras) / *Ex-Works price purchase term*

Cuando se negocia el precio de un zapato con la fábrica, hay que ser claros y especificar dónde tiene que ser enviado el pedido. Precio en fábrica significa que el precio que ha dado la fábrica para el zapato no incluye envío. El comprador será responsable de recoger el producto en la fábrica.

Precio minorista / *Retail Price*

El precio minorista, o precio de venta, es el precio que un cliente paga en tienda por un par de zapatos.

Presillas / *Lace Loop*

Generalmente están fabricadas con un tejido de nylon, y es una manera muy común para ajustar los cordones. Las presillas se suelen coser bajo las carrilleras para que queden ocultas.

Probarse / *Try on*

También conocido como calzarse, se refiere a la sensación inicial cuando se prueba un zapato en la tienda. Un corte bien logrado y una plantilla blanda pueden dar al zapato una buena sensación al probarlo, pero se allanará, o se comprimirá rápidamente al usarlo. La plantilla y el forro pueden hacer, o deshacer, la sensación.

Proceso de fabricación de montado / *Cold cement shoe making process*

Proceso de pegado para ensamblar el corte del zapato a la suela sin requerir de un horno. La suela de goma y espuma de EVA está previamente curada. Se utiliza cemento para PU con base de agua, o solvente para unir la suela al corte. Este tipo de montado requiere túneles de calor para secar el primer, o halogenado, y el cemento; ya que, normalmente, el corte y la suela reciben una capa de primer y dos capas de cemento para calzado antes de unirlas entre sí. Una vez que las piezas están pegadas, se utiliza una prensa para suelas que presiona las piezas; generalmente son tres operaciones las que dan presión: corte, laterales y desde la puntera hacia atrás.

Prueba de abrasión del caucho o NBS / *NBS or Rubber Abrasion Tester*
Las siglas en inglés para NBS se refieren a un sistema de calificación para el desgaste de goma por abrasión. La clasificación que se utiliza para medir la prueba de abrasión del caucho es: 400, 800 o 1.200 NBS.

PU
Abreviatura de poliuretano, los materiales que componen el corte del zapato suelen utilizar una capa muy fina de espuma de PU junto con un tejido no tejido como refuerzo para añadir resistencia al material principal. Podemos encontrar el PU en cientos de texturas y colores diferentes.

Pullover
Con el *pullover* se verifica el patrón y el ajuste sobre la horma. Al desarrollar un zapato por primera vez, lo primero que verás es el corte sin suela, y seguramente sin logotipos ni grafías.
El *pullover* no se hace con el color correcto, sino con cualquier color disponible por el fabricante. Durante la fase de desarrollo, se pueden ver varios *pullovers* hasta que el patrón esté correcto. También se ven *pullovers* hechos de cada talla durante la fase de preproducción; es muy común que se manden a la fábrica de suelas para asegurar que la parte inferior del modelo se ajuste correctamente.

Puntera / *Toe box or toe tip*
La puntera es la pieza que se encuentra en la parte delantera del zapato, o el área del zapato donde se encuentran los dedos. Suele ir reforzado. Existen muchos tipos de punteras, con diferentes tamaños y anchuras. Los zapatos orientados a moda pueden tener punteras con menos espacio y puntiagudas, mientras que el calzado de trabajo tiene más espacio para los dedos.

Quebrante de la puntera o salida / *Toe spring*
El quebrante de la puntera es el hueco que se ve entre una superficie plana y la puntera de una horma, zapato o patrón; es la distancia vacía que queda desde la base de puntera al suelo. Una bota dura de senderismo puede tener una salida de 15mm, mientras que una zapatilla de corte informal puede tener una salida de 5mm aproximadamente. Como regla general, cuanto más rígida es la suela del zapato, más quebrante de puntera se necesita para dar una zancada normal.

Rebajar / *Skive*
Rebajar el canto significa lijar los bordes de la piel, o de las plantas de montado para que el grosor se reduzca y evitar pliegues o bultos.

Rebastado o cardado / *Roughing*
Rebastar, o cardar, significa quitar material mediante un proceso de lijado o cepillado. Por ejemplo, las entresuelas de EVA se cardan antes del montado para ayudar a que la superficie lisa sea rugosa y adopte una mejor adherencia al halogenado, y al pegamento.

Red / *Web*
La red de la suela, o del piso, son los espacios planos que hay entre los tacos.

Refuerzo / *Back stiffener*
El refuerzo se encuentra en el interior de los zapatos, a la altura de los laterales, o paredes.

Relleno / *Padding*
Se refiere a la espuma, u otro materia,l que encontramos dentro del hueco del zapato, o en la lengüeta; sirve para dar grosor, amortiguación, y mejorar el calce. Generalmente está hecho de espuma de poliuretano, látex, EVA, o PE.

Rendimiento de corte / *Cutting yield*
El rendimiento del corte puede explicarse como lo contrario al desperdicio, aunque no es exactamente lo mismo. Al cortar un patrón grande en una pieza de piel pequeña, el rendimiento de corte será alto, ya que hay poco desperdicio de materia prima. Generalmente, cuanto más grande sea la materia prima, mejor rendimiento de corte se consigue.

Representante y sub representante de ventas / *Sales representative and sub rep*
Vender zapatos es una buena manera de involucrarse con el mundo del calzado, ya que la fuerza de ventas puede revelar mucha información sobre el comercio del calzado. Un buen representante de ventas puede ayudar a dar forma a la línea de productos. Esto se debe a que está en la primera línea de venta de los zapatos, y los vendedores saben de primera mano lo que el cliente busca. Este vendedor puede ser ascendido a un puesto de director de línea de productos si hace crecer el negocio de manera adecuada.

Resistencia a la compresión / *Compression set or compression resistance*
Cuando en la fabricación de calzado se trabaja con productos hechos de espuma, nos interesa saber cuánto durará la espuma si la utilizamos en una plantilla o en la entresuela. La resistencia a la compresión es la cantidad de espuma que se recuperará después de ser comprimida. Esta resistencia se mide en un porcentaje; por ejemplo, una espuma que resiste bien la compresión puede tener un valor de 4%; por el contrario, una

espuma que está dañada por impacto puede tener un porcentaje del 45%. La EVA de mala calidad tiene un alto valor de compresión, mientras que la espuma de PU de alta calidad durará para siempre con una resistencia de compresión muy baja.

Rubber sole color dam
Es el equivalente a una presa para color en suelas de goma, se refiere a los topes existentes en los moldes de suelas de goma de zapatillas. Estas presas, o topes, son los encargados de crear las hendiduras y diferentes formas o dibujos que componen la suela. El piso, o la suela de una *sneaker* tendrá presas para color que dividen los diferentes colores en la suela.

Sentido del cedido / *Leather Direction of Stretch*
El sentido del cedido es muy importante para establecer la forma. El sentido de la pala debe estar orientado para que la piel pueda expandirse a lo ancho, y no a lo largo. Si los laterales, o el escote del zapato se expanden a lo largo, lo harán en torno a 1 o 2cm, y el zapato perderá su forma y calce.

Serraje o *split leather* / *Split leather or cow suede leather*
El *split leather* es un tipo de serraje de baja calidad que se crea a partir de la parte fibrosa restante una vez se ha dividido de la flor del cuero. Durante la operación de dividido de la piel, las divisiones superior e inferior se separan; estas divisiones se pueden seguir dividiendo (si el grosor lo permite) en un corte central, y otra con carnaza. En pieles muy gruesas, la división central puede dividirse en varias capas hasta que el grosor no permita más divisiones. El mejor, y el serraje más resistente, suele estar hecho de las divisiones de la plena flor (cuyo grano ha sido eliminado completamente), o de la división del serraje afelpado que se ha rebajado hasta el grosor correcto. El serraje es afelpado por ambas caras, y los fabricantes utilizan una variedad de técnicas para hacer la parte afelpada en pieles plena flor. El serraje vuelto es una piel plena flor donde se ha designado que el exterior no sea visto, quedando en el interior del producto y dejando al exterior la parte afelpada, aunque no se considera una denominación del serraje. La denominación más acertada para referirnos en inglés al serraje es *cow suede*.

Shoe master carton
El término *shoe master carton* se utiliza para designar a la caja exterior del embalaje que usan las fábricas para mandar la mercancía. Generalmente suele ser una caja donde caben entre 10 y 12 cajas de zapatos, dependiendo del tamaño de la caja y del zapato. Dentro del *shoe master carton*, las cajas interiores están colocadas para que el operario del almacén pueda ver las etiquetas de los extremos de la caja de zapatos y saber la información sobre el tamaño y el color del modelo.

Sock allowance
Consiste en agregar material extra en la base de la horma para hacer mayor hueco dentro del zapato terminado. Si se agrega demasiado, o demasiado poco, hará que el zapato terminado esté suelto, o muy ajustado. Un *sock allowance* correcto es de 4 a 6mm.

Suela / *Outsole or sole unit*
La suela es la pieza inferior del zapato que proporciona agarre y tracción. Generalmente está compuesta de goma, pero también pueden ser de espuma de alta densidad de PU, EVA, o cuero, como los zapatos de vestir de alta gama.

Suela cóncava, casco, o *cupsole* / *Cupsole or cupsole unit*
Tipo de suela que está fabricada en una sola pieza de goma. Se le llama suela cóncava, o casco porque la suela recoge la parte superior en la concavidad de goma. El *cupsole* puede contener en su interior espuma de EVA para amortiguar y rellenar la retícula de la suela.

Super tuff
Super tuff es un material no tejido muy utilizado para reforzar toda clase de calzado. El *super tuff* se utiliza sobre todo en la zona de las carrilleras, y en los pinchazos o agujeros por donde pasan los cordones.

Superposición / *Overlay*
Una pieza superior colocada sobre otra pieza inferior. Por ejemplo, el *swoosh* del logotipo de Nike es una pieza superpuesta.

Tacos / *Lug*
Los tacos de la suela son pequeños bloques de goma que hacen un mejor agarre del piso.

Tallas de las muestras / *Sample size*
La talla americana 9 para hombre, y 7 para mujer son las tallas más proporcionadas, y las que mejor se ven en catálogos, presentaciones y publicidad. Estas dos tallas son también muy útiles a la hora de calcular los costes, ya que los tamaños más grandes consumirán más material, pero los tamaños más pequeños consumirán menos, con lo cual, se utilizan estas tallas intermedias.

Tensión del montado / *Lasting pressure*
La tensión del montado se refiere a la cantidad de fuerza necesaria para estirar el corte a la forma de la horma. Demasiada tensión puede dañar, romper, o arrugar el corte. Por el contrario, poca presión hará que el corte esté mal formado, holgado, y con bolsas. Dependerá del patronista solucionar estos problemas; y, la tensión del montado, dependerá según la calidad o el material que se utilice.

Tex
Tex es el peso en gramos de 1.000 metros de hilo. Si 1.000 metros pesan 25 gramos, es tex 25. Cuanto mayor es el número de tex, significa que más pesado es el hilo. Este tipo de medida se utiliza sobre todo en Europa y en Canadá. Un hilo de 44 tex es igual a 400D en medida denier.

Tope o punta fuerte / *Toe puff*
El tope es el material de refuerzo interior que se emplea para amoldar y mantener la forma de la puntera del zapato. Los topes pueden ser termoplásticos, que se moldean fácilmente con calor; o pueden estar fabricados en piel o textil. Suelen venir en diferentes grosores, desde el más suave al más duro.

Trepa / *Basic form or shell pattern*
La trepa, también llamada patrón en bruto, se utiliza para crear el diseño del corte; es el patrón de calzado que cubre la superficie de la horma. El diseñador podrá dibujar sobre la trepa y pasar el dibujo hecho en la horma a papel.

Troquel / *Die cutting*
La mayoría de las piezas de un zapato están cortadas mediante un troquel. El troquel es como un gran molde de galletas, pero con un borde de acero muy afilado. Cada pieza del zapato requiere su propio troquel.

Troquelado / *Shoe parts cutting*
En inglés se conoce a este proceso de troquelado como *clicker* por el sonido que hace la prensa hidráulica al cortar las piezas con el troquel. En castellano, el troquelado se refiere simplemente al corte de materiales de calzado. Existe un arte asociado al corte manual del cuero debido a la naturaleza de la piel.

Trubuck / *Tru-buck Leather*
El trubuck es una piel de serraje vacuno que ha sido cubierta con una fina capa de poliuretano; la capa superficial de PU está ligeramente esmerilada para obtener un acabado suave y mate. El producto final es, generalmente, un producto con aspecto afelpado y color uniforme. Se clasifica como cuero para los aranceles de importación.

Unidad de Almacenamiento de Stock o *SKU / SKU or Stock Keeping Unit*
Unidad de almacenamiento de *stock*, en inglés *Stock Keeping Unit* o *SKU*, se refiere a un modelo, estilo, variante de color, o tamaño único. Comúnmente utilizado para referirse a una variante de color única. Por ejemplo, si hay 2 modelos, cada uno con 5 variantes de color, en total habrá 10 *SKUs*.

Zapato con picados / *Full-brogue shoe style*
El zapato con picados es un tipo de zapato decorado con un patrón perforado concreto en las piezas que componen el zapato; y en muchas ocasiones, se combina con una pala vega.

Zapatos tipo derby / *Derby style shoe*
El zapato derby es un tipo de calzado muy utilizado en Europa; a menudo confeccionado con doble suela y doble pespunte.

www.ingramcontent.com/pod-product-compliance
Lightning Source LLC
LaVergne TN
LVHW070906051026
849558LV00046B/585
* 9 7 8 0 9 9 8 7 0 7 0 5 1 *